今すぐ使える かんたん

Word 2016

Windows10/8.1/7対応版

Imasugu Tsukaeru Kantan Series : Word 2016

技術評論社

How to use

本書の使い方

- 画面の手順解説だけを読めば、操作できるようになる！
- もっと詳しく知りたい人は、両端の「側注」を読んで納得！
- これだけは覚えておきたい機能を厳選して紹介！

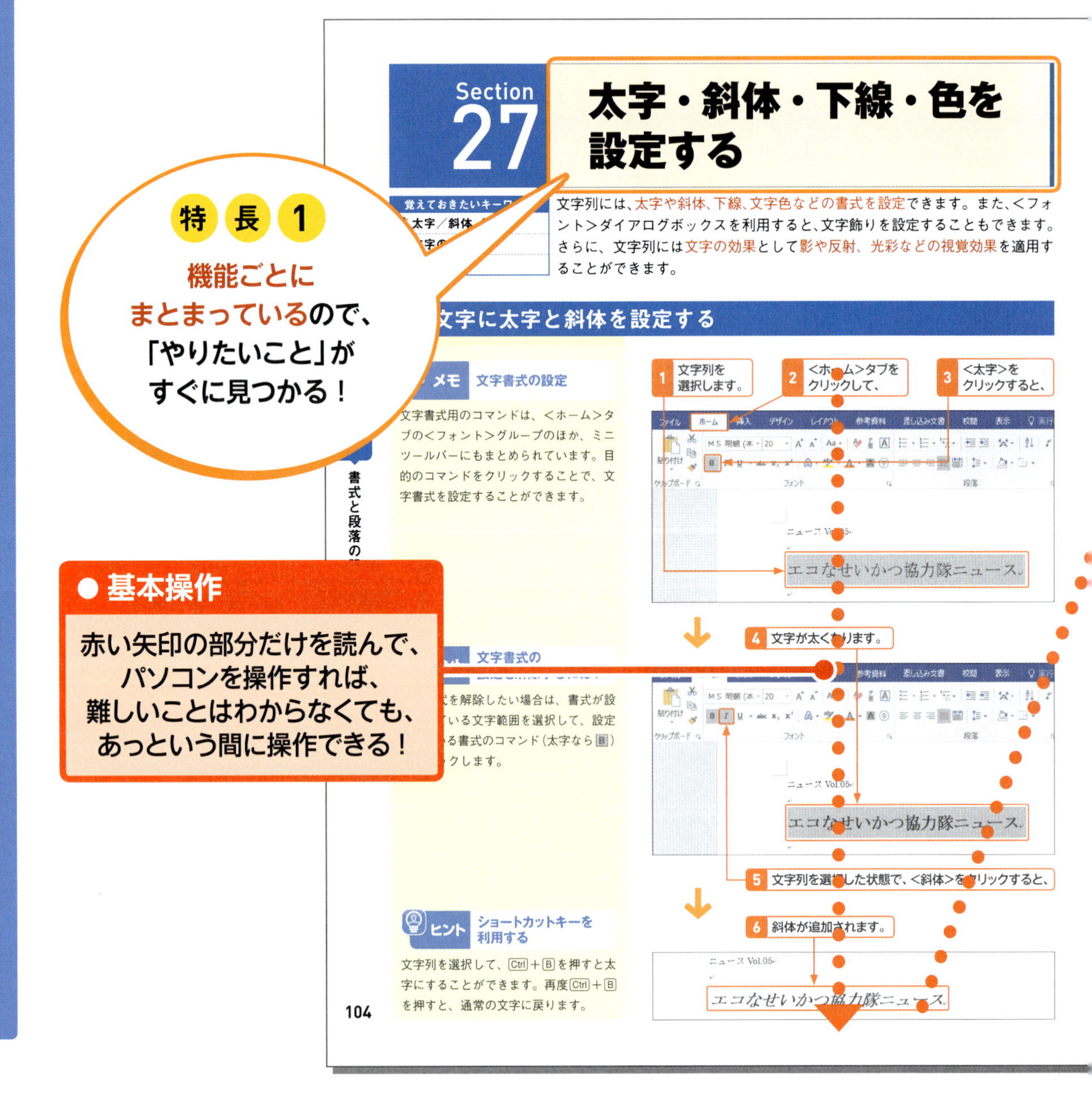

特長2

やわらかい上質な紙を使っているので、開いたら閉じにくい！

● 補足説明

操作の補足的な内容を「側注」にまとめているので、よくわからないときに活用すると、疑問が解決！

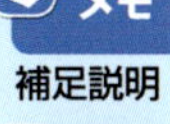
補足説明

便利な機能

用語の解説

応用操作解説

タッチ操作

新しい機能

注意事項

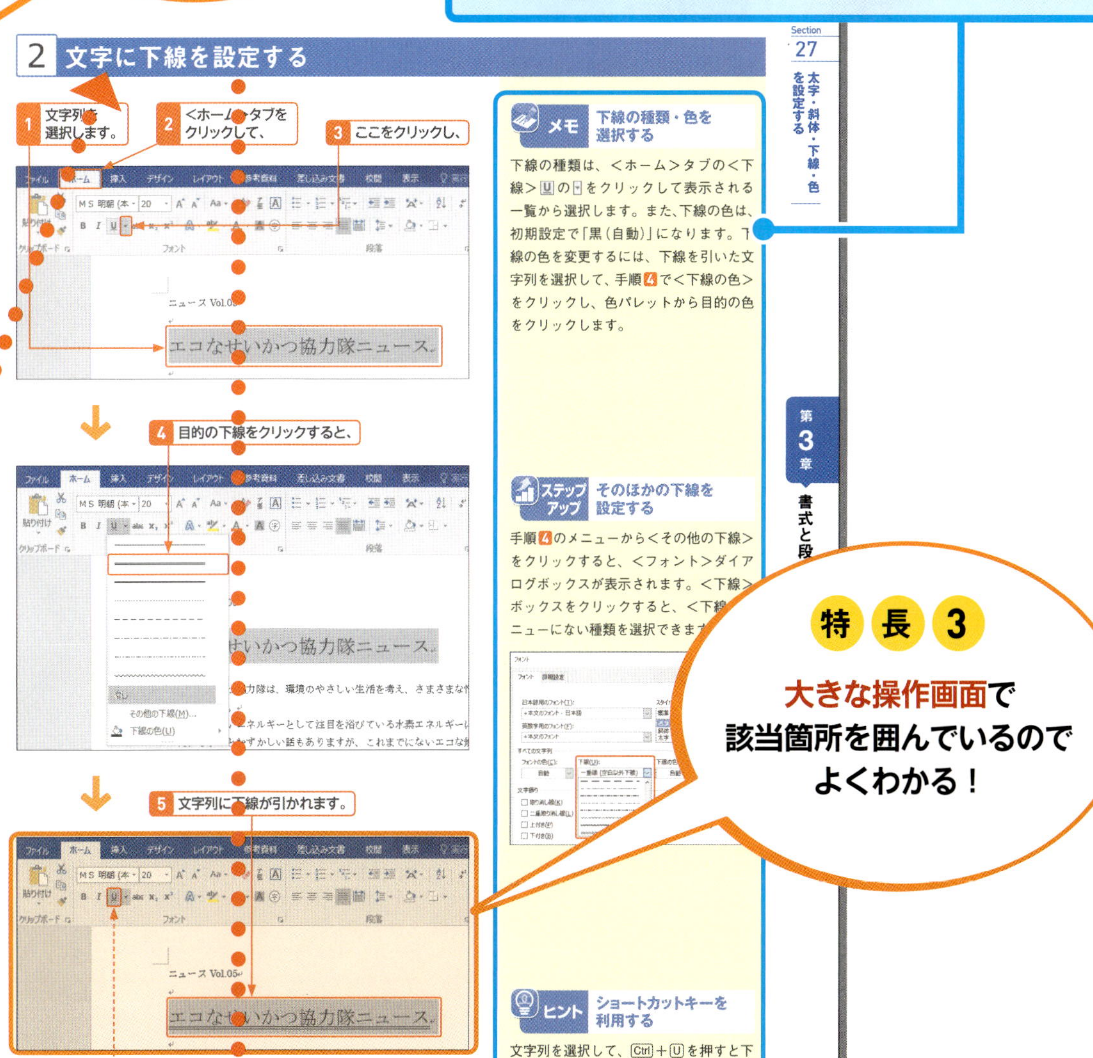

特長3

大きな操作画面で該当箇所を囲んでいるのでよくわかる！

Contents

目次

Contents

目次

目次

Contents

Contents

目次

第6章 文書の編集と校正

第7章 はがきの作成と印刷

目次

ご注意：ご購入・ご利用の前に必ずお読みください

- 本書に記載された内容は、情報提供のみを目的としています。したがって、本書を用いた運用は、必ずお客様自身の責任と判断によって行ってください。これらの情報の運用の結果について、技術評論社および著者はいかなる責任も負いません。
- ソフトウェアに関する記述は、特に断りのないかぎり、2015年9月現在での最新情報をもとにしています。これらの情報は更新される場合があり、本書の説明とは機能内容や画面図などが異なってしまうことがあり得ます。あらかじめご了承ください。
- 本書の内容は、以下の環境で制作し、動作を検証しています。それ以外の環境では、機能内容や画面図が異なる場合があります。
  - ・Windows 10 Pro
  - ・Word 2016 Preview Update 2
- インターネットの情報については、URLや画面などが変更されている可能性があります。ご注意ください。

以上の注意事項をご承諾いただいた上で、本書をご利用願います。これらの注意事項をお読みいただかずに、お問い合わせいただいても、技術評論社および著者は対処しかねます。あらかじめご承知おきください。

パソコンの基本操作

●本書の解説は、基本的にマウスを使って操作することを前提としています。
●お使いのパソコンのタッチパッド、タッチ対応モニターを使って操作する場合は、各操作を次のように読み替えてください。

1 マウス操作

▼クリック（左クリック）

クリック（左クリック）の操作は、画面上にある要素やメニューの項目を選択したり、ボタンを押したりする際に使います。

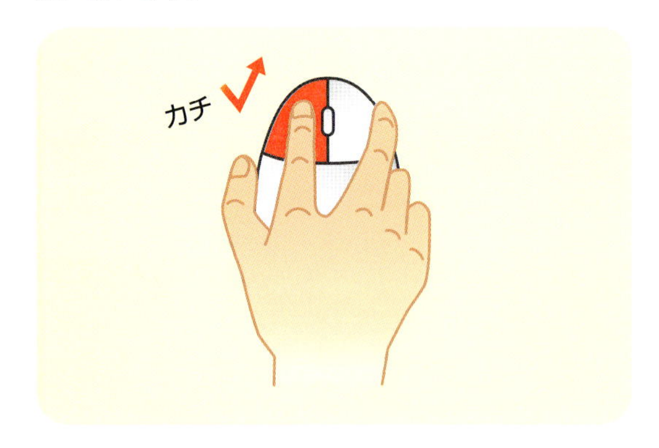

マウスの左ボタンを1回押します。

タッチパッドの左ボタン（機種によっては左下の領域）を1回押します。

▼右クリック

右クリックの操作は、操作対象に関する特別なメニューを表示する場合などに使います。

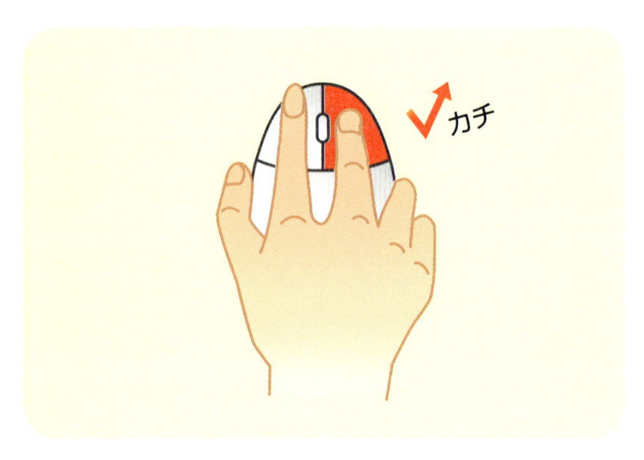

マウスの右ボタンを1回押します。

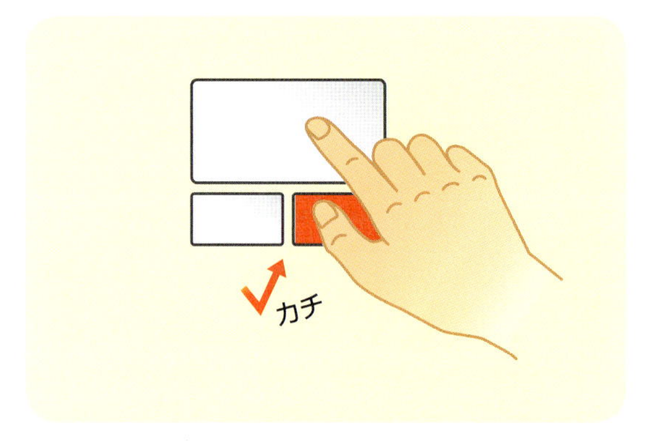

タッチパッドの右ボタン（機種によっては右下の領域）を1回押します。

▼ダブルクリック

ダブルクリックの操作は、各種アプリを起動したり、ファイルやフォルダーなどを開く際に使います。

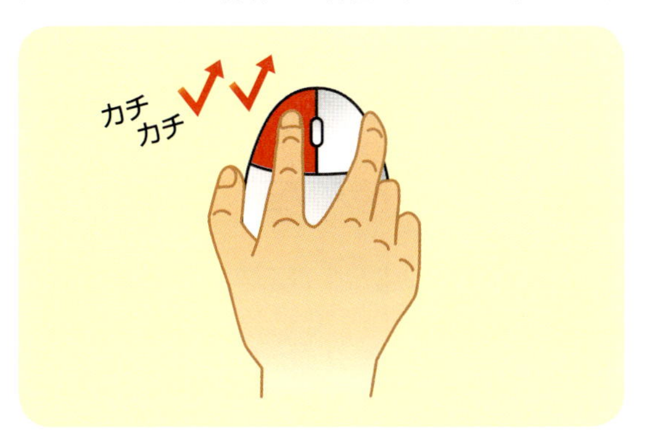

マウスの左ボタンをすばやく2回押します。

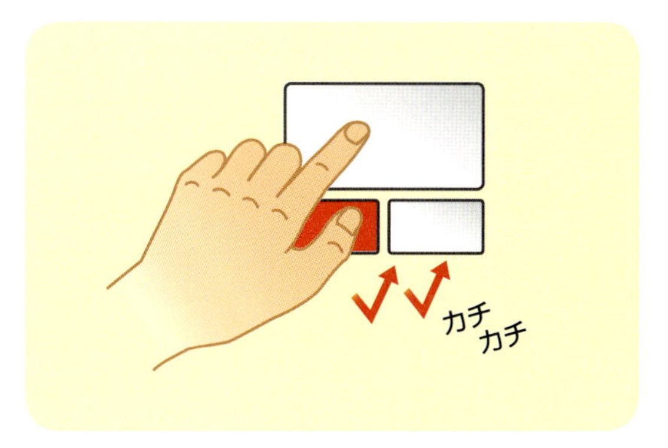

タッチパッドの左ボタン（機種によっては左下の領域）をすばやく2回押します。

▼ドラッグ

ドラッグの操作は、画面上の操作対象を別の場所に移動したり、操作対象のサイズを変更する際などに使います。

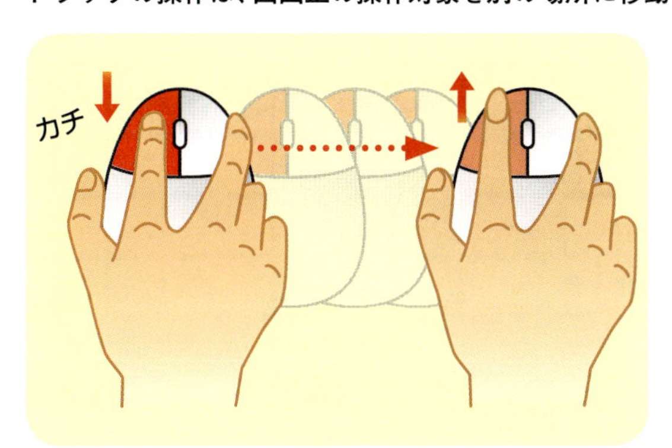

マウスの左ボタンを押したまま、マウスを動かします。目的の操作が完了したら、左ボタンから指を離します。

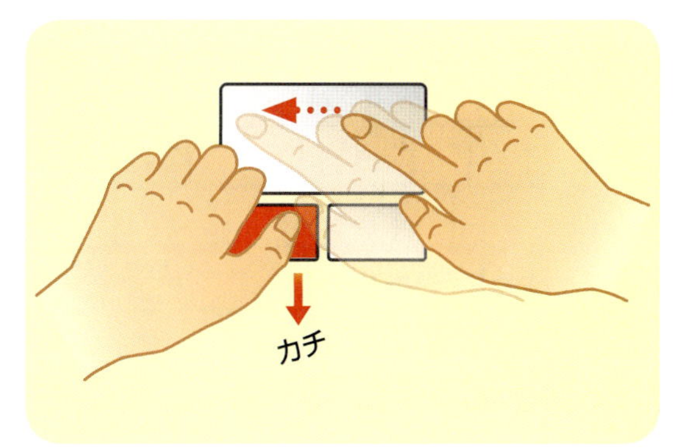

タッチパッドの左ボタン（機種によっては左下の領域）を押したまま、タッチパッドを指でなぞります。目的の操作が完了したら、左ボタンから指を離します。

メモ　ホイールの使い方

ほとんどのマウスには、左ボタンと右ボタンの間にホイールが付いています。ホイールを上下に回転させると、Webページなどの画面を上下にスクロールすることができます。そのほかにも、Ctrlを押しながらホイールを回転させると、画面を拡大／縮小したり、フォルダーのアイコンの大きさを変えることができます。

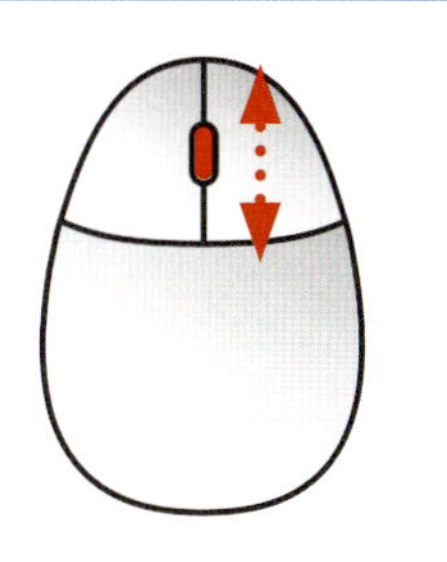

2 利用する主なキー

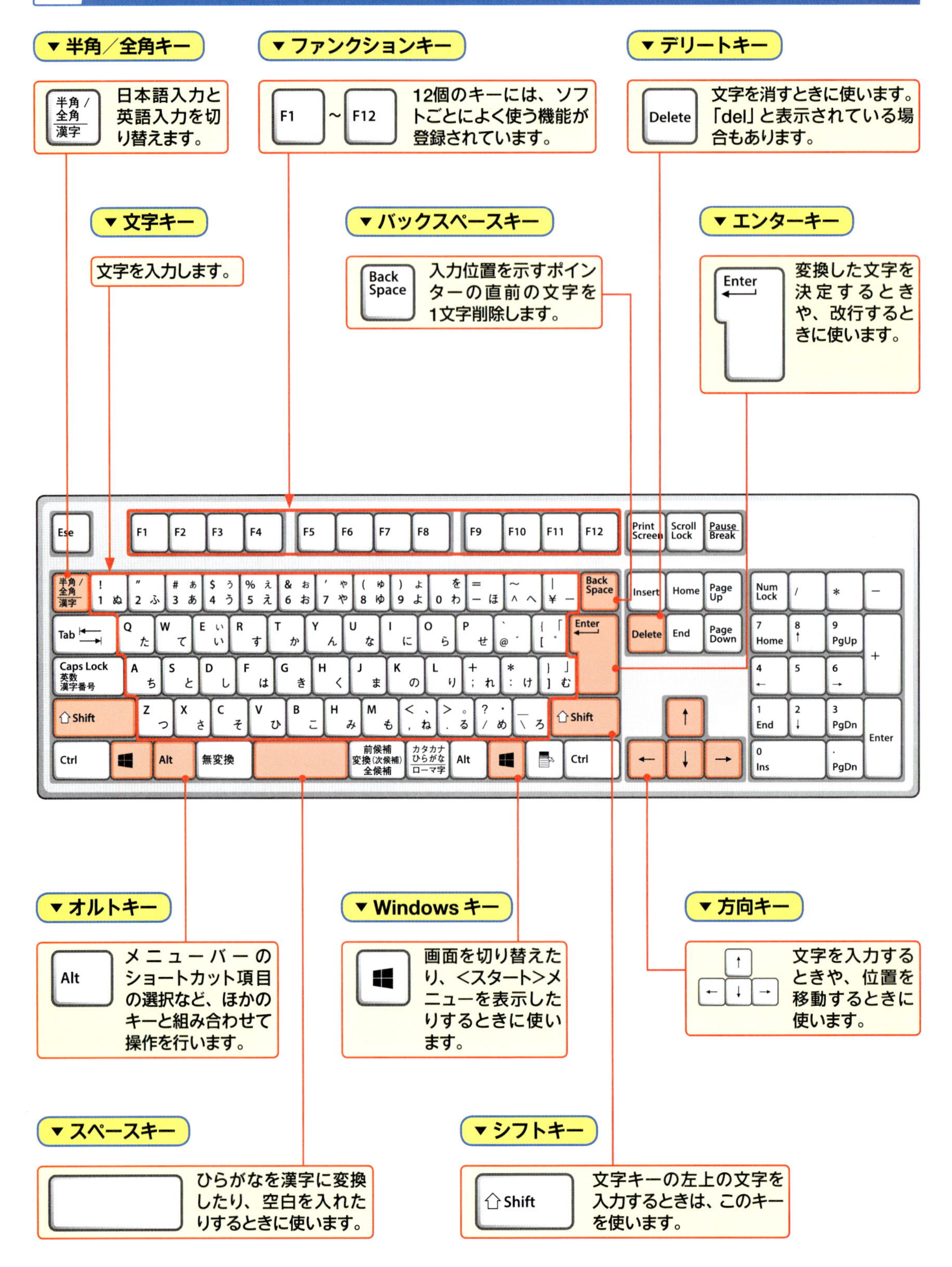
▼半角／全角キー
日本語入力と英語入力を切り替えます。
▼ファンクションキー
12個のキーには、ソフトごとによく使う機能が登録されています。
▼デリートキー
文字を消すときに使います。「del」と表示されている場合もあります。
▼文字キー
文字を入力します。
▼バックスペースキー
入力位置を示すポインターの直前の文字を1文字削除します。
▼エンターキー
変換した文字を決定するときや、改行するときに使います。
▼オルトキー
メニューバーのショートカット項目の選択など、ほかのキーと組み合わせて操作を行います。
▼Windows キー
画面を切り替えたり、<スタート>メニューを表示したりするときに使います。
▼方向キー
文字を入力するときや、位置を移動するときに使います。
▼スペースキー
ひらがなを漢字に変換したり、空白を入れたりするときに使います。
▼シフトキー
文字キーの左上の文字を入力するときは、このキーを使います。

3 タッチ操作

▼タップ

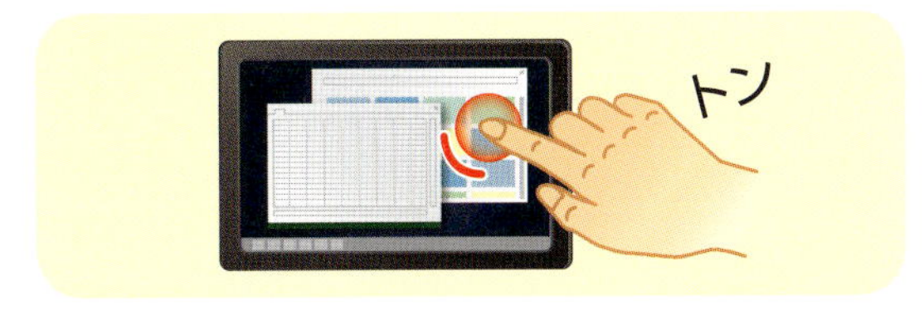

画面に触れてすぐ離す操作です。ファイルなど何かを選択する時や、決定を行う場合に使用します。マウスでのクリックに当たります。

▼ダブルタップ

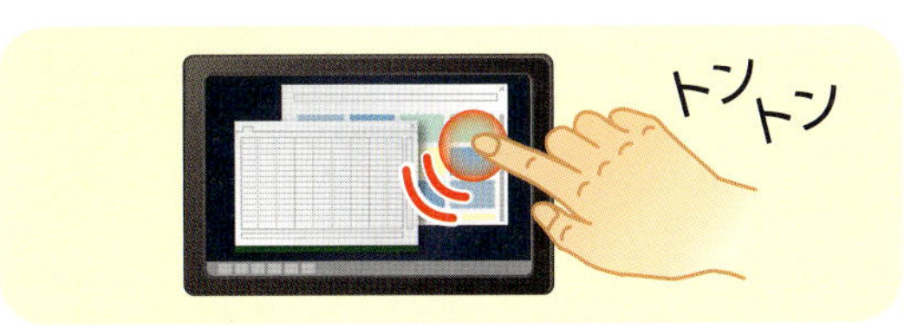

タップを2回繰り返す操作です。各種アプリを起動したり、ファイルやフォルダーなどを開く際に使用します。マウスでのダブルクリックに当たります。

▼ホールド

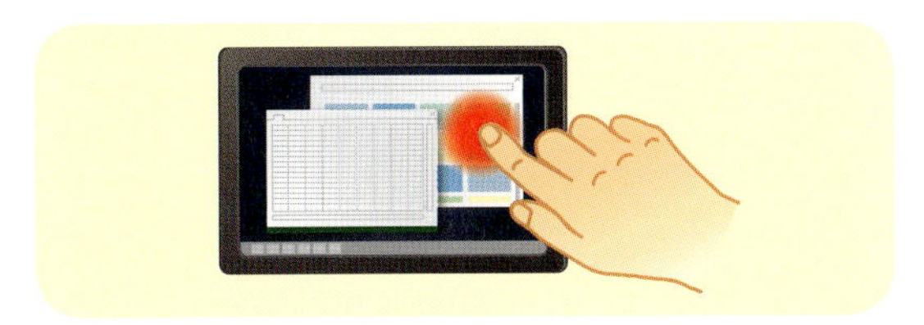

画面に触れたまま長押しする操作です。詳細情報を表示するほか、状況に応じたメニューが開きます。マウスでの右クリックに当たります。

▼ドラッグ

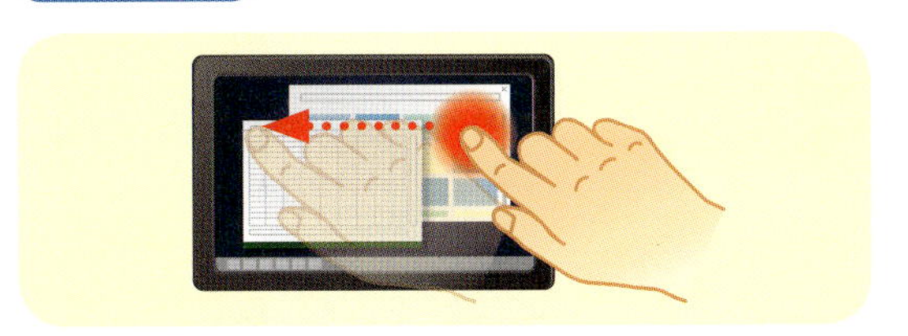

操作対象をホールドしたまま、画面の上を指でなぞり上下左右に移動します。目的の操作が完了したら、画面から指を離します。

▼スワイプ／スライド

画面の上を指でなぞる操作です。ページのスクロールなどで使用します。

▼フリック

画面を指で軽く払う操作です。スワイプと混同しやすいので注意しましょう。

▼ピンチ／ストレッチ

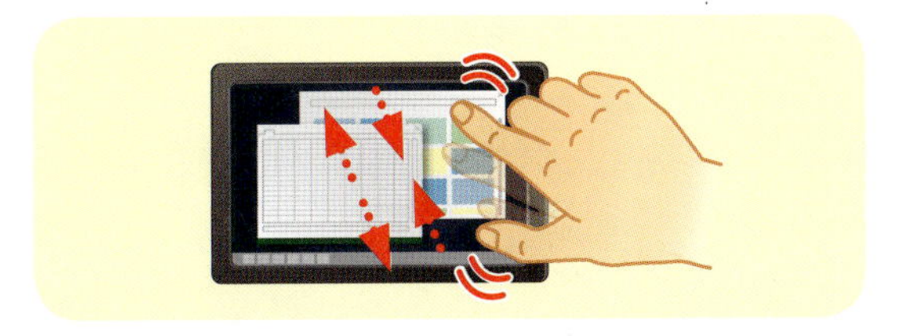

2本の指で対象に触れたまま指を広げたり狭めたりする操作です。拡大(ストレッチ)／縮小(ピンチ)が行えます。

▼回転

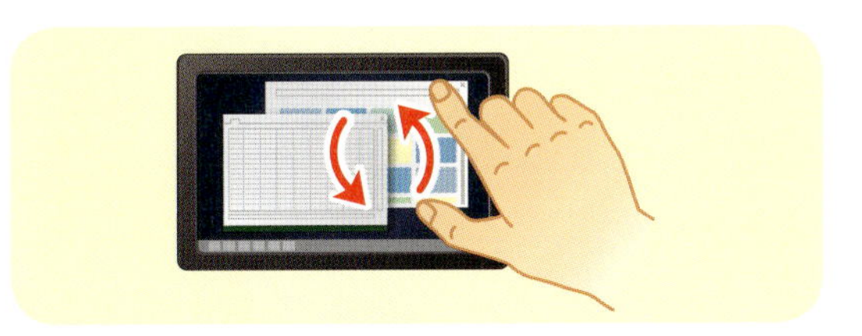

2本の指先を対象の上に置き、そのまま両方の指で同時に右または左方向に回転させる操作です。

サンプルファイルのダウンロード

●本書で使用しているサンプルファイルは、以下のURLのサポートページからダウンロードすることができます。ダウンロードしたときは圧縮ファイルの状態なので、展開してから使用してください。

http://gihyo.jp/book/2015/978-4-7741-7694-9/support

▼サンプルファイルをダウンロードする

1 ブラウザーを起動します。

2 ここをクリックしてURLを入力し、Enter を押します。

3 表示された画面をスクロールし、<ダウンロード>にある<サンプルファイル>をクリックすると、

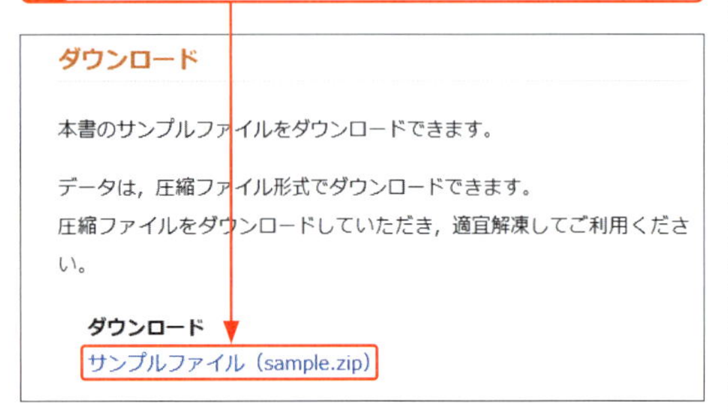

4 ファイルがダウンロードされるので、<開く>をクリックします。

▼ダウンロードした圧縮ファイルを展開する

1 エクスプローラー画面でファイルが開くので、

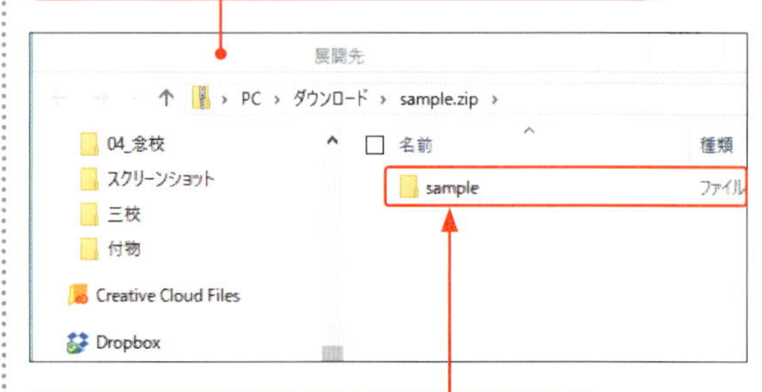

2 表示されたフォルダーをクリックします。

3 <展開>タブをクリックして、

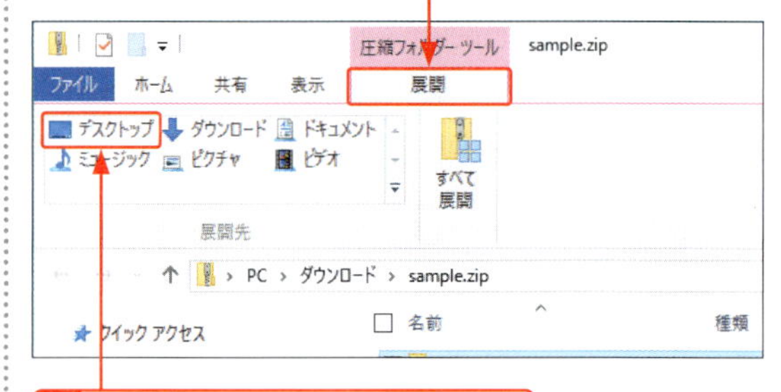

4 <デスクトップ>をクリックすると、

5 ファイルが展開されます。

Chapter 01

第1章

Word 2016の基本操作

Section 01

Wordとは?

覚えておきたいキーワード
- Word 2016
- ワープロソフト
- Microsoft Office

Wordは、世界中で広く利用されているワープロソフトです。文字装飾や文章の構成を整える機能はもちろん、図形描画や画像の挿入、表作成など、多彩な機能を備えています。最新バージョンのWord 2016では、レイアウト機能やタッチ操作に対応した機能も追加されています。

1 Wordは高機能なワープロソフト

Wordを利用した文書作成の流れ

文章を入力します。

ニュース Vol.05
エコなせいかつ協力隊ニュース

エコなせいかつ協力隊は、環境にやさしい生活を考え、さまざまな情報や実践紹介をお届けしています。
今回は、新しいエネルギーとして注目を浴びている水素エネルギーについて取材してきました。ちょっとむずかしい話もありますが、これまでにないエコな燃料ですので、ぜひ関心を寄せてください。

◆水素エネルギーを考える
水素エネルギー（hydrogen energy）とは、そのものずばり「水素を燃料としたエネルギー」です。人類究極のエネルギーともいわれていますが、それは水素が地球上で普遍的で、さらに豊富に存在するということにつきます。水素は、燃焼させても水が生成するだけなので、極めてクリーンな燃料だというわけです。
さて、もう少し詳しい内容を見てみましょう。

◆水素の特徴
では、ここで水素の特徴をまとめてみましょう。
水素はエネルギー消費による排出物が水である

文字装飾機能などを使って、文書を仕上げます。

必要に応じて、プリンターで印刷します。

ニュース Vol.05

エコなせいかつ協力隊ニュース

エコなせいかつ協力隊は、環境にやさしい生活を考え、さまざまな情報や実践紹介をお届けしています。
今回は、新しいエネルギーとして注目を浴びている水素エネルギーについて取材してきました。ちょっとむずかしい話もありますが、これまでにないエコな燃料ですので、ぜひ関心を寄せてください。

◆水素エネルギーを考える
水素エネルギー（hydrogen energy）とは、そのものずばり「水素を燃料としたエネルギー」です。人類究極のエネルギーともいわれていますが、それは水素が地球上で普遍的で、さらに豊富に存在するということにつきます。水素は、燃焼させても水が生成するだけなので、極めてクリーンな燃料だというわけです。
さて、もう少し詳しい内容を見てみましょう。

◆水素の特徴
では、ここで水素の特徴をまとめてみましょう。
➤ 水素はエネルギー消費による排出物が水である

キーワード ワープロソフト

「ワープロソフト」は、パソコン上で文書を作成し、印刷するためのアプリケーションです。Windows 10には、簡易的なワープロソフト（ワードパッド）が付属していますが、レイアウトを詳細に設定したり、タイトルロゴや画像などを使った文書を作成することはできません。見栄えのする文書の作成には、Wordなどの多機能なワープロソフトが必要です。

キーワード Word 2016

「Word 2016」は、ビジネスソフトの統合パッケージである最新の「Microsoft Office 2016」に含まれるワープロソフトです。市販のパソコンにあらかじめインストールされていることもあります。また、Office 2016には、Webブラウザー上で使える「Office Online」（Sec.86参照）と、スマートフォンやタブレット向けの「Office for Windows 10」（Sec.87参照）が用意されています。

2 Wordでできること

作品展示会のご案内

みなさま

お元気でいらっしゃいますか?

ハナミズキ会では、夏恒例の作品展示会を開催します。

絵画や書道、手芸、絵手紙などそれぞれに精進した成果をご覧ください。

期　間　8月1日（水）～10日（金）

時　間　午前10時～午後3時

会　場　市民文化会館　展示ルーム

ワードアートを利用して、タイトルロゴを作成できます。

インターネットで検索したイラストや画像を挿入できます。

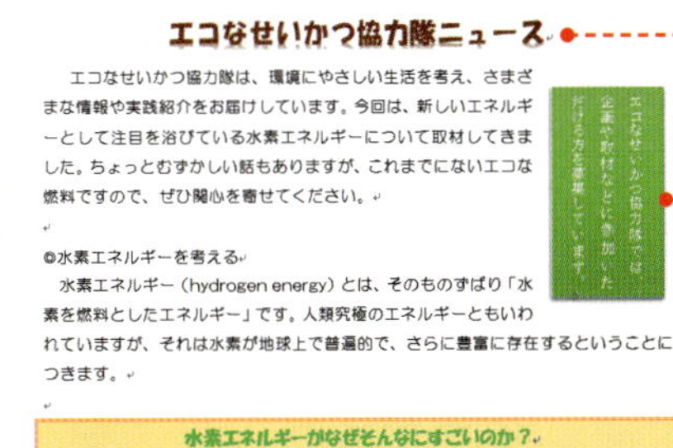

ニュース Vol.05

エコなせいかつ協力隊ニュース

エコなせいかつ協力隊は、環境にやさしい生活を考え、さまざまな情報や実践紹介をお届けしています。今回は、新しいエネルギーとして注目を浴びている水素エネルギーについて取材してきました。ちょっとむずかしい話もありますが、これまでにないエコな燃料ですので、ぜひ関心を寄せてください。

◎水素エネルギーを考える

水素エネルギー（hydrogen energy）とは、そのものずばり「水素を燃料としたエネルギー」です。人類究極のエネルギーともいわれていますが、それは水素が地球上で普遍的で、さらに豊富に存在するということにつきます。

水素エネルギーがなぜそんなにすごいのか?

水素は地球上で最も軽い、無色無臭の気体です。宇宙に最も多く存在する基本元素であり、地球上では水などの化合物の状態で存在します。水素と酸素は燃焼すると熱

文字列に影や光彩などの効果を適用できます。

テキストボックスを挿入できます。

段落の周りを罫線で囲んだり、背景色を付けたりすることができます。

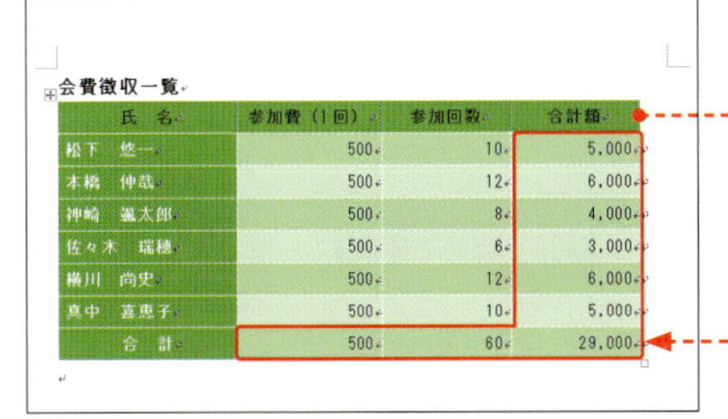

会費徴収一覧

氏　名	参加費（1回）	参加回数	合計額
松下　悠一	500	10	5,000
本橋　伸哉	500	12	6,000
神崎　颯太郎	500	8	4,000
佐々木　瑞穂	500	6	3,000
横川　尚史	500	12	6,000
真中　喜恵子	500	10	5,000
合　計	500	60	29,000

表を作成して、さまざまなスタイルを施すことができます。

数値の合計もかんたんに求めることができます。

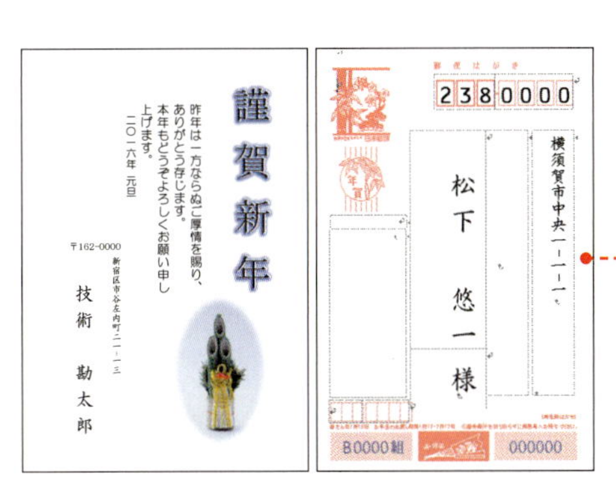

謹賀新年

昨年は一方ならぬご厚情を賜り、ありがとう存じます。本年もどうぞよろしくお願い申し上げます。

二〇一六年　元旦

〒162-0000

技術　勤太郎

2380000

横須賀市中央一-一-一

松下　悠一　様

はがきの文面と宛名面をかんたんに作成できます。

メモ　豊富な文字装飾機能

Word 2016には、「フォント・フォントサイズ・フォントの色」「太字・斜体・下線」「囲み線」「背景色」など、ワープロソフトに欠かせない文字装飾機能が豊富に用意されています。また、文字列に影や光彩、反射などの視覚効果を適用できます。

メモ　自由度の高いレイアウト機能

文書のレイアウトを整える機能として、「段落の配置」「タブ」「インデント」「行間」「箇条書き」などの機能が用意されています。思うままに文書をレイアウトすることができます。

メモ　文書を効果的に見せる機能

「画像」「ワードアート」「図形描画機能」など、文書をより効果的に見せる機能があります。図にさまざまなスタイルやアート効果を適用することもできます。

メモ　表の作成機能

表やグラフを作成する機能が用意されています。表内の数値の合計もかんたんに求められます。また、Excelの表をWordに貼り付けることもできます（Sec.63参照）。

メモ　差し込み文書機能

はがきやラベルなどに宛先データを差し込んで作成、印刷することができます。

Section 02 Word 2016の新機能

覚えておきたいキーワード
- ☑ Office テーマ
- ☑ インクコメント
- ☑ インク注釈

Word 2016では、Officeの既定のテーマが「カラフル」に変わり、画面にメリハリが付きました。また、タッチモード対応の校閲機能として、インクコメントやインク注釈などの手書き操作が可能になりました。さらに、Webを利用した機能が向上して、ファイルの共有や操作アシストなどが利用できます。

1 Officeテーマが「カラフル」に変わった

新機能 Officeテーマ

Office 2013の既定のテーマは「白」でしたが、Office 2016では「カラフル」に変わりました。Officeテーマは、<ファイル>タブの<アカウント>をクリックすると表示される<アカウント>画面の<Officeテーマ>で変更することができます。

Office 2016の既定のテーマが「カラフル」に変わりました。

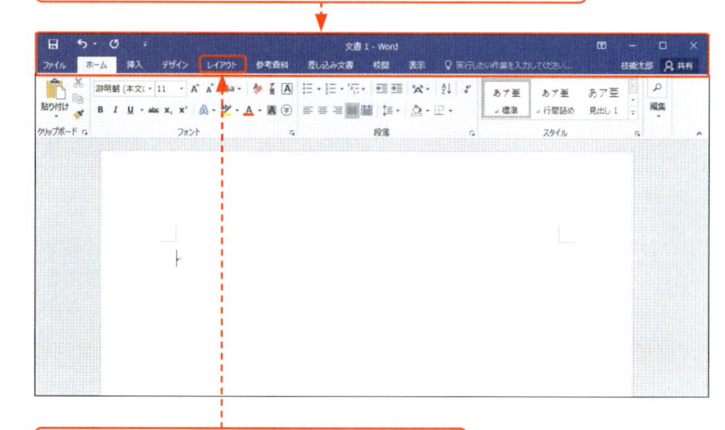

Word 2013での<ページレイアウト>タブは、<レイアウト>タブに変わりました。

Officeのテーマは<アカウント>画面で変更できます。

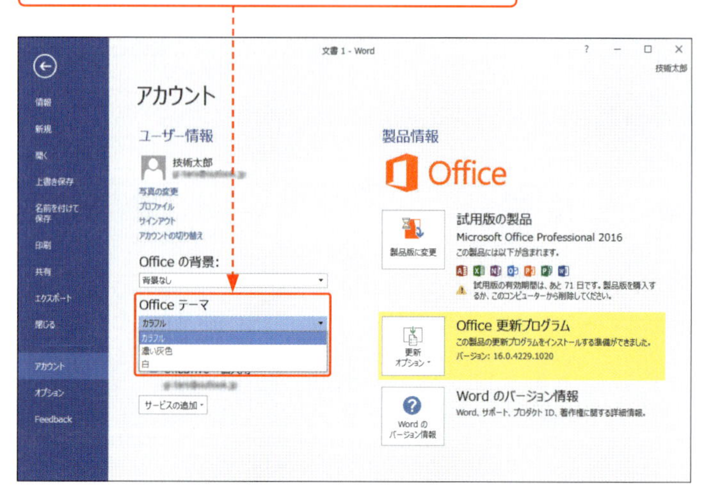

新機能 リボンの表示

Office 2016では、画面サイズを小さくすると、リボンに区切り線が表示されます。

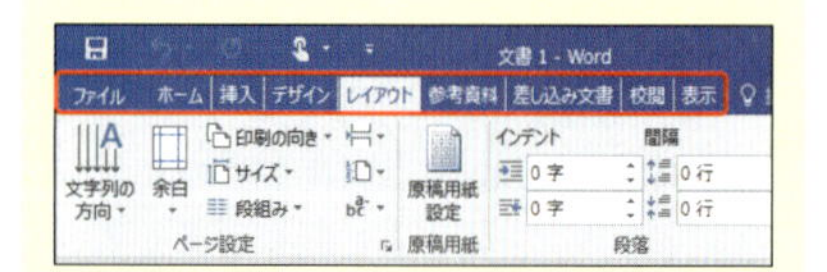

2 豊富になった校閲コメント方法

1 <校閲>タブの<インクコメント>をクリックすると、

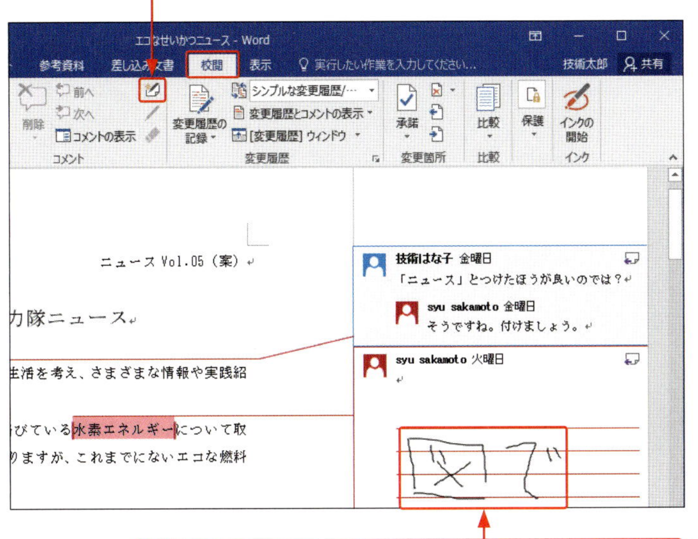

2 コメント欄が表示され、ペンなどで文字が入力できます。

新機能 インクコメント

Office 2016は、タッチ操作に対応したパソコンやタブレットなどへの機能を強化しています。その1つが「インクコメント」です。コメントを挿入する欄を、ペンや指、マウスなどでなぞると、文字や図形が書けます。

<消しゴム>を使うと、書いた文字をなぞって消すことができます。

3 文書内に手書き文字を挿入できる

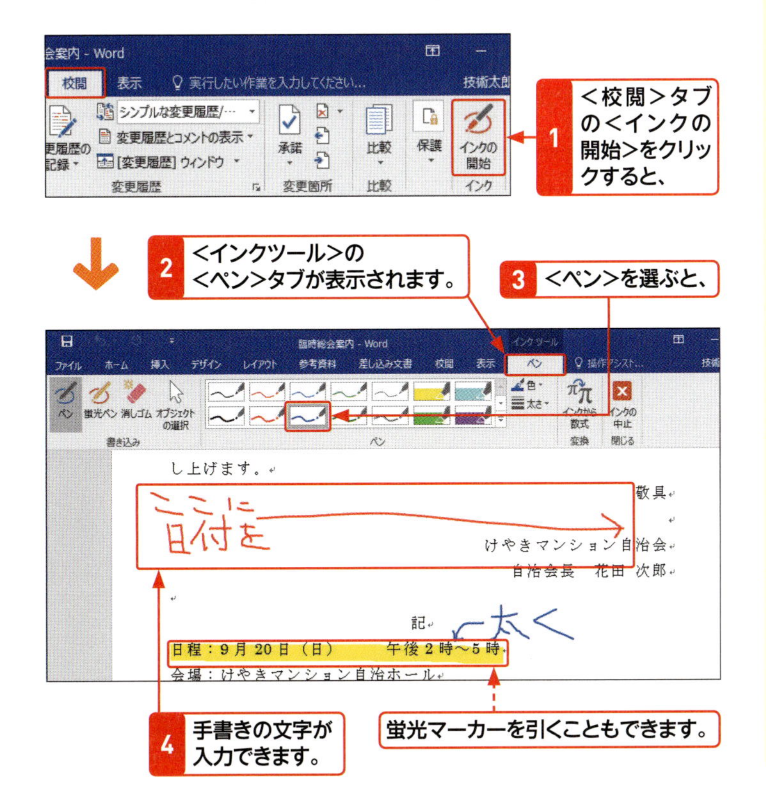

1 <校閲>タブの<インクの開始>をクリックすると、

2 <インクツール>の<ペン>タブが表示されます。

3 <ペン>を選ぶと、

4 手書きの文字が入力できます。

蛍光マーカーを引くこともできます。

新機能 インク注釈

タッチ操作に対応したパソコンやタブレットなどで利用するWord 2016には、<校閲>タブに<インクの開始>が追加されました。これが「インク注釈」機能です。この機能を使うと、紙で校正作業をするように、文書内をペンでなぞることによって文字や図形を書くことができます。また、ペンの太さや色も指定でき、蛍光マーカーにも変えることができます。<消しゴム>を使って文字をなぞると、かんたんに消すことができます。

4 ほかの人と文書を共有して共同作業ができる

新機能 共同作業でのファイルの共有

作成した文書のコピーをOneDrive（Sec. 85参照）に保存しておくと、Web上でほかのユーザーと共有することができます。ファイルを開いて<共有>をクリックし、ユーザーを招待して、編集可能か表示可能かなどの制限を設定します。これによって、文書の作成作業を共同で行えるようになります。

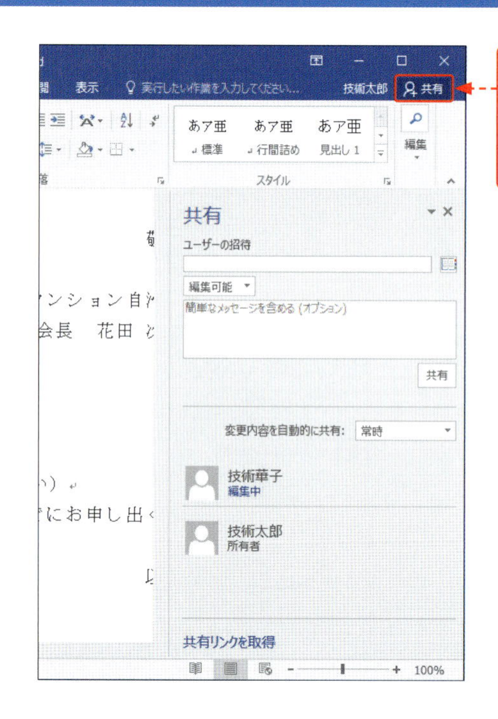

<共有>をクリックすると、ほかのユーザーを招待して、文書の編集ができるように設定できます。

5 文書内の用語に関するWeb上の情報を入手できる

新機能 スマート検索

Wordの文書内の用語に対して「スマート検索」を実行すると、用語に関連する画像や情報をWebページから入手できます。検索は、検索エンジンBingのインサイト機能を利用しています。

用語を選択して右クリックし、<スマート検索>をクリックしても利用できます。

1 用語を選択して、<校閲>タブの<スマート検索>をクリックすると、

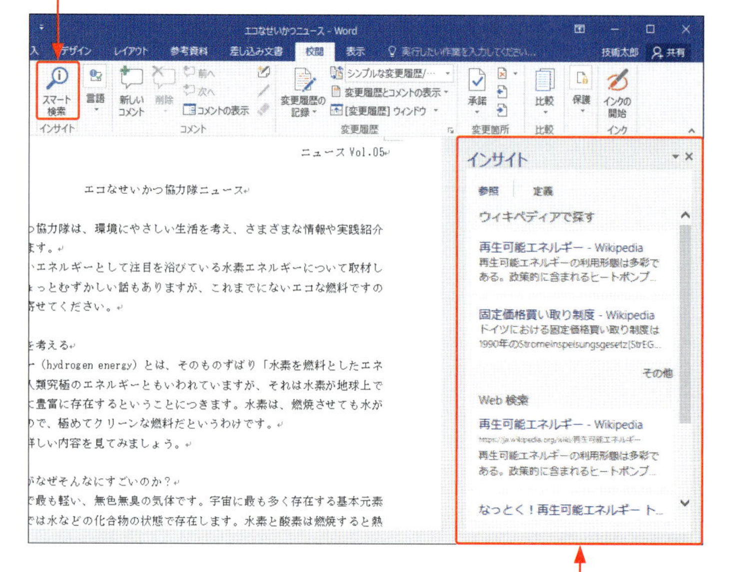

2 <インサイト>ウィンドウが表示され、Webページからの情報が表示されます。

6 操作アシストでコマンドを探す

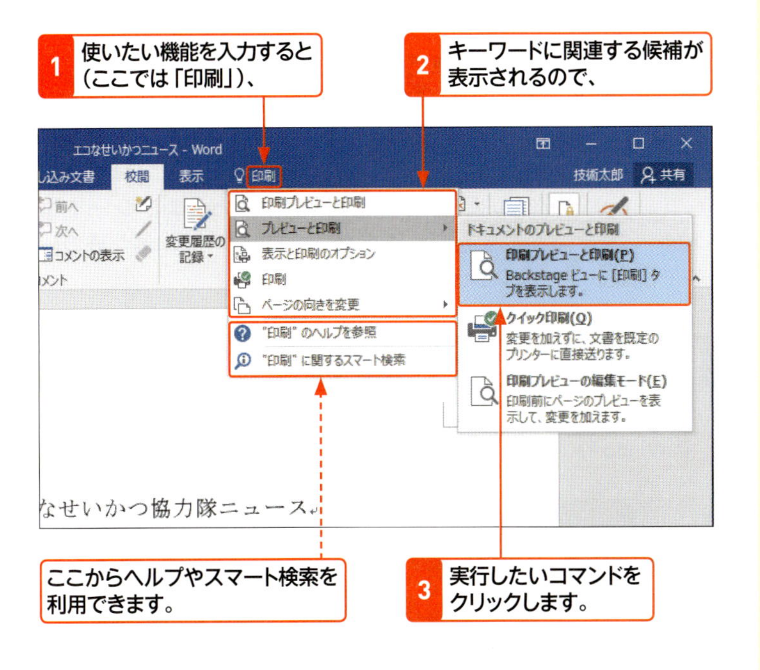

新機能 操作アシスト

「操作アシスト」は、実行したい操作を検索する機能です。操作に困ったときなど、タブの右にある＜操作アシスト＞ に機能や操作をキーワードとして入力すると、関連する情報やコマンドが表示されます。

7 図形のスタイルが増えた

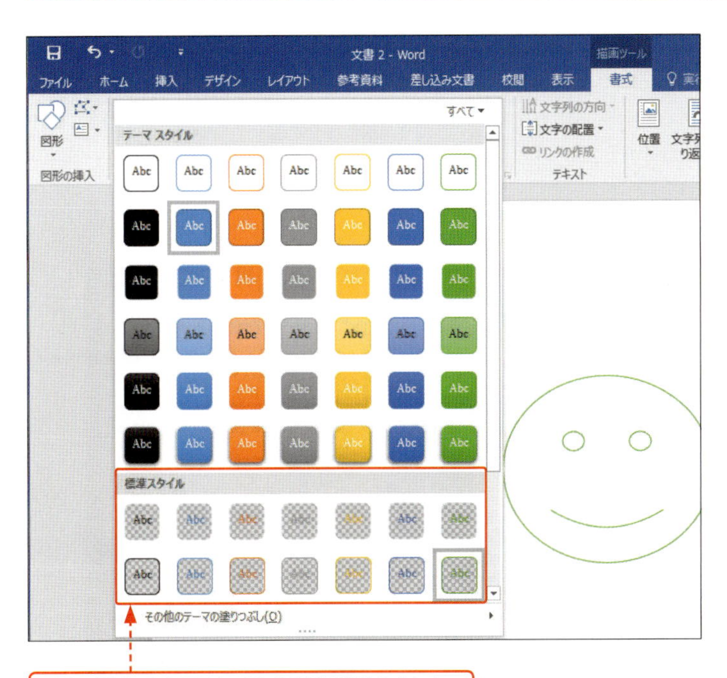

新機能 図形のスタイル

Word 2013で利用できる図形のスタイルは、左図の＜テーマスタイル＞だけでした。Word 2016ではこれに、＜標準スタイル＞が追加されました。

Section 03 Word 2016を起動・終了する

覚えておきたいキーワード
- 起動
- 白紙の文書
- 終了

Word 2016を起動するには、Windows 10のスタートメニューに登録されているWordのアイコンをクリックします。Wordが起動するとテンプレート選択画面が表示されるので、そこから目的の操作をクリックします。作業が終わったら、<閉じる>をクリックしてWordを終了します。

1 Word 2016を起動して白紙の文書を開く

新機能 Windows 10でWordを起動する

Windows 10で<スタート>をクリックすると、スタートメニューが表示されます。左側にはアプリのメニュー、右側にはよく使うアプリのアイコンが表示されます。<すべてのアプリ>をクリックして<Word 2016>をクリックすると、Wordが起動します。

1 Windows 10を起動して、

2 <スタート>をクリックして、

3 <すべてのアプリ>をクリックします。

4 <Word 2016>をクリックすると、

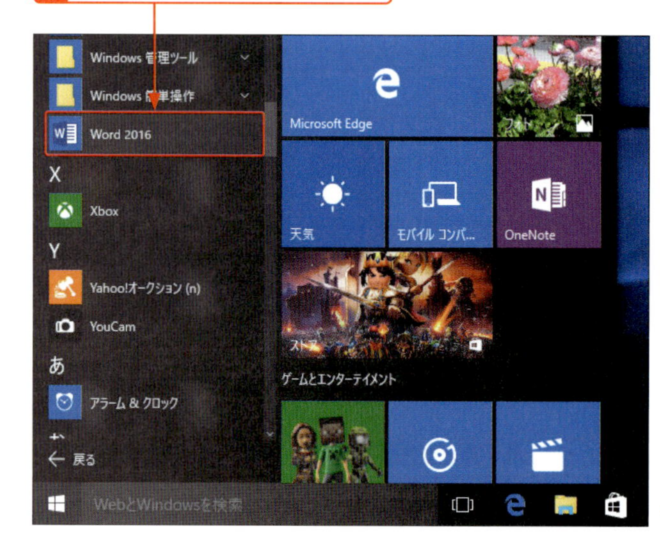

キーワード Windows 10

Windows 10は、Windowsの最新のバージョンです(2015年9月現在)。本書は、Windows 10上でWord 2016を使用する方法について解説を行います。ほかのWindowsのバージョンでも、Word自体の操作は変わりませんが、画面の表示が一部異なる場合があります。

5 Word 2016が起動して、Word 2016のテンプレート選択画面が開きます。

6 ＜白紙の文書＞をクリックすると、

7 新しい文書が作成されます。

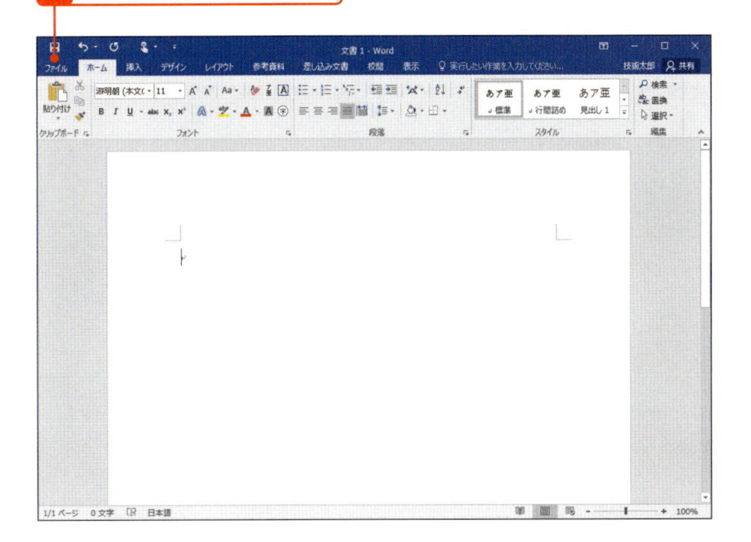

メモ Windows 7でWord 2016を起動する

Windows 7でWord 2016を起動するには、＜スタート＞ボタンをクリックして、＜すべてのプログラム＞をクリックします。表示される一覧の＜Word 2016＞をクリックします。

ステップアップ タッチモードに切り替える

パソコンがタッチスクリーンに対応している場合は、クイックアクセスツールバーに＜タッチ／マウスモードの切り替え＞ が表示されます。これをクリックすることで、タッチモードとマウスモードを切り替えることができます。タッチモードにすると、タブやコマンドの表示間隔が広がってタッチ操作がしやすくなります。

1 ＜タッチ／マウスモードの切り替え＞をクリックして、

2 ＜タッチ＞をクリックします。

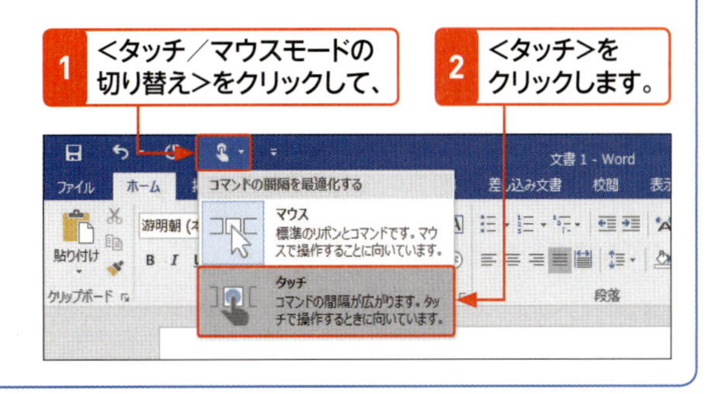

2 Word 2016を終了する

ヒント 複数の文書を開いている場合

Wordを終了するには、右の手順で操作を行います。ただし、複数の文書を開いている場合は、<閉じる>✕をクリックしたウィンドウの文書だけが閉じられます。

ヒント 文書を閉じる

Word 2016自体を終了するのではなく、開いている文書に対する作業を終了する場合は、「文書を閉じる」操作を行います(Sec.08参照)。

1 <閉じる>をクリックすると、

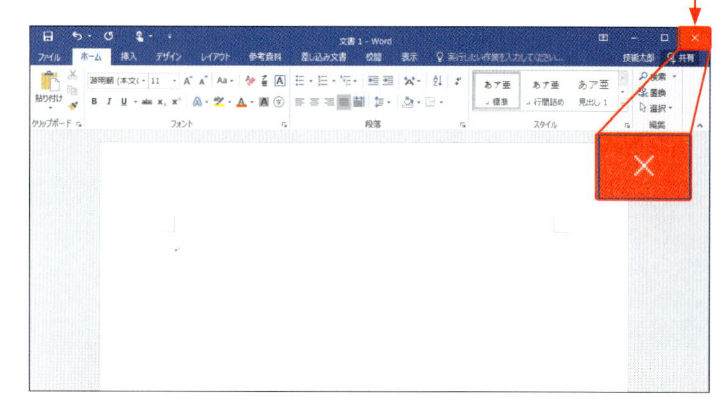

2 Word 2016が終了して、デスクトップ画面に戻ります。

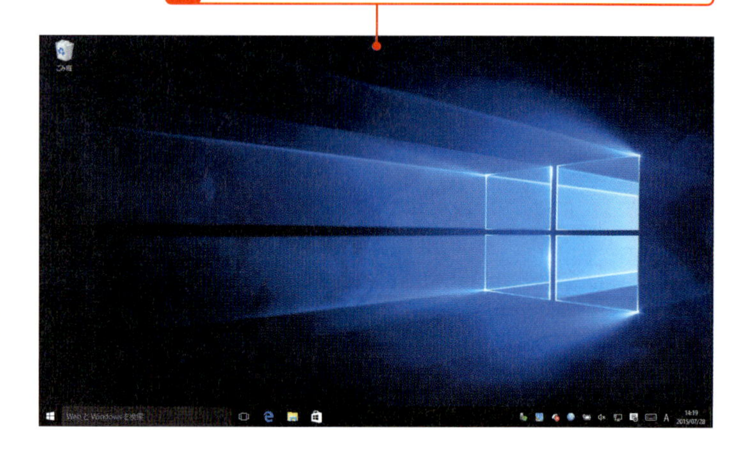

ヒント 文書を保存していない場合

文書の作成や編集をしていた場合に、文書を保存しないでWordを終了しようとすると、右図の画面が表示されます。文書の保存について、詳しくはSec.07を参照してください。なお、Wordでは、文書を保存せずに閉じた場合、4日以内であれば文書を回復できます(P.45参照)。

Wordの終了を取り消すには、<キャンセル>をクリックします。

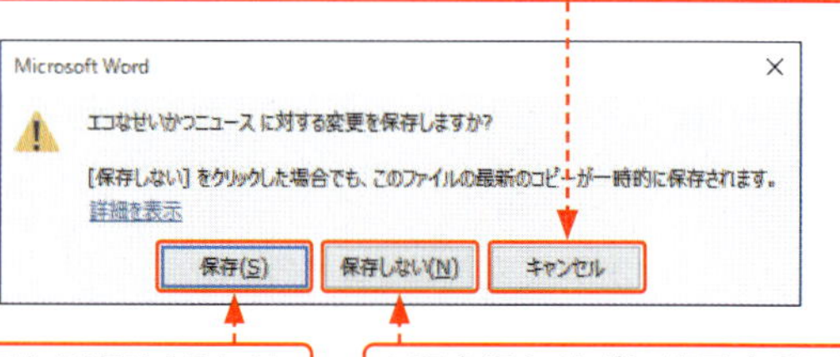

文書を保存してから終了するには、<保存>をクリックします。

文書を保存せずに終了するには、<保存しない>をクリックします。

スタートメニューやタスクバーにWordのアイコンを登録する

スタートメニューやタスクバーにWordのアイコンを登録（ピン留め）しておくと、Wordの起動をすばやく行うことができます。
スタートメニューの右側にアイコンを登録するには、<スタート>をクリックして、<すべてのアプリ>をクリックし、<Word 2016>を右クリックして、<スタート画面にピン留めする>をクリックします。また、<タスクバーにピン留めする>をクリックすると、画面下のタスクバーに登録されます。
Wordを起動するとタスクバーに表示されるWordのアイコンを右クリックして、<タスクバーにピン留めする>をクリックしても登録できます。アイコンの登録をやめるには、登録したWordアイコンを右クリックして、<タスクバーからピン留めを外す>をクリックします。

スタートメニューから登録する

1 P.26を参照してアプリ一覧を表示します。

2 <Word 2016>を右クリックして、

3 <スタート画面にピン留めする>をクリックします。

<タスクバーにピン留めする>をクリックすると、タスクバーに登録されます（右下図参照）。

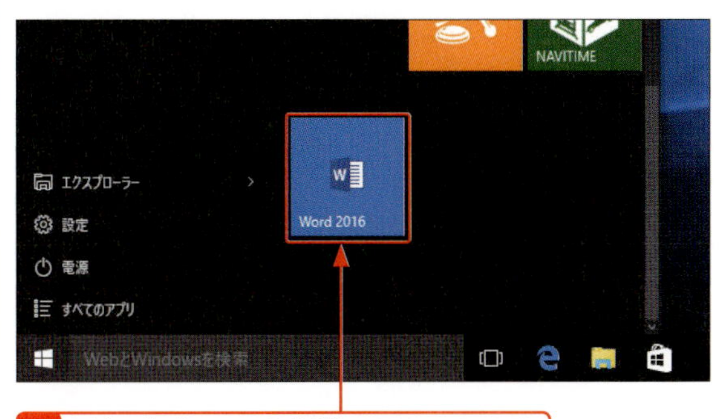

4 スタートメニューの右側にWord 2016のアイコンが登録されます。

起動したWordのアイコンから登録する

1 Wordのアイコンを右クリックして、

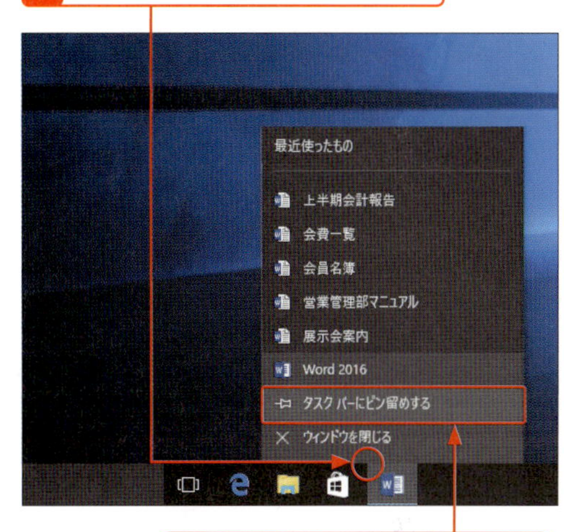

2 <タスクバーにピン留めする>をクリックすると、

3 タスクバーにWordのアイコンが登録されます。

Section 04

Word 2016の画面構成

覚えておきたいキーワード
- タブ
- コマンド
- リボン

Word 2016の基本画面は、機能を実行するためのリボン（タブで切り替わるコマンドの領域）と、文字を入力する文書で構成されています。また、<ファイル>タブをクリックすると、文書に関する情報や操作を実行するメニューが表示されます。

1 Word 2016の基本的な画面構成

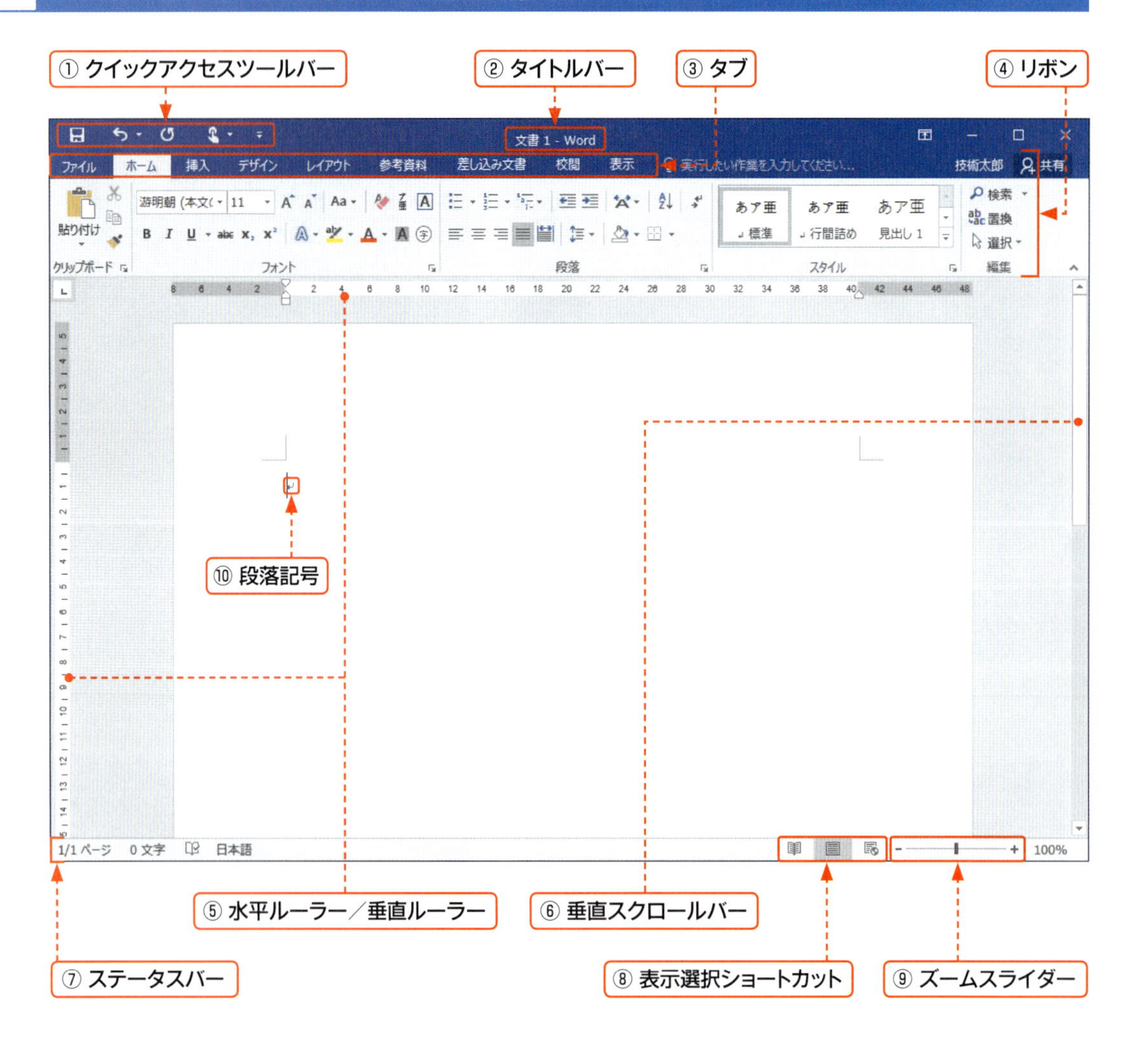

名 称	機 能
① クイックアクセスツールバー	<上書き保存><元に戻す><やり直し>のほか、頻繁に使うコマンドを追加／削除できます。また、タッチとマウスのモードの切り替えも行えます。
② タイトルバー	現在作業中のファイルの名前が表示されます。
③ タブ	初期設定では、9つのタブが用意されています。タブをクリックしてリボンを切り替えます（<ファイル>タブは下記参照）。
④ リボン	目的別のコマンドが機能別に分類されて配置されています。
⑤ 水平ルーラー／垂直ルーラー※	水平ルーラーはインデントやタブの設定を行い、垂直ルーラーは余白の設定や表の行の高さを変更します。
⑥ 垂直スクロールバー	文書を縦にスクロールするときに使用します。画面の横移動が可能な場合には、画面下に水平スクロールバーが表示されます。
⑦ ステータスバー	カーソルの位置の情報や、文字入力の際のモードなどを表示します。
⑧ 表示選択ショートカット	文書の表示モードを切り替えます。
⑨ ズームスライダー	スライダーをドラッグするか、<縮小>[-]、<拡大>[+]をクリックすると、文書の表示倍率を変更できます。
⑩ 段落記号	段落記号は編集記号※※の一種で、段落の区切りとして表示されます。

※水平ルーラー／垂直ルーラーは、初期設定では表示されません。<表示>タブの<ルーラー>をオンにすると表示されます。
※※初期設定での編集記号は、段落記号のみが表示されます。そのほかの編集記号の表示方法は、Sec.65を参照してください。

<ファイル>画面

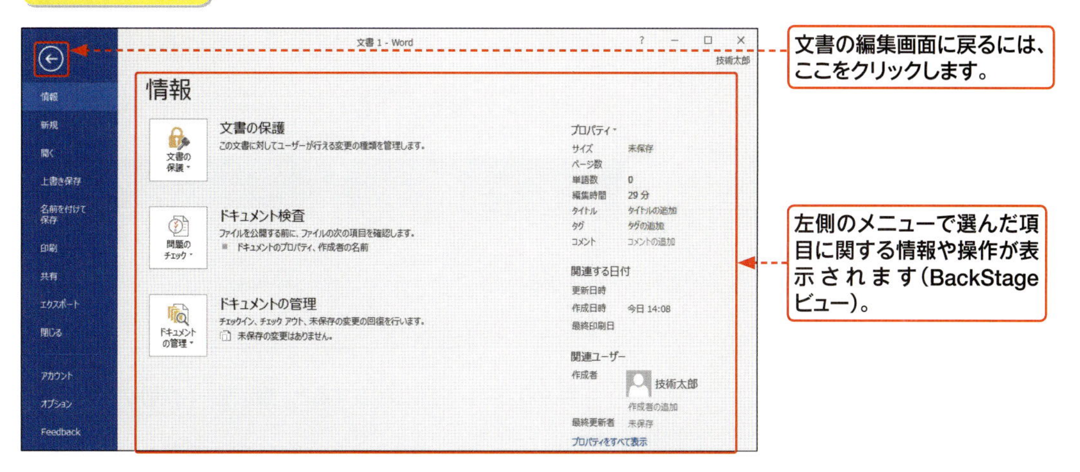

メニュー	内 容
情報	開いているファイルに関する情報やプロパティが表示されます。
新規	白紙の文書や、テンプレートを使って文書を新規作成します（Sec.10参照）。
開く	文書ファイルを選択して開きます（Sec.09参照）。
上書き保存	文書ファイルを上書きして保存します（Sec.07参照）。
名前を付けて保存	文書ファイルに名前を付けて保存します（Sec.07参照）。
印刷	文書の印刷に関する設定と、印刷を実行します（Sec.12参照）。
共有	文書をほかの人と共有できるように設定します。
エクスポート	PDFファイルのほか、ファイルの種類を変更して文書を保存します（Sec.82参照）。
閉じる	文書を閉じます（Sec.08参照）。
アカウント	ユーザー情報を管理します。
オプション	Wordの機能を設定するオプション画面を開きます（次ページ参照）。オプション画面では、Wordの基本的な設定や画面への表示方法、操作や編集に関する詳細な設定を行うことができます。

キーワード Wordのオプション

＜Wordのオプション＞画面は、＜ファイル＞タブの＜オプション＞をクリックすると表示される画面です。ここで、Word全般の基本的な操作や機能の設定を行います。＜表示＞では画面や編集記号の表示／非表示、＜文章校正＞では校正機能や入力オートフォーマット機能の設定、＜詳細設定＞では編集機能や画面表示項目オプションの設定などを変更することができます。

＜Wordのオプション＞画面

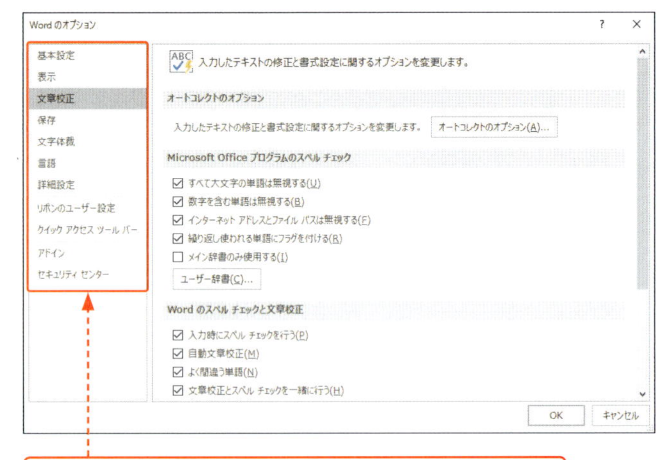

メニューをクリックすると、右側に設定項目が表示されます。

2 文書の表示モードを切り替える

メモ 文書の表示モード

Word 2016の文書の表示モードには、大きく分けて5種類あります（それぞれの画面表示はP.33、34参照）。初期の状態では、「印刷レイアウト」モードで表示されます。表示モードは、ステータスバーにある＜表示選択ショートカット＞をクリックしても切り替えることができます。

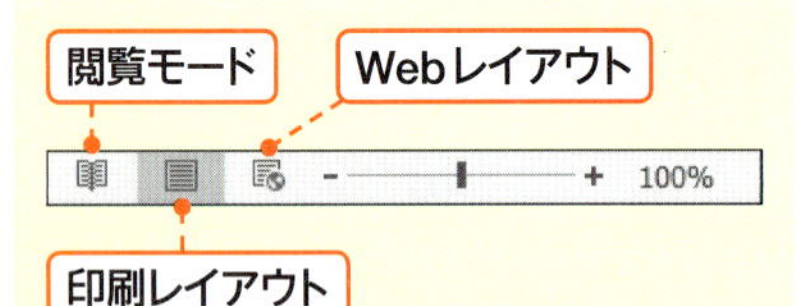

初期設定では、「印刷レイアウト」モードで表示されます。

1 ＜表示＞タブをクリックして、

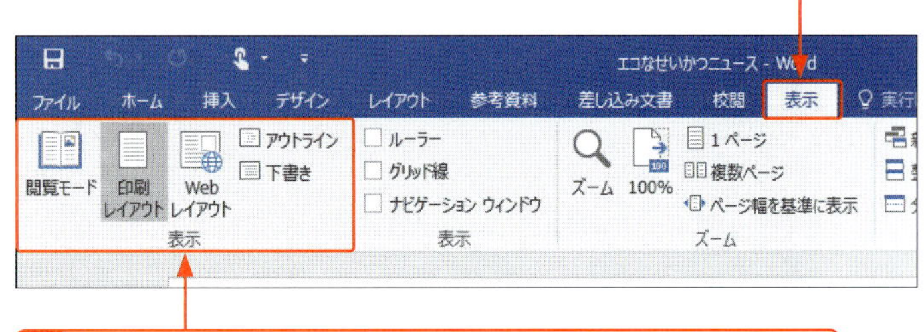

2 目的のコマンドをクリックすると、表示モードが切り替わります。

印刷レイアウト

通常の画面表示です。

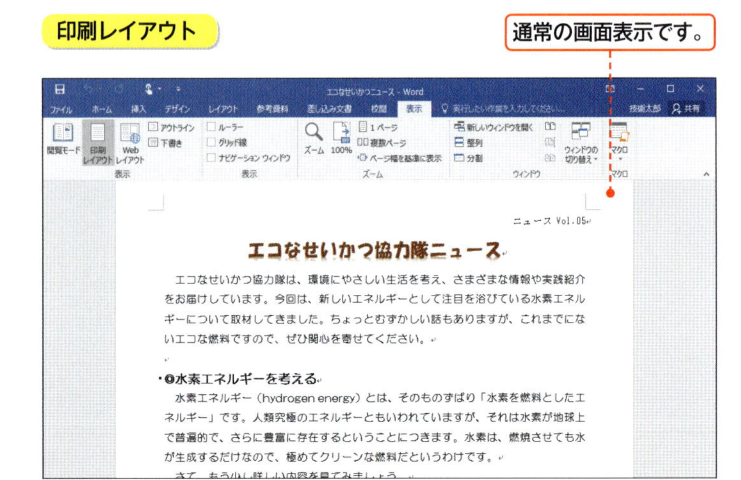

キーワード 印刷レイアウト

「印刷レイアウト」モードは、余白やヘッダー／フッターの内容も含め、印刷結果のイメージに近い画面で表示されます。

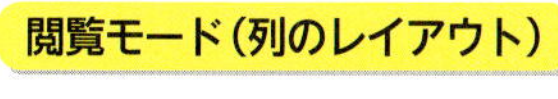

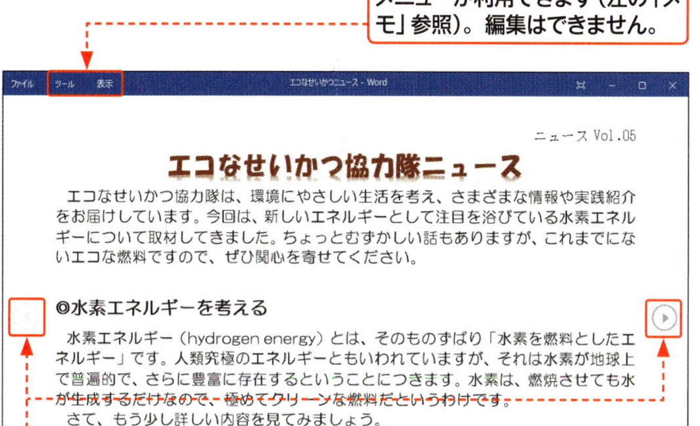

Webレイアウト

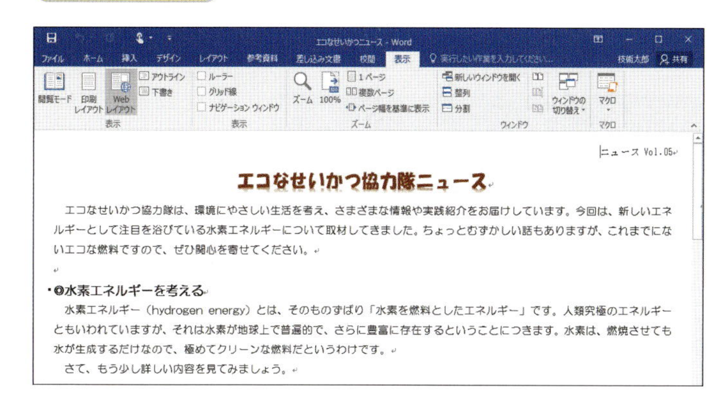

アウトライン表示

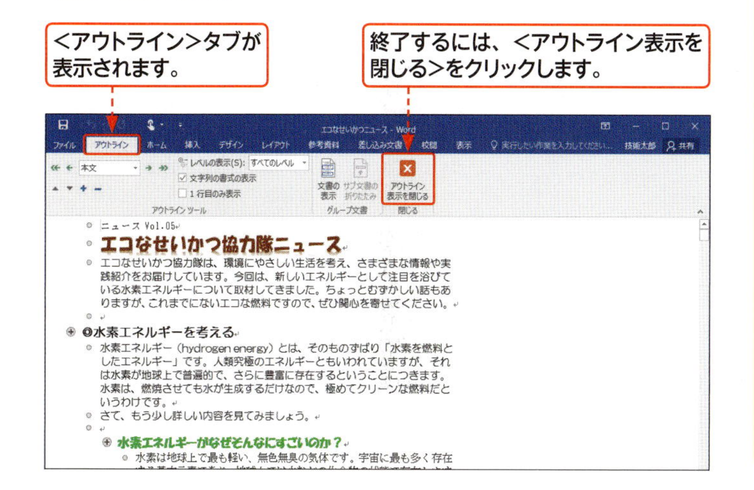

キーワード 閲覧モード

「閲覧モード」は、画面上で文書を読むのに最適な表示モードです。1ページ表示のほか、複数ページ表示も可能で、横(左右)方向にページをめくるような感覚で文書を閲覧できます。閲覧モードの<ツール>タブでは、文書内の検索と、スマート検索が行えます。<表示>タブでは、ナビゲーションウィンドウやコメントの表示、ページの列幅や色、レイアウトの変更が行えます。

キーワード Webレイアウト

「Webレイアウト」モードは、Webページのレイアウトで文書を表示できます。横長の表などを編集する際に適しています。なお、文書をWebページとして保存するには、文書に名前を付けて保存するときに、<ファイルの種類>で<Webページ>をクリックします(P.278参照)。

キーワード アウトライン

「アウトライン」モードは、<表示>タブの<アウトライン>をクリックすると表示できます。「アウトライン」モードは、章や節、項など見出しのスタイルを設定している文書の階層構造を見やすく表示します。見出しを付ける、段落ごとに移動するなどといった編集作業に適しています。<アウトライン>タブの<レベルの表示>でレベルをクリックして、指定した見出しだけを表示できます。

キーワード 下書き

「下書き」モードは、＜表示＞タブの＜下書き＞をクリックすると表示できます。「下書き」モードでは、クリップアートや画像などを除き、本文だけが表示されます。文字だけを続けて入力する際など、編集スピードを上げるときに利用します。

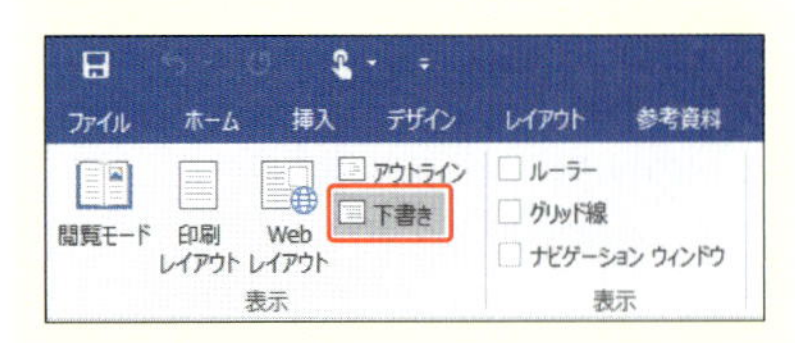

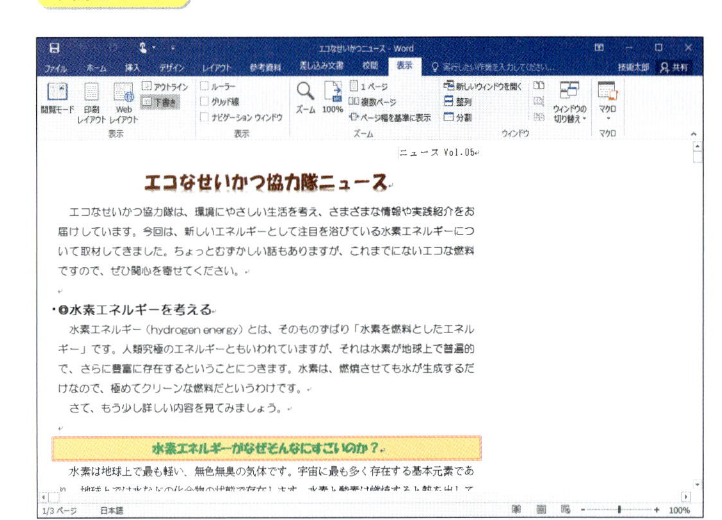

3 ナビゲーション作業ウィンドウを利用する

キーワード ナビゲーション作業ウィンドウ

＜ナビゲーション＞作業ウィンドウは、複数のページにわたる文書を閲覧したり、編集したりする場合に利用するウィンドウです。

1 ＜表示＞タブの＜ナビゲーションウィンドウ＞をクリックしてオンにすると、

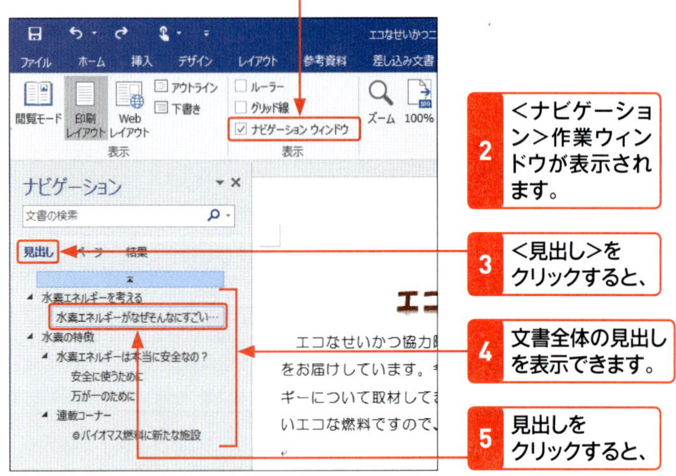

6 該当箇所にすばやく移動します。

ヒント そのほかの作業ウィンドウの種類と表示方法

Wordに用意されている作業ウィンドウには、＜クリップボード＞（＜ホーム＞タブの＜クリップボード＞の□）、＜図形の書式設定＞（＜描画ツール＞の＜書式＞タブの＜図形のスタイル＞の□）、＜図の書式設定＞（＜図ツール＞の＜書式＞タブの＜図のスタイル＞の□）などがあります。

8 ページがサムネイル（縮小画面）で表示されます。

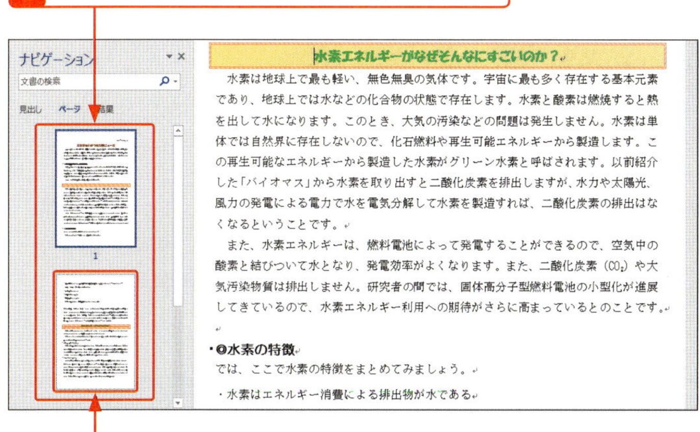

9 特定のページをクリックすると、

10 該当ページにすばやく移動します。

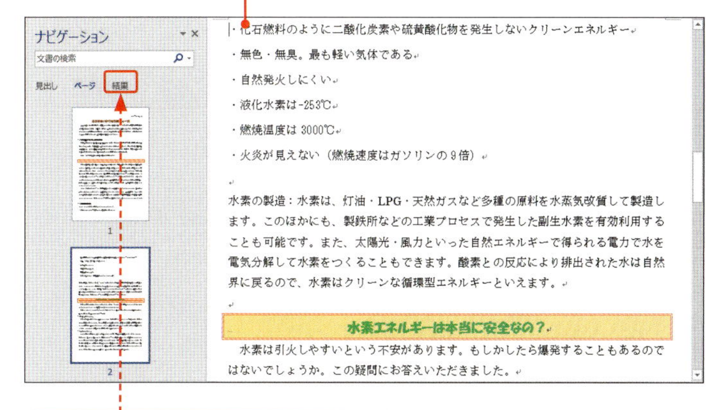

<結果>には、キーワードで検索した結果が表示されます。

ヒント ナビゲーションの活用

<見出し>では、目的の見出しへすばやく移動するほかに、見出しをドラッグ&ドロップして文書の構成を入れ替えることもできます。

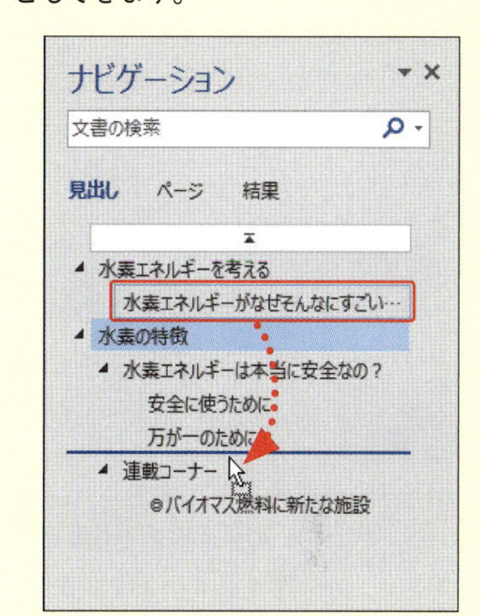

ステップアップ ミニツールバーを表示する

文字列を選択したり、右クリックしたりすると、対象となった文字の近くに「ミニツールバー」が表示されます。ミニツールバーに表示されるコマンドの内容は、操作する対象によって変わります。

文字列を選択したときのミニツールバーには、選択対象に対して書式などを設定するコマンドが用意されています。

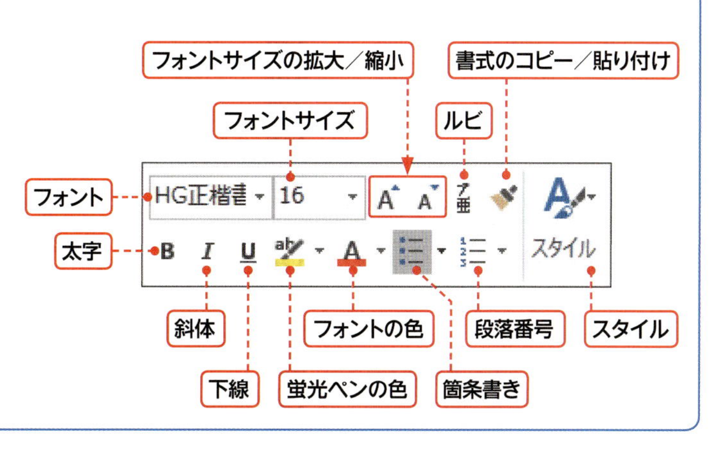

Section 05

リボンの基本操作

覚えておきたいキーワード
- リボン
- コマンド
- グループ

Wordでは、ほとんどの機能をリボンの中に登録されているコマンドから実行することができます。また、リボンに用意されていない機能は、ダイアログボックスや作業ウィンドウを表示させて設定できます。リボンを非表示にすることもできます。

1 リボンを操作する

メモ Word 2016のリボン

Word 2016の初期状態で表示されるリボンは、<ファイル>を加えた9種類のタブによって分類されています。また、それぞれのタブは、用途別の「グループ」に分かれています。各グループのコマンドをクリックすることによって、機能を実行したり、メニューやダイアログボックス、作業ウィンドウなどを表示したりすることができます。

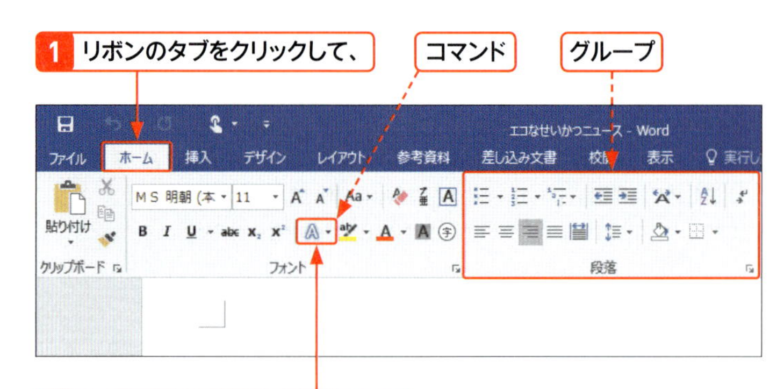

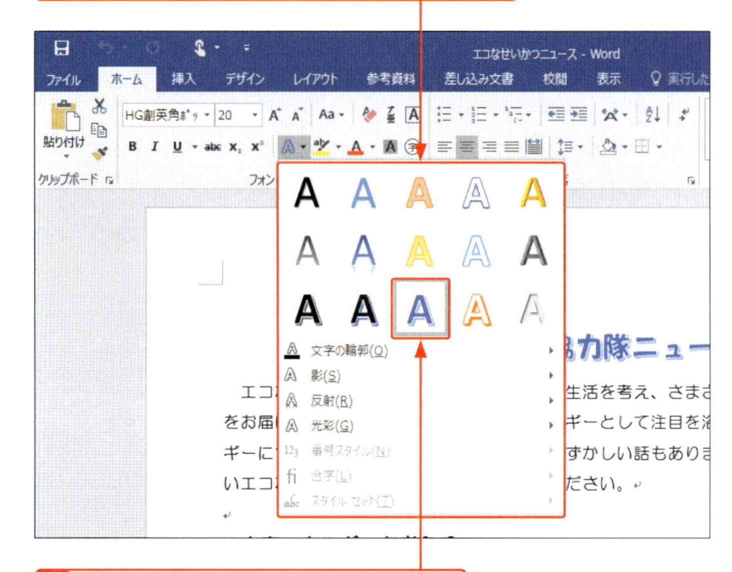

ヒント 必要なコマンドが見つからない?

必要なコマンドが見つからない場合は、グループの右下にあるをクリックしたり（次ページ参照）、メニューの末尾にある項目をクリックしたりすると、該当するダイアログボックスや作業ウィンドウが表示されます。

ヒント リボンの表示は画面サイズによって変わる

リボンのグループとコマンドの表示は、画面のサイズによって変わります。画面サイズを小さくしている場合は、リボンが縮小し、グループだけが表示される場合があります。

2 リボンからダイアログボックスを表示する

1 いずれかのタブをクリックして、

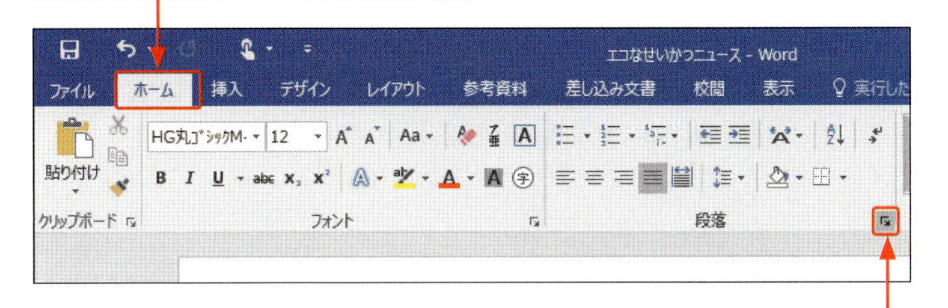

2 各グループの右下にある をクリックすると、

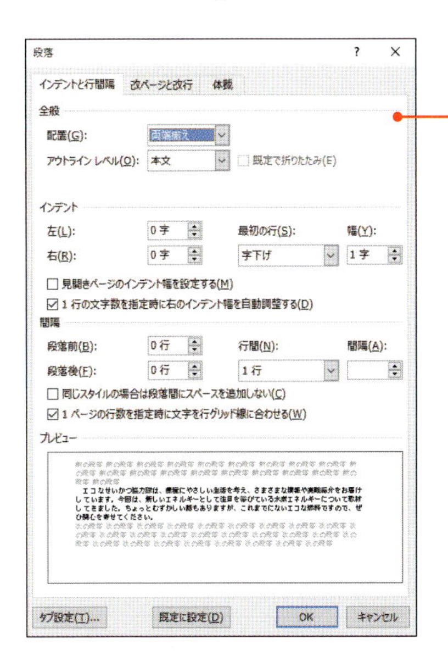

3 ダイアログボックスが表示され、詳細な設定を行うことができます。

メモ 追加のオプションがある場合

各グループの右下に（ダイアログボックス起動ツール）が表示されているときは、そのグループに追加のオプションがあることを示しています。

ヒント コマンドの機能を確認する

コマンドにマウスポインターを合わせると、そのコマンドの名称と機能を文章や画面のプレビューで確認することができます。

1 コマンドにマウスポインターを合わせると、

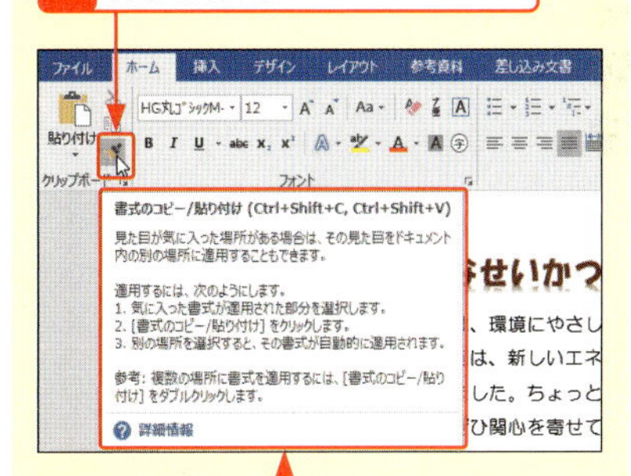

2 コマンドの機能がプレビューで確認できます。

3 必要に応じてリボンが追加される

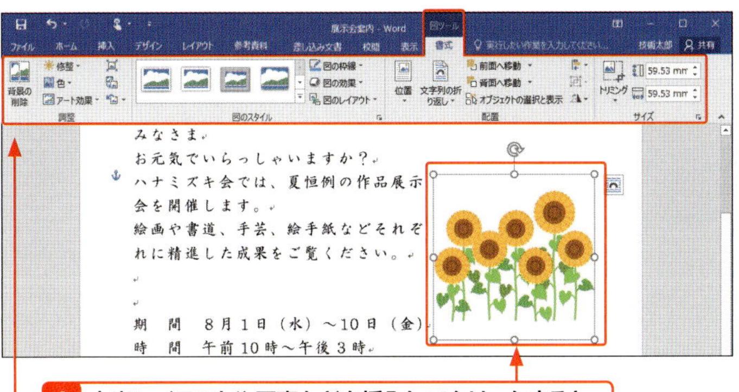

1 文書にイラストや写真などを挿入してクリックすると、

2 ＜図ツール＞の＜書式＞タブが追加表示されます。

メモ 作業に応じて追加されるタブ

通常の9種類のタブのほかに、図や写真、表などをクリックして選択すると、右端にタブが追加表示されます。このように作業に応じて表示されるタブには、＜SmartArtツール＞の＜デザイン＞＜書式＞タブや、＜表ツール＞の＜デザイン＞＜レイアウト＞タブなどがあります。文書内に図や表があっても、選択されていなければこのタブは表示されません。

4 リボンの表示／非表示を切り替える

メモ リボンの表示方法

リボンは、タブとコマンドがセットになった状態のことを指します。<リボンの表示オプション>を利用すると、タブとコマンドの表示／非表示を切り替えることができます。

また、<リボンを折りたたむ>を利用しても、タブのみの表示にすることができます（次ページの「ステップアップ」参照）。

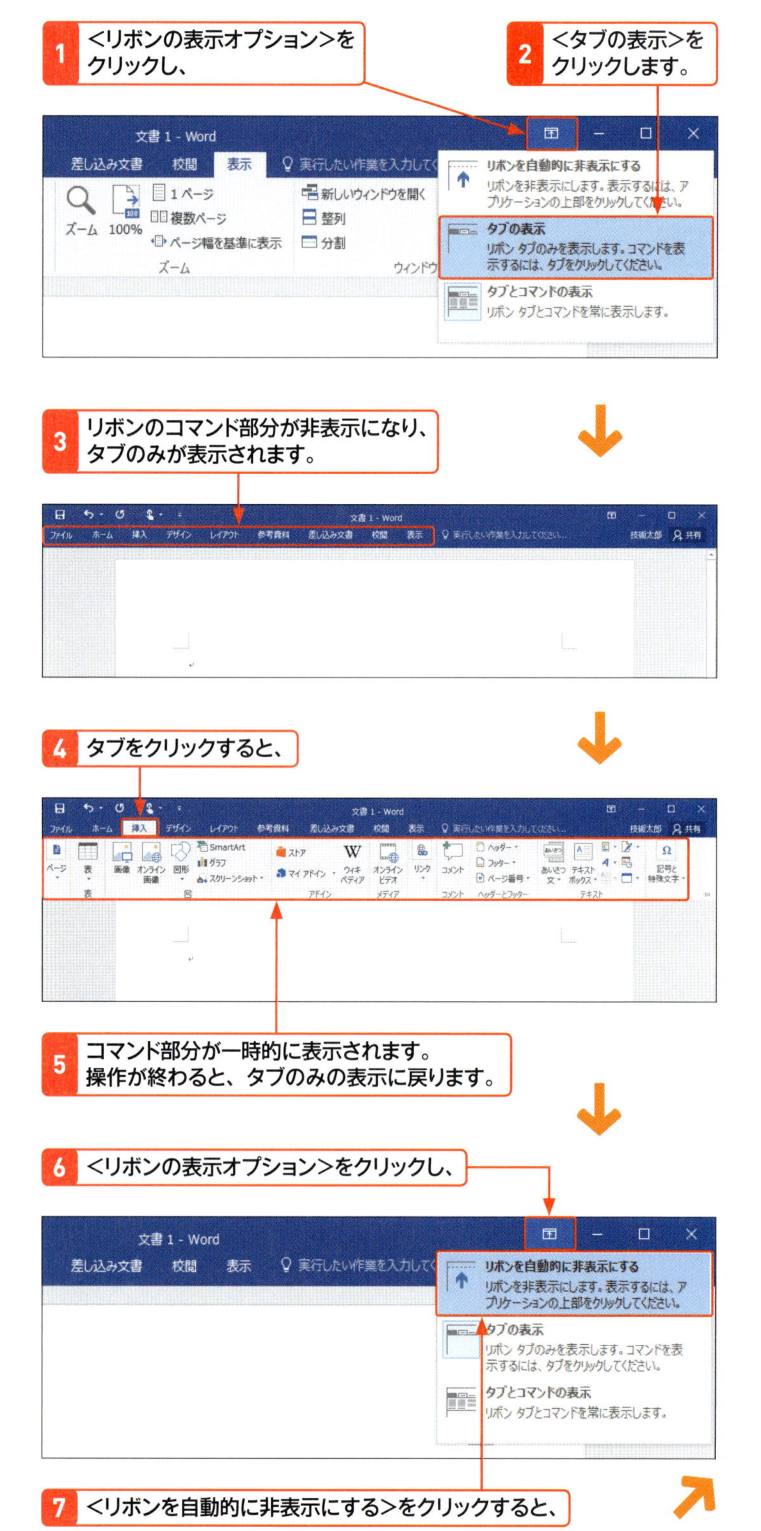

ヒント リボンを非表示にするそのほかの方法

いずれかのタブを右クリックして、メニューから<リボンを折りたたむ>をクリックします。これで、リボンを非表示にすることができます。

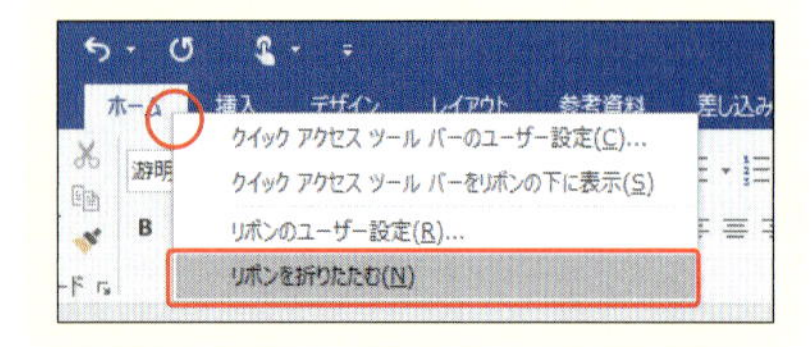

8 全画面表示になります。

9 <リボンの表示オプション>をクリックし、

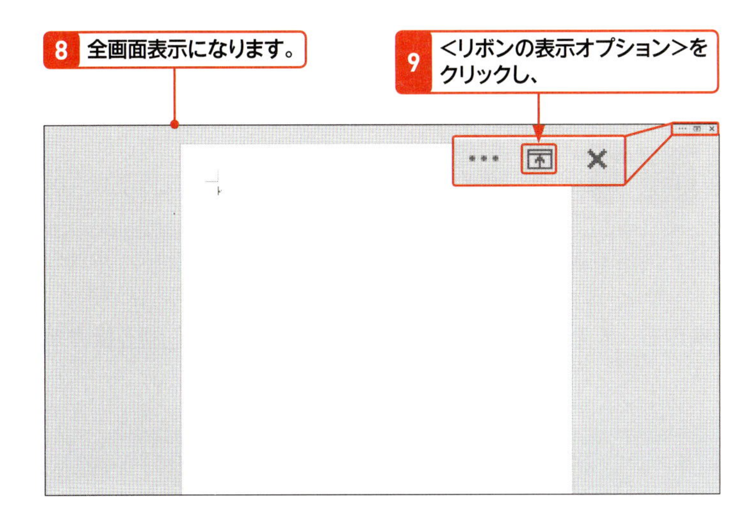

10 <タブとコマンドの表示>をクリックすると、もとの表示に戻ります。

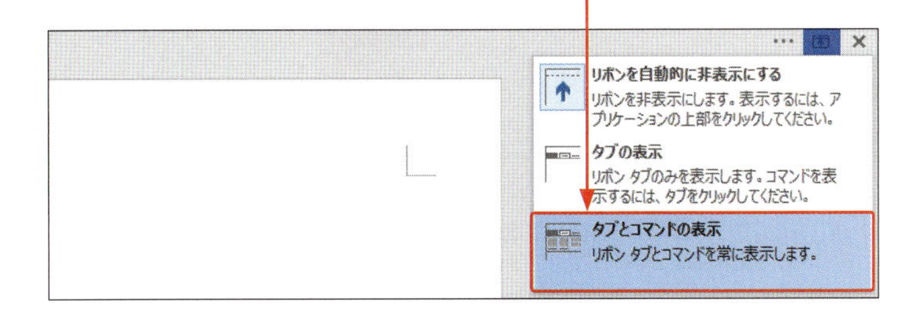

ヒント 全画面で一時的にリボンを表示する

全画面表示の右上にある … をクリックすると、一時的にタブとコマンドを表示することができます。

ヒント 表示倍率を変更するには？

<表示>タブの<ズーム>をクリックして表示される<ズーム>ダイアログボックスや画面右下のズームスライダーや − <縮小>／ + <拡大>を使って、画面の表示倍率を変更することができます。

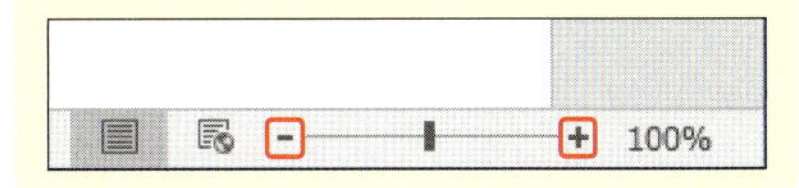

ステップアップ <リボンを折りたたむ>機能を利用する

リボンの右端に表示される<リボンを折りたたむ> をクリックすると、リボンがタブのみの表示になります。必要なときにタブをクリックして、コマンド部分を一時的に表示することができます。もとの表示に戻すには、<リボンの固定> をクリックします。

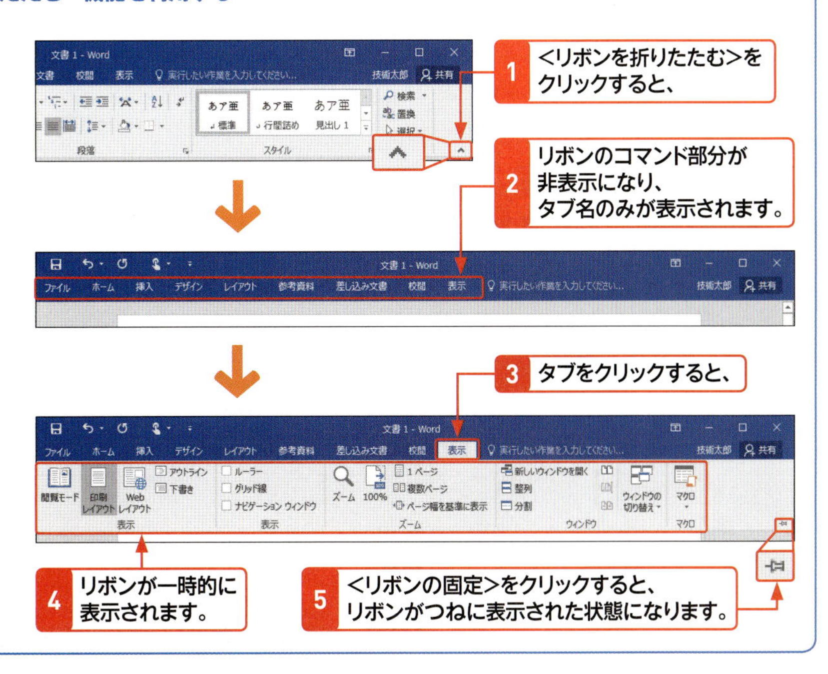

Section 06 操作をもとに戻す・やり直す・繰り返す

覚えておきたいキーワード
- 元に戻す
- やり直し
- 繰り返し

操作を間違ったり、操作をやり直したい場合は、クイックアクセスツールバーにある＜元に戻す＞や＜やり直し＞を使います。直前に行った操作だけでなく、連続した複数の操作も、まとめて取り消すことができます。また、同じ操作を続けて行う場合は、＜繰り返し＞を利用すると便利です。

1 操作をもとに戻す・やり直す

メモ 操作をもとに戻す

クイックアクセスツールバーの＜元に戻す＞ の をクリックすると、直前に行った操作を最大100ステップまで取り消すことができます。ただし、ファイルを閉じると、もとに戻すことはできなくなります。

ステップアップ 複数の操作をもとに戻す

直前の操作だけでなく、複数の操作をまとめて取り消すことができます。＜元に戻す＞ の をクリックし、表示される一覧から目的の操作をクリックします。やり直す場合も、同様の操作が行えます。

1 ここをクリックすると、

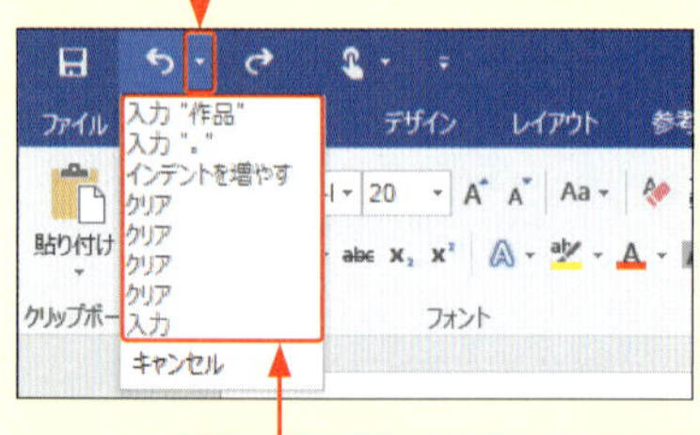

2 複数の操作をまとめて取り消すことができます。

1 文字列を選択して、

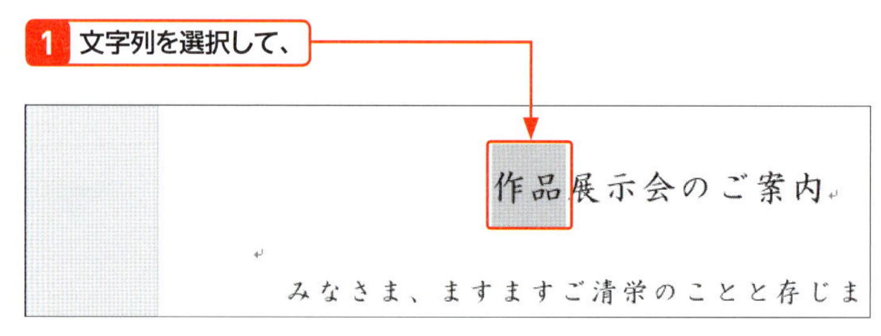

2 Delete か BackSpace を押して削除します。

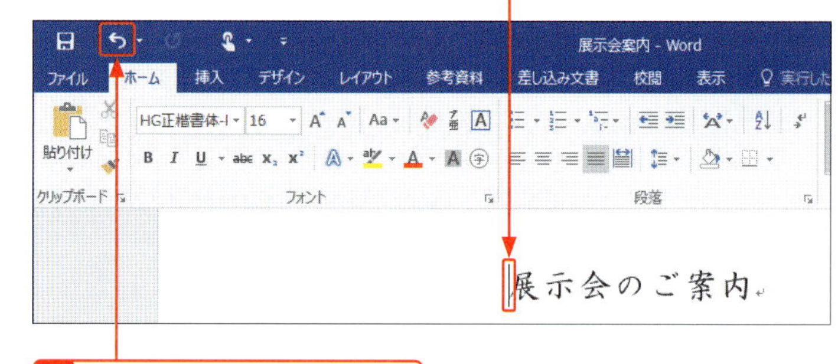

3 ＜元に戻す＞をクリックすると、

4 直前に行った操作が取り消され、もとに戻ります。

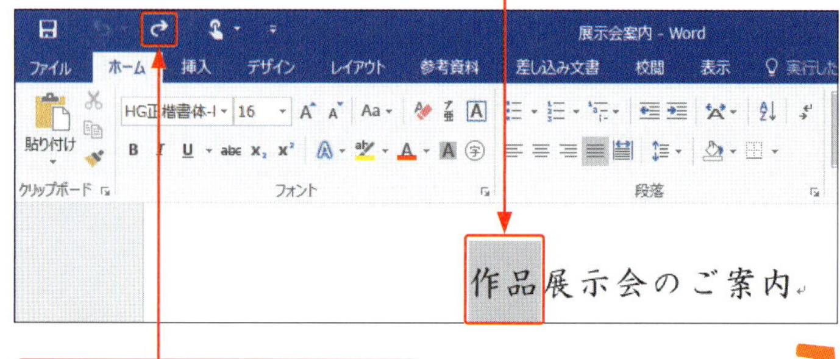

5 ＜やり直し＞をクリックすると、

6 直前に行った操作がやり直され、文字列が削除されます。

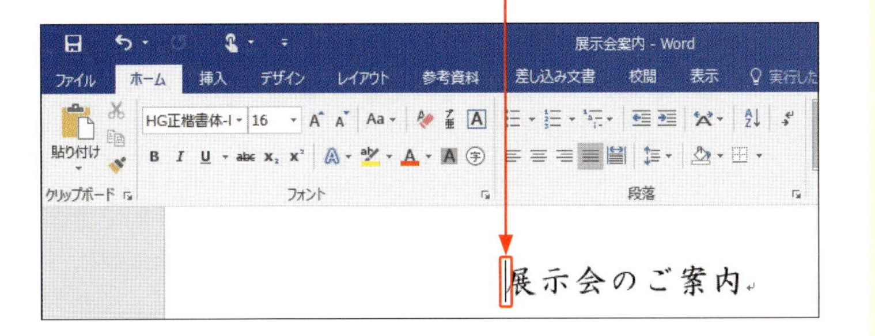

> **メモ 操作をやり直す**
>
> クイックアクセスツールバーの<やり直し>をクリックすると、取り消した操作を順番にやり直すことができます。ただし、ファイルを閉じるとやり直すことはできなくなります。

2 操作を繰り返す

1 文字列を入力して、

2 <繰り返し>をクリックすると、

3 直前の操作が繰り返され、同じ文字列が入力されます。

作品展示会作品展示会
みなさま、ますますご清栄のことと存じま
さて、先月、ハナミズキの会では、初めて
写真撮影会を開催いたしました。
プロ顔負けの腕前の方や、シャッター押すの
う方まで、たくさんの参加をいただきました
としてご披露いたしますので、どうぞ、お気軽

4 カーソルをほかの場所に移動して、

5 <繰り返し>をクリックすると、

う方まで、たくさんの参加をいただきました
作品展示会としてご披露いたしますので、

6 同じ文字列が入力されます。

> **メモ 操作を繰り返す**
>
> Wordでは、文字の入力や貼り付け、書式設定といった操作を繰り返すことができます。操作を1回行うと、クイックアクセスツールバーに<繰り返し>が表示されます。をクリックすることで、別の操作を行うまで何度でも同じ操作を繰り返せます。

> **ヒント 文書を閉じるともとに戻せない**
>
> ここで解説した、操作を元に戻す・やり直す・繰り返す機能は、文書を開いてから閉じるまでの操作に対して利用することができます。
> 文書を保存して閉じたあとに再度文書を開いても、文書を閉じる前に行った操作にさかのぼることはできません。文書を閉じる際には注意しましょう。

Section 07

Word文書を保存する

覚えておきたいキーワード
- 名前を付けて保存
- 上書き保存
- ファイルの種類

作成した文書をファイルとして保存しておけば、あとから何度でも利用できます。ファイルの保存には、作成したファイルや編集したファイルを新規ファイルとして保存する名前を付けて保存と、ファイル名はそのままで、ファイルの内容を更新する上書き保存があります。

1 名前を付けて保存する

メモ 名前を付けて保存する

作成した文書を新しいWordファイルとして保存するには、保存場所を指定して名前を付けます。一度保存したファイルを、違う名前で保存することも可能です。また、保存した名前はあとから変更することもできます（次ページの「ステップアップ」参照）。

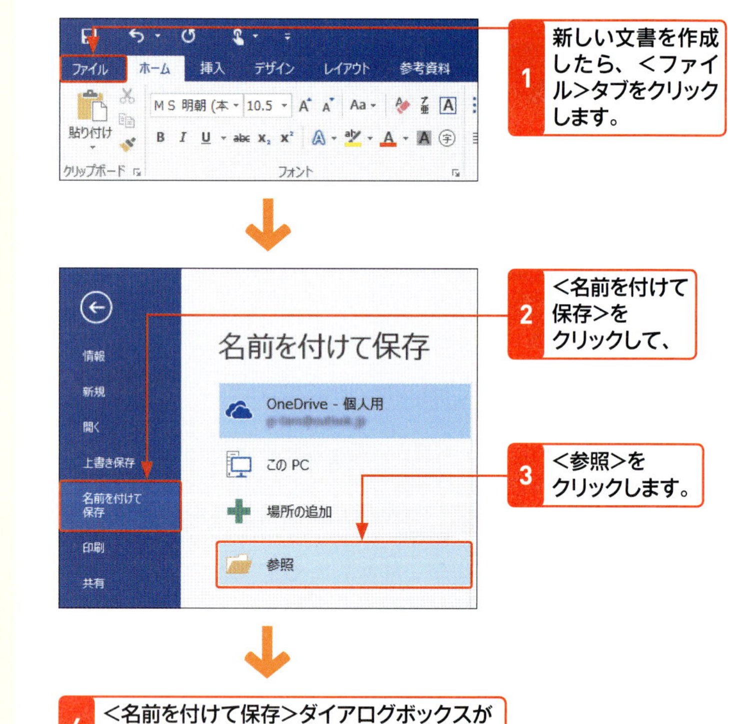

1 新しい文書を作成したら、＜ファイル＞タブをクリックします。

2 ＜名前を付けて保存＞をクリックして、

3 ＜参照＞をクリックします。

4 ＜名前を付けて保存＞ダイアログボックスが表示されます。

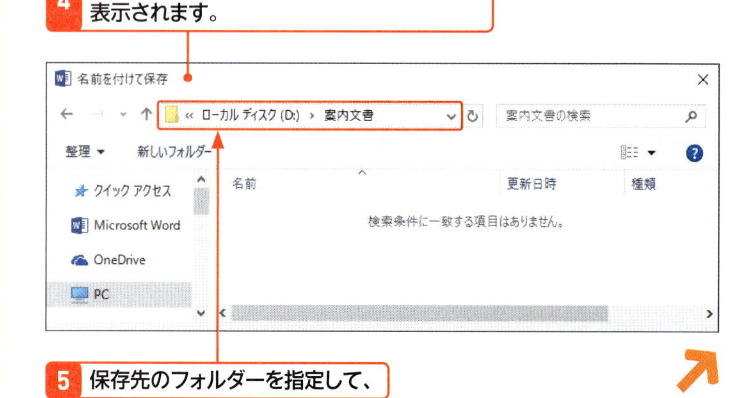

5 保存先のフォルダーを指定して、

ヒント 文書ファイルの種類

Word 2016の文書として保存する場合は、＜名前を付けて保存＞ダイアログボックスの＜ファイルの種類＞で＜Word文書＞に設定します。そのほかの形式にしたい場合は、ここからファイル形式を選択します（Sec.82参照）。

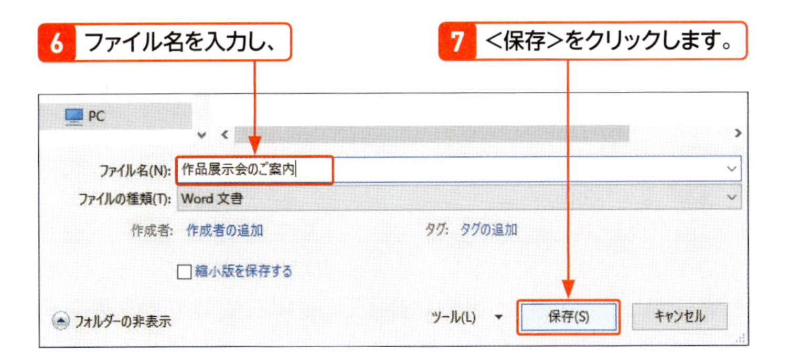

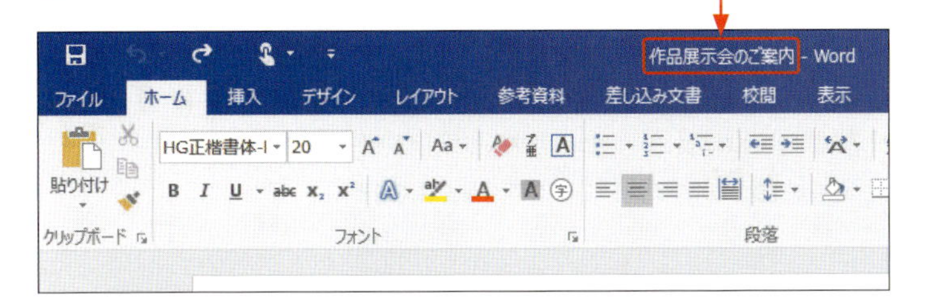

ヒント フォルダーを作成するには？

Wordを使った保存の操作では、保存先のフォルダーを新しく作ることができます。＜名前を付けて保存＞ダイアログボックスで、＜新しいフォルダー＞をクリックします。新しいフォルダーの名前を入力して、そのフォルダーをファイルの保存先に指定します。

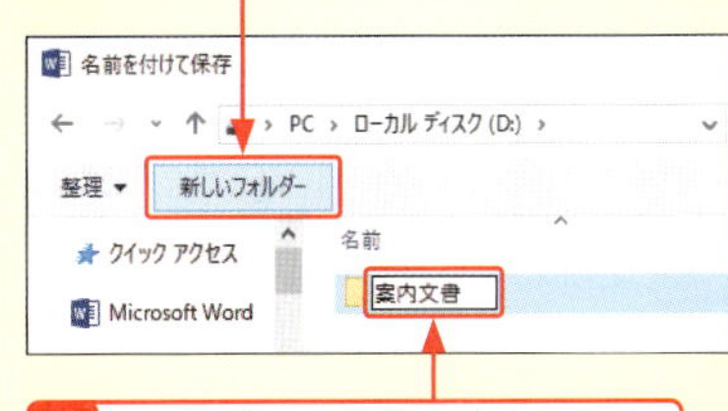

2 上書き保存する

キーワード 上書き保存

文書をたびたび変更して、その内容の最新のものだけを残しておくことを、「上書き保存」といいます。上書き保存は、＜ファイル＞タブの＜上書き保存＞をクリックしても行うことができます。

ステップアップ 保存後にファイル名を変更する

タスクバーの＜エクスプローラー＞をクリックしてエクスプローラーの画面を開き、変更したいファイルをクリックします。＜ホーム＞タブの＜名前の変更＞をクリックするか、ファイル名を右クリックして＜名前の変更＞をクリックすると、名前を入力し直すことができます。ただし、開いている文書のファイル名を変更することはできません。

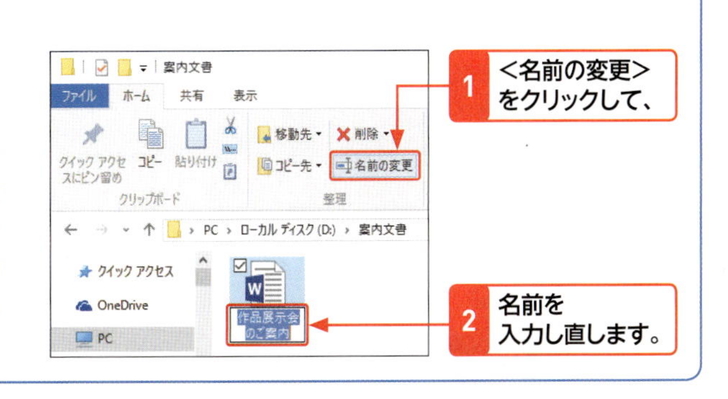

Section 08

保存したWord文書を閉じる

覚えておきたいキーワード
- 閉じる
- 保存
- 文書の回復

文書の編集・保存が終わったら、文書を閉じます。複数の文書を開いている場合、1つの文書を閉じてもWord 2016自体は終了しないので、ほかの文書ファイルをすぐに開くことができます。なお、保存しないでうっかり閉じてしまった文書は、未保存のファイルとして回復できます。

1 文書を閉じる

ヒント 文書を閉じるそのほかの方法

文書が複数開いている場合は、ウィンドウの右上隅にある＜閉じる＞をクリックすると、文書が閉じます。ただし、文書を1つだけ開いている状態でクリックすると、文書だけが閉じるのではなく、Word 2016も終了します。

ヒント 文書が保存されていないと?

文書に変更を加えて保存しないまま閉じようとすると、下図の画面が表示されます。文書を保存する場合は＜保存＞、保存しない場合は＜保存しない＞、文書を閉じずに作業に戻る場合は＜キャンセル＞をクリックします。

文書を保存せずに閉じた場合、4日以内であれば回復が可能です（右ページ参照）。

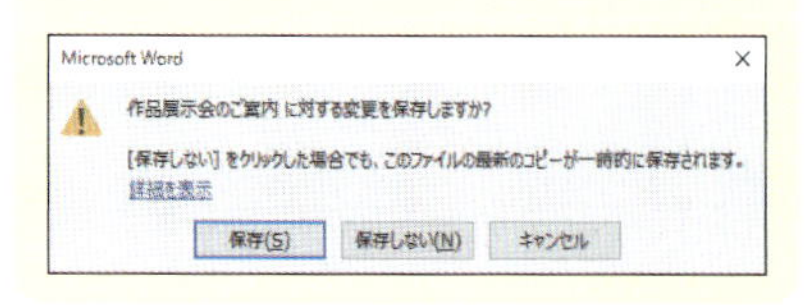

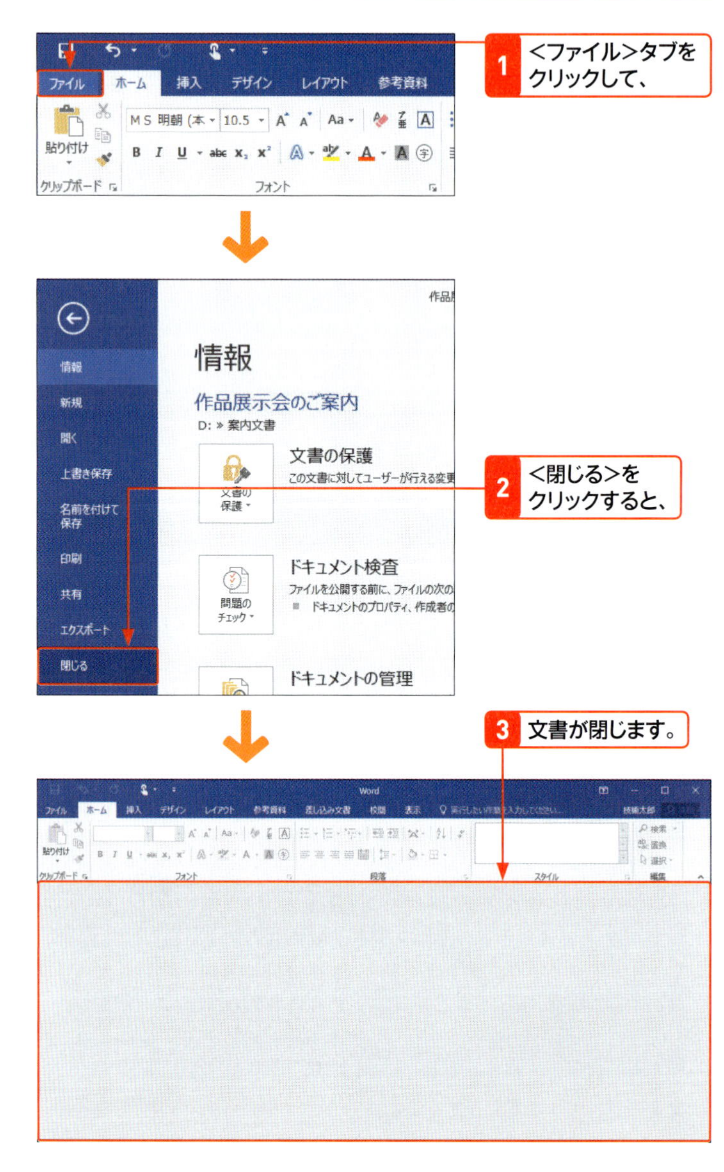

2 保存せずに閉じた文書を回復する

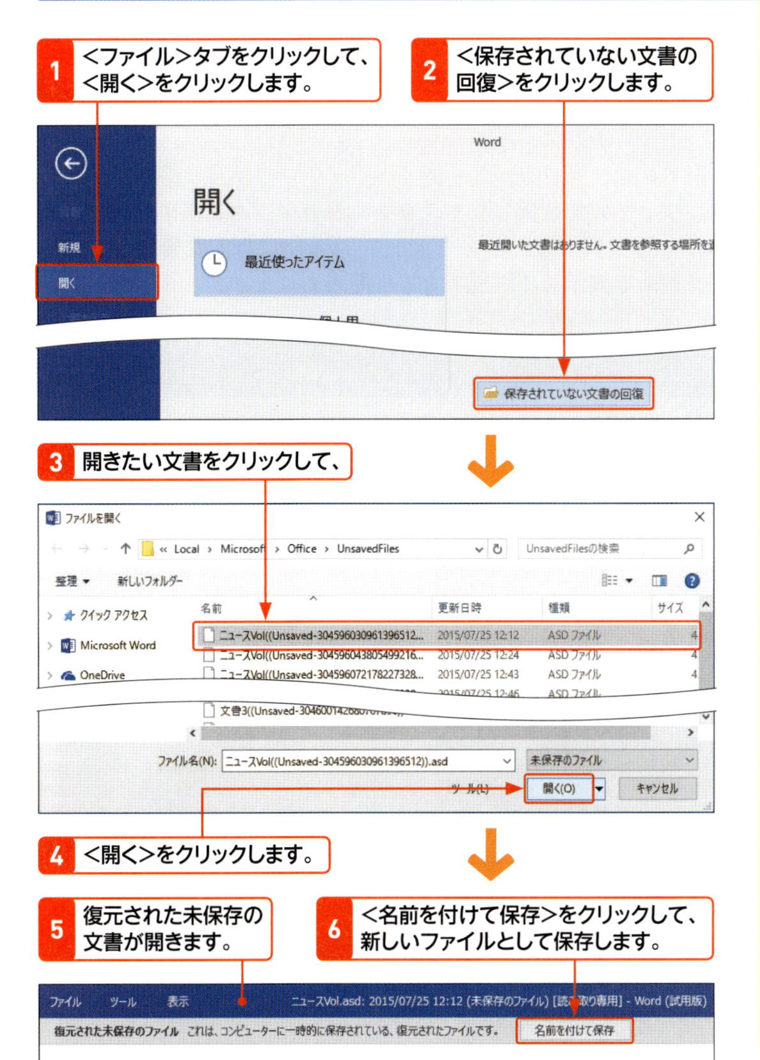

メモ 文書の自動回復

Wordでは、作成した文書や編集内容を保存せずに閉じた場合、4日以内であれば文書を回復することができます。この機能は、Wordの初期設定で有効になっています。もし、保存されない場合は、<ファイル>タブの<オプション>をクリックして表示される<Wordのオプション>画面で、<保存>の<次の間隔で自動回復用データを保存する>と<保存しないで終了する場合、最後に自動保存されたバージョンを残す>をオンにします。

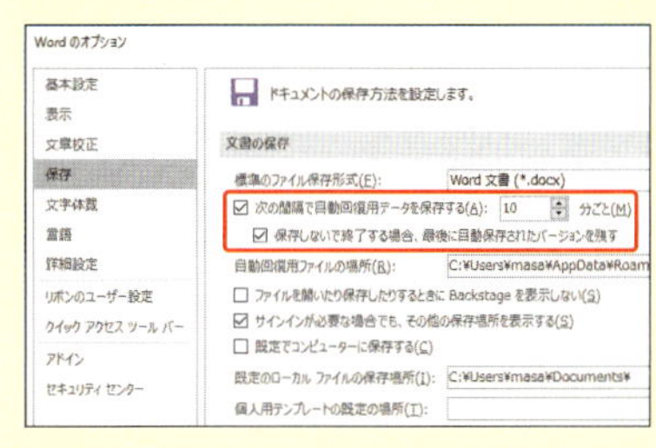

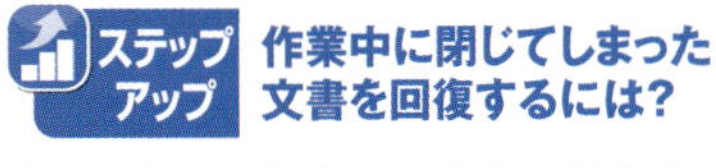

ステップアップ 作業中に閉じてしまった文書を回復するには？

名前を付けて保存した文書を編集中に、パソコンの電源が落ちるなどして、文書が閉じてしまった場合、Wordでは自動的にドキュメントの回復機能が働きます。次回Wordを起動すると、回復されたファイルが表示されるので、開いて内容を確認してから保存し直します。

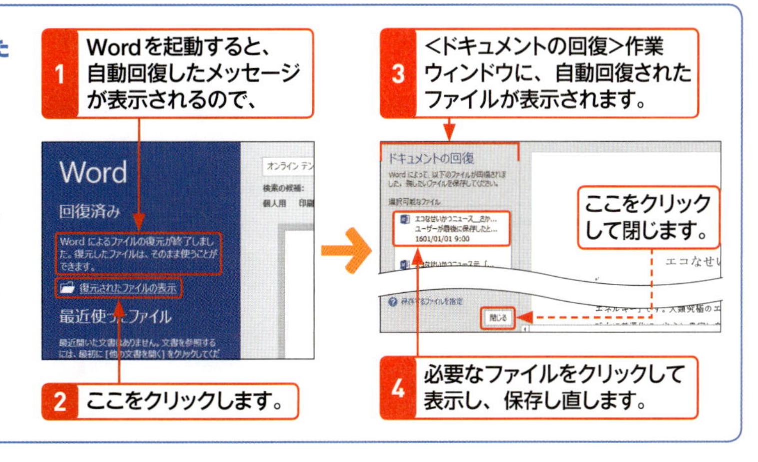

Section 09 保存したWord文書を開く

覚えておきたいキーワード
- 開く
- 最近使った文書
- ジャンプリスト

保存した文書を開くには、<ファイルを開く>ダイアログボックスで保存した場所を指定して、ファイルを選択します。また、最近使った文書やタスクバーのジャンプリストから選択することもできます。Wordには、文書を開く際に前回作業していた箇所を表示して再開できる機能もあります。

1 保存した文書を開く

メモ 最近使ったファイル

Wordを起動して、<最近使ったファイル>に目的のファイルが表示されている場合は、クリックするだけで開きます。なお、<最近使ったファイル>は初期設定では表示されるようになっていますが、表示させないこともできます（次ページの「ステップアップ」参照）。

1 Wordを起動します。

「メモ」参照

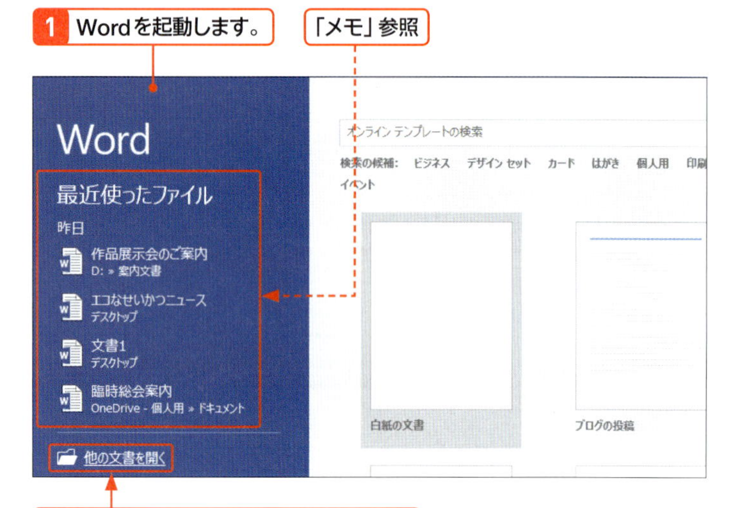

2 <他の文書を開く>をクリックすると、

3 <開く>画面が表示されるので、

4 <参照>をクリックします。

ヒント OneDrive

<ファイル>タブの<開く>に表示されている<OneDrive>とは、マイクロソフトが提供するオンラインストレージサービスです。詳しくは、Sec.85を参照してください。

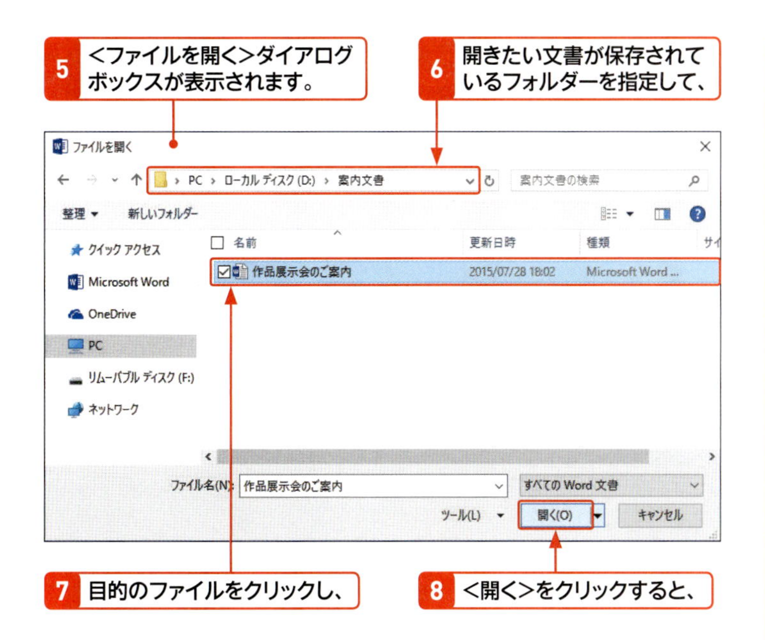

9 目的の文書が開きます。

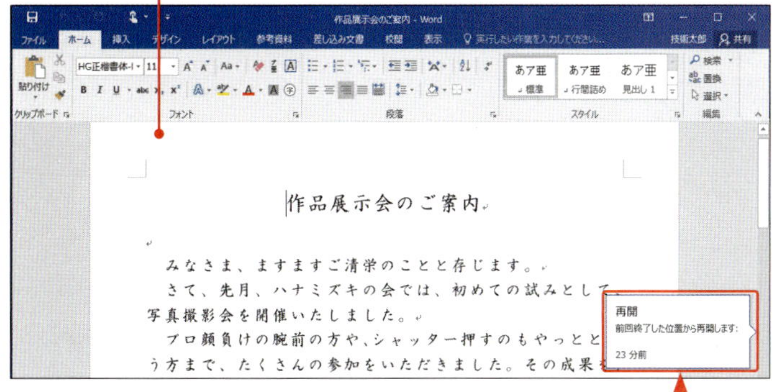

右の「ヒント」参照

メモ ファイルのアイコンから文書を開く

左の手順のほかに、デスクトップ上やフォルダーの中にあるWordファイルのアイコンをダブルクリックして、直接開くこともできます。

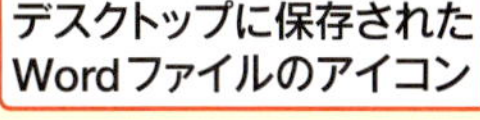

ヒント 閲覧の再開

編集後に保存して文書を閉じた場合、次回その文書を開くと、右端に<再開>のメッセージが表示されます。再開のメッセージまたは<再開>マークをクリックすると、前回最後に編集していた位置（ページ）に移動します。

ステップアップ 最近使ったファイル（アイテム）の表示／非表示

Wordを起動したときに表示される<最近使ったファイル>は、初期設定で表示されるようになっています。また、<ファイル>タブの<開く>をクリックしたときに表示される<最近使ったアイテム>も同様です。ほかの人とパソコンを共有する場合など、これまでに利用したファイル名を表示させたくないときなどは、この一覧を非表示にすることができます。また、表示数も変更することができます。

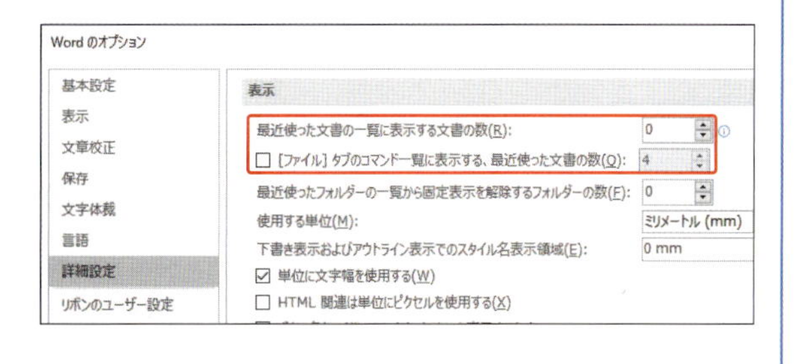

<Wordのオプション>画面（P.32参照）の<詳細設定>で、<最近使った文書の一覧に表示する文書の数>を「0」にします。さらに、<[ファイル] タブのコマンド一覧に表示する、最近使った文書の数>をオフにします。

2 文書を開いているときにほかの文書を開く

メモ 最近使ったアイテム

<最近使ったアイテム>に目的のファイルがあれば、クリックするだけですばやく開くことができます。この一覧になければ、<参照>をクリックします。

1 Wordの文書をすでに開いている場合は、<ファイル>タブをクリックします。

2 <開く>をクリックします。

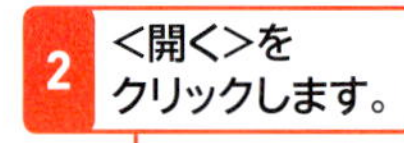

3 <最近使ったアイテム>に目的のファイルがあれば、クリックすると開きます。

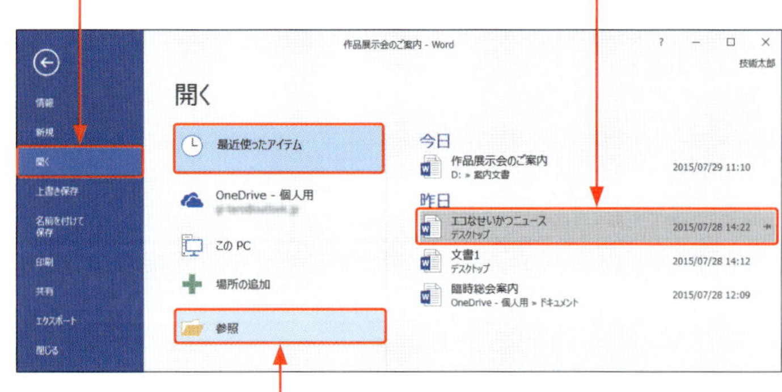

4 ファイルがなければ、<参照>をクリックします。以降の操作は、P.46の手順4と同じです。

ヒント 一覧に表示したくない場合

<最近使ったアイテム>の一覧に表示されたくない文書は、ファイルを右クリックして、<一覧から削除>をクリックします。

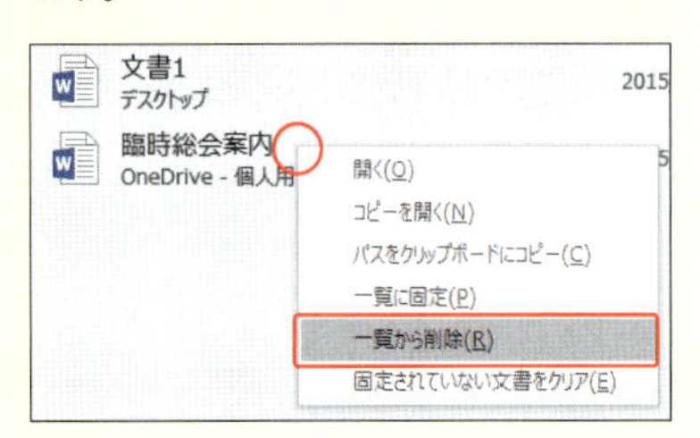

3 エクスプローラーでファイルを検索して開く

メモ エクスプローラーで検索する

エクスプローラーはファイルを管理する画面です。検索ボックスにキーワードを入力すると、関連するファイルが表示されます。保存場所がわからなくなった場合などに利用するとよいでしょう。

1 タスクバーの<エクスプローラー>をクリックして、

2 検索先を指定して、

3 ファイル名を入力すると、

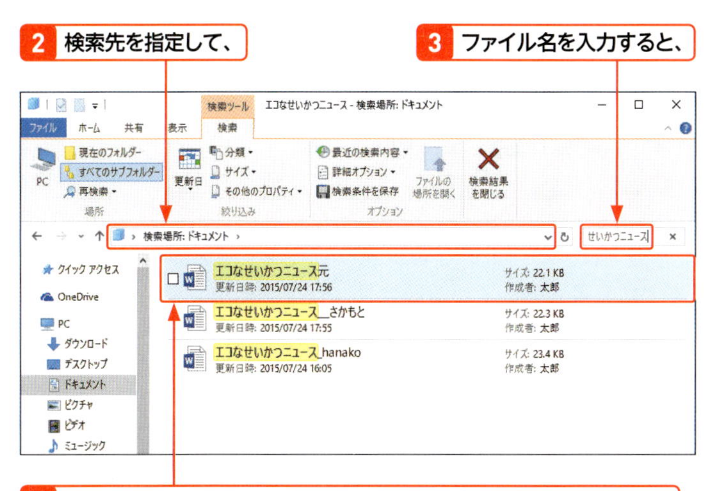

4 ファイルが検索されます。開きたいファイルをダブルクリックします。

ヒント 検索先の指定

エクスプローラーの画面を開くと、検索先に＜クイックアクセス＞が指定されています。クイックアクセスはよく利用するフォルダーが対象になるので、最近開いたファイルでない場合は、＜PC＞や＜ドキュメント＞などに変更したほうがよいでしょう。

4 タスクバーのジャンプリストから文書を開く

1 Wordのアイコンを右クリックすると、

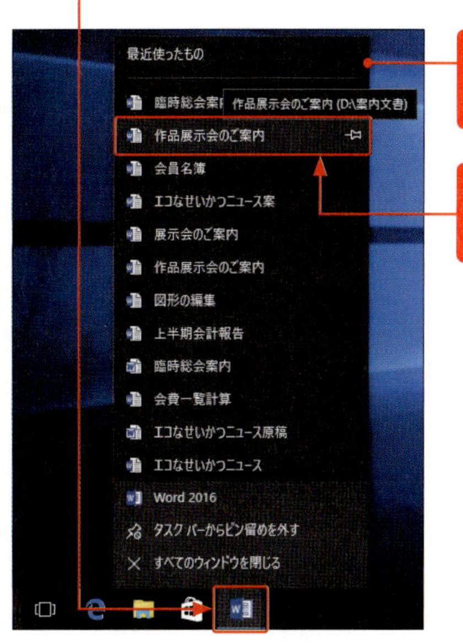

2 直近で使用した文書の一覧が表示されます（ジャンプリスト）。

3 目的の文書をクリックすると、文書が開きます。

ヒント ジャンプリストを利用する

よく使う文書をジャンプリストにつねに表示させておきたい場合は、ファイルを右クリックして、＜一覧にピン留めする＞をクリックします。ジャンプリストから削除したい場合は、右クリックして、＜この一覧から削除＞をクリックします。

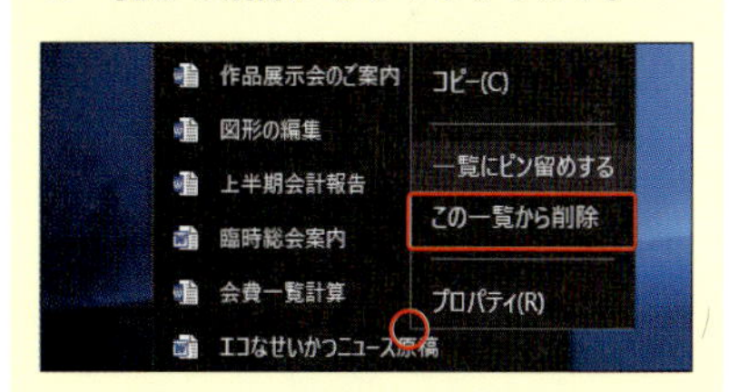

ステップアップ タスクバーのアイコンで文書を切り替える

複数の文書が開いている場合は、タスクバーのWordのアイコンにマウスポインターを移動すると、文書の内容がサムネイル表示されます。目的の文書をクリックすると、文書を切り替えられます。

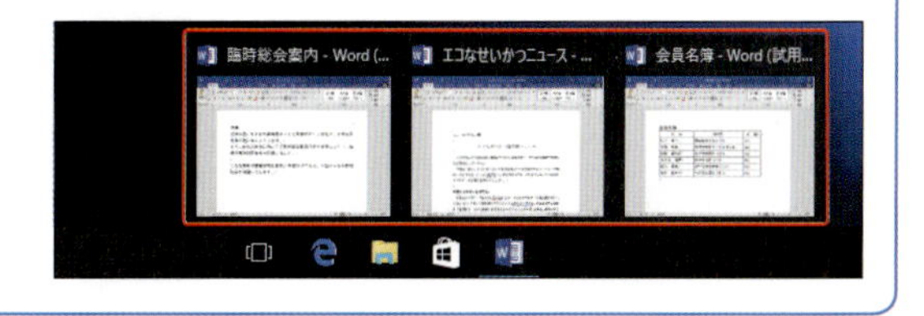

Section 10

新しい文書を開く

覚えておきたいキーワード
- 新規
- 白紙の文書
- テンプレート

Wordを起動した画面では、<白紙の文書>をクリックすると、新しい文書を作成できます。すでに文書を開いている場合は、<ファイル>タブの<新規>をクリックして、<白紙の文書>をクリックします。また、<新規>の画面からテンプレートを使って新しい文書を作成することもできます。

1 新規文書を作成する

メモ Wordの起動画面

Wordを起動した画面では、<白紙の文書>をクリックすると新しい文書を開くことができます(Sec.03参照)。

ヒント 新規文書の書式

新規文書の書式は、以下のような初期設定となっています。新規文書の初期設定の書式を変更する方法については、P.57の「ヒント」を参照してください。

書 式	設 定
フォント	游明朝
フォントサイズ	10.5pt
用紙サイズ	A4
1ページの行数	36行
1行の文字数	40文字

すでに文書を開いている状態で、新しい文書を作成します。

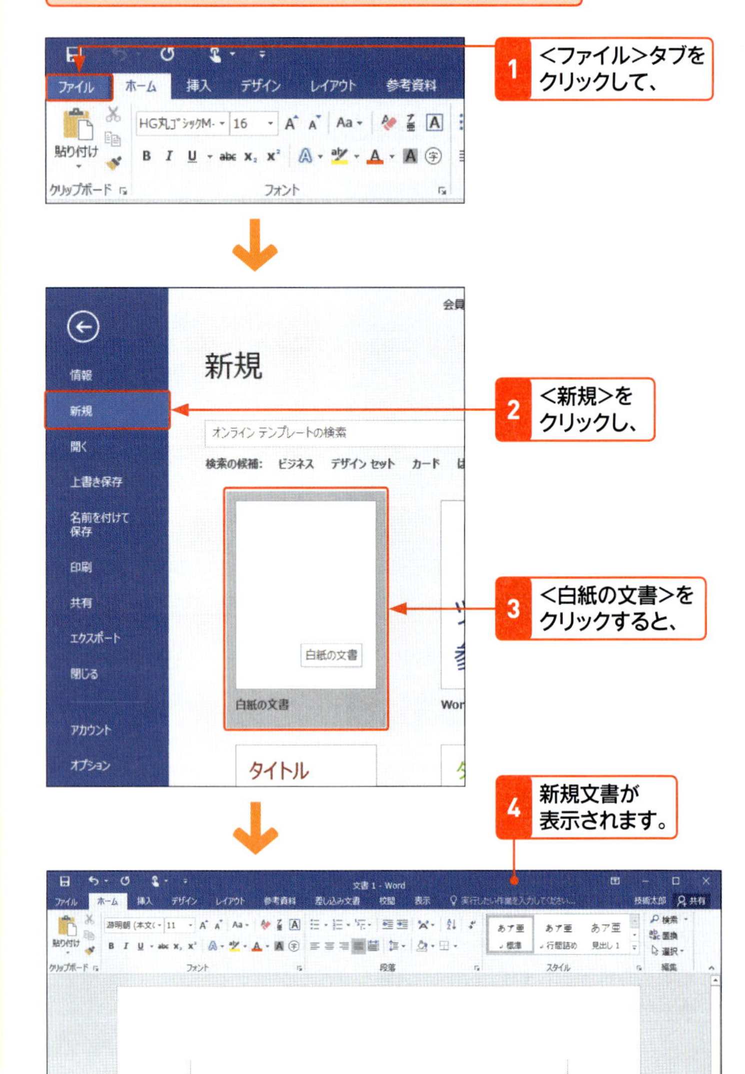

2 テンプレートを利用して新規文書を作成する

すでに文書が開いている状態で、テンプレートを利用します。

1 <ファイル>タブをクリックして、

2 <新規>をクリックします。

3 ドラッグしながらテンプレートを探して、

4 使いたいテンプレートをクリックします。

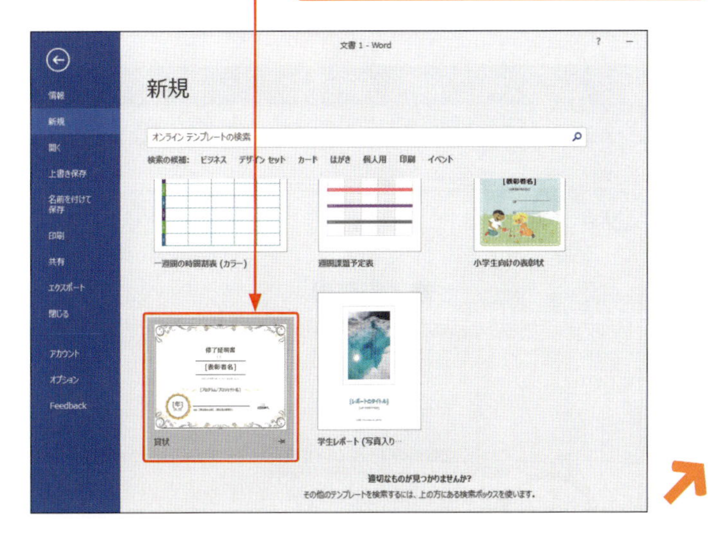

キーワード テンプレート

「テンプレート」とは、あらかじめデザインが設定された文書のひな形のことです。作成したい文書の内容と同じテンプレートがある場合、白紙の状態から文書を作成するよりも効率的に文書を作成することができます。Word 2016では、Backstageビューに表示されているテンプレートから探すか、<オンラインテンプレートの検索>ボックスで検索します。

ヒント ほかのテンプレートに切り替える

テンプレートをクリックすると、プレビュー画面が表示されます。左右の◀▶をクリックすると、テンプレートが順に切り替わるので、選び直すことができます。なお、プレビュー画面でテンプレートの選択をやめたい場合は、手順5のウィンドウの<閉じる>☒をクリックします。

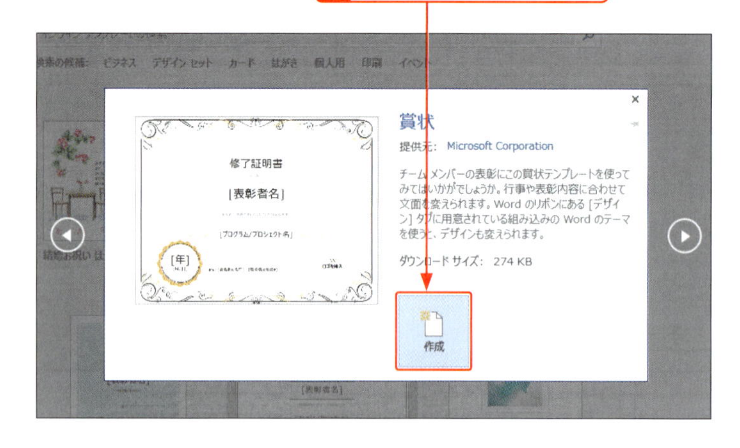

6 テンプレートがダウンロードされます。

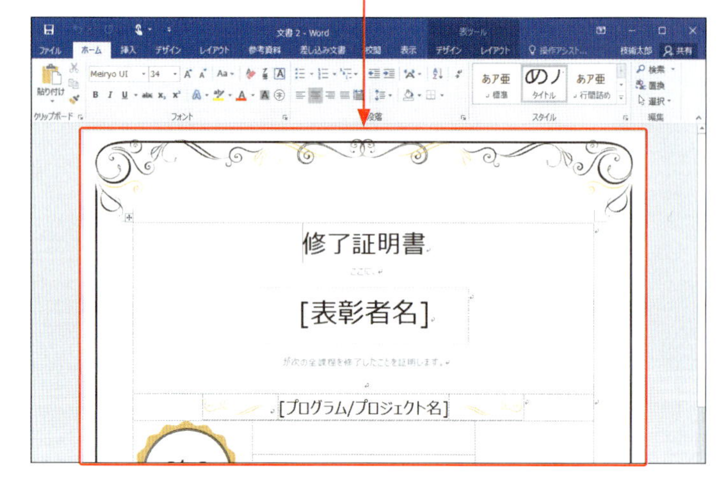

ヒント テンプレート内の書式設定

テンプレートの種類によっては、入力位置が表形式で固定されている場合があります。書式の設定を確認して利用しましょう。

7 自分用に書き換えて利用します。

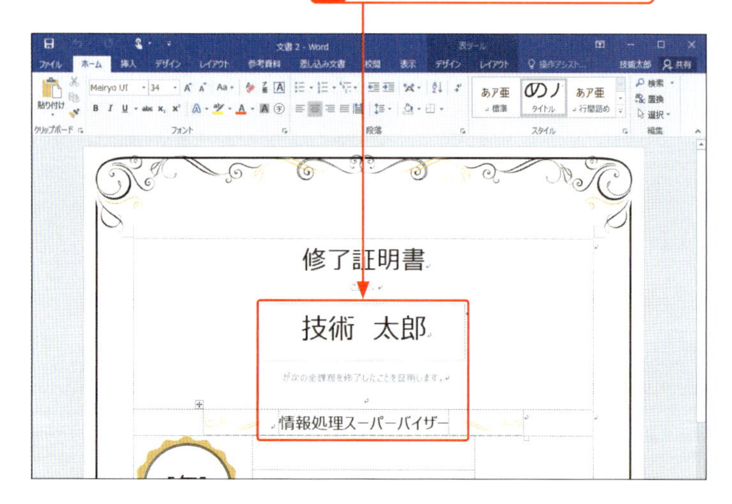

ヒント テンプレートの保存

ダウンロードしたテンプレートは、通常のWord文書と同じ扱いができます。保存は、「Word文書」でも、「Wordテンプレート」でも保存することができます。<名前を付けて保存>ダイアログボックスの<ファイルの種類>で選びます。

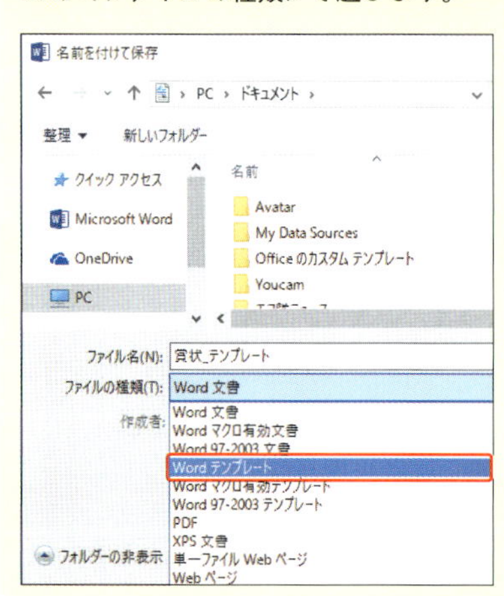

3 テンプレートを検索してダウンロードする

1 <ファイル>タブをクリックし、<新規>をクリックします。

2 ここをクリックして、

3 キーワードを入力し、Enterを押します。

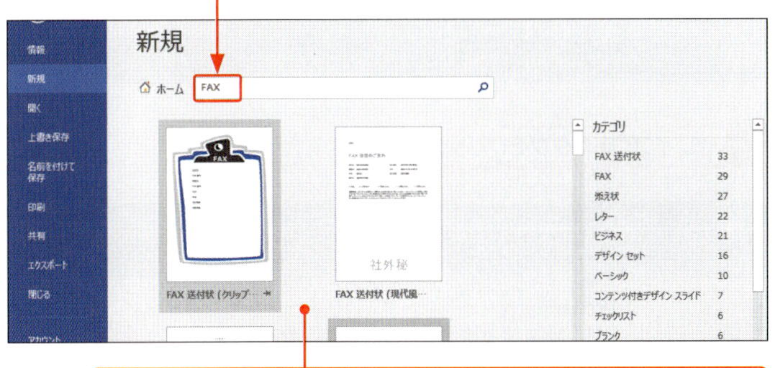

4 キーワードに関連するテンプレートの一覧が表示されるので、

5 目的のテンプレートをクリックすると、

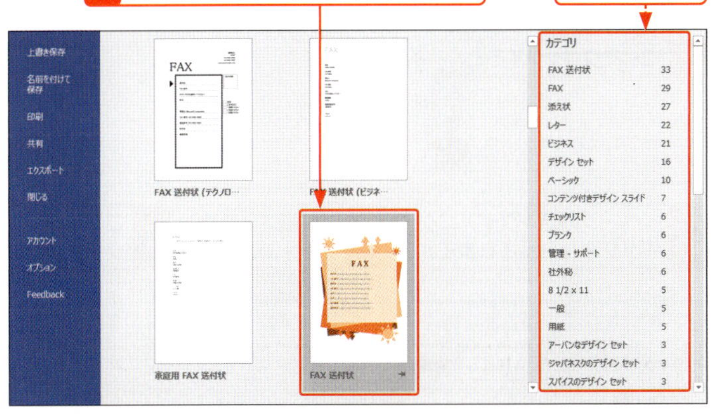

6 プレビュー画面が表示されるので、<作成>をクリックすると、テンプレートがダウンロードされます。

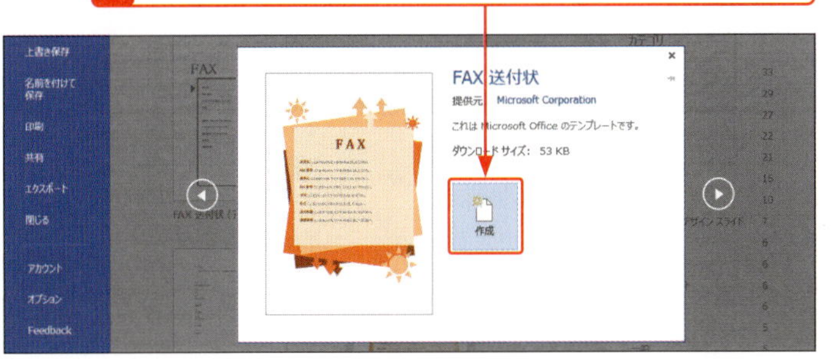

メモ テンプレートの検索

Word 2016に表示されるテンプレートの種類はあまり多くありません。使いたいテンプレートがない場合は、オンラインで検索してダウンロードしましょう。テンプレートを検索するには、<オンラインテンプレートの検索>ボックスにキーワードを入力します。検索には、<検索の候補>にあるカテゴリを利用することもできます。

ヒント カテゴリで絞り込む

テンプレートをキーワードで検索すると、キーワードに合致するテンプレートの一覧のほかに、<カテゴリ>が表示されます。カテゴリをクリックすると、テンプレートが絞り込まれて表示されるので、探しやすくなります。

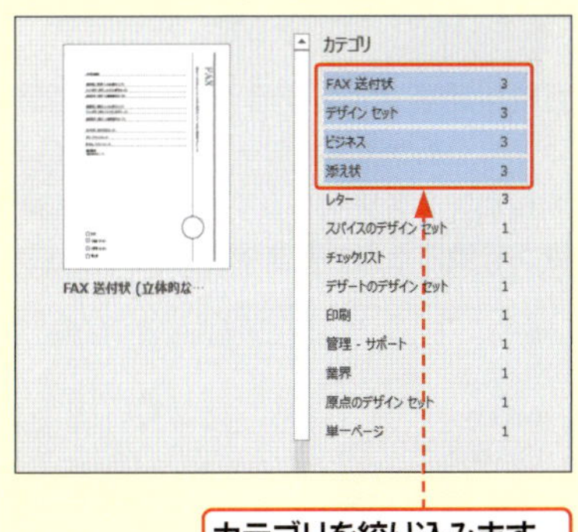

カテゴリを絞り込みます。

Section 11 文書のサイズや余白を設定する

覚えておきたいキーワード
- ページ設定
- 用紙サイズ／余白
- 文字数／行数

新しい文書は、A4サイズの横書きが初期設定として表示されます。文書を作成する前に、用紙サイズや余白、文字数、行数などのページ設定をしておきます。ページ設定は、<ページ設定>ダイアログボックスの各タブで一括して行います。また、次回から作成する文書に適用することもできます。

1 用紙のサイズを設定する

キーワード ページ設定

「ページ設定」とは、用紙のサイズや向き、余白、文字数や行数など、文書全体にかかわる設定のことです。

ヒント 用紙サイズの種類

選択できる用紙サイズは、使用しているプリンターによって異なります。また用紙サイズは、<レイアウト>タブの<サイズ>をクリックしても設定できます。

ヒント 目的のサイズが見つからない場合は?

目的の用紙サイズが見つからない場合は、<用紙サイズ>の一覧から<サイズを指定>をクリックして、<幅>と<高さ>に数値を入力します。

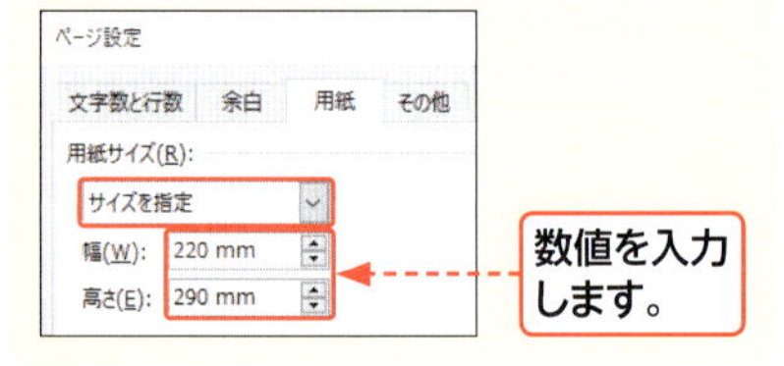

数値を入力します。

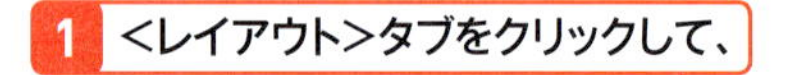

1 <レイアウト>タブをクリックして、

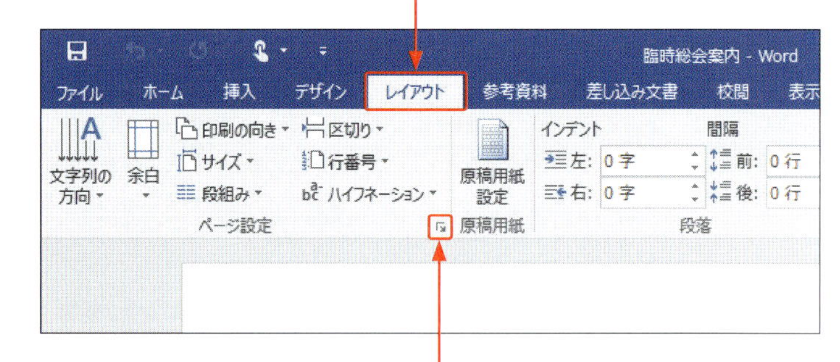

2 ここをクリックすると、

3 <ページ設定>ダイアログボックスが表示されます。

4 <用紙>タブをクリックして、

5 ここをクリックし、

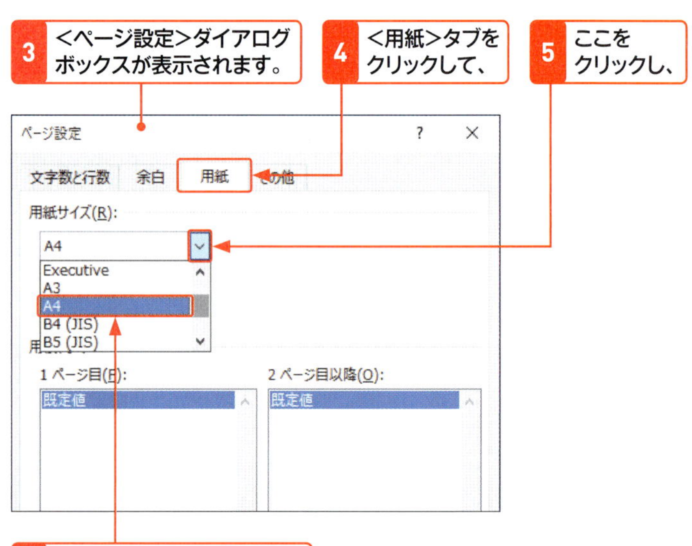

6 用紙サイズをクリックします（初期設定ではA4）。

2 ページの余白と用紙の向きを設定する

1 <余白>タブをクリックして、

2 上下左右の余白を設定し、

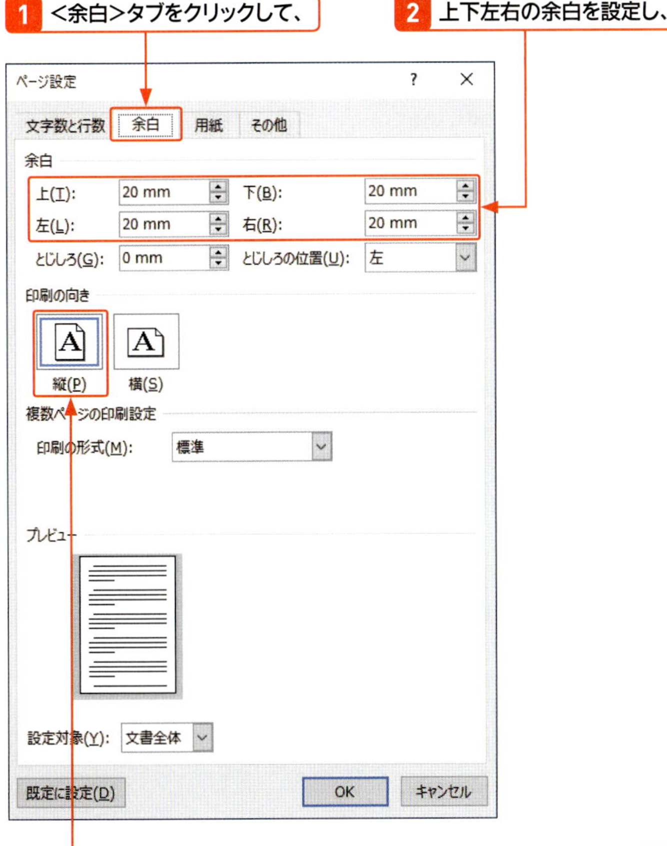

3 印刷の向きをクリックします。

4 このままページ設定を続けるので、次ページへ進みます。

キーワード 余白

「余白」とは、上下左右の空きのことです。余白を狭くすれば、文書の1行の文字数、1ページの行数を増やすことができます。見やすい文書を作る場合は、上下左右「20mm」程度の余白が適当です。

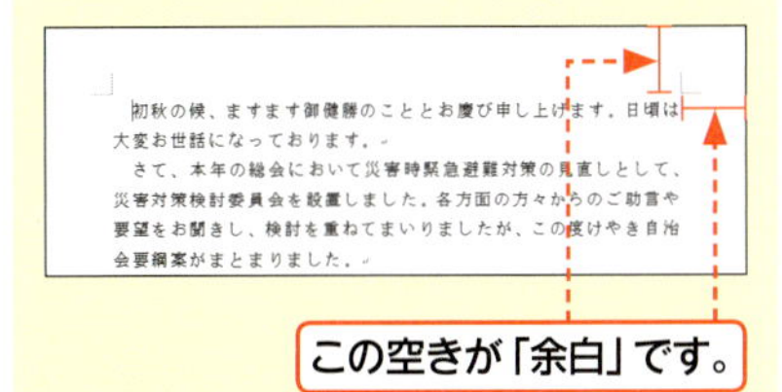

この空きが「余白」です。

ヒント 余白の調節

余白の設定は、<ページ設定>ダイアログボックスで行う以外に<レイアウト>タブの<余白>でも行うことができます。

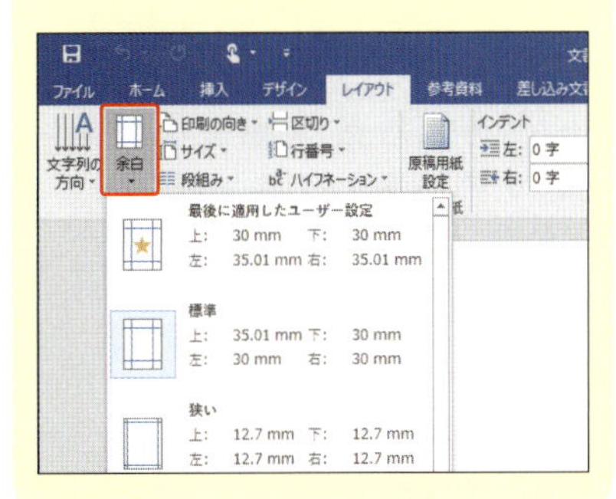

ステップアップ 文書のイメージを確認しながら余白を設定する

余白の設定は、<ページ設定>ダイアログボックスの<余白>タブで行いますが、実際に文書を作成していると、文章の量や見栄えなどから余白を変更したい場合もあります。そのようなときは、ルーラーのグレーと白の境界部分をドラッグして、印刷時のイメージを確認しながら設定することもできます。
なお、ルーラーが表示されていない場合は、<表示>タブの<ルーラー>をオンにして表示します。

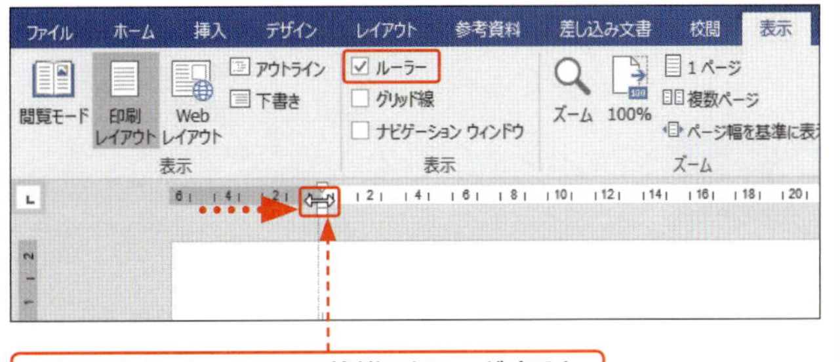

マウスポインターが⇔の状態でドラッグすると、イメージを確認しながら余白を変更できます。

3 文字数と行数を設定する

メモ 横書きと縦書き

<文字方向>は<横書き>か<縦書き>を選びます。ここでは、<横書き>にしていますが、文字方向は文書作成中でも変更することができます。文書作成中に文字方向を変更する場合は、<レイアウト>タブの<文字列の方向>をクリックします。なお、縦書き文書の作成方法は、次ページの「ステップアップ」を参照してください。

ヒント 字送りと行送りの設定

「字送り」は文字の左端（縦書きでは上端）から次の文字の左端（上端）までの長さ、「行送り」は行の上端（縦書きでは右端）から次の行の上端（右端）までの長さを指します。文字数や行数、余白によって、自動的に最適値が設定されます。

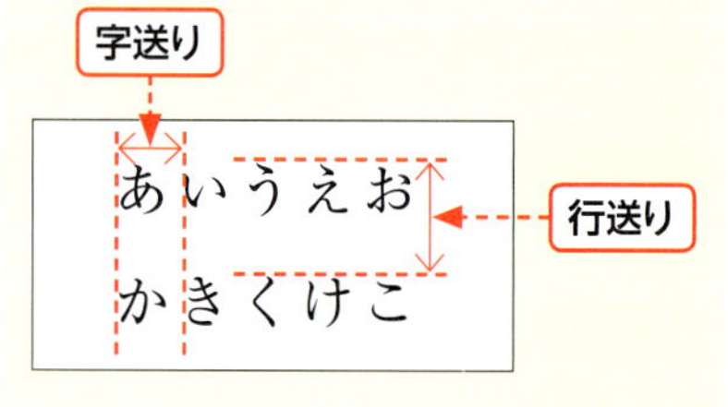

メモ <フォント>ダイアログボックスの利用

<ページ設定>ダイアログボックスから開いた<フォント>ダイアログボックスでは、使用するフォント（書体）やスタイル（太字や斜体）などの文字書式や文字サイズを設定することができます。

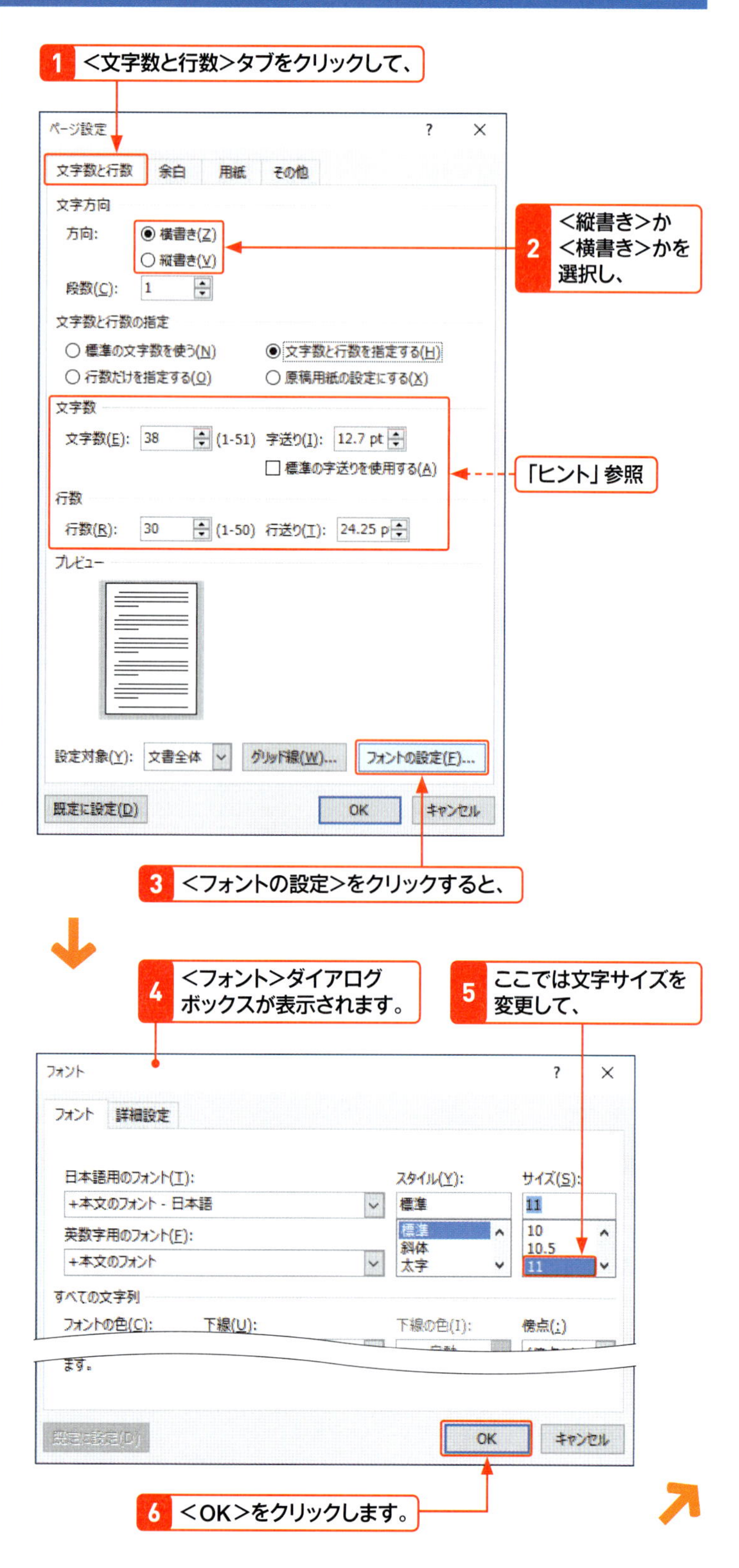

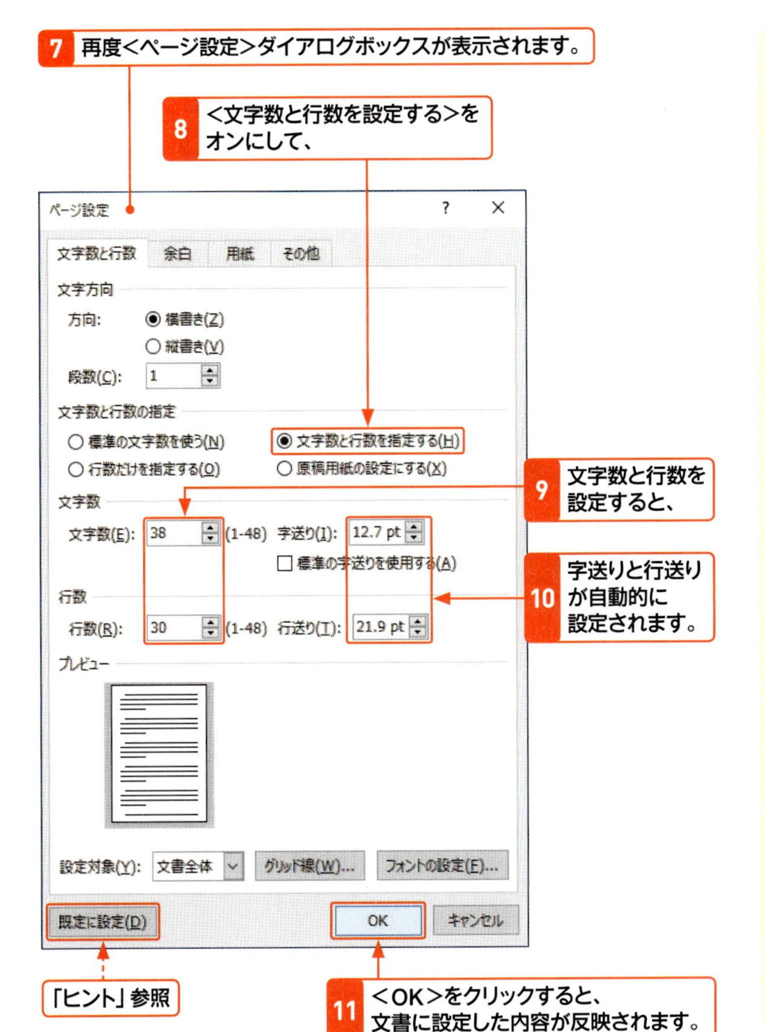

メモ 文字数と行数

「文字数」は1行の文字数、「行数」は1ページの行数です。手順8のように<文字数と行数を指定する>をクリックしてオンにすると、<文字数>と<行数>が指定できるようになります。なお、プロポーショナルフォント(Sec.25参照)を利用する場合、1行に入る文字数が設定した文字数と異なることがあります。

ヒント ページ設定の内容を新規文書に適用するには?

左図の<既定に設定>をクリックして、表示される画面で<はい>をクリックすると、ページ設定の内容が保存され、次回から作成する新規文書にも適用されます。設定を初期値に戻す場合は、設定を初期値に変更して(P.50の「ヒント」参照)、<既定に設定>をクリックします。

ステップアップ 縦書き文書を作成する

手紙などの縦書き文書を作成する場合も、<ページ設定>ダイアログボックスで設定します。<余白>タブで<用紙の向き>を<横>にして、<余白>を設定します。手紙などの場合は、上下左右の余白を大きくすると読みやすくなります。
また、<文字数と行数>タブで<文字方向>を<縦書き>にして、文字数や行数を設定します。

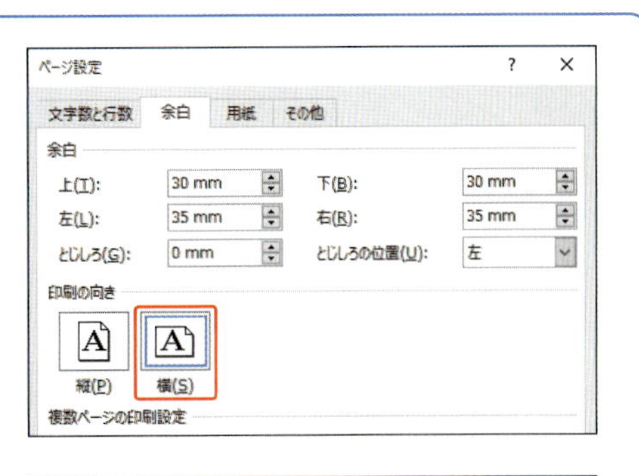

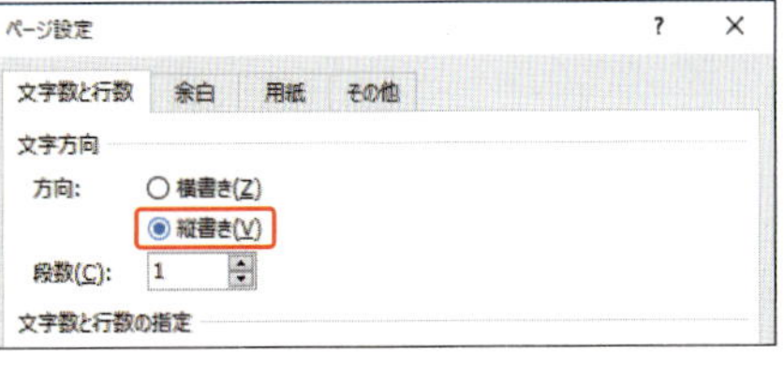

Section 12

Word文書を印刷する

覚えておきたいキーワード
- 印刷プレビュー
- 印刷
- 表示倍率

文書が完成したら、印刷してみましょう。印刷する前に、印刷プレビューで印刷イメージをあらかじめ確認します。Word 2016では<ファイル>タブの<印刷>をクリックすると、印刷プレビューが表示されます。印刷する範囲や部数の設定を行い、印刷を実行します。

1 印刷プレビューで印刷イメージを確認する

キーワード 印刷プレビュー

「印刷プレビュー」は、文書を印刷したときのイメージを画面上に表示する機能です。印刷する内容に問題がないかどうかをあらかじめ確認することで、印刷の失敗を防ぐことができます。

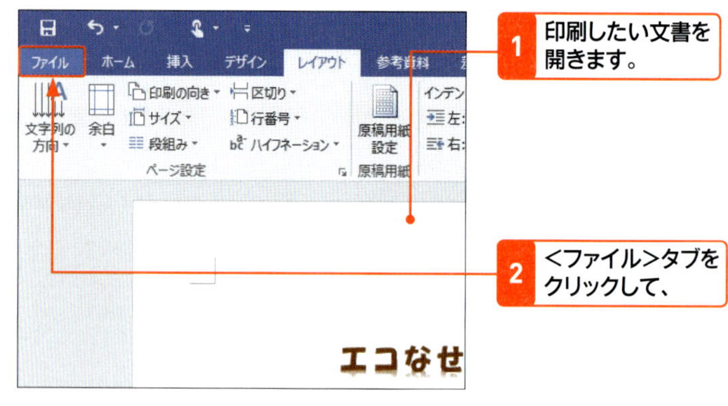

1 印刷したい文書を開きます。

2 <ファイル>タブをクリックして、

3 <印刷>をクリックすると、

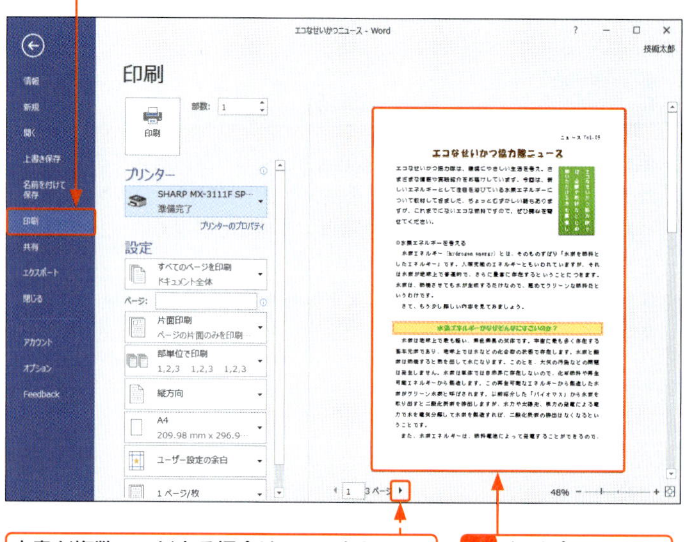

文書が複数ページある場合は、ここをクリックして、2ページ目以降を確認します。

4 印刷プレビューが表示されます。

ヒント 印刷プレビューの表示倍率を変更するには?

印刷プレビューの表示倍率を変更するには、印刷プレビューの右下にあるズームスライダーを利用します。ズームスライダーを左にドラッグして、倍率を下げると、複数ページを表示できます。表示倍率をもとの大きさに戻すには、<ページに合わせる>をクリックします。

ズームスライダー

<ページに合わせる>

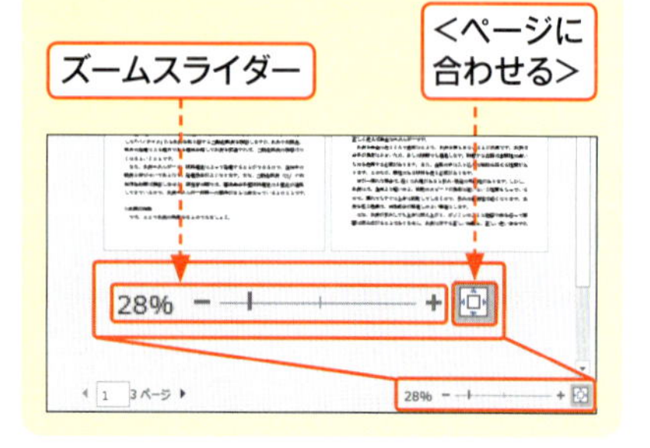

2 印刷設定を確認して印刷する

1 プリンターの電源と用紙がセットされていることを確認して、<印刷>画面を表示します。

2 印刷に使うプリンターを指定して、

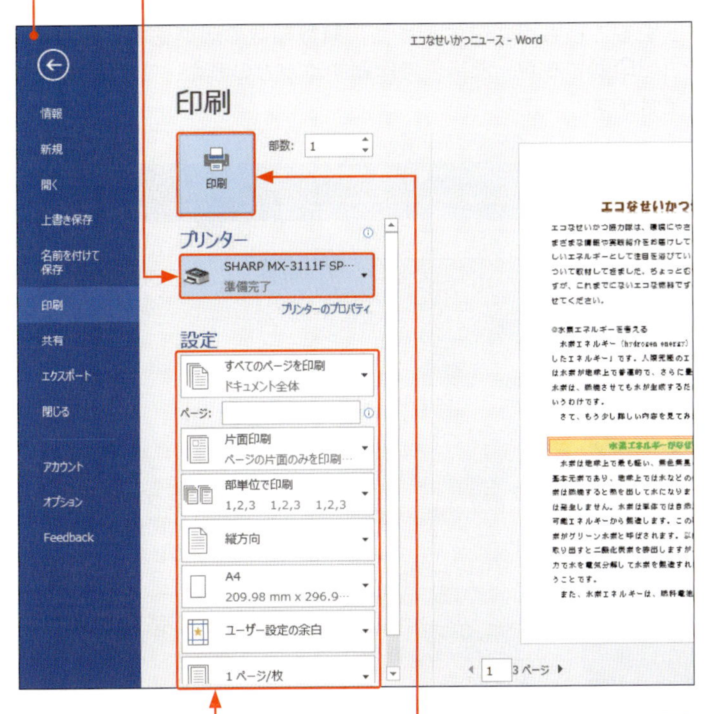

3 印刷の設定を確認し、

4 <印刷>をクリックすると、

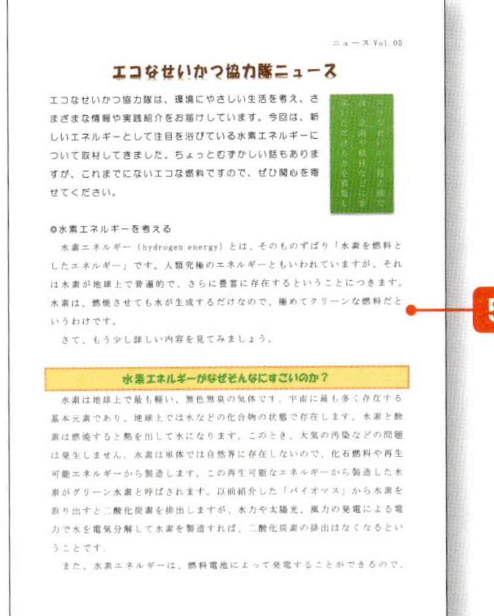
ニュース Vol.05
エコなせいかつ協力隊ニュース

水素エネルギーがなぜそんなにすごいのか?

5 文書が印刷されます。

メモ 印刷する前の準備

印刷を始める前に、パソコンにプリンターを接続して、プリンターの設定を済ませておく必要があります。プリンターの接続方法や設定方法は、プリンターに付属するマニュアルを参照してください。

ヒント 印刷部数を指定する

初期設定では、文書は1部だけ印刷されます。印刷する部数を指定する場合は、<部数>で数値を指定します。

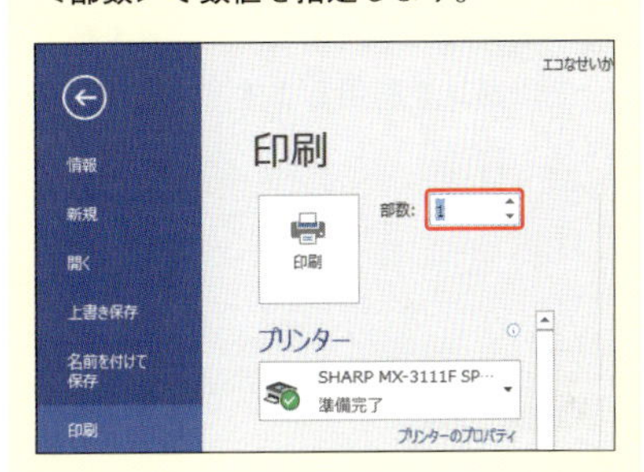

ヒント <印刷>画面でページ設定できる?

<印刷>画面でも用紙サイズや余白、印刷の向きを変更することができますが、レイアウトが崩れてしまう場合があります。<印刷>画面のいちばん下にある<ページ設定>をクリックして、<ページ設定>ダイアログボックスで変更し、レイアウトを確認してから印刷するようにしましょう。

Section 13

さまざまな方法で印刷する

覚えておきたいキーワード
- 両面印刷
- 複数ページ
- 部単位／ページ単位

通常の印刷のほかに、プリンターの機能によっては両面印刷や複数のページを1枚の用紙に印刷することも可能です。また、複数部数の印刷をする場合に、順番をページ単位で印刷するか、部単位で印刷するかといった、さまざまな印刷を行うことができます。

1 両面印刷をする

キーワード 両面印刷

通常は1ページを1枚に印刷しますが、両面印刷は1ページ目を表面、2ページ目を裏面に印刷します。両面印刷にすることで、用紙の節約にもなります。なお、ソーサーのないプリンターの場合は、自動での両面印刷はできません。<手動で両面印刷>を利用します（次ページ参照）。

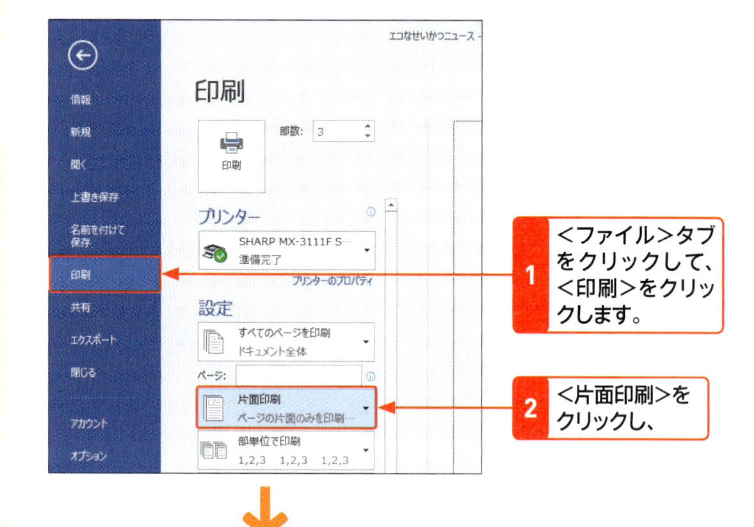

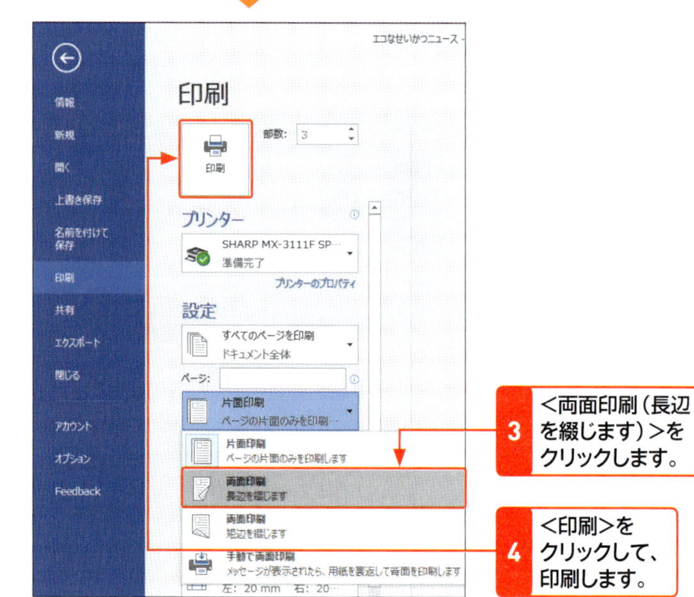

ヒント 長辺・短辺を綴じる

自動の両面印刷には、<長辺を綴じます>と<短辺を綴じます>の2種類があります。文書が縦長の場合は<長辺を綴じます>、横長の場合は<短辺を綴じます>を選択します。

2 手動で両面印刷する

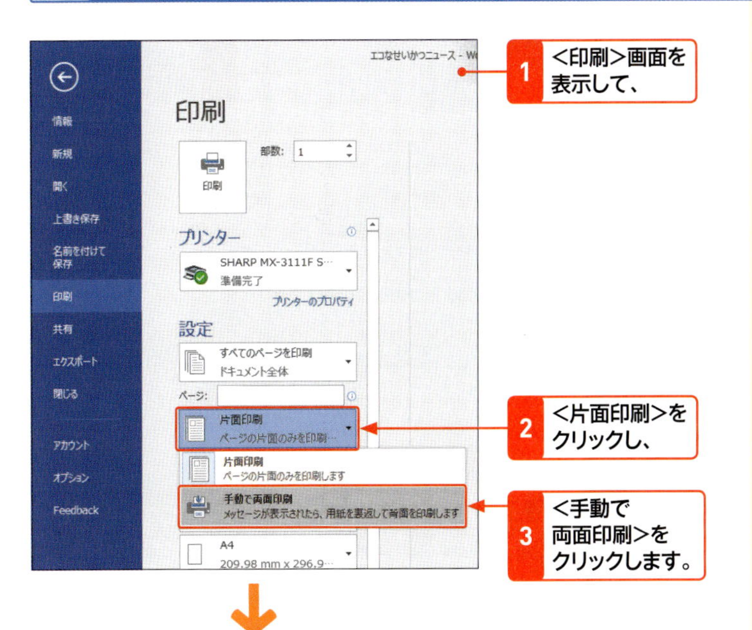

4 <印刷>をクリックして、表面を印刷します。

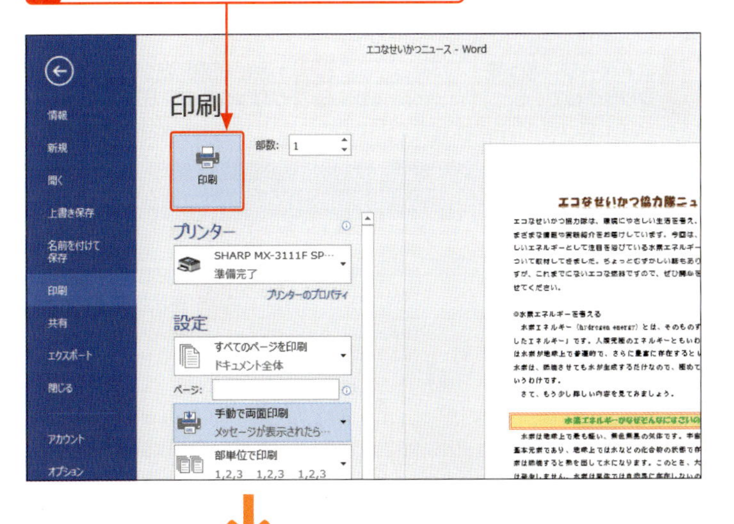

5 メッセージが表示されるので、

6 印刷された用紙を裏返して、用紙フォルダーにセットします。

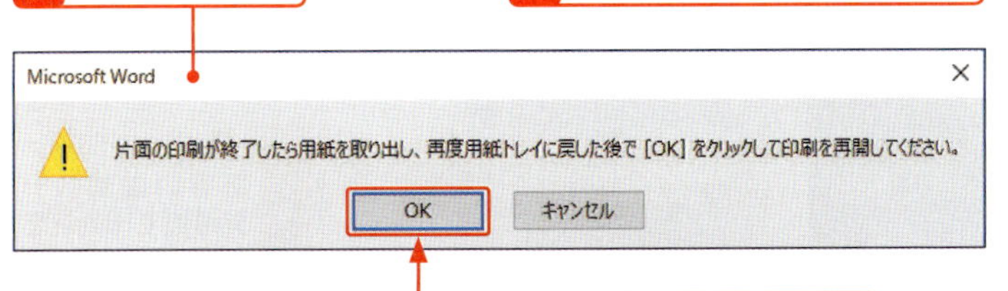

7 メッセージの<OK>をクリックすると、裏面が印刷されます。

メモ 手動で両面印刷をする

ソーサーのないプリンターの場合は、自動での両面印刷はできないため、用紙を手動でセットする両面印刷を利用します。

ヒント 用紙を再セットする際に注意する

両面印刷を手動で行う場合、片面の印刷ができた用紙を用紙カセットに入れ直します。このとき、印刷する面を間違えてセットすると、同じ面、あるいは上下逆に印刷されてしまいます。印刷される面がどちらになるか、上下も併せて事前に確認しておきましょう。

3 1枚の用紙に複数のページを印刷する

メモ 複数ページを印刷する

複数ページの文書で見開き2ページずつ印刷したいという場合などは、右の手順で印刷を行います。1枚の用紙に印刷できる最大のページ数は16ページです。

ヒント 複数ページをプレビュー表示する

印刷プレビューでズームスライダーを調整すると、複数ページを表示することができます。

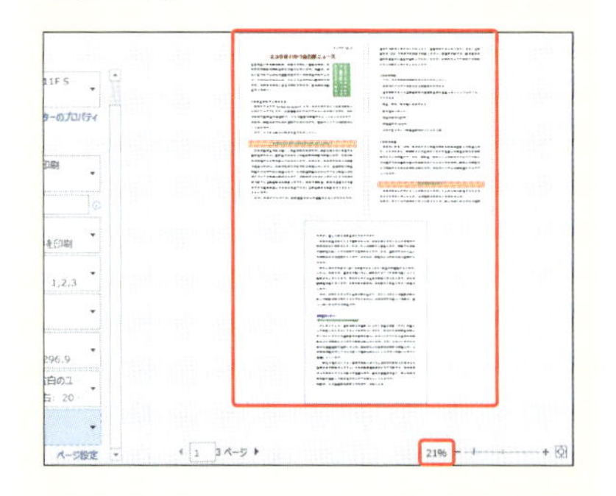

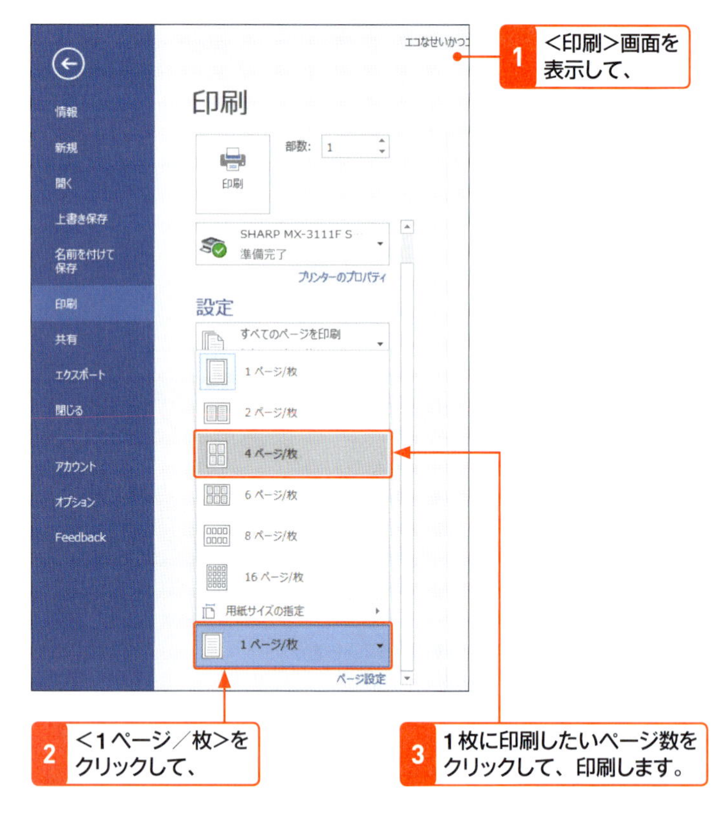

4 部単位とページ単位で印刷する

メモ 部単位とページ単位

複数ページの文書の場合、部単位で印刷するか、ページ単位で印刷するかを指定できます。「部単位」とは1ページから最後のページまで順に印刷したものを1部とし、指定した部数がそのまとまりで印刷されます。「ページ単位」とは指定した部数を1ページ目、2ページ目とページごとに印刷します。

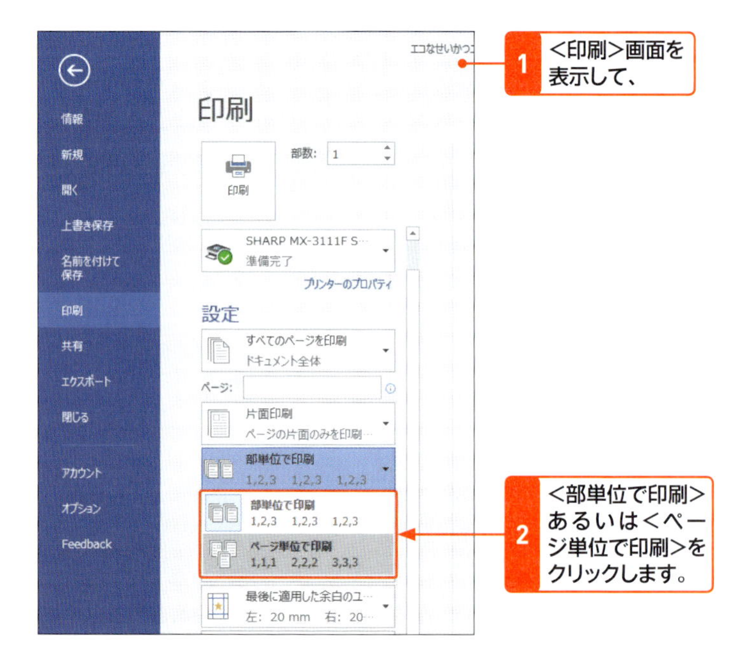

Chapter 02

第2章

文字入力の基本

Section 14

文字入力の基本を知る

覚えておきたいキーワード
- 入力モード
- ローマ字入力
- かな入力

文字を入力するための、入力形式や入力方式を理解しておきましょう。日本語の場合は「ひらがな」入力モードにして、読みを変換して入力します。英字の場合は「半角英数」入力モードにして、キーボードの英字キーを押して直接入力します。日本語を入力する方式には、ローマ字入力とかな入力があります。

1 日本語入力と英字入力

キーワード 入力モード

「入力モード」とは、キーを押したときに入力される「ひらがな」や「半角カタカナ」、「半角英数」などの文字の種類を選ぶ機能のことです（入力モードの切り替え方法は次ページ参照）。

メモ 日本語入力

日本語を入力するには、「ひらがな」入力モードにして、キーを押してひらがな（読み）を入力します。漢字やカタカナの場合は入力したひらがなを変換します。

メモ 英字入力

英字を入力する場合、「半角英数」モードにして、英字キーを押すと小文字で入力されます。大文字にするには、Shift を押しながら英字キーを押します。

日本語入力（ローマ字入力の場合）

1 入力モードを「ひらがな」にして、キーボードで K O N P Y U - T A - とキーを押し、

こんぴゅーたー

2 Space を押して変換します。

コンピューター

3 Enter を押して確定します。

英字入力

1 入力モードを「半角英数」にして、キーボードで C O M P U T E R とキーを押すと入力されます。

computer

2 入力モードを切り替える

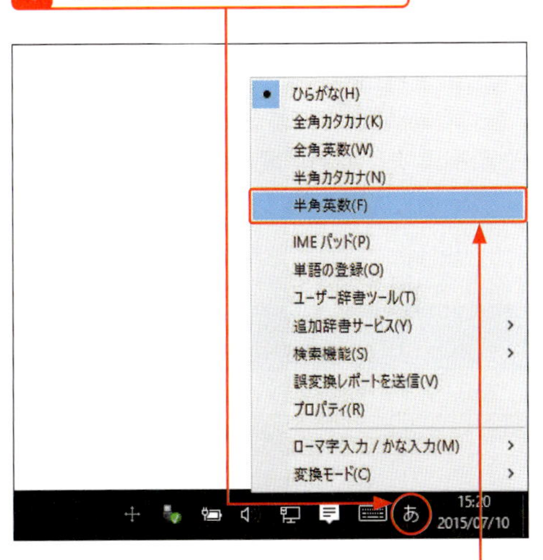

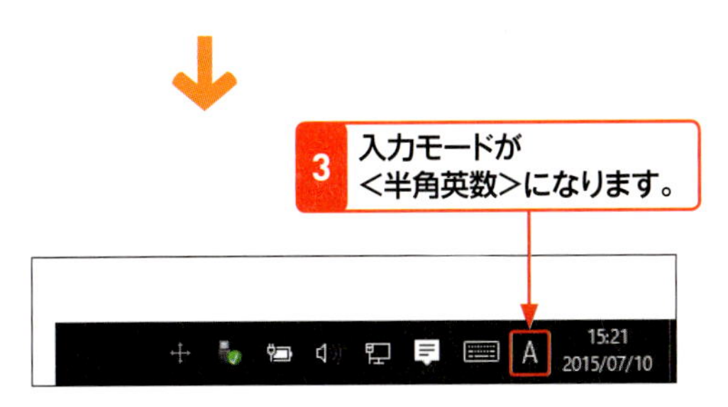

メモ 入力モードの種類

入力モードには、次のような種類があります。

入力モード（表示）	入力例
ひらがな （あ）	あいうえお
全角カタカナ （カ）	アイウエオ
全角英数 （A）	ａｉｕｅｏ
半角カタカナ （ｶ）	ｱｲｳｴｵ
半角英数 （A）	aiueo

ステップアップ キー操作による入力モードの切り替え

入力モードは、次のようにキー操作で切り替えることもできます。

- 半角／全角：「半角英数」と「ひらがな」を切り替えます。
- 無変換：「ひらがな」と「全角カタカナ」「半角カタカナ」を切り替えます。
- カタカナひらがな：「ひらがな」へ切り替えます。
- Shift＋カタカナひらがな：「全角カタカナ」へ切り替えます。

3 「ローマ字入力」と「かな入力」を切り替える

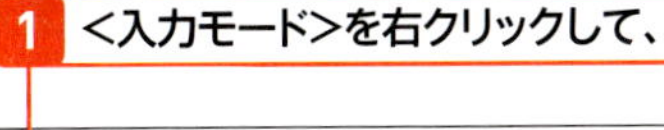

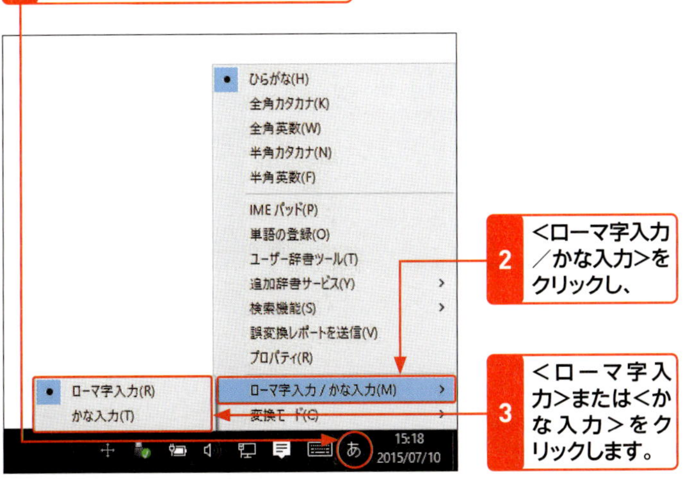

メモ ローマ字入力とかな入力

日本語入力には、「ローマ字入力」と「かな入力」の2種類の方法があります。ローマ字入力は、キーボードのアルファベット表示に従って、KA→「か」のように、母音と子音に分けて入力します。かな入力は、キーボードのかな表示に従って、あ→「あ」のように、直接かなを入力します。なお、本書ではローマ字入力の方法で以降の解説を行っています。

Section 15 日本語を入力する

覚えておきたいキーワード
- 入力モード
- 変換
- 文節／複文節

日本語を入力するには、入力モードを＜ひらがな＞にします。文字の「読み」としてひらがなを入力し、カタカナや漢字にする場合は変換します。変換の操作を行うと、読みに該当する漢字が変換候補として一覧で表示されるので、一覧から目的の漢字をクリックします。

1 ひらがなを入力する

メモ 入力と確定

キーボードのキーを押して画面上に表示されたひらがなには、下線が引かれています。この状態では、まだ文字の入力は完了していません。下線が引かれた状態で Enter を押すと、入力が確定します。

ヒント 予測候補の表示

入力が始まると、漢字やカタカナの変換候補が表示されます。ひらがなを入力する場合は無視してかまいません。

入力モードを<ひらがな>にしておきます（Sec.14参照）。

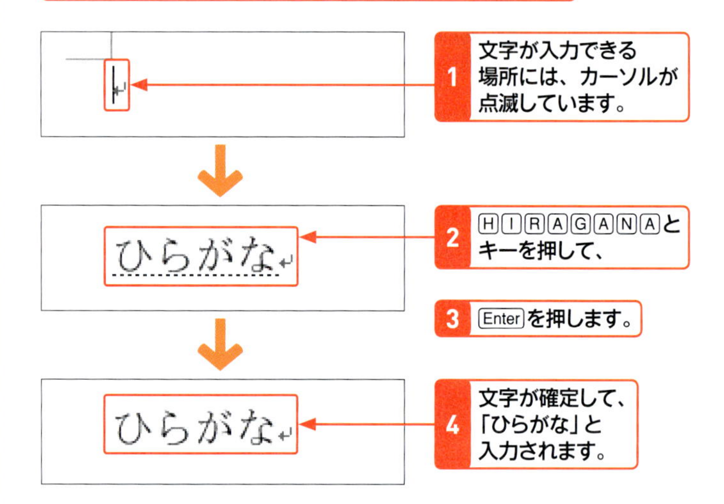

2 カタカナを入力する

メモ カタカナに変換する

＜ひらがな＞モードで入力したひらがなに下線が引かれている状態で Space を押すと、カタカナに変換することができます。入力した内容によっては、一度でカタカナに変換されず、次ページのような変換候補が表示される場合があります。そのときは、次ページの方法でカタカナを選択し、確定します。

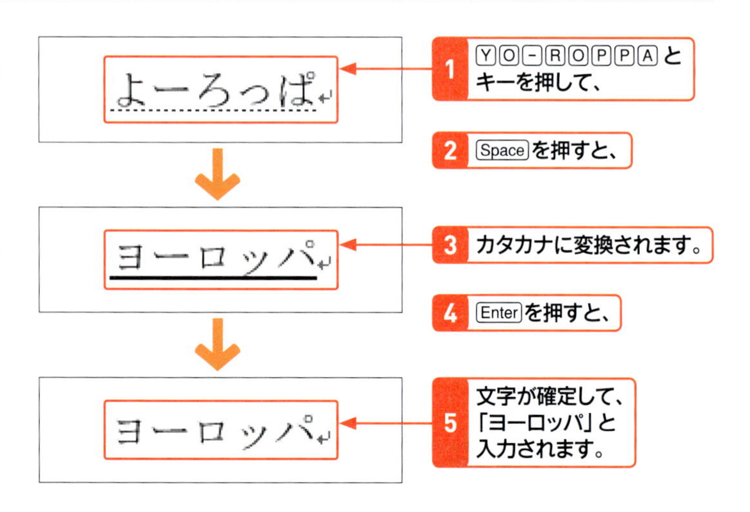

3 漢字を入力する

「秋涼」という漢字を入力します。

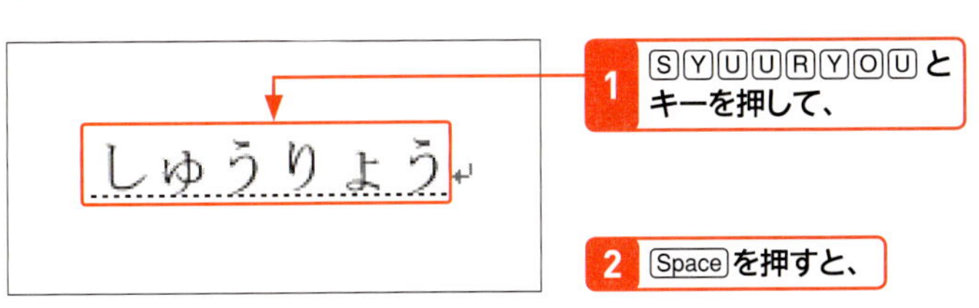

1 SYUURYOUとキーを押して、

2 Spaceを押すと、

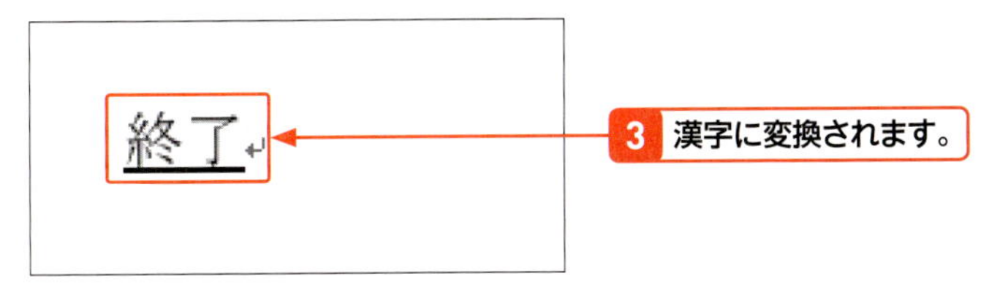

3 漢字に変換されます。

4 違う漢字に変換するために、再度Spaceを押すと、下方に候補一覧が表示されます。

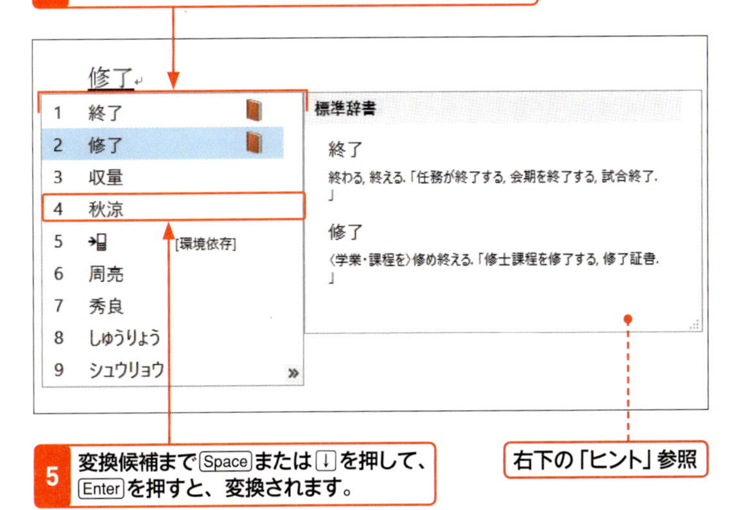

5 変換候補までSpaceまたは↓を押して、Enterを押すと、変換されます。

右下の「ヒント」参照

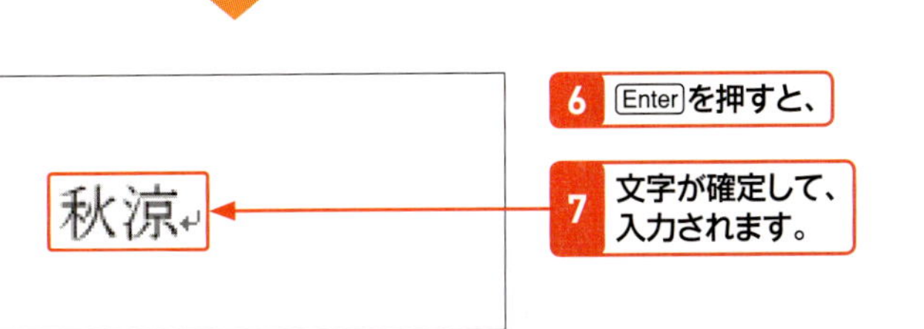

6 Enterを押すと、

7 文字が確定して、入力されます。

メモ 漢字に変換する

漢字を入力するには、漢字の「読み」を入力し、Spaceを押して漢字に変換します。入力候補が表示されるので、Spaceまたは↓を押して目的の漢字を選択し、Enterを押します。また、目的の変換候補をマウスでクリックしても、同様に選択できます。

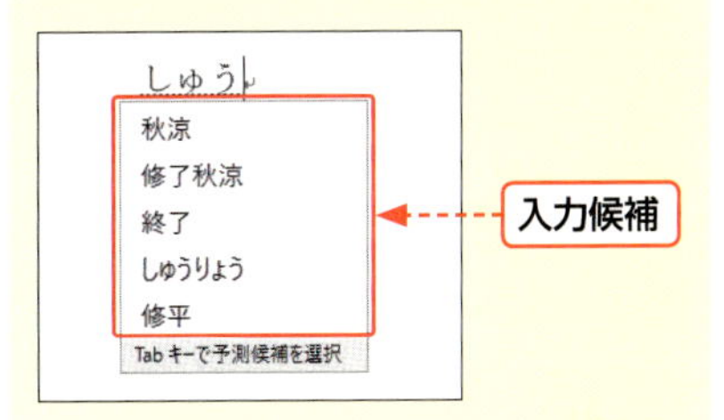

ヒント 確定した語句の変換

一度確定した語句は、次回以降同じ読みを入力すると最初の変換候補として表示されます。ほかの漢字に変換する場合は、手順4のように候補一覧を表示して、目的の漢字を選択し、Enterを押します。

ヒント 同音異義語のある語句

同音異義語のある語句の場合、候補一覧には手順4の画面のように語句の横に■マークが表示され、語句の意味（用法）がウィンドウで表示されます。漢字を選ぶ場合に参考にするとよいでしょう。

4 複文節を変換する

キーワード 文節と複文節

「文節」とは、末尾に「～ね」や「～よ」を付けて意味が通じる、文の最小単位のことです。たとえば、「私は写真を撮った」は、「私は（ね）」「写真を（ね）」「撮った（よ）」という3つの文節に分けられます。このように、複数の文節で構成された文字列を「複文節」といいます。

メモ 文節ごとに変換できる

複文節の文字列を入力してSpaceを押すと、複文節がまとめて変換されます。このとき各文節には下線が付き、それぞれの単位が変換の対象となります。右の手順のように文節の単位を変更したい場合は、Shiftを押しながら←→を押して、変換対象の文節を調整します。

メモ 文節を移動する

太い下線が付いている文節が、現在の変換対象となっている文節です。変換の対象をほかの文節に移動するには、←→を押して太い下線を移動します。

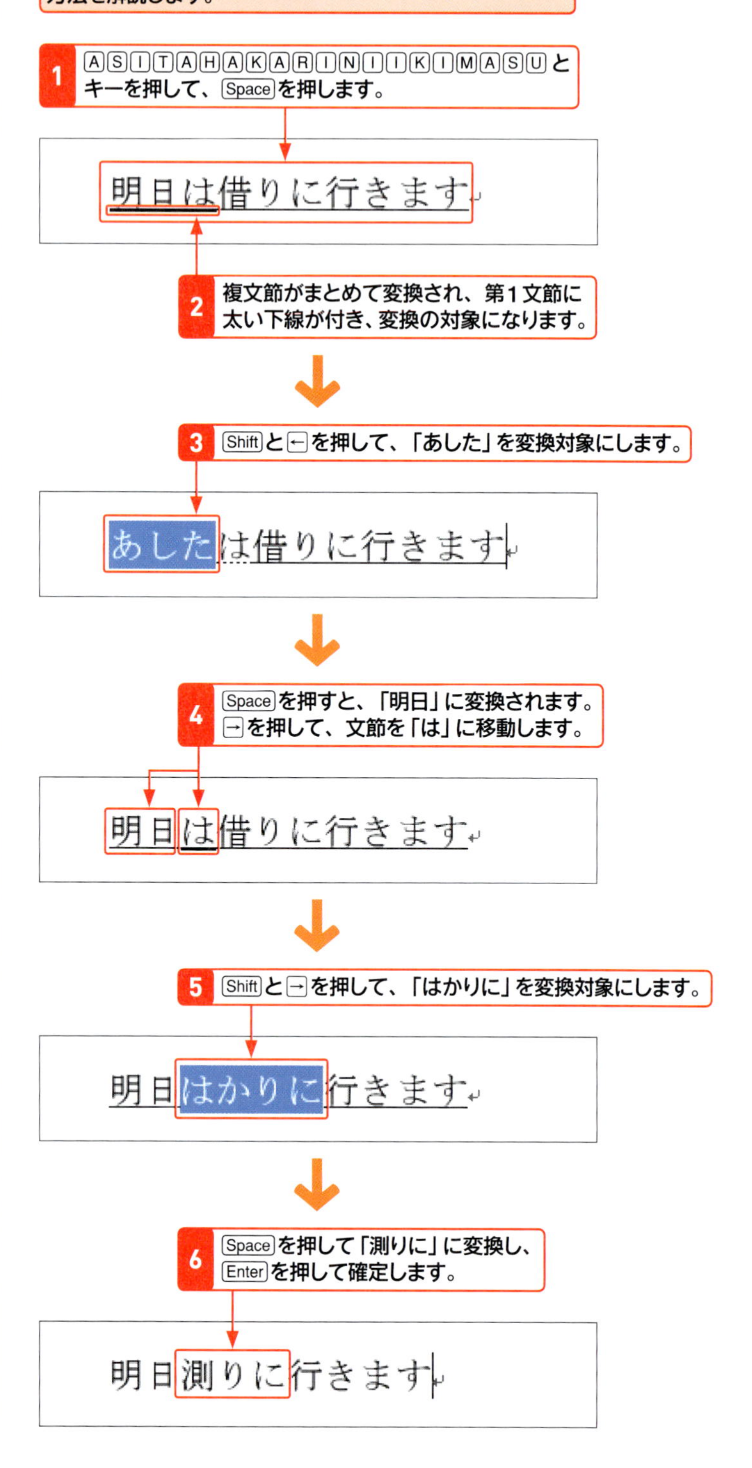

5 確定後の文字を再変換する

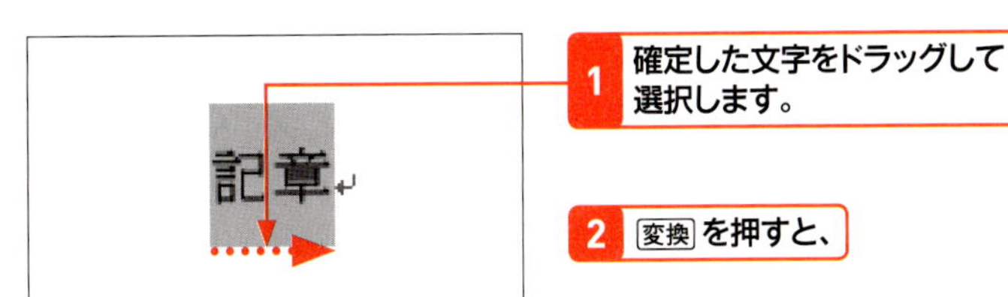

1 確定した文字をドラッグして選択します。

2 [変換]を押すと、

3 変換候補が表示されます。

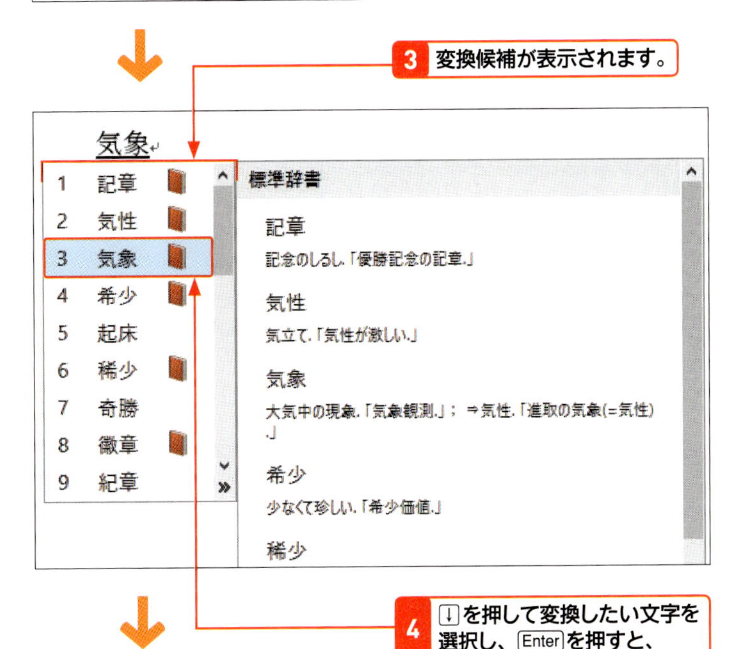

4 [↓]を押して変換したい文字を選択し、[Enter]を押すと、

5 文字が変換されます。

メモ 確定後に再変換する

読みを入力して変換して確定した文字は、[変換]を押すと再変換されて、変換候補が表示されます。ただし、読みによっては正しい候補が表示されない場合があります。

ヒント 文字の選択

文字は、文字の上でドラッグすることによって選択します。単語の場合は、文字の間にマウスポインターを移動して、ダブルクリックすると、単語の単位で選択することができます。

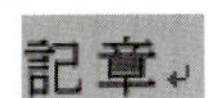

タッチ タッチ操作での文字の選択

タッチ操作で文字を選択するには、文字の上で押し続ける（ホールドする）と、単語の単位で選択することができます。タッチ操作については、P.17を参照してください。

ステップアップ ファンクションキーで一括変換する

確定前の文字列は、キーボードにあるファンクションキー（[F6]～[F10]）を押すと、「ひらがな」「カタカナ」「英数字」に一括して変換することができます。

[P][A][S][O][K][O][N]とキーを押してファンクションキーを押すと…

ぱそこn

[F6]キー「ひらがな」

ぱそこん

[F7]キー「全角カタカナ」

パソコン

[F8]キー「半角カタカナ」

ﾊﾟｿｺﾝ

[F9]キー「全角英数」

ｐａｓｏｋｏｎ

[F10]キー「半角英数」

pasokon

Section 16

アルファベットを入力する

覚えておきたいキーワード
- ☑ 半角英数
- ☑ ひらがな
- ☑ 大文字

アルファベットを入力するには、2つの方法があります。1つは<半角英数>入力モードで入力する方法で、英字が直接入力されるので、長い英文を入力するときに向いています。もう1つは<ひらがな>入力モードで入力する方法で、日本語と英字が混在する文章を入力する場合に向いています。

1 入力モードが<半角英数>の場合

メモ 入力モードを<半角英数>にする

入力モードを<半角英数> A にして入力すると、変換と確定の操作が不要になるため、英語の長文を入力する場合に便利です。

ヒント 大文字の英字を入力するには

入力モードが<半角英数> A の場合、英字キーを押すと小文字で英字が入力されます。Shift を押しながらキーを押すと、大文字で英字が入力されます。

ステップアップ 大文字を連続して入力する

大文字だけの英字入力が続く場合は、大文字入力の状態にするとよいでしょう。キーボードの Shift ＋ CapsLock を押すと、大文字のみを入力できるようになります。このとき、小文字を入力するには、Shift を押しながら英字キーを押します。もとに戻すには、再度 Shift ＋ CapsLock を押します。

入力モードを<半角英数>に切り替えます（Sec.14参照）。

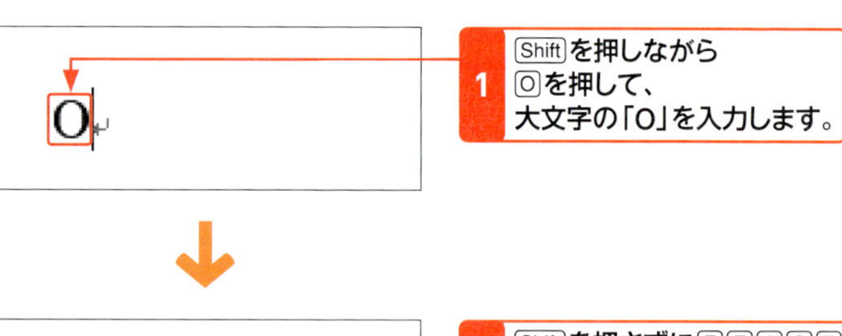

1 Shift を押しながら O を押して、大文字の「O」を入力します。

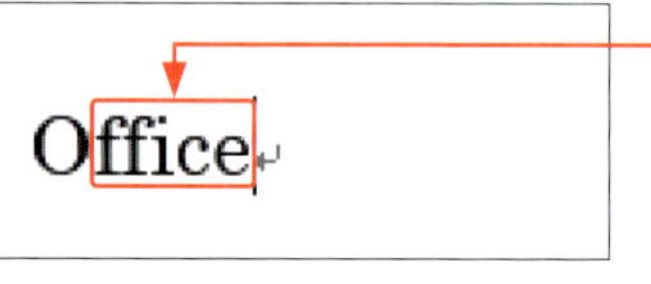

2 Shift を押さずに F F I C E とキーを押して、小文字の「ffice」を入力します。

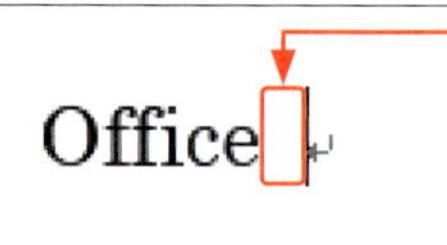

3 Space を押して、半角スペースを入力します。

4 Shift を押しながら W を押して、大文字の「W」を入力します。

Office Word

5 Shift を押さずに O R D とキーを押して、小文字の「ord」を入力します。

2 入力モードが<ひらがな>の場合

入力モードを<ひらがな>に切り替えます(Sec.14参照)。

1 S E C U R I T Y とキーを押します。

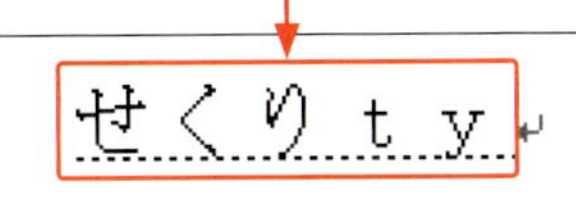

2 F10を1回押します。

半角小文字に変換されます。

3 F10をもう1回押します(計2回)。

半角大文字に変換されます。

4 F10をもう1回押します(計3回)。

先頭だけ半角大文字に変換されます。

5 F10を4回押すと、1回押したときと同じ変換結果になります。

メモ 入力モードを<ひらがな>にする

和英混在の文章を入力する場合は、入力モードを<ひらがな> あ にしておき、必要な語句だけを左の手順に従ってアルファベットに変換すると便利です。

ヒント 入力モードを一時的に切り替える

日本語の入力中にShiftを押しながらアルファベットの1文字目を入力すると(この場合、入力された文字は大文字になります)、入力モードが一時的に<半角英数> A に切り替わり、再度Shiftを押すまでアルファベットを入力することができます。

ステップアップ 1文字目が大文字に変換されてしまう

アルファベットをすべて小文字で入力しても、1文字目が大文字に変換されてしまう場合は、Wordが文の先頭文字を大文字にする設定になっています。<ファイル>タブの<オプション>をクリックし、<Wordのオプション>画面を開きます。<文章校正>の<オートコレクトのオプション>をクリックして、<オートコレクト>タブの<文の先頭文字を大文字にする>をクリックしてオフにします。

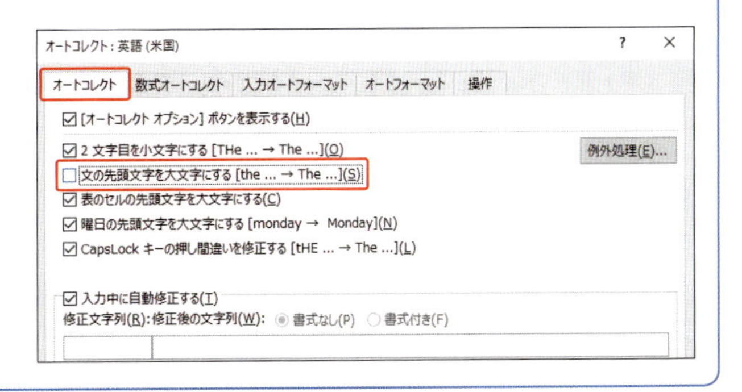

Section 17

難しい漢字を入力する

覚えておきたいキーワード
- IMEパッド
- 手書きアプレット
- 総画数アプレット

読みのわからない漢字は、IMEパッドを利用して検索します。手書きアプレットでは、ペンで書くようにマウスで文字を書き、目的の漢字を検索して入力することができます。また、総画数アプレットでは画数から、部首アプレットでは部首から目的の漢字を検索することができます。

1 IMEパッドを表示する

キーワード IMEパッド

「IMEパッド」は、キーボードを使わずにマウス操作だけで文字を入力するためのツール（アプレット）が集まったものです。読みのわからない漢字や記号などを入力したい場合に利用します。IMEパッドを閉じるには、IMEパッドのタイトルバーの右端にある＜閉じる＞☒をクリックします。

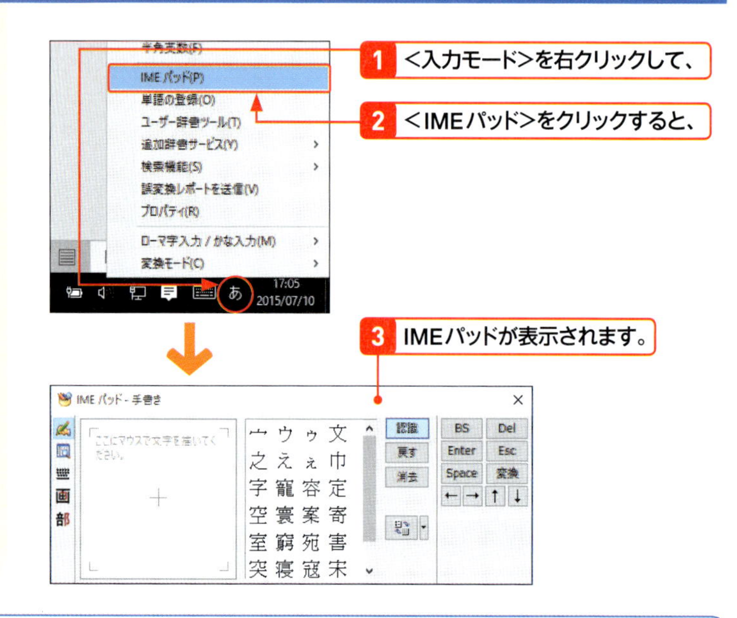

ヒント IMEパッドのアプレット

IMEパッドには、以下の5つのアプレットが用意されています。左側のアプレットバーのアイコンをクリックすると、アプレットを切り替えることができます。

- 手書きアプレット（次ページ参照）
- 文字一覧アプレット
  文字の一覧から目的の文字をクリックして、文字を入力します。
- ソフトキーボードアプレット
  マウスで画面上のキーをクリックして、文字を入力します。
- 総画数アプレット（P.74参照）
- 部首アプレット（P.75参照）

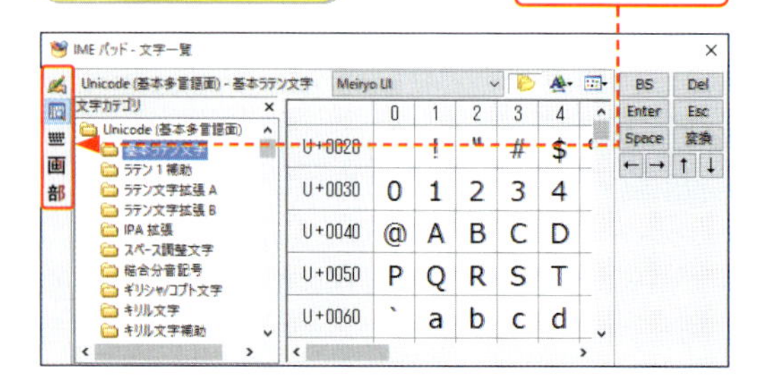

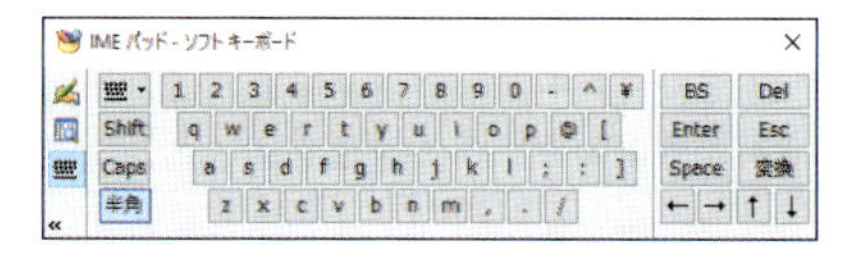

2 手書きで検索した漢字を入力する

「詍田」(せだか)の「詍」を検索します。

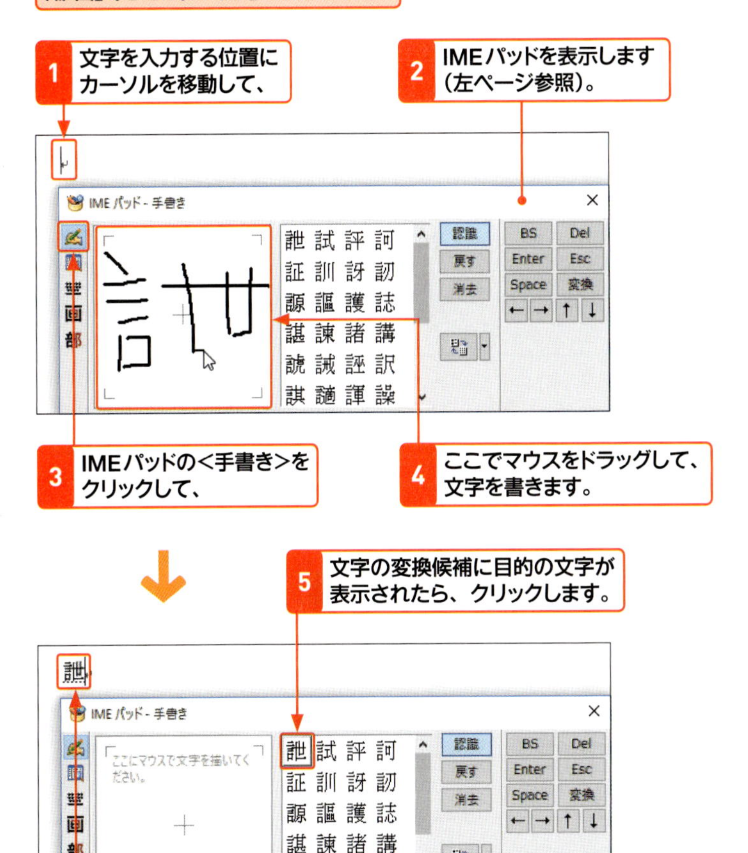

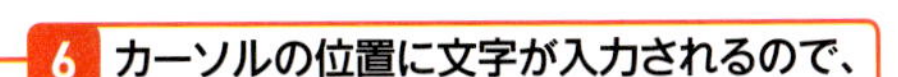

7 IMEパッドの<Enter>をクリックするか、Enterを押して確定します。

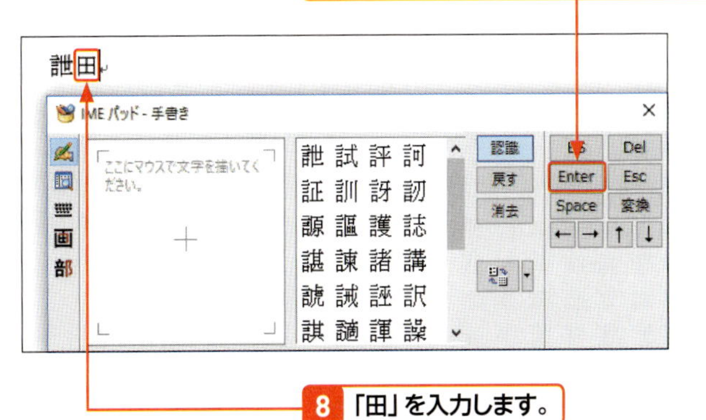

キーワード 手書きアプレット

「手書きアプレット」は、ペンで紙に書くようにマウスで文字を書き、目的の文字を検索することができるアプレットです。

メモ マウスのドラッグの軌跡が線として認識される

手書きアプレットでは、マウスをドラッグした軌跡が線として認識され、文字を書くことができます。入力された線に近い文字を検索して変換候補を表示するため、文字の1画を書くごとに、変換候補の表示内容が変わります。文字をすべて書き終わらなくても、変換候補に目的の文字が表示されたらクリックします。

ヒント マウスで書いた文字を消去するには?

手書きアプレットで、マウスで書いた文字をすべて消去するにはIMEパッドの<消去>をクリックします。また、直前の1画を消去するには<戻す>をクリックします。

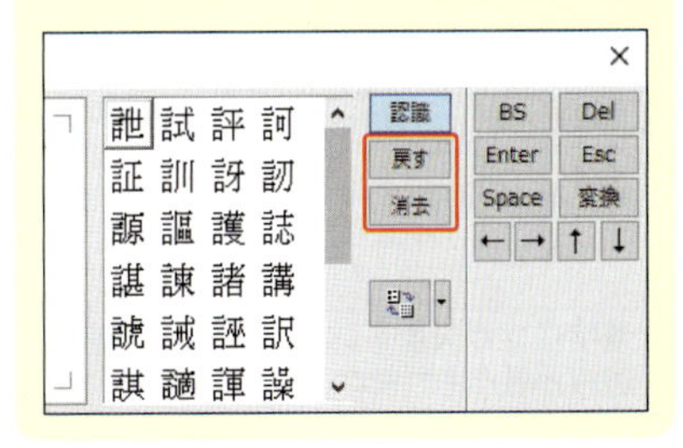

3 総画数で検索した漢字を入力する

キーワード 総画数アプレット

「総画数アプレット」は、漢和辞典の総画数索引のように、漢字の総画数から目的の漢字を検索して、入力するためのアプレットです。

ヒント 漢字の読みを表示する

各アプレットでの検索結果の一覧表示では、目的の漢字にマウスポインターを合わせると、読みが表示されます。

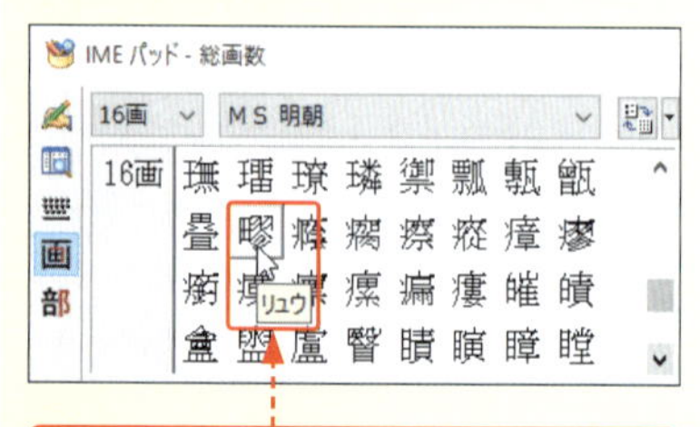

漢字にマウスポインターを合わせると読みが表示されます。

「大瞟」(おおはた)の「瞟」を検索します。

1 IMEパッドの<総画数>をクリックします。

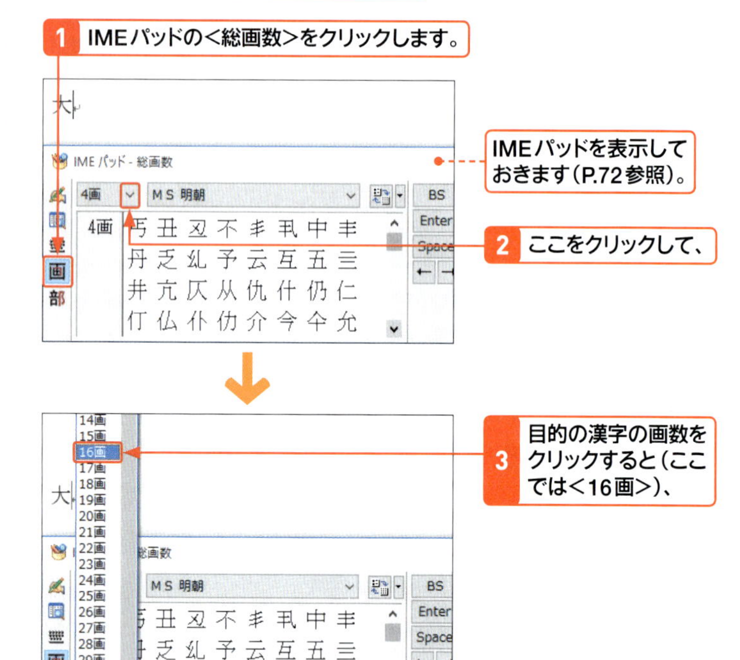

IMEパッドを表示しておきます(P.72参照)。

2 ここをクリックして、

3 目的の漢字の画数をクリックすると(ここでは<16画>)、

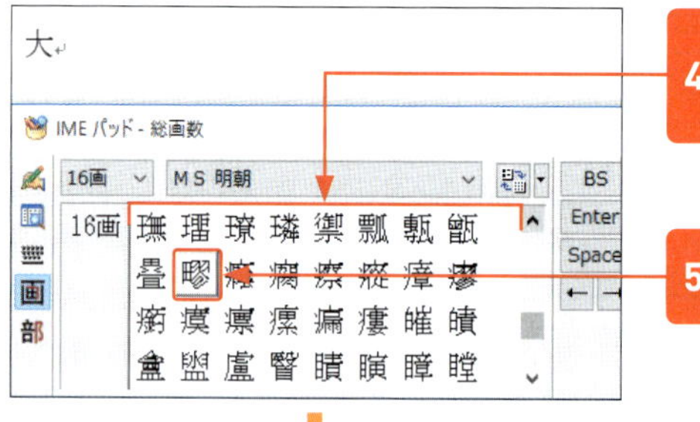

4 指定した画数の漢字が一覧表示されます。

5 目的の漢字をクリックすると、

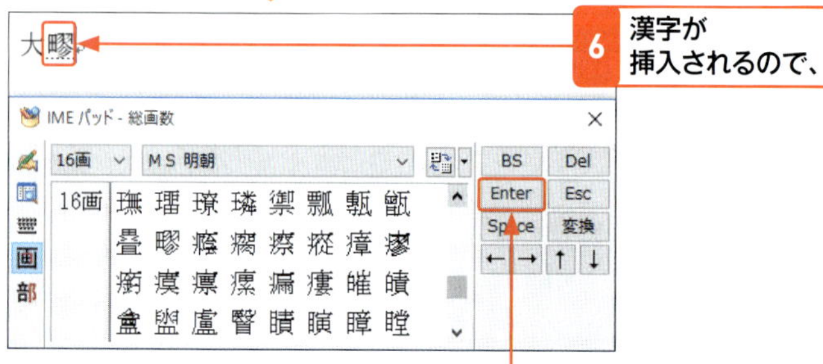

6 漢字が挿入されるので、

7 IMEパッドの<Enter>をクリックするか、Enterを押して確定します。

4 部首で検索した漢字を入力する

「柗本」の「柗」を検索します。

1 IMEパッドの<部首>をクリックします。

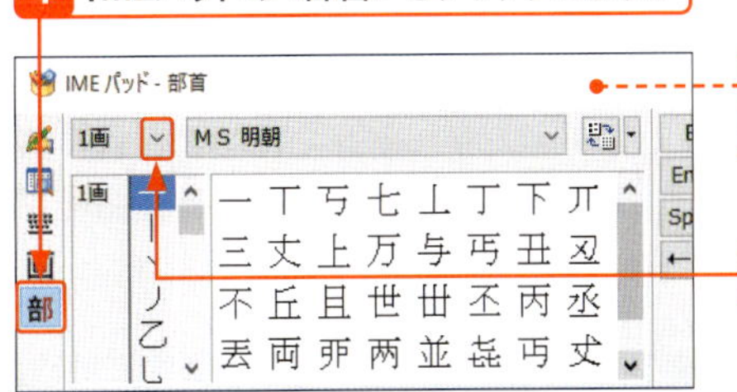

IMEパッドを表示しておきます（P.72参照）。

2 ここをクリックして、

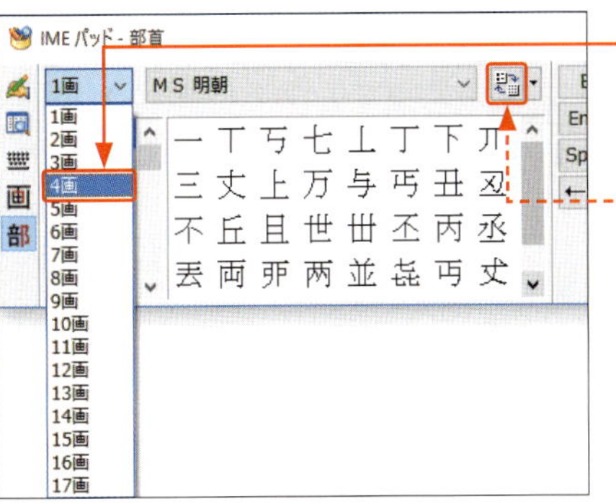

3 部首の画数をクリックし（ここでは<4画>）、

「ヒント」参照

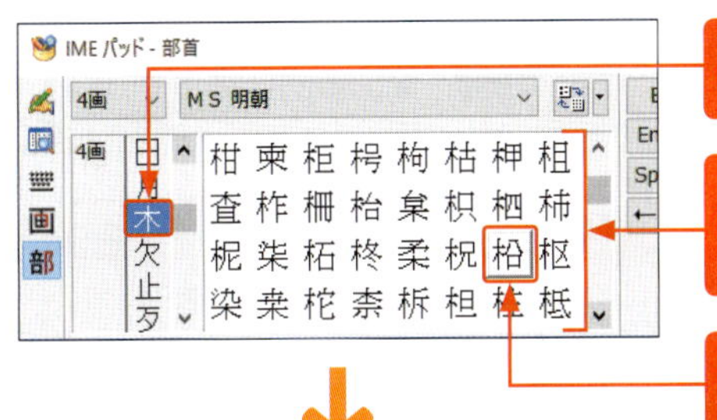

4 目的の部首をクリックすると、

5 指定した部首が含まれる漢字が一覧表示されます。

6 目的の漢字をクリックすると、

7 漢字が挿入されるので、

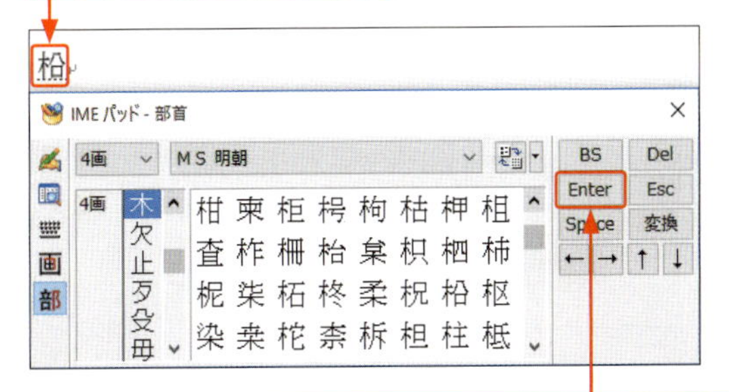

8 IMEパッドの<Enter>をクリックするか、Enterを押して確定します。

キーワード 部首アプレット

「部首アプレット」は、漢和辞典の部首別索引のように、部首の画数から目的の部首を検索して、その部首が含まれるものから目的の漢字を検索し、入力するためのアプレットです。

ヒント 漢字の一覧を詳細表示に切り替える

総画数や部首アプレットで、<一覧表示の拡大／詳細の切り替え>をクリックすると、漢字の一覧が詳細表示に切り替わり、画数（部首）と読みを表示することができます。

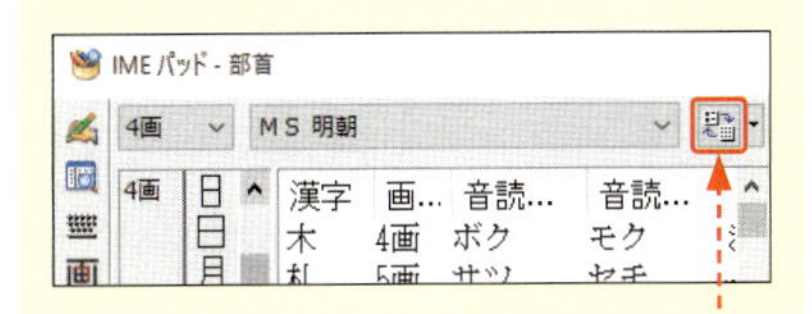

<一覧表示の拡大／詳細の切り替え>

ステップアップ IMEパッドでキーボード操作を行う

IMEパッドの右側にある<BS>や<Del>などのアイコンは、それぞれキーボードのキーに対応しています。これらのアイコンをクリックすると、改行やスペースを挿入したり、文書内の文字列を削除したりするなど、いちいちキーボードに手を戻さなくてもキーボードと同等の操作を行うことができます。

Section 18

記号や特殊文字を入力する

覚えておきたいキーワード
- 記号／特殊文字
- 環境依存
- IME パッド

記号や特殊文字を入力する方法には、記号の読みを変換する、＜記号と特殊文字＞ダイアログボックスで探す、＜IMEパッド-文字一覧＞で探すの3通りの方法があります。一般的な記号の場合は、読みを変換すると変換候補に記号が表示されるので、かんたんに入力できます。

1 記号の読みから変換して入力する

メモ ひらがな（読み）から記号に変換する

●や◎（まる）、■や◆（しかく）、★や☆（ほし）などの簡単な記号は、読みを入力してSpaceを押せば、変換の候補一覧に記号が表示されます。また、「きごう」と入力して変換すると、一般的な記号が候補一覧に表示されます。

ヒント ○付き数字を入力するには？

1、2、…を入力して変換すると、①、②、…のような○付き数字を入力できます。Windows 10では、50までの数字を○付き数字に変換することができます。ただし、○付き数字は環境依存の文字なので、表示に関しては注意が必要です（下の「キーワード」参照）。なお、51以上の○付き数字を入力する場合は、囲い文字を利用します（P.79の「ステップアップ」参照）。

キーワード 環境依存

「環境依存」とは、特定の環境でないと正しく表示されない文字のことをいいます。環境依存の文字を使うと、Windows 10や7／8.1、Vista以外のパソコンとの間で文章やメールのやりとりを行う際に、文字化けが発生する場合があります。

郵便記号の「〶」を入力します。

1 記号の読みを入力して（ここでは「ゆうびん」）、Spaceを2回押します。

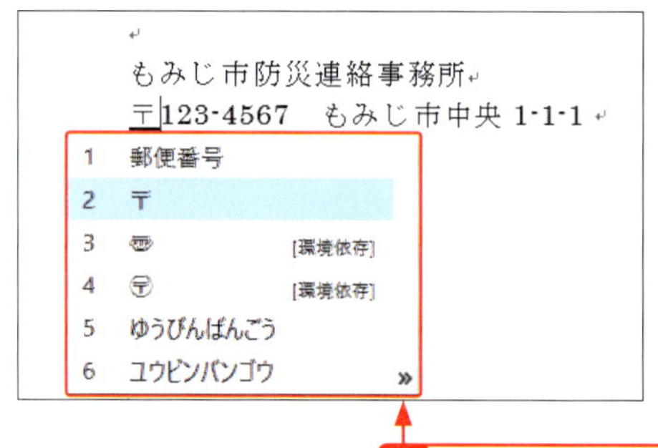

2 変換の候補一覧が表示されるので、

3 目的の記号を選択してEnterを押すと、

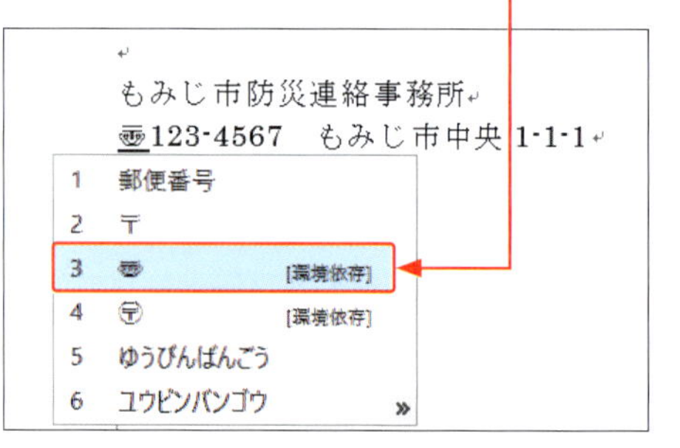

4 選択した記号が挿入されます。

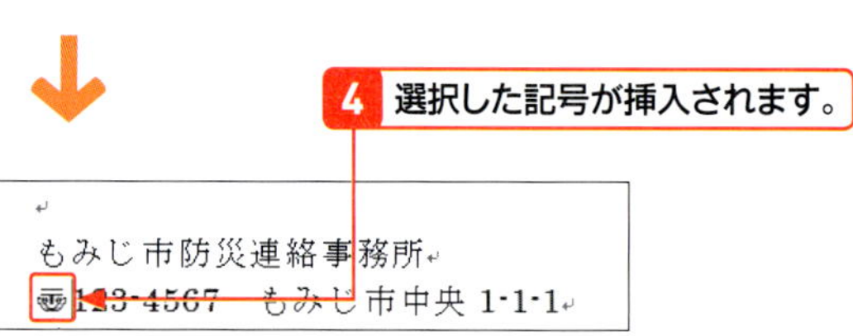

2 <記号と特殊文字>ダイアログボックスを利用して入力する

組み文字の「℡」を入力します。

1 文字を挿入する位置にカーソルを移動します。

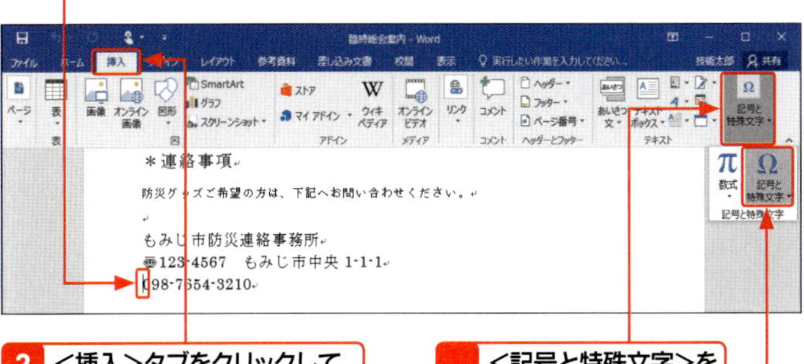

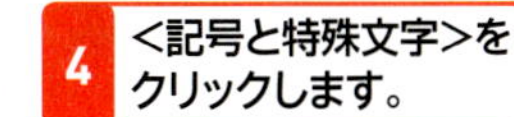

2 <挿入>タブをクリックして、

3 <記号と特殊文字>をクリックします。

4 <記号と特殊文字>をクリックします。

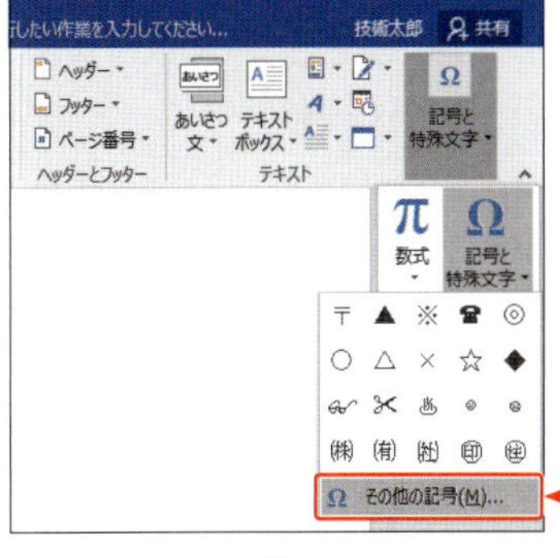

5 <その他の記号>をクリックすると、

6 <記号と特殊文字>ダイアログボックスが表示されます。

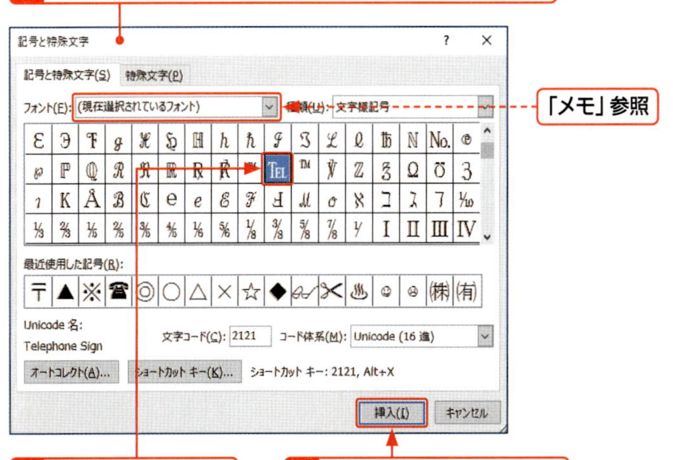

「メモ」参照

7 目的の文字を探してクリックして、

8 <挿入>をクリックすると、

メモ 記号と特殊文字の入力

<記号と特殊文字>ダイアログボックスに表示される記号や文字は、選択するフォントによって異なります。この手順では、「現在選択されているフォント」(ここでは「MS ゴシック」)を選択していますが、より多くの種類の記号が含まれているのは、「Webdings」などの記号専用のフォントです。

ステップアップ 特殊文字の選択

手順4で開くメニュー一覧に目的の特殊文字がある場合は、マウスでクリックすれば入力できます。この一覧の内容は、利用状況によって内容が変わります。また、新しい特殊文字を選択すると、ここに表示されるようになります。

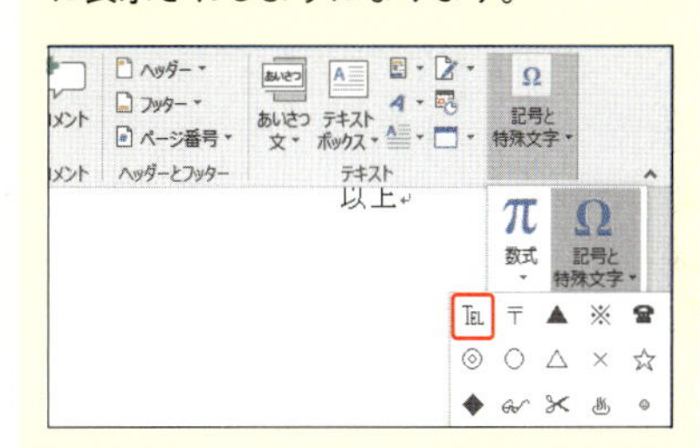

ヒント 種類を選択する

<記号と特殊文字>ダイアログボックスで特殊文字を探す際に、文字の種類がわかっている場合は、種類ボックスの▽をクリックして種類を選択すると、目的の文字を探しやすくなります。

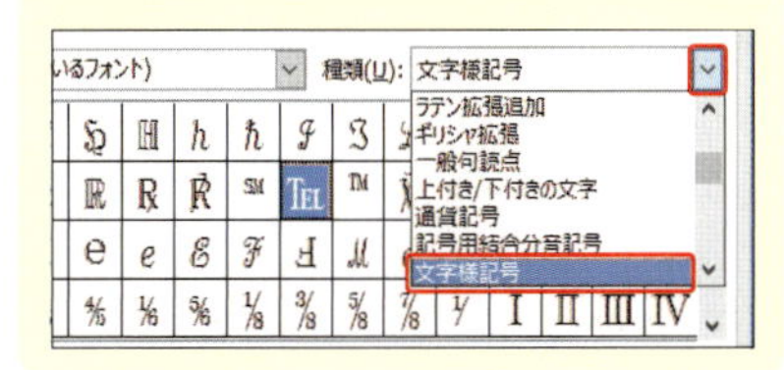

ヒント 上付き文字／下付き文字を入力する

8^3などのように右肩に付いた小さい文字を上付き文字、H_2Oのように右下に付いた小さい文字を下付き文字といいます。文字を選択して、＜ホーム＞タブの＜上付き文字＞、＜下付き文字＞をクリックすると変換できます。
もとの文字に戻すには、文字を選択して、再度＜上付き文字＞、＜下付き文字＞をクリックします。

9 文字が挿入されます。

＊連絡事項
防災グッズご希望の方は、下記へお問い合わせください。

もみじ市防災連絡事務所
〒123-4567　もみじ市中央 1-1-1
℡098-7654-3210

10 ＜記号と特殊文字＞ダイアログボックスの＜閉じる＞をクリックします。

3 ＜IMEパッドー文字一覧＞を利用して特殊文字を入力する

メモ IMEパッドの文字一覧を利用する

記号や特殊文字は、IMEパッドの＜文字一覧アプレット＞からも挿入することができます。文字一覧アプレットの＜文字カテゴリ＞には、ラテン文字やアラビア文字など多言語の文字のほか、各種記号や特殊文字が用意されています。

ここでは、「✂」を入力します。

1 特殊文字を入れたい位置にカーソルを移動します。

2 ＜入力モード＞を右クリックして、

3 ＜IMEパッド＞をクリックします。

4 IMEパッドが表示されます。

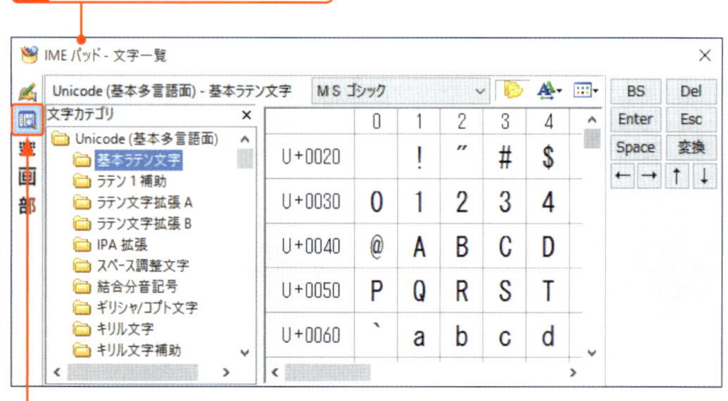

5 ＜文字一覧＞をクリックして、

6 文字カテゴリをクリックし（ここでは<装飾記号>）、

7 フォントの種類をクリックして（ここでは<MS ゴシック>）、

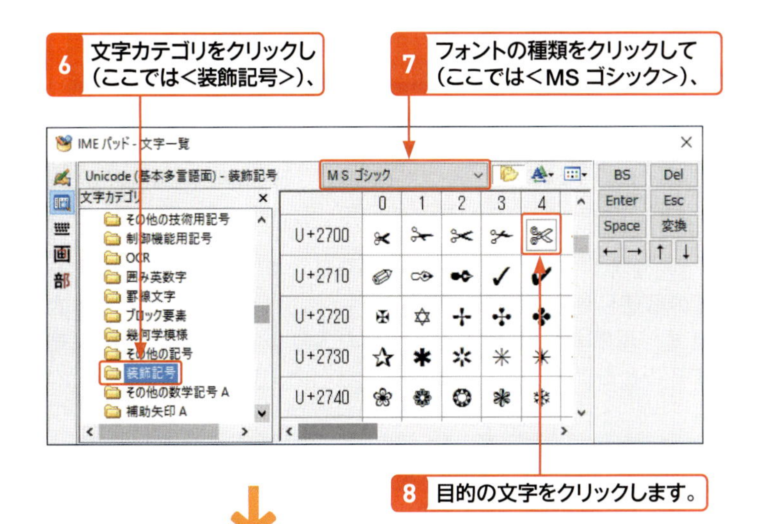

8 目的の文字をクリックします。

9 選択した文字が挿入されます。

10 <Enter>をクリックすると、確定します。

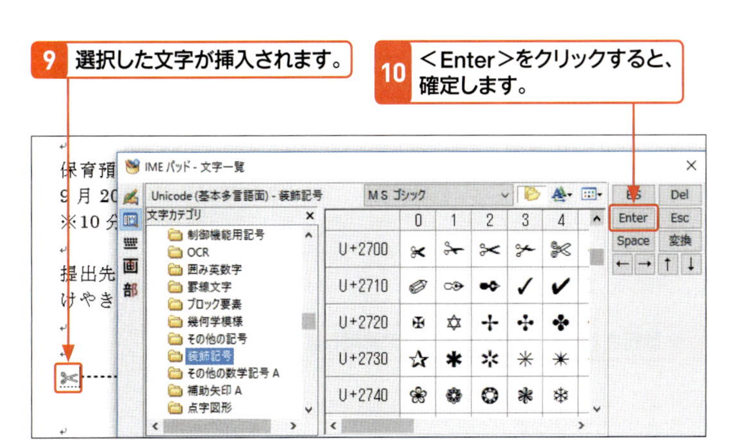

ヒント 文字カテゴリの選択

文字カテゴリがわからない場合は、文字一覧をスクロールして文字を探すとよいでしょう。なお、指定したフォントの種類によっては、目的の文字が表示されない場合もあります。

ヒント 特殊文字のフォントサイズ

特殊文字や環境依存の文字などには、フォントサイズが小さいものがあります。ほかの文字とのバランスが悪い場合は、その文字のみフォントサイズを大きくしてバランスよく配置するとよいでしょう。

ステップアップ 囲い文字で○付き数字を入力する

51以上の2桁の数字を○付き数字にするには、囲い文字を利用します。数字を半角で入力して選択し、<ホーム>タブの<囲い文字>をクリックします。<囲い文字>ダイアログボックスが表示されるので、以下の手順で操作を行います。

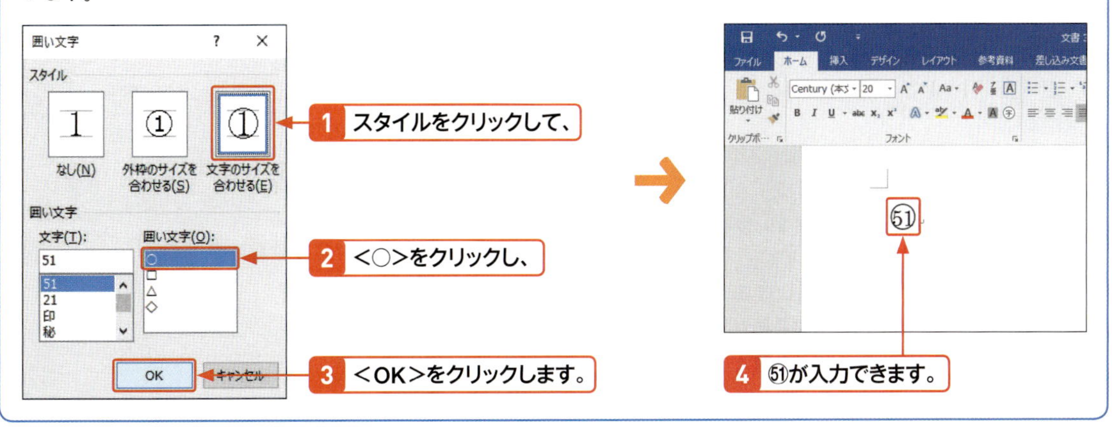

Section 19

文章を改行する

覚えておきたいキーワード
- 改行
- 空行
- 段落記号

文章を入力して Enter を押し、次の行（段落）に移ることを改行といいます。一般に、改行は段落の区切りとして扱われるため、段落記号が表示されます。次の行で何も入力せず、再度 Enter を押すと、空行が入ります。また、段落の途中で改行を追加することもできます。これを強制改行といいます。

1 文章を改行する

キーワード 改行

「改行」とは文章の中で行を新しくすることです。Enter を押すと次の行にカーソルが移動し、改行が行われます。行を変えるので「改行」と呼びますが、実際には段落を変えています。

ヒント 段落と段落記号

入力し始める先頭の位置には「段落記号」↵が表示され、文章を入力する間、つねに文章の最後に表示されています。文章の区切りで Enter を押して改行すると、改行した末尾と、次の行の先頭に段落記号が表示されます。この文章の最初から段落記号までを、1つの「段落」と数えます。

1 文章を入力して、文末で Enter を押すと、

拝啓↵
初秋の候、ますます御健勝のこととお慶び申し上げます。日頃は大変お世話になっております。↵

2 改行され、カーソルが次の行に移動します。

拝啓↵
初秋の候、ますます御健勝のこととお慶び申し上げます。日頃は大変お世話になっております。↵
↵

「ヒント」参照

3 続けて文章を入力して、Enter を押すと、

拝啓↵
初秋の候、ますます御健勝のこととお慶び申し上げます。日頃は大変お世話になっております。↵
さて、本年の総会において災害時緊急避難対策の見直しとして、災害対策検討委員会を設置しました。↵
↵

4 改行されます。

2 空行を入れる

1 改行して、行の先頭にカーソルを移動します。

さて、本年の総会において災害時緊急避難対策の見直しとして、災害対策検討委員会を設置しました。↵
↵

2 を押すと、

3 次の行にカーソルが移動するので文章を入力します。

この行が、空行になります。

さて、本年の総会において災害時緊急避難対策の見直しとして、災害対策検討委員会を設置しました。↵
↵
この災害時対策要綱案の説明と承認を行うため、下記のとおり臨時総会を開催いたします。↵

キーワード 空行

文字の入力されていない行（段落）を「空行」といいます。文書によっては、読みやすさや話題を変えるときに、1行空けるとよいでしょう。

ステップアップ 強制改行する

文章の始まりから最初の段落記号までを1段落と数えますが、その段落内で改行することを「強制改行」といいます。1段落として扱いたい文章の中に、箇条書きなどで表現したい場合に使います。段落にしておくと、書式の設定などを段落単位で扱うことができます。強制改行にするには、Shift＋Enterを押します。強制改行の記号は↓で表示されます。

1 強制改行したい先頭の位置にカーソルを移動して、Shift＋Enterを押します。

さて、本年の総会において災害時緊急避難対策の見直しとして、災害対策検討委員会を設置しました。各方面の方々からのご助言や要望をお聞きし、検討を重ねてまいりましたが、この度けやき自治会要綱案がまとまりました。↵
この災害時対策要綱案の説明と承認を行うため、下記のとおり臨時

2 改行されます。

強制改行の記号が表示されます。

さて、本年の総会において災害時緊急避難対策の見直しとして、災害対策検討委員会を設置しました。↓
各方面の方々からのご助言や要望をお聞きし、検討を重ねてまいりましたが、この度けやき自治会要綱案がまとまりました。↵
この災害時対策要綱案の説明と承認を行うため、下記のとおり臨時

Section 20 文章を修正する

覚えておきたいキーワード
- ☑ 文字の挿入
- ☑ 文字の削除
- ☑ 文字の上書き

入力した文章の間に文字を挿入したり、文字を削除したりできます。文字を挿入するには、挿入する位置にカーソルを移動して入力します。文字を削除するには、削除したい文字の左側 にカーソルを移動して Delete を押します。また、入力済みの文章に、別の文字を上書きすることができます。

1 文字カーソルを移動する

1 修正したい文字の左側をクリックすると、

拝啓↵
初秋の候、ますます御健勝のこととお慶び申し上げます
変お世話になっております。↵
さて、本年の総会において災害時緊急避難対策の見直し
害対策検討委員会を設置しました。各方面の方々からの
望をお聞きし、検討を重ねてまいりましたが、この度け
要綱案がまとまりました。↵
この災害時対策要綱案の説明と承認を行うため、臨時総
たします。↵
↵

2 カーソルが移動します。

拝啓↵
初秋の候、ますます御健勝のこととお慶び申し上げます
変お世話になっております。↵
さて、本年の総会において災害時緊急避難対策の見直し
害対策検討委員会を設置しました。各方面の方々からの
望をお聞きし、検討を重ねてまいりましたが、この度け
要綱案がまとまりました。↵
この災害時対策要綱案の説明と承認を行うため、臨時総
たします。↵
↵

キーワード 文字カーソル

「文字カーソル」は、一般に「カーソル」といい、文字の入力など操作を開始する位置を示すアイコンです。任意の位置をクリックすると、その場所に文字カーソルが移動します。

ヒント 文字カーソルを移動するそのほかの方法

キーボードの ↑ ↓ ← → を押して、文字カーソルを移動することもできます。

ステップアップ 入力オートフォーマット

Wordは、入力をサポートする入力オートフォーマット機能を備えています。たとえば、「拝啓」と入力して Enter を押すと、改行されて、自動的に「敬具」が右揃えで入力されます。また、「記」と入力して Enter を押すと、改行されて、自動的に「以上」が右揃えで入力されます。

2 文字を削除する

1文字ずつ削除する

「緊急」を1文字ずつ消します。

1 ここにカーソルを移動して、BackSpace を押すと、

拝啓↵
初秋の候、ますます御健勝のこととお慶
変お世話になっております。↵
さて、本年の総会において災害時緊急避
害対策検討委員会を設置しました。各方面

2 カーソルの左側の文字が削除されます。

拝啓↵
初秋の候、ますます御健勝のこととお慶
変お世話になっております。↵
さて、本年の総会において災害時急避難
対策検討委員会を設置しました。各方面

3 Delete を押すと、

4 カーソルの右側の文字が削除されます。

拝啓↵
初秋の候、ますます御健勝のこととお慶
変お世話になっております。↵
さて、本年の総会において災害時避難対
策検討委員会を設置しました。各方面の

メモ 文字の削除

文字を1文字ずつ削除するには、Delete または BackSpace を使います。削除したい文字の右側にカーソルを移動して BackSpace を押すと、カーソルの左側の文字が削除されます。Delete を押すと、カーソルの右側の文字が削除されます。ここでは、2つの方法を紹介していますが、必ずしも両方を覚える必要はありません。使いやすい方法を選び、使用してください。

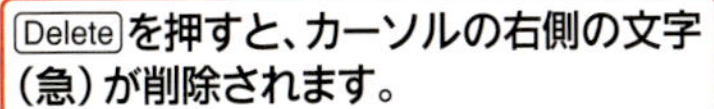
Delete を押すと、カーソルの右側の文字（急）が削除されます。

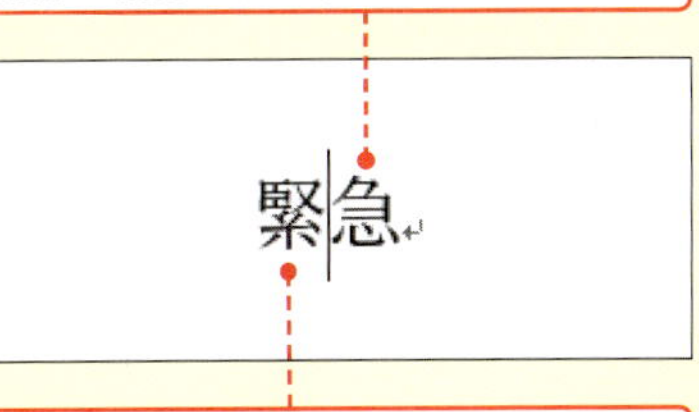

BackSpace を押すと、カーソルの左側の文字（緊）が削除されます。

ヒント 文字を選択して削除する

左の操作では、1文字ずつ削除していますが、文字を選択してから Delete を押しても削除できます。文字を選択するには、選択したい文字の左側にカーソルを移動して、文字の右側までドラッグします。文字列の選択方法について詳しくは、Sec.21 を参照してください。

メモ 文章単位で削除する

1文字ずつではなく、1行や複数行の単位で文章を削除するには、文章をドラッグして選択し、Delete または BackSpace を押します。

文章単位で削除する

1 文章をドラッグして選択し、BackSpace または Delete を押すと、

初秋の候、ますます御健勝のこととお慶び申し上げます。日頃は大変お世話になっております。
さて、本年の総会において災害時緊急避難対策の見直しとして、災害対策検討委員会を設置しました。各方面の方々からのご助言や要望をお聞きし、検討を重ねてまいりましたが、この度けやき自治会要綱案がまとまりました。
この災害時対策要綱案の説明と承認を行うため、臨時総会を開催い

2 選択した文章がまとめて削除されます。

初秋の候、ますます御健勝のこととお慶び申し上げます。日頃は大変お世話になっております。
この災害時対策要綱案の説明と承認を行うため、臨時総会を開催いたします。

3 文字を挿入する

メモ 文字列の挿入

「挿入」とは、入力済みの文字を削除せずに、カーソルのある位置に文字を追加することです。このように文字を追加できる状態を、「挿入モード」といいます。Wordの初期設定では、あらかじめ「挿入モード」になっています。
Wordには、「挿入モード」のほかに、「上書きモード」が用意されています。「上書きモード」は、入力されている文字を上書き（消し）しながら文字を置き換えて入力していく方法です。モードの切り替えは、キーボードの Insert（Ins）を押して行います。

1 文字を挿入する位置をクリックして、カーソルを移動します。

初秋の候、ますます御健勝のこととお慶び
変お世話になっております。
さて、本年の総会において災害時緊急避難

2 文字を入力し、確定すると、

初秋の候、ますます御健勝のこととお慶び
変お世話になっております。
さて、本年の定期総会において災害時緊急
災害対策検討　ました。各方
要望をお聞　ねてまいりまし
会要綱案が
この災害時　明と承認を行う
たします。

提供
定期
提供する
定期預金
定期的
Tab キーで予測候補を選択

3 文字が挿入されます。

初秋の候、ますます御健勝のこととお慶び申し
変お世話になっております。↵
さて、本年の定期総会において災害時緊急避難

4 文字を上書きする

1 入力済みの文字列を選択して、

初秋の候、ますます御健勝のこととお慶び申し
変お世話になっております。↵
さて、本年の定期総会において災害時緊急避難
災害対策検討委員会を設置しました。各方面の
要望をお聞きし、検討を重ねてまいりましたが

2 上書きする文字列を入力すると、

初秋の候、ますます御健勝のこととお慶び申し
変お世話になっております。↵
さて、本年の定期総会において災害時緊急避難
災害時対策理事会を設置しました。各方面の方
望をお聞きし、検討を重ねてまいりましたが、

3 文字列が上書きされます。

初秋の候、ますます御健勝のこととお慶び申し
変お世話になっております。↵
さて、本年の定期総会において災害時緊急避難
災害時対策理事会を設置しました。各方面の方
望をお聞きし、検討を重ねてまいりましたが、

メモ 文字列の上書き

「上書き」とは、入力済みの文字を選択して、別の文字に書き換えることです。上書きするには、書き換えたい文字を選択してから入力します。

Section 21

文字列を選択する

覚えておきたいキーワード
- 文字列の選択
- 行の選択
- 段落の選択

文字列に対してコピーや移動、書式変更などを行う場合は、まず操作する文字列や段落を選択します。文字列を選択するには、選択したい文字列をマウスでドラッグするのが基本ですが、ドラッグ以外の方法で単語や段落を選択することもできます。また、離れた文字列を同時に選択することもできます。

1 ドラッグして文字列を選択する

メモ ドラッグで選択する

文字列を選択するには、文字列の先頭から最後までをドラッグする方法がかんたんです。文字列に網がかかった状態を「選択された状態」といいます。

1 選択したい文字列の先頭をクリックして、

臨時総会開催のご案内

2 文字列の最後までドラッグすると、文字列が選択されます。

臨時総会開催のご案内

ヒント 選択の解除

文字の選択を解除するには、文書上のほかの場所をクリックします。

2 ダブルクリックして単語を選択する

メモ 単語の選択

単語を選択するには、単語の上にマウスポインター[I]を移動して、ダブルクリックします。単語を一度に選択することができます。

1 単語の上にマウスカーソルを移動して、

臨時総会開催のご案内

2 ダブルクリックすると、

3 単語が選択された状態になります。

臨時総会開催のご案内

3 行を選択する

1 選択する行の左側の余白にマウスポインターを移動してクリックすると、

2 行が選択されます。

大変お世話になっております。
さて、本年の総会において災害時緊急避難対策の見直しとして、
災害対策検討委員会を設置しました。各方面の方々からのご助言や
要望をお聞きし、検討を重ねてまいりましたが、この度けやき自治
会要綱案がまとまりました。

3 左側の余白をドラッグすると、

大変お世話になっております。
さて、本年の総会において災害時緊急避難対策の見直しとして、
災害対策検討委員会を設置しました。各方面の方々からのご助言や
要望をお聞きし、検討を重ねてまいりましたが、この度けやき自治
会要綱案がまとまりました。

4 ドラッグした範囲の行がまとめて選択されます。

メモ 行の選択

「行」の単位で選択するには、選択する行の余白でクリックします。そのまま下へドラッグすると、複数行を選択することができます。

4 文（センテンス）を選択する

1 文のいずれかの文字の上にマウスポインターを移動して、

臨時総会開催のご案内
拝啓
初秋の候、ますます御健勝のこととお慶び申し上げます。日頃は
大変お世話になっております。
さて、本年の総会において災害時緊急避難対策の見直しとして、
災害対策検討委員会を設置しました。各方面の方々からのご助言や

2 Ctrl を押しながらクリックすると、

3 文が選択されます。

臨時総会開催のご案内
拝啓
初秋の候、ますます御健勝のこととお慶び申し上げます。日頃は
大変お世話になっております。
さて、本年の総会において災害時緊急避難対策の見直しとして、
災害対策検討委員会を設置しました。各方面の方々からのご助言や

メモ 文の選択

Wordにおける「文」とは、句点「。」で区切られた範囲のことです。文の上で Ctrl を押しながらクリックすると、「文」の単位で選択することができます。

5 段落を選択する

メモ 段落の選択

Wordにおける「段落」とは、文書の先頭または段落記号↵から、文書の末尾または段落記号↵までの文章のことです。段落の左側の余白でダブルクリックすると、段落全体を選択することができます。

ヒント そのほかの段落の選択方法

目的の段落内のいずれかの文字の上でトリプルクリック（マウスの左ボタンをすばやく3回押すこと）しても、段落を選択できます。

1 選択する段落の左余白にマウスポインターを移動して、

大変お世話になっております。↵
　さて、本年の総会において災害時緊急避難対策の見直しとして、災害対策検討委員会を設置しました。各方面の方々からのご助言や要望をお聞きし、検討を重ねてまいりましたが、この度けやき自治会要綱案がまとまりました。↵

2 ダブルクリックすると、

3 段落が選択されます。

大変お世話になっております。↵
　さて、本年の総会において災害時緊急避難対策の見直しとして、災害対策検討委員会を設置しました。各方面の方々からのご助言や要望をお聞きし、検討を重ねてまいりましたが、この度けやき自治会要綱案がまとまりました。↵

6 離れたところにある文字を同時に選択する

メモ 離れた場所にある文字を同時に選択する

文字列をドラッグして選択したあと、Ctrlを押しながら別の箇所の文字列をドラッグすると、離れた場所にある複数の文字列を同時に選択することができます。

1 文字列をドラッグして選択します。

　さて、本年の総会において災害時緊急避難対策の見直しとして、災害対策検討委員会を設置しました。各方面の方々からのご助言や要望をお聞きし、検討を重ねてまいりましたが、この度けやき自治会要綱案がまとまりました。↵
　この災害時対策要綱案の説明と承認を行うため、下記のとおり臨時総会を開催いたします。↵
　なお、当日は、けやき自治会の顧問であり、元県災害対策部長を務められていらした吉岡倫也氏のお話と質問などを行う時間を設

2 Ctrlを押しながら、ほかの文字列をドラッグします。

3 Ctrlを押しながら、ほかの文字列をドラッグします。

　さて、本年の総会において災害時緊急避難対策の見直しとして、災害対策検討委員会を設置しました。各方面の方々からのご助言や要望をお聞きし、検討を重ねてまいりましたが、この度けやき自治会要綱案がまとまりました。↵
　この災害時対策要綱案の説明と承認を行うため、下記のとおり臨時総会を開催いたします。↵
　なお、当日は、けやき自治会の顧問であり、元県災害対策部長を務められていらした吉岡倫也氏のお話と質問などを行う時間を設

4 同時に複数の文字列を選択することができます。

7 ブロック選択で文字を選択する

1 選択する範囲の左上隅にマウスポインターを移動して、

記
日程：9月20日（日）　　午後2時～5時
2時　　開会
2時15分　災害対策について（吉岡氏）・質疑
3時30分　臨時総会議事
5時　　閉会

2 Altを押しながらドラッグすると、

3 ブロックで選択されます。

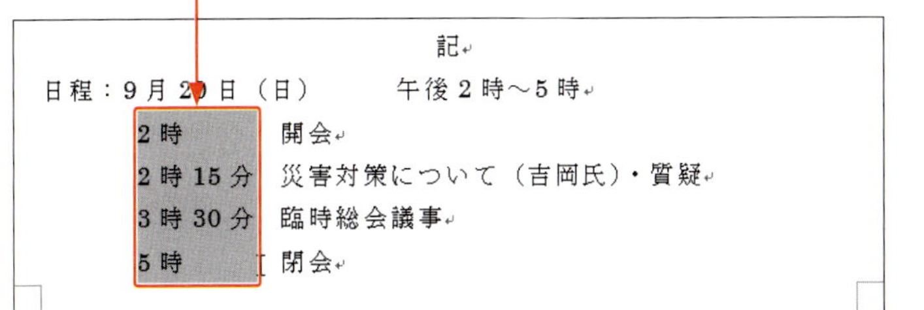
記
日程：9月20日（日）　　午後2時～5時
2時　　開会
2時15分　災害対策について（吉岡氏）・質疑
3時30分　臨時総会議事
5時　　閉会

キーワード　ブロック選択

「ブロック選択」とは、ドラッグした軌跡を対角線とする四角形の範囲を選択する方法のことです。箇条書きや段落番号に設定している書式だけを変更する場合などに利用すると便利です。

ヒント　キー操作で文字を選択するには？

キーボードを使って文字を選択することもできます。Shiftを押しながら、選択したい方向の↑↓←→を押します。

- Shift＋←／→
  カーソルの左／右の文字列まで、選択範囲が広がります。
- Shift＋↑
  カーソルから上の行の文字列まで、選択範囲が広がります。
- Shift＋↓
  カーソルから下の行の文字列まで、選択範囲が広がります。

1 選択する範囲の先頭にカーソルを移動して、

臨時総会開催のご案内
拝啓

2 Shift＋→を1回押すと、カーソルから右へ1文字選択されます。

臨時総会開催のご案内
拝啓

3 さらに→を押し続けると、押した回数（文字数）分、選択範囲が右へ広がります。

臨時総会開催のご案内
拝啓

Section 22 文字列をコピー・移動する

覚えておきたいキーワード
- ☑ コピー
- ☑ 切り取り
- ☑ 貼り付け

同じ文字列を繰り返し入力したり、入力した文字列を別の場所に移動したりするには、コピーや切り取り、貼り付け機能を利用すると便利です。コピーされた文字列はクリップボードに格納され、何度でも利用できます。また、コピーと移動はドラッグ＆ドロップでも実行できます。

1 文字列をコピーして貼り付ける

メモ 文字列のコピー

文字列をコピーするには、右の手順に従って操作を行います。コピーされた文字列はクリップボード（下の「キーワード」参照）に保管され、＜貼り付け＞をクリックすると、何度でも別の場所に貼り付けることができます。

キーワード クリップボード

「クリップボード」とは、コピーしたり切り取ったりしたデータを一時的に保管する場所のことです。文字列以外に、画像や音声などのデータを保管することもできます。

ヒント ショートカットキーを利用する

コピーと貼り付けは、ショートカットキーを利用すると便利です。コピーする場合は文字を選択して、Ctrl＋C を押します。コピー先にカーソルを移動して、貼り付けの Ctrl＋V を押します。

けやきマンション自治会
自治会長　花田 次郎

2 ＜ホーム＞タブをクリックして、

3 ＜コピー＞をクリックします。

4 選択した文字列がクリップボードに保管されます。

5 文字列を貼り付ける位置にカーソルを移動して、

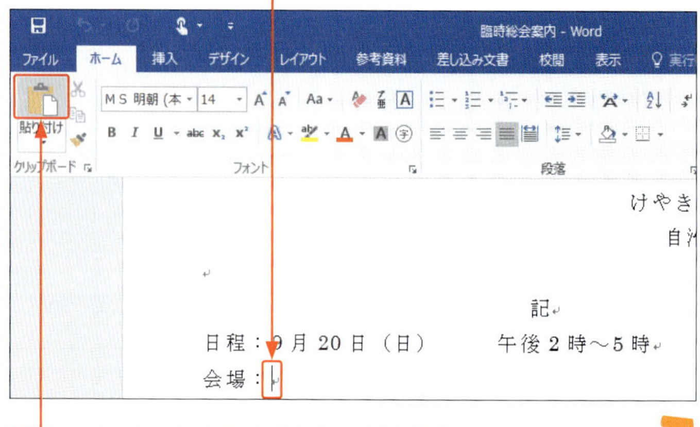

6 ＜貼り付け＞の上の部分をクリックすると、

7 クリップボードに保管した文字列が貼り付けられます。

けやきマンション自治会
自治会長　花田 次郎

記
日程：9月20日（日）　午後2時～5時
会場：けやきマンション
配布資料：「避難対策要綱」（当日ご持参ください）
※保育受付をご希望される世帯は、8月25日までにお申し出ください。

<貼り付けのオプション>が表示されます（「ヒント」参照）。

2 ドラッグ＆ドロップで文字列をコピーする

1 コピーする文字列を選択して、

ご多忙中のことと存じますが、ご出席いただけますようご案内申し上げます。
敬具
けやきマンション自治会
自治会長　花田 次郎

記
日程：9月20日（日）　午後2時～5時
会場：
配布資料：「避難対策要綱」（当日ご持参ください）
※保育受付をご希望される世帯は、8月25日までにお申し出くだ

2 Ctrlを押しながらドラッグすると、

3 文字列がコピーされます。　もとの文字列も残っています。

ご多忙中のことと存じますが、ご出席いただけますようご案内申し上げます。
敬具
けやきマンション自治会
自治会長　花田 次郎

日程：9月20日（日）　午後2時～5時
会場：けやきマンション
配布資料：「避難対策要綱」（当日ご持参ください）
※保育受付をご希望される世帯は、8月25日までにお申し出くだ

ヒント <貼り付けのオプション>を利用するには?

貼り付けたあと、その結果の右下に表示される<貼り付けのオプション>(Ctrl)をクリックすると、貼り付ける状態を指定するためのメニューが表示されます。詳しくは、Sec.38を参照してください。

メモ ドラッグ&ドロップで文字列をコピーする

文字列を選択して、Ctrlを押しながらドラッグすると、マウスポインターの形がに変わります。この状態でマウスボタンから指を離す（ドロップする）と、文字列をコピーできます。なお、この方法でコピーすると、クリップボードにデータが保管されないため、データは一度しか貼り付けられません。

3 文字列を切り取って移動する

メモ 文字列の移動

文字列を移動するには、右の手順に従って操作を行います。切り取られた文字列はクリップボードに保管されるので、コピーの場合と同様、<貼り付け>をクリックすると、何度でも別の場所に貼り付けることができます。

1 移動する文字列を選択して、

2 <ホーム>タブをクリックし、

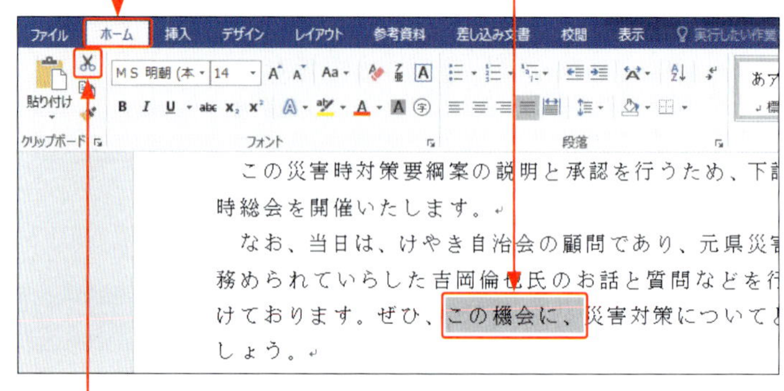

3 <切り取り>をクリックすると、

4 選択した文字列が切り取られ、クリップボードに保管されます。

5 文字列を貼り付ける位置にカーソルを移動して、

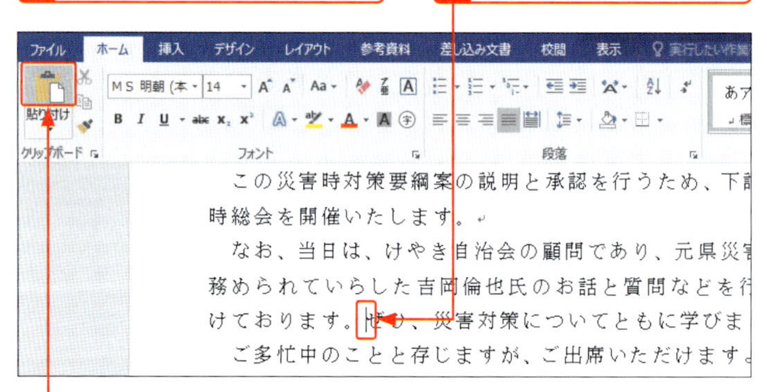

6 <貼り付け>の上の部分をクリックすると、

7 クリップボードに保管した文字列が貼り付けられます。

<貼り付けのオプション>が表示されます(Sec.38参照)。

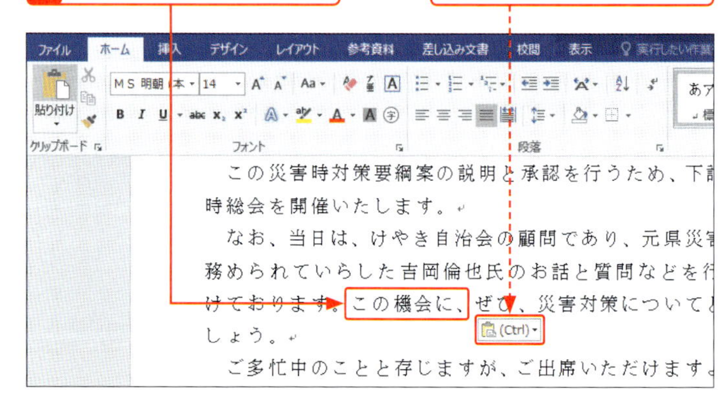

ヒント ショートカットキーを利用する

切り取りと貼り付けは、ショートカットキーを利用すると便利です。移動する場合は文字を選択して、Ctrl＋X を押します。移動先にカーソルを移動して、貼り付けの Ctrl＋V を押します。

4 ドラッグ&ドロップで文字列を移動する

1 移動する文字列を選択して、

この災害時対策要綱案の説明と承認を行うため、下記のとおり臨時総会を開催いたします。
なお、当日は、けやき自治会の顧問であり、元県災害対策部長を務められていらした吉岡倫也氏のお話と質問などを行う時間を設けております。ぜひ、この機会に、災害対策についてともに学びましょう。
ご多忙中のことと存じますが、ご出席いただけますようご案内申し上げます。

2 移動先にドラッグ&ドロップすると、

3 文字列が移動します。　もとの文字列はなくなります。

この災害時対策要綱案の説明と承認を行うため、下記のとおり臨時総会を開催いたします。
なお、当日は、けやき自治会の顧問であり、元県災害対策部長を務められていらした吉岡倫也氏のお話と質問などを行う時間を設けております。この機会に、ぜひ、災害対策についてともに学びましょう。
ご多忙中のことと存じますが、ご出席いただけますようご案内申し上げます。

(Ctrl)

メモ　ドラッグ&ドロップで文字列を移動する

文字列を選択して、そのままドラッグすると、マウスポインターの形が に変わります。この状態でマウスボタンから指を離す(ドロップする)と、文字列を移動できます。ただし、この方法で移動すると、クリップボードにデータが保管されないため、データは一度しか貼り付けられません。

ヒント　ショートカットメニューでのコピーと移動

コピー、切り取り、貼り付けの操作は、文字を選択して、右クリックして表示されるショートカットメニューからも行うことができます。

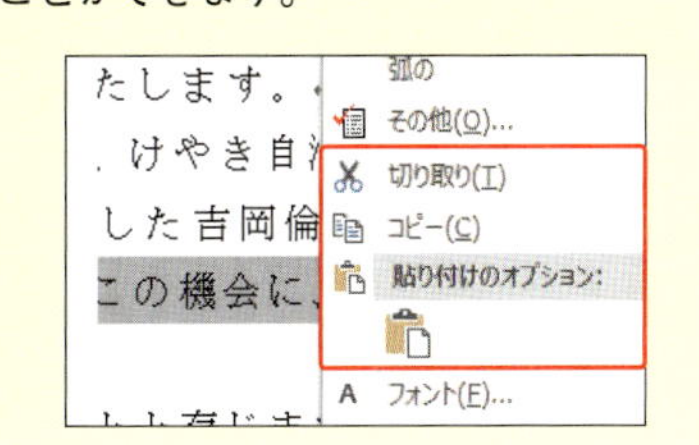

タッチ　タッチ操作で行うコピー、切り取り、貼り付け

タッチ操作で、コピー、切り取り、貼り付けをするには、文字の上でタップしてハンドル○を表示します。○をスライドすると、文字を選択できます。選択した文字の上でホールド(タッチし続ける)し、表示されるショートカットメニューからコピー、切り取り、貼り付けの操作を選択します。

1 ○(ハンドル)を操作して文字を選択し、

、けやき自治会の顧問であり、元県災害対策部長を
した吉岡倫也氏のお話と質問などを行う時間を設
ぜひ、この機会に、災害対策についてともに学びま
とと存じますが、ご出席いただけますようご案内申

2 文字の上をホールドします。

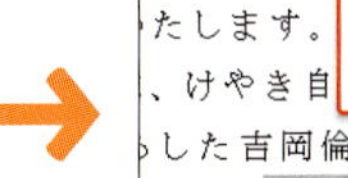

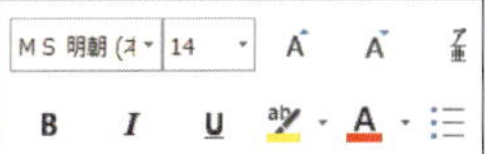

策要綱案の
たします。
、けやき自
した吉岡倫也氏のお話と質問などを行う時間を設
ぜひ、この機会に、災害対策についてともに学びま

3 ショートカットメニューが表示されるので、目的の操作をタップします。

Section 23

便利な方法で文字列を貼り付ける

覚えておきたいキーワード
- クリップボード
- データの保管
- 貼り付けオプション

Wordには、コピー（または切り取り）したデータを保管しておくWindows全体のクリップボードとは別に、Office専用のクリップボードが用意されています。1個のデータしか保管できないWindowsのクリップボードに対し、24個までのデータを保管できるため、複数のデータを繰り返し利用できます。

1 Officeのクリップボードを利用して貼り付ける

メモ Officeのクリップボード

Wordでは、Windows全体のクリップボードのほかに、24個までのデータを保管することができるOffice専用のクリップボードが利用できます。Officeのクリップボードに保管されているデータは、<クリップボード>作業ウィンドウで管理でき、Officeのすべてのアプリケーションどうしで連携して作業することが可能です。

なお、Windowsのクリップボードには、Officeのクリップボードに最後に保管（コピー）されたデータが保管されます。

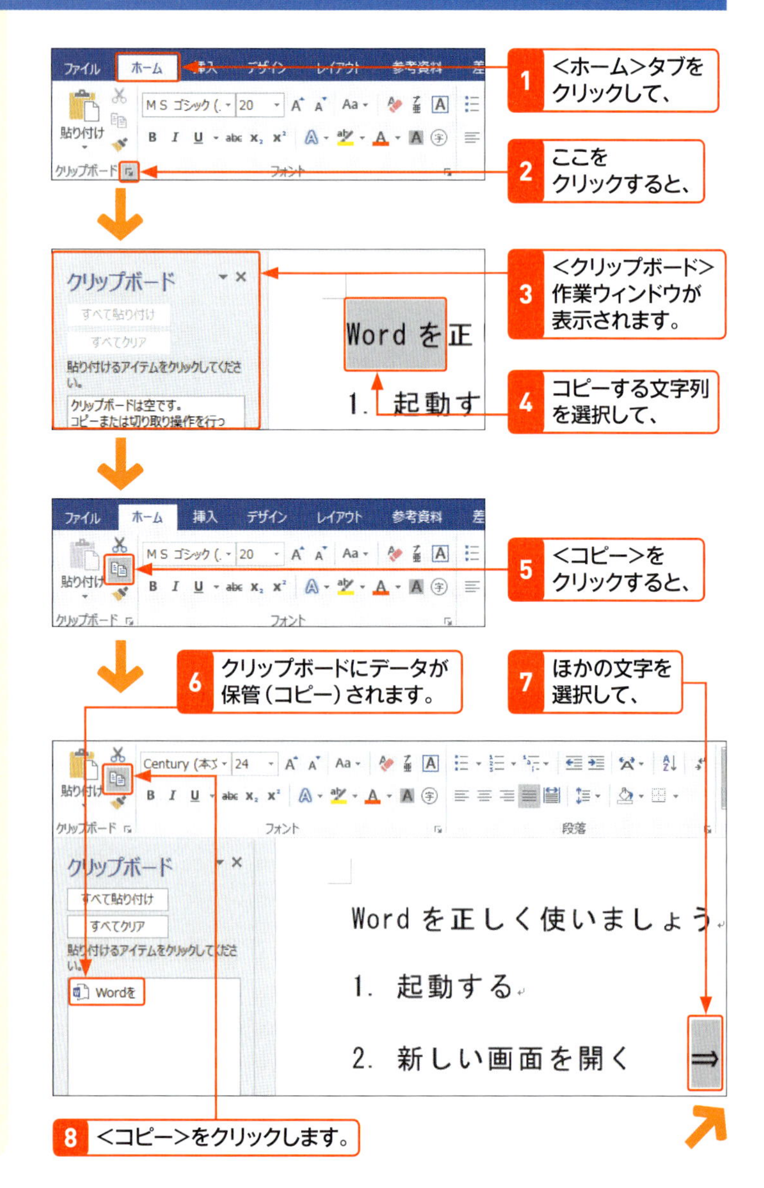

ヒント Office専用のクリップボードのデータ

Office専用のクリップボードに保管されたデータは、同時に開いているほかのWordの文書でも利用できます。なお、データが24個以上になった場合は、古いデータから順に削除されます。

第2章 文字入力の基本

9 データが保管されます。

10 同様の操作で、複数のデータをクリップボードに保管します。

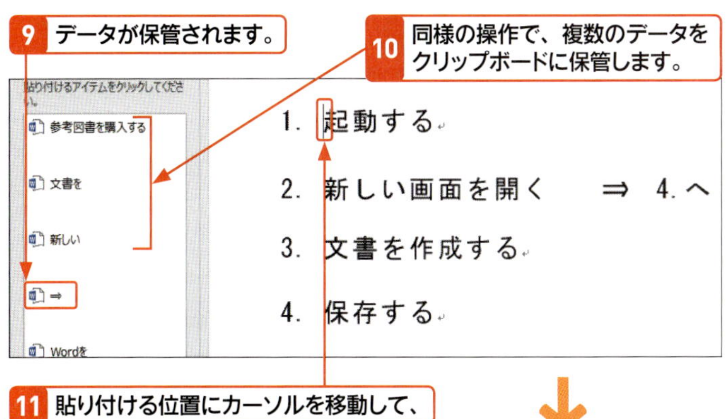

11 貼り付ける位置にカーソルを移動して、

12 貼り付けるデータをクリックすると、

13 データが貼り付けられます。

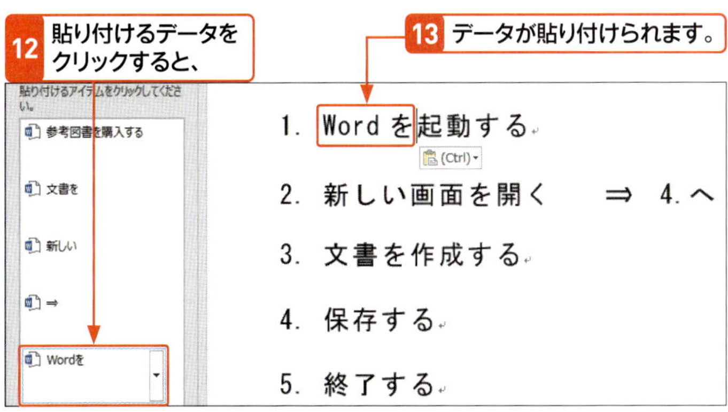

14 ほかの貼り付ける位置にカーソルを移動して、

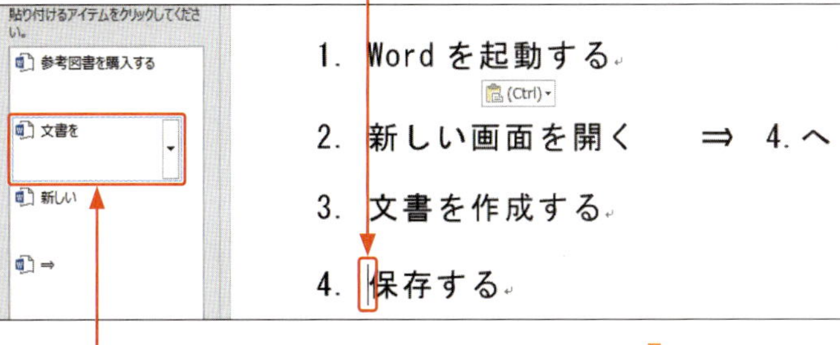

15 データをクリックすると、

16 データが貼り付けられます。

<閉じる>をクリックすると、作業ウィンドウが閉じられます。

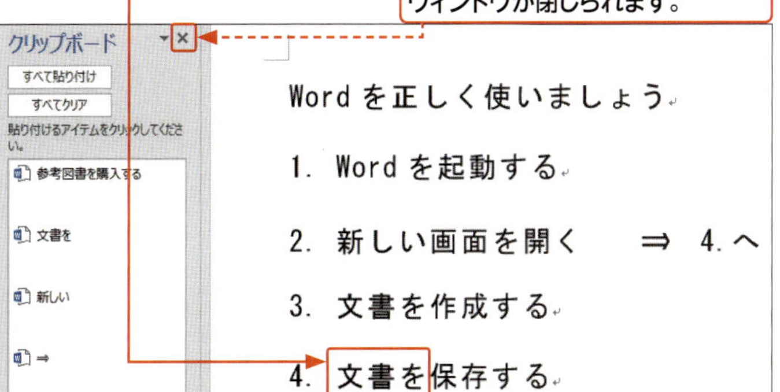

ステップアップ 保管されたデータの削除

Office専用のクリップボードに保管したデータを削除するには、削除したいデータにマウスポインターを合わせると右側に表示される ▾ をクリックして、<削除>をクリックします。

また、クリップボードのすべてのデータを削除したい場合は、<クリップボード>作業ウィンドウの上側にある<すべてクリア>をクリックします。

1 ここをクリックして、

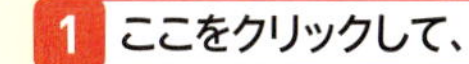

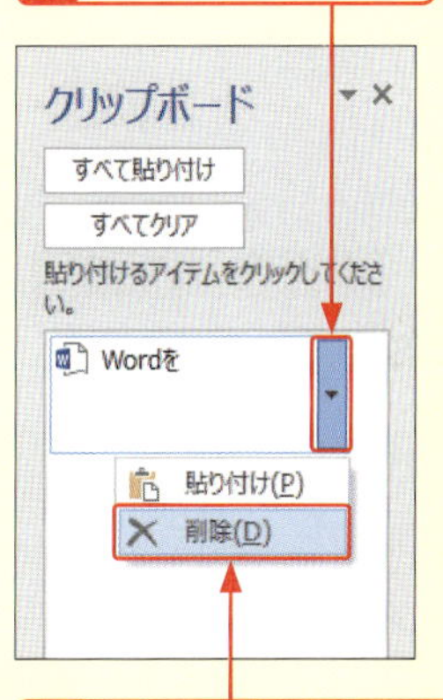

2 <削除>をクリックします。

2 別のアプリから貼り付ける

メモ ほかのアプリからコピーする

Word以外のExcelやPowerPoint文書の中の文章や、Webページに記載されている文章は、コピー操作でWord文書に貼り付けることができます。ここでは、ショートカットキーを使った操作を解説していますが、通常の操作（P.90参照）でも同じことができます。

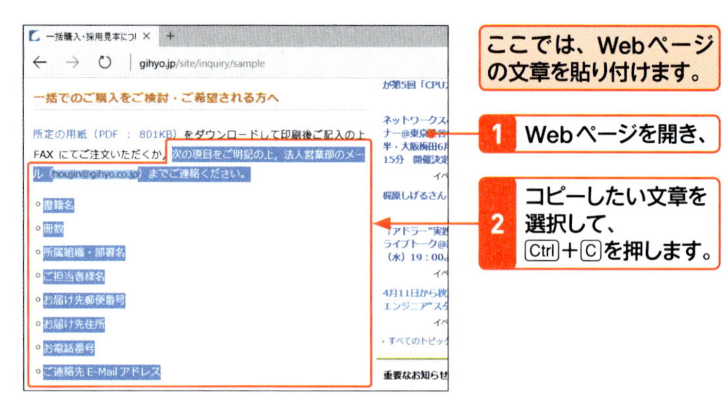

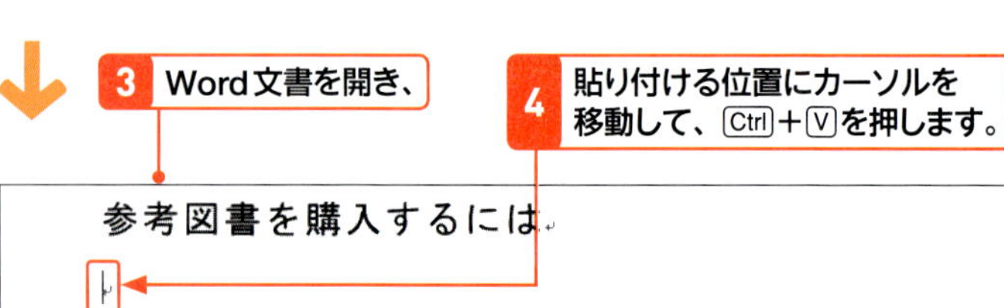

5 文章が貼り付けられました。

参考図書を購入するには

次の項目をご明記の上，法人営業部のメール（houjin@gihyo.co.jp）までご連絡ください。

- 書籍名
- 冊数
- 所属組織・部署名
- ご担当者様名
- お届け先郵便番号
- お届け先住所
- お電話番号
- ご連絡先 E-Mail アドレス

6 <貼り付けオプション>をクリックします。

7 <書式を結合>をクリックすると、

8 コピーされた文章がカーソル位置の文字書式と同じになります。

- ご担当者様名
- お届け先郵便番号
- お届け先住所
- お電話番号
- ご連絡先 E-Mail アドレス

注意 著作権の確認

Webページの文章は著作権などが適用される場合がありますので、利用する場合は注意してください。

ヒント 貼り付けオプション

コピーした文字列を貼り付けると、<貼り付けオプション>(Ctrl)が表示されます。これは、文字列の書式をもとのまま貼り付けるか、貼り付け先に合わせるかなどの選択ができる機能です。貼り付けオプションについては、Sec.38を参照してください。また、書式については、第3章を参照してください。

Chapter 03

第3章

書式と段落の設定

Section 24 書式と段落の考え方

覚えておきたいキーワード
- 段落書式
- 文字書式
- 書式の詳細

体裁の整った文書を作成するには、書式の仕組みを知っておくことが重要です。Wordの書式には、段落単位で書式を設定する「段落書式」と、文字単位で書式を設定する「文字書式」があります。文書内で設定されている書式は、<書式の詳細設定>作業ウィンドウでかんたんに確認することができます。

1 段落書式と文字書式

キーワード 段落書式

「段落書式」とは、段落単位で設定する書式のことです。代表的な段落書式には次のようなものがあります。

- 配置
- インデント
- 行間
- タブ
- 箇条書き

段落単位で設定する書式

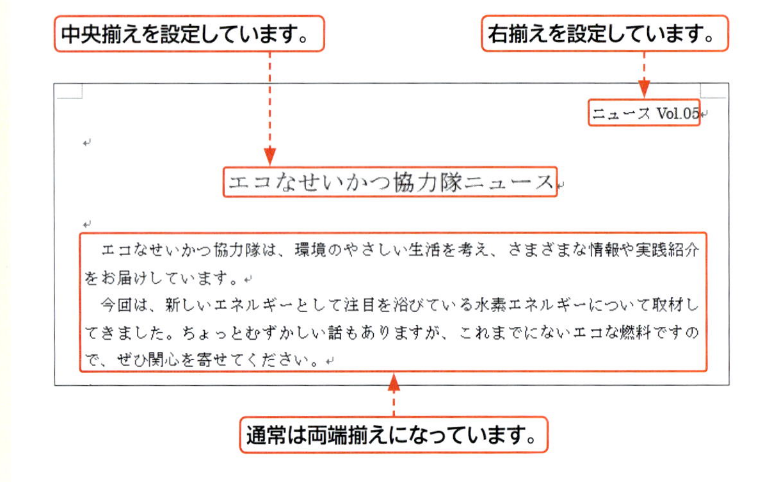

キーワード 文字書式

「文字書式」とは、段落にとらわれずに、文字単位で設定できる書式のことです。代表的な文字書式には次のようなものがあります。

- フォント
- 太字
- 文字色
- 傍点
- フォントサイズ
- 斜体
- 下線
- 文字飾り

文字単位で設定する書式

フォントを「HG丸ゴシックM-PRO」、フォントサイズを「18pt」に設定しています。

エコなせいかつ協力隊ニュース

エコなせいかつ協力隊は、環境のやさしい生活を考え、さまざまな情報や実践紹介をお届けしています。
今回は、新しいエネルギーとして注目を浴びている水素エネルギーについて取材してきました。ちょっとむずかしい話もありますが、これまでにないエコな燃料ですので、ぜひ関心を寄せてください。

*水素エネルギー*を考える
水素エネルギー（hydrogen energy）とは、そのものずばり「水素を燃料としたエネ

フォントに太字と斜体を設定しています。

2 設定した書式の内容を確認する

1 書式を設定した文字を選択して、Shift+F1を押すと、

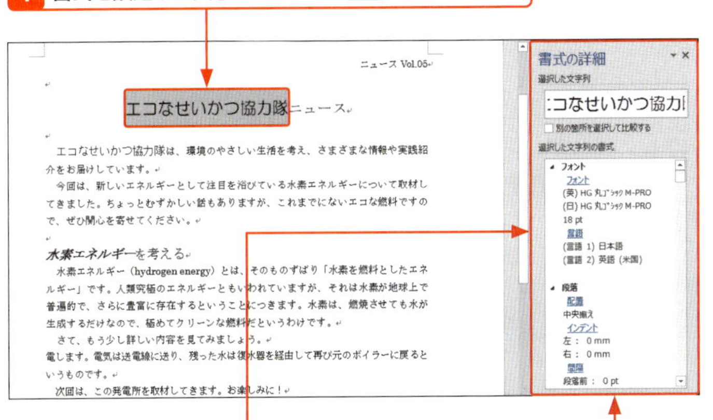

2 <書式の詳細>作業ウィンドウが表示されます。

3 書式の内容を確認できます。

4 ここをクリックしてオンにして、

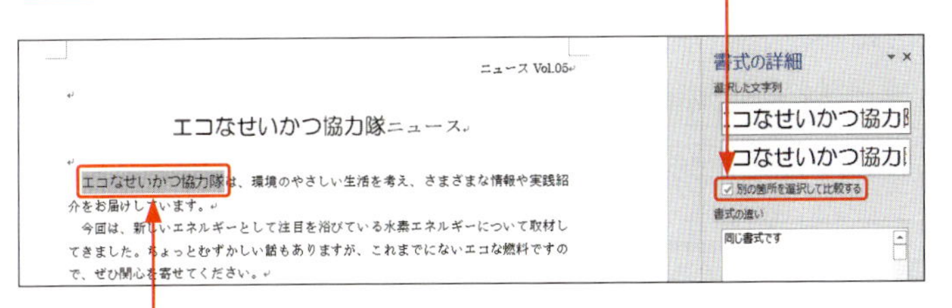

5 比較したい文字列を選択すると、

6 書式の違いを調べることができます。

ここをクリックすると、ウィンドウが閉じます。

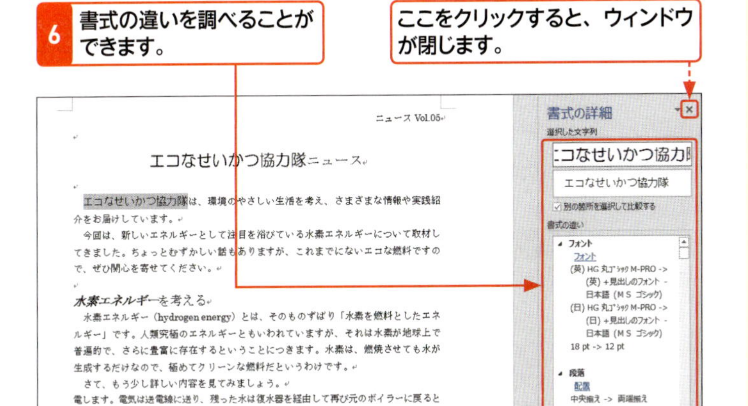

メモ <書式の詳細>作業ウィンドウを表示する

Shift＋F1を押すと、<書式の詳細>作業ウィンドウが表示されます。<書式の詳細>作業ウィンドウを利用すると、選択した文字列に設定されている書式の詳細情報を確認することができます。

メモ 文字列の書式の違いを調べる

文字列の書式の違いを調べるには、最初に1番目の文字列を選択して、<書式の詳細>作業ウィンドウを表示します。ウィンドウの<別の箇所を選択して比較する>をクリックしてオンにして、比較する2番目の文字列を選択します。これで、2つの文字列の書式を比較して表示することができます。

Section 25

フォントの種類

覚えておきたいキーワード
- 明朝体
- ゴシック体
- 既定のフォント

フォントとは、画面表示や印刷に使われる文字の書体のことです。日本語の表示に使用するものと、英数字の表示に使用するものとに大別され、用途に応じて使い分けます。Wordには既定のフォントが設定されていますが、これは変更することができます。

1 目的に応じてフォントを使い分ける

主に本文に利用するフォント

明朝体（MS明朝）

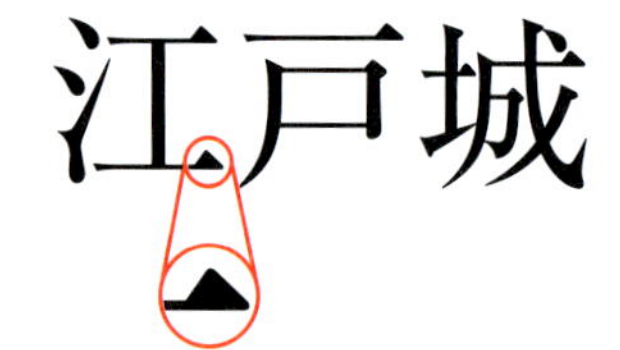

セリフフォント（Century）

主にタイトルに利用するフォント

ゴシック体（MSゴシック）

サンセリフフォント（Arial）

等幅フォント（MS明朝）

ギジュツヒョウロンシャ

1文字の幅と字間の幅が決まっているため、文字が整然と並びます。

プロポーショナルフォント（MS P明朝）

ギジュツヒョウロンシャ

文字によって文字幅、字間の幅が異なるので、最適なバランスで配置されます。

メモ フォントの系統

フォントには、本文やタイトルなど、文書中の位置に応じて使い分ける次の2種類の系統があります。

- 明朝体（セリフ系）
  主に文書の本文に利用します。字体は細く、筆書きの文字の「はね」のような飾り（セリフ）があるのが特徴です。
- ゴシック体（サンセリフ系）
  タイトルや見出しなど、文書の目立たせたい部分に利用します。字体は太く、直線的なデザインが特徴です。

キーワード 等幅フォントとプロポーショナルフォント

「等幅フォント」は、各文字の幅や文字と文字の間隔が一定になるように作られているフォントです。文字の位置をきちんと揃えたい場合などは、等幅フォントを使用することをおすすめします。

「プロポーショナルフォント」は、各文字の幅や文字と文字の間隔が文字ごとに異なるフォントです。文字の並びが美しく見えるように、使用する幅が文字ごとに決められています。

2 既定のフォント設定を変更する

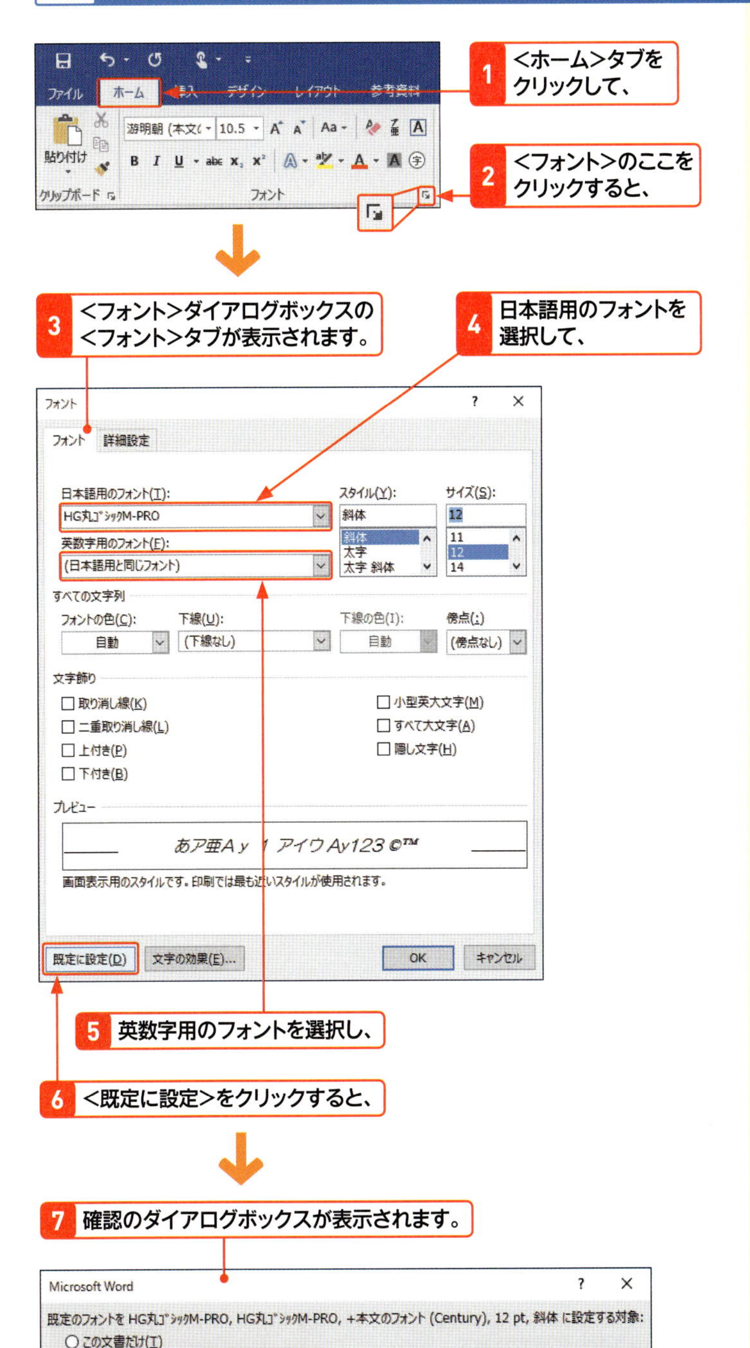

メモ 既定の設定を変更する

Word 2016のフォントの初期設定は、「游明朝」の「10.5」ptです。この設定を自分用に変更し、既定のフォントとして設定することができます。

フォントの設定は個別の文字ごとに変更することもできますが（Sec.26参照）、文書全体をつねに同じ書式にしたい場合は、既定に設定しておくとよいでしょう。

メモ <フォント>ダイアログボックスでの設定

<フォント>ダイアログボックスでは、フォントの種類やサイズを設定する以外にも、フォントの色や下線などを設定することができます。また、<ホーム>タブにはない文字飾りなどを設定することができます（P.108の「ステップアップ」参照）。

ヒント 既定のフォントの設定対象

手順7の確認のダイアログボックスでは、既定のフォントの適用対象を選択できます。<Normalテンプレートを使用したすべての文書>は、<フォント>ダイアログボックスで設定した内容が既定のフォントとして保存され、次回から作成する新規文書にも適用されます。<この文書だけ>は、設定した文書のみに適用されます。

Section 26

フォント・フォントサイズを変更する

覚えておきたいキーワード
- フォント
- フォントサイズ
- リアルタイムプレビュー

フォントやフォントサイズ（文字サイズ）は、目的に応じて変更できます。フォントサイズを大きくしたり、フォントを変更したりすると、文書のタイトルや重要な部分を目立たせることができます。フォントサイズやフォントの変更は、＜フォントサイズ＞ボックスと＜フォント＞ボックスを利用します。

1 フォントを変更する

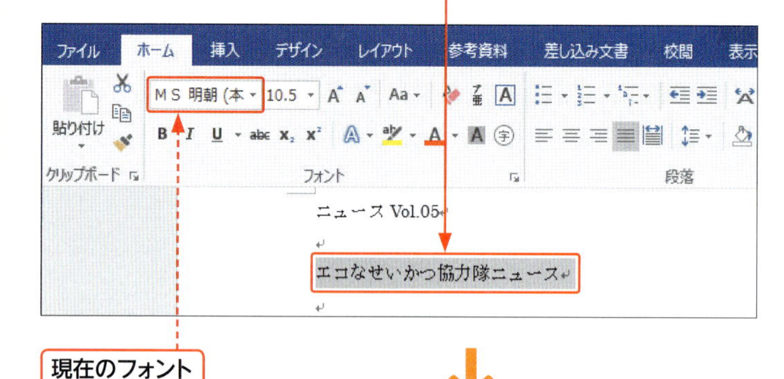

現在のフォント

2 ＜ホーム＞タブの＜フォント＞のここをクリックし、

3 目的のフォントをクリックすると、

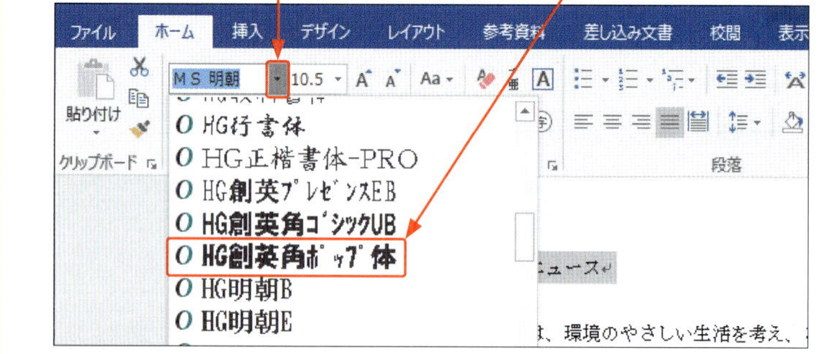

4 フォントが変更されます。

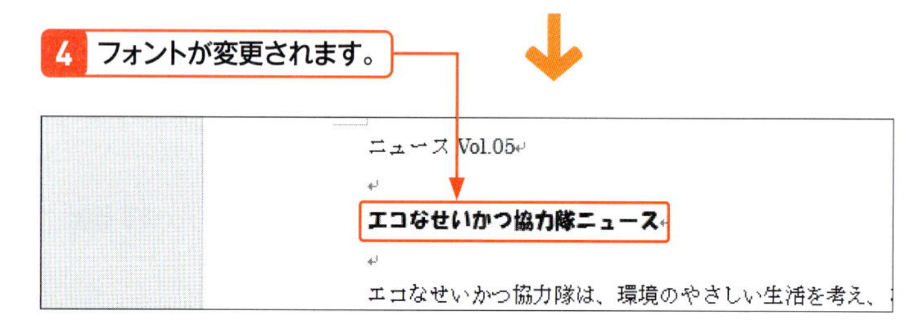

メモ フォントの変更

フォントを変更するには、文字列を選択して、＜ホーム＞タブの＜フォント＞ボックスやミニツールバーから目的のフォントを選択します。

メモ 一覧に実際のフォントが表示される

手順2で＜フォント＞ボックスの▾をクリックすると表示される一覧には、フォント名が実際のフォントのデザインで表示されます。また、フォントにマウスポインターを近づけると、そのフォントが適用されて表示されます。

ヒント フォントやフォントサイズをもとに戻すには？

フォントやフォントサイズを変更したあとでもとに戻したい場合は、同様の操作で、それぞれ「游明朝」、「10.5」ptを指定します。また、＜ホーム＞タブの＜すべての書式をクリア＞をクリックすると、初期設定に戻ります。

2 フォントサイズを変更する

1 フォントサイズを変更したい文字列を選択します。

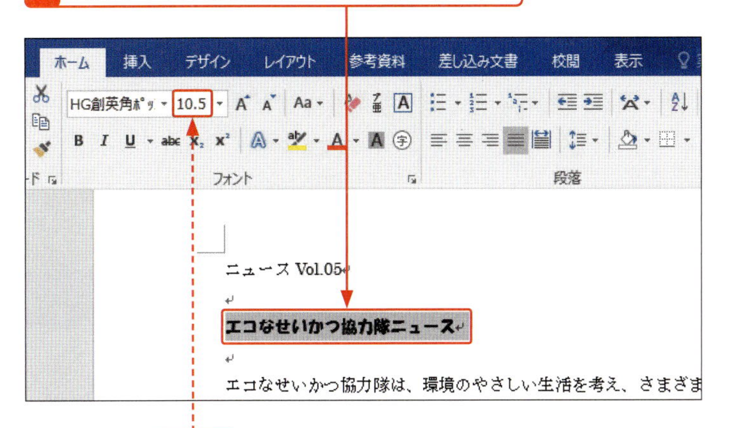

現在のフォントサイズ

2 <ホーム>タブの<フォントサイズ>のここをクリックして、

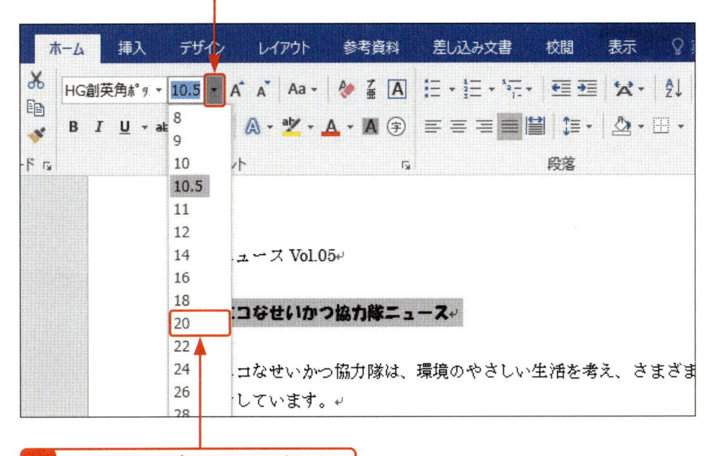

3 目的のサイズをクリックすると、

4 文字の大きさが変更されます。

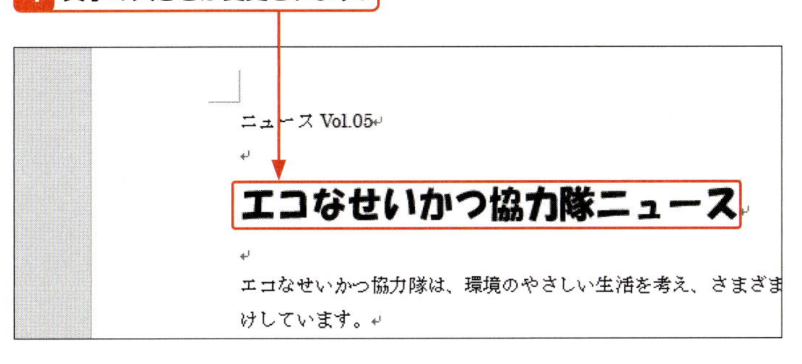

メモ フォントサイズの変更

フォントサイズとは、文字の大きさのことです。フォントサイズを変更するには、文字列を選択して<ホーム>タブの<フォントサイズ>ボックスやミニツールバーから目的のサイズを選択します。

ヒント 直接入力することもできる

<フォントサイズ>ボックスをクリックして、目的のサイズの数値を直接入力することもできます。入力できるフォントサイズの範囲は、1～1,638ptです。

ヒント リアルタイムプレビュー

<フォントサイズ>ボックスの▼をクリックすると表示される一覧で、フォントサイズにマウスポインターを近づけると、そのサイズが選択中の文字列にリアルタイムで適用されて表示されます。

Section 27 太字・斜体・下線・色を設定する

覚えておきたいキーワード
- ☑ 太字／斜体／下線
- ☑ 文字の色
- ☑ 文字の効果

文字列には、太字や斜体、下線、文字色などの書式を設定できます。また、<フォント>ダイアログボックスを利用すると、文字飾りを設定することもできます。さらに、文字列には文字の効果として影や反射、光彩などの視覚効果を適用することができます。

1 文字に太字と斜体を設定する

メモ 文字書式の設定

文字書式用のコマンドは、<ホーム>タブの<フォント>グループのほか、ミニツールバーにもまとめられています。目的のコマンドをクリックすることで、文字書式を設定することができます。

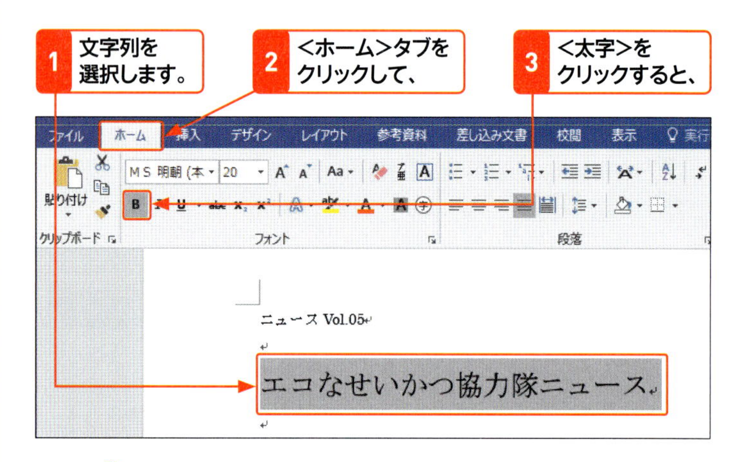

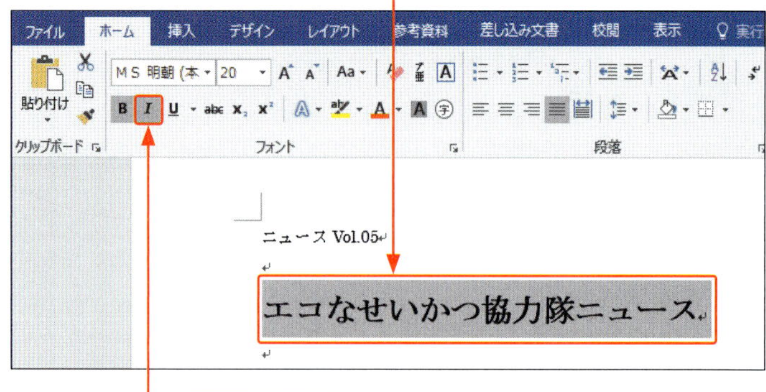

6 斜体が追加されます。

ニュース Vol.05

エコなせいかつ協力隊ニュース

ヒント 文字書式の設定を解除するには？

文字書式を解除したい場合は、書式が設定されている文字範囲を選択して、設定されている書式のコマンド（太字なら B）をクリックします。

ヒント ショートカットキーを利用する

文字列を選択して、Ctrl＋B を押すと太字にすることができます。再度 Ctrl＋B を押すと、通常の文字に戻ります。

第3章 書式と段落の設定

2 文字に下線を設定する

1 文字列を選択します。
2 <ホーム>タブをクリックして、
3 ここをクリックし、

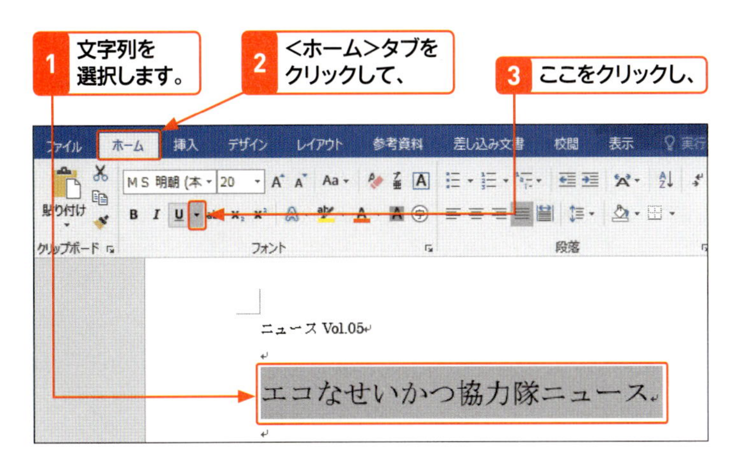

4 目的の下線をクリックすると、

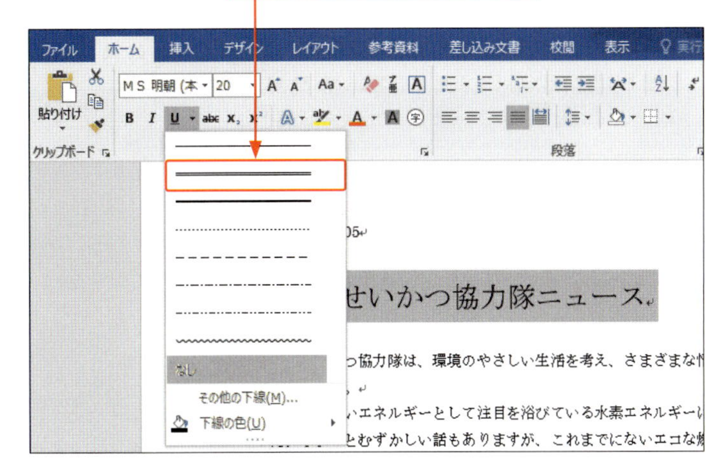

5 文字列に下線が引かれます。

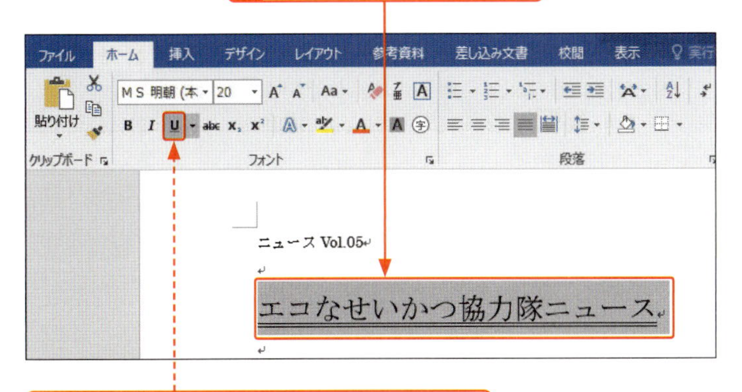

下線を解除するには、下線の引かれた文字列を選択して、<下線> U をクリックします。

メモ 下線の種類・色を選択する

下線の種類は、<ホーム>タブの<下線> U の ▼ をクリックして表示される一覧から選択します。また、下線の色は、初期設定で「黒（自動）」になります。下線の色を変更するには、下線を引いた文字列を選択して、手順 4 で<下線の色>をクリックし、色パレットから目的の色をクリックします。

ステップアップ そのほかの下線を設定する

手順 4 のメニューから<その他の下線>をクリックすると、<フォント>ダイアログボックスが表示されます。<下線>ボックスをクリックすると、<下線>メニューにない種類を選択できます。

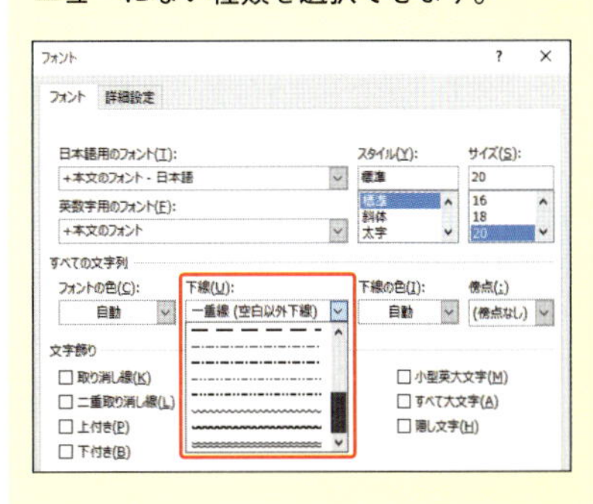

ヒント ショートカットキーを利用する

文字列を選択して、Ctrl + U を押すと下線を引くことができます。再度 Ctrl + U を押すと、通常の文字に戻ります。

3 文字に色を付ける

メモ 文字の色を変更する

文字の色は、初期設定で「黒(自動)」になっています。この色はあとから変更することができます。

1 文字列を選択します。

2 <ホーム>タブをクリックして、

3 <フォントの色>のここをクリックし、

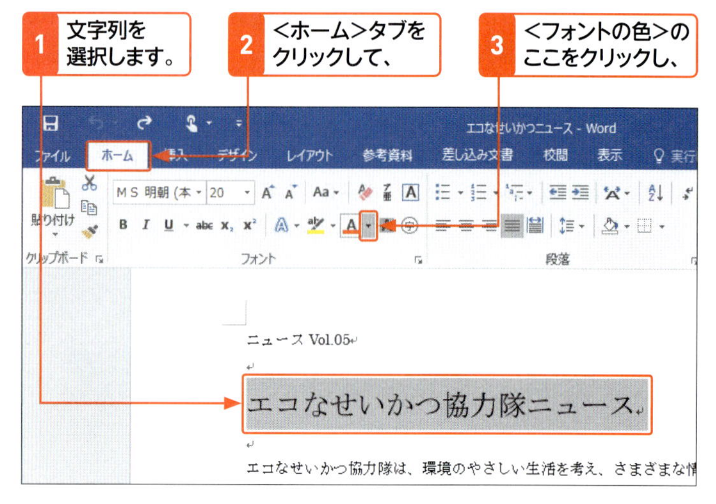

4 目的の色をクリックすると、

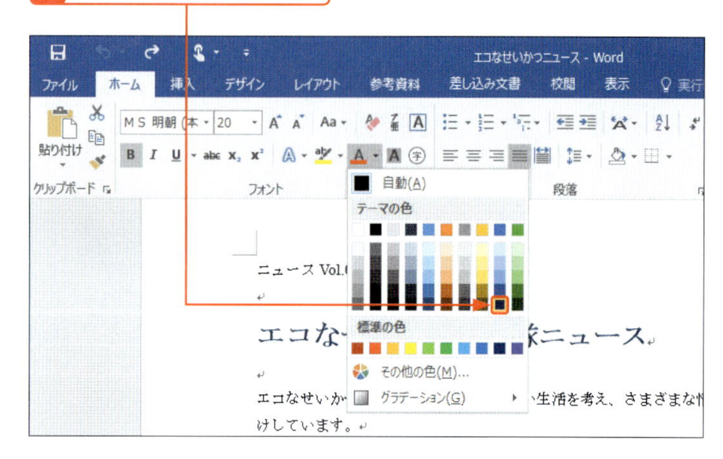

5 文字の色が変わります。

コマンドの色が変わります。

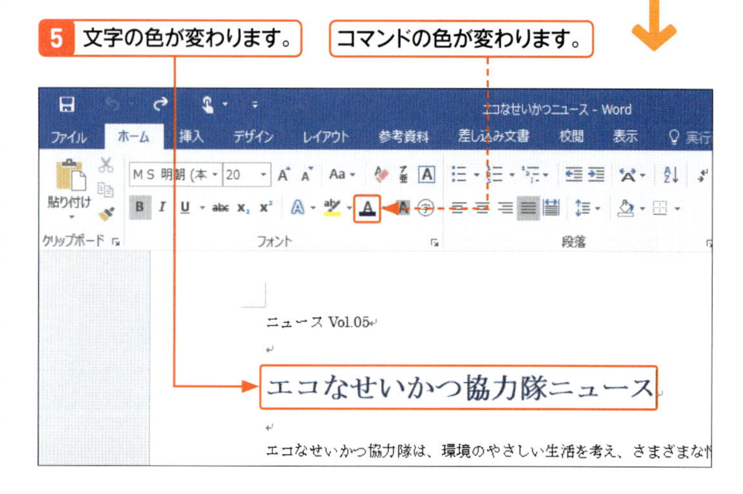

ヒント 文字の色をもとに戻す方法

文字の色をもとの色に戻すには、色を変更した文字列を選択して、<ホーム>タブの<フォントの色>の▾をクリックし、<自動>をクリックします。

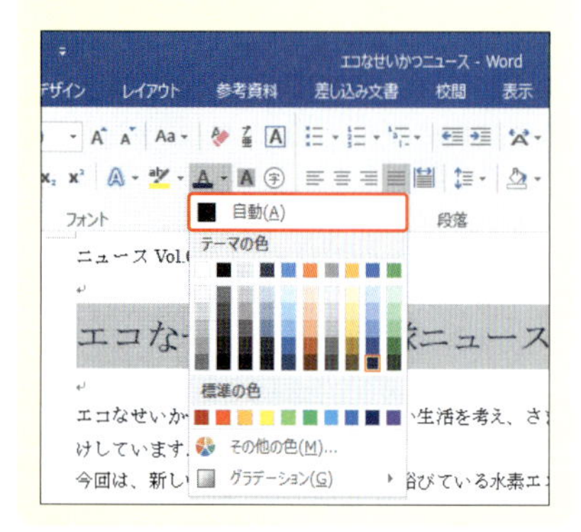

4 ミニツールバーを利用して設定する

ここでは、太字と下線を設定します。

1 書式を設定したい文字列を選択すると、

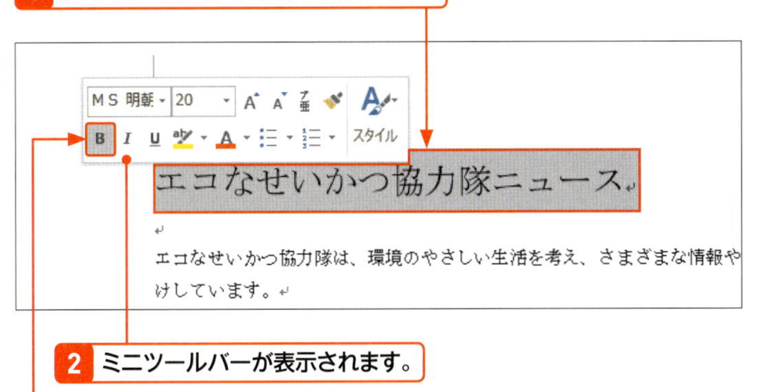

2 ミニツールバーが表示されます。

3 <太字>をクリックすると、

4 太字になります。

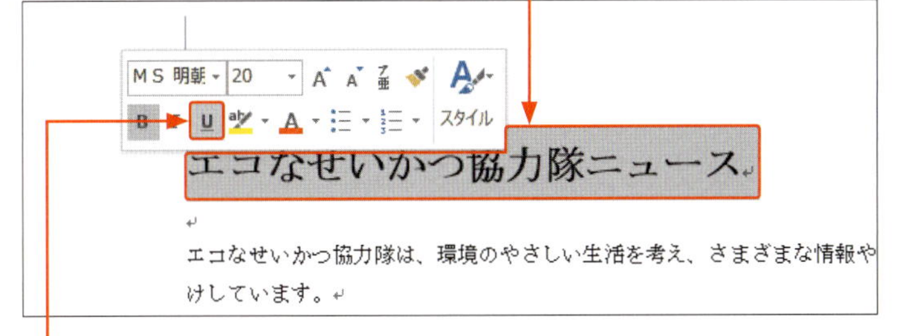

5 文字が選択された状態で、<下線>をクリックすると、

6 下線の書式が追加されます。

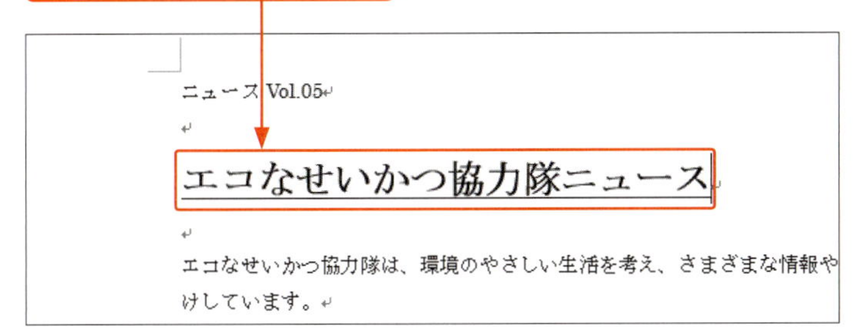

キーワード ミニツールバー

対象範囲を選択すると表示されるツールバーを「ミニツールバー」といいます。ミニツールバーには、フォントやフォントサイズ、太字や斜体、フォントの色など、対象範囲に対して行える簡易のコマンドが表示されます。いちいち<ホーム>タブを開いてコマンドをクリックするという動作をしなくても済むため、便利です。

ヒント ミニツールバーの下線の種類

ミニツールバーの<下線>は、<ホーム>タブの<下線>のように種類を選ぶことはできません。既定の下線(黒色の実線)のみが引かれます。

5 文字にデザインを設定する

キーワード 文字の効果と体裁

「文字の効果と体裁」は、Wordに用意されている文字列に影や反射、光彩などの視覚効果を設定する機能です。メニューから設定を選ぶだけで、かんたんに文字の見た目を変更することができます。

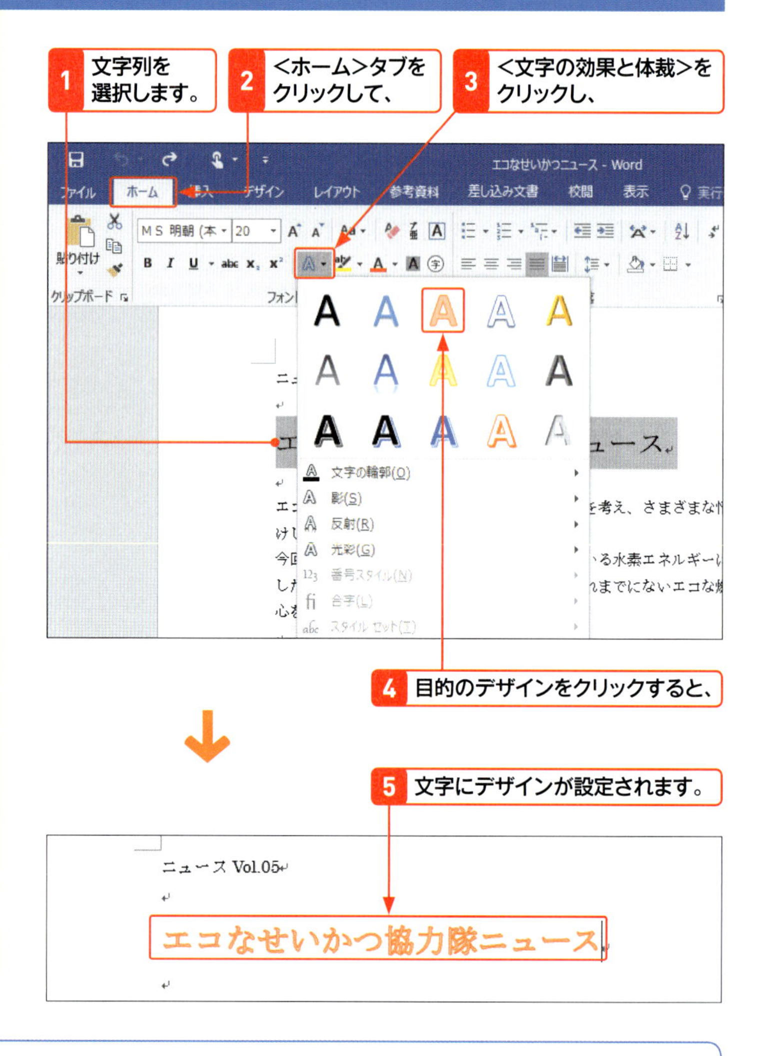

ステップアップ <ホーム>タブにない文字飾りを設定する

<ホーム>タブの<フォント>グループの右下にある をクリックすると、<フォント>ダイアログボックスの<フォント>タブが表示されます。このダイアログボックスを利用すると、傍点や二重取り消し線など、<ホーム>タブに用意されていない設定や、下線のほかの種類などを設定することができます。

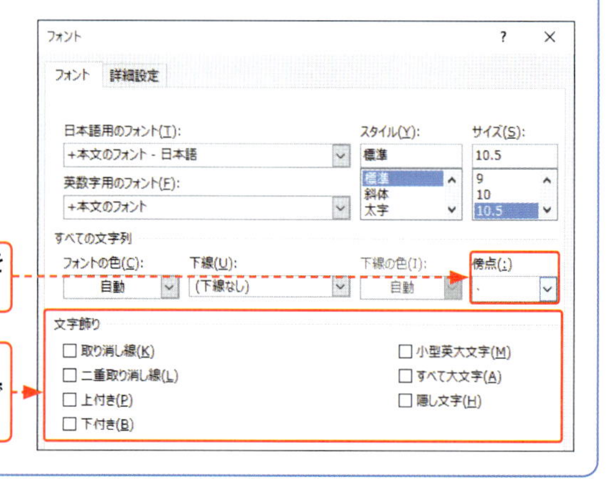

6 そのほかの文字効果を設定する

1 文字列を選択します。

2 <ホーム>タブの<文字の効果と体裁>をクリックして、

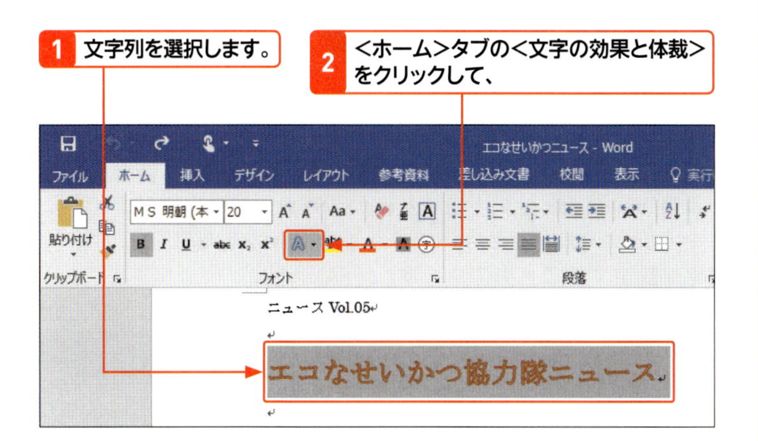

3 効果（ここでは<反射>）をクリックします。

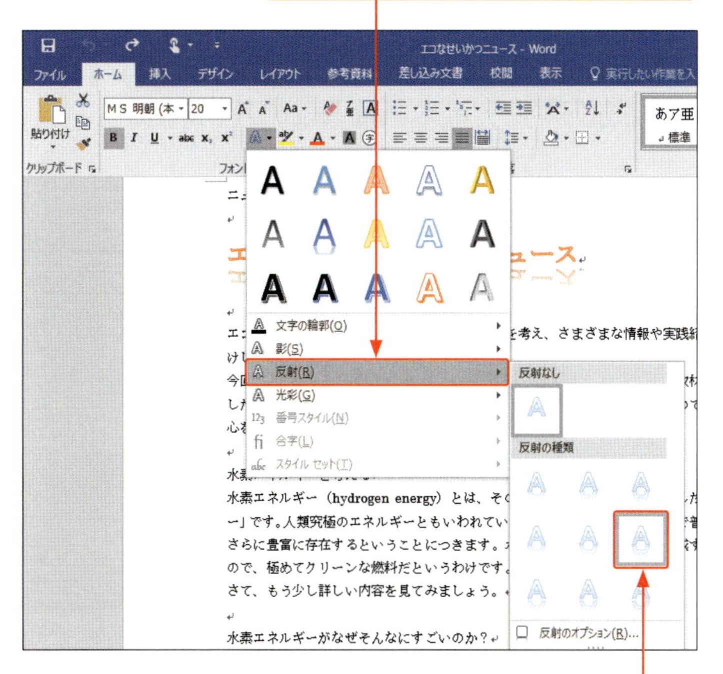

4 反射の効果をクリックすると、

5 反射の効果が設定されます。

メモ 文字の効果を試す

文字の効果には、デザインの設定に加えて、影や反射、光彩などを設定することができます。
見栄えのよい文字列を作成したい場合は、いろいろな効果を試してみるとよいでしょう。

ヒント 効果をもとに戻すには？

個々の効果をもとに戻すには、効果を付けた文字列を選択して、<文字の効果と体裁> をクリックします。表示されたメニューから設定した効果をクリックし、左上の<なし>をクリックします。

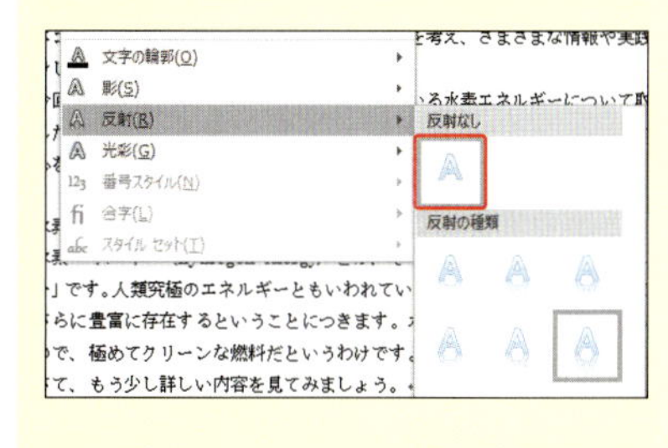

ヒント 文字の書式をクリアするには？

書式を設定した文字列を選択して、<すべての書式をクリア> をクリックすると、設定されたすべての書式を解除して、もとの書式に戻すことができます。このとき、段落に設定された書式も同時に解除されるので、注意が必要です。

Section 28 箇条書きを設定する

覚えておきたいキーワード
- ☑ 箇条書き
- ☑ 行頭文字
- ☑ 入力オートフォーマット

リストなどの入力をする場合、先頭に「・」や◆、●などの行頭文字を入力すると、次の行も自動的に同じ記号が入力され、箇条書きの形式になります。この機能を入力オートフォーマットといいます。また、入力した文字に対して、あとから箇条書きを設定することもできます。

1 箇条書きを作成する

キーワード 行頭文字

箇条書きの先頭に付ける「・」のことを「行頭文字」といいます。また、◆や●、■などの記号の直後に空白文字を入力し、続けて文字列を入力して改行すると、次の行頭にも同じ行頭記号が入力されます。この機能を「入力オートフォーマット」といいます。なお、箇条書きの行頭文字は、単独で選択することができません。

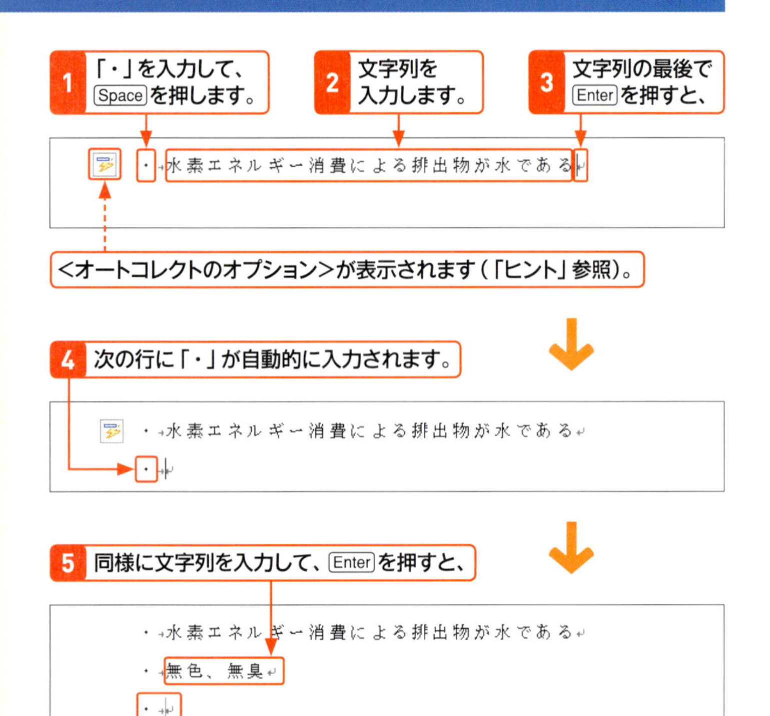

ヒント オートコレクトのオプション

箇条書きが設定されると、＜オートコレクトのオプション＞が表示されます。これをクリックすると、下図のようなメニューが表示されます。設定できる内容は、上から順に次のとおりです。

- **元に戻す**：操作をもとに戻したり、やり直したりすることができます。
- **箇条書きを自動的に作成しない**：箇条書きを解除します。
- **オートフォーマットオプションの設定**：＜オートコレクト＞ダイアログボックスを表示します。

元に戻す(U) - 箇条書きの自動設定
箇条書きを自動的に作成しない(S)
オートフォーマット オプションの設定(C)...

第3章 書式と段落の設定

2 あとから箇条書きに設定する

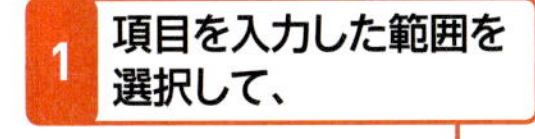
1 項目を入力した範囲を選択して、

2 ＜ホーム＞タブの＜箇条書き＞をクリックすると、

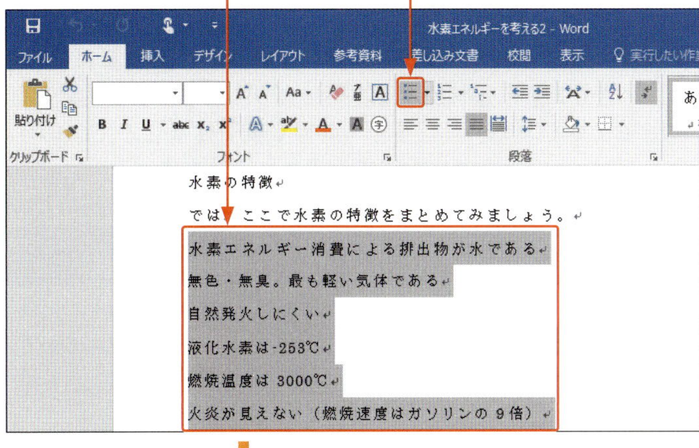

水素の特徴
では、ここで水素の特徴をまとめてみましょう。
・水素エネルギー消費による排出物が水である
・無色・無臭。最も軽い気体である
・自然発火しにくい
・液化水素は-253℃
・燃焼温度は 3000℃
・火炎が見えない（燃焼速度はガソリンの 9 倍）

3 箇条書きに設定されます。

ステップアップ 行頭文字を変更する

手順2で、＜箇条書き＞☰の▾をクリックすると、行頭文字の種類を選択することができます。この操作は、すでに箇条書きが設定された段落に対して行うことができます。

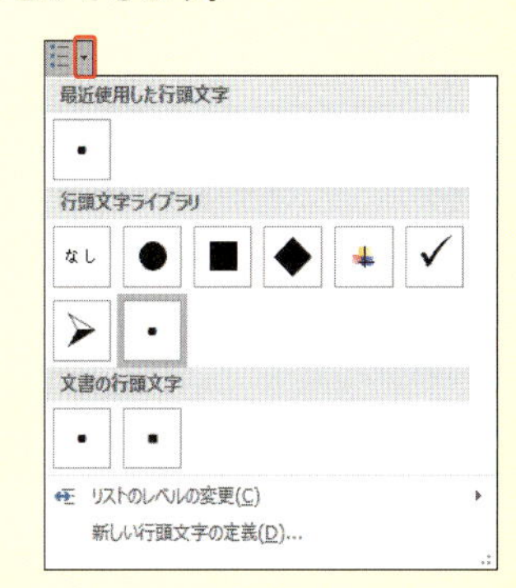

3 箇条書きを解除する

1 箇条書きの最後行のカーソル位置で BackSpace を2回押すと、

・液化水素は-253℃
・燃焼温度は 3000℃
・火炎が見えない（燃焼速度はガソリンの 9 倍）
・

2 箇条書きが解除され、通常の位置にカーソルが移動します。

3 次行以降、改行しても段落番号は入力されません。

・液化水素は-253℃
・燃焼温度は 3000℃
・火炎が見えない（燃焼速度はガソリンの 9 倍）

メモ 箇条書きの解除

Wordの初期設定では、いったん箇条書きが設定されると、改行するたびに段落記号が入力されるため、意図したとおりに文書を作成できないことがあります。箇条書きを解除するには、箇条書きにすべき項目を入力し終えてから、左の操作を行います。

Section 29 段落番号を設定する

覚えておきたいキーワード
- 段落番号
- 段落番号の書式
- 段落番号の番号

段落番号を設定すると、段落の先頭に連続した番号を振ることができます。段落番号は、順番を入れ替えたり、追加や削除を行ったりしても、自動的に連続した番号で振り直されます。また、段落番号の番号を変更することで、（ア）、（イ）、（ウ）…、A）、B）、C）…などに設定することもできます。

1 段落に連続した番号を振る

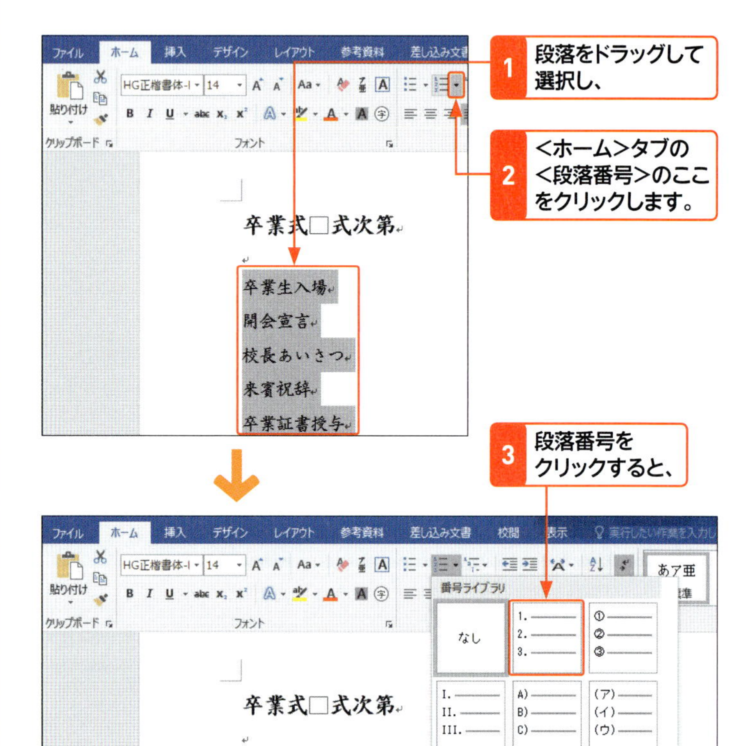

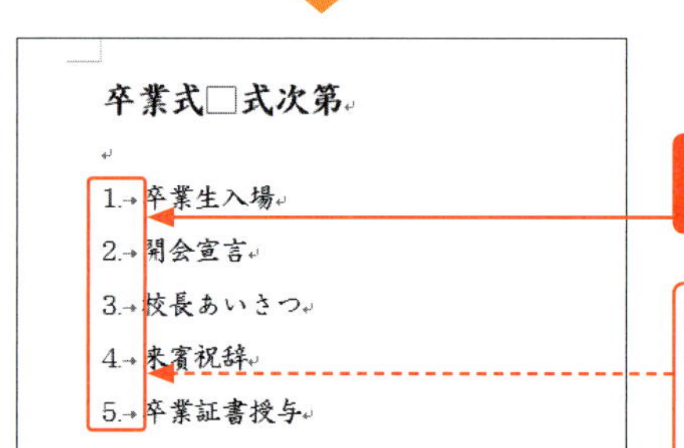

メモ 段落番号の設定

「段落番号」とは、箇条書きで段落の先頭に付けられる「1.」「2.」などの数字のことです。ただし、段落番号の後ろに文字列を入力しないと、改行しても箇条書きは作成されません。段落番号を設定するには、＜ホーム＞タブの＜段落番号＞を利用します。
また、入力時に行頭に「1.」や「①」などを入力して Space を押すと、入力オートフォーマットの機能により、自動的に段落番号が設定されます。

ヒント 段落番号を削除する

段落番号を削除するには、段落番号を削除したい段落をすべて選択して、有効になっている＜段落番号＞をクリックします。

2 段落番号の番号を変更する

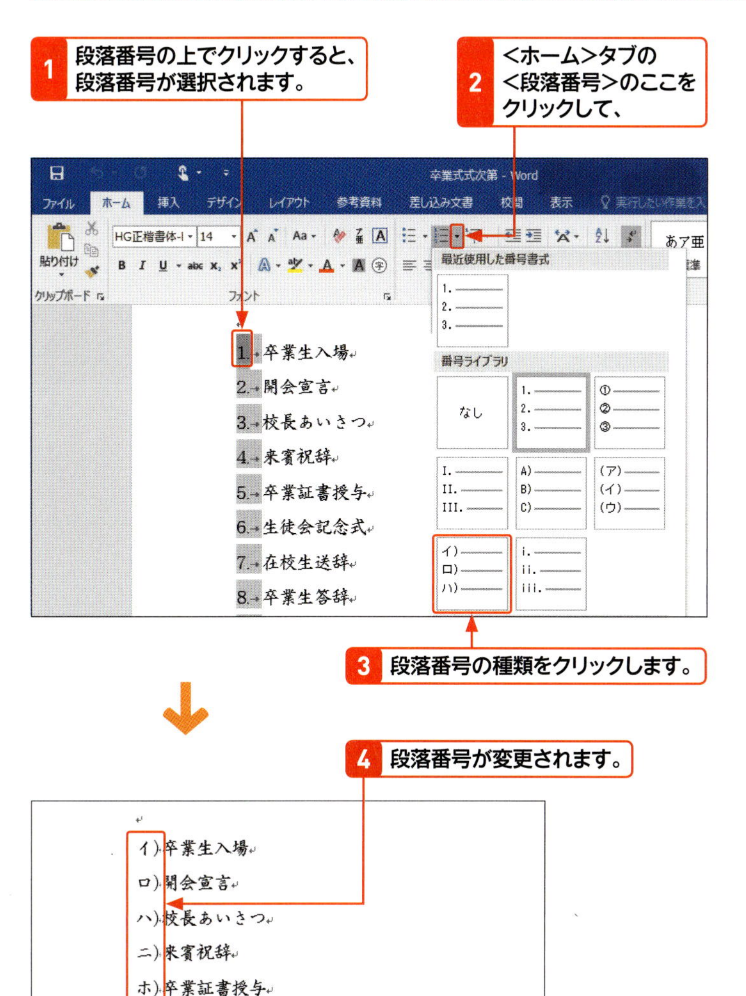

メモ 段落番号を選択する

段落番号の番号を変更する場合、段落番号の上でクリックすれば、すべての段落番号を一度に選択することができます。これで、段落番号のみを対象に番号や書式（次ページ参照）などを変更することができます。

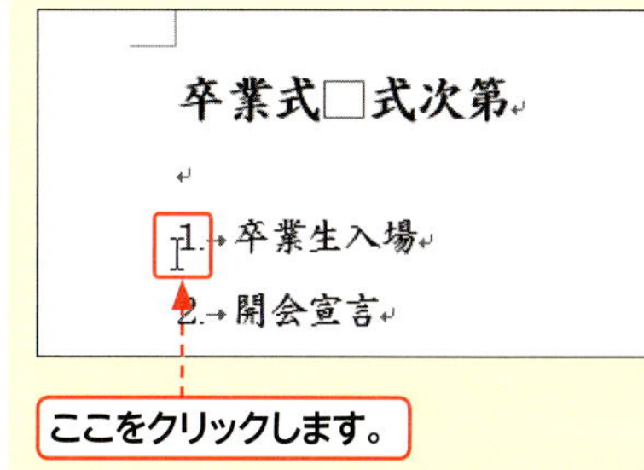

ヒント 段落番号のない行を作成するには？

段落末でEnterを押して新しい段落を作成し、再度Enterをクリックすると、段落番号が解除され、通常の行になります。段落番号は、次の段落に自動的に振られます。

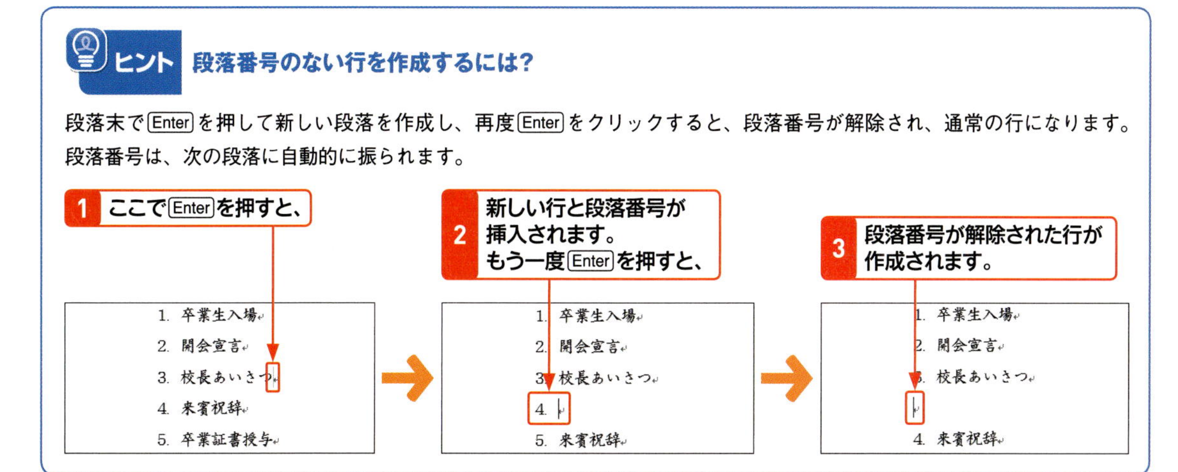

3 段落番号の書式を変更する

メモ 段落番号の書式変更

ここでは段落番号のフォントを変更しました。同様の方法で、段落番号のフォントサイズや文字色、太字などの書式を変更することも可能です。

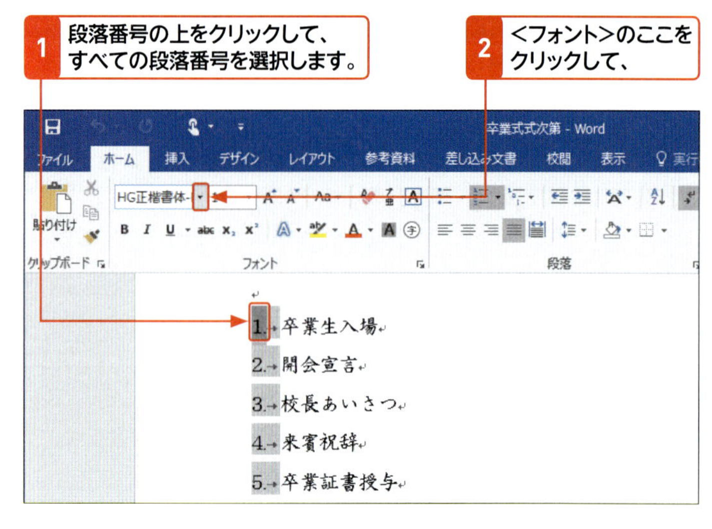

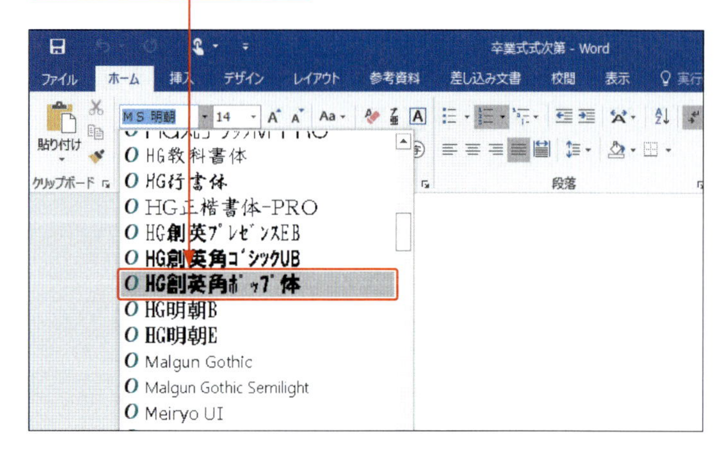

4 段落番号のフォントだけが変更されます。

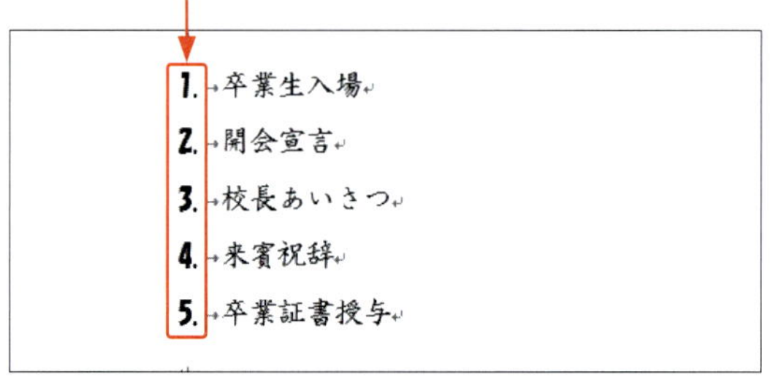

ヒント 段落番号の書式が登録される

変更した段落番号の書式は、<文書の番号書式>として<番号ライブラリ>に登録され、再利用することができます。現在開いているすべての文書で<文書の番号書式>を利用できます。

最近使用した番号書式

番号ライブラリ

文書の番号書式

リストのレベルの変更(C)

新しい番号書式の定義(D)...

番号の設定(V)...

変更した段落番号の書式は、<文書の番号書式>として登録されます。

4 段落番号の途中から新たに番号を振り直す

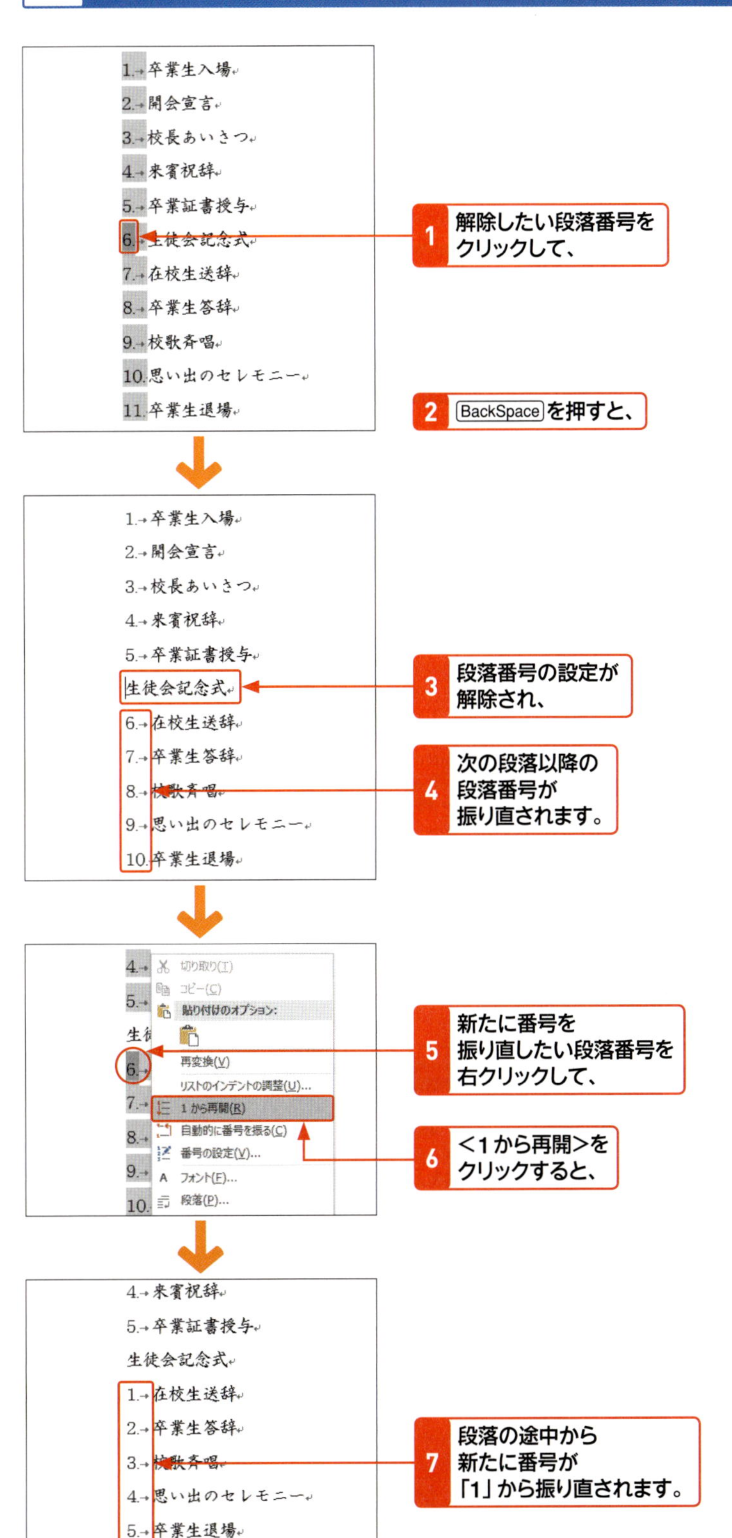

メモ 段落番号を振り直す

段落番号の設定を途中で解除すると、次の段落以降の番号が自動で振り直されます。段落番号の途中から、新たに番号を振り直す場合は、番号を振り直したい段落の段落番号を右クリックして、<1から再開>をクリックします。

ヒント そのほかの番号の振り直し方法

段落番号を振り直したい段落を選択して、<段落番号>をクリックし、段落番号をいったん解除します。再度、<段落番号>をクリックすると、1からの連番に振り直されます。

Section 30 文章を中央揃え／右揃えにする

覚えておきたいキーワード
- ☑ 中央揃え
- ☑ 右揃え
- ☑ 両端揃え

ビジネス文書では、日付は右、タイトルは中央に揃えるなどの書式が一般的です。このような段落の配置は、右揃えや中央揃えなどの機能を利用して設定します。また、見出しの文字列を均等に配置したり、両端揃えで行末を揃えたりすることもできます。

1 段落の配置

段落の配置は、＜ホーム＞タブにある＜左揃え＞、＜中央揃え＞、＜右揃え＞、＜両端揃え＞、＜均等割り付け＞をクリックするだけで、かんたんに設定することができます。段落の配置を変更する場合は、段落内の任意の位置をクリックして、あらかじめカーソルを移動しておきます。

左揃え

2015年9月1日
臨時総会開催のご案内
拝啓
　初秋の候、ますます御健勝のこととお慶び申し上げます。日頃は大変お世話になっております。
　さて、本年の総会において災害時緊急避難対策の見直しとして、災害対策検討委員会を設置しました。各方面の方々からのご助言や要望をお聞きし、検討を重ねてまいりましたが、この度けやき自治会要綱案がまとまりました。

中央揃え

2015年9月1日
臨時総会開催のご案内
拝啓
　初秋の候、ますます御健勝のこととお慶び申し上げます。日頃は大変お世話になっております。
　さて、本年の総会において災害時緊急避難対策の見直しとして、災害対策検討委員会を設置しました。各方面の方々からのご助言や要望をお聞きし、検討を重ねてまいりましたが、この度けやき自治会要綱案がまとまりました。

右揃え

2015年9月1日
臨時総会開催のご案内
拝啓
　初秋の候、ますます御健勝のこととお慶び申し上げます。日頃は大変お世話になっております。
　さて、本年の総会において災害時緊急避難対策の見直しとして、災害対策検討委員会を設置しました。各方面の方々からのご助言や要望をお聞きし、検討を重ねてまいりましたが、この度けやき自治会要綱案がまとまりました。

両端揃え

2015年9月1日
臨時総会開催のご案内
拝啓
　初秋の候、ますます御健勝のこととお慶び申し上げます。日頃は大変お世話になっております。
　さて、本年の総会において災害時緊急避難対策の見直しとして、災害対策検討委員会を設置しました。各方面の方々からのご助言や要望をお聞きし、検討を重ねてまいりましたが、この度けやき自治会要綱案がまとまりました。

均等割り付け

けやきマンション自治会
自治会長　花田 次郎

記
日　　程：9月20日（日）　午後2時～5時
会　　場：けやきマンション自治ホール
配 布 物：「避難対策要綱案」（当日ご持参ください）
※保育受付をご希望される世帯は、8月25日までにお申し出ください。

2 文字列を中央に揃える

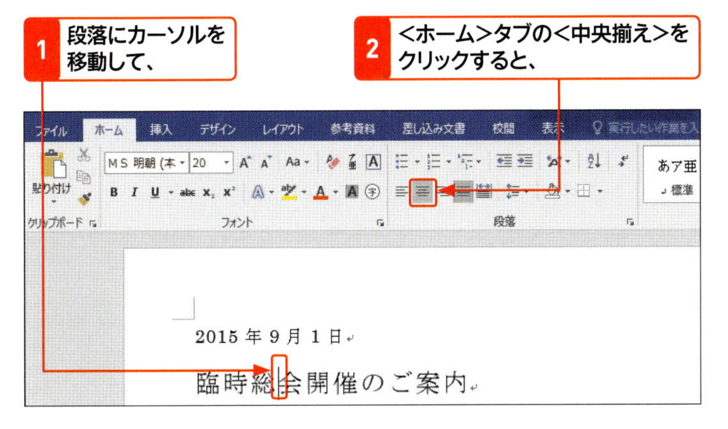

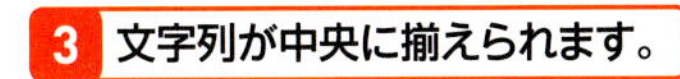

2015 年 9 月 1 日

臨時総会開催のご案内

拝啓

初秋の候、ますます御健勝のこととお慶び申し上げます。日頃は

文書のタイトルは、通常、本文より目立たせるために、中央揃えにします。段落を中央揃えにするには、左の手順に従います。

3 文字列を右側に揃える

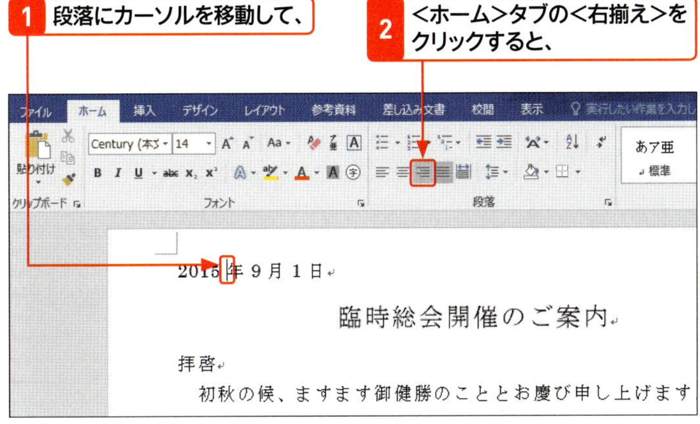

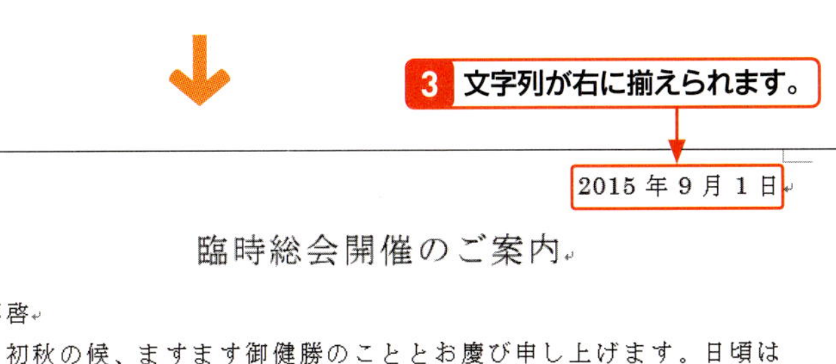

メモ 右揃えにする

横書きのビジネス文書の場合、日付や差出人名などは、右揃えにするのが一般的です。段落を選択して、<ホーム>タブの<右揃え>をクリックすると、右揃えになります。

ヒント 段落の配置を解除するには？

Wordの初期設定では、段落の配置は両端揃えになっています。設定した右揃え、中央揃え、左揃え、均等割り付けを解除するには、配置が設定された段落にカーソルを移動して、<ホーム>タブの<両端揃え>をクリックします。

4 文章を均等に配置する

メモ 文字列を均等割り付けする

文字列の幅を指定して文字列を均等に割り付けるには、<ホーム>タブの<均等割り付け>▤を利用して、右の手順に従います。均等割り付けは、右のように見出しや項目など複数の行の文字幅を揃えたいときに利用します。

1 両端を揃えたい文字列を選択します。

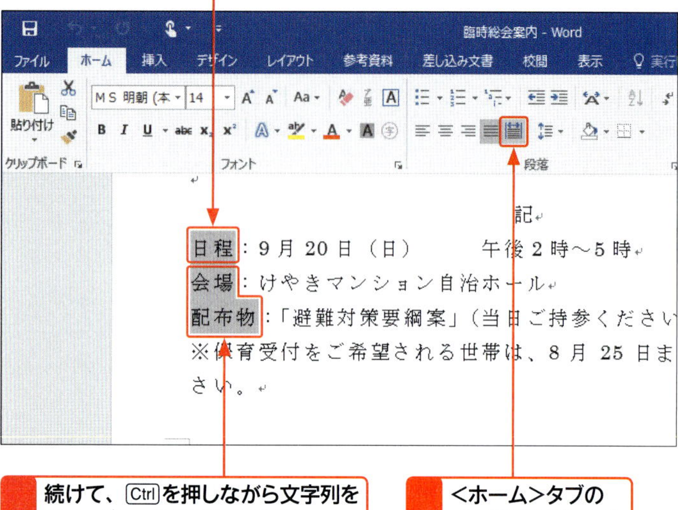

2 続けて、Ctrlを押しながら文字列をドラッグし、複数の文字列を選択します（P.88参照）。

3 <ホーム>タブの<均等割り付け>をクリックします。

4 <文字の均等割り付け>ダイアログボックスが表示されます。

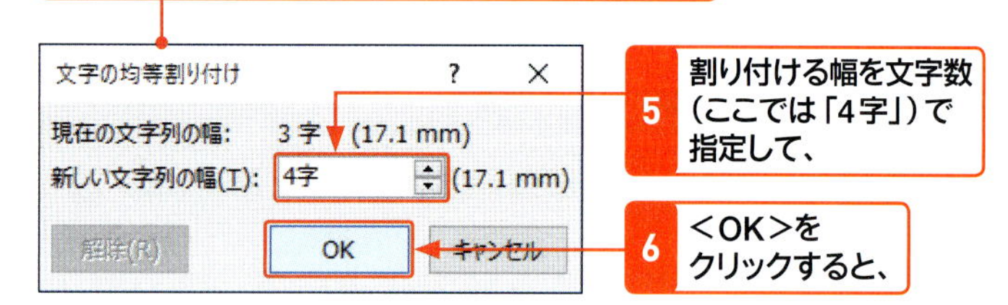

5 割り付ける幅を文字数（ここでは「4字」）で指定して、

6 <OK>をクリックすると、

7 指定した幅に文字列の両端が揃えられます。

記
日　　程：9 月 20 日（日）　午後 2 時～5 時
会　　場：けやきマンション自治ホール
配 布 物：「避難対策要綱案」（当日ご持参ください）
※保育受付をご希望される世帯は、8 月 25 日までにお申し出さい。

ヒント 段落記号の選択

均等割り付けの際に文字列を選択する場合、行末の段落記号↵を含んで選択すると、正しく均等割り付けできません。文字列だけを選択するようにしましょう。手順**1**、**2**の場合は、「：」を含まずに選択するときれいに揃います。

ヒント 文字列の均等割り付けを解除するには？

文字列の均等割り付けを解除するには、均等割り付けを設定した文字列を選択して、<ホーム>タブの<均等割り付け>▤をクリックして表示される<文字の均等割り付け>ダイアログボックスで、<解除>をクリックします。

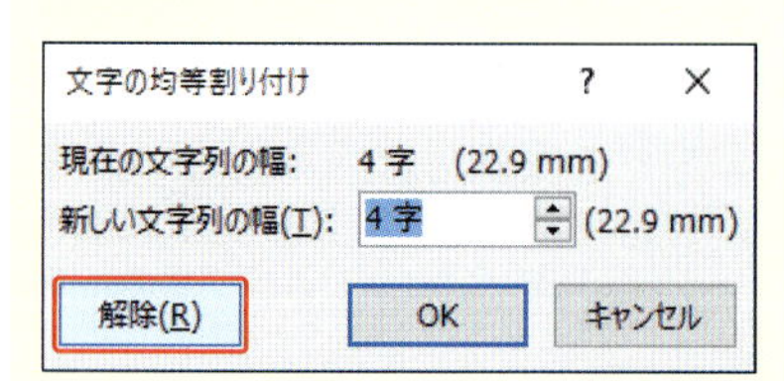

5 両端揃えで行末を揃える

左揃えの行末が揃っていません。

1 揃っていない段落を選択して、

2 <ホーム>タブの<両端揃え>をクリックして、左揃えを解除すると、

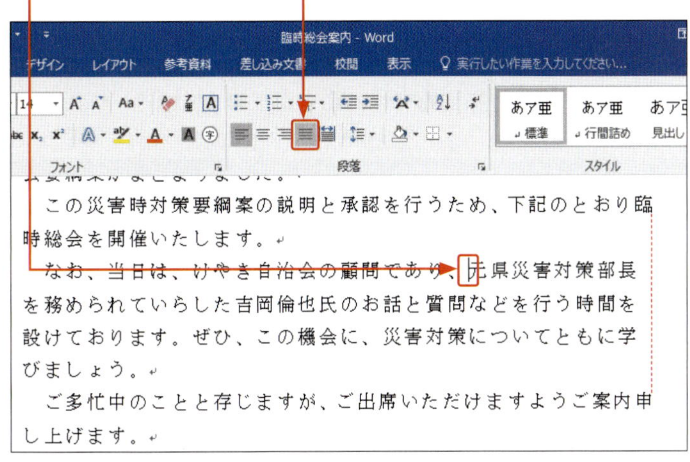

3 行末がきれいに揃います。

この災害時対策要綱案の説明と承認を行うため、下記のとおり臨
時総会を開催いたします。
なお、当日は、けやき自治会の顧問であり、元県災害対策部長を
務められていらした吉岡倫也氏のお話と質問などを行う時間を設
けております。ぜひ、この機会に、災害対策についてともに学びま
しょう。
ご多忙中のことと存じますが、ご出席いただけますようご案内申
し上げます。

メモ 行末が揃わない

長文を入力したときに、行末がきれいに揃わない場合は、段落の配置が<左揃え>になっている場合があります。この場合は、段落を選択して、<ホーム>タブの<両端揃え>をクリックして有効にします。

ステップアップ あいさつ文を挿入する

Wordには、手紙などの書き出し文（あいさつ文）をかんたんに入力できる機能があります。<挿入>タブの<あいさつ文>の<あいさつ文の挿入>クリックして、<あいさつ文>ダイアログボックスで、月、季節や安否、感謝のあいさつを選択します。

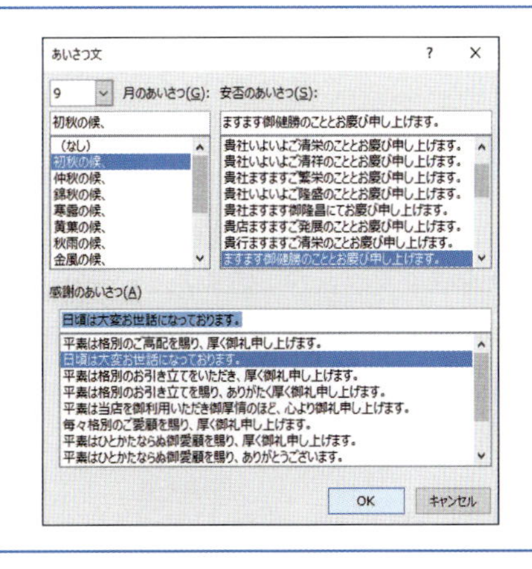

Section 31

文字の先頭を揃える

覚えておきたいキーワード
- タブ位置
- タブマーカー
- ルーラー

箇条書きなどで項目を同じ位置に揃えたい場合は、タブを使うと便利です。タブを挿入すると、タブの右隣の文字列をルーラー上のタブ位置に揃えることができます。また、タブの種類を指定すると、小数点の付いた文字列を小数点の位置で揃えたり、文字列の右側で揃えたりすることができます。

1 文章の先頭にタブ位置を設定する

メモ タブ位置に揃える

Wordでは、水平ルーラー上の「タブ位置」を基準に文字列の位置を揃えることができます。タブは文の先頭だけでなく、行の途中でも利用することができます。箇条書きなどで利用すると便利です。

ヒント 編集記号を表示するには？

<ホーム>タブの<編集記号の表示／非表示>をクリックすると、スペースやタブを表す編集記号が表示されます（記号は印刷されません）。再度クリックすると、編集記号が非表示になります。

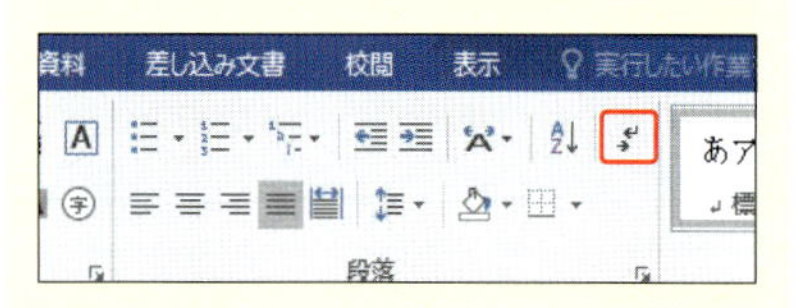

ヒント ルーラーの表示

ルーラーが表示されていない場合は、<表示>タブをクリックし、<ルーラー>をクリックしてオンにします。

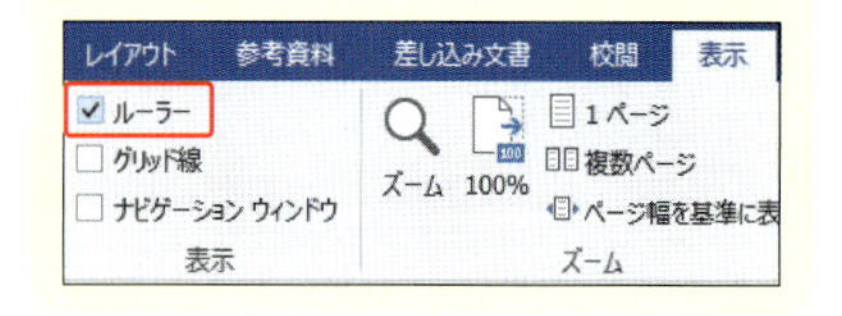

1 タブで揃える段落を選択して、

2 タブで揃えたい位置をルーラー上でクリックすると、

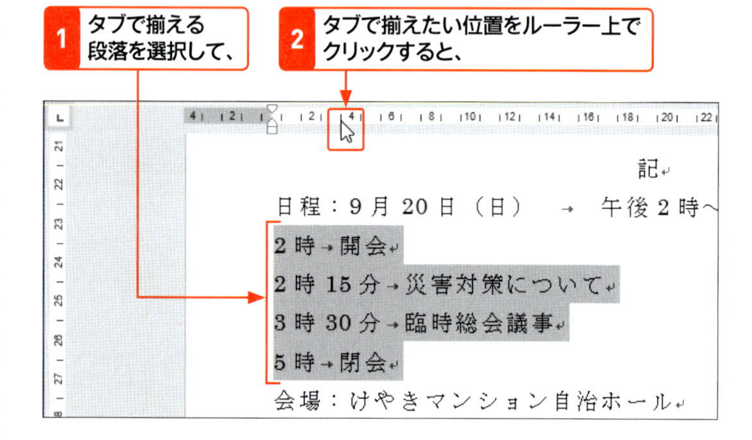

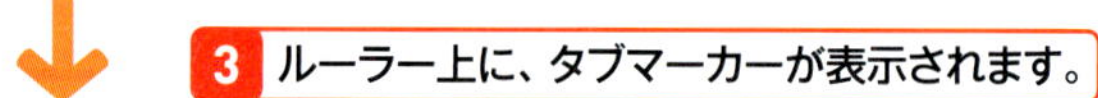

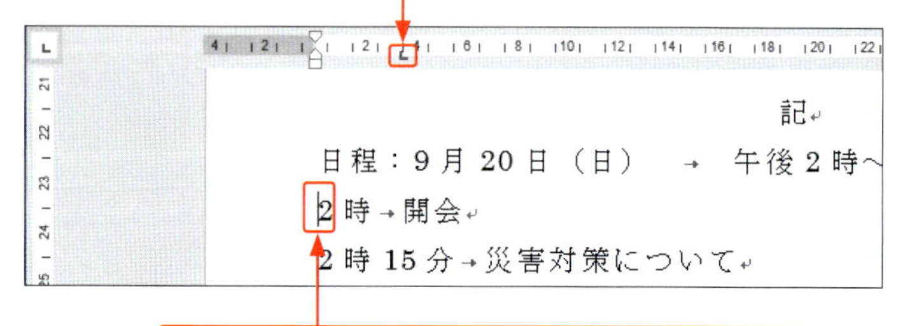

4 揃えたい文字の前にカーソルを移動して、Tabを押します。

5 タブが挿入され、文字列の先頭がタブ位置に移動します。

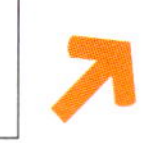

6 同様の方法で、ほかの行にもタブを挿入して、文字列を揃えます。

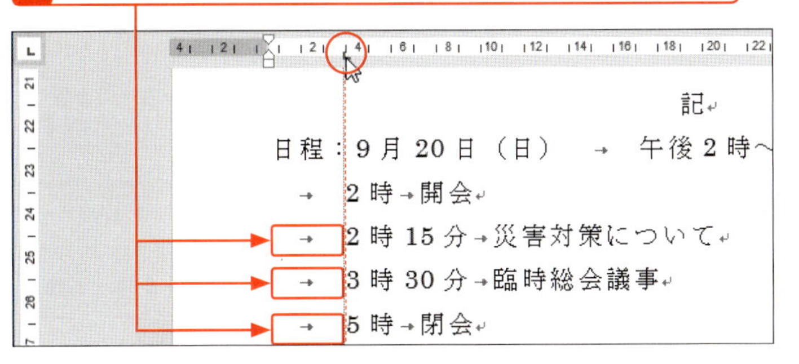

7 2つめのタブが設定されている行を選択して、

8 ルーラー上で2つめのタブ位置をクリックすると、文字列の先頭が揃います。

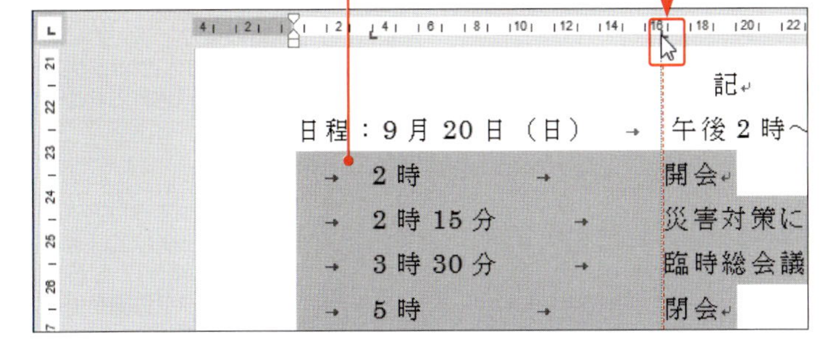

> **ヒント 最初に段落を選択するのを忘れずに！**
>
> タブを設定する場合は、最初に段落を選択しておきます。段落を選択しておかないと、タブがうまく揃わない場合があります。

> **ヒント タブを削除するには？**
>
> 挿入したタブを削除するには、タブの右側にカーソルを移動して、BackSpace を押します。

2 タブ位置を変更する

1 タブが設定されている行を選択して、

2 タブマーカーにマウスポインターを合わせてドラッグすると、

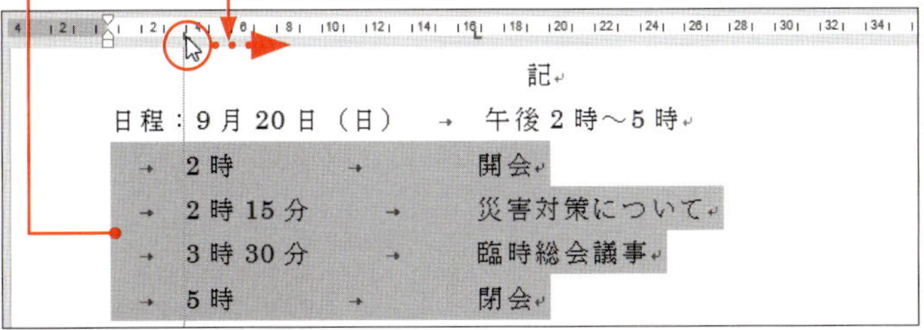

3 タブ位置が変更され、

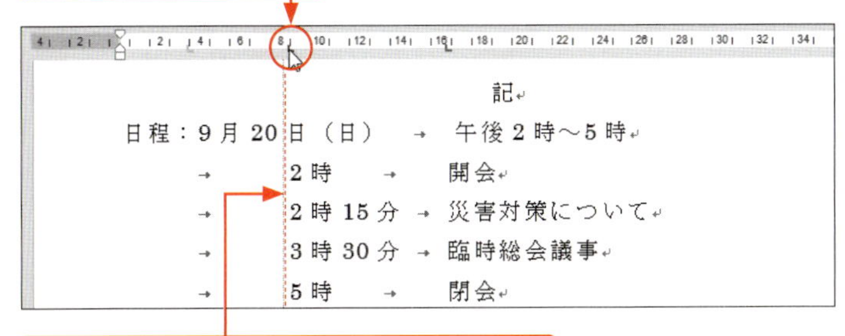

4 文字列が変更後のタブ位置に揃えられます。

> **メモ タブ位置の調整**
>
> 設定したタブ位置を変更するには、タブ位置を変更したい段落を選択して、タブマーカーをドラッグします。このとき、Alt を押しながらドラッグすると、タブ位置を細かく調整することができます。

> **ヒント タブ位置を解除するには？**
>
> タブ位置を解除するには、タブの段落を選択して、タブマーカーをルーラーの外にドラッグします。
>
> 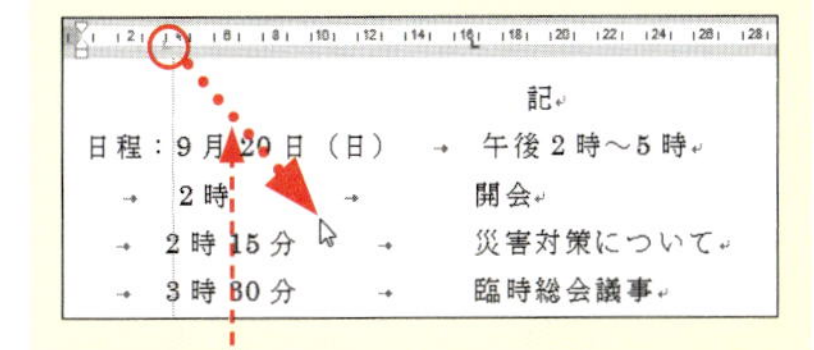
>
>
> タブマーカーをドラッグします。

3 タブ位置を数値で設定する

メモ タブ位置の設定

タブの位置をルーラー上で選択すると、微妙にずれてしまうことがあります。数値で設定すれば、すべての段落が同じタブ位置になるので、きれいに揃います。ここでは、2つのタブ位置を数値で設定します。

ヒント そのほかの表示方法

<タブとリーダー>ダイアログボックスは、<ホーム>タブの<段落>グループの右下にある をクリックすると表示される<段落>ダイアログボックスの<タブ設定>をクリックしても表示されます。

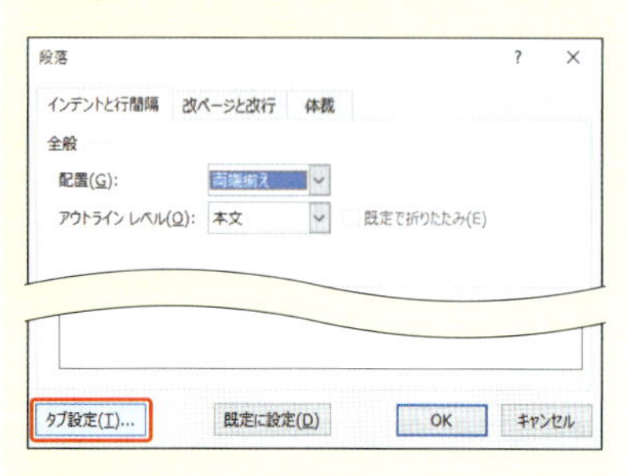

ステップアップ タブをまとめて設定する

<タブとリーダー>ダイアログボックスを利用すると、タブ位置やリーダーなどを設定することができます。リーダーを設定すると、タブが入力されている部分に「・」などの文字を挿入できます。

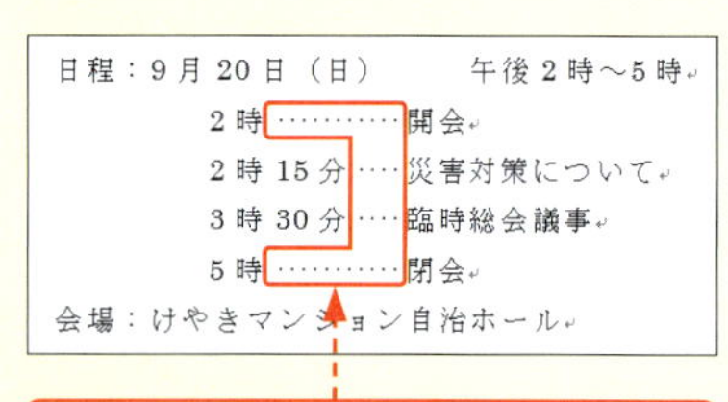

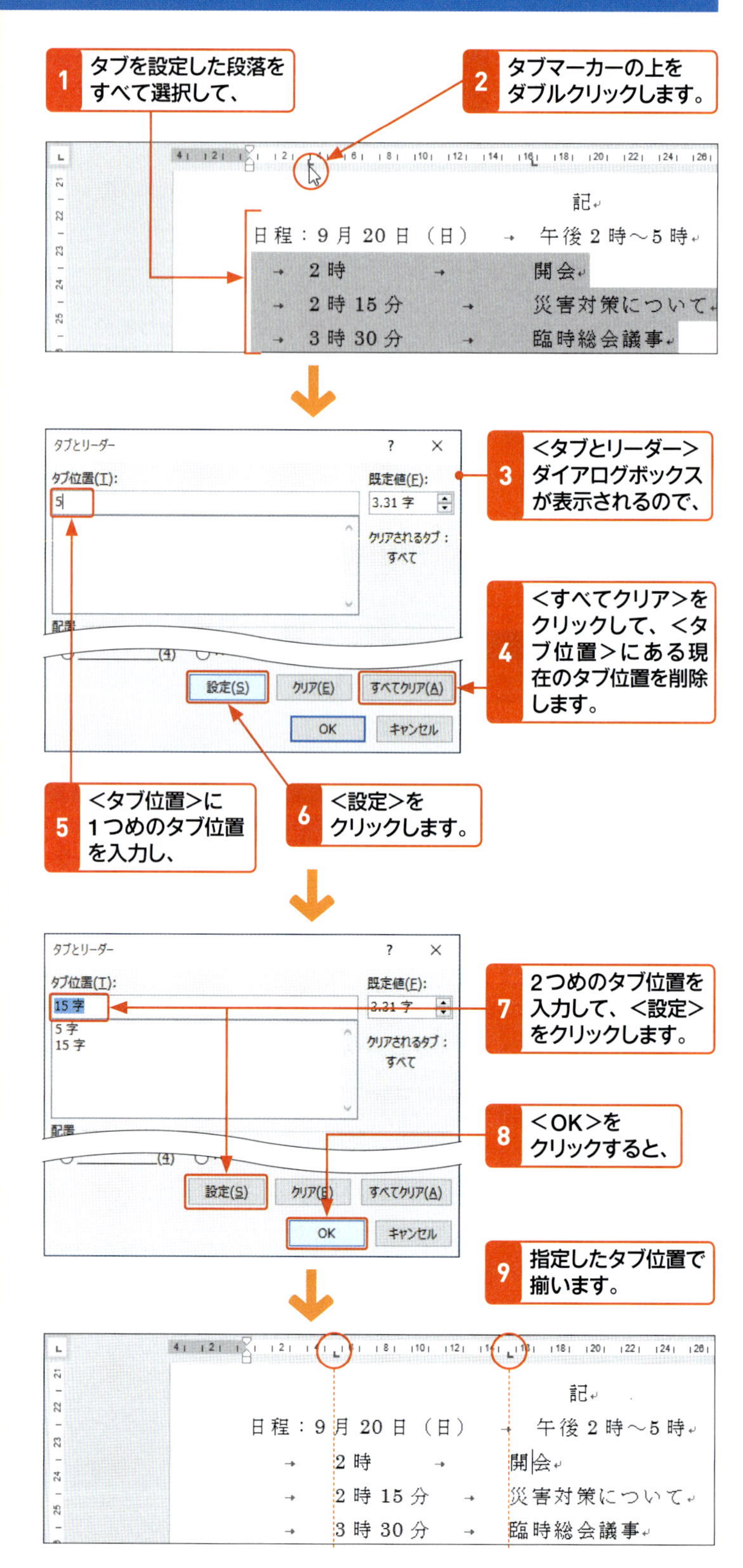

4 文字列を行末のタブ位置で揃える

1 タブを設定した段落を選択して、

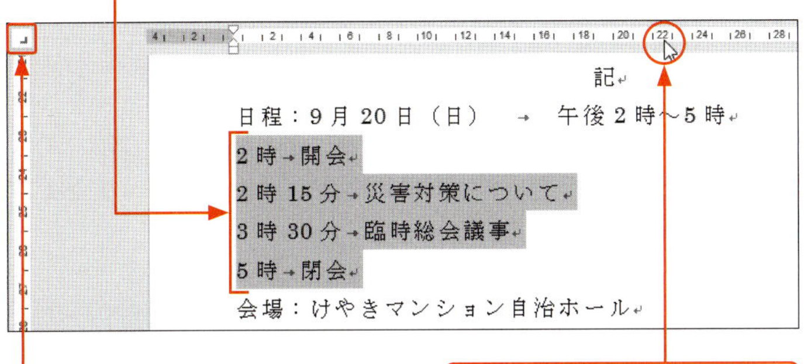

2 ここを何度かクリックして、<右揃え>を選択します。

3 タブ位置をクリックすると、

4 文字列の右側で揃います。

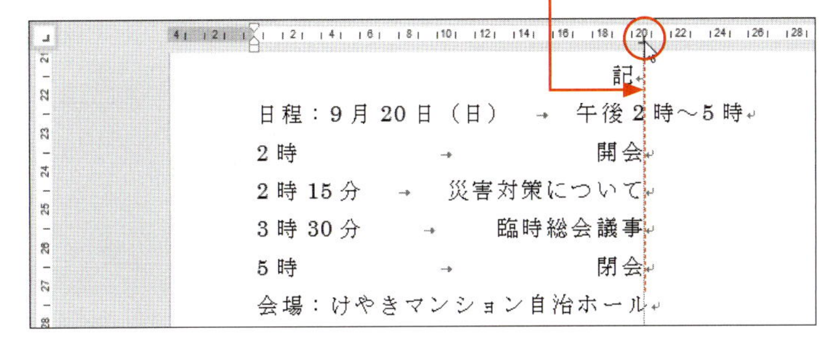

メモ 文字列を行末で揃える

文字列を揃える場合、先頭を揃える以外にも、行末で揃えたり、小数点の位置で揃えたりする場面があります。Wordのタブの種類を利用して、見やすい文書を作成しましょう。タブの種類の使い方は、下の「ステップアップ」を参照してください。

ステップアップ タブの種類と揃え方

通常はタブの種類に<左揃え>が設定されています。タブの種類を切り替えることによって、揃え方を変更することができます。ルーラーの左端にある<タブの種類>をクリックするたびに、タブの種類が切り替わるので、目的の種類に設定してからルーラー上のタブ位置をクリックし、文字列を揃えます。

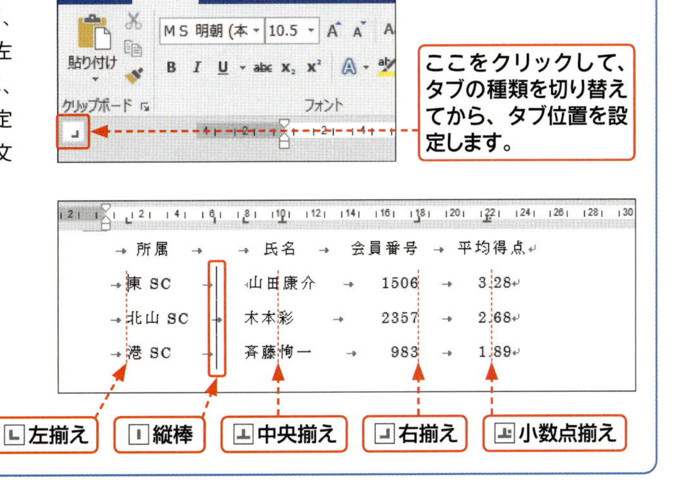

Section 32

字下げを設定する

覚えておきたいキーワード
- インデント
- 1行目の字下げ
- 2行目のぶら下げ

引用文などを見やすくするために段落の左端を字下げするときは、インデントを設定します。インデントを利用すると、最初の行と2行目以降に、別々の下げ幅を設定することもできます。インデントによる字下げの設定は、インデントマーカーを使って行います。

1 インデントとは

キーワード インデント

「インデント」とは、段落の左端や右端を下げる機能のことです。インデントには、「選択した段落の左端を下げるもの」「1行目だけを下げるもの(字下げ)」「2行目以降を下げるもの(ぶら下げ)」と「段落の右端を下げるもの(右インデント)」があります。それぞれのインデントは、対応するインデントマーカーを利用して設定します。

ヒント インデントとタブの使い分け

インデントは段落を対象に両端の字下げを設定して文字を揃えますが、タブ(Sec.31参照)は行の先頭だけでなく、行の途中にも設定して文字を揃えることができます。インデントは右のように段落の字下げなどに利用し、タブは行頭や行の途中で文字を揃えたい場合に利用します。

インデントマーカー

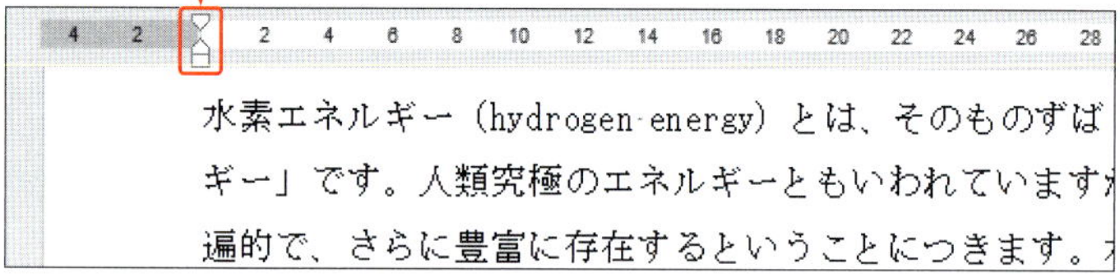

水素エネルギー（hydrogen-energy）とは、そのものずば
ギー」です。人類究極のエネルギーともいわれています
遍的で、さらに豊富に存在するということにつきます。

<1行目のインデント>マーカー
段落の1行目だけを下げます(字下げ)。

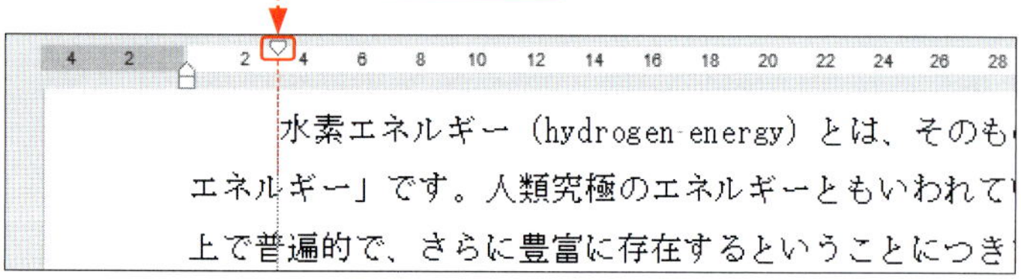

水素エネルギー（hydrogen-energy）とは、そのも
エネルギー」です。人類究極のエネルギーともいわれて
上で普遍的で、さらに豊富に存在するということにつき

<ぶら下げインデント>マーカー
段落の2行目以降を下げます(ぶら下げ)。

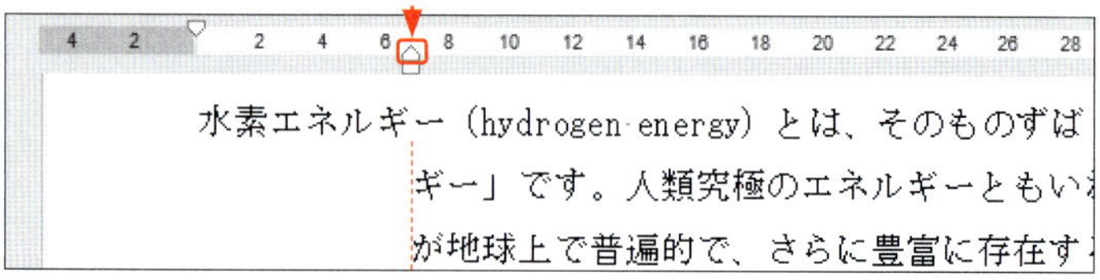

水素エネルギー（hydrogen-energy）とは、そのものずば
ギー」です。人類究極のエネルギーともい
が地球上で普遍的で、さらに豊富に存在す

<左インデント>マーカー
選択した段落で、すべての行の左端を下げます。

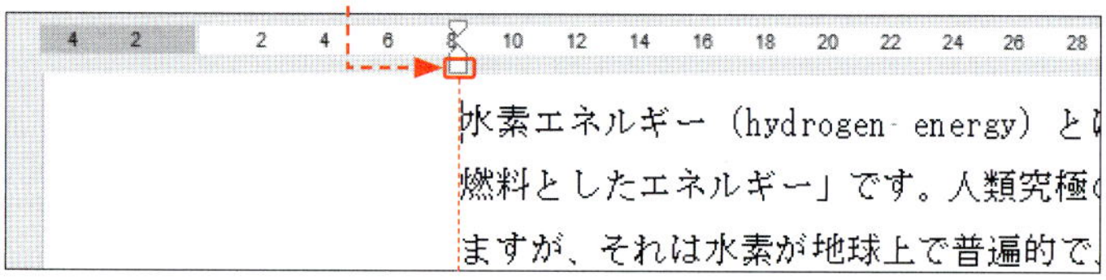

水素エネルギー（hydrogen- energy）と
燃料としたエネルギー」です。人類究極
ますが、それは水素が地球上で普遍的で、

2 段落の1行目を下げる

1 段落の中にカーソルを移動して、

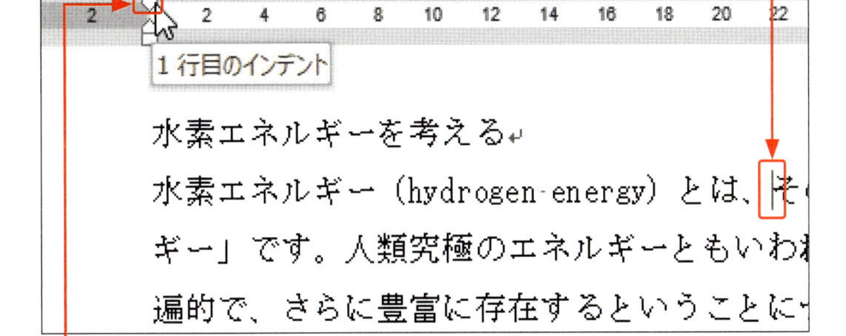

2 ＜1行目のインデント＞マーカーにマウスポインターを合わせ、

3 ドラッグすると、

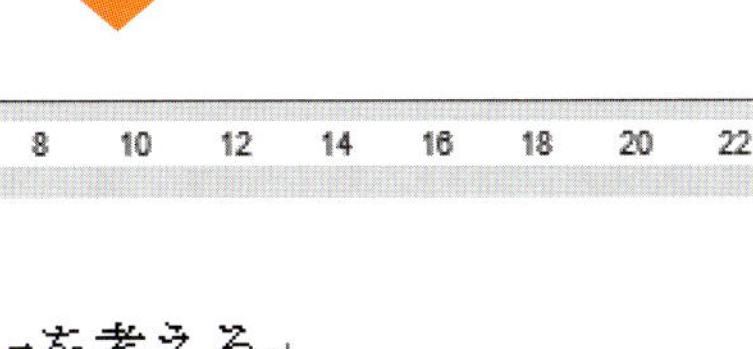

4 1行目の先頭が下がります。

> **メモ　段落の1行目を下げる**
>
> インデントマーカーのドラッグは、段落の1行目を複数文字下げる場合に利用します。段落の先頭を1文字下げる場合は、先頭にカーソルを移動して Space を押します。

> **ヒント　インデントマーカーの調整**
>
> Alt を押しながらインデントマーカーをドラッグすると、段落の左端の位置を細かく調整することができます。

3 段落の2行目以降を下げる

1 段落の中にカーソルを移動して、

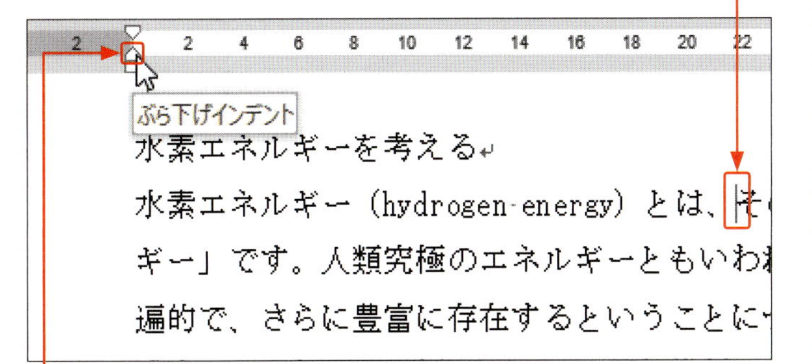

2 ＜ぶら下げインデント＞マーカーにマウスポインターを合わせ、

> **メモ　＜ぶら下げインデント＞マーカー**
>
> 2行目以降を字下げする＜ぶら下げインデント＞マーカーは、段落の先頭数文字を目立たせたいときなどに利用するとよいでしょう。

ヒント インデントを解除するには?

インデントを解除して、段落の左端の位置をもとに戻したい場合は、目的の段落を選択して、インデントマーカーをもとの左端にドラッグします。また、インデントが設定された段落の先頭にカーソルを移動して、文字数分 BackSpace を押しても、インデントを解除することができます。

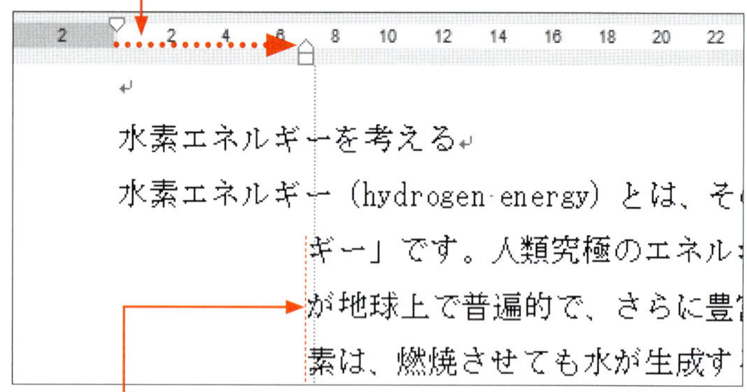

4 すべての行を下げる

メモ <左インデント>マーカー

<左インデント>マーカーは、段落全体を字下げするときに利用します。段落を選択して、<左インデント>マーカーをドラッグするだけで字下げができるので便利です。

1 段落の中にカーソルを移動して、

左インデント
水素エネルギーを考える
水素エネルギー（hydrogen energy）とは、そ
ギー」です。人類究極のエネルギーともいわれ
遍的で、さらに豊富に存在するということに
成するだけなので、極めてクリーンな燃料だ

2 <左インデント>マーカーにマウスポインターを合わせ、

ステップアップ 数値で字下げを設定する

インデントマーカーをドラッグすると、文字単位できれいに揃わない場合があります。字下げやぶら下げを文字数で揃えたいときは、<ホーム>タブの<段落>グループの右下にある をクリックします。表示される<段落>ダイアログボックスの<インデントと行間隔>タブで、インデントを指定できます。

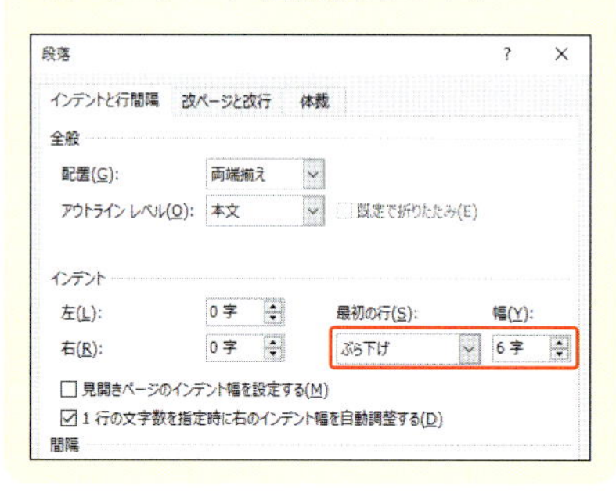

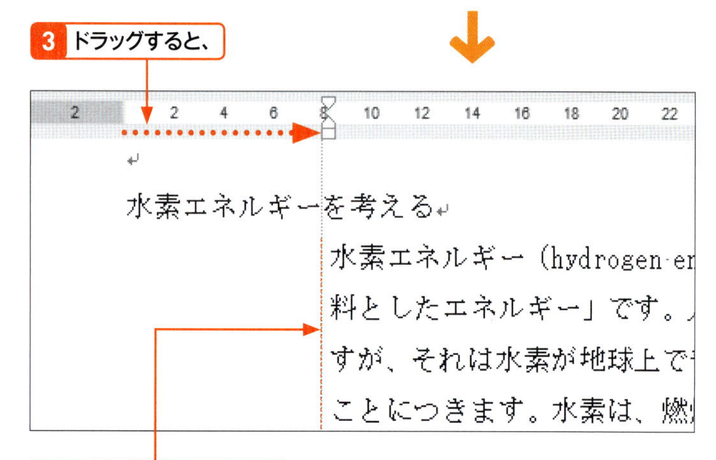

5 1文字ずつインデントを設定する

1 段落の中にカーソルを移動して、

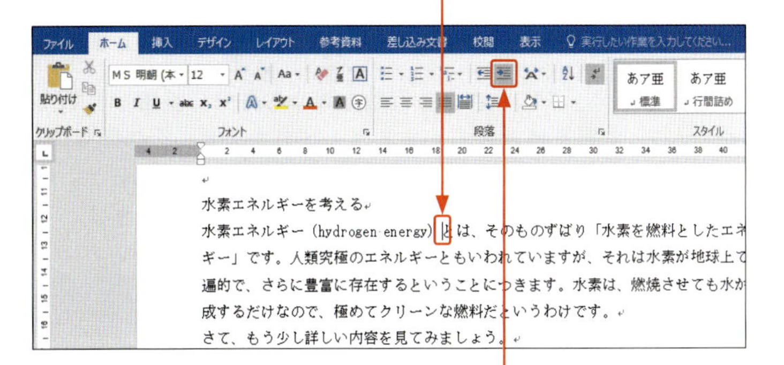

2 <ホーム>タブの<インデントを増やす>をクリックします。

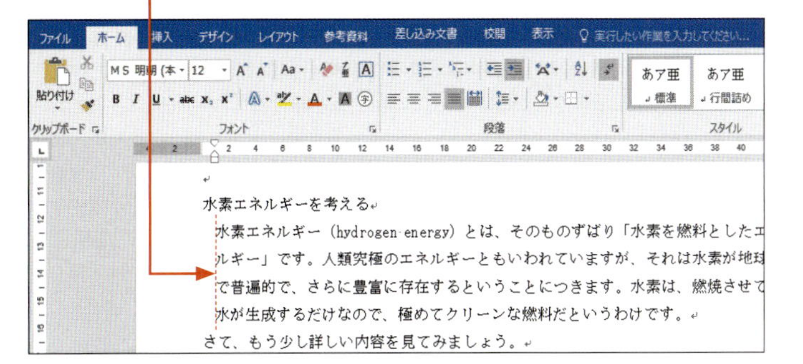

メモ インデントを増やす

<ホーム>タブの<インデントを増やす>をクリックすると、段落全体が左端から1文字分下がります。

インデントの位置を戻したい場合は、<ホーム>タブの<インデントを減らす>をクリックします。

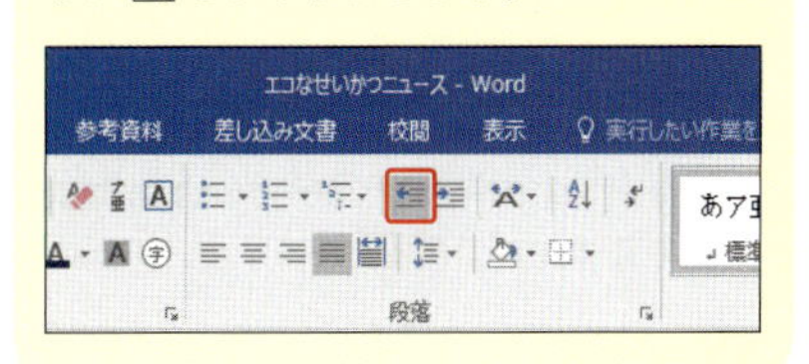

ステップアップ 右端を字下げする

インデントには、段落の右端を字下げする「右インデント」があります。段落を選択して、<右インデント>マーカーを左にドラッグすると、字下げができます。なお、右インデントは、特定の段落の字数を増やしたい場合に、右にドラッグして文字数を増やすこともできます。既定の文字数をはみ出しても1行に収めたい場合に利用できます。

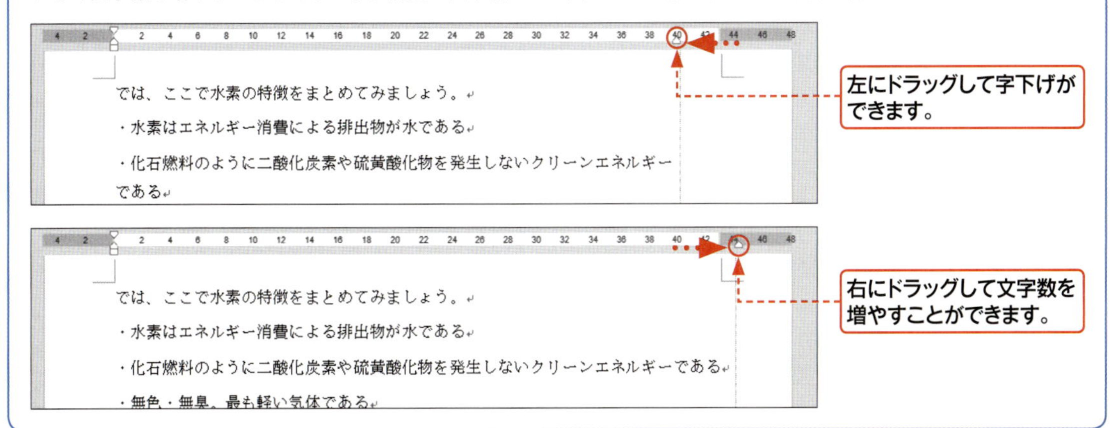

Section 33
行の間隔を設定する

覚えておきたいキーワード
- 行間
- 段落の間隔
- 段落前に間隔を追加

行の間隔を設定すると、1ページにおさまる行数を増やしたり、見出しと本文の行間を調整したりして、文書を読みやすくすることができます。行の間隔は、倍数やポイント数で指定しますが、設定した数値内に行がおさまりきらない場合は、必要に応じて自動調整されます。また、段落の間隔も変更できます。

1 行の間隔を指定して設定する

メモ 行の間隔の指定方法

Wordでは、行と行の間隔を数値で指定することができます。行の間隔は、次の2つの方法で指定します。

- 1行の高さの倍数で指定する
  右の手順を参照してください。
- ポイント数で指定する
  右下段図の<行間>で<固定値>をクリックし、<間隔>でポイント数を指定します。

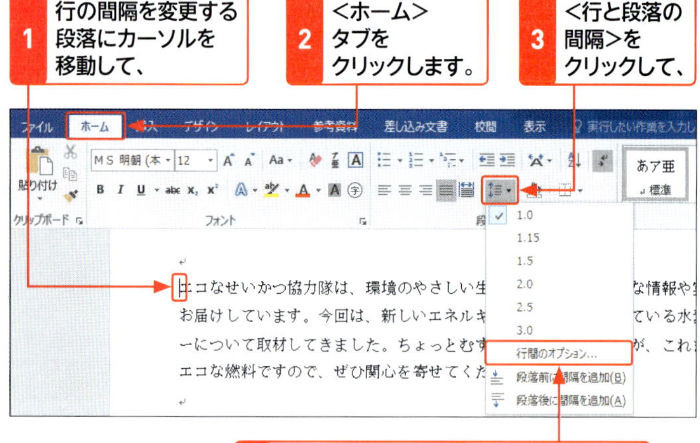

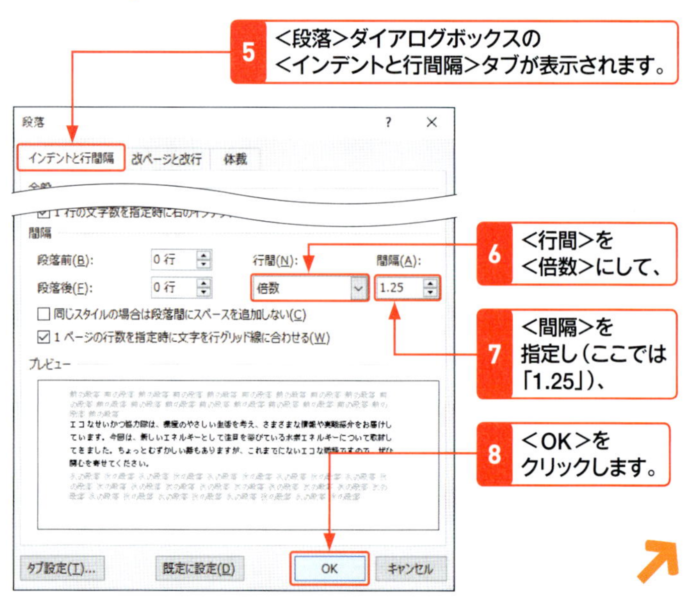

ヒント そのほかの行間隔の設定方法

行の間隔を指定するには、右の方法のほかに、<ホーム>タブの<行と段落の間隔>をクリックすると表示される一覧から数値をクリックして設定することができます。なお、一覧に表示される<1.5>や<2.0>の間隔は、<行間>を<倍数>にして、<間隔>に「1.5」や「2」を入力したときと同じ行の間隔になります。

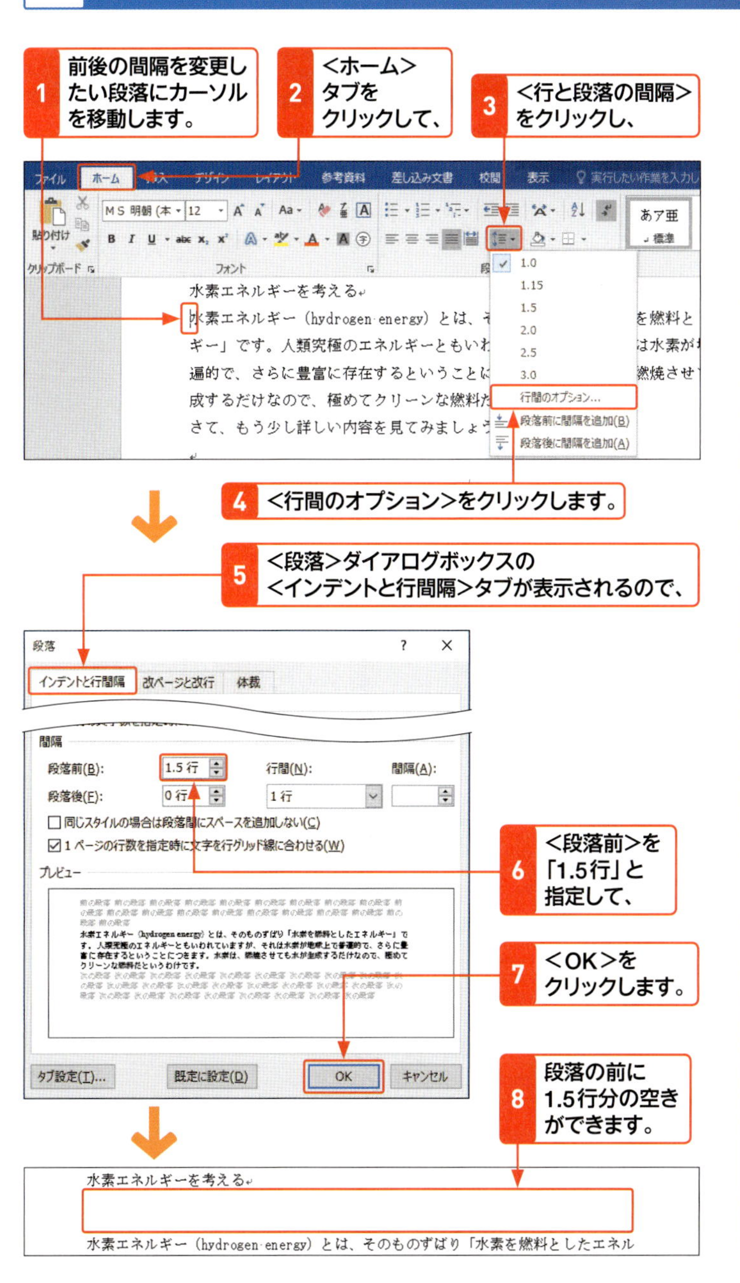

2 段落の間隔を広げる

ヒント 行間をもとに戻すには？

行間を変更前の状態に戻したい場合は、段落にカーソルを移動して、<段落>ダイアログボックスの<インデントと行間隔>タブで<行間>が<1行>の初期設定値に戻します。

メモ 段落の前後を広げる

段落の間隔を広げるというのは、段落内の行間は同じで、段落の前あるいは後ろの間隔を空けるという設定です。複数の段落があるときに、話題の区切りなどで段落どうしの間隔を広げると、文章が見やすくなります。段落の間隔は、段落の前後で別々に指定する必要があります。

ヒント そのほかの段落間隔の指定方法

手順4で<段落前に間隔を追加>あるいは<段落後に間隔を追加>をクリックすると、選択した段落の前や後ろを12pt分空けることができます。
この方法で設定した間隔を解除するには、同様の方法で、<段落前の間隔を削除>あるいは<段落後の間隔を削除>をクリックします。

Section 34

改ページを設定する

覚えておきたいキーワード
- 改ページ
- ページ区切り
- 改ページ位置の自動修正

文章が1ページの行数をオーバーすると、自動的に次のページに送られます。中途半端な位置で次のページに送られ、体裁がよくない場合は、ページが切り替わる改ページ位置を手動で設定することができます。また、条件を指定して改ページ位置を自動修正できる機能もあります。

1 改ページ位置を設定する

キーワード 改ページ位置

「改ページ位置」とは、文章を別のページに分ける位置のことです。カーソルのある位置に設定されるので、カーソルの右側にある文字以降の文章が次のページに送られます。

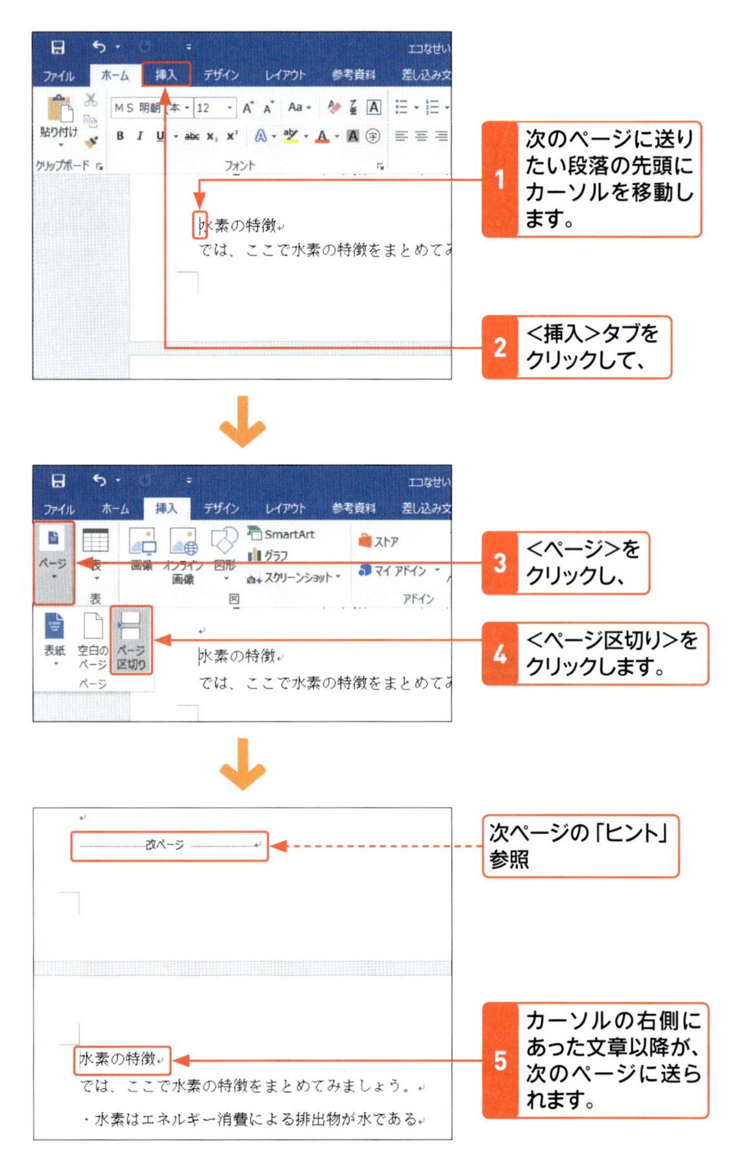

ヒント <ページ区切り>の表示

画面のサイズが大きい場合は、下図のように<挿入>タブの<ページ>グループに<ページ区切り>が表示されます。なお、<レイアウト>タブの<ページ/セクション区切りの挿入> 区切り をクリックしたメニューにも<改ページ>があります。どちらを利用してもかまいません。

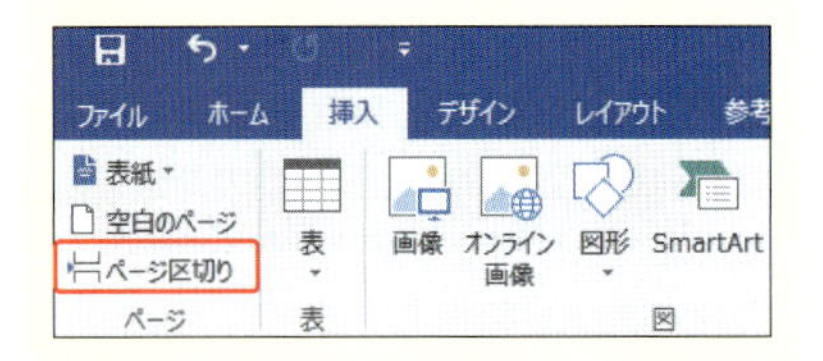

2 改ページ位置の設定を解除する

1 改ページされたページの先頭にカーソルを移動します。

気汚染物質は排出しません。研究者の間では、固体高分子型燃料電池の小型化が進展してきているので、水素エネルギー利用への期待がさらに高まっているとのことです。

改ページ

水素の特徴
では、ここで水素の特徴をまとめてみましょう。
・水素はエネルギー消費による排出物が水である

2 BackSpace を2回押すと、

3 改ページ位置の設定が解除されます。

水素の特徴
では、ここで水素の特徴をまとめてみましょう。

・水素はエネルギー消費による排出物が水である
・化石燃料のように二酸化炭素や硫黄酸化物を発生しないクリーンエネルギーである

ヒント 改ページ位置の表示

改ページを設定すると、改ページ位置が点線と「改ページ」の文言で表示されます。表示されない場合は、＜ホーム＞タブの＜編集記号の表示／非表示＞ をクリックします。

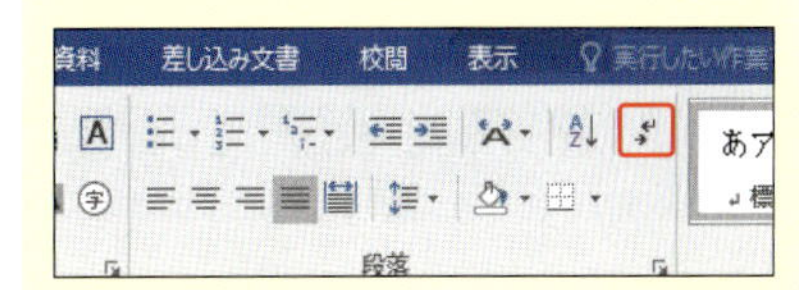

ステップアップ 改ページ位置の自動修正機能を利用する

ページ区切りによって、段落の途中や段落間で改ページされたりしないように設定することができます。
これらの設定は、＜ホーム＞タブの＜段落＞グループの右下にある をクリックして表示される＜段落＞ダイアログボックスで＜改ページと改行＞タブをクリックし、＜改ページ位置の自動修正＞で行います。

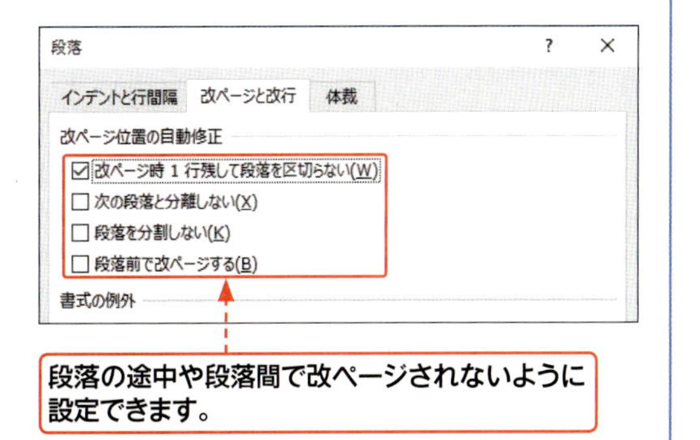

Section 35

段組みを設定する

覚えておきたいキーワード
- ☑ 段組み
- ☑ 段数
- ☑ 境界線

Wordでは、かんたんに段組みを設定することができます。<段組み>のメニューには3段組みまで用意されています。2段組みの場合は、左右の段幅を変えるなど、バラエティに富んだ設定が行えます。また、段間に境界線を入れて読みやすくすることも可能です。

1 文書全体に段組みを設定する

メモ 文書全体に段組みを設定する

1行の文字数が長すぎて読みにくいというときは、段組みを利用すると便利です。<段組み>のメニューには、次の5種類の段組みが用意されています。

- 1段
- 2段
- 3段
- 1段目を狭く
- 2段目を狭く

1段目を狭くした例

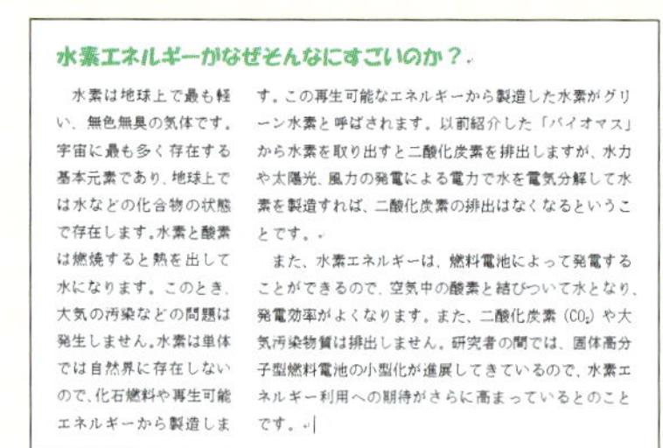

水素エネルギーがなぜそんなにすごいのか？

水素は地球上で最も軽い、無色無臭の気体です。宇宙に最も多く存在する基本元素であり、地球上では水などの化合物の状態で存在します。水素と酸素は燃焼すると熱を出して水になります。このとき、大気の汚染などの問題は発生しません。水素は単体では自然界に存在しないので、化石燃料や再生可能エネルギーから製造します。この再生可能なエネルギーから製造した水素がグリーン水素と呼ばされます。以前紹介した「バイオマス」から水素を取り出すと二酸化炭素を排出しますが、水力や太陽光、風力の発電による電力で水を電気分解して水素を製造すれば、二酸化炭素の排出はなくなるということです。

また、水素エネルギーは、燃料電池によって発電することができるので、空気中の酸素と結びついて水となり、発電効率がよくなります。また、二酸化炭素（CO_2）や大気汚染物質は排出しません。研究者の間では、固体高分子型燃料電池の小型化が進展してきているので、水素エネルギー利用への期待がさらに高まっているとのことです。

1 <レイアウト>タブをクリックして、

2 <段組み>をクリックし、

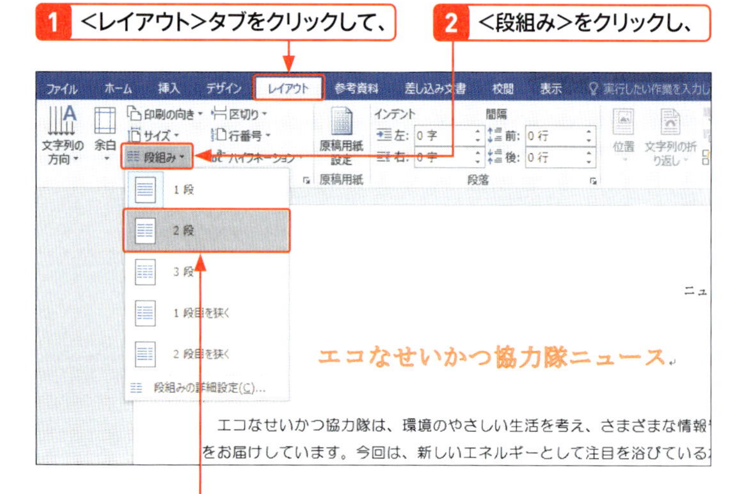

3 設定したい段数をクリックすると（ここでは<2段>）、

4 指定した段数で段組みが設定されます。

ニュース Vol.05

エコなせいかつ協力隊ニュース

エコなせいかつ協力隊は、環境のやさしい生活を考え、さまざまな情報や実践紹介をお届けしています。今回は、新しいエネルギーとして注目を浴びている水素エネルギーについて取材してきました。

気体です。宇宙に最も多く存在する基本元素であり、地球上では水などの化合物の状態で存在します。水素と酸素は燃焼すると熱を出して水になります。このとき、大気の汚染などの問題は発生しません。水素は単体では自然界に存在しないので、化石燃料や再生可能エネルギーから製造します。この再生可能なエネルギーから製造した水素がグリーン水素と呼ばされます。以前紹介した「バイオマス」から水素を取り出すと二酸化炭素を排出しますが、水力や太陽光、風力の発電に

範囲を選択せずに段組みを設定すると、ページ単位で段組みが有効になります。

第3章 書式と段落の設定

2 特定の範囲に段組みを設定する

1 段組みを設定したい範囲を選択して、

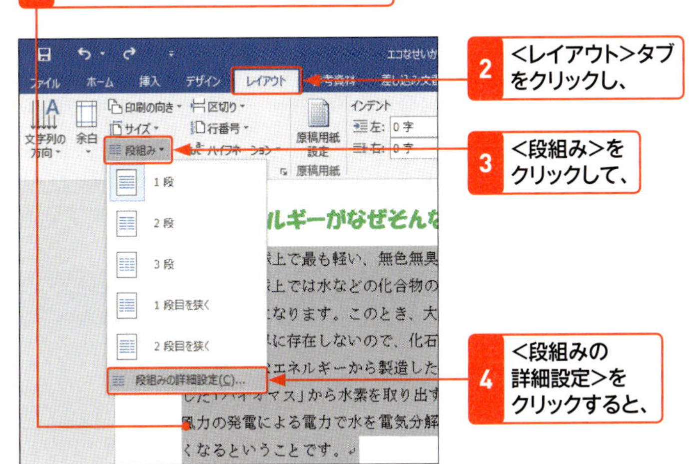

2 <レイアウト>タブをクリックし、

3 <段組み>をクリックして、

4 <段組みの詳細設定>をクリックすると、

5 <段組み>ダイアログボックスが表示されます。

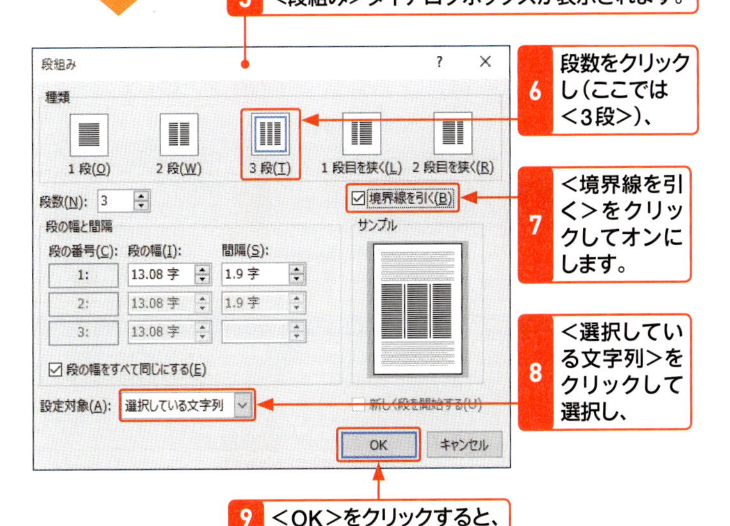

6 段数をクリックし（ここでは<3段>）、

7 <境界線を引く>をクリックしてオンにします。

8 <選択している文字列>をクリックして選択し、

9 <OK>をクリックすると、

10 選択した文字列に、段組みが設定されます。

水素エネルギーがなぜそんなにすごいのか？

水素は地球上で最も軽い、無色無臭の気体です。宇宙に最も多く存在する基本元素であり、地球上では水などの化合物の状態で存在します。水素と酸素は燃焼すると熱を出して水になります。このとき、す。この再生可能なエネルギーから製造した水素がグリーン水素と呼ばれます。以前紹介した「バイオマス」から水素を取り出すと二酸化炭素を排出しますが、水力や太陽光、風力の発電による電力で水燃料電池によって発電することができるので、空気中の酸素と結びついて水となり、発電効率がよくなります。また、二酸化炭素（CO_2）や大気汚染物質は排出しません。研究者の間では、固体高分子型燃料電

メモ 特定の範囲に設定する

見出しを段組みに含めたくない場合や文書内の一部だけを段組みにしたい場合は、段組みに設定する範囲を最初に選択しておきます。

メモ <段組み>ダイアログボックスの利用

<段組み>ダイアログボックスを利用すると、段の幅や間隔などを指定して段組みを設定することができます。また、手順7のように<境界線を引く>をオンにすると、段と段の間に境界線を引くことができます。

ヒント 段ごとに幅や間隔を指定するには？

段ごとに幅や間隔を指定するには、<段組み>ダイアログボックスで<段の幅をすべて同じにする>をオフにして、目的の<段の番号>にある<段の幅>や<間隔>に文字数を入力します。また、段数を3段組み以上にしたいときは、<段組み>ダイアログボックスの<段数>で設定します。

ここで段数を指定します。

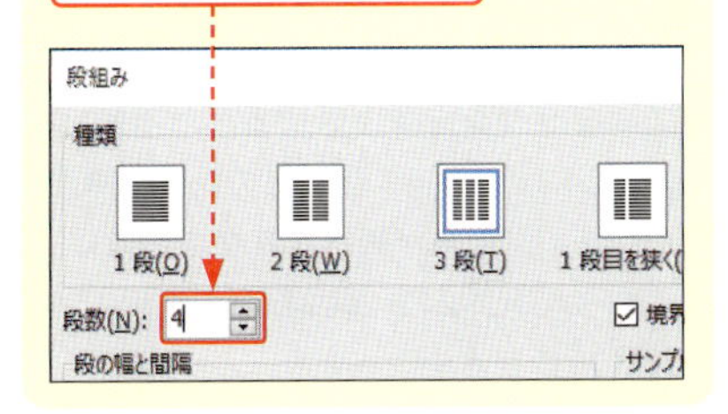

Section 36 セクション区切りを設定する

覚えておきたいキーワード
- セクション
- セクション区切り
- 編集記号

文書内でのレイアウトや書式は、通常は全ページに対して設定されます。この設定を適用する範囲をセクションといいます。セクション区切りをすると、そのセクション内で個別にレイアウトや書式の設定を行うことができるので、1つの文書内で縦置きや横置き、あるいはA4とB5のような設定ができます。

1 文章にセクション区切りを設定する

キーワード セクション

「セクション」とは、レイアウトや書式設定を適用する範囲のことです。通常、1つの文書は1つのセクションとして扱われ、ページ設定は全ページが対象となります。セクションを区切ることで、文書内の一部分を段組みにしたり、縦置きと横置きを併用したり、異なる用紙サイズにしたりすることができます。

メモ 文章にセクションを設定する

右の手順のように、文章に新たにセクションを設定すると、セクションが区切られた箇所以降から、新たなページ設定を行うことができます。文章ごとにレイアウトを設定したい場合に利用します。

ヒント セクション区切りの記号

文章をセクションで区切ると、手順4のようにセクション区切りの記号が挿入されます。記号が表示されない場合は、<ホーム>タブの<編集記号の表示／非表示>をオンにします。

横書きの文書の中で一部を縦書きにします。

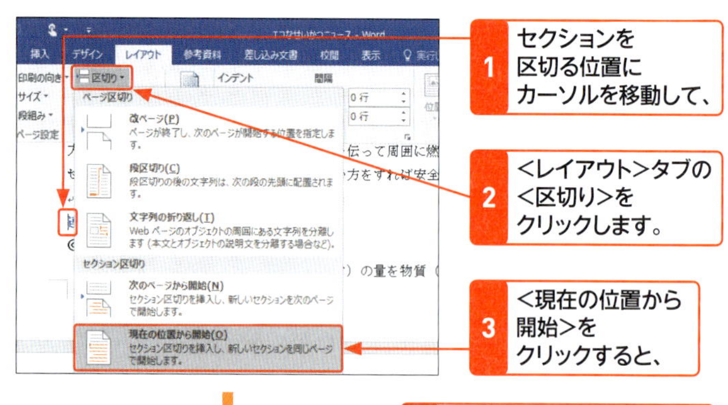

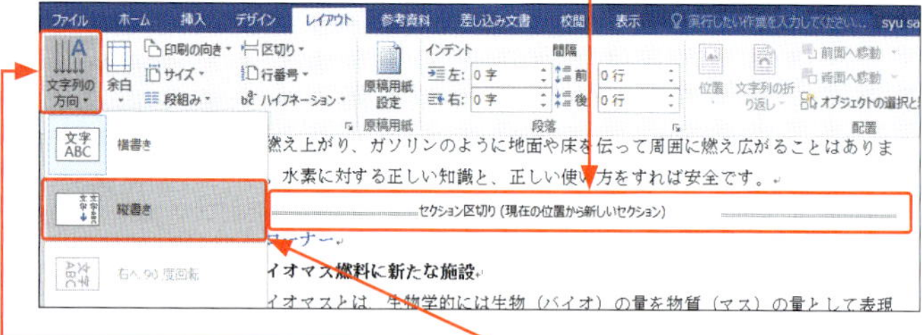

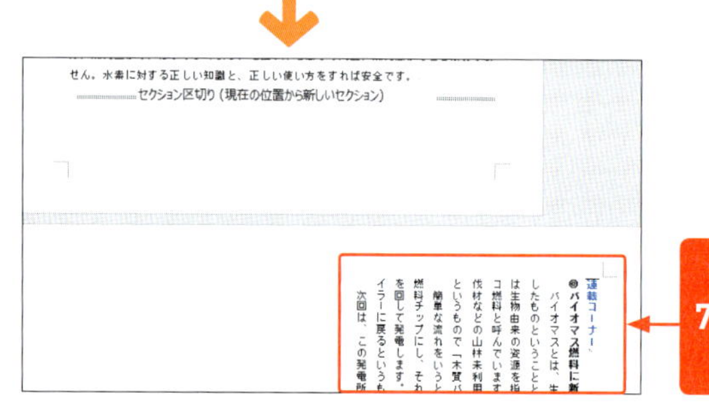

2 セクション単位でページ設定を変更する

A4サイズの文書内にB5サイズのページを設定します。

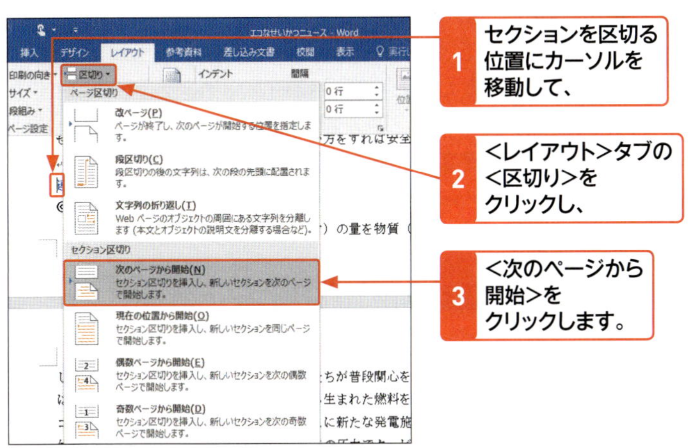

1 セクションを区切る位置にカーソルを移動して、

2 <レイアウト>タブの<区切り>をクリックし、

3 <次のページから開始>をクリックします。

4 セクションがページで区切られます。

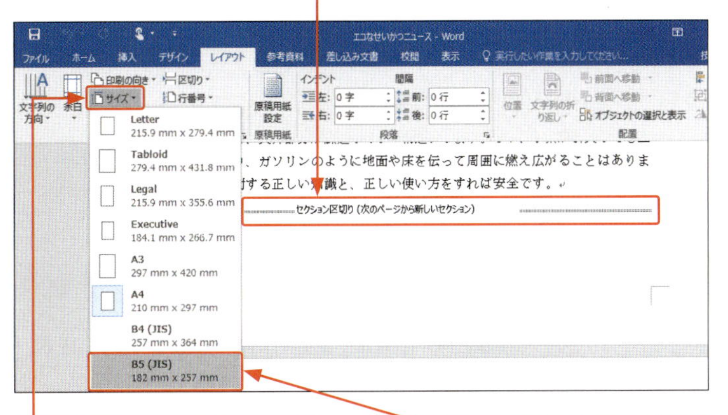

5 <レイアウト>タブの<サイズ>をクリックして、

6 <B5>をクリックします。

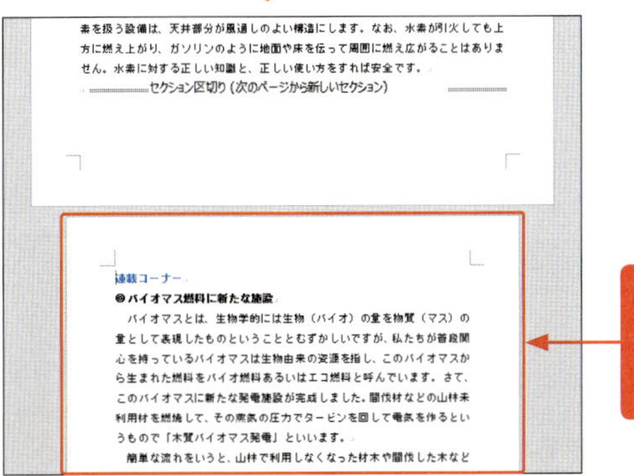

7 セクションで区切った以降のページが、B5サイズになります。

メモ セクション区切りの位置

ページの途中にセクション区切りを挿入する場合、カーソルのある位置からセクションを開始させることも、次のページからセクションを開始させることも可能です。

ヒント セクション区切りを解除するには？

セクション区切りを解除するには、セクション区切りマークを選択して、BackSpace あるいは Delete をクリックします。区切りマークを表示していない場合は、区切られたセクションの先頭にカーソルを置いて BackSpace を押します。

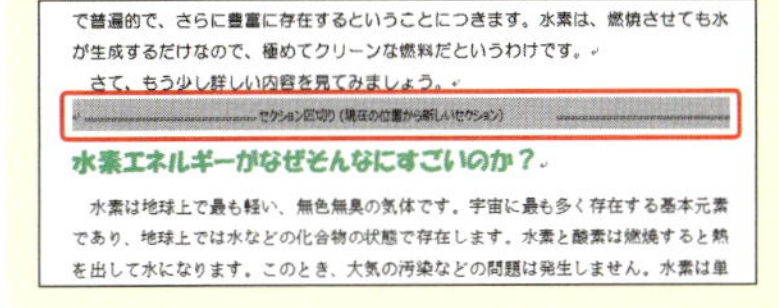

Section 37

段落に囲み線や網かけを設定する

覚えておきたいキーワード
- 囲み線
- 網かけ
- 段落

文書のタイトルや見出しなど、目立たせたい部分に囲み線や背景色を設定すると、読む人の目に留まりやすくなります。囲み線や背景色などの書式は、段落を対象としても設定することができます。なお、囲み線は図形の罫線ではなく、段落罫線として扱われます。

1 段落に囲み線を設定する

メモ 段落に書式を設定する

ここでは、見出しに囲み線を付けて、さらに網かけ（背景色）を設定します。囲み線や網かけの設定対象は「段落」にします。

1 段落にカーソルを移動します。

2 <ホーム>タブの<罫線>のここをクリックして、

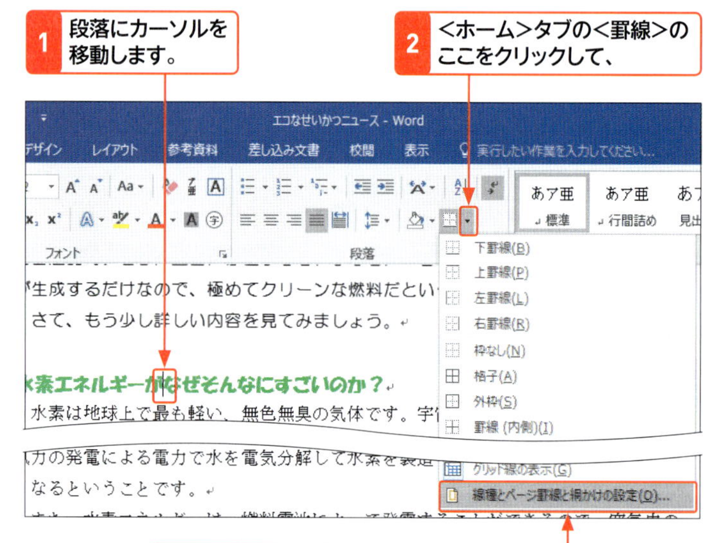

3 <罫線とページ罫線と網かけの設定>をクリックします。

4 <線種とページ罫線と網かけの設定>ダイアログボックスの<罫線>タブが表示されます。

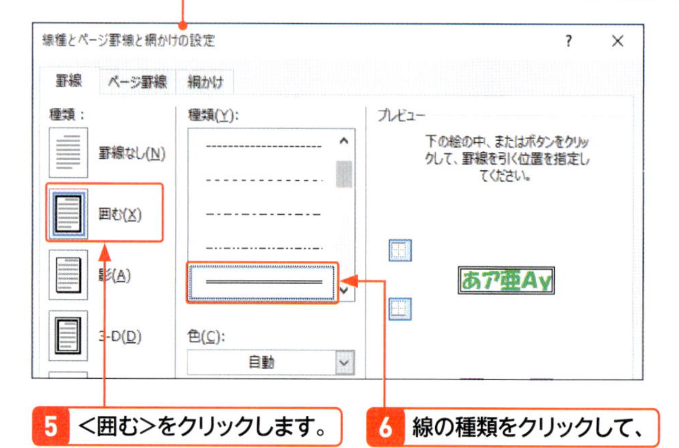

5 <囲む>をクリックします。

6 線の種類をクリックして、

ヒント そのほかの表示方法

<線種とページ罫線と網かけの設定>ダイアログボックスは、<デザイン>タブの<ページ罫線>をクリックしても表示できます。

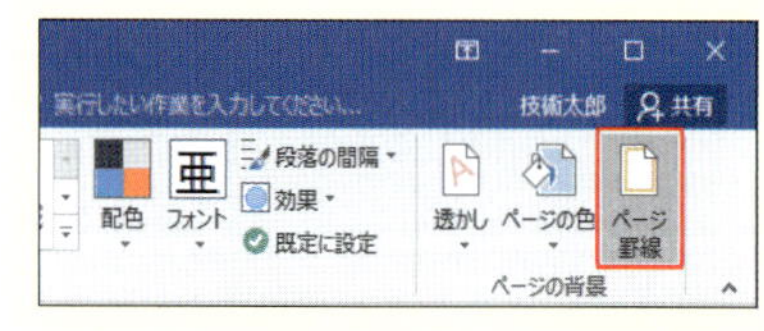

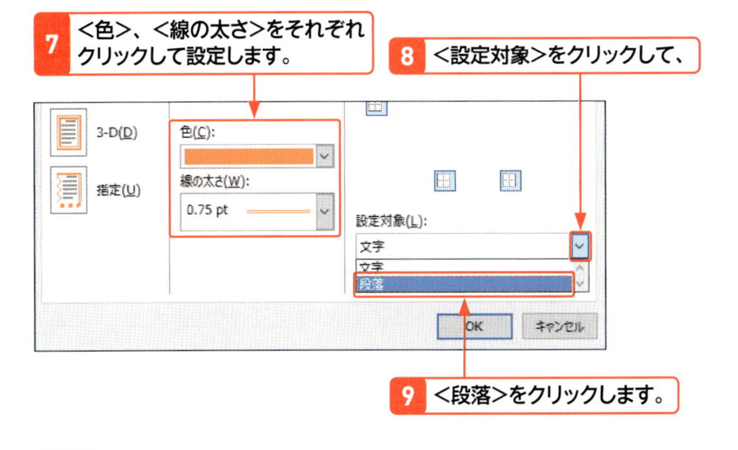

罫線や網かけの設定対象を<段落>にすると、罫線や網かけは、その段落の行間に設定されます。行間の設定については、Sec.33を参照してください。

2 段落に網かけを設定する

上記手順 9 の続きから操作します。

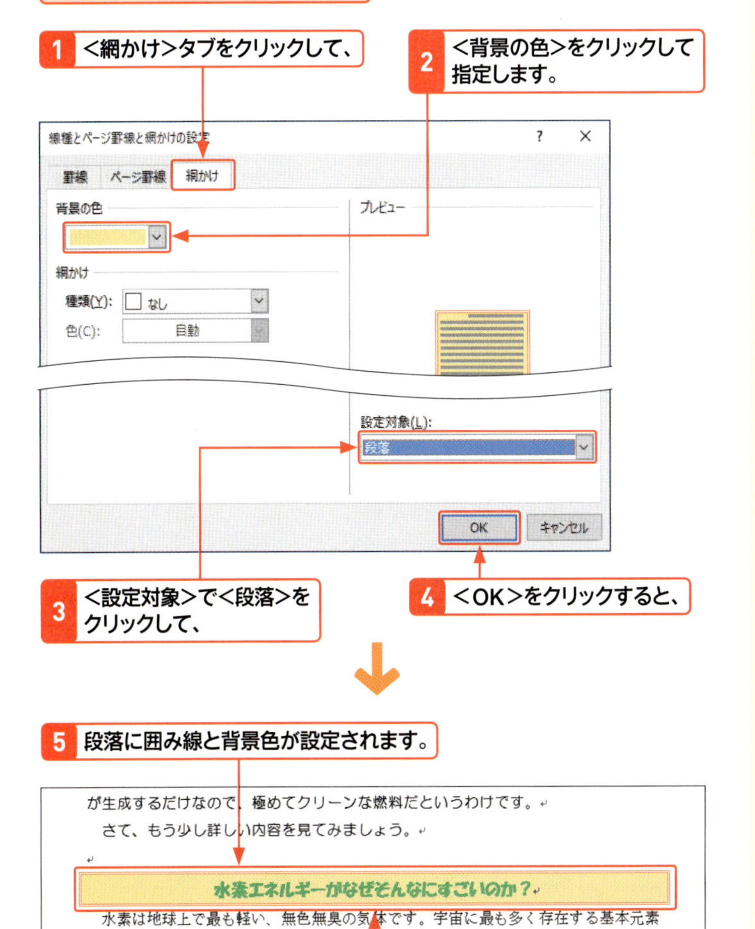

6 <ホーム>タブの<中央揃え>をクリックして、中央揃えにします。

ヒント　囲み線や背景色の設定を解除するには？

囲み線の設定を解除するには、目的の段落を選択したあと、<線種とページ罫線と網かけの設定>ダイアログボックスの<罫線>タブの<種類>で<罫線なし>をクリックします。

また、背景色の設定を解除するには、<網かけ>タブの<背景の色>で<色なし>をクリックします。

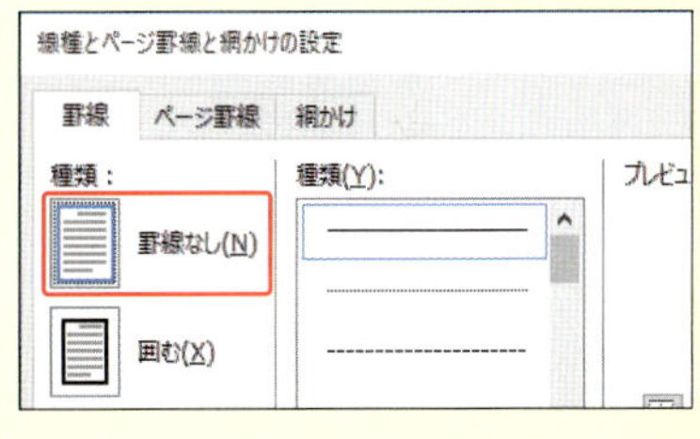

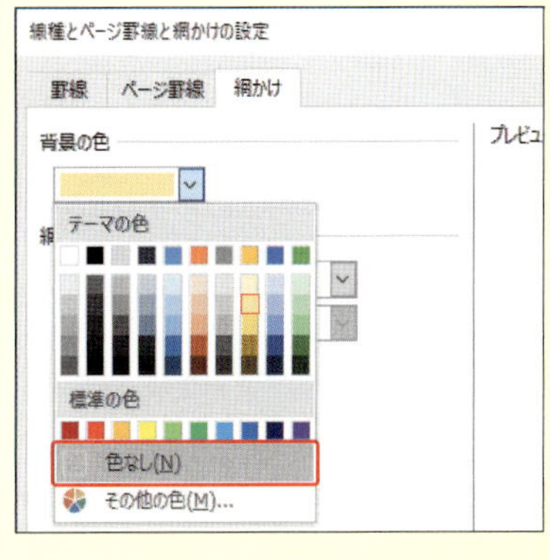

Section 38

形式を選択して貼り付ける

覚えておきたいキーワード
- 貼り付けのオプション
- 書式
- 既定の貼り付けの設定

コピーや切り取った文字列を貼り付ける際、初期設定ではコピーもとの書式が保持されますが、貼り付けのオプションを利用すると、貼り付け先の書式に合わせたり、文字列のデータのみを貼り付けたりすることができます。なお、Word 2016では、貼り付けた状態をプレビューで確認できます。

1 貼り付ける形式を選択して貼り付ける

メモ 貼り付ける形式を選択する

ここでは、コピーした文字列をもとの書式のまま貼り付けています。文字列の貼り付けを行うと、通常、コピー(切り取り)もとで設定されている書式が貼り付け先でも適用されますが、<貼り付けのオプション>を利用すると、貼り付け時の書式の扱いを選択することができます。

1 書式(フォントサイズ:14pt、文字書式:太字)が設定された文字列を選択します。

2 <ホーム>タブの<コピー>をクリックします。

3 貼り付けたい位置にカーソルを移動して、

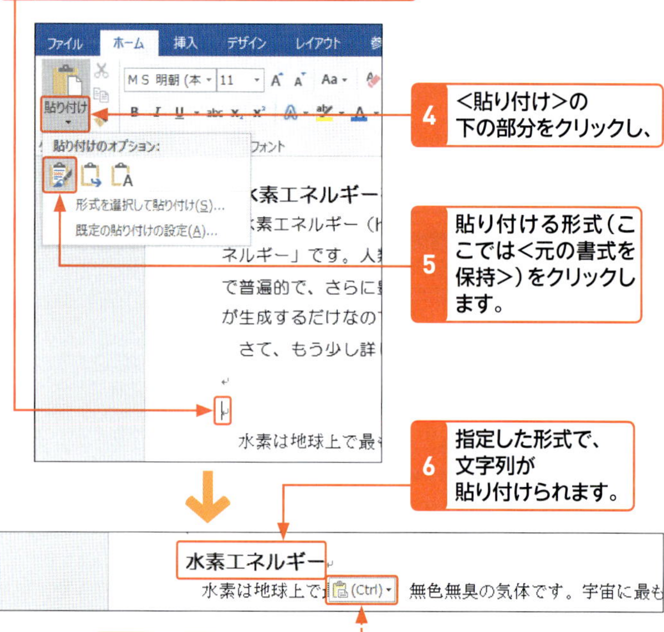

ヒント 貼り付けのオプション

貼り付ける形式を選択したあとでも、貼り付けた文字列の右下には<貼り付けのオプション> (Ctrl) が表示されています。この<貼り付けのオプション>をクリックして、あとから貼り付ける形式を変更することもできます。<貼り付けのオプション>は、別の文字列を入力するか、Escを押すと消えます。

ステップアップ 貼り付けのオプション

<ホーム>タブの<貼り付け>の下部分をクリックして表示される<貼り付けのオプション>のメニューには、それぞれのオプションがアイコンで表示されます。それぞれのアイコンにマウスポインターを合わせると、適用した状態がプレビューされるので、書式のオプションが選択しやすくなります。

元の書式を保持

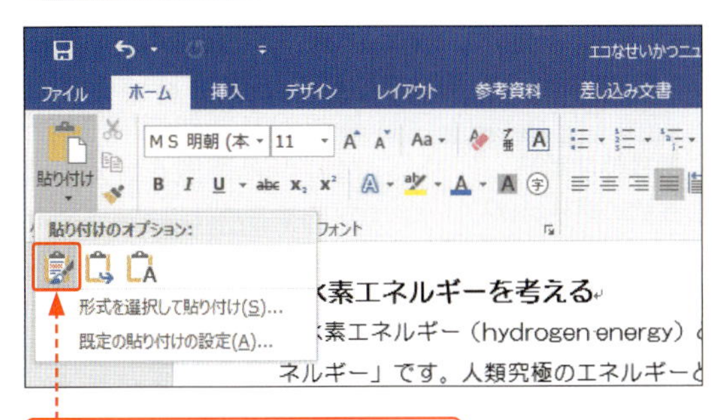

コピーもとの書式が保持されます。

書式を結合

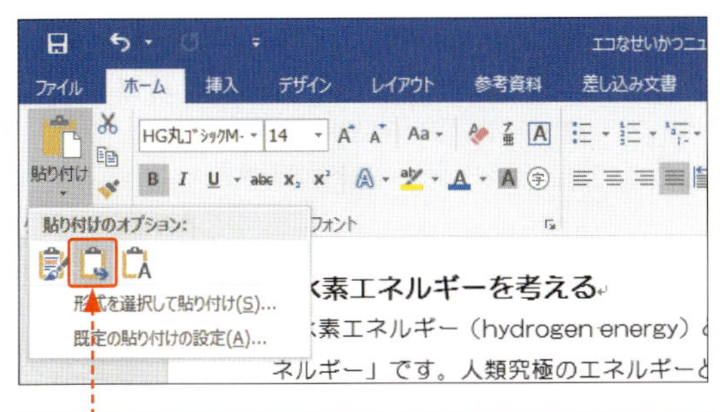

貼り付け先と同じ書式で貼り付けられます。ただし、文字列に太字や斜体、下線が設定されている場合は、その設定が保持されます。

テキストのみ保持

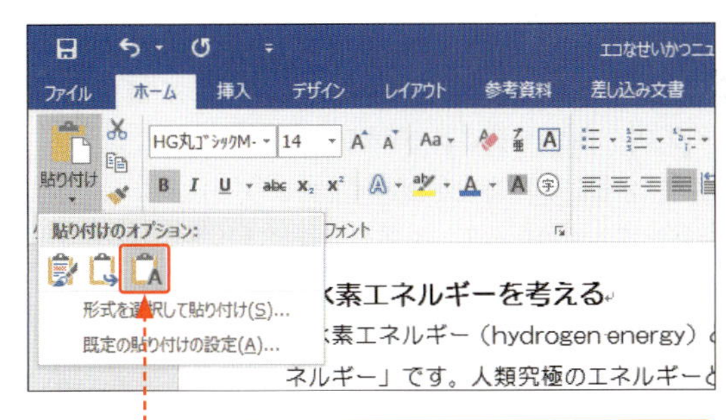

文字データだけがコピーされ、コピーもとに設定されていた書式は保持されません。

形式を選択して貼り付け

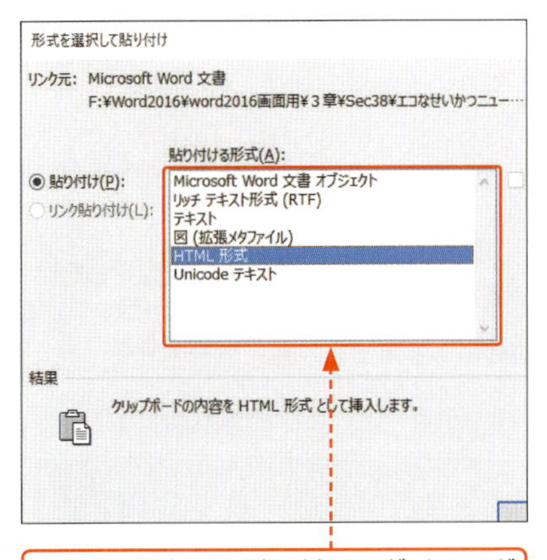

<形式を選択して貼り付け>ダイアログボックスが表示され、貼り付ける形式を選択することができます。

既定の貼り付けの設定

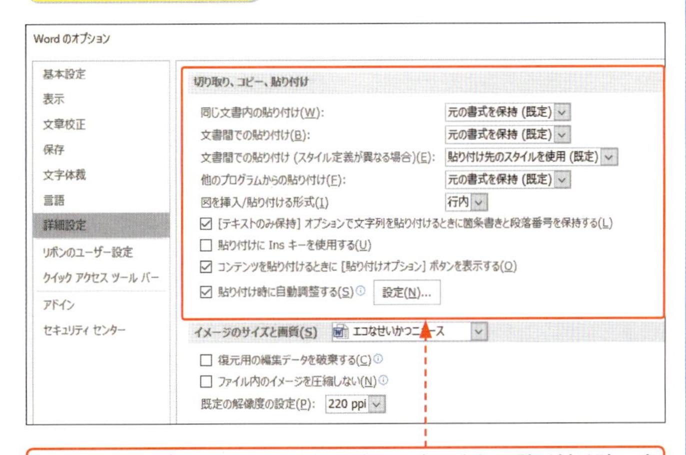

<Wordのオプション>の<詳細設定>が表示され、貼り付け時の書式の設定を変更することができます。

Section 39

書式をコピーして貼り付ける

覚えておきたいキーワード
- 書式のコピー
- 書式の貼り付け
- 書式を連続して貼り付け

複数の文字列や段落に同じ書式を繰り返し設定したい場合は、書式のコピー／貼り付け機能を利用します。書式のコピー／貼り付け機能を使うと、すでに文字列や段落に設定されている書式を別の文字列や段落にコピーすることができるので、同じ書式設定を繰り返し行う手間が省けます。

1 設定済みの書式をほかの文字列に設定する

メモ 書式のコピー／貼り付け

「書式のコピー／貼り付け」機能では、文字列に設定されている書式だけをコピーして、別の文字列に設定することができます。書式をほかの文字列や段落にコピーするには、書式をコピーしたい文字列や段落を選択して、<書式のコピー／貼り付け>をクリックし、目的の文字列や段落上をドラッグします。

1 書式をコピーしたい文字列を選択します。

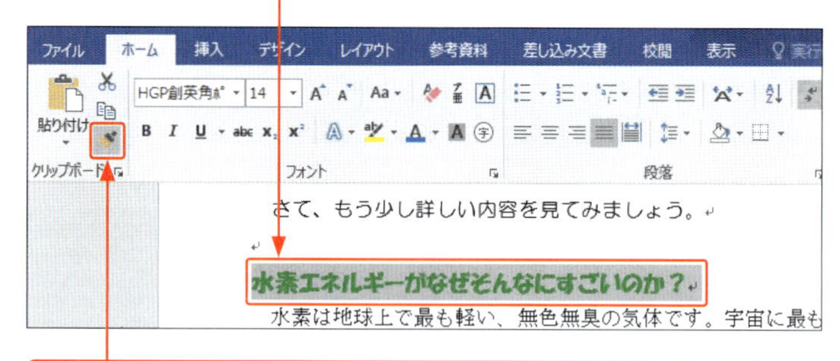

2 <ホーム>タブの<書式のコピー／貼り付け>をクリックします。

3 マウスポインターの形が 🖌I に変わった状態で、

4 書式を設定したい範囲をドラッグして選択すると、

5 書式がコピーされます。

ヒント 書式を繰り返し利用する別の方法

同じ書式を何度も繰り返し利用する方法としては、書式のコピーのほかに、書式を「スタイル」に登録して利用する方法もあります（Sec.41 参照）。

2 書式を連続してほかの文字列に適用する

1 書式をコピーしたい文字列を選択します。

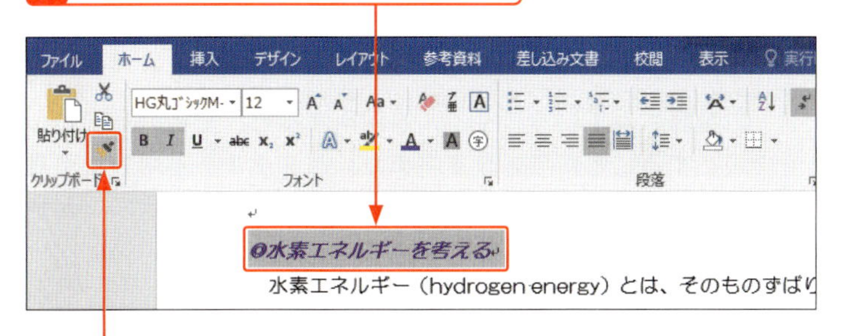

2 ＜ホーム＞タブをクリックして、＜書式のコピー／貼り付け＞をダブルクリックします。

3 マウスポインターの形が に変わった状態で、

・水素はエネルギー消費による排出物が水である
・化石燃料のように二酸化炭素や硫黄酸化物を発生しないクリーンエネルギ
・無色・無臭。最も軽い気体である
・自然発火しにくい

4 書式を設定したい範囲をドラッグして選択すると、

・水素はエネルギー消費による排出物が水である
・化石燃料のように二酸化炭素や硫黄酸化物を発生しないクリーンエネルギ
・無色・無臭。最も軽い気体である
・自然発火しにくい

5 書式がコピーされます。

・*水素はエネルギー消費による排出物が水である*
・化石燃料のように二酸化炭素や硫黄酸化物を発生しないクリーンエネルギ
・無色・無臭。最も軽い気体である
・自然発火しにくい

6 続けて文字列をドラッグすると、

7 書式を連続してコピーできます。

・*水素はエネルギー消費による排出物が水である*
・化石燃料のように二酸化炭素や硫黄酸化物を発生しないクリーンエネルギ
・*無色・無臭。最も軽い気体である*
・自然発火しにくい

メモ 書式を連続してコピーする

＜書式のコピー／貼り付け＞ をクリックすると、書式の貼り付けを一度だけ行えます。複数の箇所に連続して貼り付けたい場合は、左の操作のように＜書式のコピー／貼り付け＞ をダブルクリックします。

ヒント 書式のコピーを終了するには？

書式のコピーを終了するには、Esc を押すか、有効になっている＜書式のコピー／貼り付け＞ をクリックします。するとマウスポインターが通常の形に戻り、書式のコピーが終了します。

Section 40

文書にスタイルを設定する

覚えておきたいキーワード
- スタイルギャラリー
- 書式設定
- スタイルセット

スタイルギャラリーに登録されているスタイルを利用すると、文書の見出しなどをかんたんに書式設定することができます。また、スタイルを適用した文書では、スタイルセットを利用して一括で書式を変更することができます。スタイルセットは<デザイン>タブに29種類用意されています。

1 スタイルギャラリーを利用してスタイルを個別に設定する

メモ スタイルを設定する

「スタイル」とは、Word 2016に用意されている書式設定で、タイトルや見出しなどの文字や段落の書式を個別に設定できる機能です。見出しを選択して、スタイルを指定すると、その書式設定が適用されます。同じレベルのほかの見出しにも、同じスタイルを設定できるので便利です。

キーワード スタイルギャラリー

スタイルギャラリーには、標準で16種類のスタイルが用意されています。スタイルにマウスポインターを合わせるだけで、設定された状態をプレビューで確認できます。また、スタイルから<表題>や<見出し>などを設定すると、Wordのナビゲーション機能での「見出し」として認識されます。

1 スタイルを設定したい段落にカーソルを移動します。

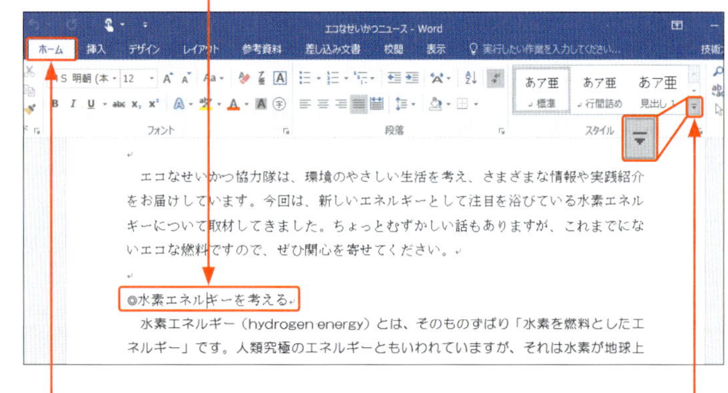

2 <ホーム>タブをクリックして、

3 ここをクリックし、

4 スタイルギャラリーの中から目的のスタイルをクリックすると（ここでは<表題>）、

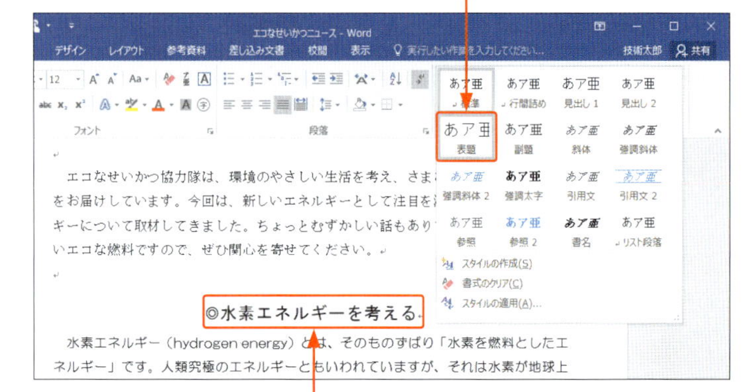

5 段落にスタイルが設定されます。

第3章 書式と段落の設定

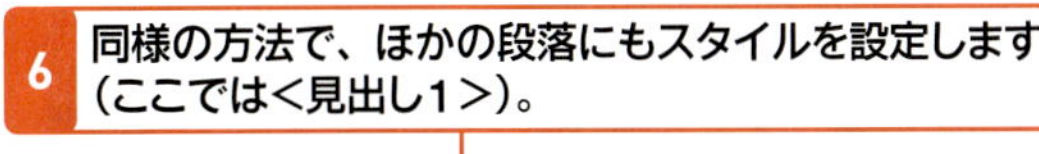
6 同様の方法で、ほかの段落にもスタイルを設定します（ここでは<見出し1>）。

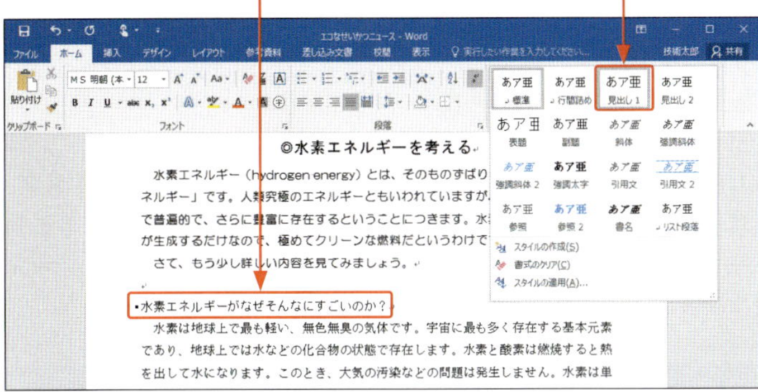

2 スタイルセットを利用して書式をまとめて変更する

1 スタイルを設定した文書を開きます。

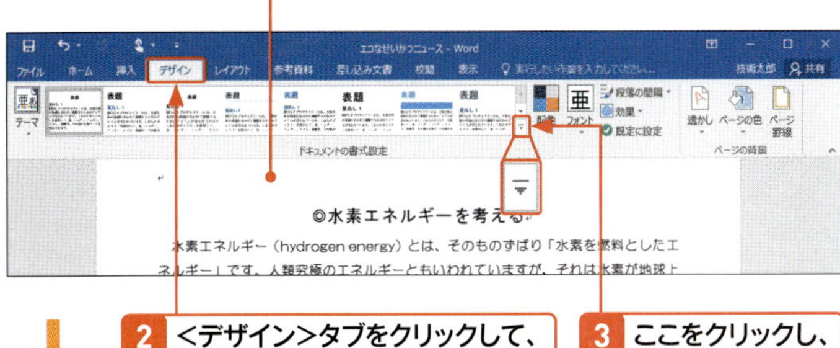

2 <デザイン>タブをクリックして、

3 ここをクリックし、

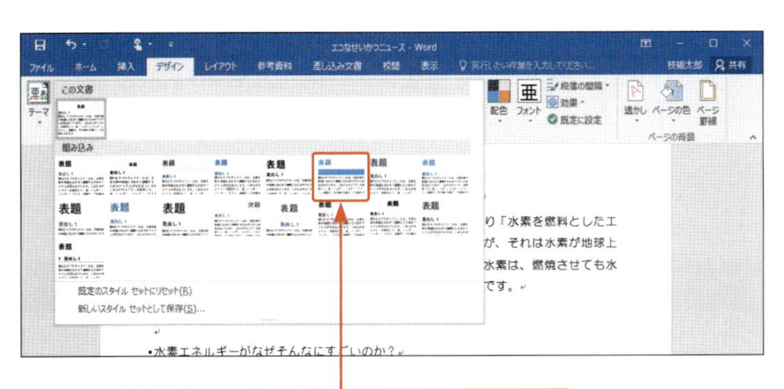

4 目的のスタイルセットをクリックすると、

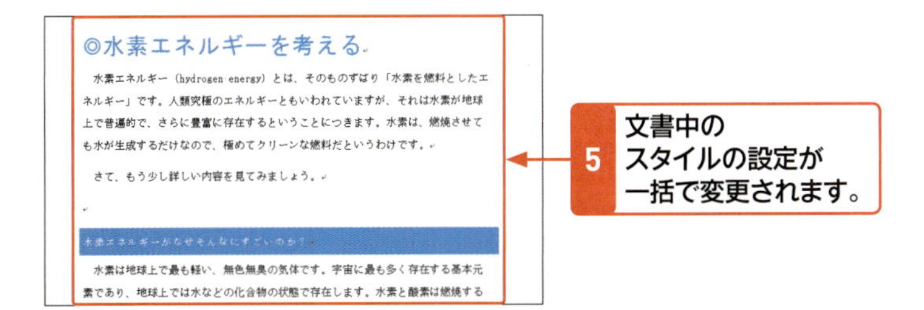

キーワード スタイルセット

「スタイルセット」とは、文書内に登録されているスタイルの書式を文書の一式としてまとめたものです。スタイルセットを利用すると、文書内に設定されているスタイルを一括して変更できます。

ヒント スタイルセットが反映されない?

スタイルセットを利用するには、段落にスタイルが設定されている必要があります。自分で設定したスタイルを利用した文書では、スタイルセットを利用しても反映されない場合があります。これは、スタイルセットがWord 2016に標準で登録されているスタイルにしか適用されないためです。

ヒント スタイルセットを解除するには?

設定したスタイルセットを解除するには、手順4で<既定のスタイルセットにリセット>をクリックします。

Section 41 文書のスタイルを作成する

覚えておきたいキーワード
- スタイルの作成
- スタイルの適用
- スタイルの変更

文書内で設定した書式には、スタイル名を付けて保存しておくことができます。オリジナルの書式をスタイルとして登録しておくと、いつでも利用することができて便利です。また、登録したスタイルの内容を変更すると、文書内で同じ書式が設定されている箇所を同時にまとめて変更することもできます。

1 書式からスタイルを作成する

メモ スタイルを登録する

文字列や段落にさまざまな書式を施したあと、ほかの箇所へも同じ書式を設定したいというときは、書式をコピーする（Sec.39参照）方法のほかに、右の操作のように書式をスタイルに登録する方法もあります。

1 登録したい書式が設定されている段落に、カーソルを移動します。

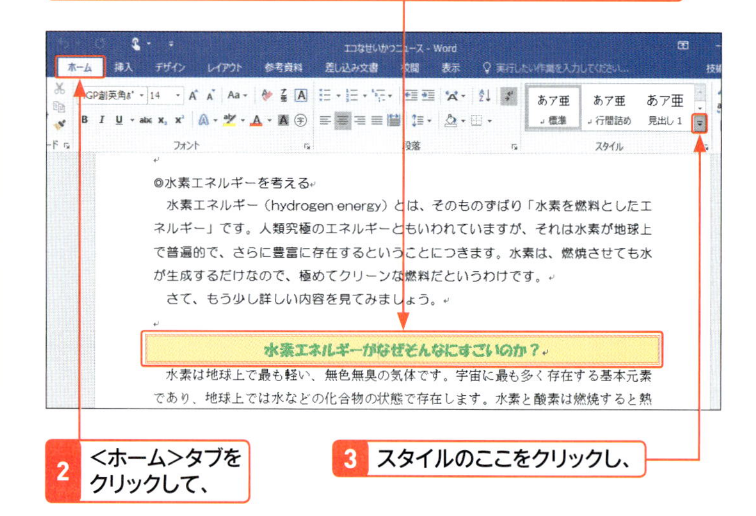

2 <ホーム>タブをクリックして、

3 スタイルのここをクリックし、

4 <スタイルの作成>をクリックします。

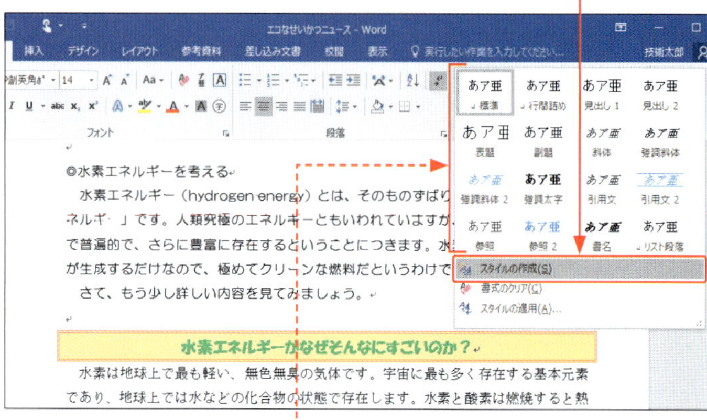

スタイルギャラリーの内容は、ユーザーの環境によって異なります。

ヒント ＜その他＞が見当たらない場合は？

Word 2016では、画面のサイズによってコマンドの表示が異なります。画面のサイズを小さくしている場合は、スタイルギャラリーは＜スタイル＞としてまとめられています。

＜スタイル＞をクリックします。

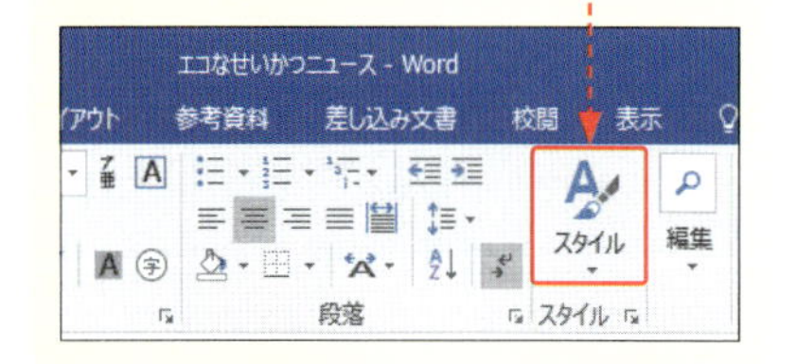

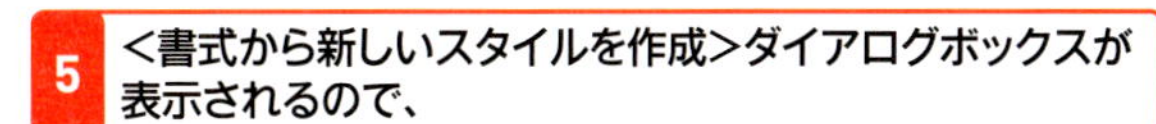

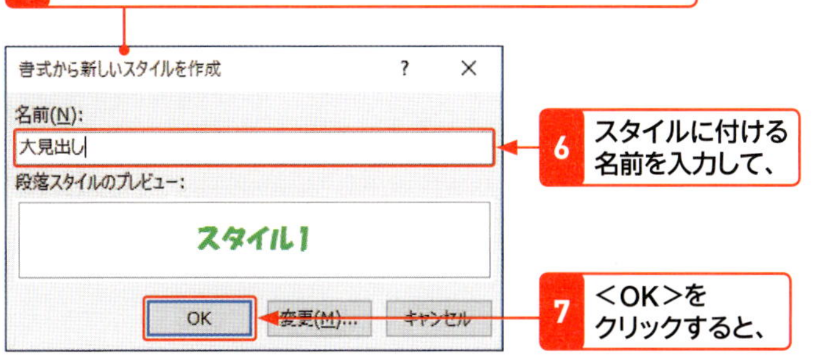

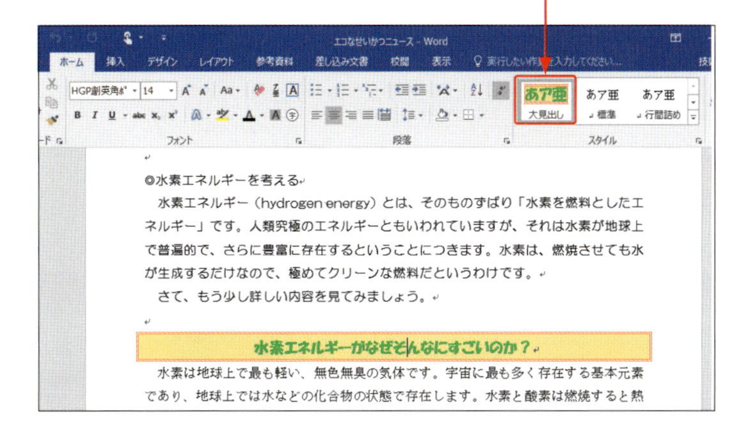

2 作成したスタイルをほかの段落に適用する

前項で登録したスタイルをほかの段落に設定します。

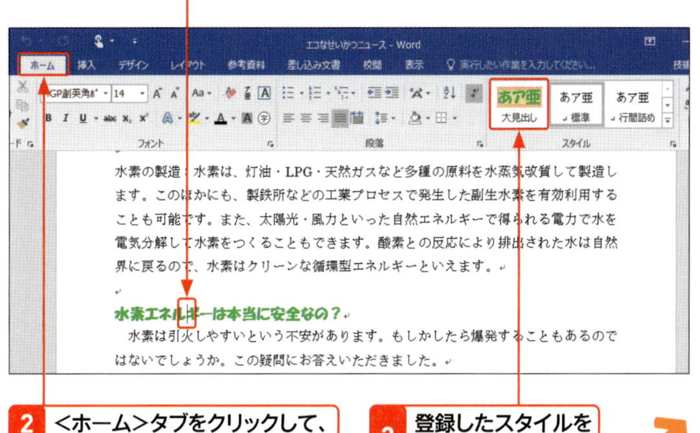

ヒント 新しいスタイルの名前

手順6で付ける名前は、用意されているスタイル名以外の、わかりやすい名前を付けるとよいでしょう。長すぎると表示されなくなるので、4文字程度にしておきます。

メモ 作成したスタイルを適用する

登録したスタイルは、段落を選択し、登録したオリジナルのスタイルをクリックすることによって、スタイルを適用させます。

ヒント スタイルを解除するには？

設定したスタイルを解除するには、目的の段落にカーソルを移動して、＜ホーム＞タブの＜すべての書式をクリア＞をクリックするか、＜スタイル＞の＜その他＞をクリックして＜書式のクリア＞をクリックします。

4 段落に同じスタイルが設定されます。

水素の製造：水素は、灯油・LPG・天然ガスなど多種の原料を水蒸気改質して製造します。このほかにも、製鉄所などの工業プロセスで発生した副生水素を有効利用することも可能です。また、太陽光・風力といった自然エネルギーで得られる電力で水を電気分解して水素をつくることもできます。酸素との反応により排出された水は自然界に戻るので、水素はクリーンな循環型エネルギーといえます。

水素エネルギーは本当に安全なの？

水素は引火しやすいという不安があります。もしかしたら爆発することもあるのではないでしょうか。この疑問にお答えいただきました。

水素は、ガソリンや天然ガスなどと同じように、誤った使い方をすれば危険ですが、正しく使えば安全なエネルギーです。

水素を安全に使ううえで重要なことは、水素を漏らさないことが大事です。水素は分子が非常に小さいため、少しの隙間でも通過します。貯蔵する容器は密閉性の高いものを使用する必要があります。また、金属の中に入り込んで強度を弱める性質があ

3 作成したスタイルをまとめて変更する

メモ スタイルの設定をまとめて変更する

文書に適用したスタイルの設定をまとめて変更するには、右図のようにスタイルギャラリーから変更したいスタイルを右クリックして、表示されたメニューから＜変更＞をクリックします。

前ページで設定したスタイルの書式をまとめて変更します。

1 スタイルが設定されている段落にカーソルを移動します。

2 スタイルギャラリーで変更したいスタイルを右クリックし、

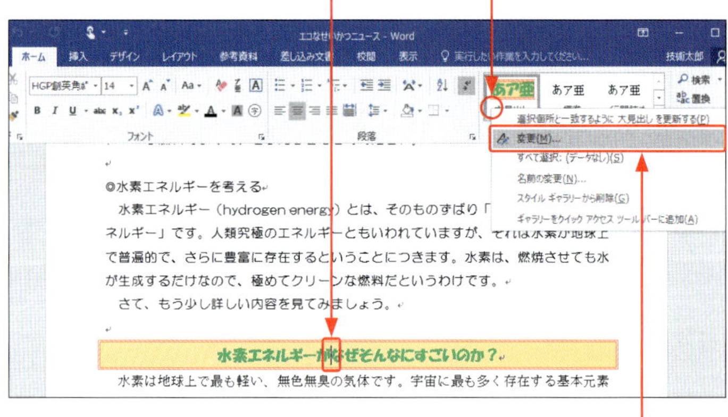

3 ＜変更＞をクリックします。

4 ＜スタイルの変更＞ダイアログボックスが表示されるので、

5 ＜書式＞をクリックして、

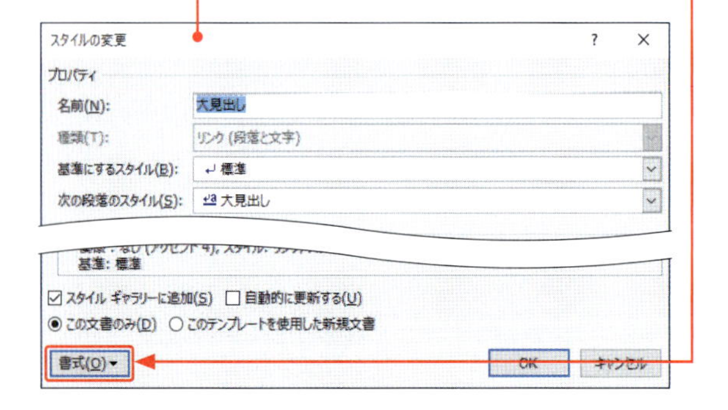

6 <罫線と網かけ>をクリックすると、

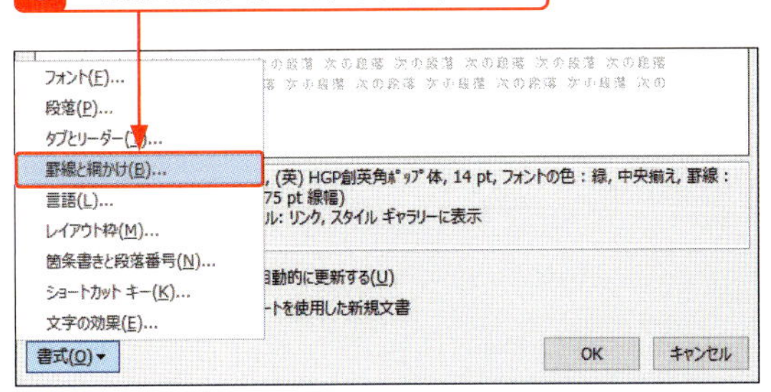

7 <線種とページ罫線と網かけの設定>ダイアログボックスが表示されるので、<罫線>タブをクリックして、

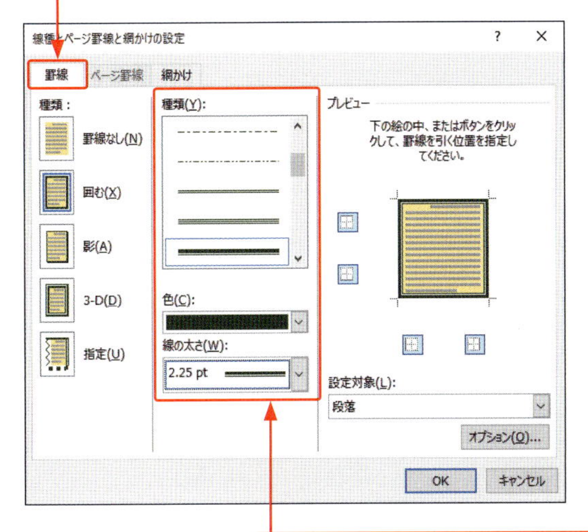

8 変更後の罫線の種類と色、太さを選択します。

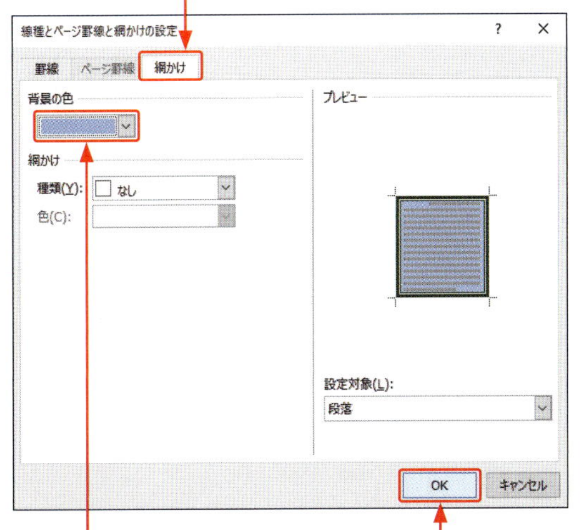

10 変更後の背景色をクリックし、

メモ スタイルの変更項目

手順6では、Sec.37で設定した罫線と網かけを変更するため、<罫線と網かけ>を選択しています。設定し直したい書式に合わせて、メニューから項目を選んでください。たとえば、フォントを変更したい場合は<フォント>をクリックして、表示される<フォント>ダイアログボックスで変更します。

ヒント 変更したスタイルは自動で反映される

ここでは、スタイル「大見出し」の書式を変更しました。この変更は、すでに文書内の「大見出し」を設定している段落には自動的に反映されます。

ヒント 登録したスタイルを削除するには?

登録したスタイルをスタイルギャラリーから削除するには、<スタイル>ギャラリー内の削除したいスタイルを右クリックして、<スタイルギャラリーから削除>をクリックします。

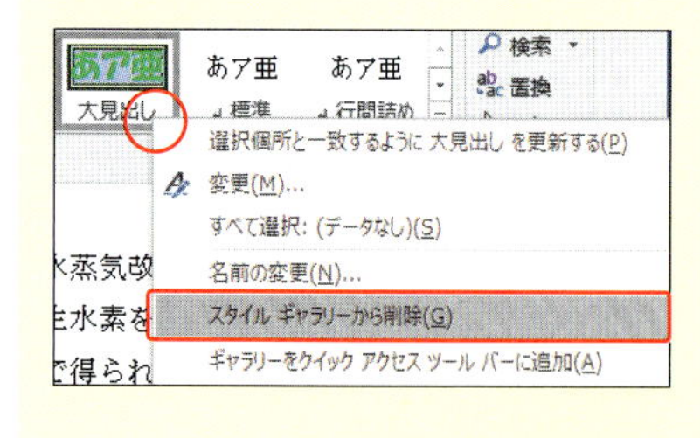

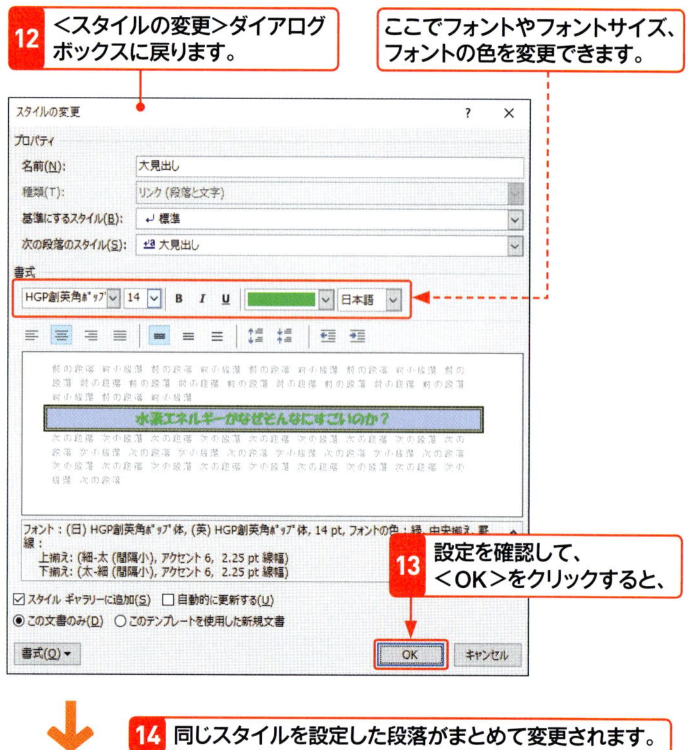

14 同じスタイルを設定した段落がまとめて変更されます。

さて、もう少し詳しい内容を見てみましょう。

水素エネルギーがなぜそんなにすごいのか?

水素は地球上で最も軽い、無色無臭の気体です。宇宙に最も多く存在する基本元素であり、地球上では水などの化合物の状態で存在します。水素と酸素は燃焼すると熱を出して水になります。このとき、大気の汚染などの問題は発生しません。水素は単

電気分解して水素をつくることもできます。酸素との反応により排出された水は自然界に戻るので、水素はクリーンな循環型エネルギーといえます。

水素エネルギーは本当に安全なの?

水素は引火しやすいという不安があります。もしかしたら爆発することもあるのではないでしょうか。この疑問にお答えいただきました。

ステップアップ <スタイル>作業ウィンドウでスタイルを確認する

<ホーム>タブの<スタイル>グループの右下にある をクリックすると、<スタイル>作業ウィンドウを表示できます。目的のスタイルにマウスポインターを合わせると、設定されている書式がポップアップで表示されます。<スタイル>作業ウィンドウで<プレビューを表示する>をクリックしてオンにすると、実際の書式がプレビューされるのでわかりやすくなります。

また、<新しいスタイル> をクリックすると、<書式から新しいスタイルを作成>ダイアログボックス表示されるので、新しいスタイルを作成することができます。

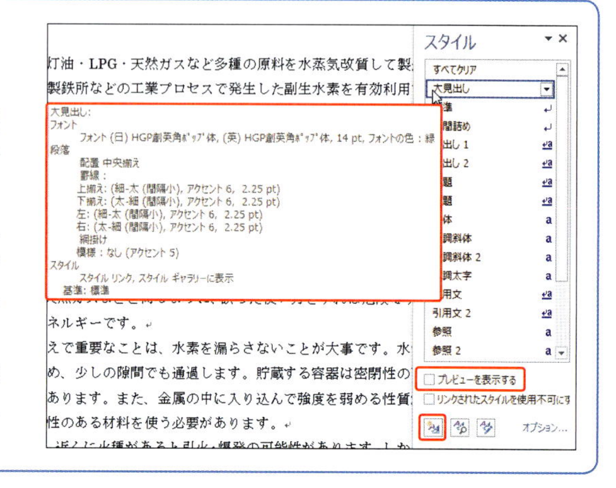

Chapter 04

第4章

図形・画像・ページ番号の挿入

Section 42

図形を挿入する

覚えておきたいキーワード
- 四角形／直線
- フリーフォーム
- 吹き出し

図形は、図形の種類を指定してドラッグするだけでかんたんに描くことができます。<挿入>タブの<図形>コマンドには、図形のサンプルが用意されており、フリーフォームや曲線などを利用して複雑な図形も描画できます。図形を挿入して選択すると、<描画ツール>の<書式>タブが表示されます。

1 図形を描く

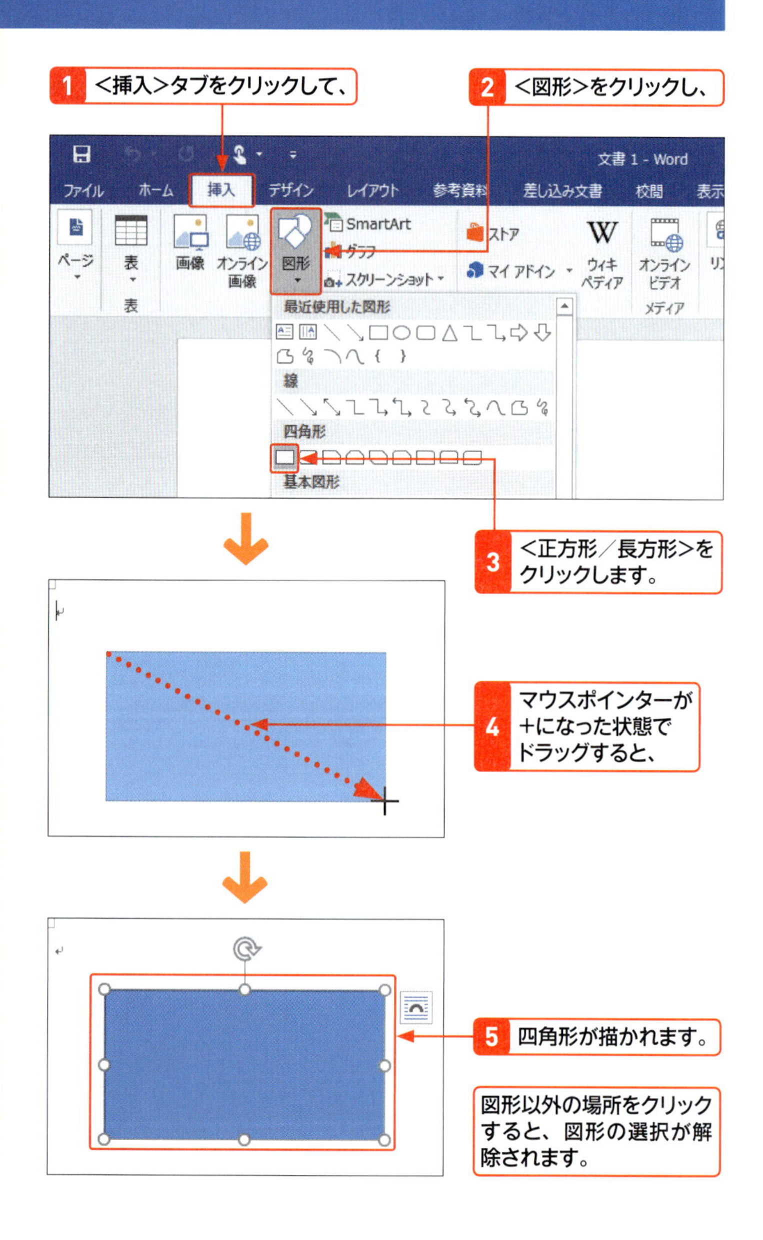

ヒント 正方形を描くには?

手順4でドラッグするときに、Shiftを押しながらドラッグすると、正方形を描くことができます。

ヒント <描画ツール>の<書式>タブ

図形を描くと、<描画ツール>の<書式>タブが表示されます。続けて図形を描く場合は、<書式>タブにある<図形>からも図形を選択できます。

キーワード オブジェクト

Wordでは、図形やワードアート、イラスト、写真、テキストボックスなど、直接入力する文字以外で文書中に挿入できるものを「オブジェクト」と呼びます。

ヒント 図形の色や書式

図形を描くと、青色で塗りつぶされ、青色の枠線が引かれています。色や書式の変更について、詳しくはSec.43を参照してください。

2 直線を引く

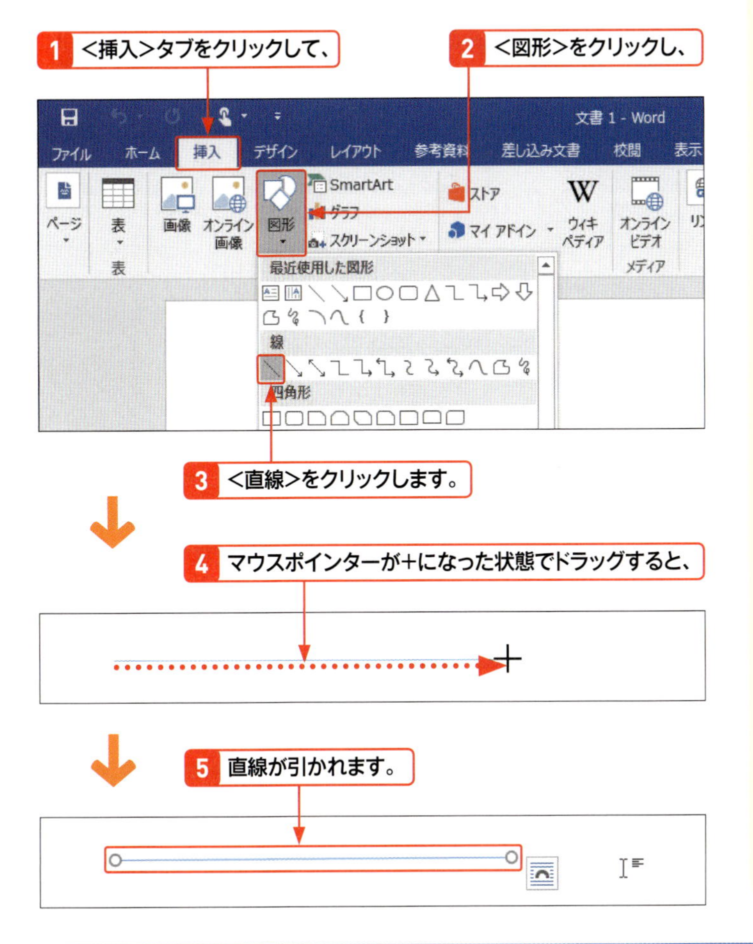

ヒント 水平線や垂直線を引く

<直線>を利用すると、自由な角度で線を引くことができます。Shiftを押しながらドラッグすると、水平線や垂直線を引くことができます。

ヒント 線の太さを変更する

線の太さは、標準で0.5ptです。線の太さを変更するには、<書式>タブの<図形の枠線>の右側をクリックして、<太さ>からサイズを選びます(下の「ステップアップ」参照)。

キーワード レイアウトオプション

図形を描くと、図形の右上に<レイアウトオプション>が表示されます。クリックすると、文字列の折り返しなど図形のレイアウトに関するコマンドが表示されます。文字列の折り返しについて、詳しくはSec.45を参照してください。

ステップアップ 点線を描くには?

描いた直線の線種を変更することで、点線を描くことができます。直線を選択して、<描画ツール>の<書式>タブで、<図形の枠線>の右側をクリックします。<実線/点線>から目的の点線をクリックすれば、点線に変更されます。

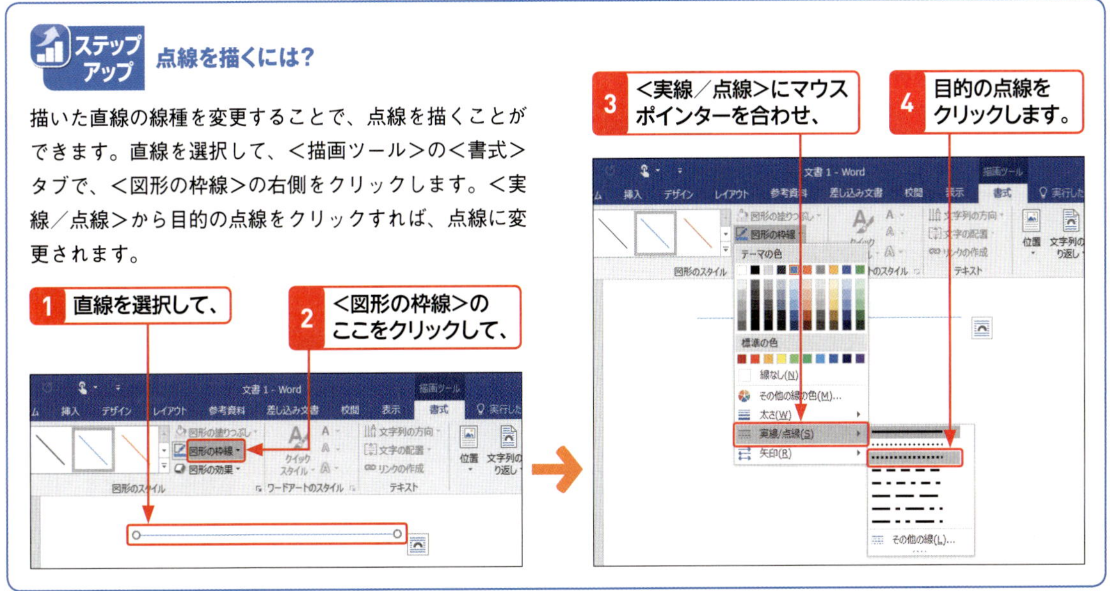

3 自由な角のある図形を描く

メモ フリーフォームで多角形を描く

<フリーフォーム>を利用すると、クリックした点と点の間に線を引けるので、自由な図形を作成することができます。

ステップアップ フリーフォームで描いた図形を調整する

図形を右クリックして、<頂点の編集>をクリックすると、角が四角いハンドル■に変わります。このハンドルをドラッグすると、図形の形を調整できます。

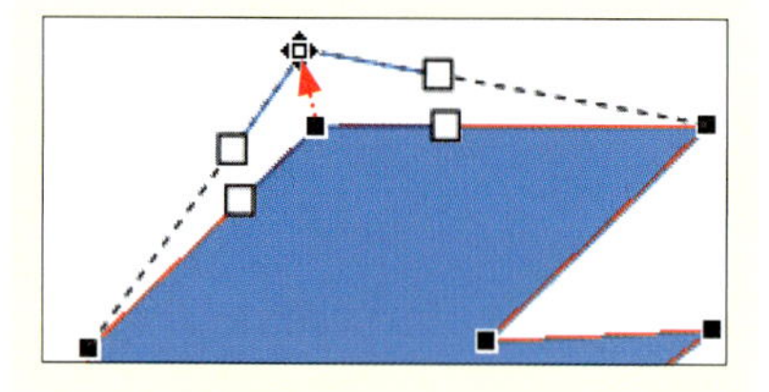

ヒント 曲線を描くには?

曲線を描くには、<書式>タブの<図形>をクリックして、<曲線>をクリックします。始点をクリックして、マウスポインターを移動し、線を折り曲げるところでクリックしていきます。最後にダブルクリックして終了します。

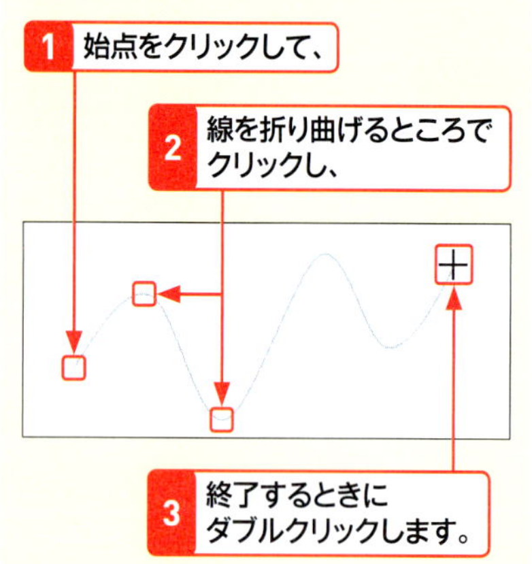

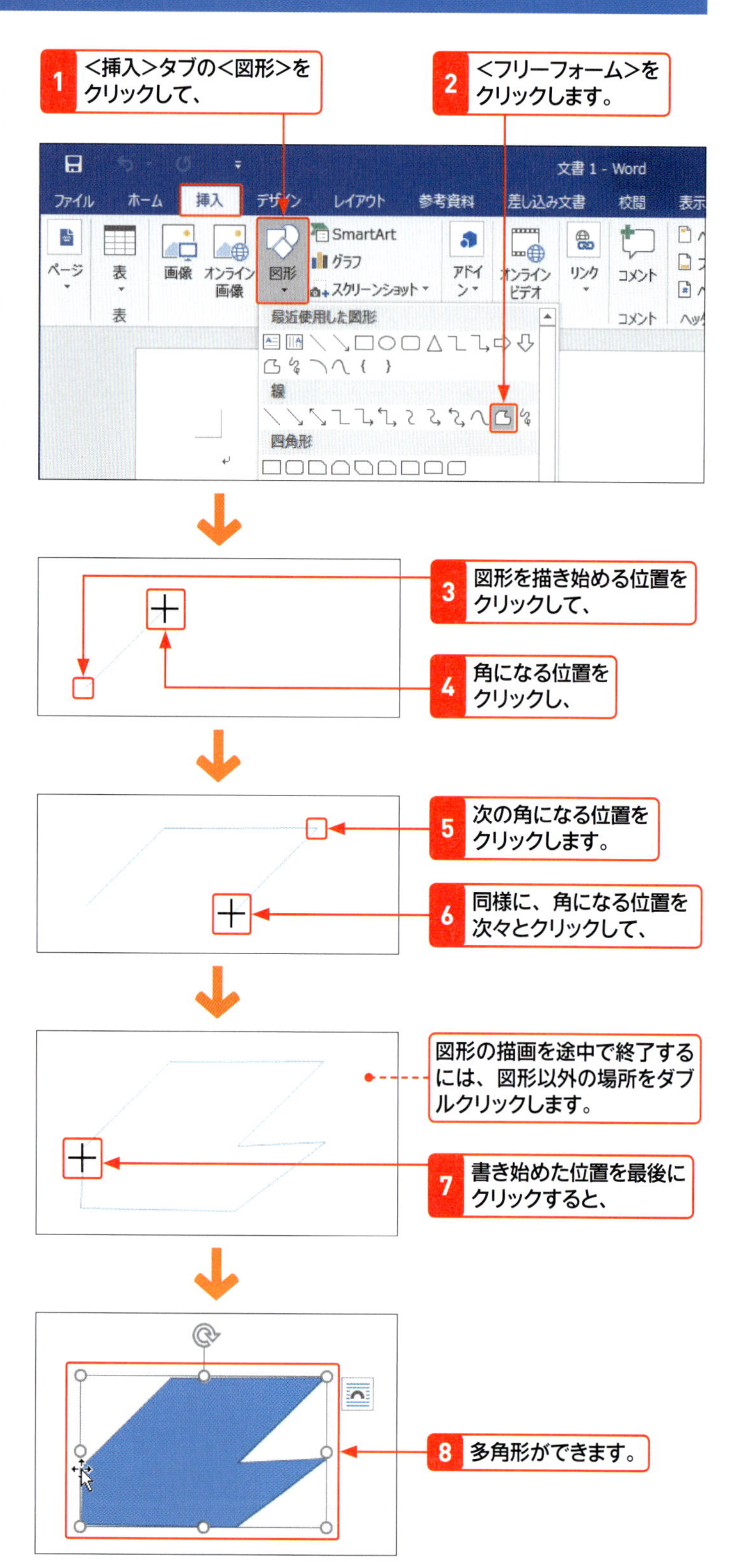

4 吹き出しを描く

1 ＜書式＞タブの＜図形＞をクリックして、

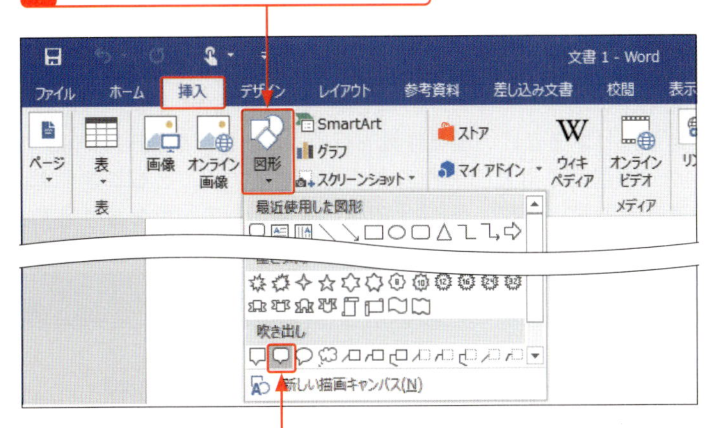

2 目的の吹き出しをクリックします（ここでは＜角丸四角形吹き出し＞）。

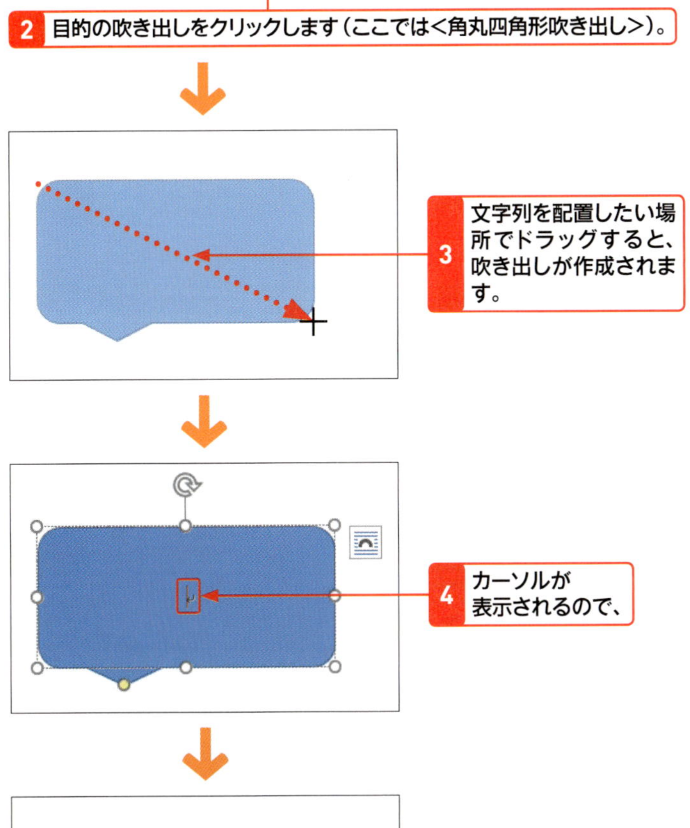

3 文字列を配置したい場所でドラッグすると、吹き出しが作成されます。

4 カーソルが表示されるので、

5 文字を入力できます。

メモ 吹き出しの中に文字を入力できる

吹き出しは、文字を入れるための図形です。そのため、吹き出しを描くと自動的にカーソルが挿入され、文字入力の状態になります。

ステップアップ 吹き出しの「先端」を調整する

吹き出しを描くと、吹き出しの周りに回転用のハンドル、サイズ調整用のハンドル、吹き出し先端用のハンドルが表示されます。をドラッグすると、吹き出しの先端部分を調整することができます。

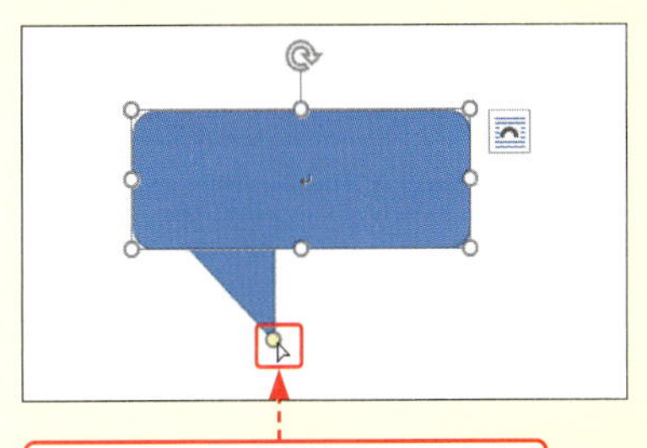

ドラッグすると先端を延ばせます。

ヒント 図形を削除するには?

思いどおりの図形が描けなかった場合や、間違えて描いてしまった場合は、図形をクリックして選択し、BackSpace または Delete を押すと削除できます。

Section 43

図形を編集する

覚えておきたいキーワード
- 図形の塗りつぶし
- 図形の枠線
- 図形の効果

図形を描き終えたら、線の太さや図形の塗りつぶしの色、形状を変更したり、図形に効果を設定したりするなどの編集作業を行います。また、図形の枠線や塗りなどがあらかじめ設定された図形のスタイルを適用することもできます。作成した図形の書式を既定に設定すると、その書式を適用して図形を描けます。

1 図形の色を変更する

メモ 図形を編集するには?

図形を編集するには、最初に対象となる図形をクリックして選択しておく必要があります。図形を選択すると、<描画ツール>の<書式>タブが表示されます。<描画ツール>は、図形を選択したときのみ表示されます。

ヒント 図形の色と枠線の色の変更

図形の色は、図形内の色(図形の塗りつぶし)と輪郭線(図形の枠線)とで設定されています。色を変更するには、個別に設定を変更します。色を変更すると、<図形の塗りつぶし>  と<図形の枠線>のアイコンが、それぞれ変更した色に変わります。以降、ほかの色に変更するまで、クリックするとこの色が適用されます。

ヒント 図形の塗りつぶしをなしにするには?

図形の塗りつぶしをなしにするには、<図形の塗りつぶし>の右側をクリックして、一覧から<塗りつぶしなし>をクリックします。

図形を選択すると、<描画ツール>の<書式>タブが表示されます。

1 目的の図形をクリックして選択し、

2 <書式>タブをクリックします。

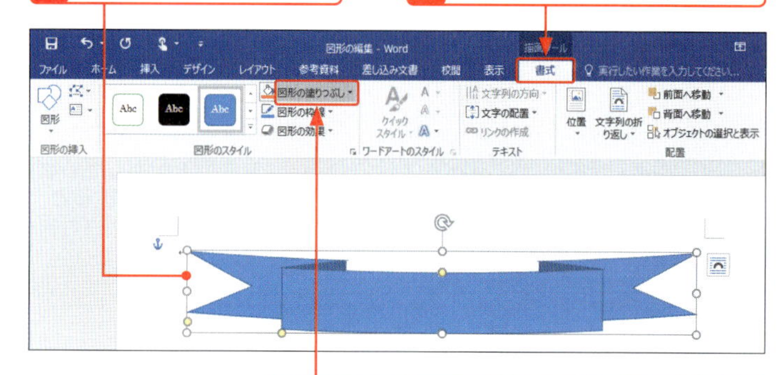

3 <図形の塗りつぶし>の右側をクリックして、

4 目的の色をクリックすると(ここでは<黄>)、

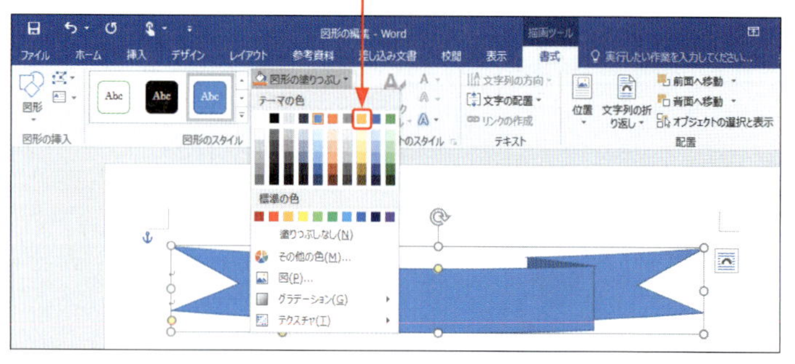

5 図形の色が変更されます。

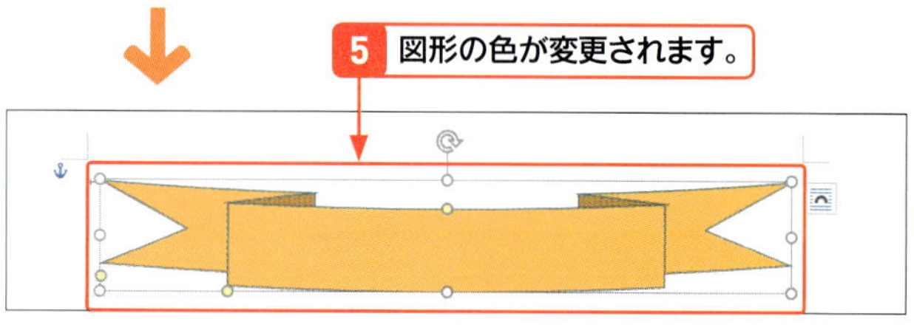

6 図形が選択された状態で、<図形の枠線>の右側をクリックして、

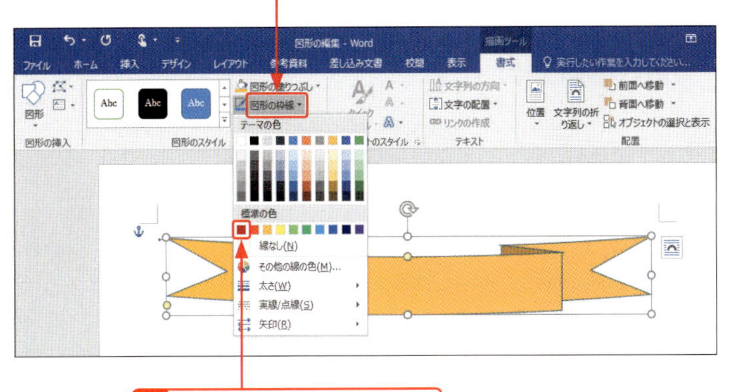

7 目的の色をクリックすると、

8 図形の枠線の色が変更されます。

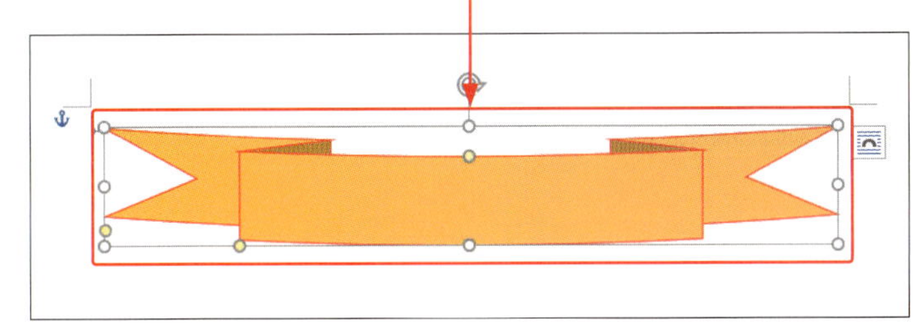

ヒント 図形の枠線をなしにするには?

図形の枠線をなしにするには、<図形の枠線>の右側をクリックして、一覧から<線なし>をクリックします。

ヒント グラデーションやテクスチャを設定する

<図形の塗りつぶし>の右側をクリックして、<グラデーション>をクリックすると、塗り色にグラデーションを設定することができます。同様に、<テクスチャ>をクリックすると、塗り色に布や石などのテクスチャ(模様)を設定することができます。

ステップアップ 図形のスタイルを利用する

<描画ツール>の<書式>タブには、図形の枠線と塗りなどがあらかじめ設定されている「図形のスタイル」が用意されています。図形をクリックして、<図形のスタイル>の<その他>をクリックし、表示されるギャラリーから好みのスタイルをクリックすると、図形に適用されます。なお、Word 2016では、スタイルギャラリーに<標準スタイル>が追加されています。塗りつぶしのないものなど、さらに種類が豊富になりました。

1 図形を選択して、

2 ここをクリックして、

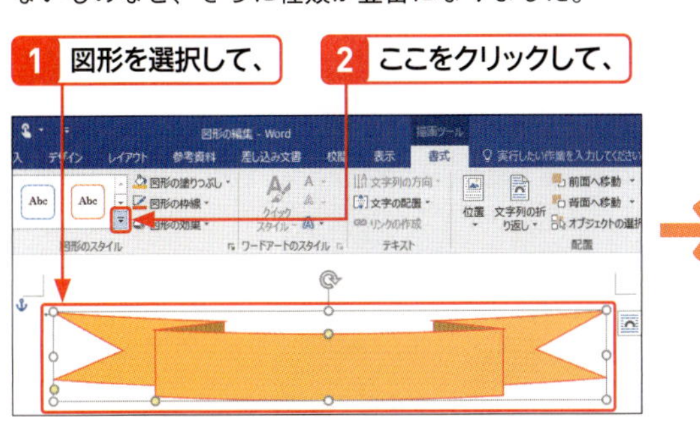

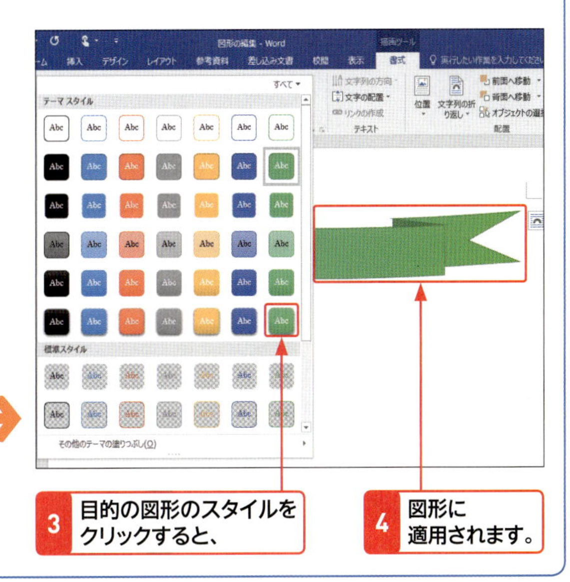

3 目的の図形のスタイルをクリックすると、

4 図形に適用されます。

2 図形のサイズを変更する

メモ 図形のサイズ変更

図形のサイズを変更するには、図形の周りにあるハンドル○にマウスポインターを合わせ、↘になったところでドラッグします。図形の内側にドラッグすると小さくなり、外側にドラッグすると大きくなります。

ヒント そのほかのサイズ変更方法

図形を選択して、＜描画ツール＞の＜書式＞タブの＜サイズ＞で高さと幅を指定しても、サイズを変更することができます。

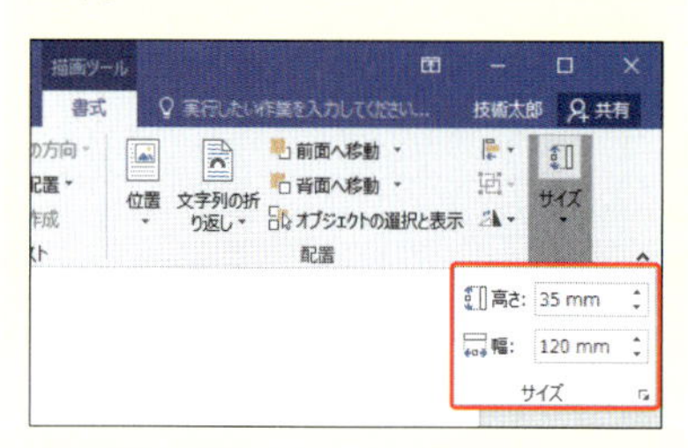

ヒント 図形の形状を変更する

図形の形状を変更する場合は、図形を選択して調整ハンドル◯にマウスポインターを合わせ、ポインターの形が▷に変わったらドラッグします。なお、図形の種類によっては調整ハンドル◯のないものもあります。

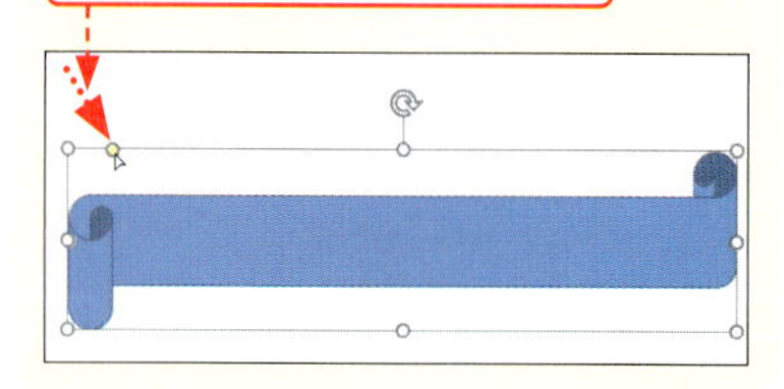

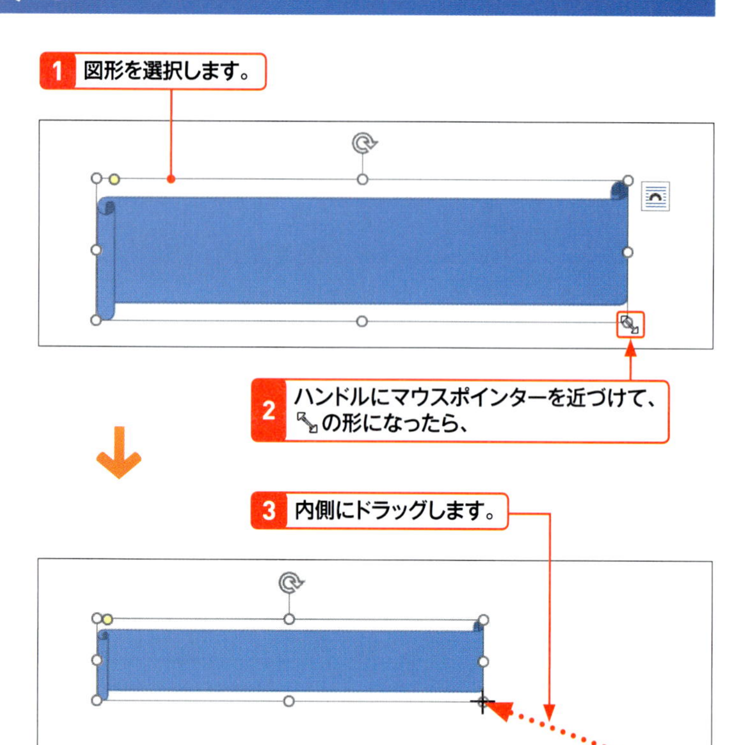

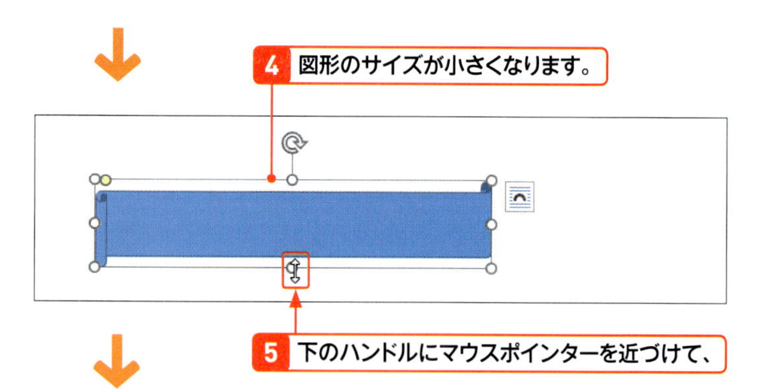

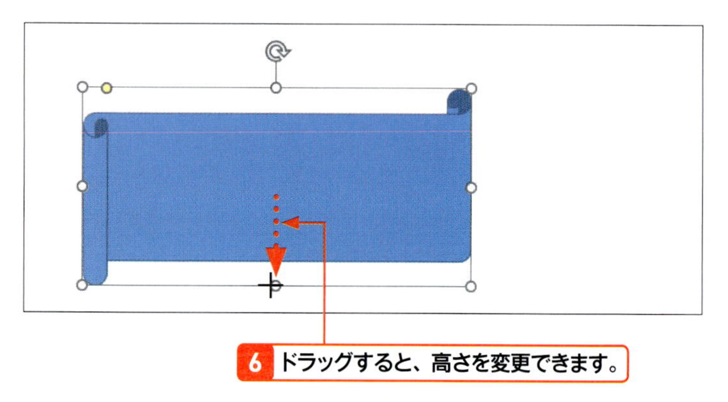

3 図形を回転する

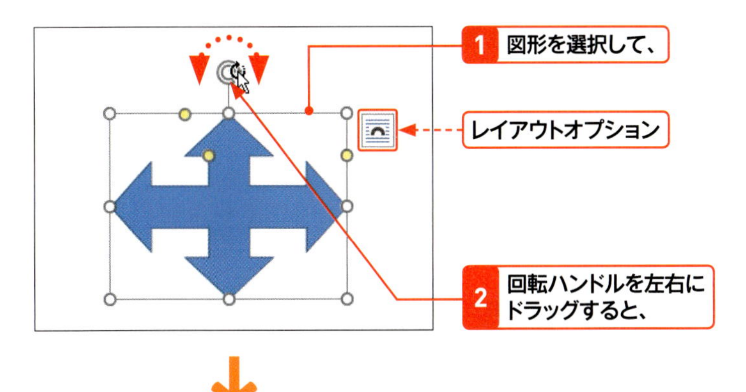

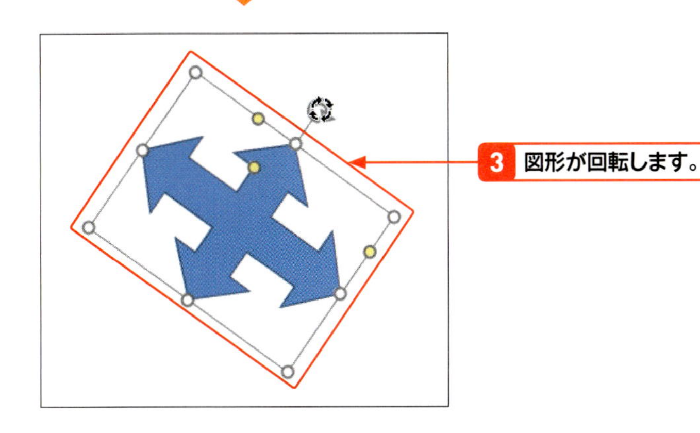

ヒント 数値を指定して回転させる

図形を回転させる方法には、回転角度を数値で指定する方法もあります。図形の<レイアウトオプション>をクリックして、<詳細表示>をクリックすると表示される<レイアウト>ダイアログボックスで、<サイズ>タブの<回転角度>に数値を入力して、<OK>をクリックします。

4 図形に効果を設定する

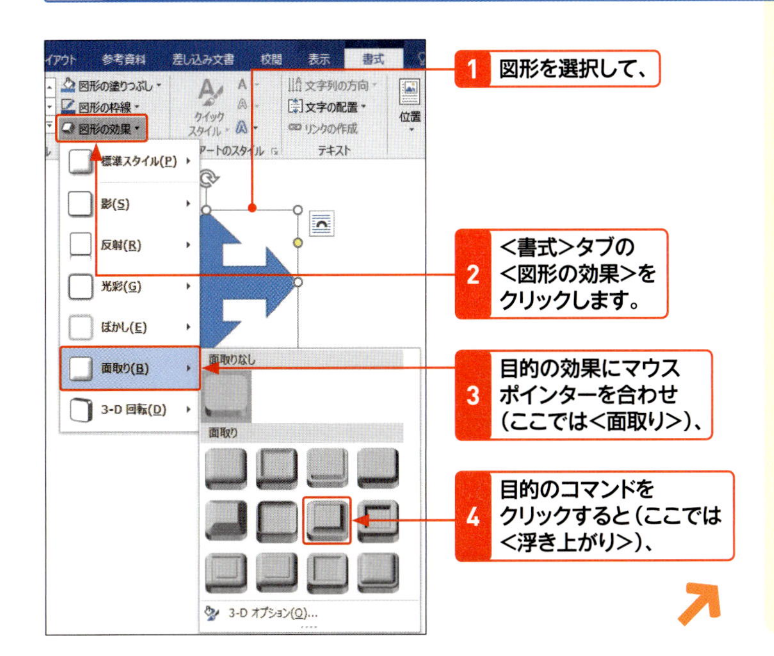

メモ 図形の効果

図形の効果には、影、反射、光彩、ぼかし、面取り、3-D回転の6種類があります。図形に効果を付けるには、左の手順に従います。

ヒント 図形の効果を取り消すには？

図形の効果を取り消すには、<図形の効果>をクリックして、設定しているそれぞれの効果をクリックし、表示される一覧から<(効果)なし>をクリックします。

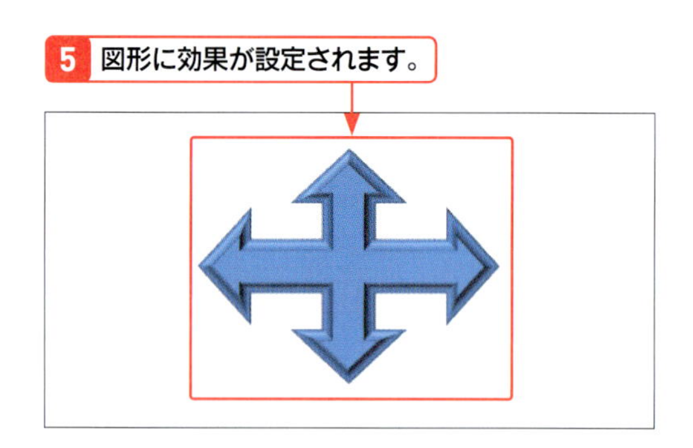

5 図形の中に文字を配置する

メモ 図形内の文字

図形の中に文字を配置するには、図形を右クリックして、<テキストの追加>をクリックします。入力した文字は、初期設定でフォントが游明朝、フォントサイズが10.5pt、フォントの色は背景色に合わせて自動的に黒か白、中央揃えで入力されます。これらの書式は、通常の文字列と同様に変更することができます。

ヒント 図形の中に文字列が入りきらない？

図形の中に文字が入りきらない場合は、図形を選択すると周囲に表示されるハンドル◯をドラッグして、サイズを広げます(P.156参照)。

ヒント 文字列の方向を変えるには？

文字列の方向を縦書きや、左右90度に回転することもできます。文字を入力した図形をクリックして、<書式>タブの<文字列の方向>をクリックし、表示される一覧から目的の方向をクリックします。

1 文字を入力したい図形を右クリックして、

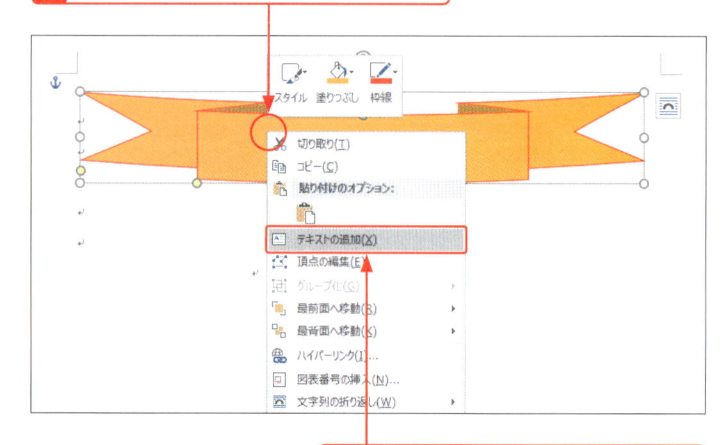

2 <テキストの追加>をクリックすると、

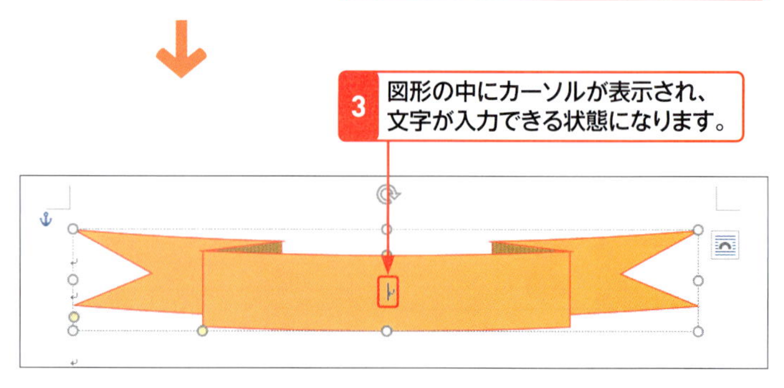

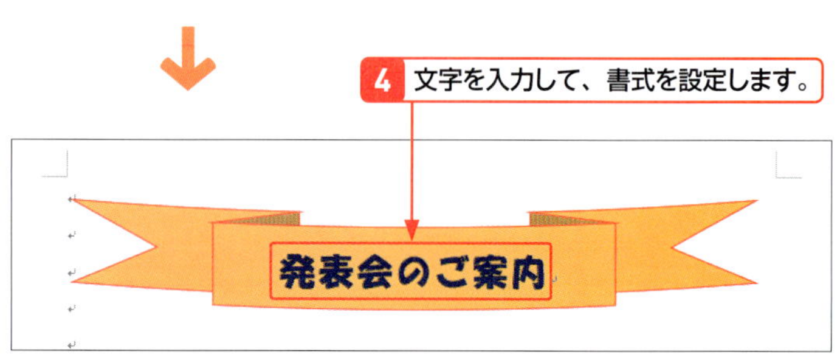

6 作成した図形の書式を既定に設定する

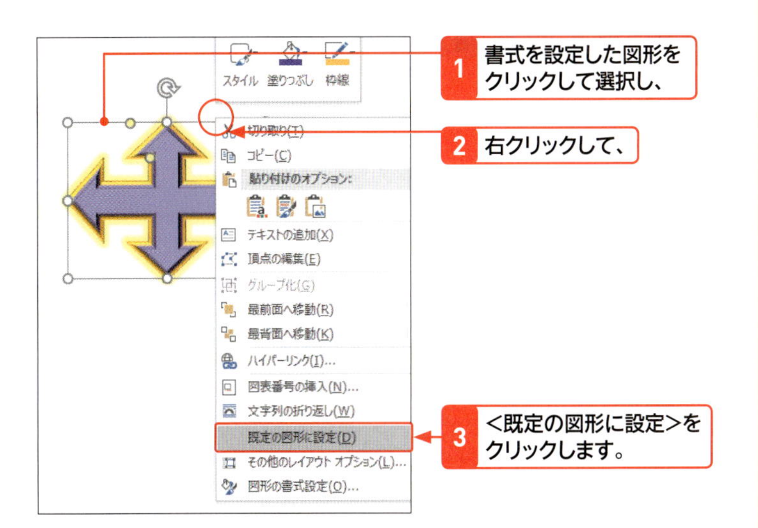

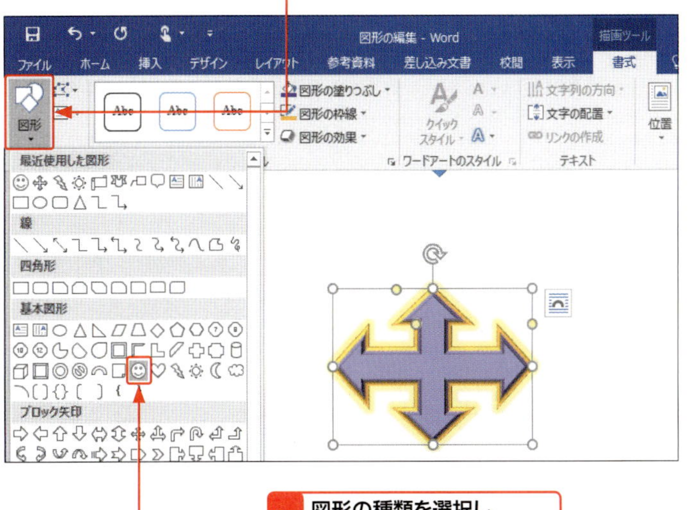

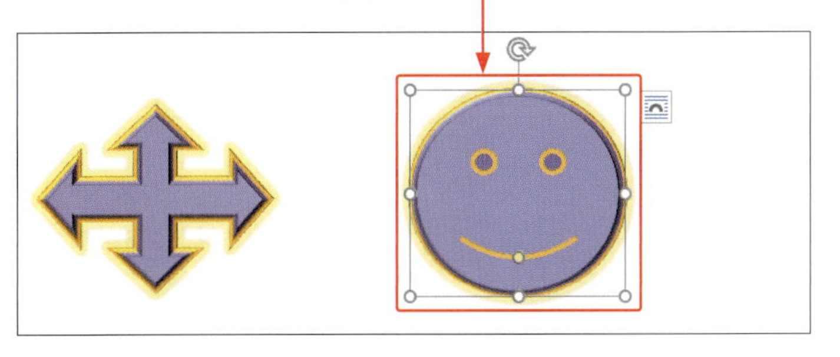

メモ 既定の図形に設定

同じ書式の図形を描きたい場合は、もとの図形を「既定の図形に設定」にします。この既定は、設定した文書のみで有効になります。

ヒント 既定の設定をやめるには？

左の操作で設定した既定をやめたい場合は、任意の図形を選択して<図形のスタイル>ギャラリー（P.155の「ステップアップ」参照）の<塗りつぶし-青、アクセント1>をクリックし、書式を変更します。その上で、この図形に対して手順1～3で既定に設定し直します。

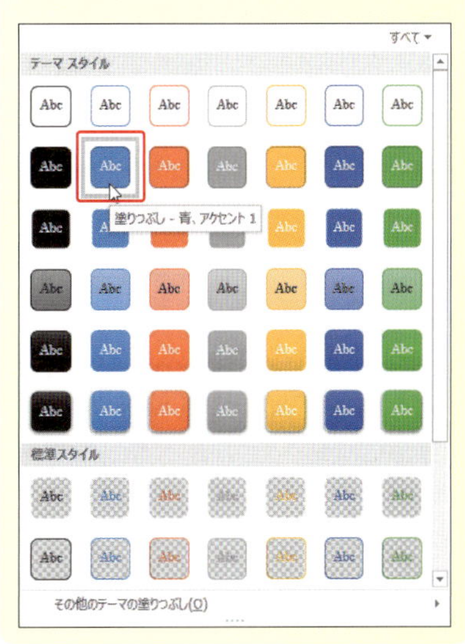

Section 44 図形を移動・整列する

覚えておきたいキーワード
- ☑ 図形の移動・コピー
- ☑ 図形の整列
- ☑ 図形の重なり順

図形を扱う際に、図形の移動やコピー、図形の重なり順や図形の整列のしくみを知っておくと、操作しやすくなります。図形を文書の背面に移動したり、複数の図形を重ねて配置したりすることができます。また、複数の図形をグループ化すると、移動やサイズの変更をまとめて行うことができます。

1 図形を移動・コピーする

メモ 図形を移動・コピーするには？

図形は文字列と同様に、移動やコピーを行うことができます。同じ図形が複数必要な場合は、コピーすると効率的です。図形を移動するには、そのままドラッグします。水平や垂直方向に移動するには、Shiftを押しながらドラッグします。図形を水平や垂直方向にコピーするには、Shift+Ctrlを押しながらドラッグします。

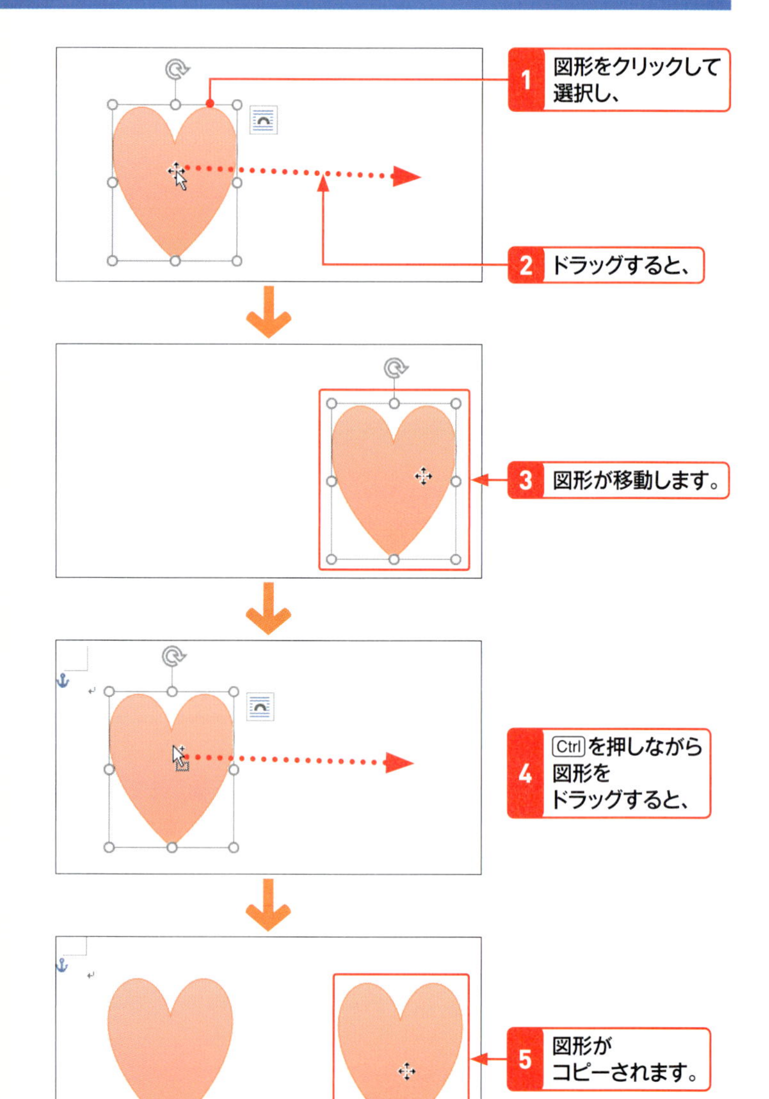

ヒント 配置ガイドを表示する

図形を移動する際、移動先に緑色の線が表示されます。これは「配置ガイド」といい、文章やそのほかの図形と位置を揃える場合などに、図形の配置の補助線となります。配置ガイドの表示／非表示については、次ページの「ヒント」を参照してください。

2 図形を整列する

1 Shiftを押しながら、複数の図形をクリックして選択します。

2 <書式>タブをクリックして、

3 <オブジェクトの配置>をクリックし、

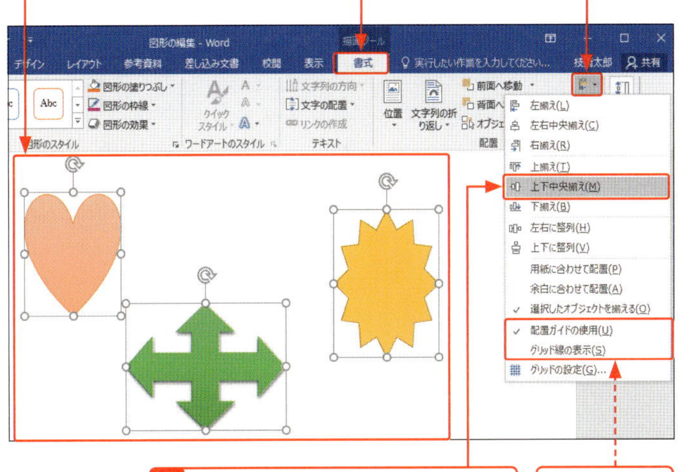

4 <上下中央揃え>をクリックすると、

「ヒント」参照

5 図形がページの上下中央に配置されます。

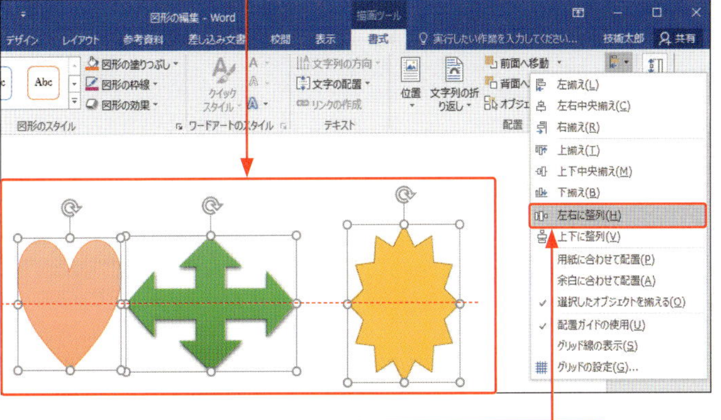

6 図形が選択された状態で<左右に整列>をクリックすると、

7 左右等間隔に配置されます。

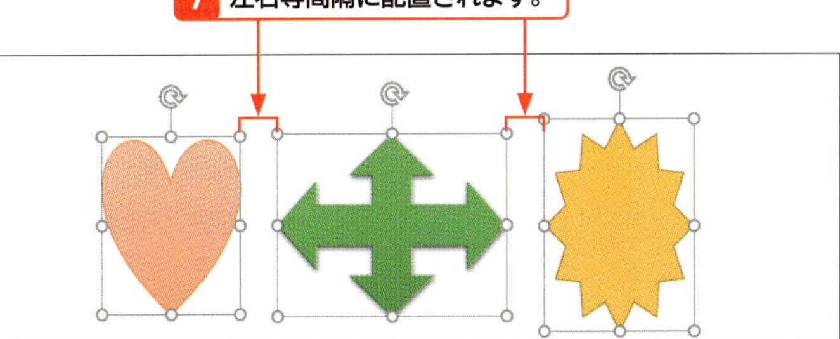

メモ 図形の整列

複数の図形を左右あるいは上下に整列するには、<描画ツール>の<書式>タブにある<オブジェクトの配置>を利用します。

ヒント 配置ガイドとグリッド線

<オブジェクトの配置>をクリックすると表示される一覧では、配置ガイドまたはグリッドの表示を設定できます。<配置ガイドの使用>をオンにすると、オブジェクトの移動の際に補助線が表示されます。また、<グリッド線の表示>をオンにすると、文書に横線（グリッド線）が表示されます。どちらもオブジェクトを配置する際に利用すると便利ですが、どちらか一方のみの設定となります。

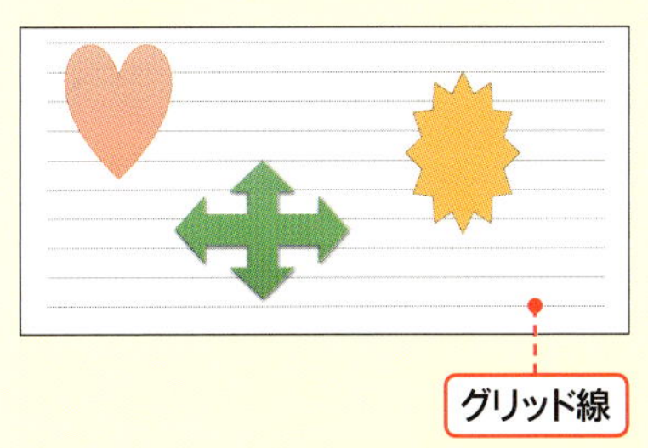

ステップアップ 中央に揃える基準

<オブジェクトの配置>で<上下中央揃え>や<左右中央揃え>を利用する場合、<余白に合わせて配置>をオンにしていると、余白の設定によっては中央に揃わない場合があります。利用する前に、<用紙に合わせて配置>をクリックしてオンにしておきましょう。

3 図形の重なり順を変更する

メモ 図形の重なり順の変更

図形の重なり順序を変更するには、<描画ツール>の<書式>タブで<前面へ移動>や<背面へ移動>を利用します。

3つの図形を重ねて配置しています。

1 最背面に配置したい図形をクリックして選択し、

2 <書式>タブをクリックします。

3 ここをクリックして、

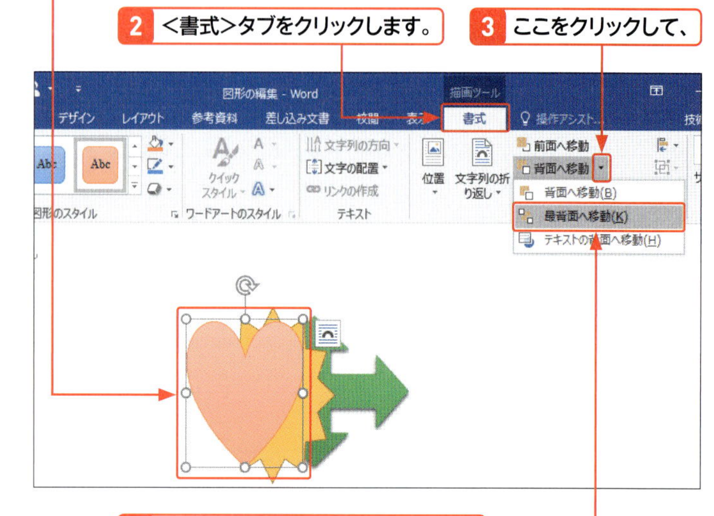

4 <最背面へ移動>をクリックすると、

5 選択した図形が最背面に移動します。

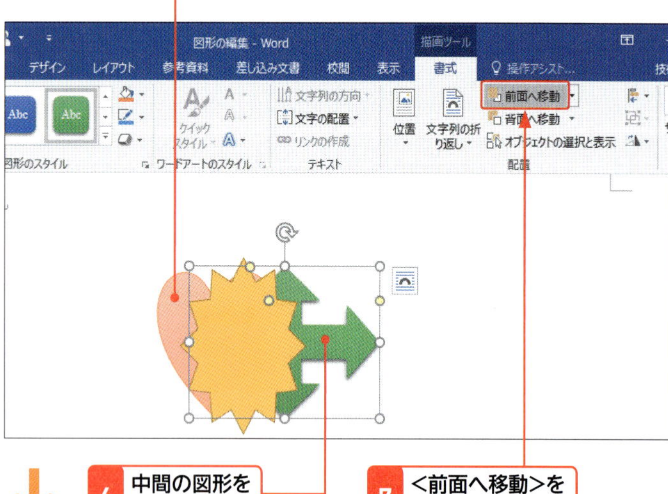

6 中間の図形を選択して、

7 <前面へ移動>をクリックすると、

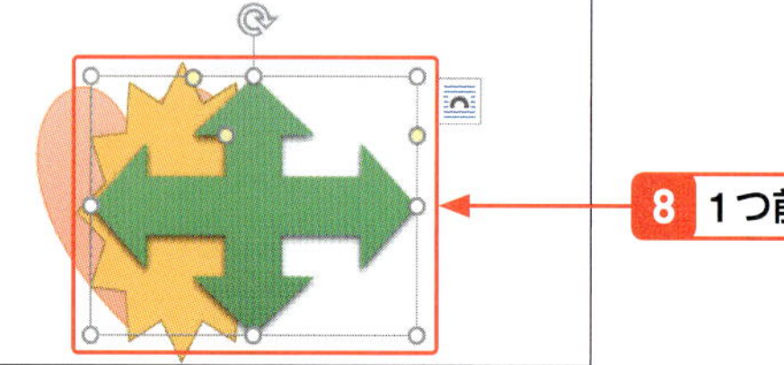

8 1つ前（前面）に移動します。

ヒント 隠れてしまった図形を選択するには？

別の図形の裏に図形が隠れてしまい目的の図形を選択できないという場合は、図形の一覧を表示させるとよいでしょう。<書式>タブの<オブジェクトの選択と表示>をクリックすると、<選択>作業ウィンドウが開き、文書内にある図形やテキストボックスなどのオブジェクトが一覧で表示されます。ここで、選択したい図形をクリックすると、その図形が選択された状態になります。

1 <選択>作業ウィンドウで図形をクリックすると、

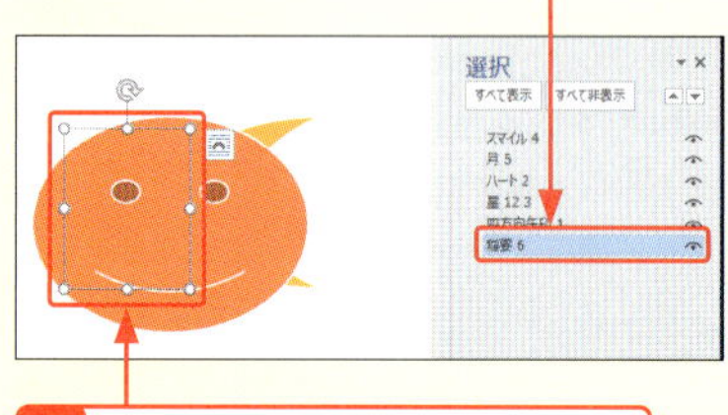

2 文書内の図形が選択されます。

4 図形をグループ化する

1 グループ化する図形を、Shift を押しながらクリックして選択します。

2 <書式>タブをクリックして、

3 <オブジェクトのグループ化>をクリックし、

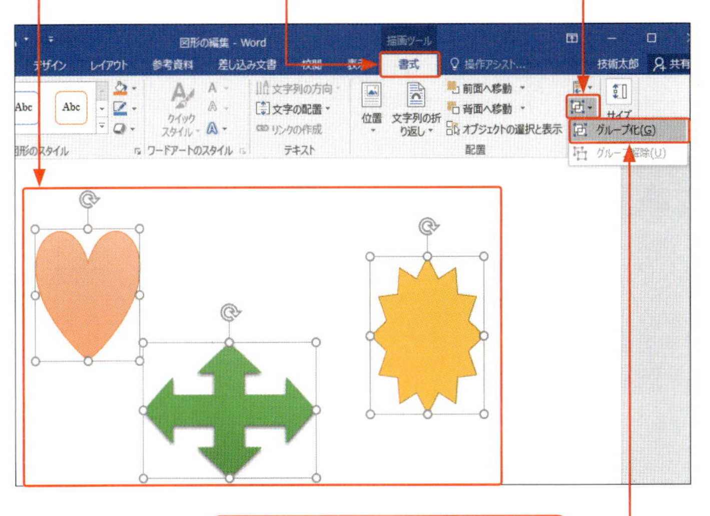

4 <グループ化>をクリックすると、

5 選択した図形がグループ化されます。

6 グループ化した図形は、移動やサイズの変更をまとめて行うことができます。

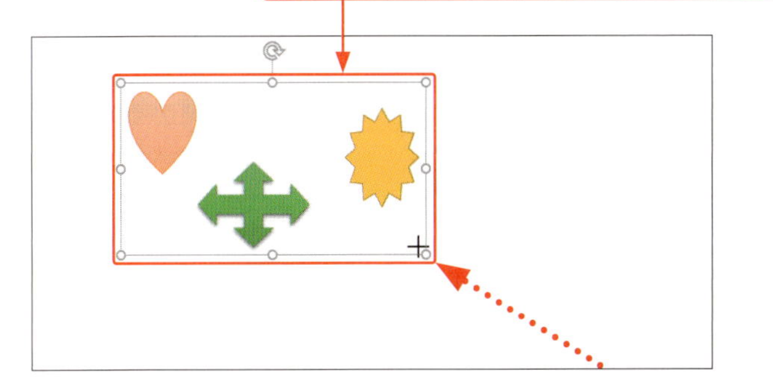

キーワード グループ化

「グループ化」とは、複数の図形を1つの図形として扱えるようにする機能です。

ヒント グループ化を解除するには?

グループ化を解除するには、グループ化した図形を選択して<オブジェクトのグループ化>をクリックし、<グループ解除>をクリックします。

ステップアップ 描画キャンバスを利用する

地図などを文書内に描画すると、移動する際に1つ1つの図形がバラバラになってしまいます。グループ化してもよいですが、修正を加えるときにいちいちグループ化を解除して、またグループ化し直さなければなりません。そのような場合は、最初に描画キャンバスを作成して、その中に描くとよいでしょう。描画キャンバスは、<挿入>タブの<図形>をクリックして、<新しい描画キャンバス>をクリックすると作成できます。

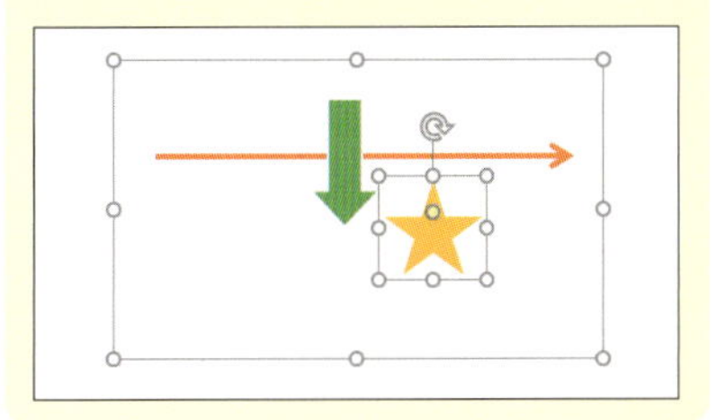

Section 45

文字列の折り返しを設定する

覚えておきたいキーワード
- ☑ 文字列の折り返し
- ☑ 四角形
- ☑ レイアウトオプション

オブジェクト(図形や写真、イラストなど)を文章の中に挿入する際に、オブジェクトの周りに文章をどのように配置するか、文字列の折り返しを指定することができます。オブジェクトの配置方法は7種類あり、オブジェクト付近に表示されるレイアウトオプションを利用して設定します。

1 文字列の折り返しを表示する

キーワード 文字列の折り返し

「文字列の折り返し」とは、オブジェクトの周囲に文章を配置する方法のことです。文字列の折り返しは、図形のほかにワードアートや写真、イラストなどにも設定できます。

ヒント そのほかの文字の折り返し設定方法

文字の折り返しの設定は、右のように＜レイアウトオプション＞を利用するほか、＜描画ツール＞の＜書式＞タブにある＜文字列の折り返し＞をクリックしても指定できます。

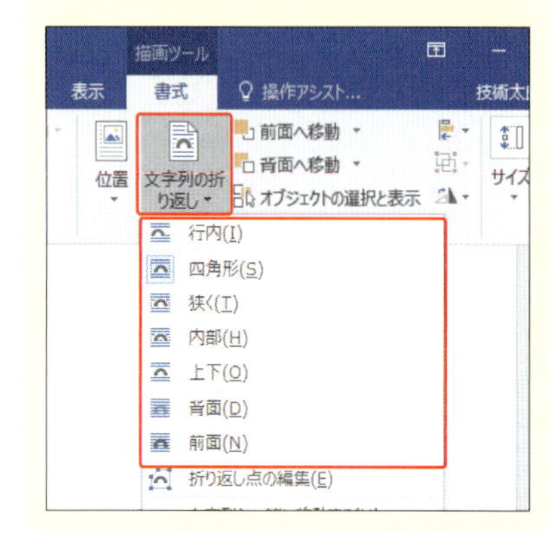

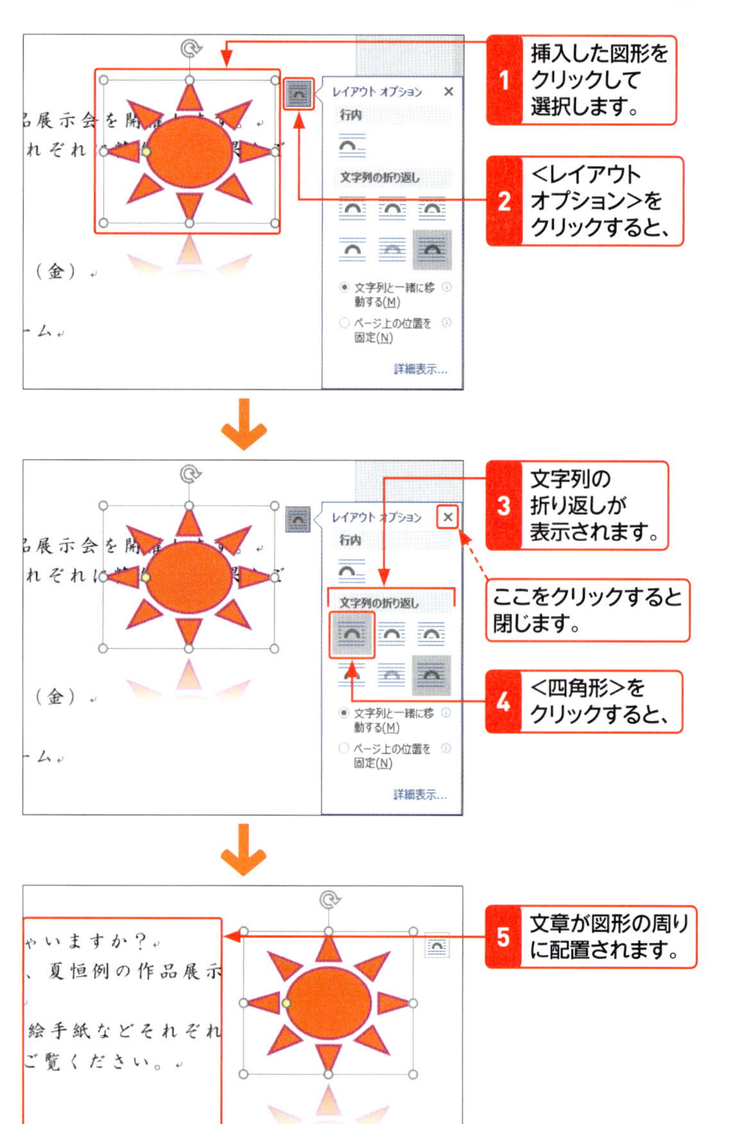

ヒント 文字列の折り返しの種類

図形や写真、イラストなどのオブジェクトに対する文字列の折り返しの種類は、以下のとおりです。ここでは、オブジェクトとして図形を例に解説します。写真やイラストなどの場合も同様です。

行内 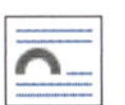

お元気でいらっしゃいますか？
ハナミズキ会では、夏恒例の作品展示会を開催します。
絵画や書道、手芸、絵手紙などそれぞれに精進した成果をご覧ください。

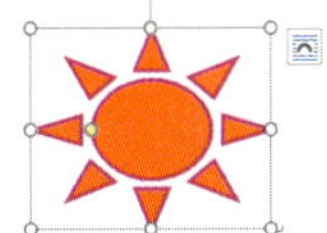

オブジェクト全体が1つの文字として文章中に挿入されます。ドラッグ操作で文字列を移動することはできません。

四角形 

お元気でいらっしゃいますか？
ハナミズキ会では、夏恒例の作品展示会を開催します。
絵画や書道、手芸、　絵手紙などそれぞれ
に精進した成果を　覧ください。
期　間　8月1日　（水）～10日（金）
時　間　午前10　時～午後3時
会　場　市民文化　会館　展示ルーム

オブジェクトの周囲に、四角形の枠に沿って文字列が折り返されます。

狭く 

お元気でいらっしゃいますか？
ハナミズキ会では、夏恒例の作品展示会を開催します。
絵画や書道、手芸、絵　手紙などそれぞれに精進し
た成果をご覧くださ　い。
期　間　8月1日　（水）～10日（金）
時　間　午前10時　～午後3時
会　場　市民文化会　館　展示ルーム

オブジェクトの形に沿って文字列が折り返されます。

内部 

お元気でいらっしゃいますか？
ハナミズキ会では、夏恒例の作品展示会を開催します。
絵画や書道、手芸、絵　手紙などそれぞれに精進し
た成果をご覧くださ　い。
期　間　8月1日　（水）～10日（金）
時　間　午前10時　～午後3時
会　場　市民文化会　館　展示ルーム

オブジェクトの中の透明な部分にも文字列が配置されます。

上下 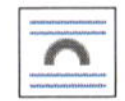

お元気でいらっしゃいますか？
ハナミズキ会では、夏恒例の作品展示会を開催します。

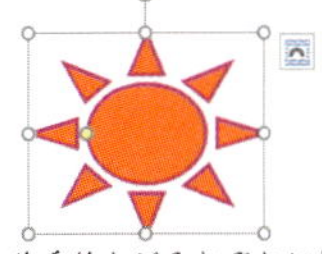

絵画や書道、手芸、絵手紙などそれぞれに精進した成果をご

文字列がオブジェクトの上下に配置されます。

背面 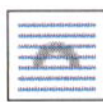

お元気でいらっしゃいますか？
ハナミズキ会では、夏恒例の作品展示会を開催します。
絵画や書道、手芸、絵手紙などそれぞれに精進した成果をご覧ください。
期　間　8月1日（水）～10日（金）
時　間　午前10時～午後3時
会　場　市民文化会館　展示ルーム

オブジェクトを文字列の背面に配置します。文字列は折り返されません。

前面 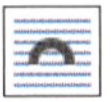

お元気でいらっしゃいますか？
ハナミズキ会では、夏恒例の作品展示会を開催します。
絵画や書道、手芸、絵手紙などそれぞれに精進した成果をご覧ください。
期　間　8月1日（
時　間　午前10時～午
会　場　市民文化会館　展示ルーム

オブジェクトを文字列の前面に配置します。文字列は折り返されません。

Section 46

文書の自由な位置に文字を挿入する

覚えておきたいキーワード
- ☑ テキストボックス
- ☑ テキストボックスのサイズ
- ☑ テキストボックスの枠線

文書内の自由な位置に文字を配置したいときや、横書きの文書の中に縦書きの文章を配置したいときには、テキストボックスを利用します。テキストボックスに入力した文字は、通常の図形や文字と同様に書式を設定したり、配置を変更したりすることができます。

1 テキストボックスを挿入して文章を入力する

キーワード テキストボックス

「テキストボックス」とは、本文とは別に自由な位置に文字を入力できる領域のことです。テキストボックスは、図形と同様に「オブジェクト」として扱われます。

ヒント 横書きのテキストボックスを挿入する

右の手順では、縦書きのテキストボックスを挿入しています。横書きのテキストボックスを挿入するには、手順3で<横書きテキストボックスの描画>をクリックします。

ヒント 入力済みの文章からテキストボックスを作成する

すでに入力してある文章を選択してから、手順1以降の操作を行うと、選択した文字列が入力されたテキストボックスを作成できます。

1 <挿入>タブをクリックして、

2 <テキストボックス>をクリックし、

3 <縦書きテキストボックスの描画>をクリックします。

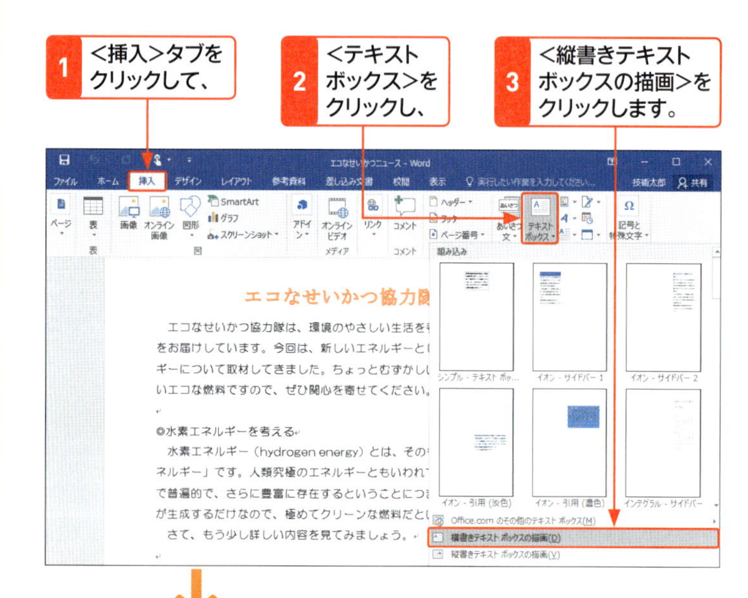

4 マウスポインターの形が＋に変わるので、

5 テキストボックスを挿入したい場所で、マウスを対角線上にドラッグします。

6 縦書きのテキストボックスが挿入されるので、

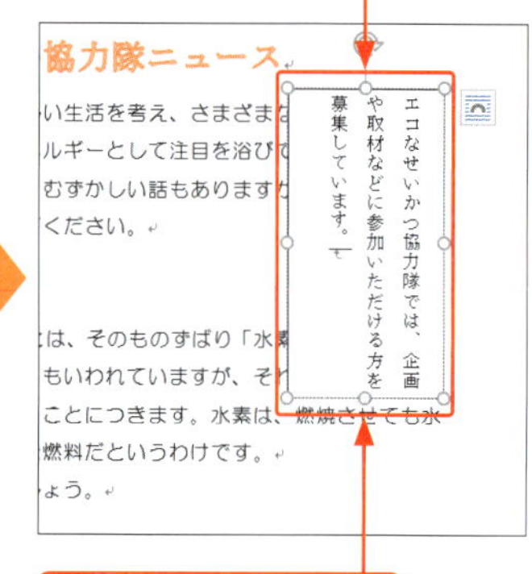

7 文章を入力します。

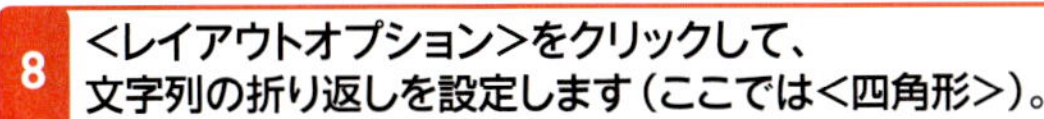

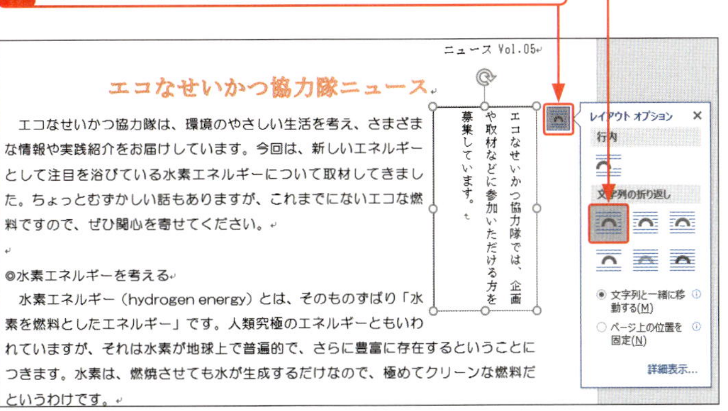

ヒント 横書きに変更したいときは?

縦書きのテキストボックスを挿入したあとで、横書きに変更したい場合は、テキストボックスを選択して<書式>タブの<文字列の方向>をクリックし、<横書き>をクリックします。

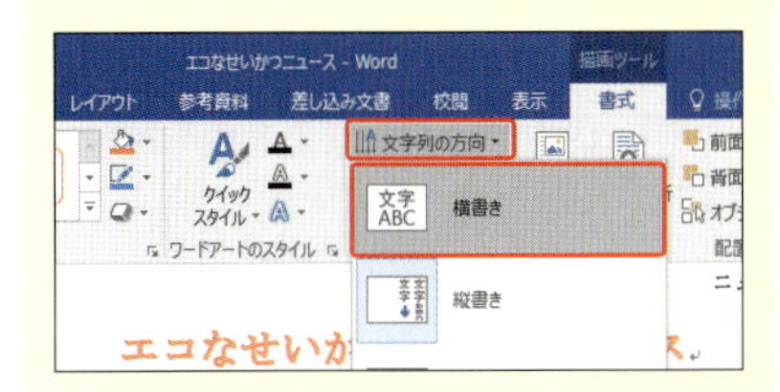

2 テキストボックスのサイズを調整する

1 テキストボックスのハンドルにマウスポインターを合わせ、形が⤢に変わった状態で、

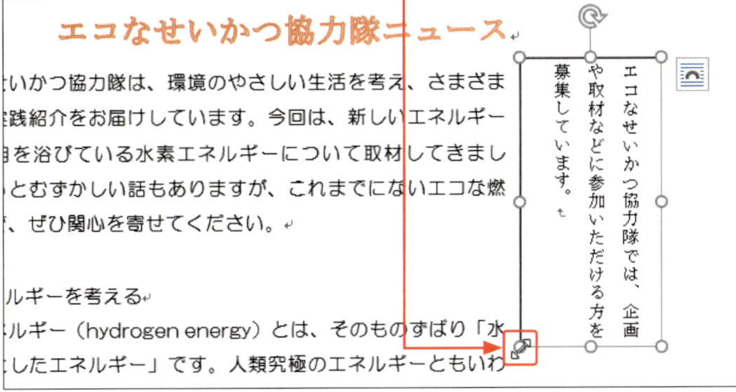

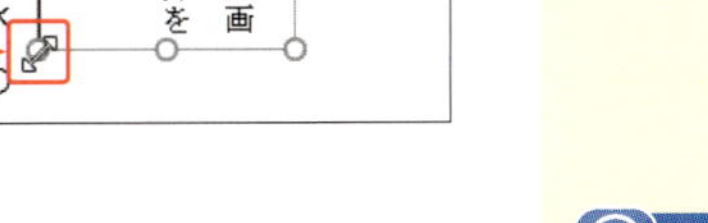

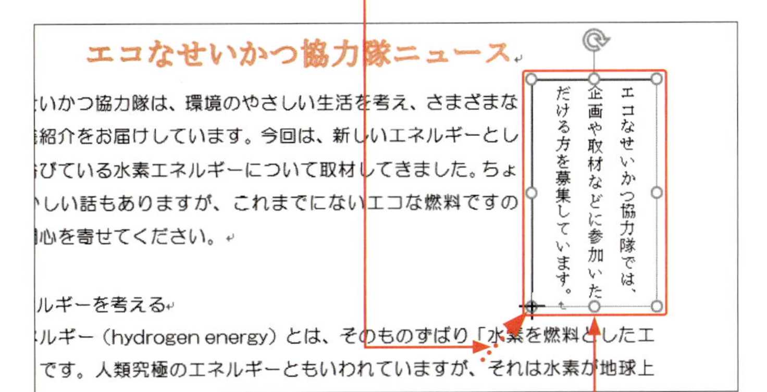

3 テキストボックスのサイズが変わります。

メモ テキストボックスのサイズの調整

テキストボックスのサイズを調整するには、枠線上に表示されるハンドル◯にマウスポインターを合わせ、⤢の形に変わったらドラッグします。

ヒント 数値でサイズを変更するには?

テキストボックスを選択して、<書式>タブの<サイズ>で数値を指定しても、サイズを変更できます。大きさを揃えたいときなど、正確な数値にしたい場合に利用するとよいでしょう。

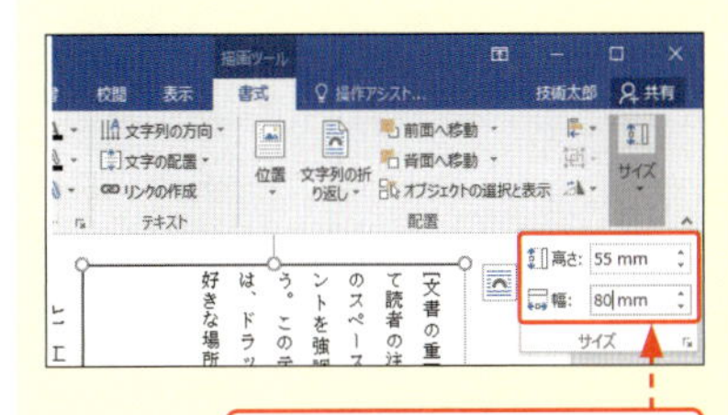

ここで数値を指定できます。

3 テキストボックス内の余白を調整する

メモ テキストボックスの余白の調整

テキストボックス内の上下左右の余白は、初期設定で2.5mmです。文字が隠れてしまう場合など、テキストボックスの余白を狭くすると表示できるようになります。余白は、右の方法で変更することができます。

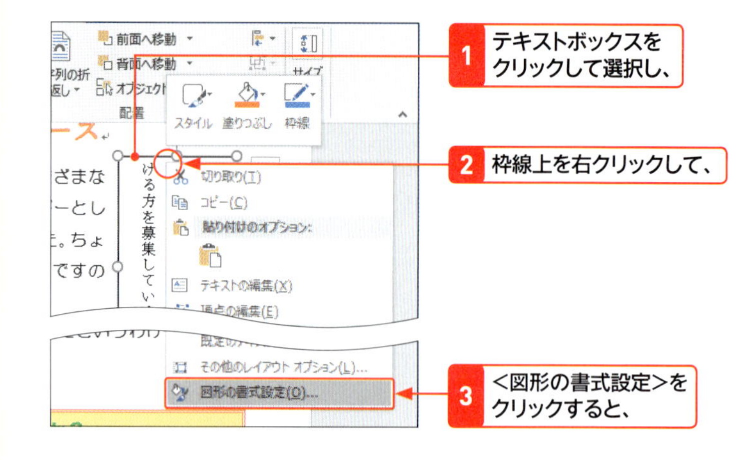

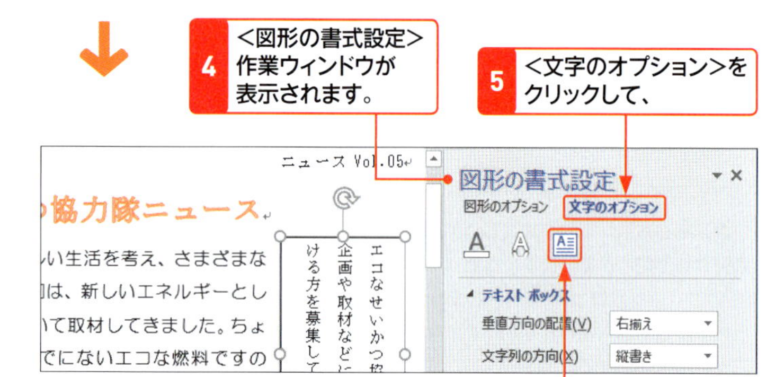

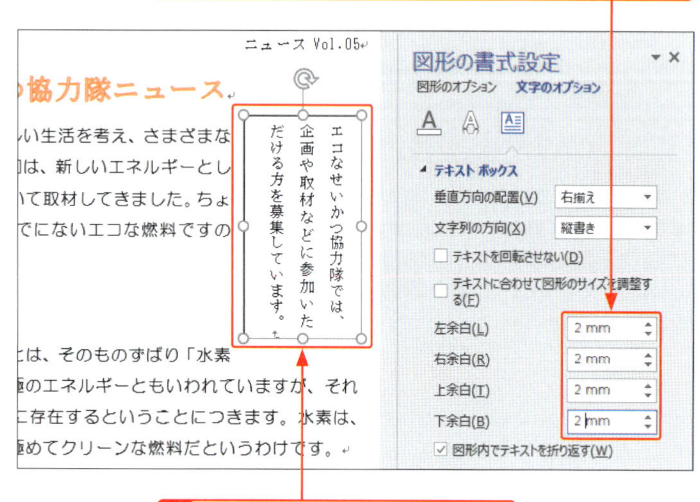

ステップアップ テキストボックスの中央に文字列を配置する

テキストボックスの上下左右の中央に文字列を配置するには、テキストボックスを選択して、<ホーム>タブの<中央揃え>をクリックします。続いて、<書式>タブの<文字の配置>をクリックして、<中央揃え>（横書きの場合は<上下中央揃え>）をクリックします。

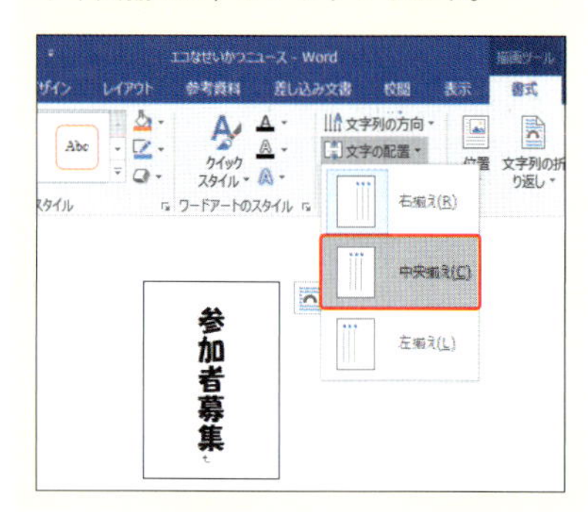

4 テキストボックスの枠線を消す

1 テキストボックスをクリックして選択し、

2 <書式>タブをクリックします。

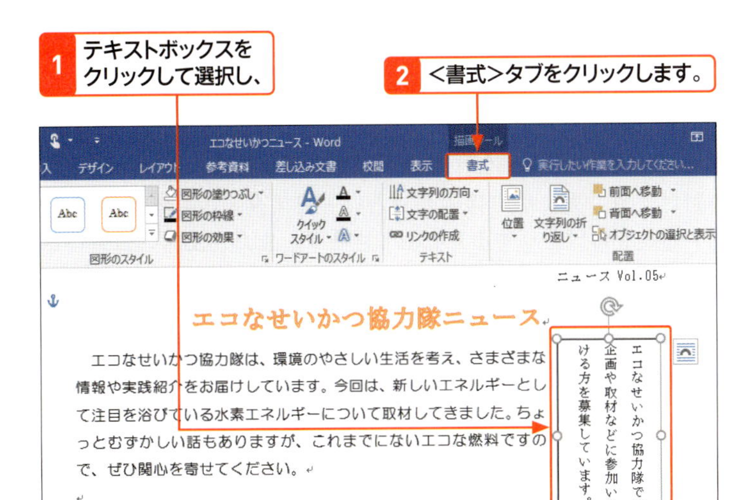

3 <図形の枠線>の右側をクリックして、

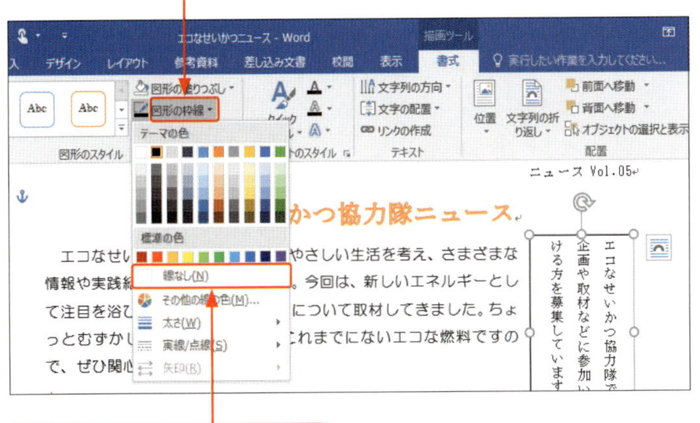

4 <線なし>をクリックすると、

5 枠線が消えます。

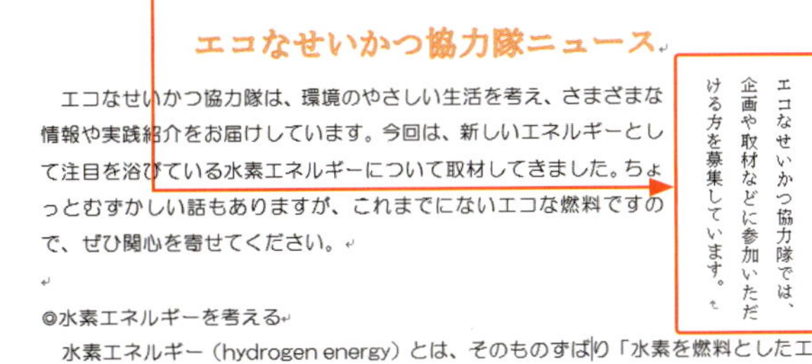

メモ 枠線を消す

テキストボックスには、枠線と塗りつぶしが設定されています。枠線が不要な場合は、左の操作を行って枠線を消します。また、塗りつぶしをしない場合は、<書式>タブの<図形の塗りつぶし>で<塗りつぶしなし>をクリックします。

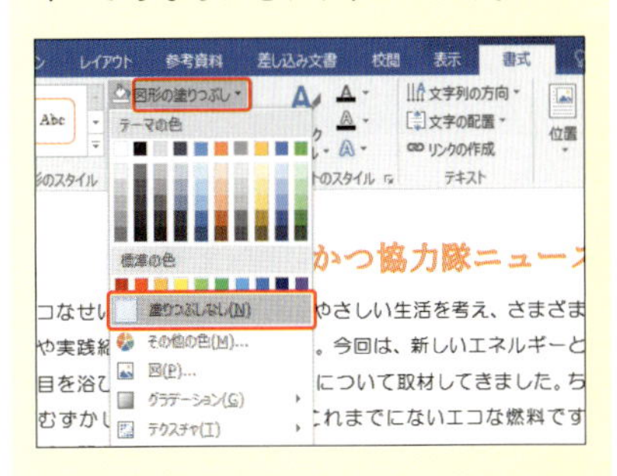

ヒント テキストボックスの色や枠線を変更する

テキストボックスは、図形と同じオブジェクトとして扱われます。<書式>タブの<図形のスタイル>からスタイルを選ぶと、かんたんにスタイルを変更することができます（Sec.43参照）。また、色や枠線の色、太さ、スタイルなどを個別に設定するには、<書式>タブの<図形の塗りつぶし>や、<図形の枠線>を利用します。なお、テキストボックスに入力した文字は、本文と同様に書式を設定することができます。

Section 47

写真を挿入する

覚えておきたいキーワード
- 写真
- 図のスタイル
- アート効果

Wordでは、文書に写真（画像）を挿入することができます。挿入した写真に額縁のような枠を付けたり、丸く切り抜いたりといったスタイルを設定したり、さまざまなアート効果を付けたりすることもできます。また、文書の背景に写真を使うこともできます。

1 文書の中に写真を挿入する

メモ 写真を挿入する

文書の中に自分の持っている写真データを挿入します。挿入した写真は移動したり、スタイルを設定したりすることができます。

挿入する写真データを用意しておきます。

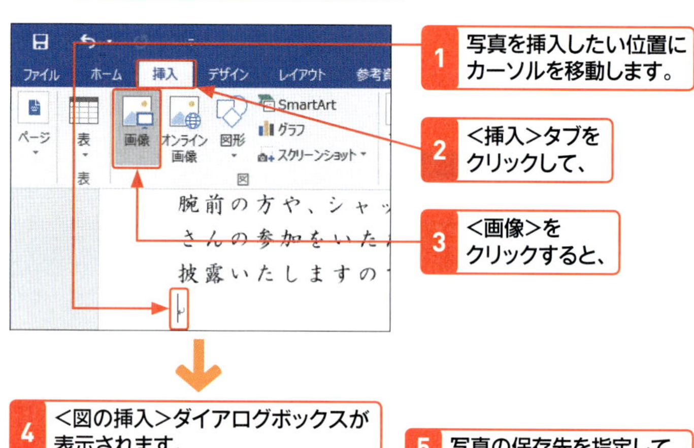

メモ 写真の保存先

挿入する写真データがデジカメのメモリカードやUSBメモリに保存されている場合は、カードやメモリをパソコンにセットし、パソコン内のわかりやすい保存先にデータを取り込んでおくとよいでしょう。

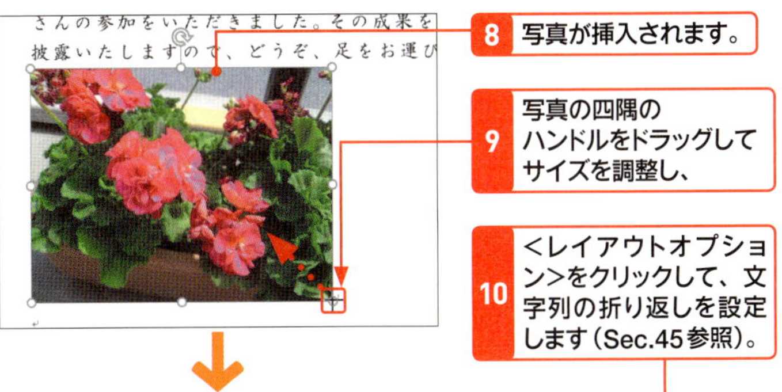

8 写真が挿入されます。

9 写真の四隅のハンドルをドラッグしてサイズを調整し、

10 <レイアウトオプション>をクリックして、文字列の折り返しを設定します(Sec.45参照)。

メモ 写真のサイズや文字の折り返し

Wordでは、写真は図形やテキストボックス、イラストなどと同様に「オブジェクト」として扱われます。サイズの変更や移動方法、文字列の折り返しなどといった操作は、図形と同じように行えます(Sec.45参照)。

2 写真にスタイルを設定する

1 写真をクリックして選択し、

2 ここをクリックします。

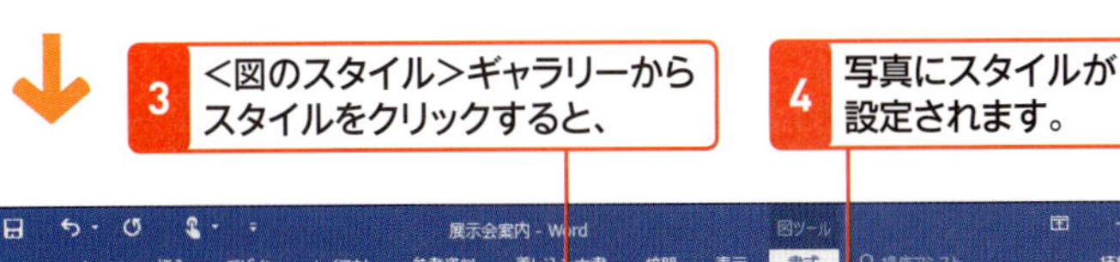

3 <図のスタイル>ギャラリーからスタイルをクリックすると、

4 写真にスタイルが設定されます。

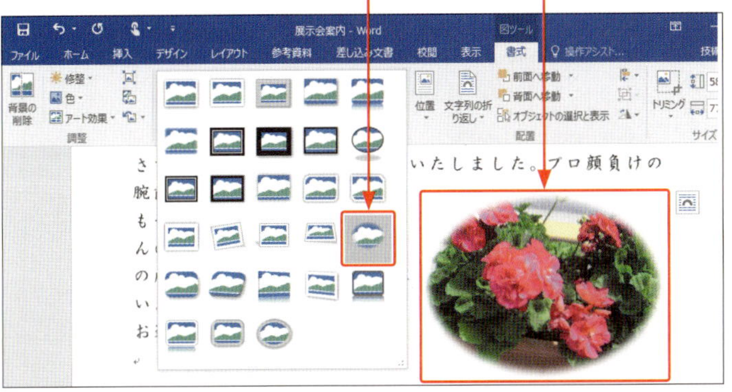

メモ 写真にスタイルを設定する

<書式>タブの<図のスタイル>グループにある<その他>(画面の表示サイズによっては<クイックスタイル>)をクリックすると、<図のスタイル>ギャラリーが表示され、写真に枠を付けたり、周囲をぼかしたり、丸く切り抜いたりと、いろいろなスタイルを設定することができます。

ヒント 写真に書式を設定するには?

写真に書式を設定するには、最初に写真をクリックして選択しておく必要があります。写真を選択すると、<図ツール>の<書式>タブが表示されます。写真にさまざまな書式を設定する操作は、この<書式>タブで行います。

3 写真にアート効果を設定する

キーワード　アート効果

「アート効果」とは、オブジェクトに付ける効果のことで、スケッチや水彩画風、パステル調などのさまざまな効果が設定できます。設定したアート効果を取り消すには、手順3のメニューで左上の＜なし＞をクリックします。

1 写真を選択して、＜書式＞タブをクリックします。

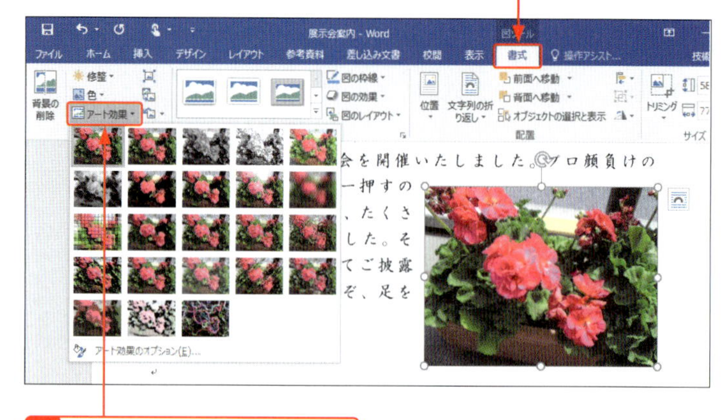

2 ＜アート効果＞をクリックして、

3 目的の効果をクリックすると、

4 写真にアート効果が設定されます。

ステップアップ　写真の背景を削除する

Wordでは、写真の背景を削除することができます。これは、写真や図の背景を自動的に認識して削除する機能ですが、写真によっては背景部分がうまく認識されない場合もあります。
写真をクリックして選択し、＜書式＞タブの＜背景の削除＞をクリックします。続いて、＜変更を保持＞をクリックすると、背景が削除されます。なお、削除を取り消したい場合は、＜すべての変更を破棄＞をクリックします。

1 ＜変更を保持＞をクリックすると、

2 写真の背景が削除されます。

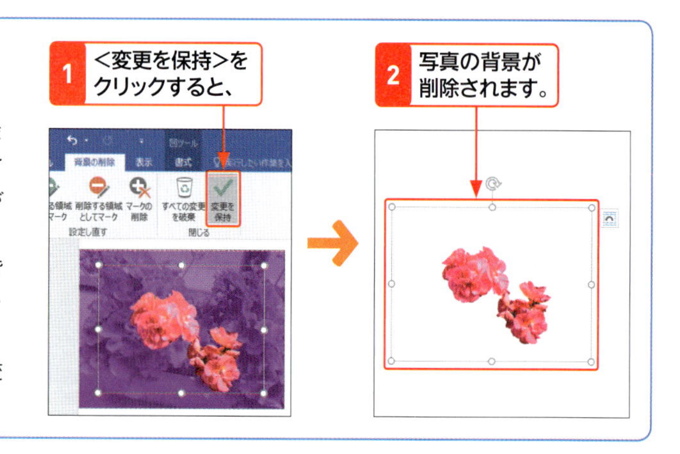

4 写真を文書の背景に挿入する

1 挿入した写真をクリックして、＜レイアウトオプション＞をクリックします。

2 ＜背面＞をクリックします。

3 写真が文書の背面に移動します。

4 写真をドラッグして、ページ全体に収まるように配置します。

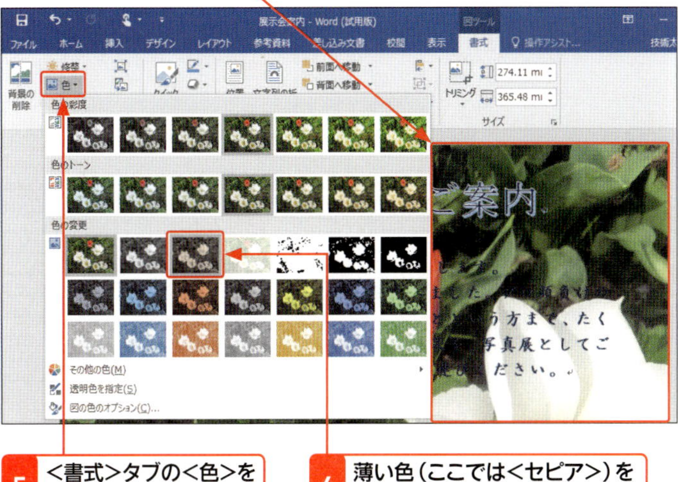

5 ＜書式＞タブの＜色＞をクリックして、

6 薄い色（ここでは＜セピア＞）をクリックします。

7 写真の色が変更されます。

8 見やすいように、文字の色を変更します。

メモ 写真を背景にする

写真を文書の背景にするには、挿入した写真を文書の背面に移動して、色を薄い色に変更します。必要に応じて文字の色を変更します。

第4章
図形・画像・ページ番号の挿入

Section 48

イラストを挿入する

覚えておきたいキーワード
- イラストの挿入
- Bing イメージ検索
- 文字列の折り返し

文書内にイラストを挿入するには、Bingイメージ検索を利用してイラストを探します。挿入したイラストは、文字列の折り返しを指定して、サイズを調整したり、移動したりして文書内に配置します。なお、イラストを検索するには、パソコンをインターネットに接続しておく必要があります。

1 イラストを検索して挿入する

メモ キーワードで検索する

文書に挿入するイラストは、インターネットを介して検索して探し出すことができます。検索キーワードには、挿入したいイラストを見つけられるような的確なものを入力します。なお、検索結果にイラストが表示されない場合は、<すべてのWeb検索結果を表示>をクリックしてください。

ヒント ライセンスの注意

インターネット上に公開されているイラストや画像を利用する場合は、著作者の承諾が必要です。使用したいイラストをクリックすると、左下にイラスト情報と出所のリンクが表示されます。リンクをクリックして、ライセンスを確認します。「著作者のクレジットを表示する」などの条件が指定された場合は、必ず従わなければなりません。

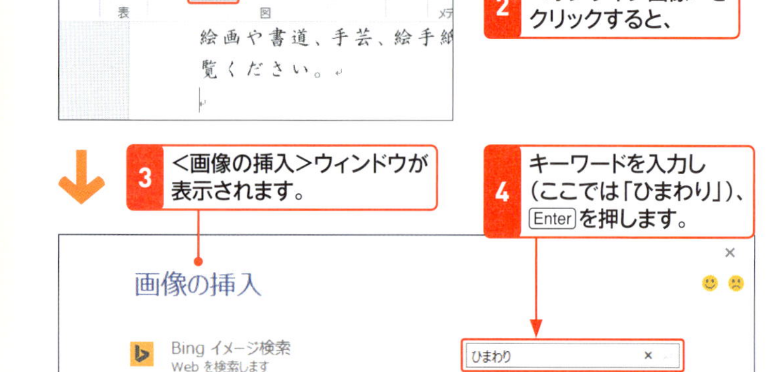

3 <画像の挿入>ウィンドウが表示されます。

4 キーワードを入力し（ここでは「ひまわり」）、Enterを押します。

5 キーワードに関連したイラストが表示されます。

「ヒント」参照

6 目的のイラストをクリックして、

7 <挿入>をクリックします。

8 文書にイラストが挿入されます。

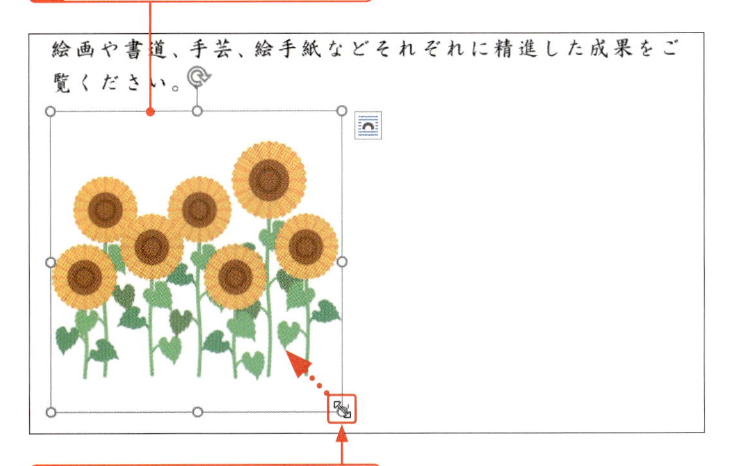

9 四隅のハンドルをドラッグすると、

10 サイズを変更できます。

11 <レイアウトオプション>をクリックして、

12 <四角形>をクリックします。

13 イラストをドラッグして移動すると、イラストの周りに文章が配置されます。

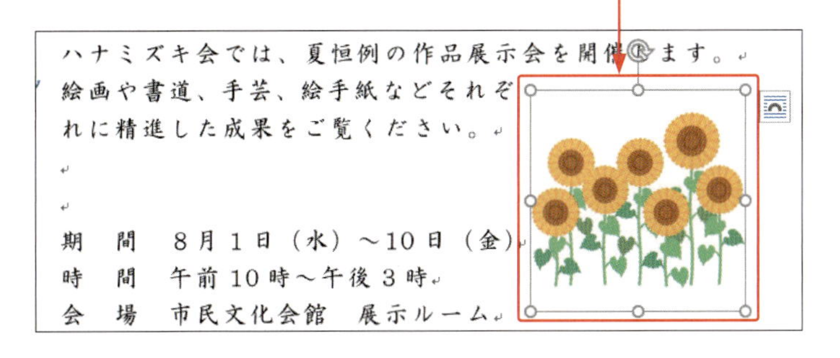

ヒント　イラストを削除するには？

文書に挿入したイラストを削除するには、イラストをクリックして選択し、BackSpace または Delete を押します。

ヒント　文字列の折り返し

イラストを挿入したら、<レイアウトオプション>をクリックして、文字列の折り返しの配置を確認します。<行内>以外に指定すると、イラストを自由に移動できるようになります。文字列の折り返しについて、詳しくはSec.45を参照してください。

キーワード　配置ガイド

オブジェクトを移動すると、配置ガイドという緑の直線がガイドラインとして表示されます。ガイドを目安にすれば、ほかのオブジェクトや文章と位置をきれいに揃えられます。

Section 49

SmartArtを挿入する

覚えておきたいキーワード
- SmartArt
- テキストウィンドウ
- 図形の追加

SmartArtを利用すると、プレゼンや会議などでよく使われるリストや循環図、ピラミッド型図表といった図をかんたんに作成できます。作成したSmartArtは、構成内容を保ったままデザインを自由に変更できます。また、SmartArtに図形パーツを追加することもできます。

1 SmartArtの図形を挿入する

キーワード SmartArt

SmartArtは、アイデアや情報を視覚的な図として表現したもので、リストや循環図、階層構造図などのよく利用される図形が、テンプレートとして用意されています。SmartArtは、以下の8種類のレイアウトに分類されています。

種　類	説　明
リスト	連続性のない情報を表示します。
手順	プロセスのステップを表示します。
循環	連続的なプロセスを表示します。
階層構造	組織図を作成します。
集合関係	関連性を図解します。
マトリックス	全体の中の部分を表示します。
ピラミッド	最上部または最下部に最大の要素がある関係を示します。
図	写真を使用して図形を作成します。

1 図形を挿入したい位置にカーソルを移動して、

2 <挿入>タブをクリックし、

3 <SmartArt>をクリックすると、

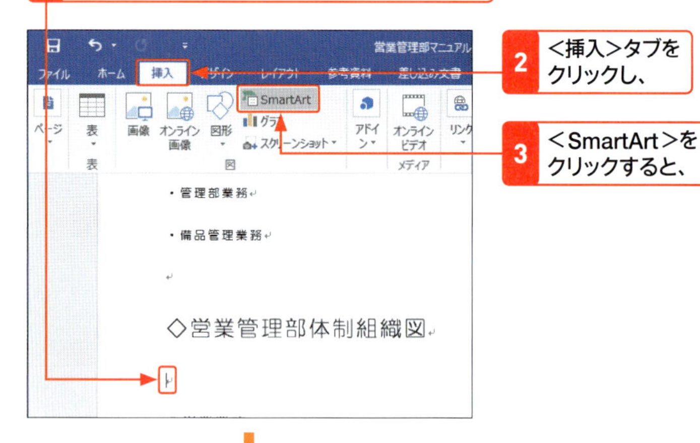

4 <SmartArtグラフィックの選択>ダイアログボックスが表示されます。

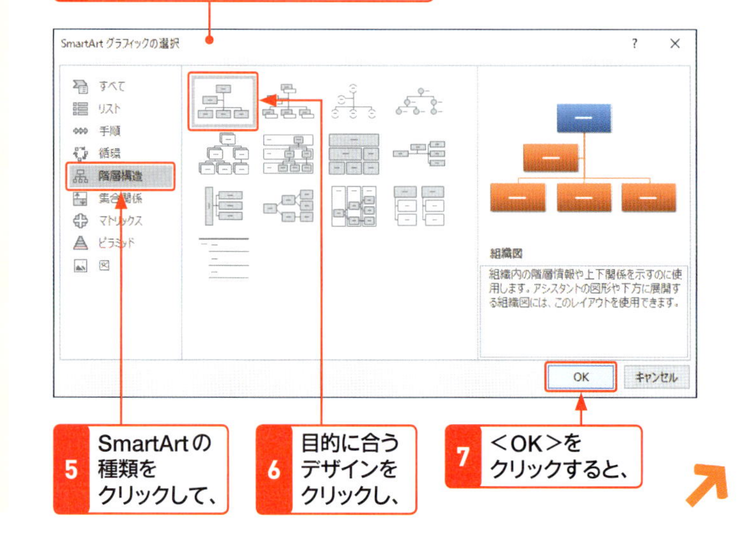

5 SmartArtの種類をクリックして、

6 目的に合うデザインをクリックし、

7 <OK>をクリックすると、

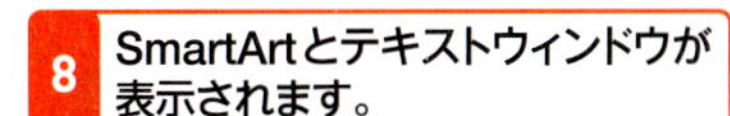

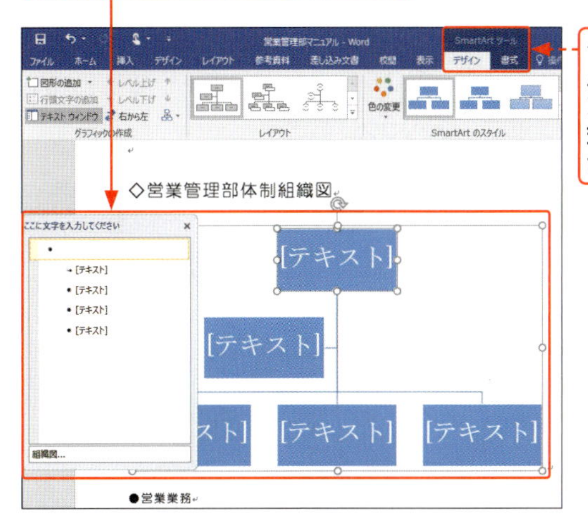

<SmartArtツール>の<デザイン>タブと<書式>タブが表示されます。

ヒント SmartArtの選択

左ページの手順5でどのSmartArtを選べばよいのかわからない場合には、<すべて>をクリックして全体を順に見て、目的に合う図を探すとよいでしょう。

2 SmartArtに文字を入力する

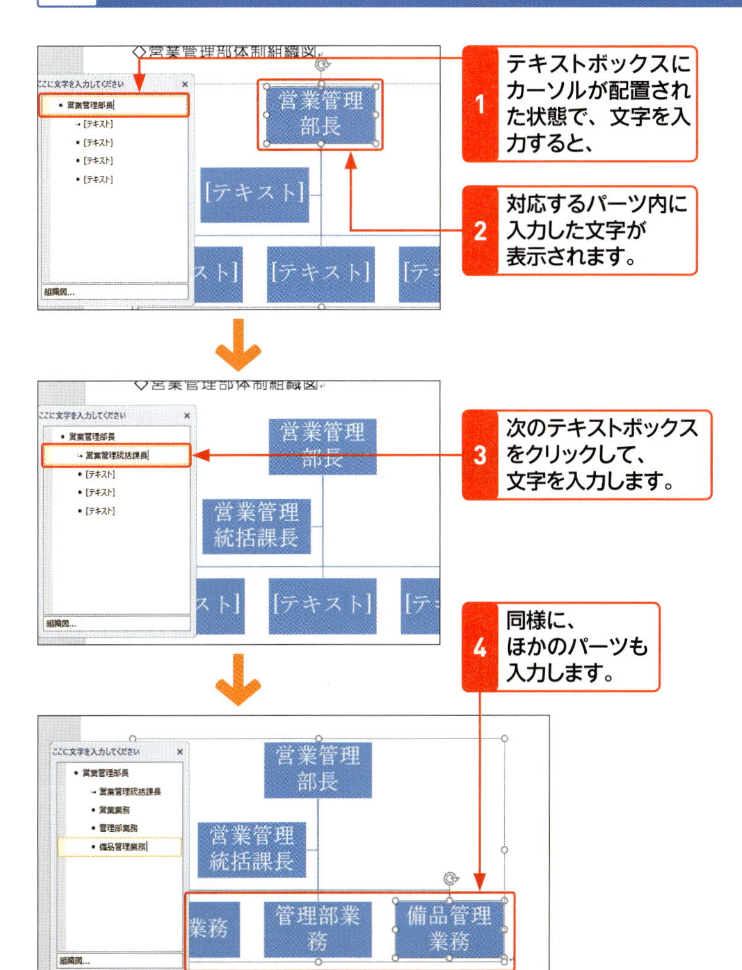

ヒント テキストウィンドウの表示

SmartArtを挿入すると、通常はSmartArtと同時に「テキストウィンドウ」が表示されます。テキストウィンドウが表示されない場合は、SmartArtをクリックすると表示されるサイドバーをクリックするか、<SmartArtツール>の<デザイン>タブの<テキストウィンドウ>をクリックします。

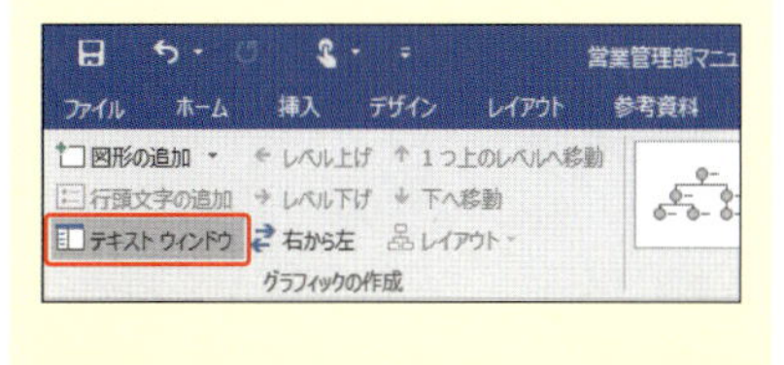

ヒント テキストウィンドウでパーツを追加する

テキストウィンドウのテキストボックスに文字を入力して、Enterを押すと、次のパーツが自動的に追加されます。

3 SmartArtに図形パーツを追加する

SmartArtへの図形の追加

SmartArtでは、手順4のように<図形の追加>から、図形を追加する位置を指定することができます。ただし、図形によっては、選択できない項目もあります。

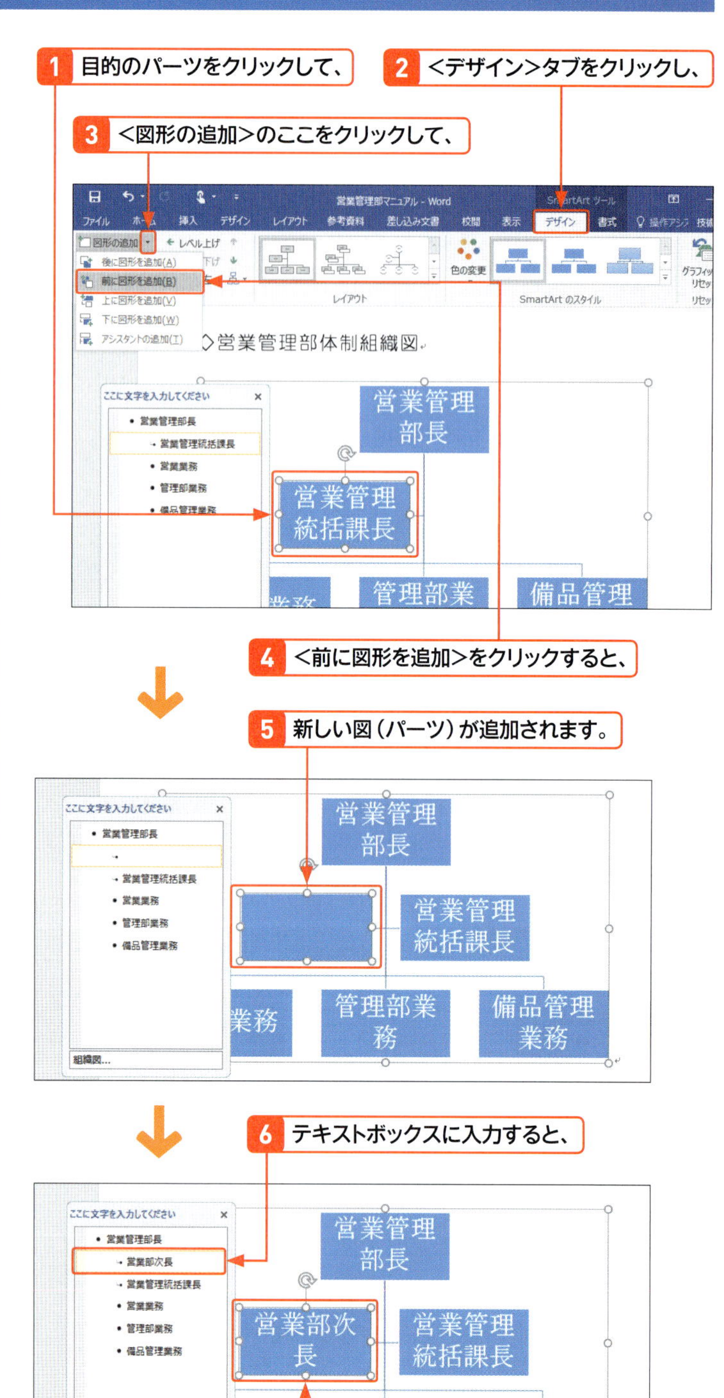

ヒント アシスタントの追加

<図形の追加>をクリックしたメニューの最下段にある<アシスタントの追加>は、階層構造のうち、組織図を作成するための図形を利用している場合に使用できます。

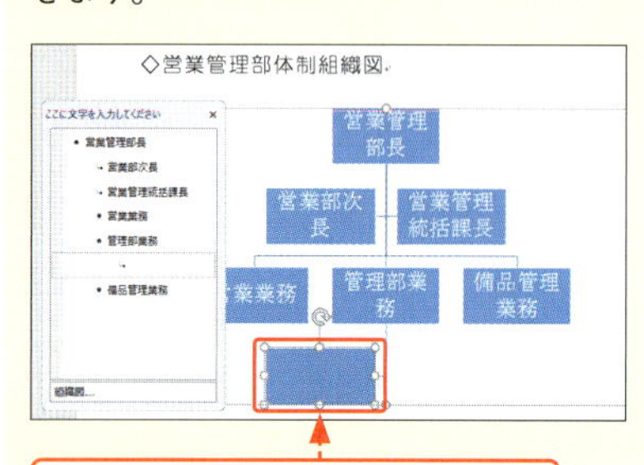

4 SmartArtの色やデザインを変更する

1 SmartArtをクリックして、

2 <SmartArtツール>の<デザイン>タブをクリックします。

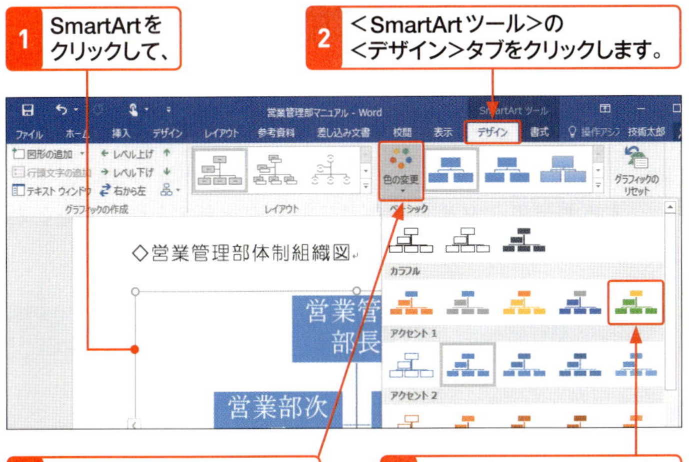

3 <色の変更>をクリックして、

4 目的の色をクリックします。

5 SmartArtの色が変わります。

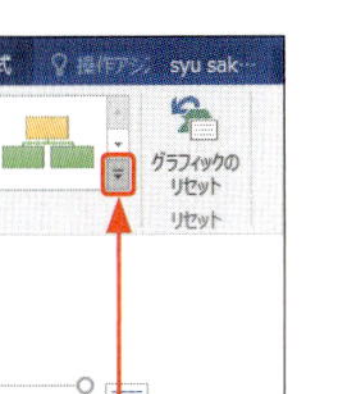

6 <SmartArtのスタイル>の<その他>をクリックします。

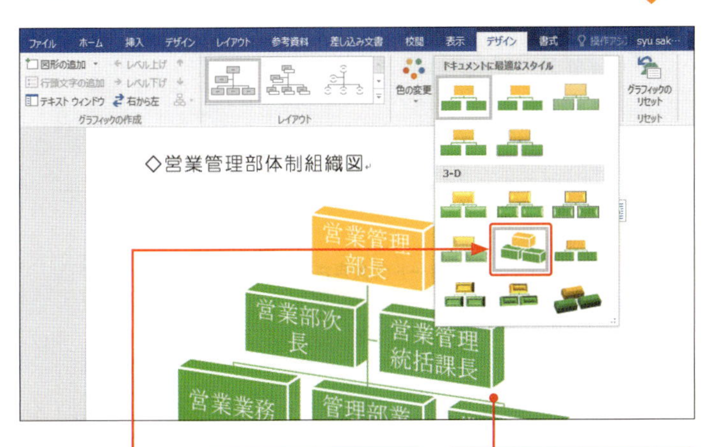

7 一覧から目的のデザインをクリックすると(ここでは<ブロック>)、

8 SmartArtのデザインが変更されます。

メモ SmartArtの書式設定

<SmartArtツール>の<書式>タブでは、SmartArt全体を図形として扱うことで、背景色や枠線を付けたり、文字に効果を設定したりすることができます。また、SmartArt内の1つ1つのパーツそれぞれに書式を設定することも可能です。

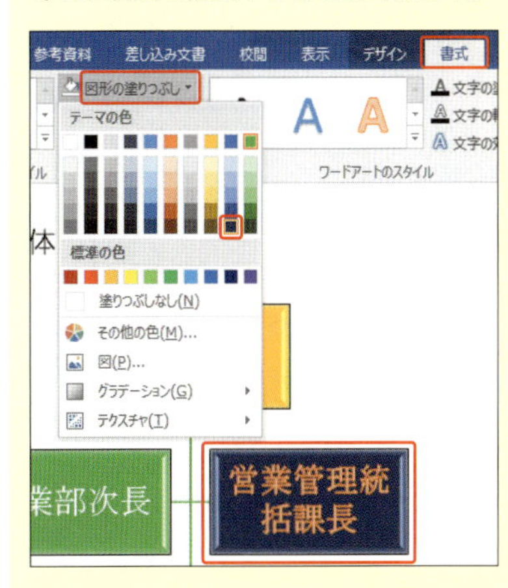

ヒント SmartArtの色やデザインを解除するには?

<SmartArtツール>の<デザイン>タブにある<グラフィックのリセット>をクリックすると、SmartArtの色やスタイルなどのグラフィック設定が解除され、作成直後の状態に戻ります。

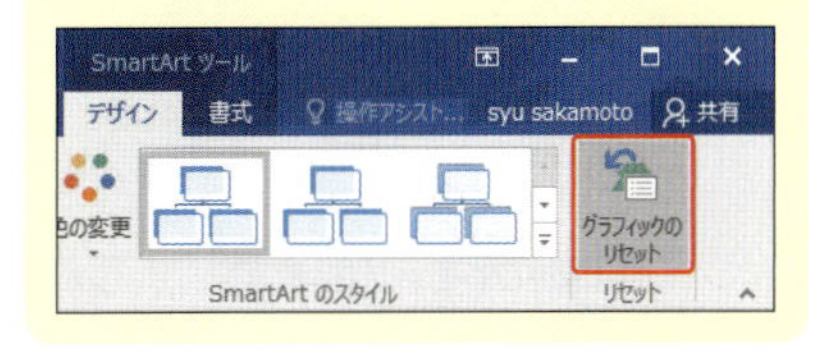

Section 50

ワードアートを挿入する

覚えておきたいキーワード
- ワードアート
- オブジェクト
- 文字の効果

Wordには、デザイン効果を加えた文字をオブジェクトとして作成できるワードアートという機能が用意されています。登録されているデザインの中から好みのものをクリックするだけで、タイトルなどに効果的な文字を作成することができます。

1 ワードアートを挿入する

キーワード ワードアート

「ワードアート」とは、デザインされた文字を作成する機能または、ワードアートの機能を使って作成された文字そのもののことです。ワードアートで作成された文字は、文字列としてではなく、図形などと同様にオブジェクトとして扱われます。

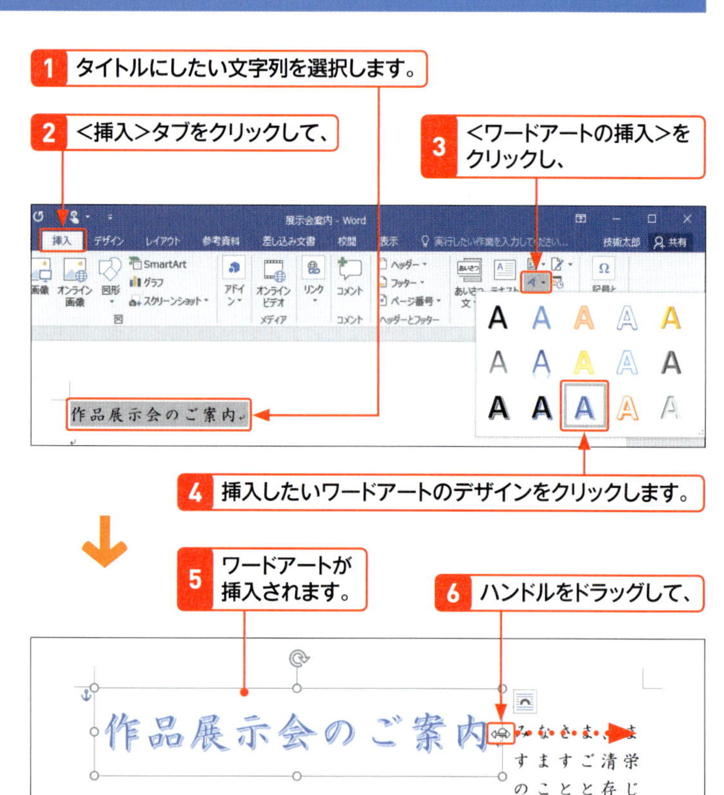

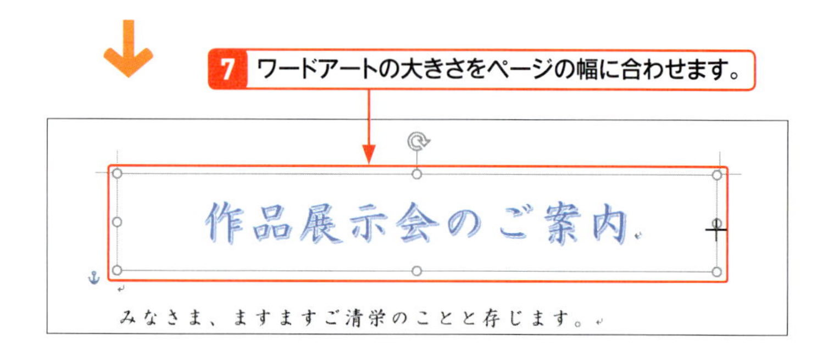

ヒント あとから文字を入力する

右の操作では、あらかじめ入力した文字を利用してワードアートを作成しています。しかし、ワードアートを最初に作成し、あとから文字を入力することも可能です。ワードアートを挿入したい位置にカーソルを移動して、ワードアートのデザインをクリックします。テキストボックスが作成されるので、ここに文字を入力します。

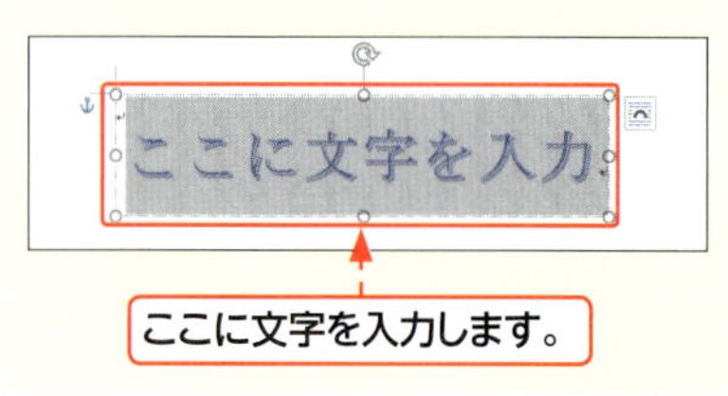

2 ワードアートを移動する

1 ワードアートの枠線上にマウスポインターを合わせ、形が に変わった状態で、

2 ドラッグすると、

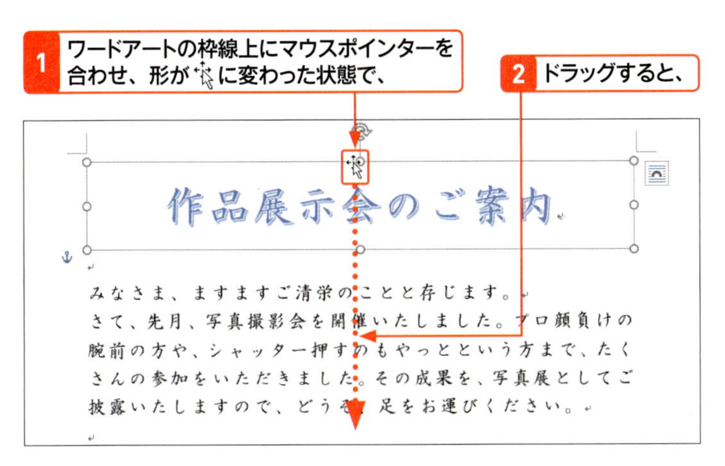

3 ワードアートが移動します。

ヒント ワードアートの文字列の折り返し

ワードアートもテキストボックスや図形などと同様に、文字列の折り返しを変更することによって、周囲や上下に文字列を配置することができます。文字列の折り返しについて詳しくは、Sec.45を参照してください。ワードアートを配置した直後は、文字列の折り返しが＜四角形＞の設定になっています。＜レイアウトオプション＞ で、設定を変更することができます。

3 ワードアートの書式を変更する

ここでは、フォントとフォントの色を変更します。

1 ワードアートをクリックして、枠線上にマウスポインターを合わせてクリックすると、ワードアートを選択できます。

2 ＜ホーム＞タブをクリックして、

3 ＜フォント＞のここをクリックし、

4 フォントをクリックします。

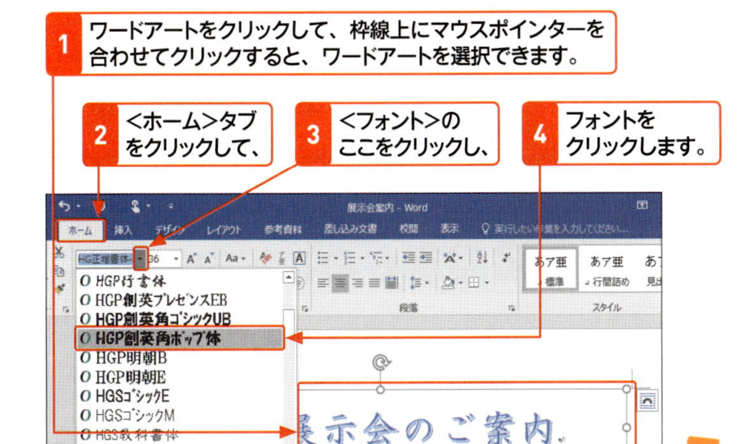

メモ ワードアートのフォントサイズとフォント

ワードアートのフォントサイズは、初期設定が36ptです。変更したい場合は、＜ホーム＞タブの＜フォントサイズ＞ボックスで指定します。

ワードアートのフォントは、もとの文字列あるいはカーソルが置かれた位置のフォントが設定されます。ほかのフォントに変更したい場合は、＜ホーム＞タブの＜フォント＞ボックスでフォントを指定します。

5 フォントが変更されます。

6 ＜フォントの色＞のここをクリックして、

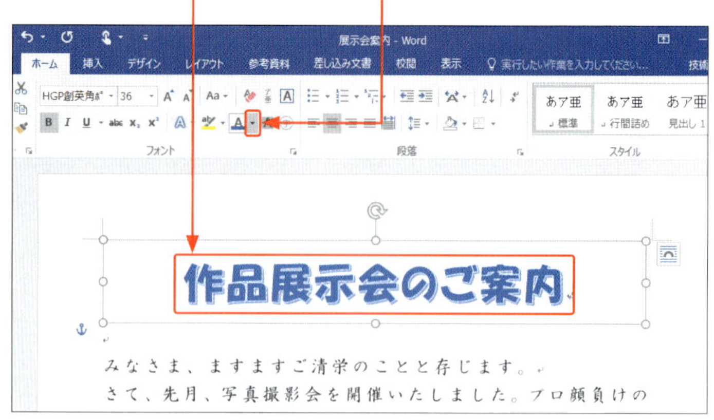

7 目的の色をクリックすると、

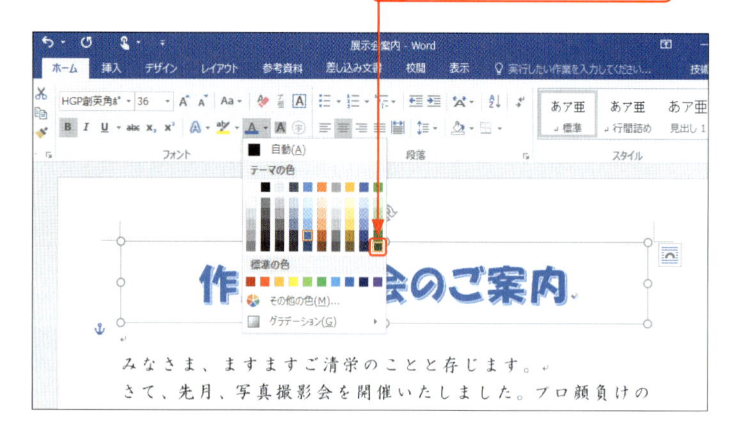

8 フォントの色が変更になります。

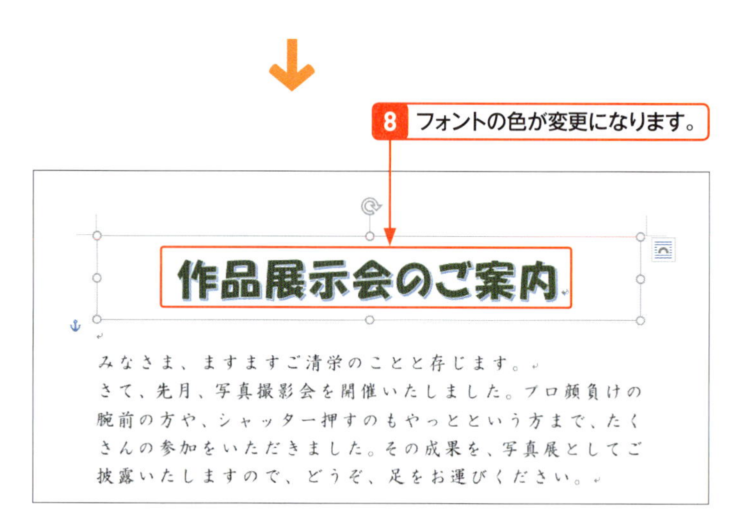

ヒント フォントサイズを変更する

フォントサイズを変更するには、ワードアートをクリックして選択し、＜ホーム＞タブの＜フォントサイズ＞の▾をクリックして、フォントサイズを選びます。初期設定では、フォントサイズに合わせてテキストボックスのサイズは自動的に調整されます。サイズが調整されない場合は、テキストボックスの枠をドラッグして調整します。

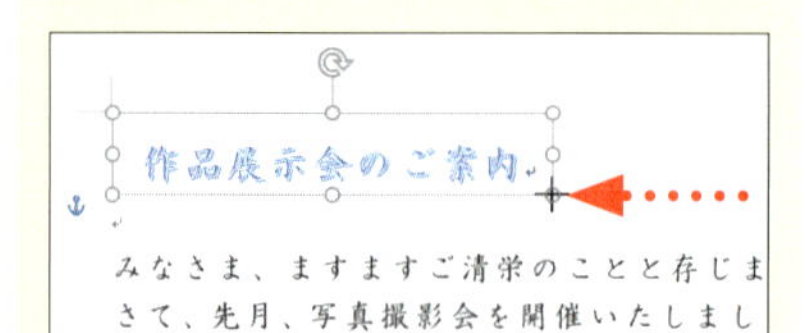

ステップアップ ワードアートのスタイル変更

ワードアートの背景は、ワードアートを選択して、＜書式＞タブの＜図形の塗りつぶし＞をクリックして変更することができます。また、＜書式＞タブの＜図形のスタイル＞の＜その他＞▾をクリックすると表示されるスタイルギャラリーから、かんたんにスタイルを変更できます。

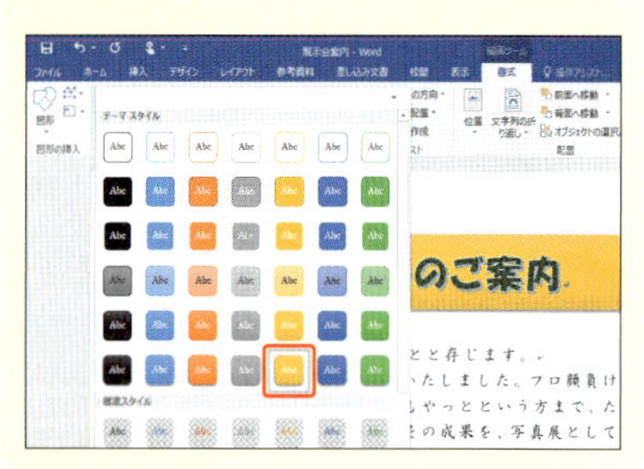

4 ワードアートに効果を付ける

ここでは、ワードアートに変形の効果を付けます。

1 ワードアートを選択して、

2 <書式>タブをクリックし、

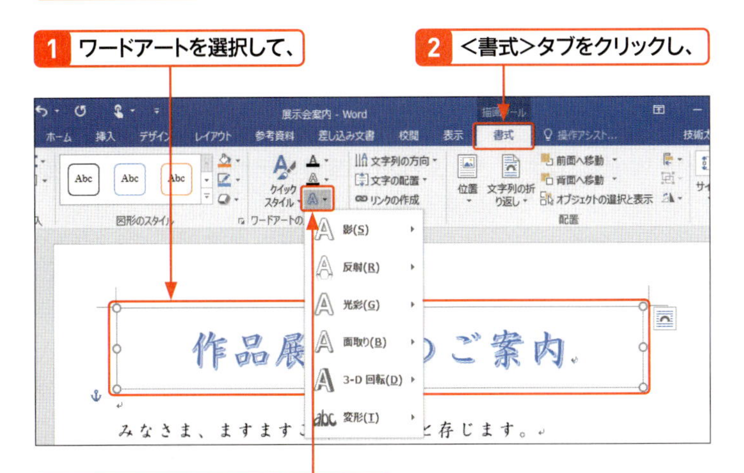

3 <文字の効果>をクリックします。

4 <変形>にマウスポインターを合わせ、

5 目的の形状をクリックすると、

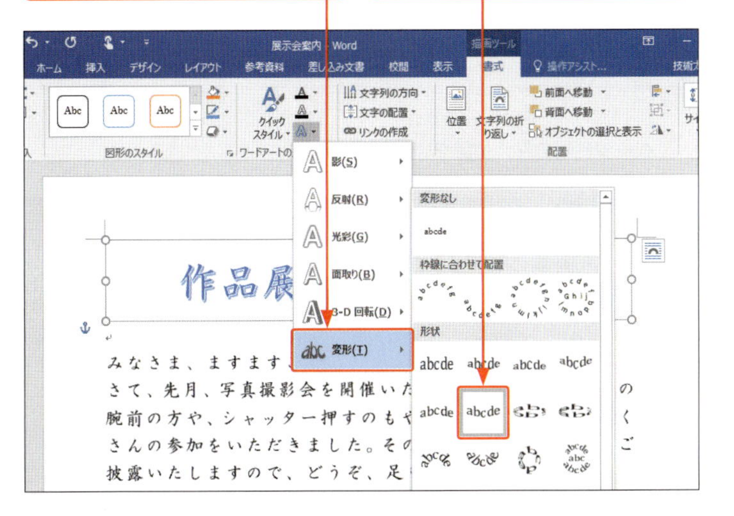

6 ワードアートに効果が設定されます。

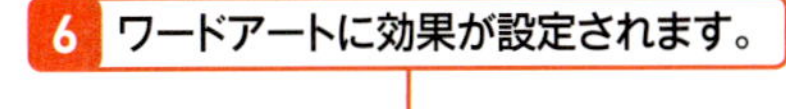

メモ ワードアートに効果を付ける

<書式>タブの<文字の効果>を利用すると、左のように変形の設定ができるほか、影、反射、光彩、面取り、3-D回転など、さまざまな効果を設定することができます。

ヒント 設定した効果を解除するには?

ワードアートに付けた効果を解除するには、ワードアートを選択して、再度<書式>タブの<文字の効果>をクリックします。設定した効果をクリックして、メニューの先頭にある<(効果) なし>をクリックします。

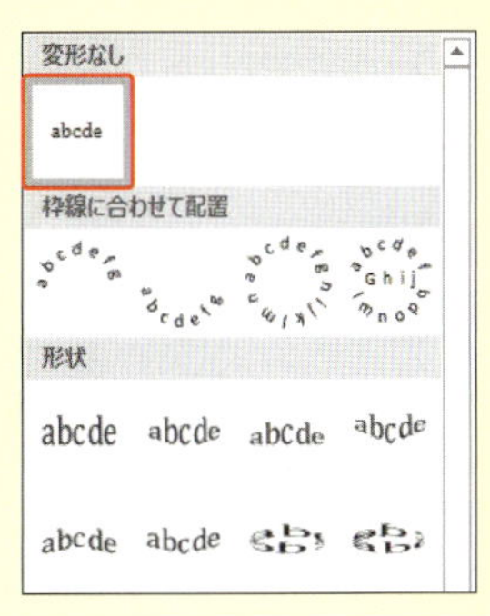

Section 51

ページ番号を挿入する

覚えておきたいキーワード
- ヘッダー
- フッター
- ページ番号

ページに通し番号を印刷したいときは、ページ番号を挿入します。ページ番号は、ヘッダーまたはフッターのどちらかに追加できます。文書の下に挿入するのが一般的ですが、Wordにはさまざまなページ番号のデザインが上下で用意されているので、文書に合わせて利用するとよいでしょう。

1 文書の下にページ番号を挿入する

メモ ページ番号の挿入

ページに通し番号を付けて印刷したい場合は、右の方法でページ番号を挿入します。ページ番号の挿入位置は、<ページの上部><ページの下部><ページの余白><現在の位置>の4種類の中から選択できます。各位置にマウスポインターを合わせると、それぞれの挿入位置に対応したデザインのサンプルが一覧で表示されます。

1 <挿入>タブをクリックして、

2 <ページ番号>をクリックします。

3 ページ番号の挿入位置を選択して、

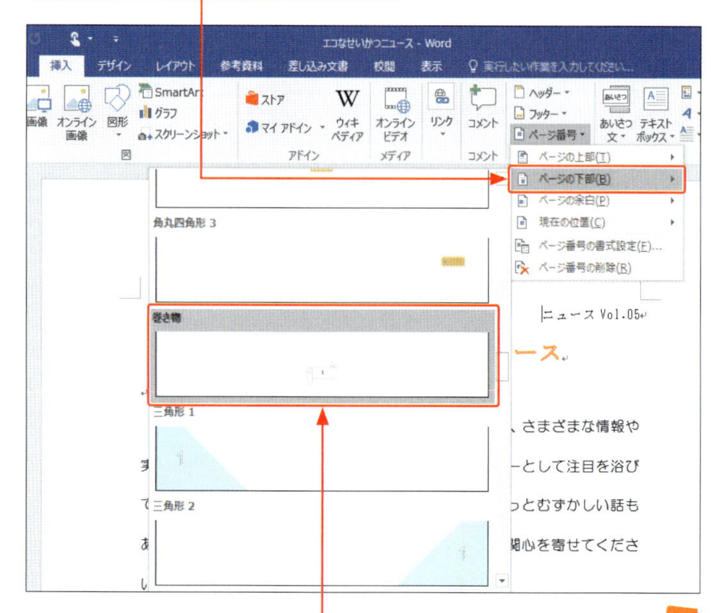

4 表示される一覧から、目的のデザインをクリックすると、

キーワード ヘッダーとフッター

文書の各ページの上部余白に印刷される情報を「ヘッダー」といいます。また、下部余白に印刷される情報を「フッター」といいます。

<ヘッダー/フッターツール>の<デザイン>タブが表示されます。

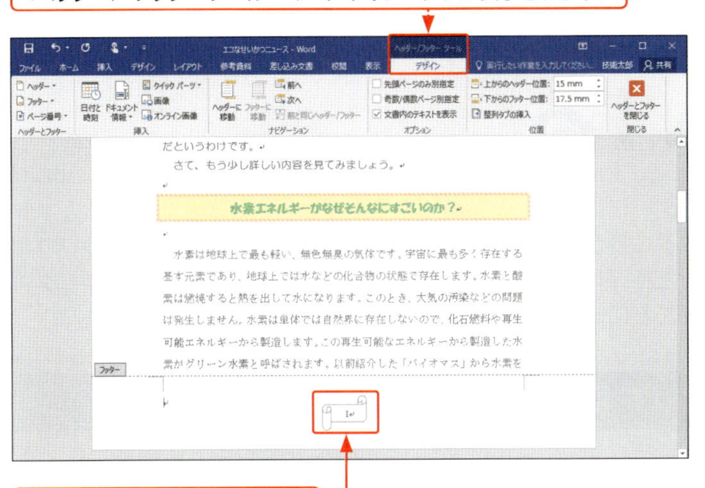

5 ページ番号が挿入されます。

> **ヒント ヘッダーとフッターを閉じる**
>
> ページ番号を挿入すると<ヘッダー/フッターツール>の<デザイン>タブが表示されます。ページ番号の編集が終わったら、<ヘッダーとフッターを閉じる>をクリックすると、通常の文書画面が表示されます。再度<ヘッダー/フッターツール>を表示したい場合は、ページ番号の部分(ページの上下の余白部分)をダブルクリックします。

2 ページ番号のデザインを変更する

1 <ページ番号>をクリックして、

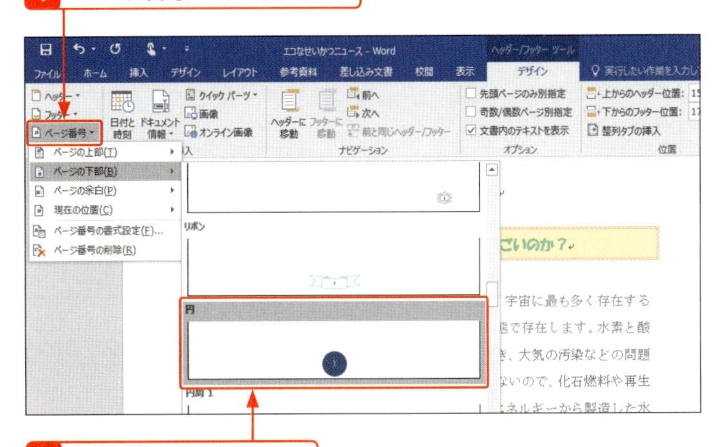

2 デザインをクリックすると、

3 デザインが変更されます。

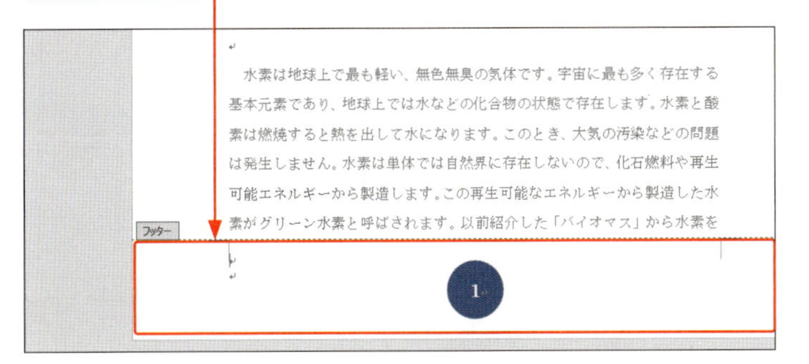

> **ステップアップ 先頭ページにページ番号を付けない**
>
> ページ番号を付けたくないページが最初にある場合は、<ヘッダー/フッターツール>の<デザイン>タブで<先頭ページのみ別指定>をオンにします。

> **ヒント ページ番号を削除するには?**
>
> ページ番号を削除するには、<デザイン>タブ(または<挿入>タブ)の<ページ番号>をクリックして、表示される一覧から<ページ番号の削除>をクリックします。

Section 52

ヘッダー／フッターを挿入する

覚えておきたいキーワード
- ヘッダー
- フッター
- 日付と時刻

ヘッダーやフッターには、ページ番号やタイトルなど、さまざまなドキュメント情報を挿入することができます。また、ヘッダーやフッターに会社のロゴなどの画像を入れたり、日付を入れたりすることもできます。ヘッダーとフッターの設定はページごとに変えられます。

1 ヘッダーに文書タイトルを挿入する

キーワード ヘッダーとフッター

文書の各ページの上部余白を「ヘッダー」、下部余白を「フッター」といいます。ヘッダーには文書のタイトルや日付など、フッターにはページ番号や作者名などの情報を入れるのが一般的です。ヘッダーやフッターには、ドキュメント情報だけでなく、写真や図も入れることができます。

1 <挿入>タブをクリックして、

2 <ヘッダー>をクリックし、

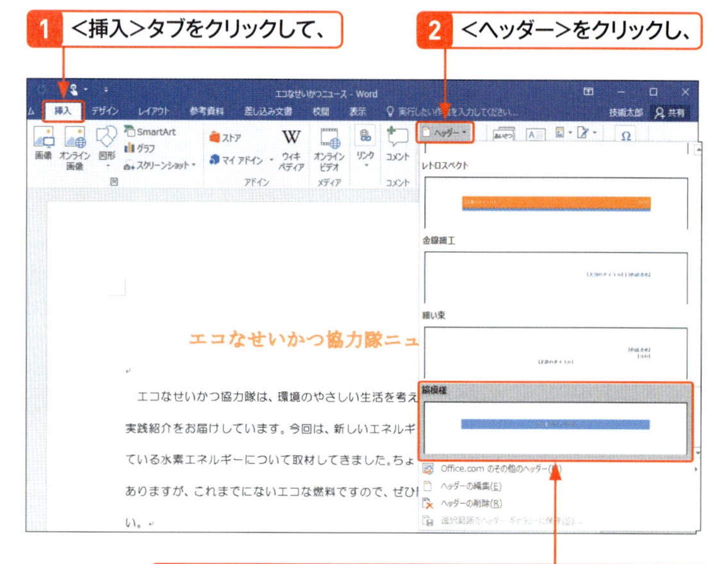

3 表示される一覧から、目的のデザインをクリックすると、

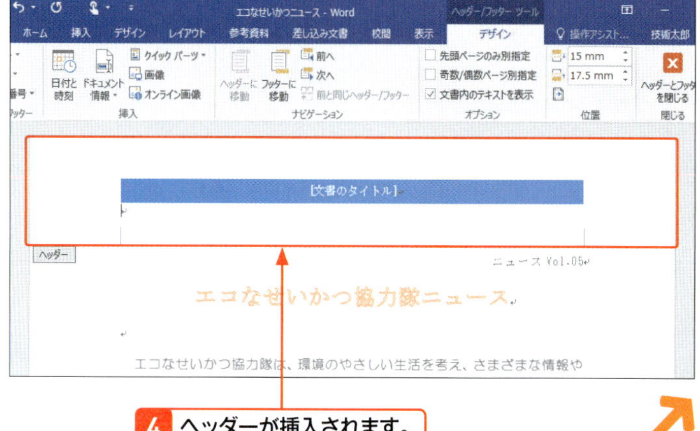

4 ヘッダーが挿入されます。

5 タイトルのボックス内をクリックして、

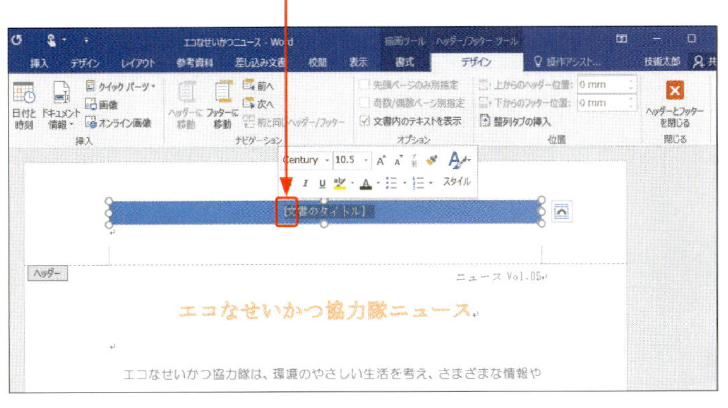

6 文書のタイトルを入力します。

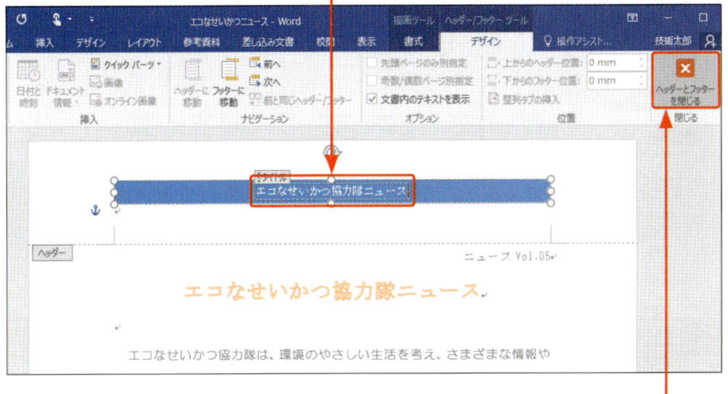

7 <ヘッダーとフッターを閉じる>をクリックすると、本文の編集画面に戻ります。

ヒント ヘッダーのデザイン

<挿入>タブの<ヘッダー>をクリックすると表示されるデザインには、「タイトル」や「日付」などのテキストボックスが用意されているものがあります。特に凝ったデザインなどが必要ない場合は、<空白>をクリックして、テキストを入力するだけの単純なヘッダーを選択するとよいでしょう。

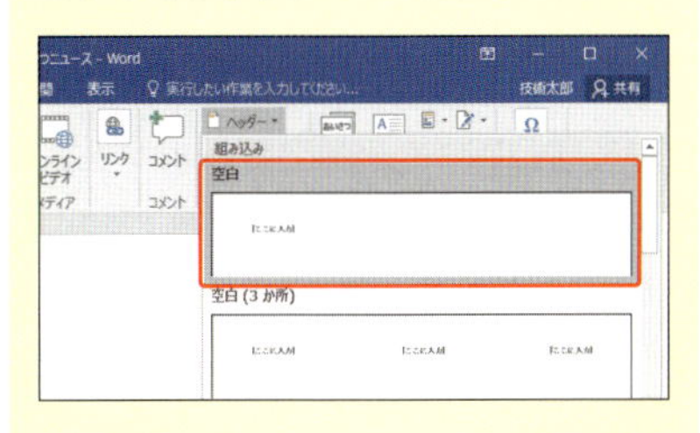

ヒント ヘッダー／フッターを削除するには?

ヘッダーやフッターを削除するには、<デザイン>タブをクリックして、<ヘッダー>（<フッター>）をクリックし、<ヘッダーの削除>（フッターの削除）>をクリックします。なお、<挿入>タブの<ヘッダー>（<フッター>）でも同様の操作で削除できます。

2 企業のロゴをヘッダーに挿入する

1 <挿入>タブをクリックして、

2 <ヘッダー>をクリックし、

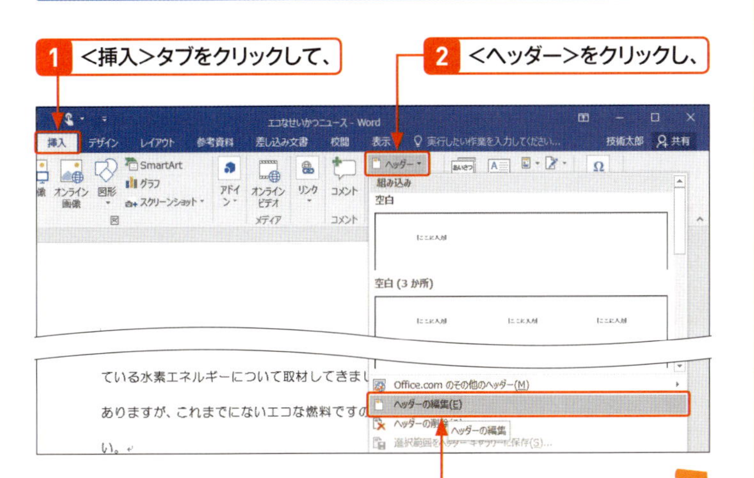

3 <ヘッダーの編集>をクリックします。

メモ ヘッダーに画像を挿入する

ヘッダーやフッターには、ロゴなどの写真あるいは図を挿入できます。これらは、文書に挿入した写真と同じ方法で、編集ができます（Sec.47参照）。

ヒント ヘッダーやフッターをあとから編集するには?

ヘッダーを設定後、編集画面に戻ったあとで、再度ヘッダーの編集を行いたい場合は、＜挿入＞タブの＜ヘッダー＞をクリックして、＜ヘッダーの編集＞をクリックすると、ヘッダー画面が表示されます。フッターの場合も同様です。また、ヘッダーやフッター部分をダブルクリックしても表示することができます。

ヒント 挿入した写真の文字列の折り返し

挿入された写真や図の種類によって、＜文字列の折り返し＞が＜行内＞になっていて、自由に移動ができない場合があります。そのときは、＜レイアウトオプション＞をクリックして、＜文字列の折り返し＞で＜前面＞を指定します。

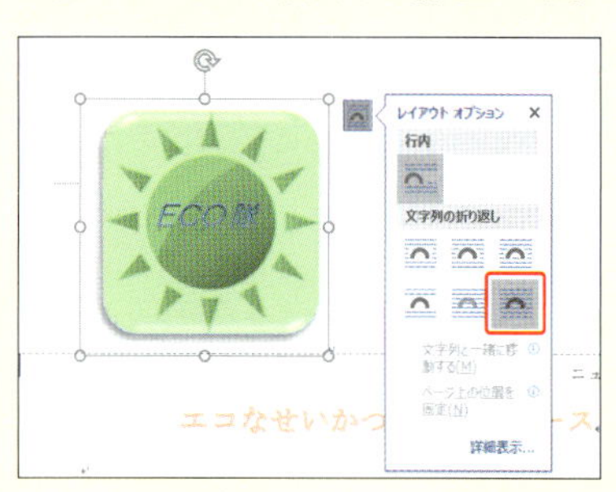

4 ヘッダーが表示されるので、

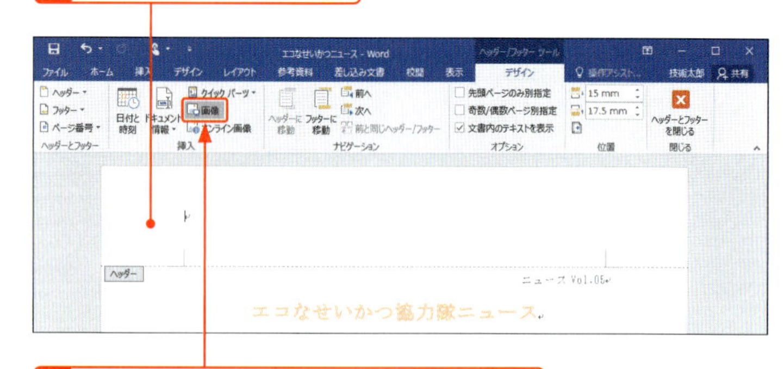

5 ＜デザイン＞タブの＜画像＞をクリックします。

6 ＜図の挿入＞ダイアログボックスが表示されます。

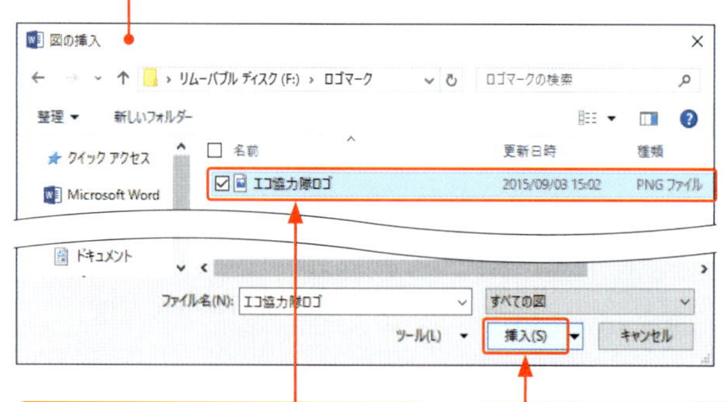

7 ロゴのファイルをクリックして、

8 ＜挿入＞をクリックします。

9 ロゴが挿入されるので、サイズを調整します。

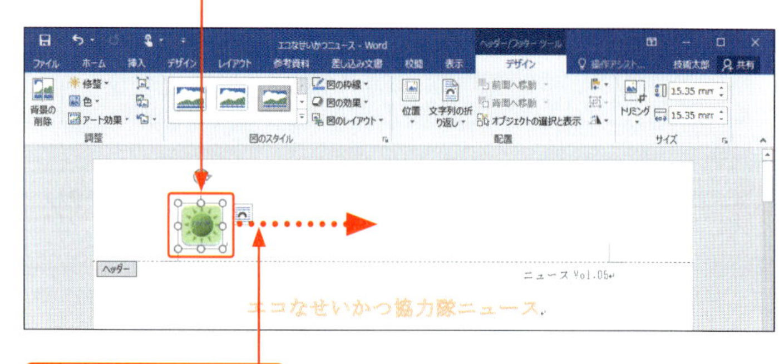

10 ロゴをドラッグして、

11 配置を調整します。

3 日付をヘッダーに設定する

1 <挿入>タブの<ヘッダー>をクリックして、<ヘッダーの編集>をクリックし、ヘッダーを表示します。

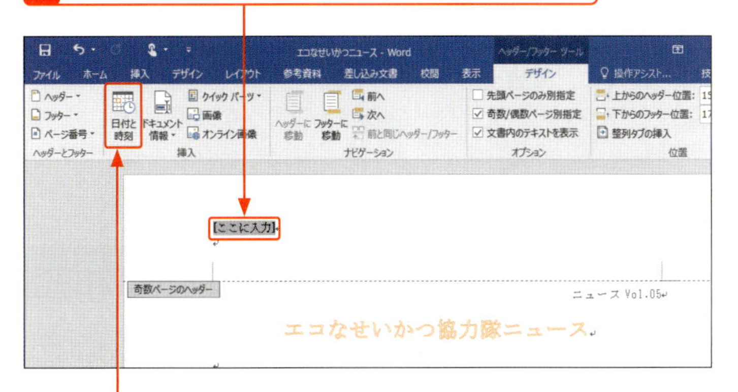

2 <日付と時刻>をクリックして、

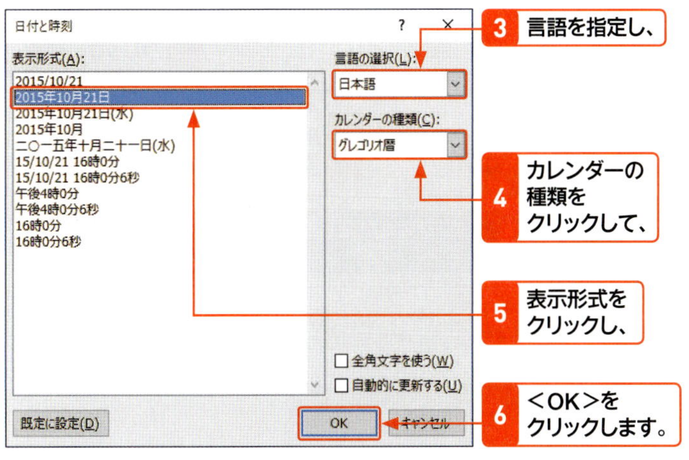

3 言語を指定し、

4 カレンダーの種類をクリックして、

5 表示形式をクリックし、

6 <OK>をクリックします。

7 ヘッダーに日付が挿入されます。

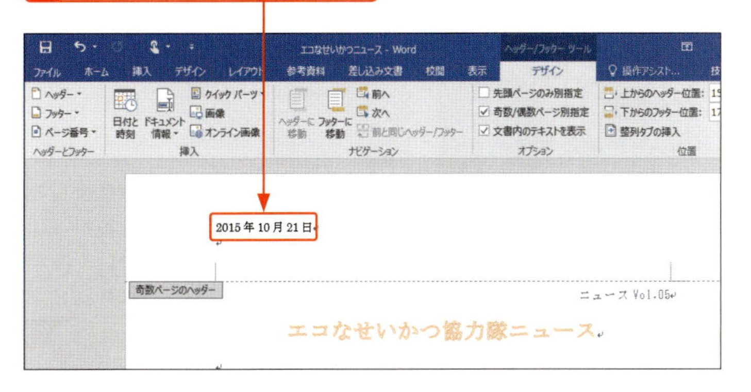

メモ 日付を挿入する

Wordには、ヘッダーやフッターに日付を挿入する機能があります。ヘッダー位置で<日付と時刻>をクリックすると、<日付と時刻>ダイアログボックスが表示されるので、表示形式を選びます。なお、<自動的に更新する>をオンにすると、文書を開くたびに日付が更新されます。

ヒント 日付のデザインを利用する

<挿入>タブの<ヘッダー>をクリックして、日付の入っているデザインを選んでも日付を挿入できます。「日付」をクリックすると、カレンダーが表示され、日付をかんたんに挿入できます。

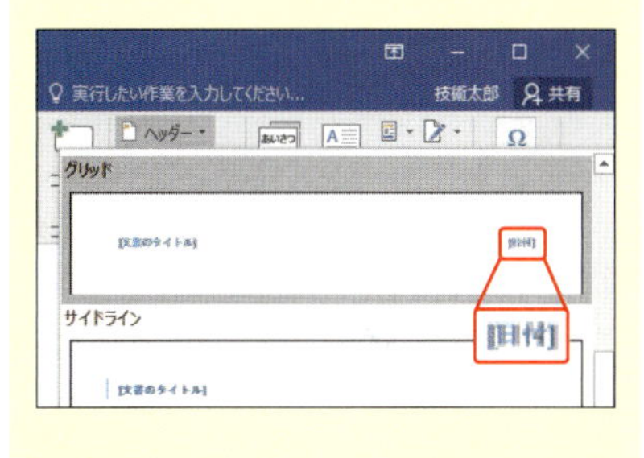

ステップアップ ヘッダーやフッターの印刷位置を変更する

<ヘッダー／フッターツール>の<デザイン>タブでは、文書の上端からのヘッダー位置と下端からのフッター位置を数値で設定できます。

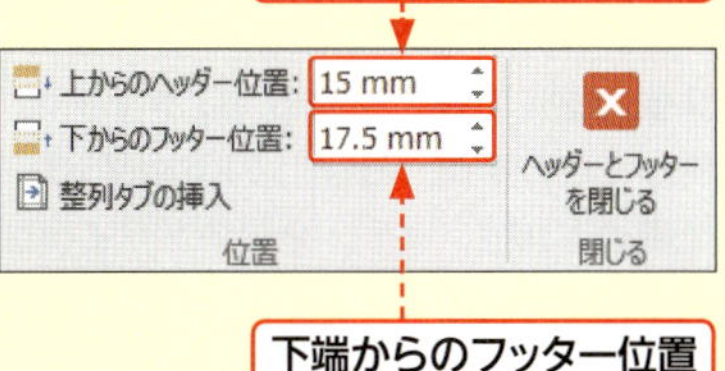

下端からのフッター位置

Section 53

文書全体を装飾する

覚えておきたいキーワード
- 表紙
- ページ罫線
- 絵柄

文書は文章の書式のほかに、文書全体を装飾することで、見やすくなったり、目に付きやすくなったりします。複数ページの冊子のような文書の場合は、表紙を付けるとよいでしょう。チラシやポスターなどは、ページを罫線で囲むと目立ちます。また、ページ罫線を絵柄に変更することもできます。

1 文書に表紙を挿入する

メモ 表紙の挿入

複数ページのある報告書などの文書では、表紙があると見栄えもよくなります。Wordには、表紙のデザインが用意されています。タイトルや日付など必要な項目を入力して、そのほかの不要な項目を削除すれば、適切な表紙のデザインに仕上がります。

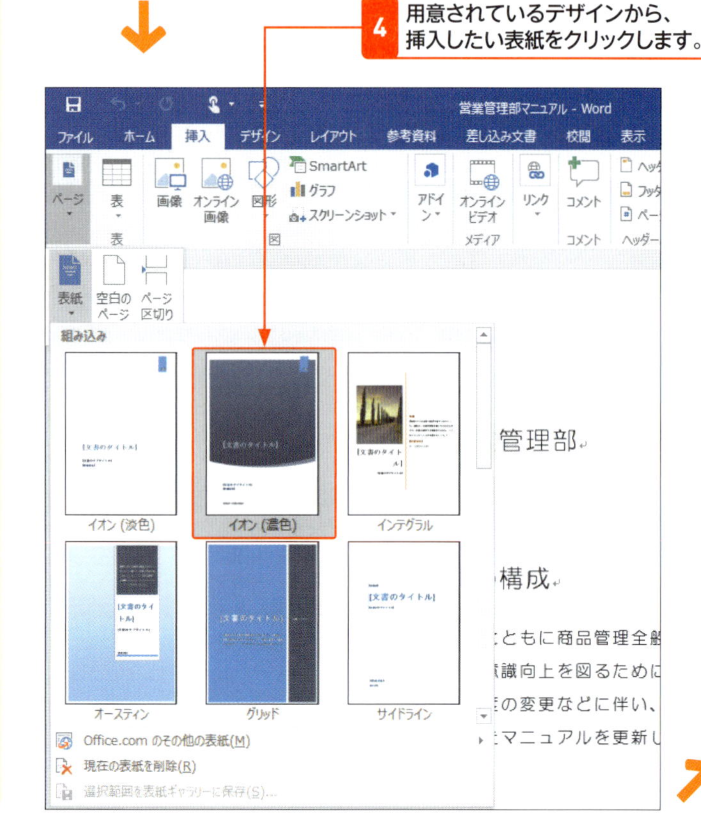

メモ 表紙の構成要素

Wordで用紙されている表紙は、会社名、文書のタイトル、文書のサブタイトル、制作者名のほか、日付、要約などの要素で構成されています。全体のデザインは図で作成されており、そのほかの文字はテキストボックスで作成されています。

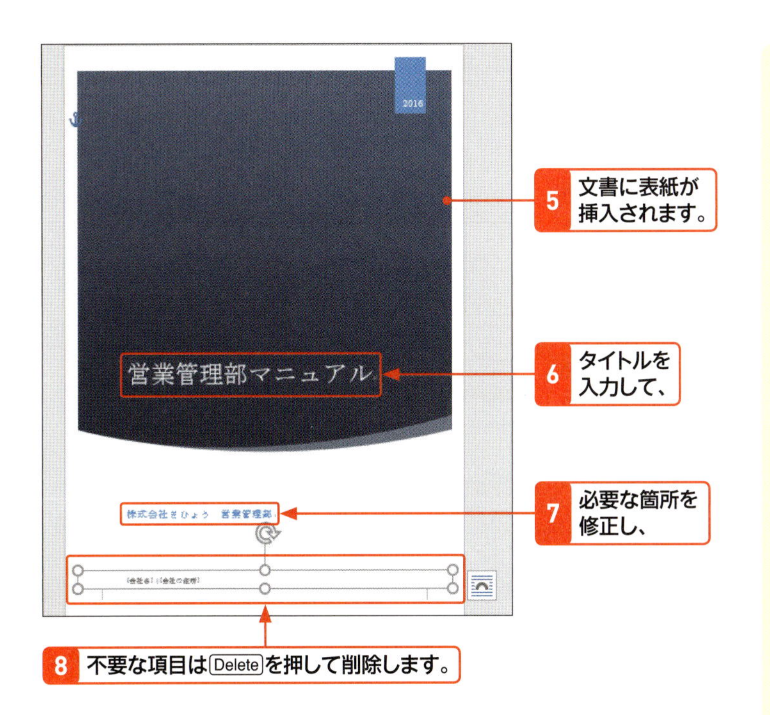

8 不要な項目は Delete を押して削除します。

> **ヒント 不要な要素を削除するには?**
>
> 表紙のデザインはひとまとまりではなく、それぞれ図やテキストボックスに分かれています。そのため、不要な要素を削除するには、要素を1つずつ選択し、Delete を押して削除します。また、表紙ページそのものを削除するには、<表紙>をクリックして表示されるメニューで<現在の表紙を削除>をクリックします。

2 文書全体を罫線で囲む

1 <デザイン>タブをクリックして、

2 <ページ罫線>をクリックします。

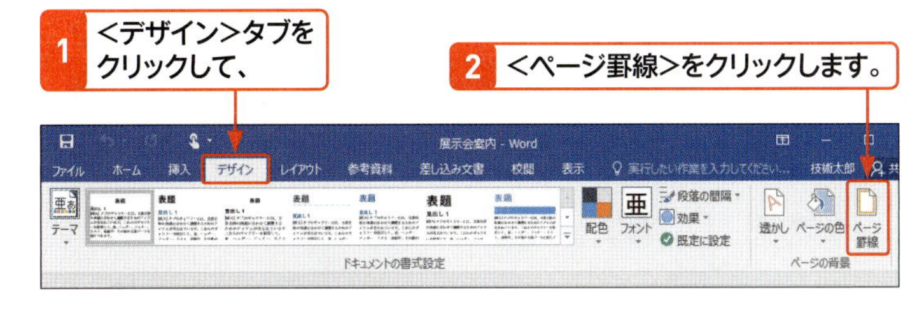

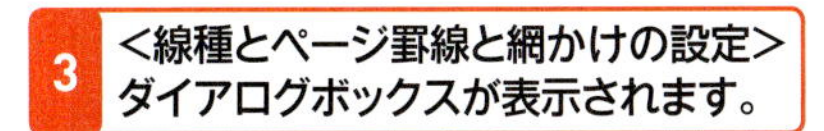

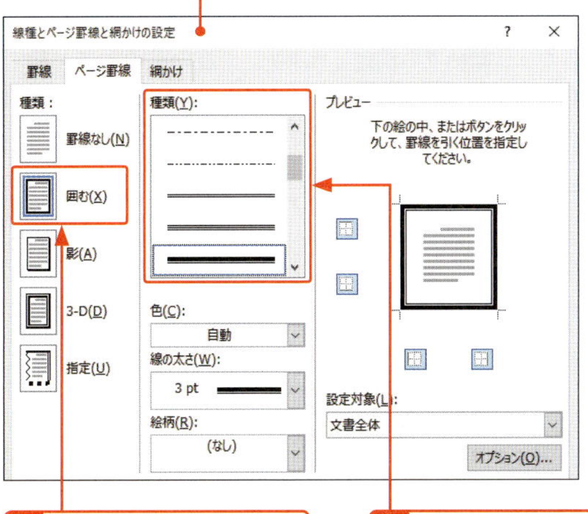

4 <囲む>をクリックして、

5 罫線の種類を指定します。

> **メモ ページ罫線**
>
> Wordには、文書のページ単位で、周りを罫線で囲むページ罫線機能があります。チラシやポスターなど、文書そのものを目立たせたい場合に効果的です。罫線の種類や太さ、色を指定するだけで設定できます。罫線ではなく、絵柄にすることも可能です(次ページの「ステップアップ」参照)。

ヒント 1ページ目のみに付ける

ページ罫線を文書すべてに付けるのではなく、1ページ目にのみ設定したい場合は、手順7の<設定対象>で<このセクション-1ページ目のみ>を指定します。

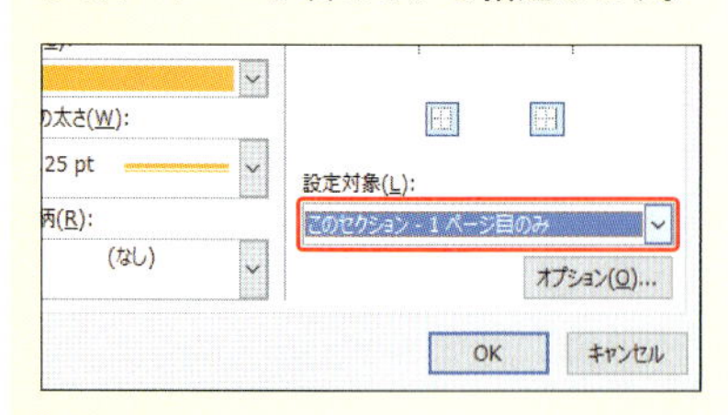

6 線の色や太さを指定します。

7 <文書全体>を指定して、

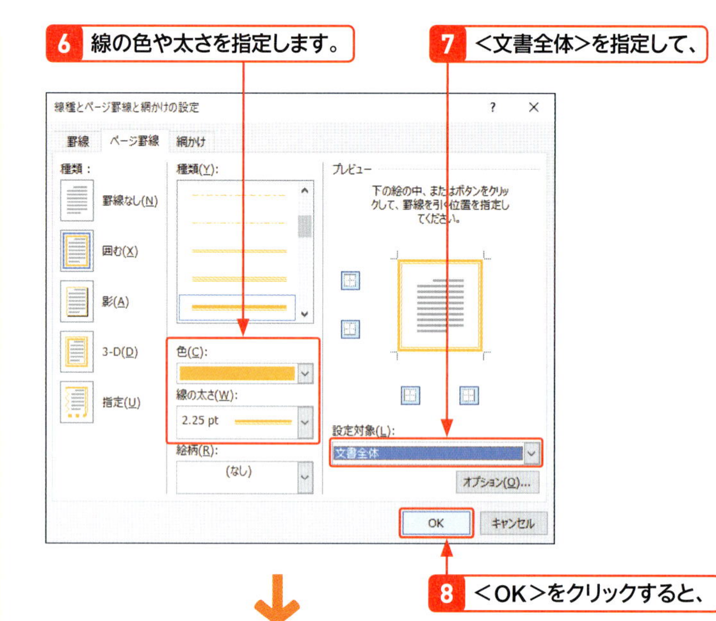

8 <OK>をクリックすると、

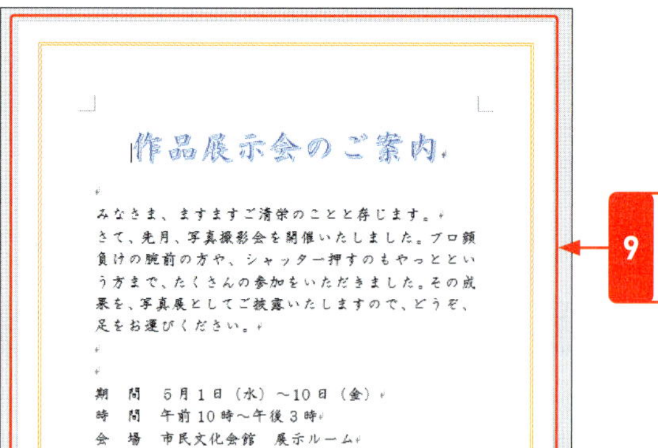

9 文書にページ罫線が挿入されます。

ステップアップ 絵柄のページ罫線を挿入する

ページ罫線は、線種や色で変化を付けることができますが、このほかに、絵柄でも設定できます。上記の手順6で<絵柄>のをクリックして、利用したい絵柄をクリックします。そのままでは大きな絵柄になってしまうので、<線の太さ>を小さくしておくとよいでしょう。

絵柄と線の太さを指定します。

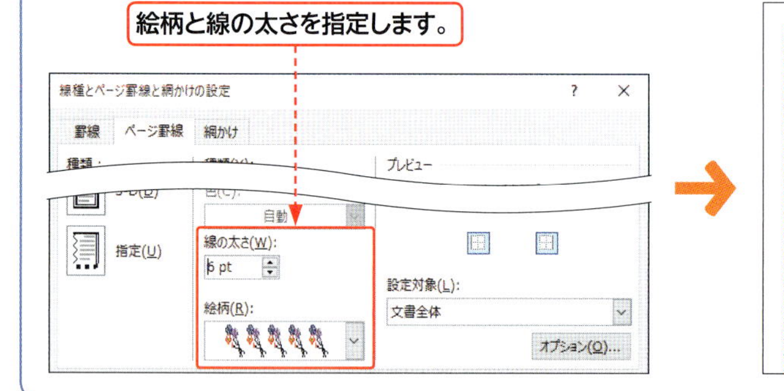

作品展示会のご案内

みなさま、ますますご清栄のことと存じます。
さて、先月、写真撮影会を開催いたしました。プロ顔負けの腕前の方や、シャッター押すのもやっとという方まで、たくさんの参加をいただきました。その成果を、写真展としてご披露いたしますので、どうぞ、足をお運びください。

Chapter 05

第5章

表の作成と編集

Section 54 表を作成する

覚えておきたいキーワード
☑ 表
☑ 行数／列数
☑ 罫線を引く

表を作成する場合、どのような表にするのかをあらかじめ決めておくとよいでしょう。データ数がわかっているときには、行と列の数を指定し、表の枠組みを作成してからデータを入力します。また、レイアウトを考えながら作成する場合などは、罫線を1本ずつ引いて作成することもできます。

1 行数と列数を指定して表を作成する

メモ 表の行数と列数の指定

＜表の挿入＞に表示されているマス目（セル）をドラッグして、行と列の数を指定しても、すばやく表を作成することができます。左上からポイントした部分までのマス目はオレンジ色になり、その数がセルの数となります。

ただし、この方法では8行10列より大きい表は作成できないため、大きな表を作成するには右の手順に従います。

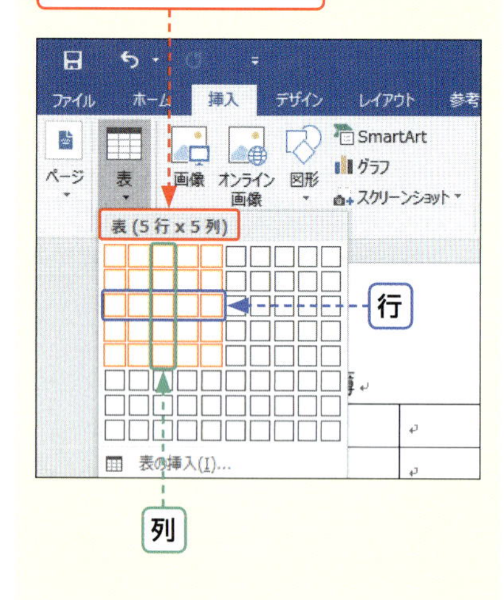

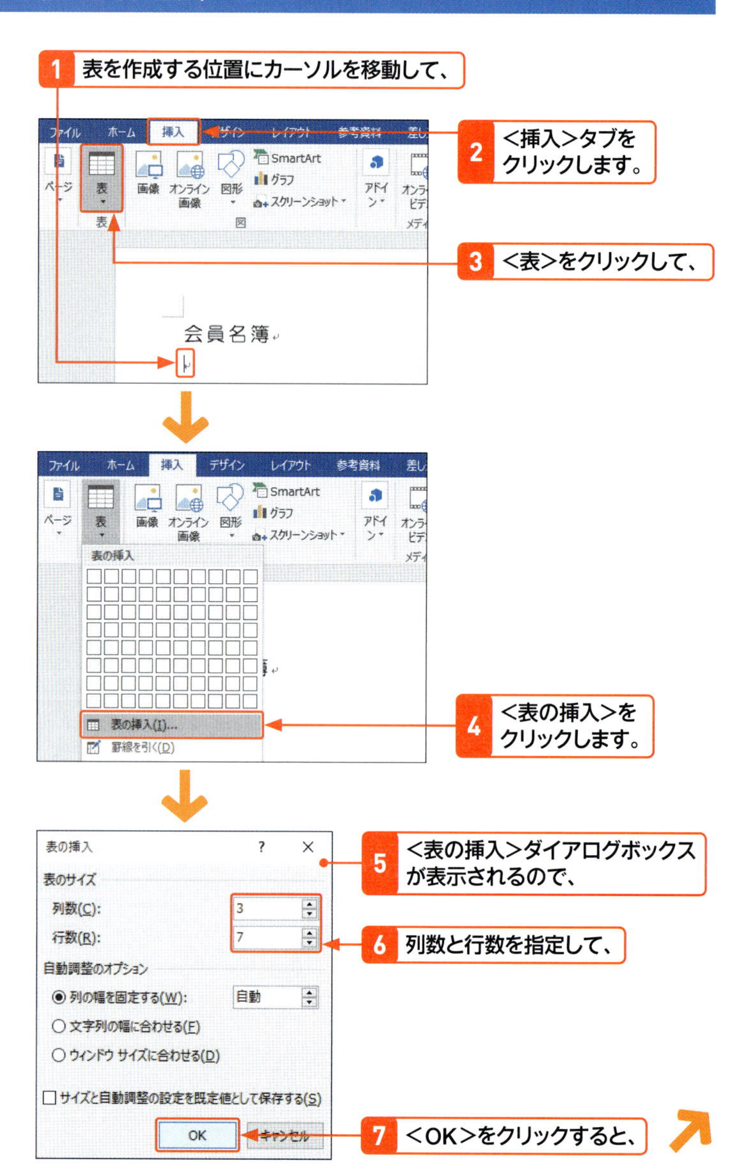

第5章 表の作成と編集

8 表が作成されます。

＜表ツール＞の＜デザイン＞タブと＜レイアウト＞タブが表示されます。

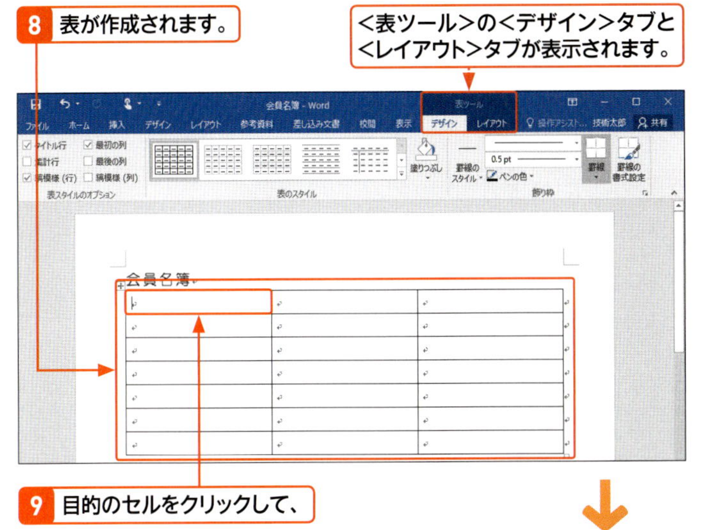

9 目的のセルをクリックして、

10 データを入力します。

11 次のセルをクリックすると、カーソルが移動します。

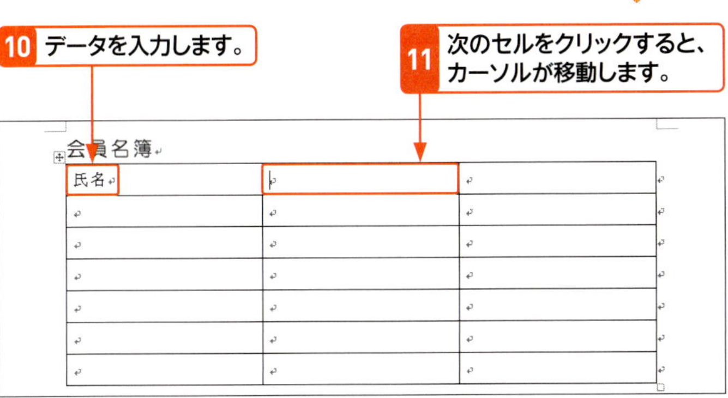

12 同様の操作で、ほかのセルにもデータを入力します。

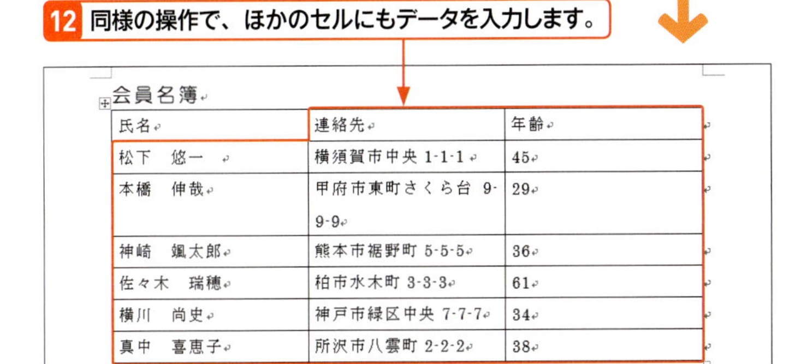

会員名簿

氏名	連絡先	年齢
松下　悠一	横須賀市中央 1-1-1	45
本橋　伸哉	甲府市東町さくら台 9-9-9	29
神崎　颯太郎	熊本市裾野町 5-5-5	36
佐々木　瑞穂	柏市水木町 3-3-3	61
横川　尚史	神戸市緑区中央 7-7-7	34
真中　喜恵子	所沢市八雲町 2-2-2	38

行の高さや列の幅を整えます（Sec.58参照）。

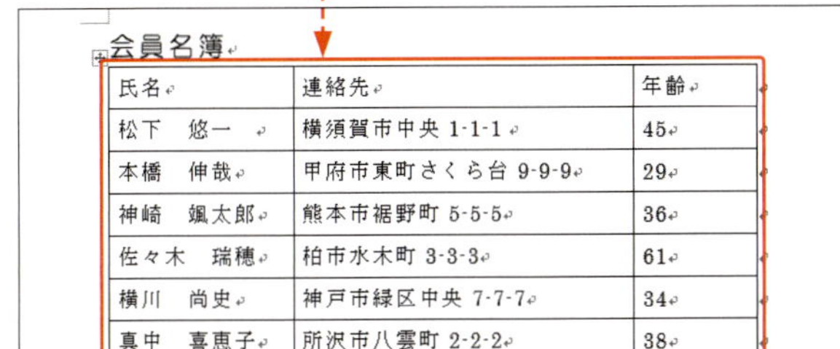

会員名簿

氏名	連絡先	年齢
松下　悠一	横須賀市中央 1-1-1	45
本橋　伸哉	甲府市東町さくら台 9-9-9	29
神崎　颯太郎	熊本市裾野町 5-5-5	36
佐々木　瑞穂	柏市水木町 3-3-3	61
横川　尚史	神戸市緑区中央 7-7-7	34
真中　喜恵子	所沢市八雲町 2-2-2	38

メモ 表ツール

表を作成すると、＜表ツール＞の＜デザイン＞タブと＜レイアウト＞タブが表示されます。作成した表の罫線を削除したり、行や列を挿入・削除したり、罫線の種類を変更したりといった編集作業は、これらのタブを利用します。

ヒント 数値は半角で入力する

数値を全角で入力すると、合計を求めるなどの計算が行えません。数値を使って計算を行う場合は、半角で入力してください。

ヒント セル間をキー操作で移動するには?

セル間は、↑↓←→で移動することができます。また、Tabを押すと右のセルへ移動して、Shift＋Tabを押すと左のセルへ移動します。

2 すでにあるデータから表を作成する

メモ 入力したデータを表にする

表の枠組みを先に作成するのではなく、データを先に入力して、あとから表の枠組みを作成することもできます。データを先に入力する場合は、タブ（Sec.31参照）で区切って入力します。空欄のセルを作成するには、何も入力せずに Tab を押します。

前ページの表の内容と同じデータを、タブ区切りで入力しておきます。

1 表にしたい文字列をドラッグして選択します。

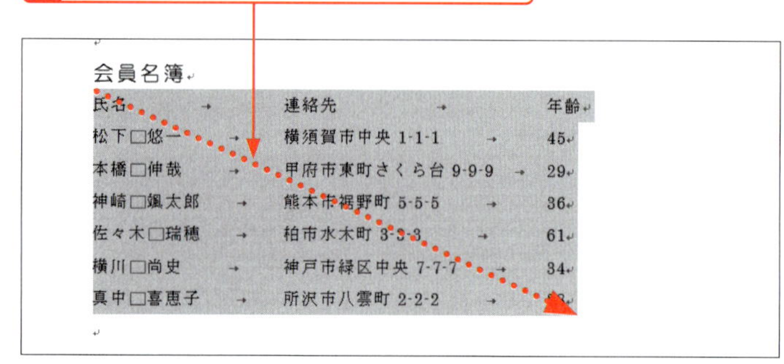

2 ＜挿入＞タブをクリックして、

3 ＜表＞をクリックし、

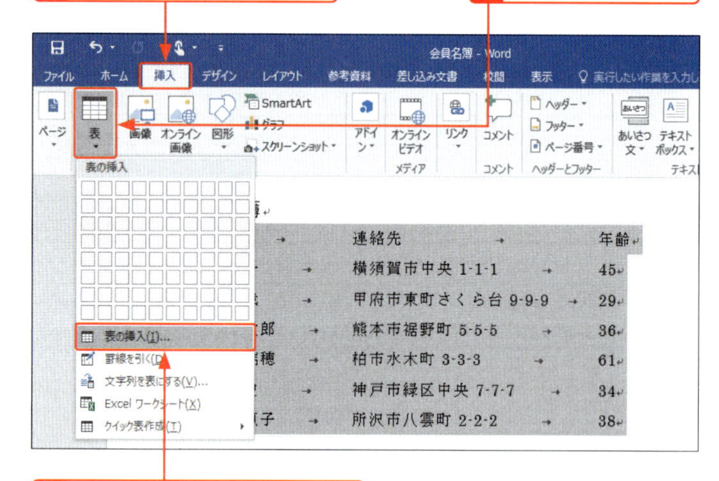

4 ＜表の挿入＞をクリックすると、

5 表が作成されます。

会員名簿

氏名	連絡先	年齢
松下□悠一	横須賀市中央 1-1-1	45
本橋□伸哉	甲府市東町さくら台 9-9-9	29
神崎□颯太郎	熊本市裾野町 5-5-5	36
佐々木□瑞穂	柏市水木町 3-3-3	61
横川□尚史	神戸市緑区中央 7-7-7	34
真中□喜恵子	所沢市八雲町 2-2-2	38

3 罫線を引いて表を作成する

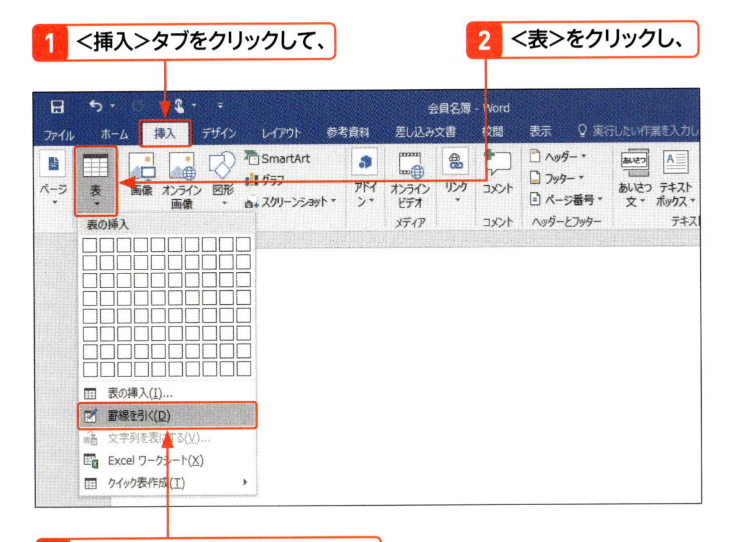

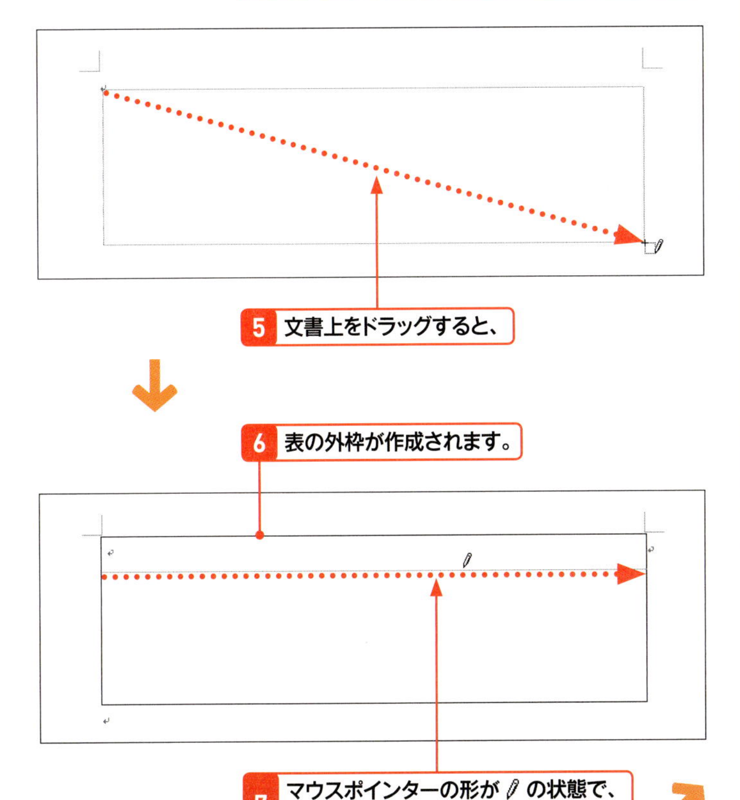

メモ はじめに外枠を作成する

罫線を1本ずつ引いて表を作成する場合は、はじめに外枠を作成します。マウスポインターの形が のときは罫線を引ける状態なので、そのまま対角線方向にドラッグすると、外枠を作成することができます。

メモ 罫線を引く

手順3の<罫線を引く>は、ドラッグ操作で罫線を引いて表を作成したり、すでに作成された表に罫線を追加したりする場合に利用します。また、表を選択すると表示される<表ツール>の<レイアウト>タブの<罫線を引く>を利用しても、表に罫線を追加することができます。

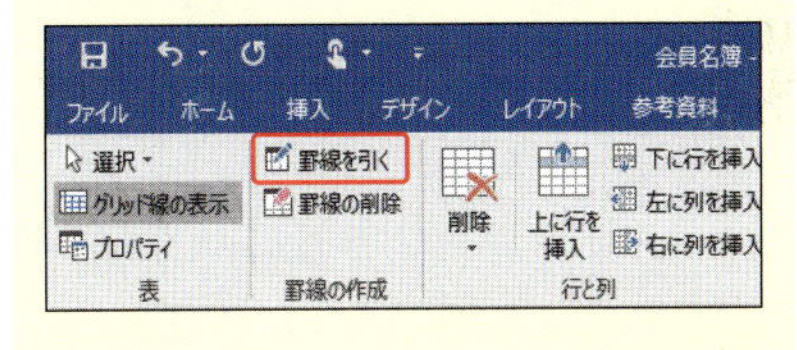

ヒント 罫線を引くのをやめるには?

罫線を引く操作をやめるには、<表ツール>の<レイアウト>タブの<罫線を引く>をクリックしてオフにするか、Esc を押すと、マウスポインターがもとの形に戻ります。

メモ　罫線の種類や太さ、色

Wordの初期設定では、実線で0.5ptの太さ、黒色の罫線が引かれます。罫線の種類や太さ、色はそれぞれ変更することができます（Sec.59参照）。

ヒント　あとから表内の罫線を引くには？

表の枠や罫線を引いたあと、マウスポインターをもとに戻してから再度罫線を引く場合は、表をクリックして＜表ツール＞の＜レイアウト＞タブを表示し、＜罫線を引く＞をクリックします。マウスポインターの形が ✎ になり、ドラッグすると罫線が引けます。

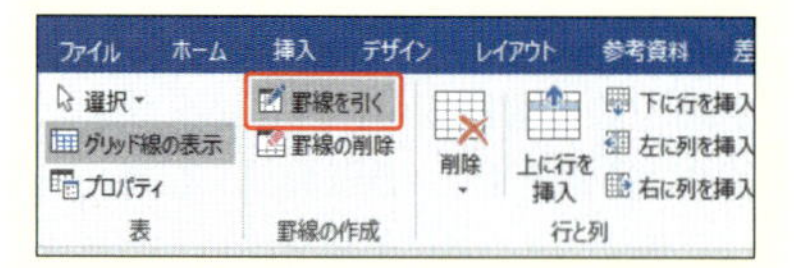

ステップアップ　クイック表作成を使用する

＜挿入＞タブの＜表＞をクリックして、表示されるメニューから＜クイック表作成＞をクリックすると、あらかじめ書式が設定された表をかんたんに作成することができます。

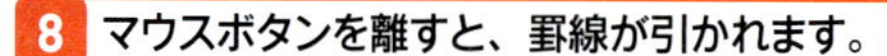

9 ほかの行も同様に罫線を引きます。

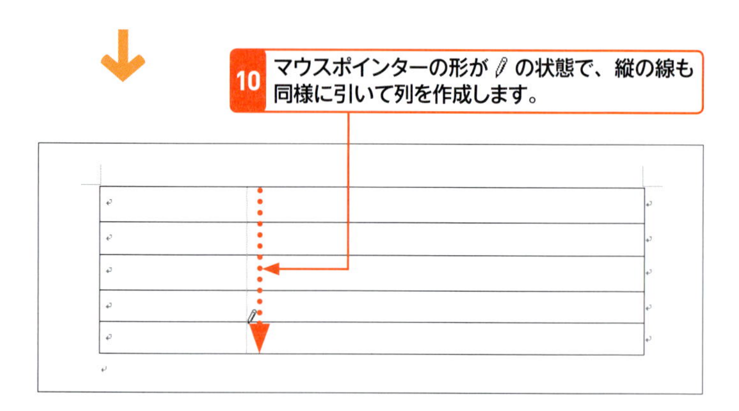

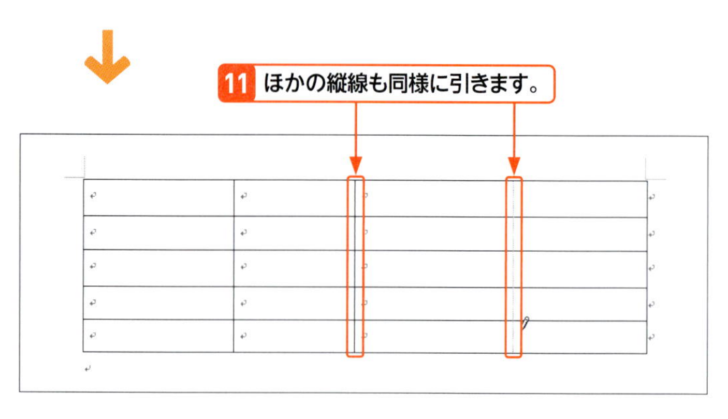

4 罫線を削除する

1 表内をクリックして、<表ツール>の<レイアウト>タブをクリックします。

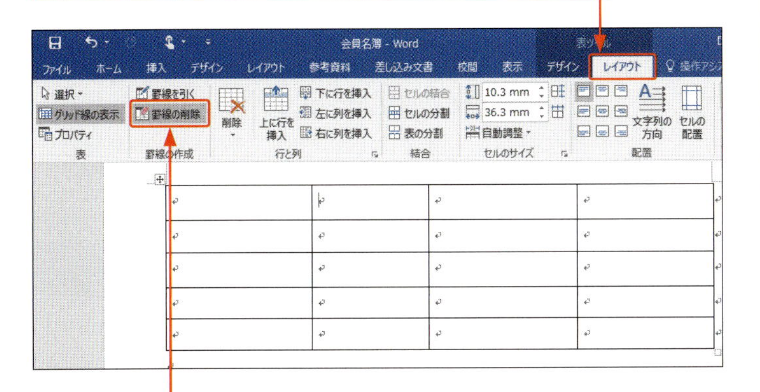

2 <罫線の削除>をクリックすると、

3 マウスポインターの形が に変わるので、

4 消したい罫線の上をクリックすると、

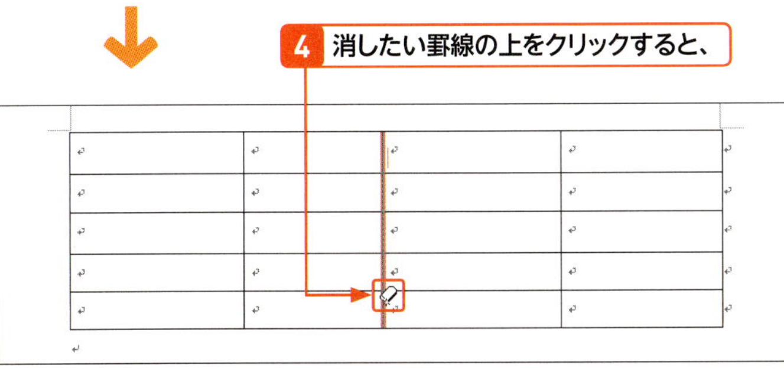

5 罫線が削除されます。

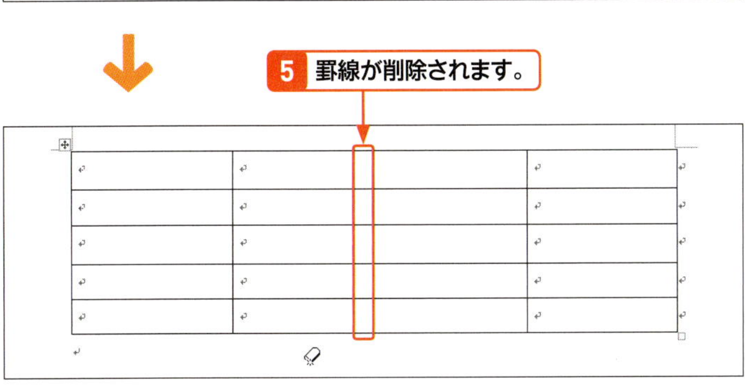

メモ 罫線を削除する

罫線を削除するには、左の手順に従います。<罫線の削除>は、クリックやドラッグ操作で罫線を削除するツールです。解説では罫線をクリックしていますが、ドラッグ操作でも罫線を削除することができます。
罫線の削除を解除するには、再度<罫線の解除>をクリックします。

ヒント 一時的に罫線を削除できる状態にする

マウスポインターの形が のときに Shift を押すと、マウスポインターの形が一時的に に変わり、罫線を削除することができます。

ステップアップ 複数の罫線を削除するには?

複数の罫線を削除するには、マウスポインターの形が のときに、削除したい罫線の範囲を囲むようにドラッグします。
なお、罫線の外枠の一部を削除した場合は、破線の罫線が表示されますが、実際は削除されているので印刷されません。

削除したい範囲をドラッグします。

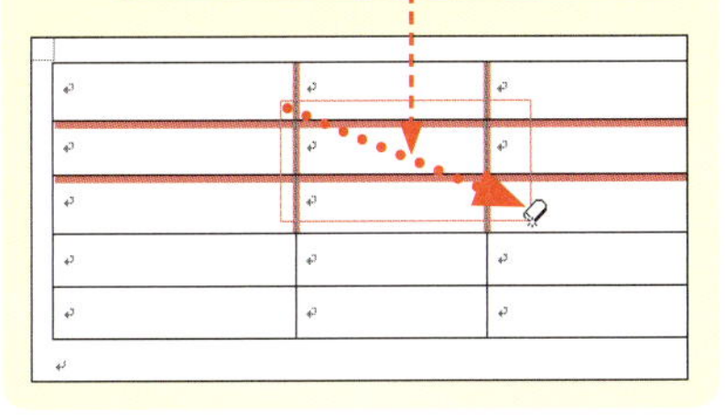

Section 55

セルを選択する

覚えておきたいキーワード
- セル
- セルの選択
- 表全体の選択

作成した表の１つ１つのマス目を「セル」といいます。セルに文字を入力する場合は、セルをクリックしてカーソルを挿入します。セルに対して編集や操作を行う場合は、セルを選択する必要があります。ここでは、１つのセルや複数のセル、表全体を選択する方法を紹介します。

1 セルを選択する

メモ　セルの選択

セルに対して色を付けるなどの編集を行う場合は、最初にセルを選択する必要があります。セルを選択するには、右の操作を行います。なお、セル内をクリックするのは、文字の入力になります。

1 選択したいセルの左下にマウスポインターを移動すると、

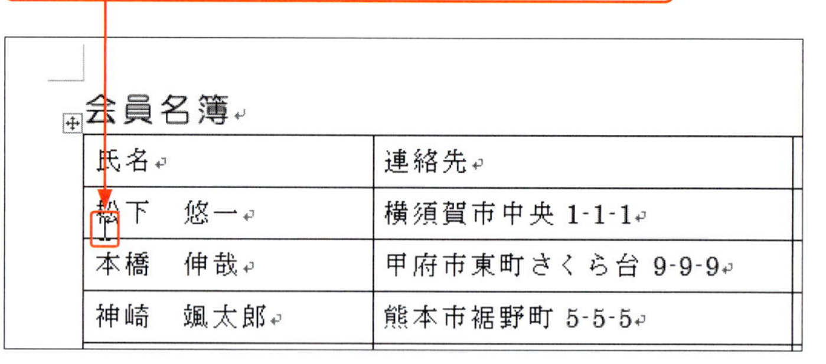

2 ↗の形に変わります。クリックすると、

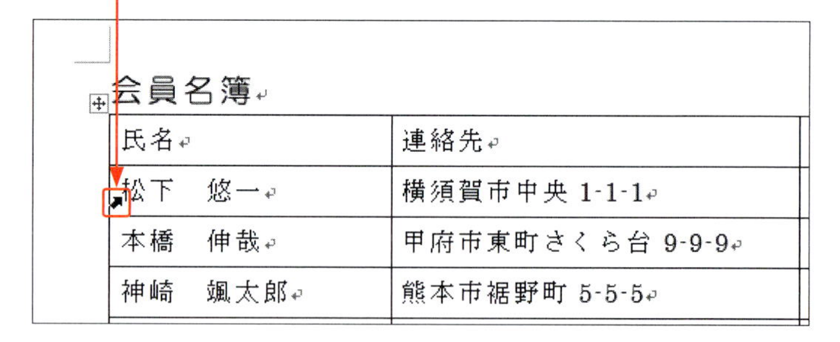

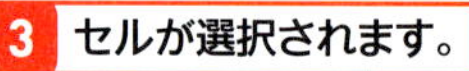

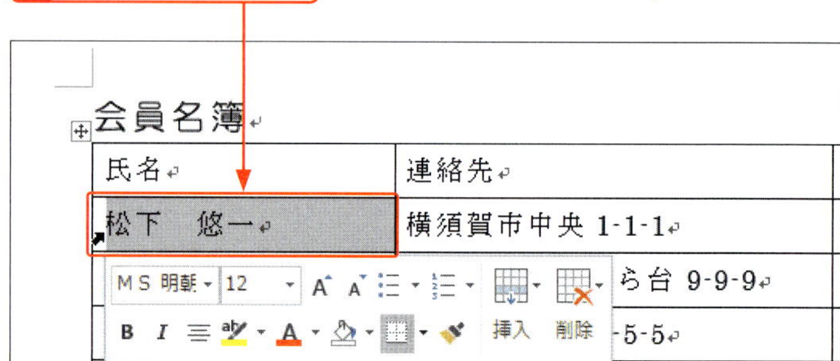

2 複数のセルを選択する

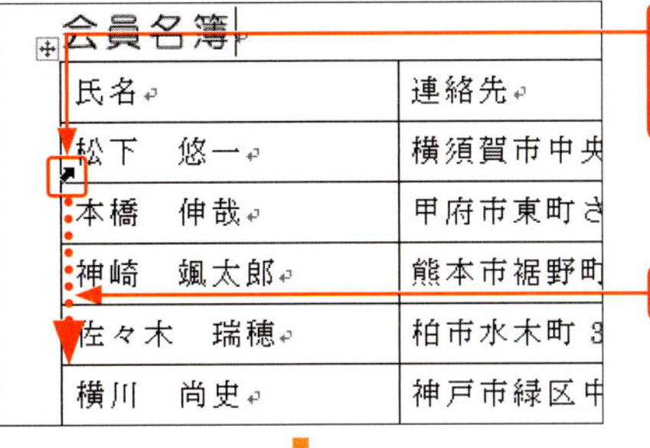

1 セルの左下にマウスポインターを移動して ⬈ になったら、

2 下へドラッグします。

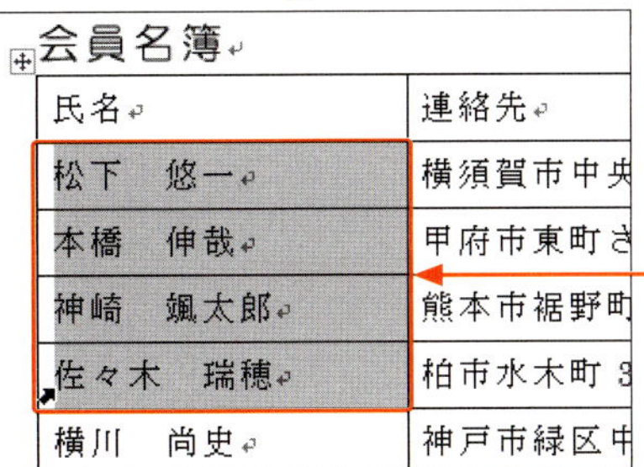

3 複数のセルが選択されます。

メモ 複数のセルの選択

複数のセルを選択する方法には、左の操作のほかに、セルをクリックして、そのままほかのセルをドラッグする方法でもできます。

会員名簿

氏名	連絡先
松下　悠一	横須賀市中央 1-1-1
本橋　伸哉	甲府市東町さくら台 9-9-9
神崎　颯太郎	熊本市裾野町 5-5-5
佐々木　瑞穂	柏市水木町 3-3-3
横川　尚史	神戸市緑区中央 7-7-7

3 表全体を選択する

1 表内にマウスポインターを移動すると、

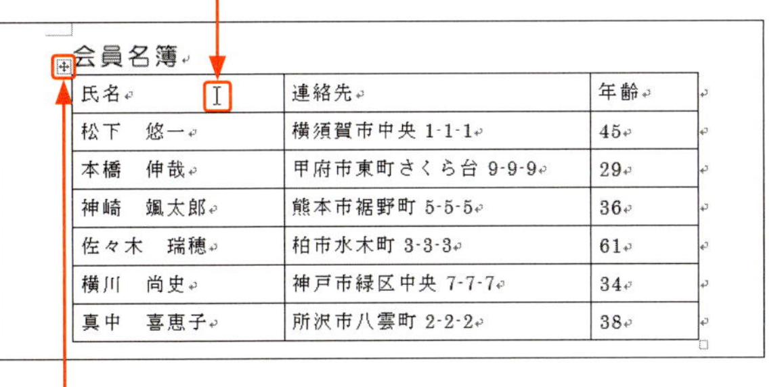

会員名簿

氏名	連絡先	年齢
松下　悠一	横須賀市中央 1-1-1	45
本橋　伸哉	甲府市東町さくら台 9-9-9	29
神崎　颯太郎	熊本市裾野町 5-5-5	36
佐々木　瑞穂	柏市水木町 3-3-3	61
横川　尚史	神戸市緑区中央 7-7-7	34
真中　喜恵子	所沢市八雲町 2-2-2	38

2 左上に ⊞ が表示されます。クリックすると、

3 表全体が選択されます。

会員名簿

氏名	連絡先	年齢
松下　悠一	横須賀市中央 1-1-1	45
本橋　伸哉	甲府市東町さくら台 9-9-9	29
神崎　颯太郎	熊本市裾野町 5-5-5	36
佐々木　瑞穂	柏市水木町 3-3-3	61
横川　尚史	神戸市緑区中央 7-7-7	34
真中　喜恵子	所沢市八雲町 2-2-2	38

メモ 表の選択

表の ⊞ をクリックすると、表全体を選択できます。表を選択すると、表をドラッグして移動したり、表に対しての変更をまとめて実行したりすることができます。

Section 56

行や列を挿入／削除する

覚えておきたいキーワード
- ☑ 行／列の挿入
- ☑ 行／列の削除
- ☑ 表の削除

作成した表に行や列を挿入するには、挿入したい位置で挿入マークをクリックします。あるいは、＜表ツール＞の＜レイアウト＞タブの挿入コマンドを利用して挿入することができます。行や列を削除するには、行や列を選択して、削除コマンドを利用するか、BackSpace を押します。

1 行を挿入する

メモ　行を挿入する

行を挿入したい位置にマウスポインターを近づけると、挿入マーク⊕が表示されます。これをクリックすると、行が挿入されます。

ヒント　そのほかの挿入方法

＜表ツール＞の＜レイアウト＞タブの＜行と列＞グループにある挿入コマンドを利用して行を挿入することもできます。あらかじめ、挿入したい行の上下どちらかの行内をクリックしてカーソルを移動しておきます。＜上に行を挿入＞をクリックするとカーソル位置の上に、＜下に行を挿入＞をクリックするとカーソル位置の下に、行を挿入することができます。

1 カーソルを移動して、

氏名	連絡先	年齢
松下□悠一	横須賀市中央 1-1-1	45
本橋□伸哉	甲府市東町さくら台 9-9-9	29
神崎□颯太郎	熊本市裾野町 5-5-5	36

2 ＜下に行を挿入＞をクリックすると、カーソル位置の下に行が挿入されます。

1 表内をクリックして、表を選択しておきます。

会員名簿

氏名	連絡先	年齢
松下□悠一	横須賀市中央 1-1-1	45
本橋□伸哉	甲府市東町さくら台 9-9-9	29
神崎□颯太郎	熊本市裾野町 5-5-5	36
佐々木□瑞穂	柏市水木町 3-3-3	61

2 挿入したい行の余白にマウスポインターを近づけると、

3 挿入マークが表示されます。

4 挿入マークをクリックすると、

会員名簿

氏名	連絡先	年齢
松下□悠一	横須賀市中央 1-1-1	45
本橋□伸哉	甲府市東町さくら台 9-9-9	29
神崎□颯太郎	熊本市裾野町 5-5-5	36
佐々木□瑞穂	柏市水木町 3-3-3	61

5 行が挿入されます。

会員名簿

氏名	連絡先	年齢
松下□悠一	横須賀市中央 1-1-1	45
本橋□伸哉	甲府市東町さくら台 9-9-9	29
神崎□颯太郎	熊本市裾野町 5-5-5	36

2 列を挿入する

1 挿入したい列の線上にマウスポインターを近づけると、挿入マークが表示されるので、

会員名簿

氏名	連絡先	年齢
松下□悠一	横須賀市中央 1-1-1	45
本橋□伸哉	甲府市東町さくら台 9-9-9	29
神崎□颯太郎	熊本市裾野町 5-5-5	36
佐々木□瑞穂	柏市水木町 3-3-3	61
横川□尚史	神戸市緑区中央 7-7-7	34
真中□喜恵子	所沢市八雲町 2-2-2	38

2 挿入マークをクリックします。

会員名簿

氏名	連絡先	年齢
松下□悠一	横須賀市中央 1-1-1	45
本橋□伸哉	甲府市東町さくら台 9-9-9	29
神崎□颯太郎	熊本市裾野町 5-5-5	36
佐々木□瑞穂	柏市水木町 3-3-3	61
横川□尚史	神戸市緑区中央 7-7-7	34
真中□喜恵子	所沢市八雲町 2-2-2	38

3 列が挿入され、表全体の列幅が自動的に調整されます。

会員名簿

氏名		連絡先	年齢
松下□悠一		横須賀市中央 1-1-1	45
本橋□伸哉		甲府市東町さくら台 9-9-9	29
神崎□颯太郎		熊本市裾野町 5-5-5	36
佐々木□瑞穂		柏市水木町 3-3-3	61
横川□尚史		神戸市緑区中央 7-7-7	34
真中□喜恵子		所沢市八雲町 2-2-2	38

ヒント ミニツールバーを利用する

列や行を選択すると、<挿入>と<削除>が用意されたミニツールバーが表示されます。ここから挿入や削除を行うことも可能です。

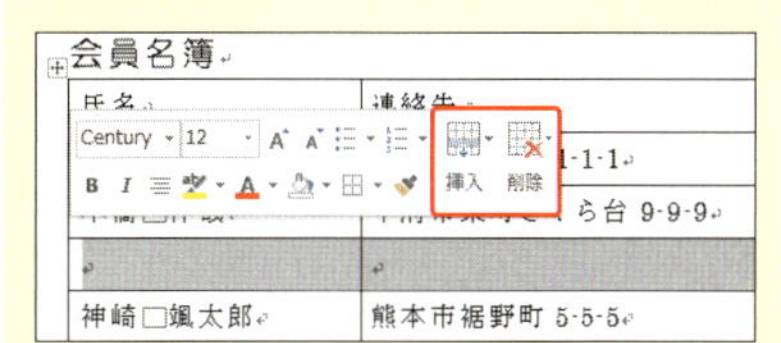

ヒント そのほかの挿入方法

<表ツール>の<レイアウト>タブの挿入コマンドを利用して列を挿入することもできます。とくに、表の左端に列を追加する場合、挿入マークは表示されないので、この方法を用います。あらかじめ、挿入したい列の左右どちらかの列内をクリックしてカーソルを移動しておきます。<左に列を挿入>はカーソル位置の左に、<右に列を挿入>はカーソル位置の右に、列を挿入することができます。

1 カーソルを移動して、

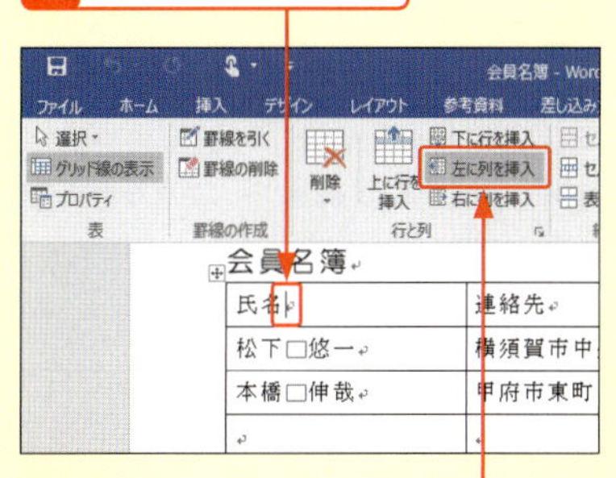

2 <左に列を挿入>をクリックすると、カーソル位置の左に列が挿入されます。

3 行や列を削除する

ヒント そのほかの列の削除方法

列を削除するには、削除したい列を選択して BackSpace を押します。また、削除したい列にカーソルを移動して、＜表ツール＞の＜レイアウト＞タブの＜削除＞をクリックし、＜列の削除＞をクリックしても列を削除できます。

列を削除します。

1 列の上にマウスポインターを合わせ、形が⬇に変わる位置でクリックすると、

2 列が選択されます。

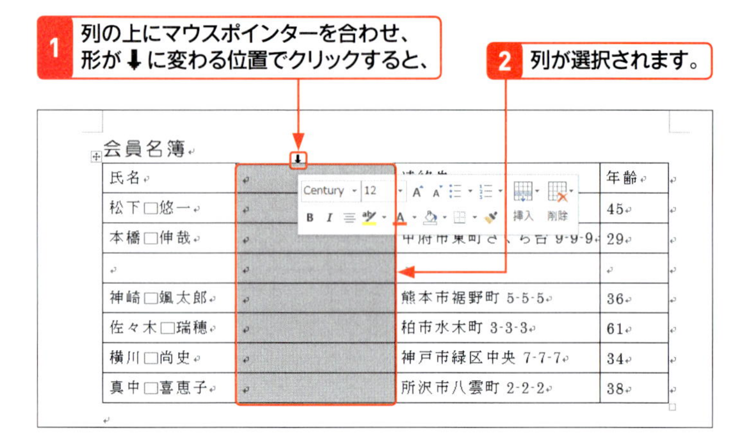

3 BackSpace を押すと、

4 列が削除されます。

ヒント 行を削除するには？

行を削除するには、削除したい行の左側の余白部分をクリックし、行を選択します。BackSpace を押すと、行が削除されます。または、削除したい行にカーソルを移動して、＜表ツール＞の＜レイアウト＞タブの＜削除＞をクリックし、＜行の削除＞をクリックします。

4 表全体を削除する

メモ 表の削除

表を削除するには、表全体を選択して BackSpace を押します。なお、表全体を選択して Delete を押すと、データのみが削除されます。

1 表にマウスポインターを近づけると、⊞が表示されます。⊞をクリックすると、

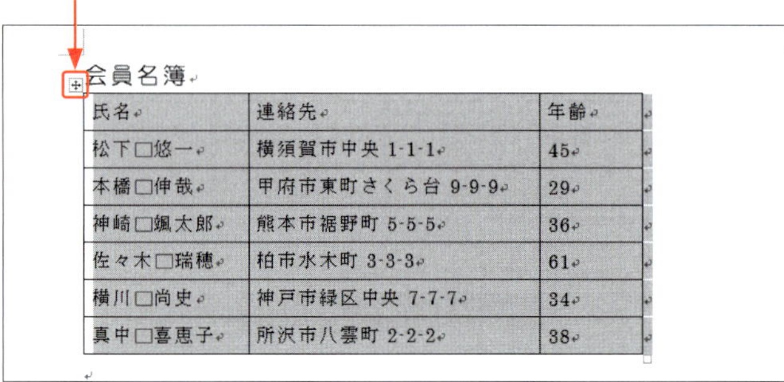

2 表全体が選択されるので、BackSpace を押します。

3 表が削除されます。

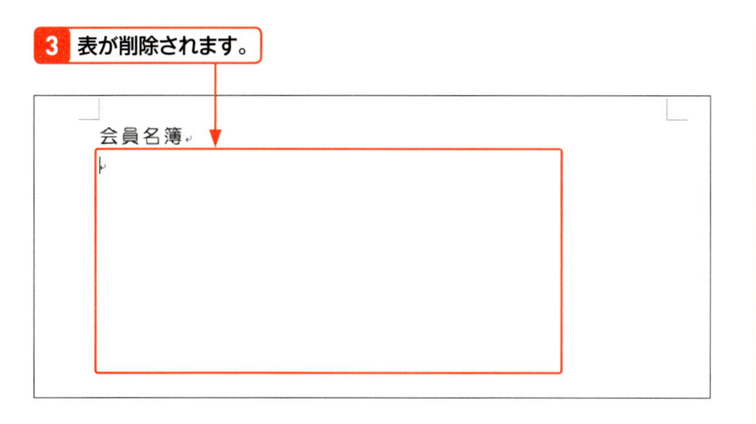

ヒント そのほかの表の削除方法

表内をクリックして、<表ツール>の<レイアウト>タブの<削除>をクリックし、<表の削除>をクリックしても表を削除できます。

5 セルを挿入する

1 セルを選択して、

2 ここをクリックします。

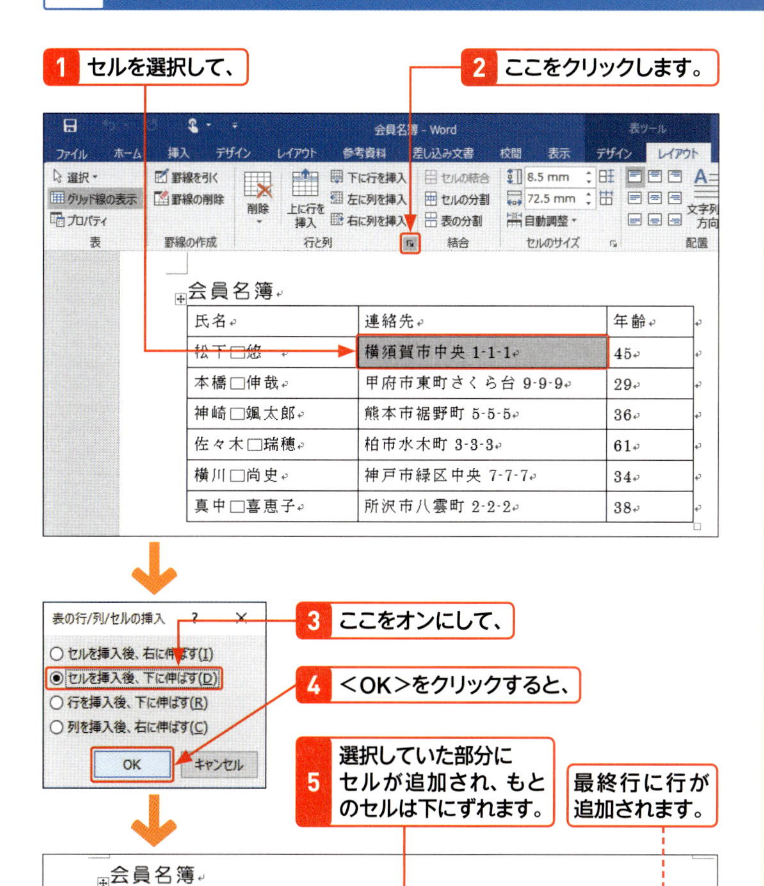

氏名	連絡先	年齢
松下□悠一	横須賀市中央 1-1-1	45
本橋□伸哉	甲府市東町さくら台 9-9-9	29
神崎□颯太郎	熊本市裾野町 5-5-5	36
佐々木□瑞穂	柏市水木町 3-3-3	61
横川□尚史	神戸市緑区中央 7-7-7	34
真中□喜恵子	所沢市八雲町 2-2-2	38

3 ここをオンにして、

4 <OK>をクリックすると、

5 選択していた部分にセルが追加され、もとのセルは下にずれます。

最終行に行が追加されます。

氏名	連絡先	年齢
松下□悠一		45
本橋□伸哉	横須賀市中央 1-1-1	29
神崎□颯太郎	甲府市東町さくら台 9-9-9	36
佐々木□瑞穂	熊本市裾野町 5-5-5	61
横川□尚史	柏市水木町 3-3-3	34
真中□喜恵子	神戸市緑区中央 7-7-7	38
	所沢市八雲町 2-2-2	

メモ セルを挿入する

表の中にセルを挿入するには、<レイアウト>タブの<行と列>グループのをクリックすると表示される<表の行／列／セルの挿入>ダイアログボックスを利用します。
選択したセルの下にセルを挿入する場合は、<セルを挿入後、下に伸ばす>をオンにします。

ヒント セルの削除

表の中のセルを削除するには、削除したいセルを選択して、BackSpaceを押すと表示される<表の行／列／セルの削除>ダイアログボックスを利用します。選択したセルを削除して、右側のセルを左に詰めるには<セルを削除後、左に詰める>を、下側のセルを上に詰めるには<セルを削除後、上に詰める>をオンにします。

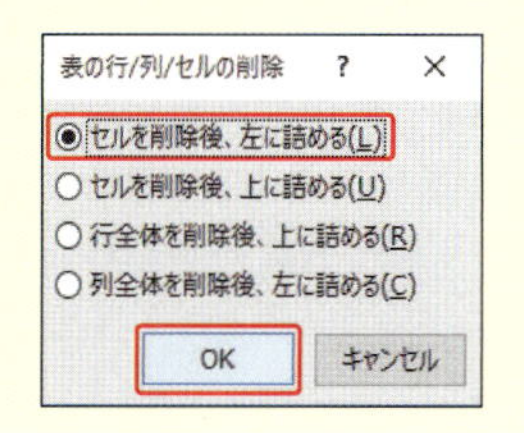

Section 57

セルを結合／分割する

覚えておきたいキーワード
- ☑ セルの結合
- ☑ セルの分割
- ☑ 表の分割

複数の行や列にわたる項目に見出しを付ける場合は、複数のセルを結合します。隣接したセルどうしであれば、縦横どちらの方向にもセルを結合することができます。また、セルを分割して新しいセルを挿入したり、表を分割して通常の行を挿入したりすることができます。

1 セルを結合する

1 結合したいセルを選択して（P.201参照）、

2 <表ツール>の<レイアウト>タブをクリックし、

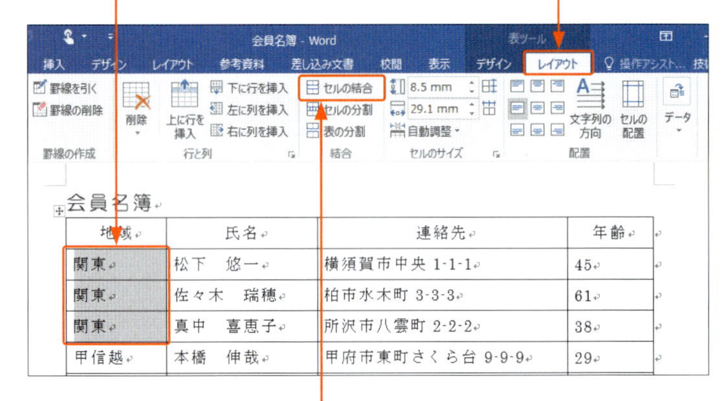

3 <セルの結合>をクリックすると、

4 セルが結合されます。

5 不要な文字をDeleteで消します。

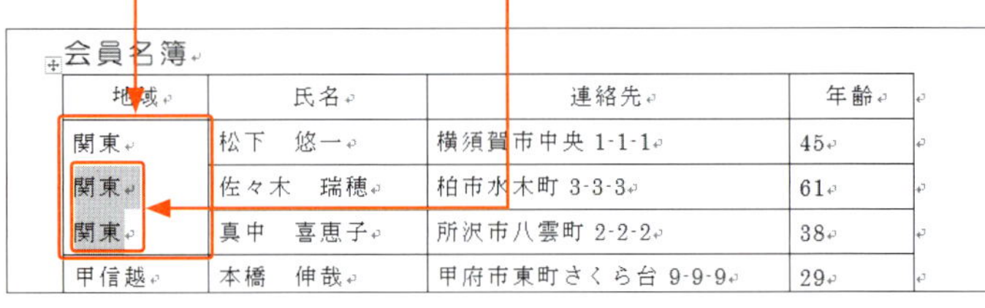

6 文字が配置されます。

会員名簿

地域	氏名	連絡先	年齢
関東	松下　悠一	横須賀市中央 1-1-1	45
	佐々木　瑞穂	柏市水木町 3-3-3	61
	真中　喜恵子	所沢市八雲町 2-2-2	38
甲信越	本橋　伸哉	甲府市東町さくら台 9-9-9	29

ヒント 結合したいセルに文字が入力されている場合

文字が入力されている複数のセルを結合すると、結合した1つのセルに、文字がそのまま残ります。不要な場合は削除しましょう。

ヒント 結合を解除するには？

結合したセルをもとに戻すには、結合したセルを選択して、右ページの手順で分割します。なお、分割後のセル幅が結合前のセル幅と合わない場合は、罫線をドラッグしてセル幅を調整します（Sec.58参照）。

ヒント 表を結合するには？

2つの表を作成した場合、間の段落記号を削除すると、表どうしが結合されます。ただし、列幅や列数が異なる場合も、そのままの状態で結合されるので、あとから調整する必要があります。

2 セルを分割する

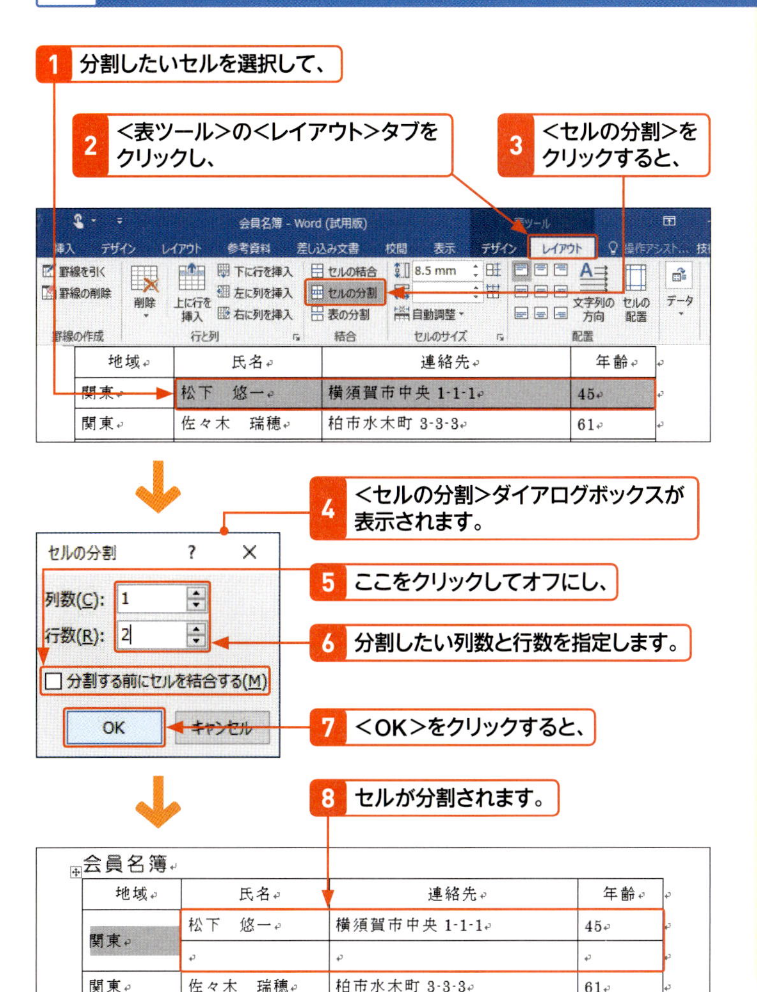

メモ セルの分割後の列数や行数の指定

手順4の<セルの分割>ダイアログボックスでは、セルの分割後の列数や行数を指定します。分割後の列数や行数は、<分割する前にセルを結合する>の設定により、結果が異なります(下の「ヒント」参照)。なお、分割したセルをもとに戻すには、分割後に増えたセルを選択して削除します(P.205の下の「ヒント」参照)。

ヒント 表を分割するには?

分割したい行のセルにカーソルを移動して、<表ツール>の<レイアウト>タブの<表の分割>をクリックします。表と表の間に、通常の行が表示されます。

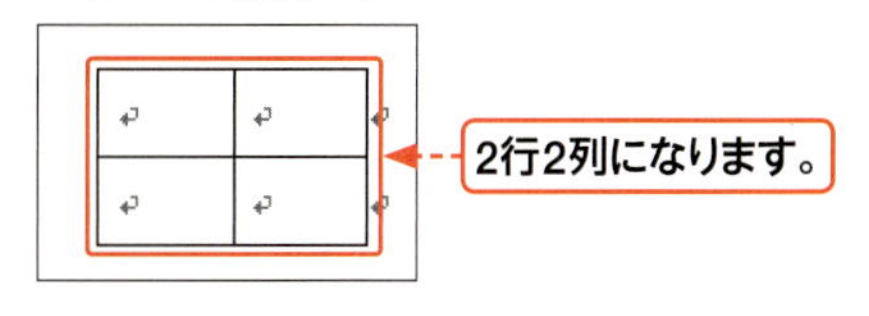

会員名簿

地域	氏名	連絡先	年齢
関東	松下 悠一	横須賀市中央 1-1-1	45
関東	佐々木 瑞穂	柏市水木町 3-3-3	61
関東	真中 喜恵子	所沢市八雲町 2-2-2	38

甲信越	本橋 伸哉	甲府市東町さくら台 9-9-9	29
関西	横川 尚史	神戸市緑区中央 7-7-7	34
九州	神崎 鉄太郎	熊本市堀野町 5-5-5	36

ステップアップ 分割後のセル数の指定

<セルの分割>ダイアログボックスの<分割する前にセルを結合する>をオンにするか、オフにするかで、分割後の結果が異なります。オンにすると、選択範囲のセルを1つのセルとして扱われ、指定した数に分割されます。オフにすると、選択範囲に含まれる1つ1つのセルが、それぞれ指定した数に分割されます。

もとのセル

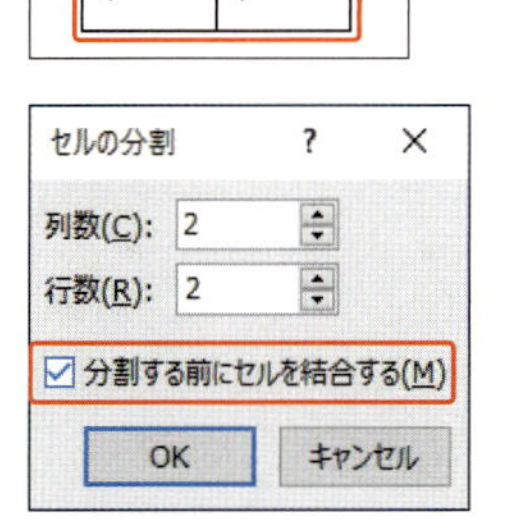

オンにした場合

2行2列になります。

オフにした場合

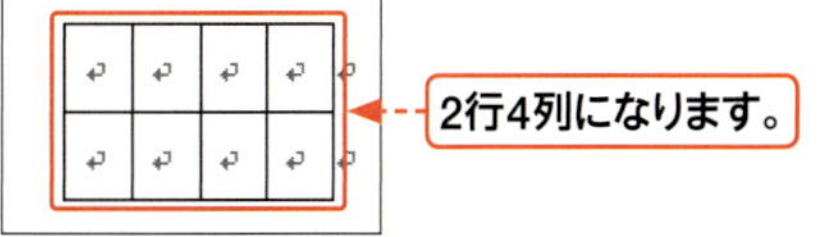

2行4列になります。

Section 58

列幅／行高を変更する

覚えておきたいキーワード
- 列幅／行高
- 幅を揃える
- 高さを揃える

表を作成してからデータを入力すると、列の幅や行の高さが内容に合わないことがあります。このような場合は、表の罫線をドラッグして、列幅や行高を調整します。また、＜レイアウト＞タブの＜幅を揃える＞、＜高さを揃える＞を利用して、複数のセルの幅と高さを均等に揃えることもできます。

1 列幅をドラッグで調整する

メモ 列の幅や行の高さを調整する

右の手順では、列の幅を調整していますが、行の高さを調整するときは、横罫にマウスポインターを合わせ、形が÷に変わった状態でドラッグします。なお、ドラッグ中にAltを押すと、列の幅や行の高さを細かく調整することができます。

ステップアップ 一部のセルの列幅を変更する

列幅の変更は列全体のほか、一部のセルのみの列幅を変更することができます。変更したいセルのみを選択して、罫線をドラッグします。

1つのセルだけ列幅を変更できます。

会費一覧

地域	氏名	月　額	月
関東	松下　悠一	500	
関東	佐々木　瑞穂	500	
関東	真中　喜恵子	500	
甲信越	本橋　伸哉	500	
関西	横川　尚史	500	

1 罫線にマウスポインターを合わせると、形が+||+に変わるので、

会費一覧

地域	氏名	月　額	月　数	合計額
関東	松下　悠一	500	12	
関東	佐々木　瑞穂	500	12	
関東	真中　喜恵子	500	8	
甲信越	本橋　伸哉	500	6	
関西	横川　尚史	500	12	
九州	神崎　颯太郎	500	10	

2 ドラッグすると、

会費一覧

地域	氏名	月　額	月　数	合計額
関東	松下　悠一	500	12	
関東	佐々木　瑞穂	500	12	
関東	真中　喜恵子	500	8	
甲信越	本橋　伸哉	500	6	
関西	横川　尚史	500	12	
九州	神崎　颯太郎	500	10	

3 表全体の大きさは変わらずに、この列の幅が狭くなり、

4 この列の幅が広がります。

会費一覧

地域	氏名	月　額	月　数	合計額
関東	松下　悠一	500	12	
関東	佐々木　瑞穂	500	12	
関東	真中　喜恵子	500	8	
甲信越	本橋　伸哉	500	6	
関西	横川　尚史	500	12	
九州	神崎　颯太郎	500	10	

2 列幅を均等にする

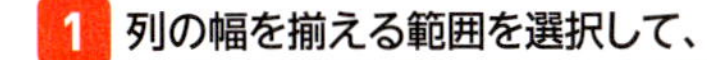

1 列の幅を揃える範囲を選択して、

2 <表ツール>の<レイアウト>タブをクリックし、

3 <幅を揃える>をクリックすると、

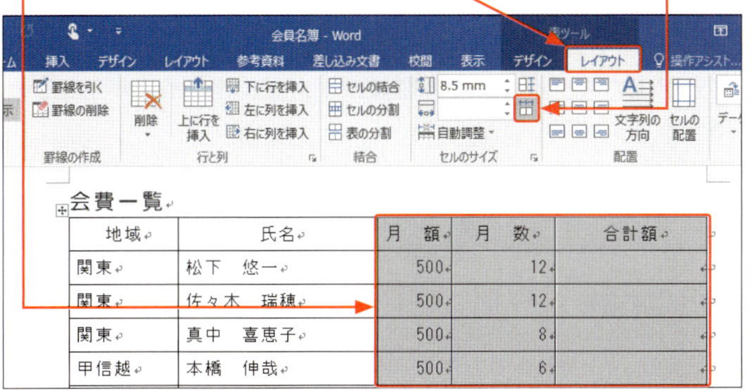

4 選択した列の幅が均等になります。

地域	氏名	月　額	月　数	合計額
関東	松下　悠一	500	12	
関東	佐々木　瑞穂	500	12	
関東	真中　喜恵子	500	8	
甲信越	本橋　伸哉	500	6	

メモ 列の幅は行単位で調整される

列幅を均等にする場合は、<レイアウト>タブの<幅を揃える>田を利用します。この場合、行単位で列幅が調整されるので、セル数の異なる行がある場合は、罫線がずれてしまいます。ずれた列は、左ページの方法でドラッグして調整します。

氏名		月　額	月　数	合計
松下　悠一	正人	500	12	
佐々木　瑞穂		500	12	
真中　喜恵子		500	8	
本橋　伸哉		500	6	

ヒント 行の高さを均等にする

行の高さを均等にするには、揃える範囲を選択して<レイアウト>タブの<高さを揃える>田をクリックします。

3 列幅を自動調整する

1 表内をクリックして、

2 <レイアウト>タブの<自動調整>をクリックし、

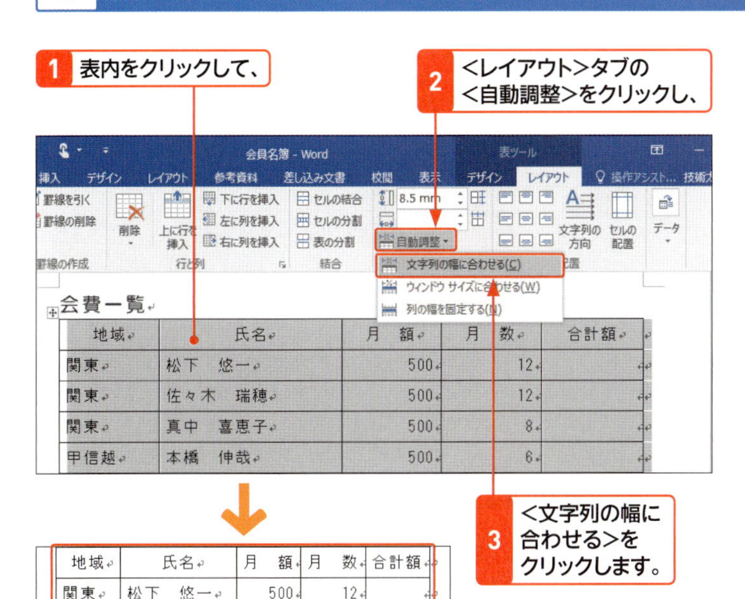

3 <文字列の幅に合わせる>をクリックします。

地域	氏名	月　額	月　数	合計額
関東	松下　悠一	500	12	
関東	佐々木　瑞穂	500	12	
関東	真中　喜恵子	500	8	
甲信越	本橋　伸哉	500	6	

4 文字列の幅に合わせて、それぞれの列幅が調整されます。

ステップアップ 表の幅を変更する

列を挿入したときなどに列が増えて、ウィンドウの右側に表が広がってしまう場合があります。ウィンドウの幅で表を収めるには、<レイアウト>タブの<自動調整>をクリックして、<ウィンドウサイズに合わせる>をクリックします。

Section 59

表の罫線を変更する

覚えておきたいキーワード
- ☑ ペンのスタイル
- ☑ ペンの太さ
- ☑ ペンの色

表を作成すると、罫線の種類（スタイル）は実線、罫線の太さは0.5pt、罫線の色は自動（黒）になっています。この罫線の書式は、それぞれ変更することができます。また、<罫線のスタイル>には罫線のサンプルデザインが用意されているので、利用するとよいでしょう。

1 罫線の種類や太さを変更する

メモ 罫線を変更する

表の罫線は1本ずつ変更することができます。罫線を変更する場合、罫線の種類や太さ、色をセットで指定してから、変更したい罫線上をドラッグします。

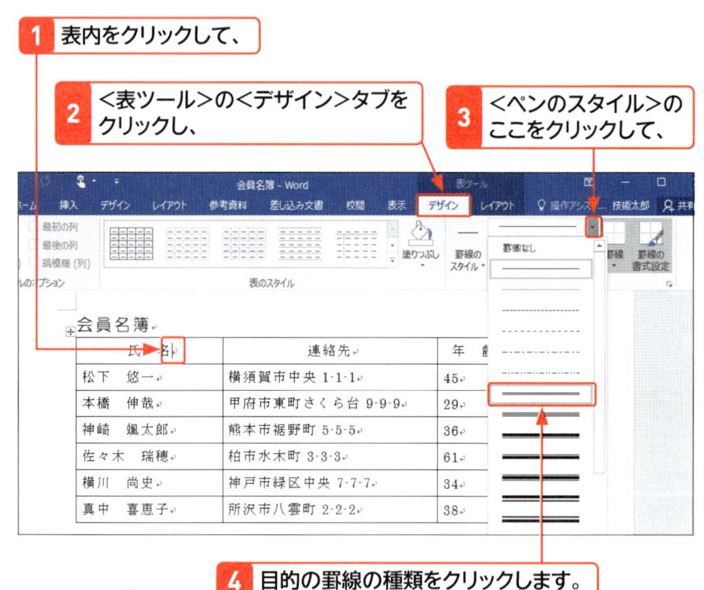

5 <ペンの太さ>のここをクリックして、

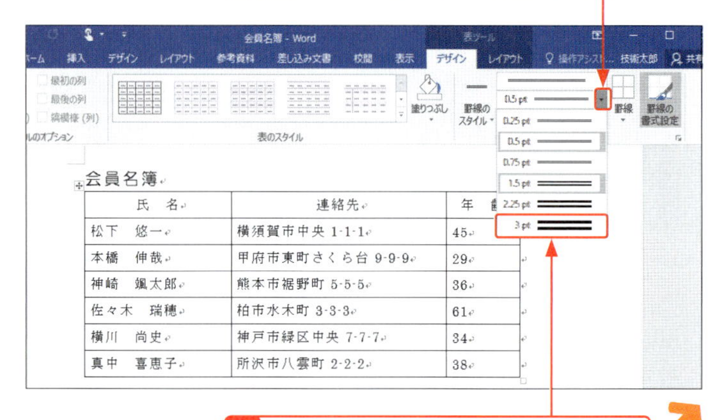

6 太さをクリックします（ここでは<3pt>）。

7 <ペンの色>のここをクリックして、

8 色をクリックします。

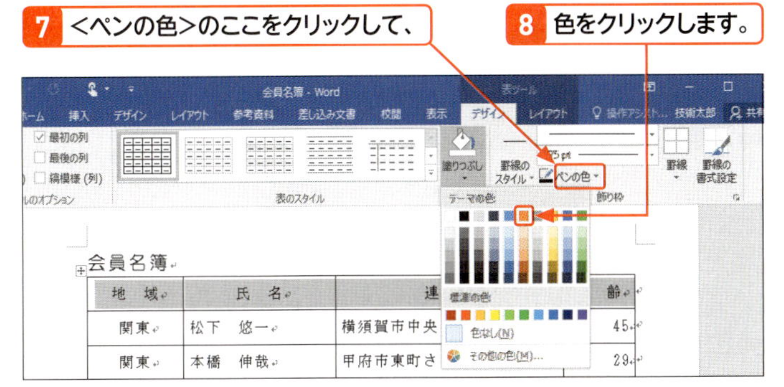

9 マウスポインターの形が ✒ に変わるので、

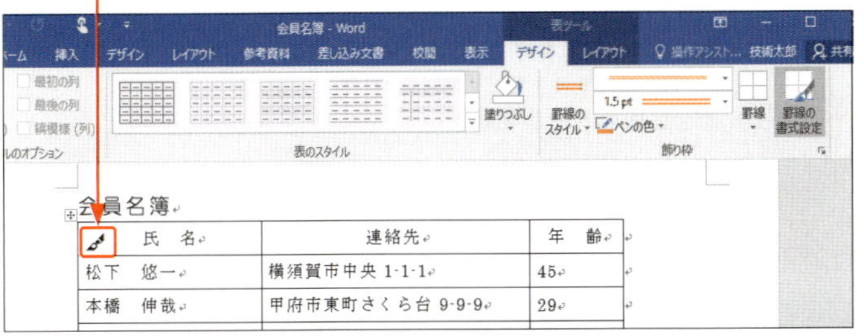

氏　名	連絡先	年　齢
松下　悠一	横須賀市中央 1-1-1	45
本橋　伸哉	甲府市東町さくら台 9-9-9	29

10 変更したい罫線上をドラッグすると、

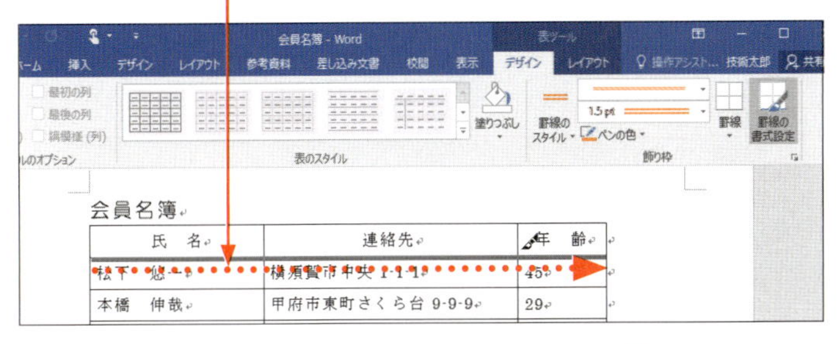

氏　名	連絡先	年　齢
松下　悠一	横須賀市中央 1-1-1	45
本橋　伸哉	甲府市東町さくら台 9-9-9	29

11 罫線の種類と太さ、色が変更されます。

会員名簿

氏　名	連絡先	年　齢
松下　悠一	横須賀市中央 1-1-1	45
本橋　伸哉	甲府市東町さくら台 9-9-9	29

12 同様に、ほかの罫線も変更します。

会員名簿

氏　名	連絡先	年　齢
松下　悠一	横須賀市中央 1-1-1	45
本橋　伸哉	甲府市東町さくら台 9-9-9	29
神崎　颯太郎	熊本市裾野町 5-5-5	36
佐々木　瑞穂	柏市水木町 3-3-3	61
横川　尚史	神戸市緑区中央 7-7-7	34
真中　喜恵子	所沢市八雲町 2-2-2	38

ヒント　罫線のスタイルを利用する

<表ツール>の<デザイン>タブには、<罫線のスタイル>が用意されています。罫線のスタイルは、罫線の種類と太さ、色がセットになってデザインされたもので、クリックしてすぐに引くことができます。

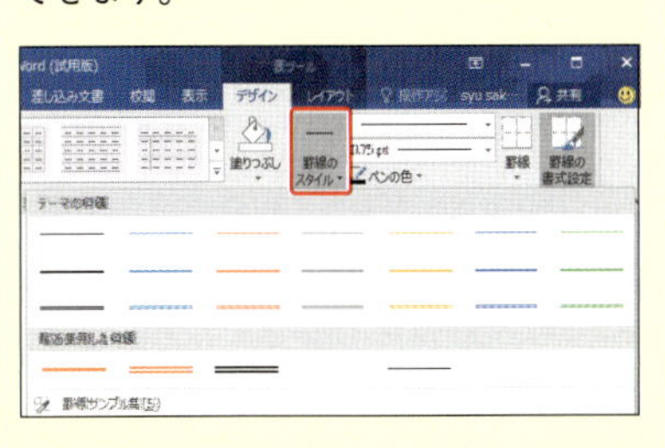

ヒント　罫線の変更を解除する

罫線の種類や太さ、色を指定すると、マウスポインターの形が ✒ になります。これを解除するには、<表ツール>の<デザイン>タブにある<罫線の書式設定>をクリックするか、Esc を押します。

ステップアップ　変更後はもとに戻す

左の手順に従って、<ペンのスタイル>や<ペンの色>からそれぞれの種類を指定すると、次に罫線を引くときに、指定されているスタイルが適用されます。罫線のスタイルを変更し終わったら、もとの罫線のスタイルに戻しておくとよいでしょう。

Section 60

表に書式を設定する

覚えておきたいキーワード
- 文字の配置
- セルの背景色
- 表のスタイル

作成した表は、セル内の文字配置、セルの網かけ、フォントの変更などで体裁を整えることで、見栄えのする表になります。これらの操作は、1つ1つ手動で設定することもできますが、あらかじめ用意されたデザインを利用して表全体の書式を設定できる表のスタイルを使うこともできます。

1 セル内の文字配置を変更する

メモ セル内の文字配置を設定する

セル内の文字配置は、初期設定で＜両端揃え（上）＞になっています。この状態で行の高さを広げると、行の上の位置に文字が配置されるので、見栄えがよくありません。文字全体をセルの上下中央に揃えるとよいでしょう。

セル内の文字配置を設定するには、＜表ツール＞の＜レイアウト＞タブにある＜配置＞グループのコマンドを利用します。

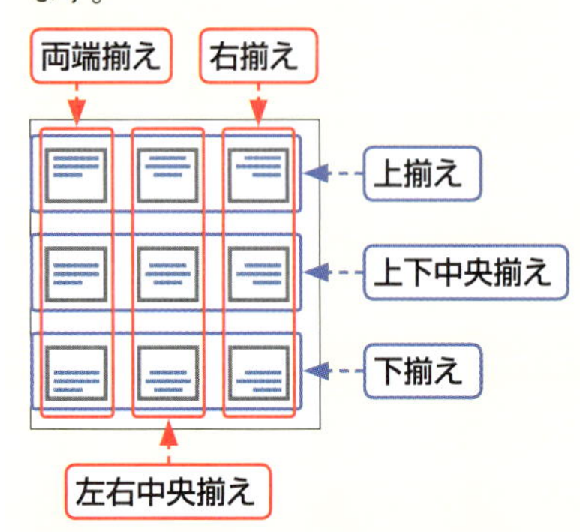

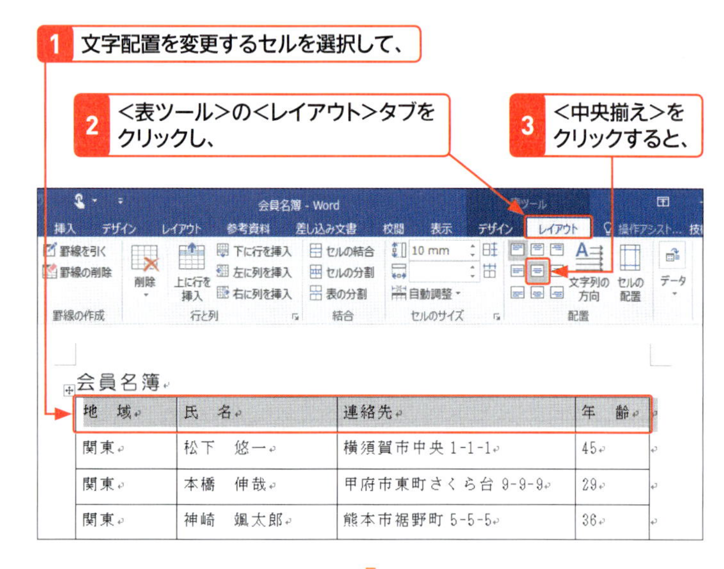

地　域	氏　名	連絡先	年　齢
関東	松下　悠一	横須賀市中央 1-1-1	45
関東	本橋　伸哉	甲府市東町さくら台 9-9-9	29
関東	神崎　颯太郎	熊本市裾野町 5-5-5	36

4 文字配置が中央揃えになります。

5 同様の手順で、ほかのセルも文字配置を変更します。

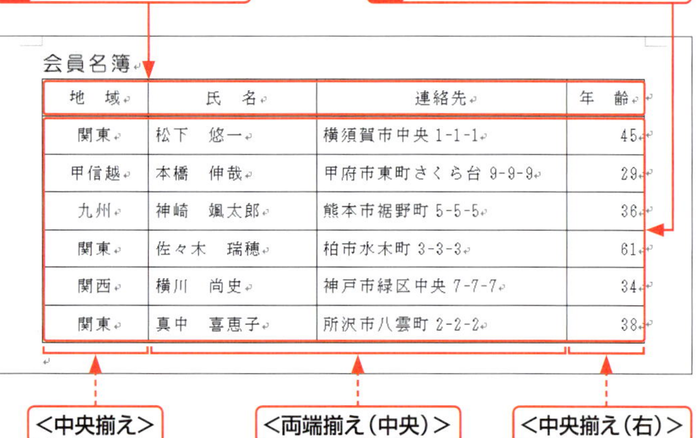

地　域	氏　名	連絡先	年　齢
関東	松下　悠一	横須賀市中央 1-1-1	45
甲信越	本橋　伸哉	甲府市東町さくら台 9-9-9	29
九州	神崎　颯太郎	熊本市裾野町 5-5-5	36
関東	佐々木　瑞穂	柏市水木町 3-3-3	61
関西	横川　尚史	神戸市緑区中央 7-7-7	34
関東	真中　喜恵子	所沢市八雲町 2-2-2	38

ヒント セル内で均等割り付けを設定するには？

セル内の文字列に均等割り付けを設定するには、＜ホーム＞タブの＜均等割り付け＞を利用します（P.118参照）。

第5章 表の作成と編集

2 セルの背景色を変更する

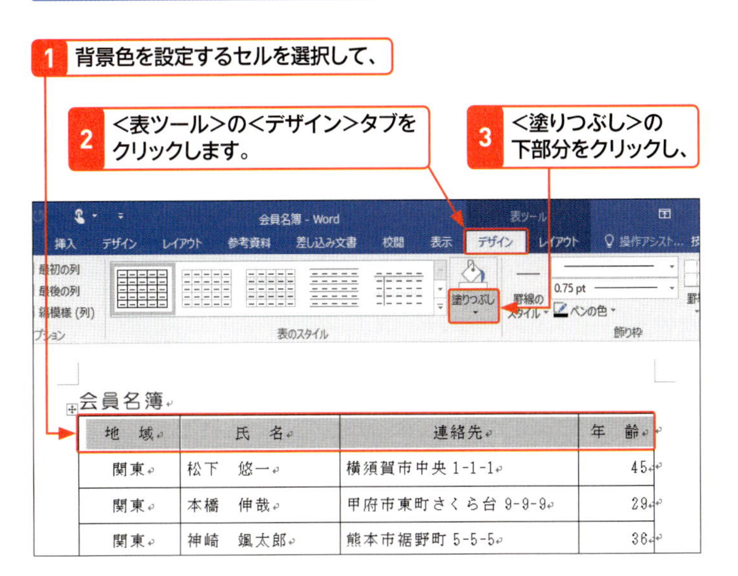

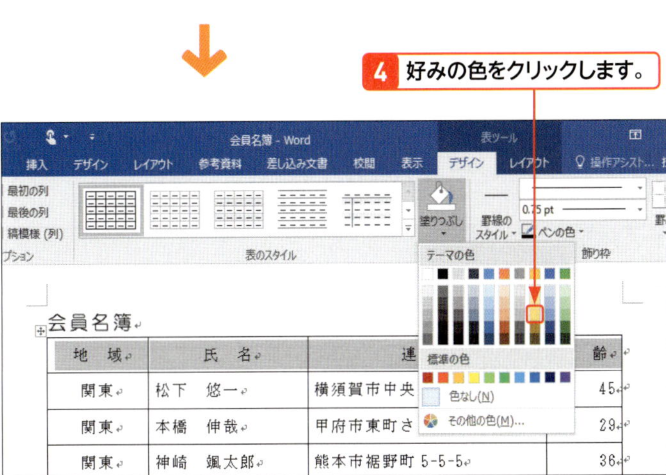

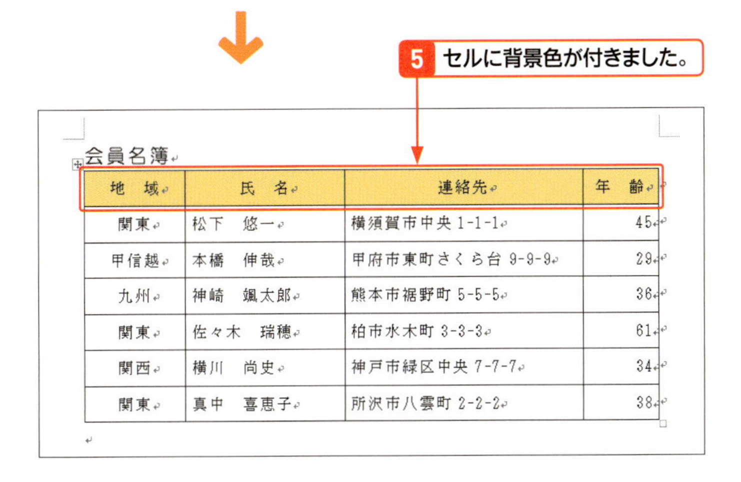

地　域	氏　名	連絡先	年　齢
関東	松下　悠一	横須賀市中央 1-1-1	45
甲信越	本橋　伸哉	甲府市東町さくら台 9-9-9	29
九州	神崎　颯太郎	熊本市裾野町 5-5-5	36
関東	佐々木　瑞穂	柏市水木町 3-3-3	61
関西	横川　尚史	神戸市緑区中央 7-7-7	34
関東	真中　喜恵子	所沢市八雲町 2-2-2	38

メモ セルの背景色を設定する

セルの背景色は、セル単位で個別に設定することができます。<表ツール>の<デザイン>タブの<塗りつぶし>を利用します。また、<表のスタイル>を利用して、あらかじめ用意されているデザインを適用することも可能です(P.215参照)。

ヒント セル内の文字が見にくいときは?

セルの背景色が濃い場合は、<ホーム>タブの<太字>でフォントを太くしたり、<フォントの色>でフォントを薄い色にしたりすると見やすくなります(Sec.27参照)。

会員名簿

地　域	氏　名	連絡先	年　齢
関東	松下　悠一	横須賀市中央 1-1-1	45
甲信越	本橋　伸哉	甲府市東町さくら台 9-9-9	29
九州	神崎　颯太郎	熊本市裾野町 5-5-5	36
関東	佐々木　瑞穂	柏市水木町 3-3-3	61
関西	横川　尚史	神戸市緑区中央 7-7-7	34
関東	真中　喜恵子	所沢市八雲町 2-2-2	38

3 セル内のフォントを変更する

ヒント フォントを個別に設定するには？

右の操作では、表内のすべての文字を同じフォントに変更していますが、表のタイトル行など一部の行だけを目立たせたい場合には、その行だけ選択して、フォントを変更するとよいでしょう。また、セル内の一部の文字のみを変えたい場合も、文字列を個別に選択してフォントを変更することができます。

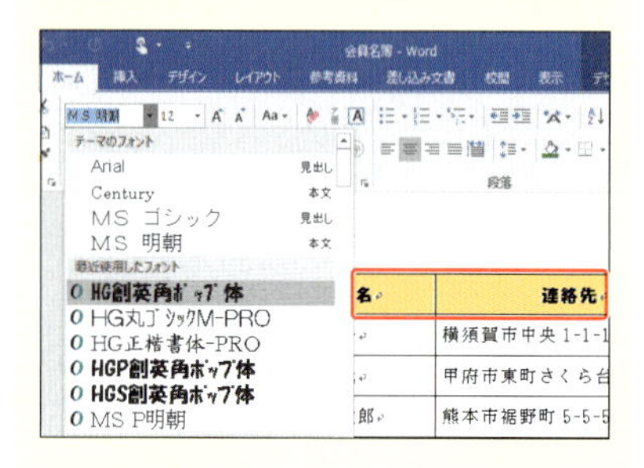

1 表にマウスポインターを近づけると、⊞が表示されます。⊞をクリックし、表全体を選択します。

2 <ホーム>タブをクリックして、

3 <フォント>のここをクリックし、

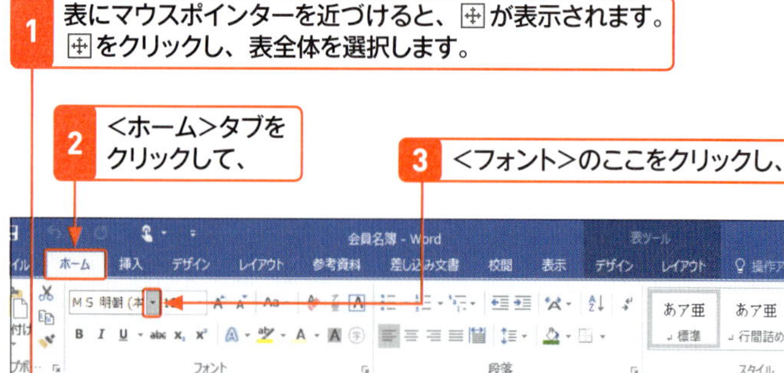

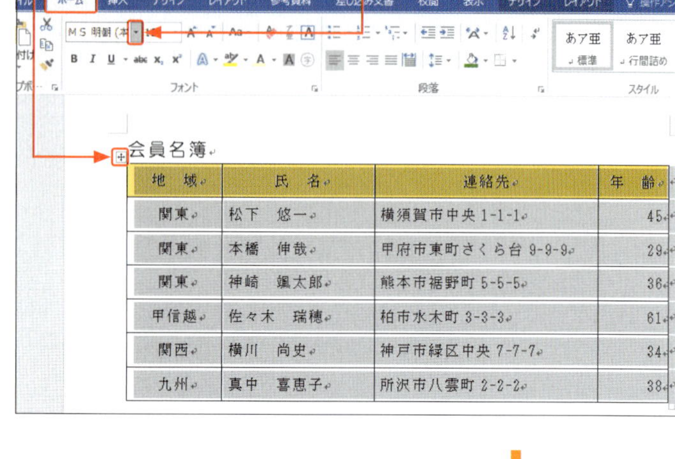

4 目的のフォントをクリックすると、

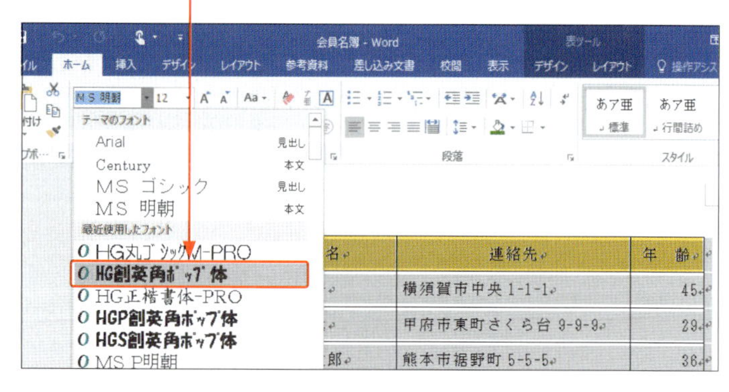

5 表全体のフォントが変更されます。

地　域	氏　名	連絡先	年　齢
関東	松下　悠一	横須賀市中央 1-1-1	45
甲信越	本橋　伸哉	甲府市東町さくら台 9-9-9	29
九州	神崎　颯太郎	熊本市裾野町 5-5-5	36
関東	佐々木　瑞穂	柏市水木町 3-3-3	61
関西	横川　尚史	神戸市緑区中央 7-7-7	34
関東	真中　喜恵子	所沢市八雲町 2-2-2	38

ヒント そのほかのフォント変更方法

表全体や行／列を選択すると、ミニツールバーが表示されます。ここからフォントを変更することもできます。

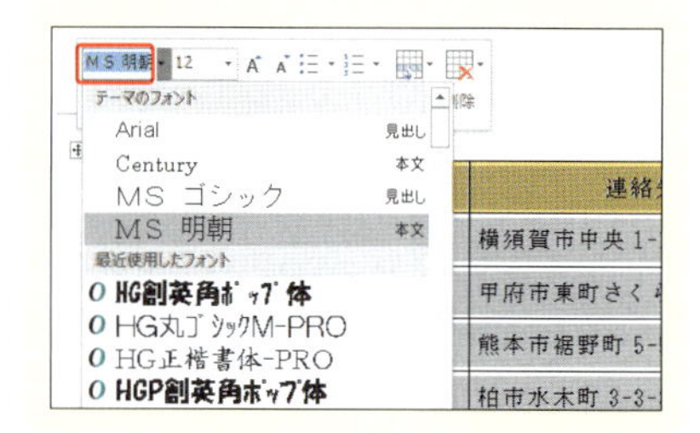

4 <表のスタイル>を設定する

1 表内をクリックして、

2 <表ツール>の<デザイン>タブをクリックし、

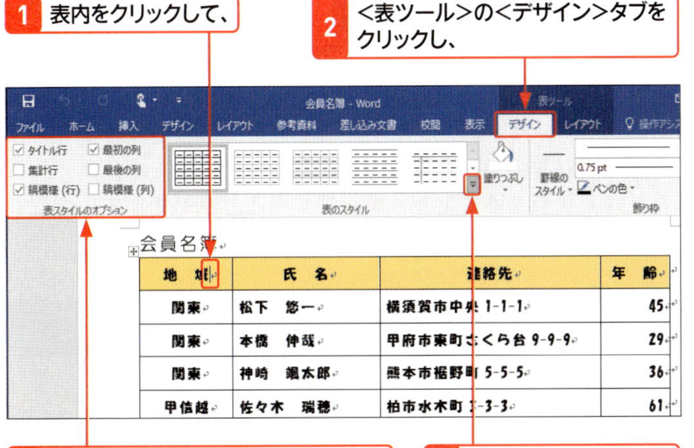

3 <表スタイルのオプション>で要素を指定します(「ヒント」参照)。

4 ここをクリックすると、

5 <表のスタイル>の一覧が表示されます。

6 好みのスタイルをクリックすると、

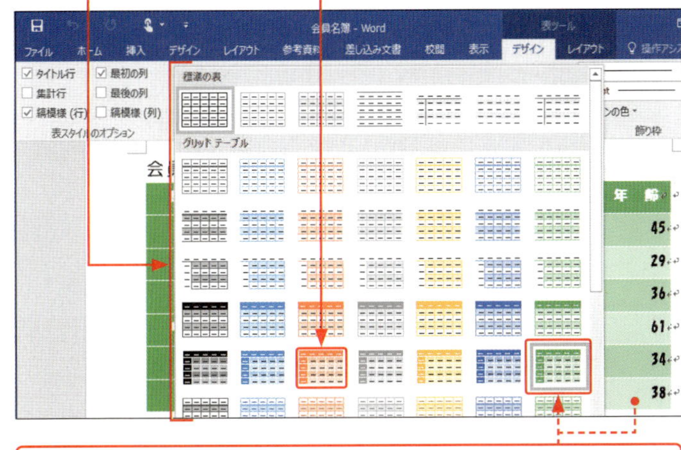

スタイルの上にマウスポインターを合わせると、イメージが確認できます。

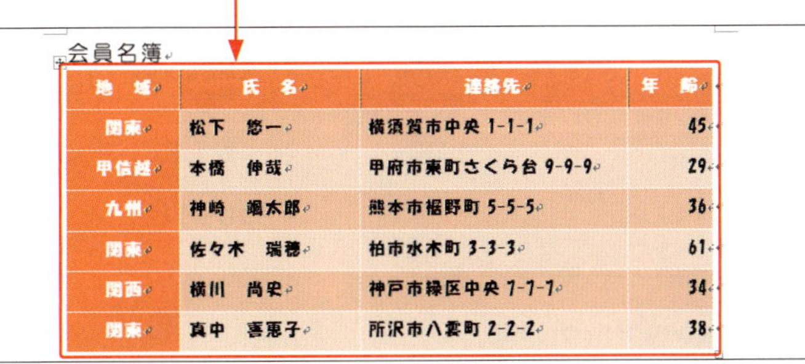

メモ 表のスタイルの利用

<表ツール>の<デザイン>タブの<表のスタイル>機能を利用すると、体裁の整った表をかんたんに作成することができます。適用した表のデザインを取り消したい場合は、スタイル一覧の最上段にある<標準の表>をクリックします。

ヒント 表スタイルのオプション

<表ツール>の<デザイン>タブの<表スタイルのオプション>グループでは、表のスタイルを適用する要素を指定できます。

- タイトル行
  最初の行に書式を適用します。
- 集計行
  合計の行など、最後の行に書式を適用します。
- 縞模様(行)
  表を見やすくするため、偶数の行と奇数の行を異なる書式にして縞模様で表示します。
- 最初の列
  最初の列に書式を適用します。
- 最後の列
  最後の列に書式を適用します。
- 縞模様(列)
  表を見やすくするため、偶数の列と奇数の列を異なる書式にして縞模様で表示します。

Section 61

表の数値で計算する

覚えておきたいキーワード
- 計算式
- 関数
- 計算結果の更新

表に入力した数値の合計は、<計算式>を利用して求めることができます。また、合計を求めたあとに計算の対象となるセルの数値を変更した場合は、計算結果の入力されたセルを更新することで、再計算することができます。ここでは、セル番号や算術記号を利用した計算方法も紹介します。

1 数値の合計を求める

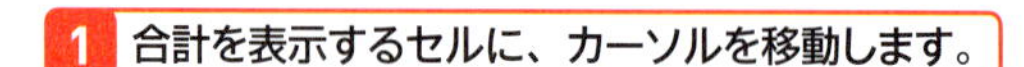

2 <表ツール>の<レイアウト>タブをクリックして、

3 <データ>をクリックし、

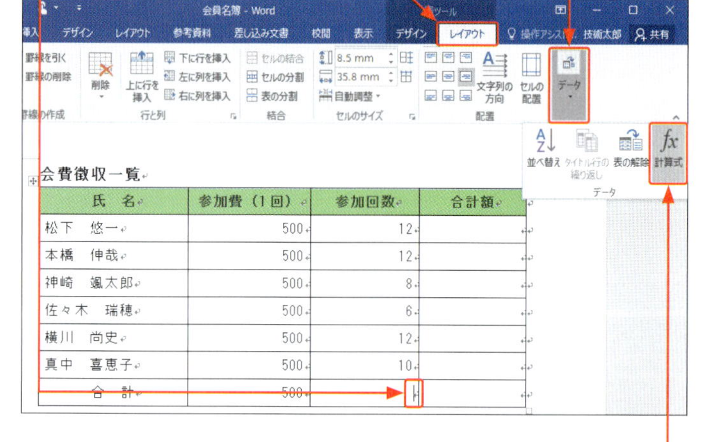

4 <計算式>をクリックすると、

5 <計算式>ダイアログボックスが表示されます。

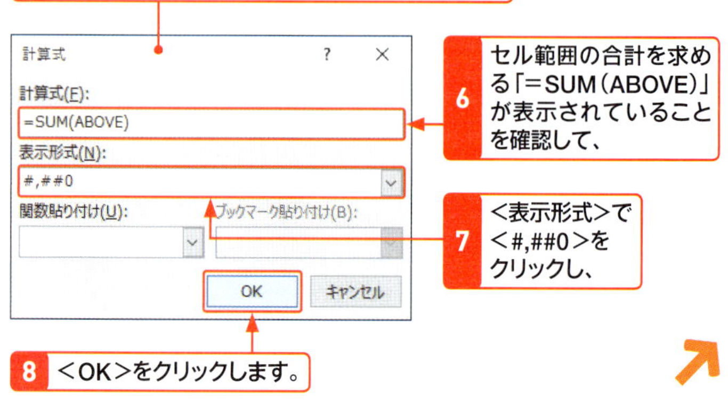

6 セル範囲の合計を求める「=SUM(ABOVE)」が表示されていることを確認して、

7 <表示形式>で<#,##0>をクリックし、

8 <OK>をクリックします。

メモ 計算式を利用する

数値を計算する場合、<計算式>のコマンドを利用すると、<計算式>ダイアログボックスで、かんたんに合計を求めることがきでます(下の「ヒント」参照)。このほか、セル番地を利用して、加算・減算、乗算・除算の計算をすることもできます。

ヒント 行や列の合計を求めるには?

「SUM」は、合計を求める関数です。「=SUM(ABOVE)」は、カーソル位置の上(ABOVE)のセル範囲にある数値の合計を求めることができる計算式です。セル範囲は、選択したセルを基準として、左側が「LEFT」、右側が「RIGHT」、上側が「ABOVE」、下側が「BELOW」になります。カーソル位置の左側の連続したセルの数値の合計を求めるには、「=SUM(LEFT)」と指定します。<計算式>ダイアログボックスの<表示形式>は、計算結果の数値の表示方法を指定できます。金額や数量など、カンマ区切りをしたほうが見やすい場合には<#,##0>を指定します。

9 合計の計算結果が表示されます。

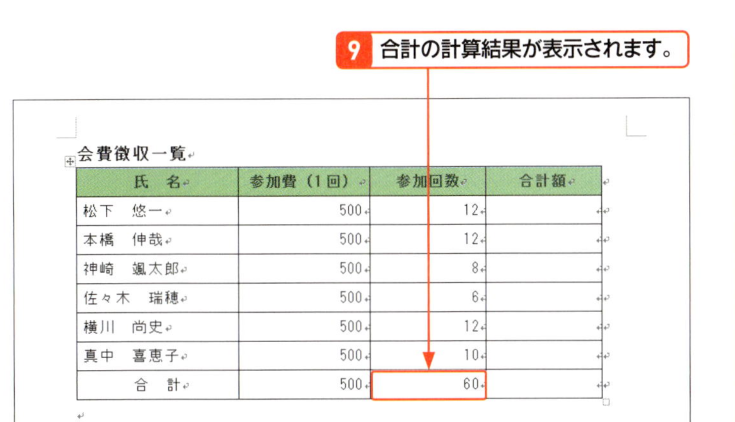

2 算術記号を使って合計を求める

1 合計を表示するセルに、カーソルを移動します。

2 <表ツール>の<レイアウト>タブをクリックして、

3 <データ>をクリックし、

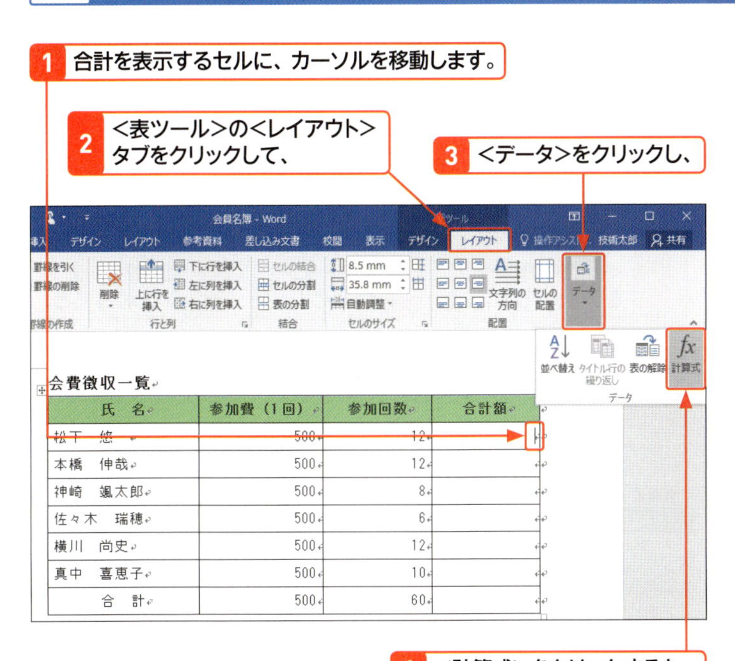

4 <計算式>をクリックすると、

5 <計算式>ダイアログボックスが表示されます。

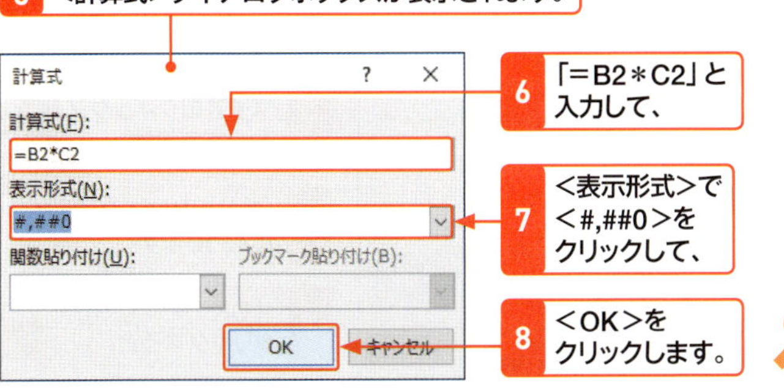

6 「=B2＊C2」と入力して、

7 <表示形式>で<#,##0>をクリックして、

8 <OK>をクリックします。

ヒント 全角数字や空白セルは計算されない

表内での計算は、数字を半角数字で入力して、途中に空白セルがないことが条件です。全角は半角に修正して、空白セルがある場合は「0」を入力しておくとよいでしょう。

メモ 記号を使って計算式を入力する

Wordの表では、セルの位置を「番地」といい、列は左からA、B、C…、行を上から1、2、3…と数えます。たとえば、1行目の左端「氏名」のセルは「A1」という番地になります。このセルの番地と算術記号（加算：＋、減算：－、乗算：＊、除算：／）を利用して、<計算式>ダイアログボックスで計算式を作ることができます。

セルの番地は左上を基準に数えます。

A1	B1	C1	D1
A2	B2	C2	D2
A3	B3	C3	D3
A4	B4	C4	C4

ヒント 計算式を入力するには？

計算式を入力するには、最初に「＝」を入力して、セル番地と算術記号を使って指定します。なお、手順7の表示形式は指定しなくてもかまいませんが、金額の場合は、<#,##0>を指定して「,」（3桁カンマ）を入れると見やすくなります。

ヒント　セル番地の確認

表を作成したあとで、行や列を追加したり、削除したりすると、セル番地の認識ができない場合があります。計算にセル番地を利用する場合は、表を確定させてから行ってください。

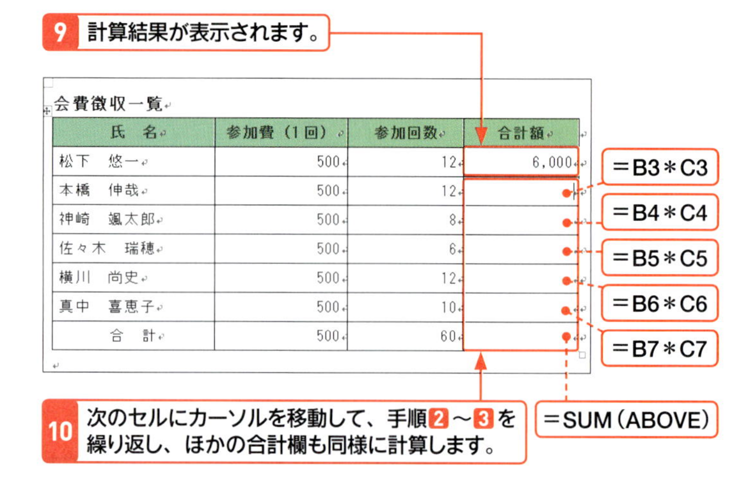

氏　名	参加費（1回）	参加回数	合計額
松下　悠一	500	12	6,000
本橋　伸哉	500	12	
神崎　颯太郎	500	8	
佐々木　瑞穂	500	6	
横川　尚史	500	12	
真中　喜恵子	500	10	
合　計	500	60	

3 AVERAGEやMAXを利用する

メモ　平均を求める

平均を求めるには、AVERAGE関数を使います。計算式は「＝AVERAGE（セル範囲）」で、セル範囲には平均を求める数値のセル番地の先頭と末尾の間に「：」をはさんで入力します。

ここでは、参加回数の平均を求めます。

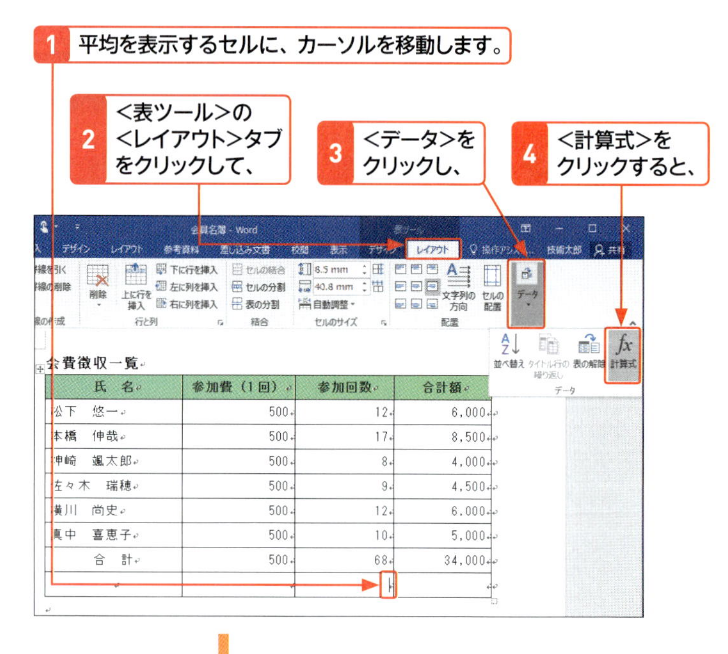

氏　名	参加費（1回）	参加回数	合計額
松下　悠一	500	12	6,000
本橋　伸哉	500	17	8,500
神崎　颯太郎	500	8	4,000
佐々木　瑞穂	500	9	4,500
横川　尚史	500	12	6,000
真中　喜恵子	500	10	5,000
合　計	500	68	34,000

ヒント　関数の入力

関数名は直接入力するほかに、<計算式>ダイアログボックスの<計算式>ボックスにカーソルを移動して、<関数貼り付け>をクリックし、関数を指定しても自動的に入力することができます。

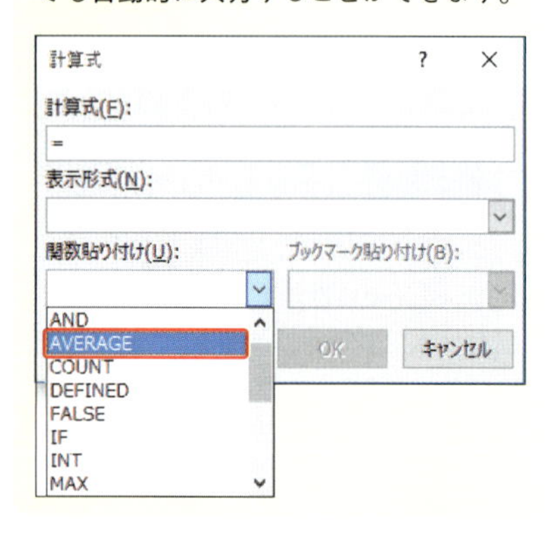

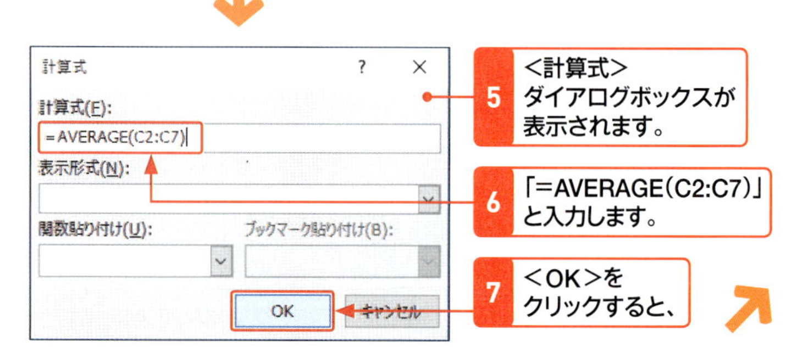

8 平均の計算結果が表示されます。

会費徴収一覧

氏　名	参加費（1回）	参加回数	合計額
松下　悠一	500	12	6,000
本橋　伸哉	500	17	8,500
神崎　颯太郎	500	8	4,000
佐々木　瑞穂	500	9	4,500
横川　尚史	500	12	6,000
真中　喜恵子	500	10	5,000
合　計	500	68	34,000
		11.33	

ステップアップ MAX関数を利用する

MAX関数は、指定したセル範囲内での最大値を求めます。たとえば合計額の最大額を求めるには、<計算式>ダイアログボックスの<計算式>に「=MAX(D2:D7)」と入力します。

計算式 ? ×
計算式(F):
=MAX(D2:D7)
表示形式(N):

4 計算結果を更新する

C2のセルを「12」から「10」に変更しています。

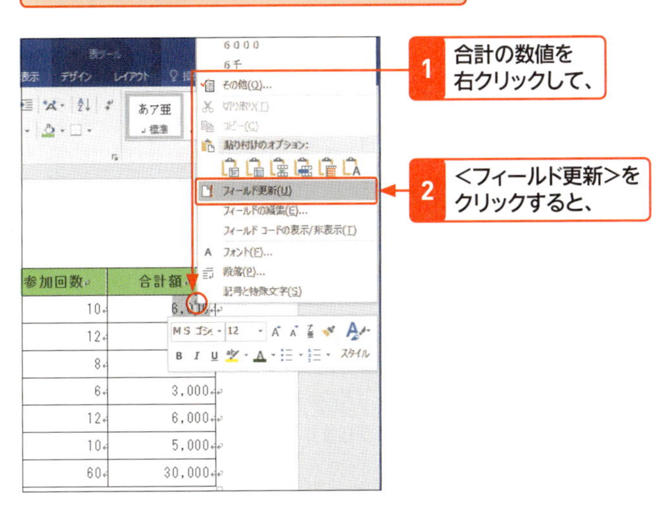

会費徴収一覧

氏　名	参加費（1回）	参加回数	合計額
松下　悠一	500	10	5,000
本橋　伸哉	500	12	6,000
神崎　颯太郎	500	8	4,000
佐々木　瑞穂	500	6	3,000
横川　尚史	500	12	6,000
真中　喜恵子	500	10	5,000
合　計	500	60	30,000

4 関連する合計値も<フィールド更新>をクリックして、計算結果を更新します。

メモ 計算結果の更新

セルに計算式を入力したあと、計算の対象となるセルの数値を変更しても、計算結果は自動的に更新されません。計算結果を更新するには、左の手順に従います。

Section 62

表のデータを並べ替える

覚えておきたいキーワード
- 並べ替え
- 五十音順
- 昇順／降順

Wordの表では、番号や名前などをキーにして、昇順／降順に並べ替えを行うことが可能です。ここでは、番号や名前順にデータを並べ替える方法を紹介します。番号は数値順で並べ替えができますが、漢字の名前は五十音順に並べ替えられないので、ふりがなの列を挿入して、ふりがなをキーにします。

1 番号順に並べ替える

メモ 並べ替え

Wordの<並べ替え>機能は、並べ替えるデータを選択して、どの列を並べ替えの基準にするかを指定することで行います。単純な表の場合は、<並べ替え>をクリックすると自動的にキーを判断して並べ替えが行われます。

キーワード 降順／昇順

手順7で「昇順」に設定すると番号の小さい順に、「降順」に設定すると番号の大きい順に並べ替えられます。五十音の場合は「昇順」は「あ」から、降順はその逆になります。

ヒント タイトル行の指定

作成した表にタイトル行がある場合は、<タイトル行>で<あり>をオンにします。オフにすると、タイトル行も並べ替えの対象に含まれてしまいます。反対に、タイトル行がない表で<あり>をオンにすると、1行目が並べ替えの対象からはずれてしまいます。

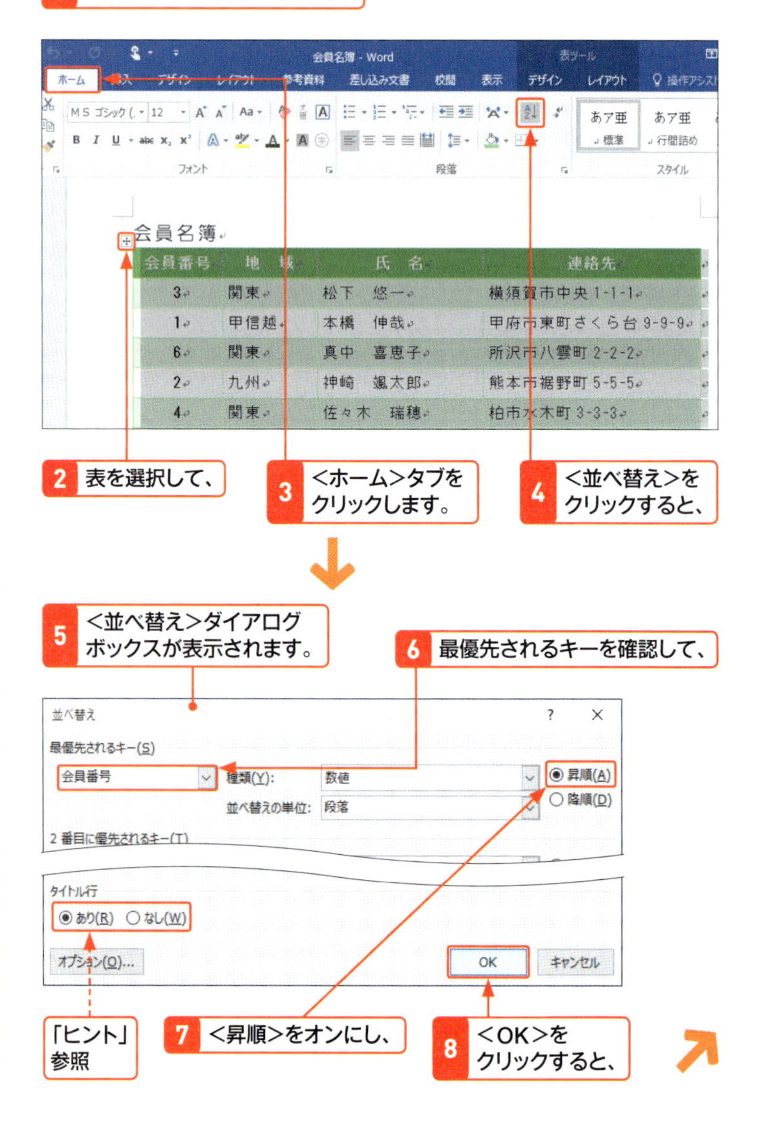

第5章 表の作成と編集

9 データが番号順に並べ替えられます。

会員番号	地　域	氏　名	連絡先
1	甲信越	本橋　伸哉	甲府市東町さくら台 9-9-9
2	九州	神崎　颯太郎	熊本市裾野町 5-5-5
3	関東	松下　悠一	横須賀市中央 1-1-1
4	関東	佐々木　瑞穂	柏市水木町 3-3-3
5	関西	横川　尚史	神戸市緑区中央 7-7-7
6	関東	真中　喜恵子	所沢市八雲町 2-2-2

2 名前の順に並べ替える

1 五十音順に並べ替えるため、ふりがな列の入った表を作成します。

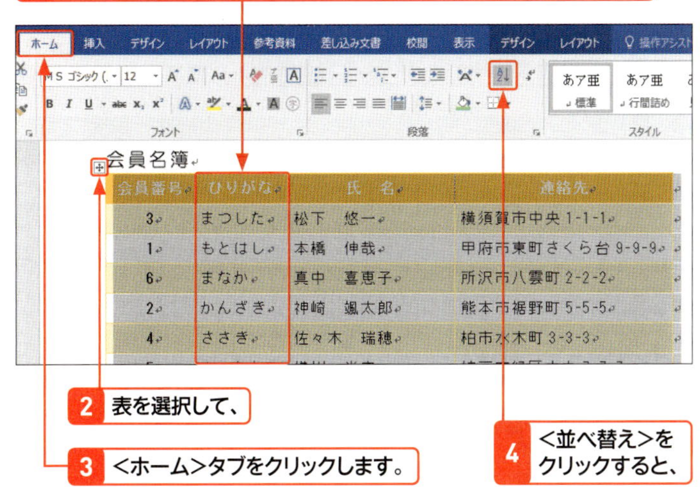

会員番号	ひりがな	氏　名	連絡先
3	まつした	松下　悠一	横須賀市中央 1-1-1
1	もとはし	本橋　伸哉	甲府市東町さくら台 9-9-9
6	まなか	真中　喜恵子	所沢市八雲町 2-2-2
2	かんざき	神崎　颯太郎	熊本市裾野町 5-5-5
4	ささき	佐々木　瑞穂	柏市水木町 3-3-3

2 表を選択して、

3 <ホーム>タブをクリックします。

4 <並べ替え>をクリックすると、

5 <並べ替え>ダイアログボックスが表示されます。

6 <最優先されるキー>に<ふりがな>を指定して、

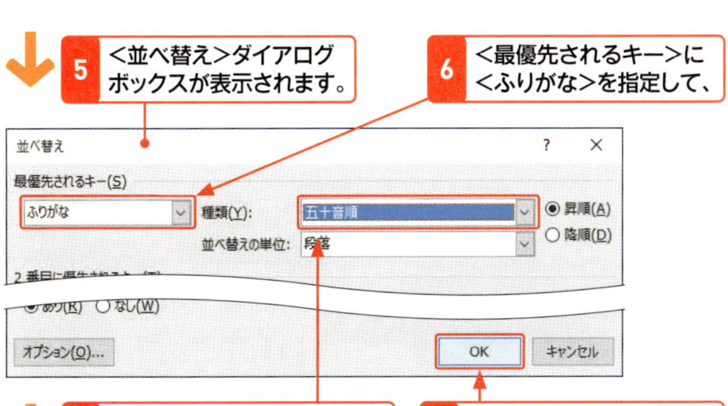

7 <種類>を<五十音順>にし、

8 <OK>をクリックします。

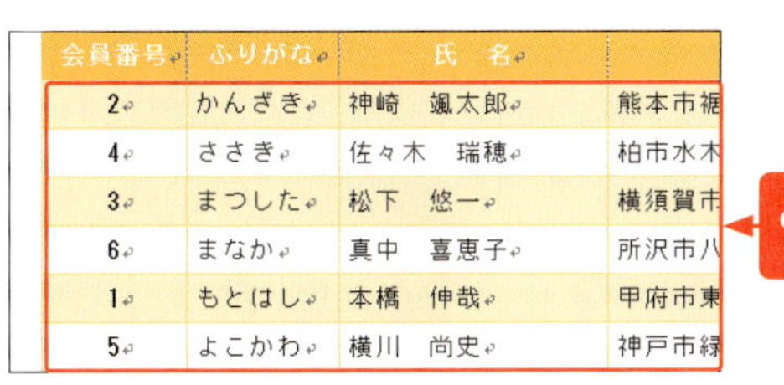

会員番号	ふりがな	氏　名	
2	かんざき	神崎　颯太郎	熊本市裾
4	ささき	佐々木　瑞穂	柏市水木
3	まつした	松下　悠一	横須賀市
6	まなか	真中　喜恵子	所沢市八
1	もとはし	本橋　伸哉	甲府市東
5	よこかわ	横川　尚史	神戸市緑

9 データが名前順に並べ変えられます。

ヒント 並べ替えができない

セルを結合していると、並べ替えはできません。

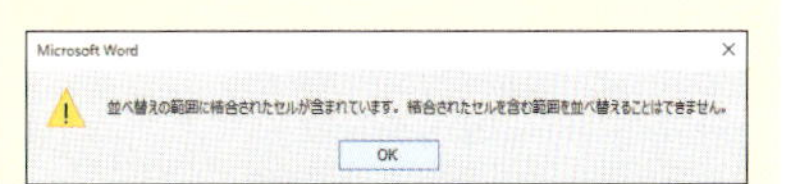

メモ 漢字の並べ替え

Wordの並べ替え機能では、漢字のままでは五十音順に並べ替えることができません。五十音順に並べ替えたい場合は、ふりがなの列を作成して、その列を並べ替えのキーにします。並べ替えのためにふりがな列を挿入した場合は、あとでその列を削除しましょう。

ヒント 最優先されるキー

<並べ替え>ダイアログボックスの<最優先されるキー>や<2(3)番目に優先されるキー>欄は、表の構成によって表示される内容が異なります。タイトル行がある場合はタイトル文字、タイトル行がない場合は<列1><列2>のように表示されます。

Section 63 Excelの表をWordに貼り付ける

覚えておきたいキーワード
- Excel の表
- 貼り付け
- 形式を選択して貼り付け

Wordの文書には、Excelで作成した表を貼り付けることができます。Wordの表作成の機能だけでは計算をしたり、表を作ったりするのが難しい場合は、Excelで表を作成して、その表をWordに貼り付けて利用しましょう。また、Wordに貼り付けた表は、Excelを起動して編集することも可能です。

1 Excelの表をWordの文書に貼り付ける

キーワード Excel 2016

「Excel 2016」はWordと同様にマイクロソフト社のOffice商品の1つで、表計算ソフトです。最新バージョンは2016ですが、ここで起動するのは、以前のバージョンのExcel（Excel 2007／2010／2013）でもかまいません。

1 Excel 2016を起動して、作成した表を選択し、

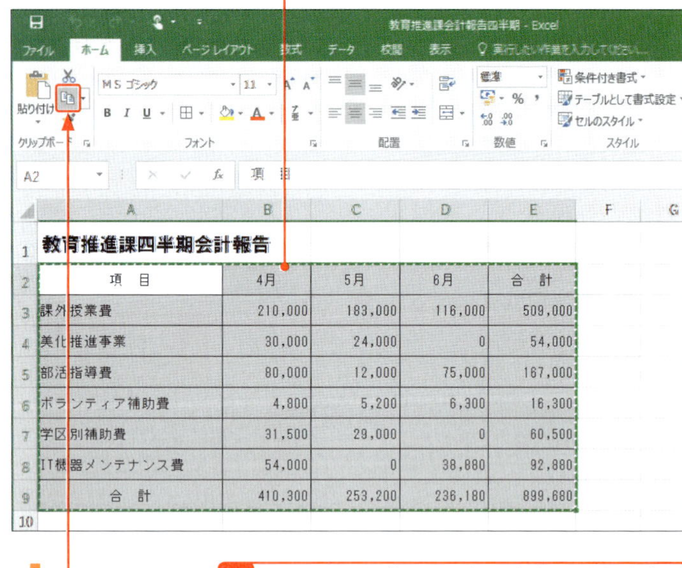

	A	B	C	D	E
1	教育推進課四半期会計報告				
2	項　目	4月	5月	6月	合　計
3	課外授業費	210,000	183,000	116,000	509,000
4	美化推進事業	30,000	24,000	0	54,000
5	部活指導費	80,000	12,000	75,000	167,000
6	ボランティア補助費	4,800	5,200	6,300	16,300
7	学区別補助費	31,500	29,000	0	60,500
8	IT機器メンテナンス費	54,000	0	38,880	92,880
9	合　計	410,300	253,200	236,180	899,680

2 <ホーム>タブの<コピー>をクリックします。

メモ <コピー>と<貼り付け>の利用

右の手順のように、<コピー>と<貼り付け>を利用すると、Excelで作成した表を、Wordの文書にかんたんに貼り付けることができます。ただし、この場合の貼り付ける形式は「HTML形式」になり、Excelを起動して貼り付けた表を編集することはできません。
貼り付けた表をExcelで編集したい場合は、P.223の方法で表を貼り付けます。

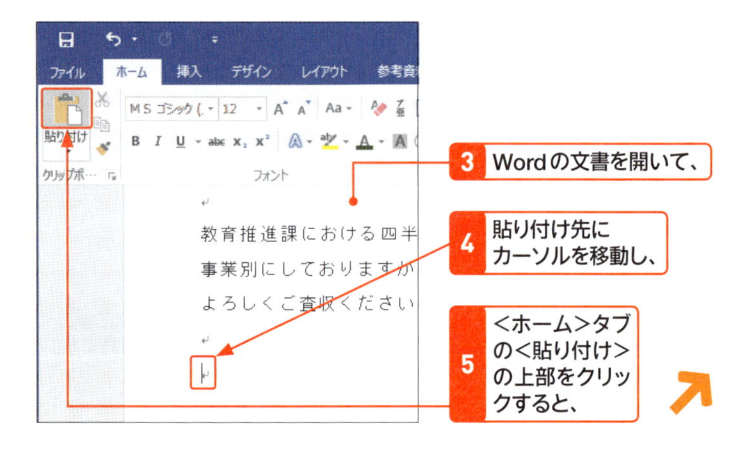

第5章 表の作成と編集

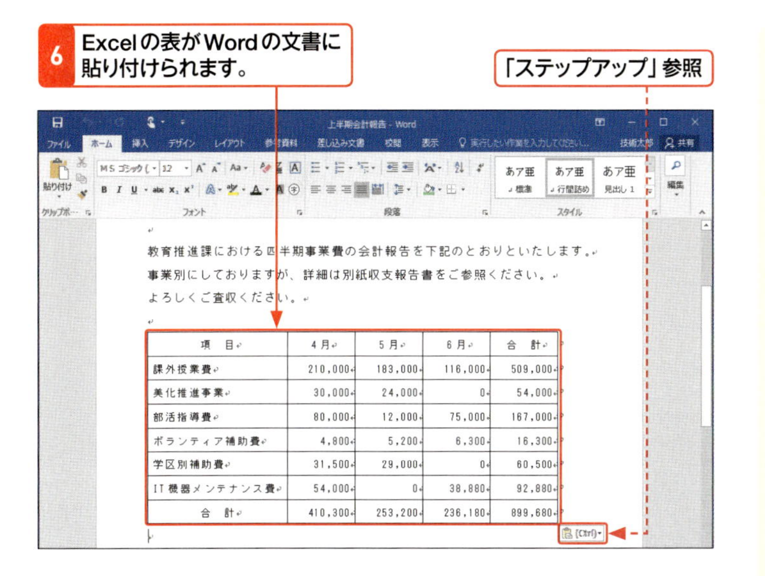

項　目	4月	5月	6月	合　計
課外授業費	210,000	183,000	116,000	509,000
美化推進事業	30,000	24,000	0	54,000
部活指導費	80,000	12,000	75,000	167,000
ボランティア補助費	4,800	5,200	6,300	16,300
学区別補助費	31,500	29,000	0	60,500
IT機器メンテナンス費	54,000	0	38,880	92,880
合　計	410,300	253,200	236,180	899,680

<貼り付けのオプション>の利用

左の手順に従うと、表の右下に<貼り付けのオプション>(Ctrl)が表示されます。<貼り付けのオプション>をクリックすると表示される一覧からは、貼り付けた表の書式を指定することができます。

貼り付けた表の書式を指定することができます。

2 Excel形式で表を貼り付ける

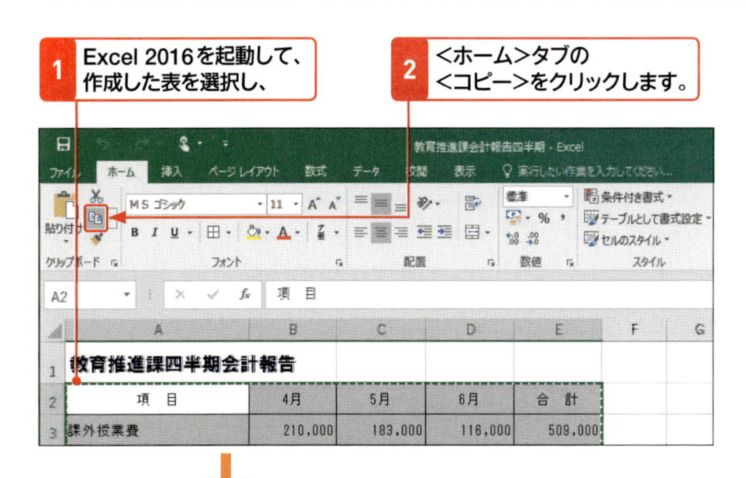

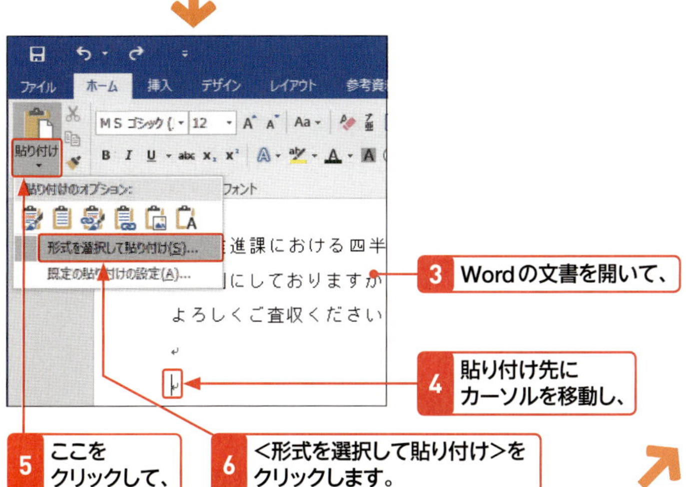

Excel形式で表を貼り付ける

前ページの手順で、Wordの文書に貼り付けた表は、Wordの機能で作成した表と同様のものになるため、貼り付け後はExcelの機能を利用することはできません。
左の手順に従ってExcel形式の表として貼り付けると、貼り付け後もExcelを起動して表を編集することができます。

ヒント

Excelを起動したままにしておく

Excelの表をWordの文書に貼り付ける際には、Excelを終了せずに左の手順に従います。Excelを終了させてしまうと、次ページ上段図で<Microsoft Excel ワークシートオブジェクト>を利用することができません。
なお、表をWordの文書に貼り付けたあとは、Excelを終了してもかまいません。

ヒント　リンク形式での表の貼り付け

<形式を選択して貼り付け>ダイアログボックスで<リンク貼り付け>をオンにして操作を進めると、Excelで作成した表と、Wordの文書に貼り付けた表が関連付けられます。この場合、Excelで作成したもとの表のデータを変更すると、Wordの文書に貼り付けた表のデータも自動的に変更されます。

7 <形式を選択して貼り付け>ダイアログボックスが表示されるので、

8 <貼り付け>をクリックしてオンにし、

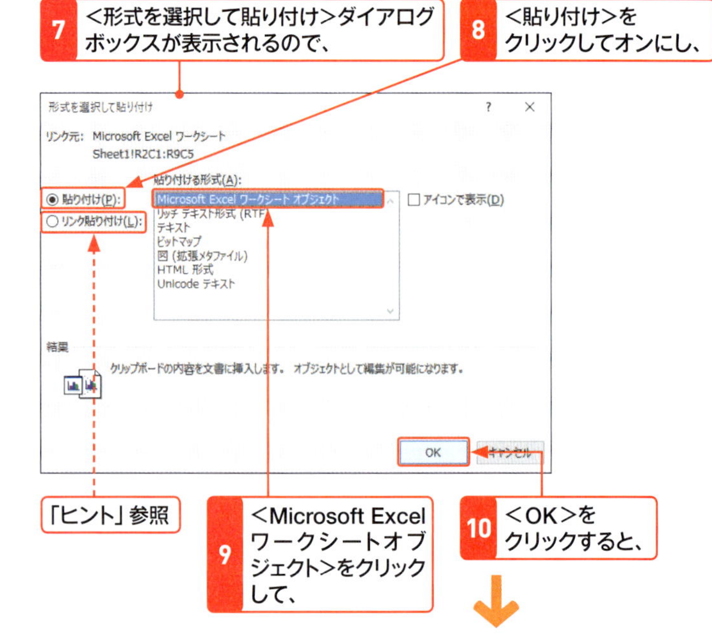

「ヒント」参照

9 <Microsoft Excel ワークシートオブジェクト>をクリックして、

10 <OK>をクリックすると、

11 Excelの表がWordの文書に貼り付けられます。

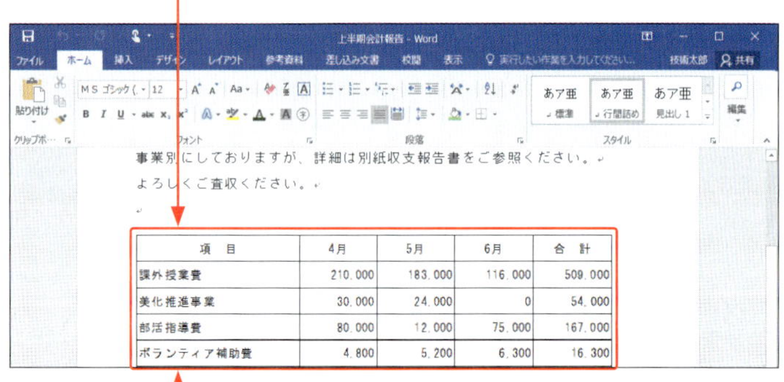

項　目	4月	5月	6月	合　計
課外授業費	210,000	183,000	116,000	509,000
美化推進事業	30,000	24,000	0	54,000
部活指導費	80,000	12,000	75,000	167,000
ボランティア補助費	4,800	5,200	6,300	16,300

12 表をダブルクリックすると、

13 Excelが起動して、Excelのメニューバーやタブが表示されるので、

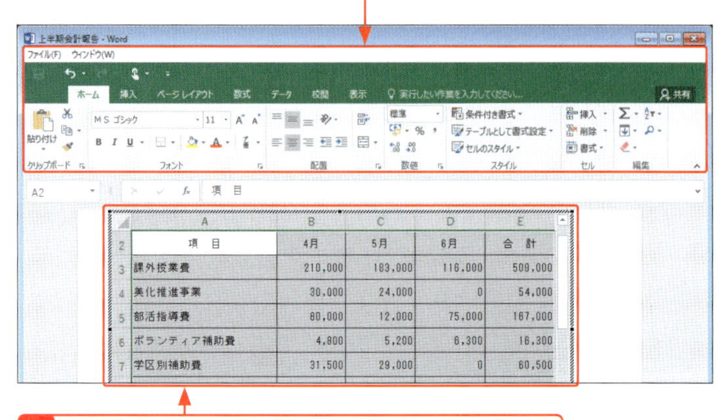

	A	B	C	D	E
2	項　目	4月	5月	6月	合　計
3	課外授業費	210,000	183,000	116,000	509,000
4	美化推進事業	30,000	24,000	0	54,000
5	部活指導費	80,000	12,000	75,000	167,000
6	ボランティア補助費	4,800	5,200	6,300	16,300
7	学区別補助費	31,500	29,000	0	60,500

14 Excelの機能を使って、表を編集することができます。

ヒント　表の表示範囲を変更するには？

右下段図では、表の周囲にハンドル■が表示されます。表の表示範囲が狭くて見づらい場合などは、ハンドル■をドラッグして、表示範囲を広げるとよいでしょう。

	A	B
2	項　目	4月
3	課外授業費	210,000
4	美化推進事業	30,000
5	部活指導費	80,000
6	ボランティア補助費	4,800
7	学区別補助費	31,500
8	IT機器メンテナンス費	54,000
9	合　計	410,300
10		

Sheet1

ハンドルをドラッグして、表の表示範囲を変更できます。

Chapter 06

第6章

文書の編集と校正

Section 64 文字を検索／置換する

覚えておきたいキーワード
- 検索
- 置換
- ナビゲーション作業ウィンドウ

文書の中で該当する文字を探す場合は検索、該当する文字をほかの文字に差し替える場合は置換機能を利用することで、作成した文書の編集を効率的に行うことができます。文字の検索には＜ナビゲーション＞作業ウィンドウを、置換の場合は＜検索と置換＞ダイアログボックスを使うのがおすすめです。

1 文字列を検索する

ヒント ＜検索＞の表示

手順2の＜検索＞は、画面の表示サイズによって、＜編集＞グループにまとめられる場合もあります。

メモ 文字列の検索

＜ナビゲーション＞作業ウィンドウの検索ボックスにキーワードを入力すると、検索結果が＜結果＞タブに一覧で表示され、文書中の検索文字列には黄色のマーカーが引かれます。

ヒント 検索機能の拡張

＜ナビゲーション＞作業ウィンドウの検索ボックス横にある＜さらに検索＞▾をクリックすると、図や表などを検索するためのメニューが表示されます。＜オプション＞をクリックすると、検索方法を細かく指定することができます。

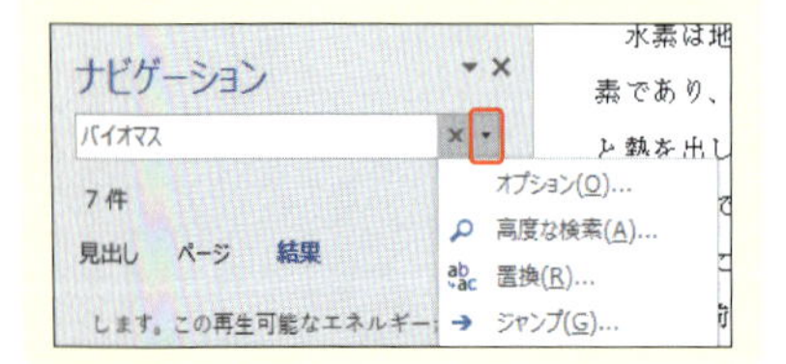

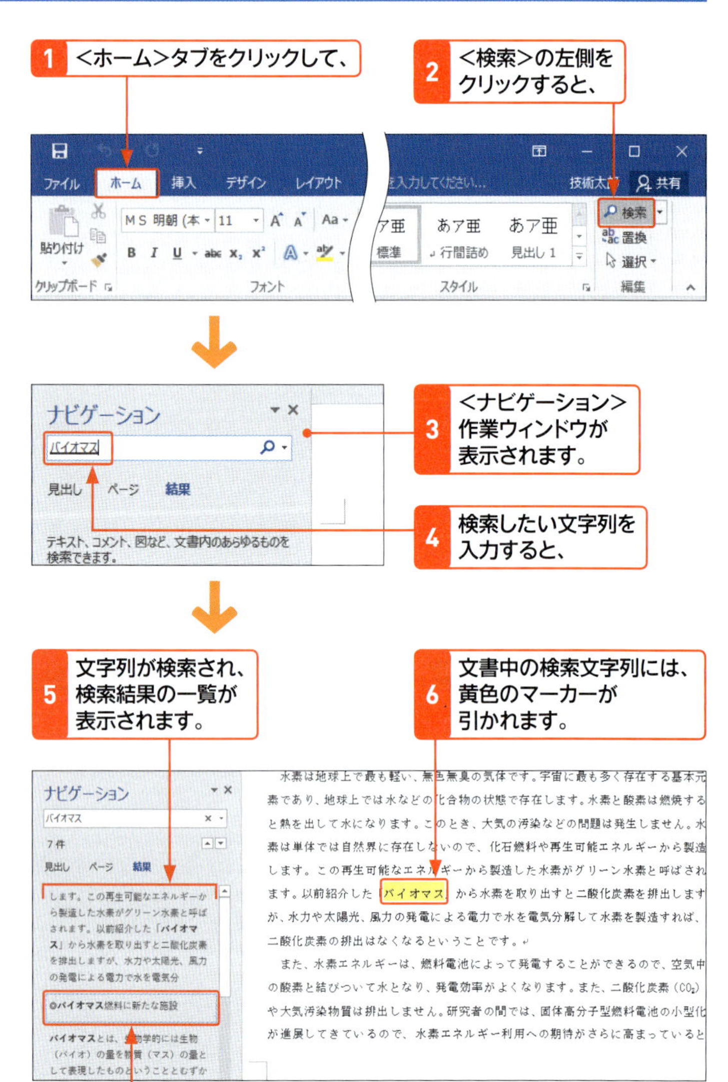

7 それぞれの検索結果をクリックすると、該当箇所にジャンプします。

2 文字列を置換する

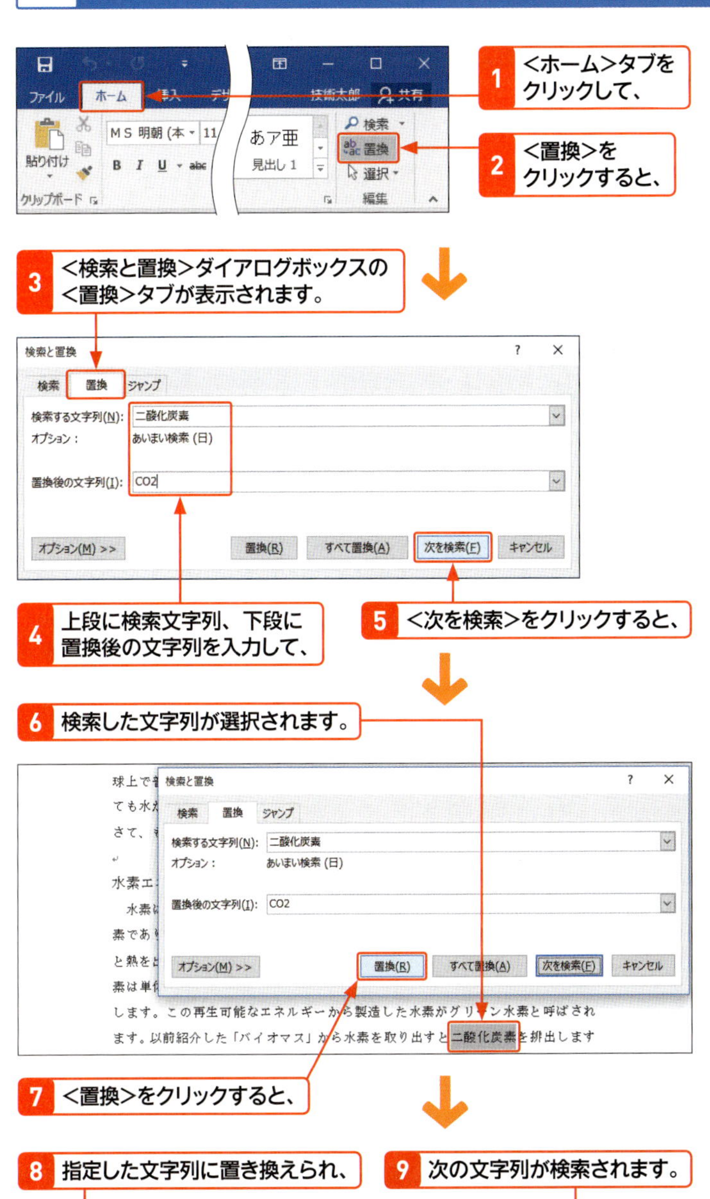

メモ 文字列を1つずつ置換する

左の手順に従って操作すると、文字列を1つずつ確認しながら置換することができます。検索された文字列を置換せずに次を検索したい場合は、<次を検索>をクリックします。置換が終了すると確認メッセージが表示されるので、<OK>をクリックし、<検索と置換>ダイアログボックスに戻って、<閉じる>をクリックします。

ヒント 確認せずにすべて置換するには？

確認作業を行わずに、まとめて一気に置換する場合は、手順5のあとで<すべて置換>をクリックします。

ヒント 検索・置換方法を詳細に指定するには？

<検索と置換>ダイアログボックスの<検索>または<置換>タブで<オプション>をクリックすると、拡張メニューが表示され、さらに細かく検索・置換方法を指定することができます。

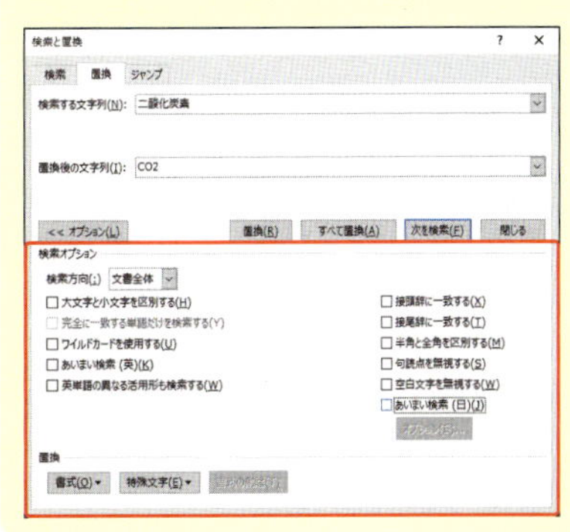

Section 65

編集記号や行番号を表示する

覚えておきたいキーワード
- 編集記号
- 段落記号
- 行番号

編集記号を表示すると、初期設定では段落記号のみが表示されます。表示の設定を変更することで、スペースやタブ、改ページなどの記号を表示させることができます。表示が煩わしいようなら、個別に表示／非表示を指定するとよいでしょう。また、入力した文書の行数を知りたい場合は、行番号を表示します。

1 編集記号を個別に表示／非表示にする

キーワード 編集記号

編集記号とは、Word文書に表示される編集用の記号のことで、印刷はされません。段落末の段落記号↵のほか、空白文字のスペース□、文字揃えを設定するタブ→、改行やセクション区切り記号、オブジェクトの段落配置を示すアンカー記号⚓などがあります。

メモ 編集記号の表示／非表示

編集記号は、初期設定では<段落記号>↵のみが表示されています。<ホーム>タブの<編集記号の表示／非表示>をクリックすると、使用しているすべての編集記号が表示されます。再度<編集記号の表示／非表示>をクリックすると、もとの表示に戻ります。

1 <ホーム>タブの<編集記号の表示／非表示>をクリックすると、

2 編集記号が表示されます。

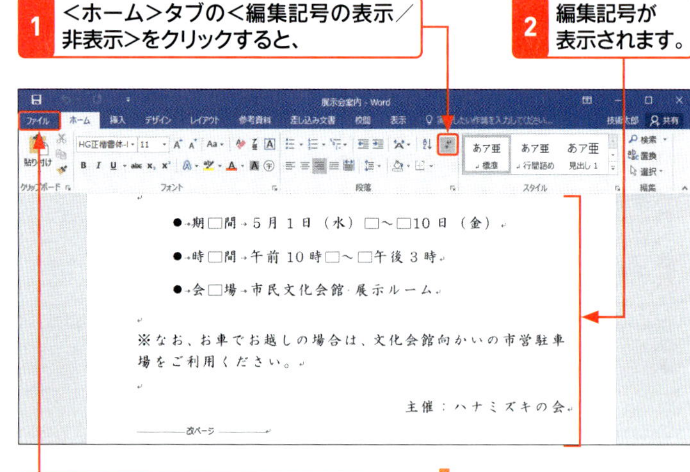

3 <ファイル>タブをクリックして、

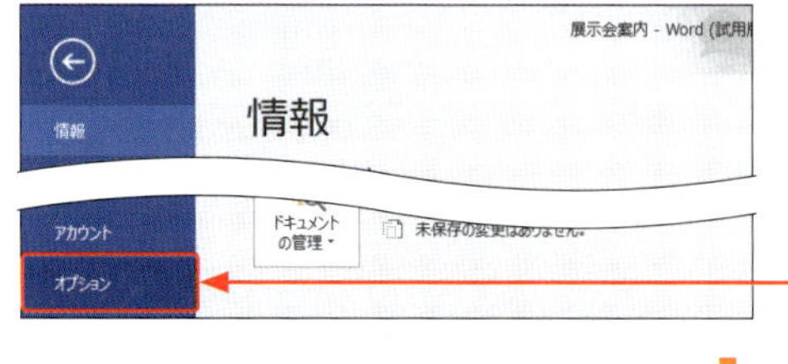

4 <オプション>をクリックし、

5 <Wordのオプション>を表示します。

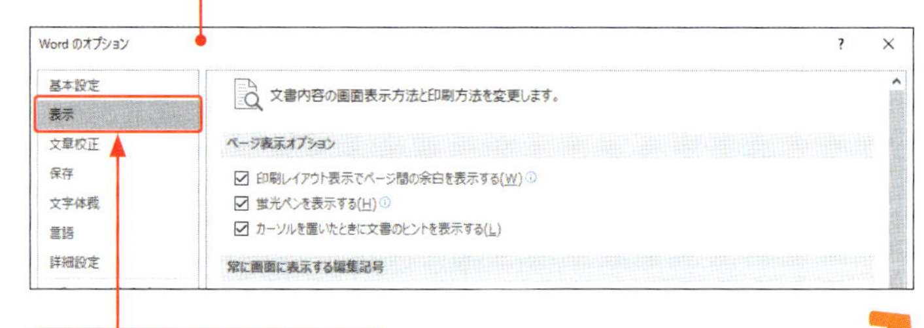

6 <表示>をクリックして、

7 <すべての編集記号を表示する>をクリックしてオフにします。

8 表示させたい記号のみクリックしてオンにし、

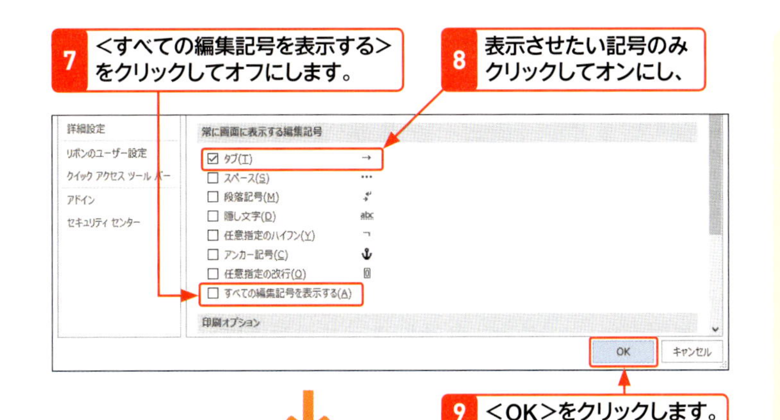

9 <OK>をクリックします。

10 指定した編集記号(タブ)が表示されます。

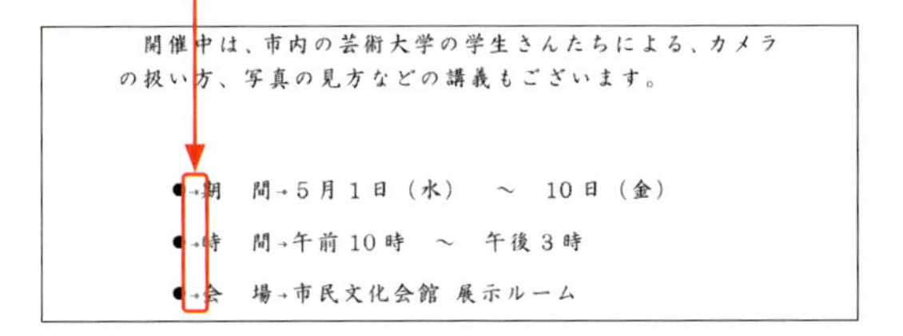

2 行番号を表示する

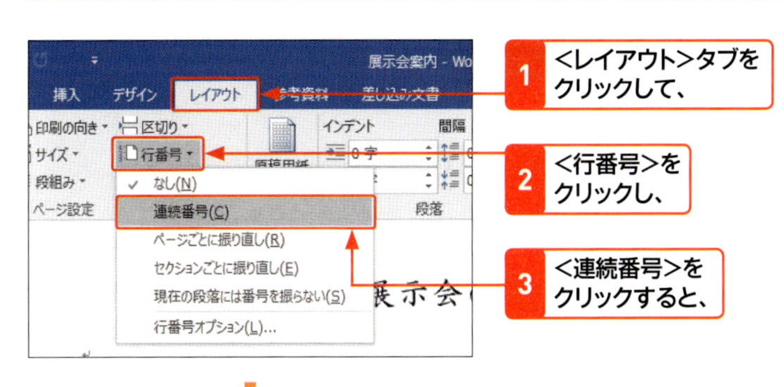

1 <レイアウト>タブをクリックして、

2 <行番号>をクリックし、

3 <連続番号>をクリックすると、

4 連続した番号が表示されます。

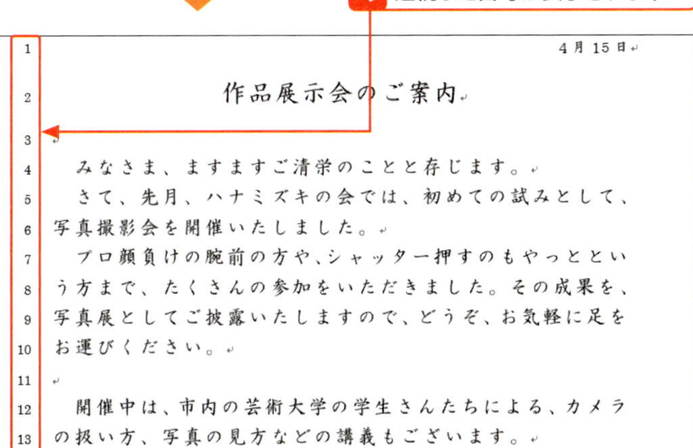

ヒント 一部の編集記号のみ表示するには?

すべての編集記号が表示されると邪魔になる場合は、<Wordのオプション>画面の<表示>の<常に画面に表示する編集記号>で編集記号の表示／非表示を個別に設定することができます。なお、<Wordのオプション>画面で設定した編集記号の表示／非表示は、設定したWordの文書にのみ反映されます。

メモ 行番号

行番号は文書の行を数えるための番号で、各行の左余白部分に表示されます。この行番号は、印刷されません。なお、行番号を非表示にするには、手順**3**で<なし>をクリックします。

ヒント 行番号の種類

行番号を付ける際には、文書全体を通しで番号を振る<連続番号>、ページ単位で1から振る<ページごとに振り直し>、セクション単位で振る<セクションごとに振り直し>のほか、行番号を設定したあとで一部の段落には振らずに連番を飛ばす<現在の段落には番号を振らない>などを指定できます。

Section 66

よく使う単語を登録する

覚えておきたいキーワード
- 単語の登録
- 単語の削除
- ユーザー辞書ツール

漢字に変換しづらい人名や長い会社名などは、入力するたびに毎回手間がかかります。短い読みや略称などで単語登録しておくと、効率的に変換できるようになります。この単語登録は、Microsoft IMEユーザー辞書ツールによって管理されており、登録や削除をかんたんに行うことができます。

1 単語を登録する

キーワード 単語登録

「単語登録」とは、単語とその読みをMicrosoft IMEの辞書に登録することです。読みを入力して変換すると、登録した単語が変換候補の一覧に表示されるようになります。

1 登録する単語を選択して、

2 <校閲>タブをクリックし、

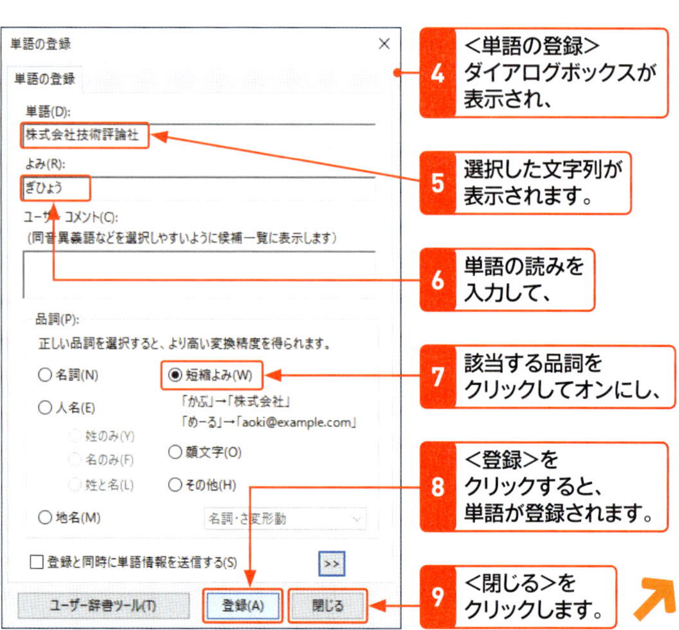

4 <単語の登録>ダイアログボックスが表示され、

5 選択した文字列が表示されます。

6 単語の読みを入力して、

7 該当する品詞をクリックしてオンにし、

8 <登録>をクリックすると、単語が登録されます。

9 <閉じる>をクリックします。

ヒント <単語の登録>ダイアログボックス

手順4では、以下のような画面が表示される場合があります。<< をクリックすると、右部分が閉じます。

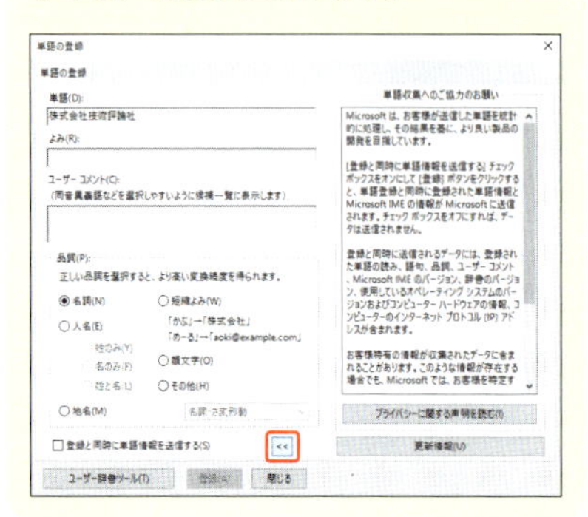

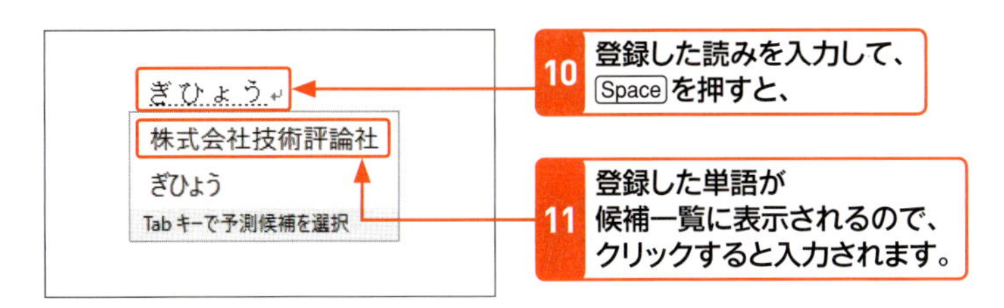

ヒント 読みの文字制限

＜単語の登録＞ダイアログボックスの＜よみ＞に入力できる文字は、ひらがな、英数字、記号です。カタカナは使用できません。

2 登録した単語を削除する

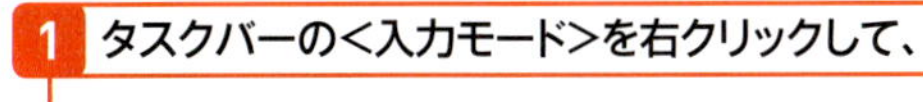

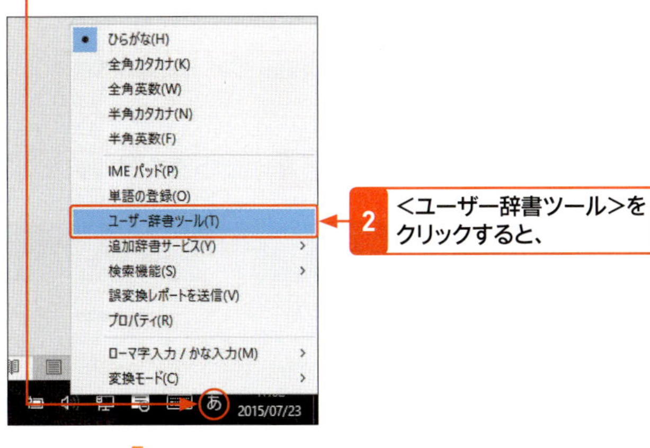

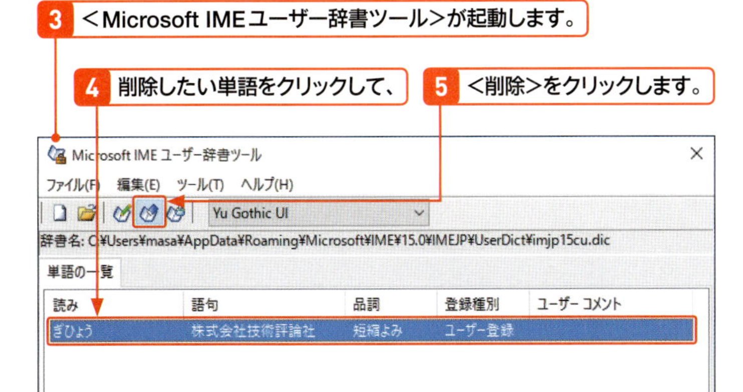

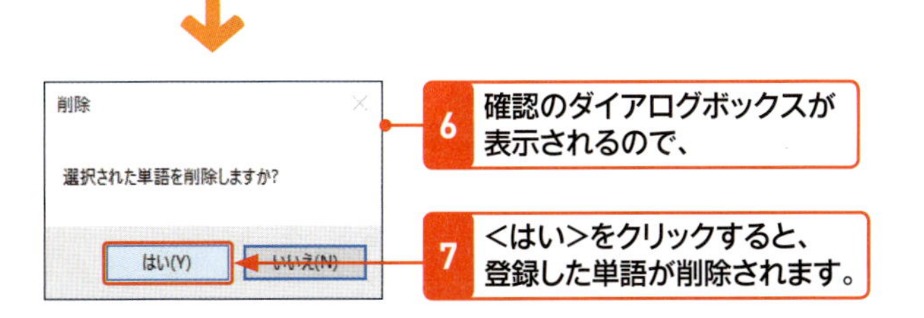

メモ 登録した単語を削除する

前ページで登録した単語は、＜Microsoft IMEユーザー辞書ツール＞で管理されています。ここで、登録した単語を削除できます。

ヒント ユーザー辞書ツールを表示する

＜Microsoft IMEユーザー辞書ツール＞は、前ページ手順4の＜単語の登録＞ダイアログボックスで、＜ユーザー辞書ツール＞をクリックしても表示することができます。

ヒント 登録した単語を変更するには?

左中段図の＜単語の一覧＞タブには、辞書に登録されている単語の一覧が表示されます。登録されている単語の読みなどを変更したい場合は、目的の単語を選択して、＜変更＞をクリックします。＜単語の変更＞ダイアログボックスが表示されるので、登録されている内容を変更します。

Section 67

スペルチェックと文章校正を実行する

覚えておきたいキーワード
- スペルチェック
- 文章校正
- 表記ゆれ

文章量が増えれば増えるほど、表記のゆれや入力ミスが増えてきます。Wordには、すぐれたスペルチェックと文章校正機能が用意されているので、文書作成の最後には必ず実行するとよいでしょう。なお、表記ゆれをチェックするためには、最初に設定をする必要があります。

1 スペルチェックと文章校正を実行する

ここでは、スペルミスの修正、文章校正の修正、スペルミスの無視、文章校正の無視の操作方法を順に紹介します。

1 カーソルを文書の先頭に移動して、

2 <校閲>タブをクリックし、

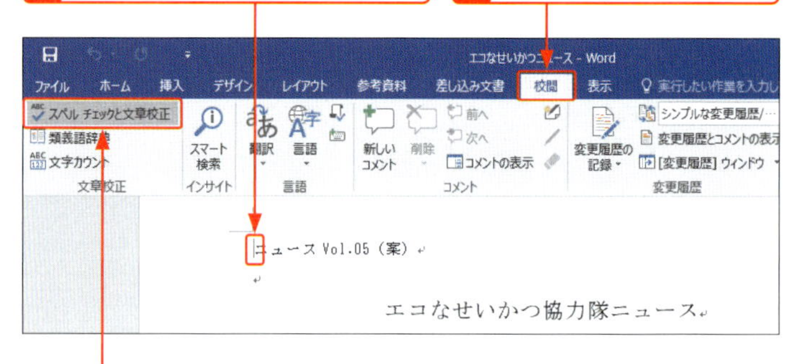

3 <スペルチェックと文章校正>をクリックします。

4 修正箇所に移動して、

5 作業ウィンドウ(ここでは<スペルチェック>)が表示されます。

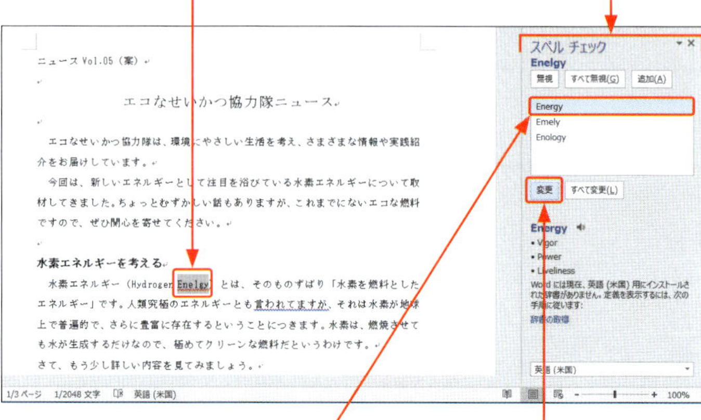

6 変更候補が表示されるので、変更する場合はクリックして、

7 <変更>をクリックします。

メモ スペルチェックと文章校正

スペルチェックと文章校正は同時に行われるので、文書の先頭から順に該当箇所が表示されます。それに応じて、表示される作業ウィンドウの種類も変わります。

ヒント スペルチェックの修正対象

スペルチェックの修正対象になった単語には、赤い波線が引かれます。画面上に波線を表示したくない場合は、オプションで設定することができます(P.234の「ステップアップ」参照)。

ヒント 文章校正の修正対象

文章校正の修正対象になった文章には、青い波線が引かれます。画面上に波線を表示したくない場合は、オプションで設定することができます(P.234の「ステップアップ」参照)。

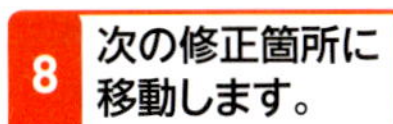

8 次の修正箇所に移動します。

9 作業ウィンドウ（ここでは<文章校正>）に変更候補が表示されるので、変更する場合はクリックして、

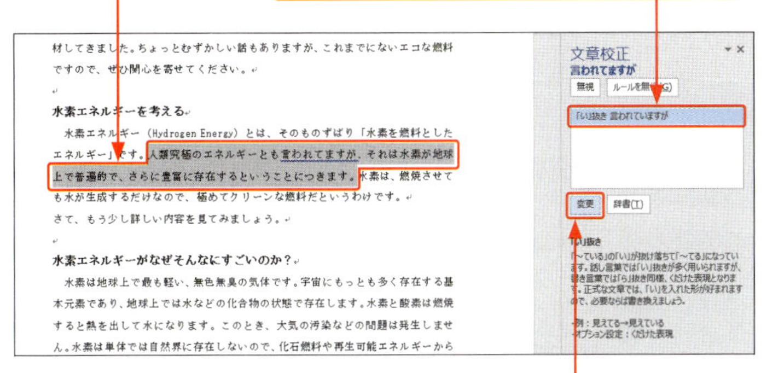

10 <変更>をクリックします。

11 次の修正箇所に移動します。

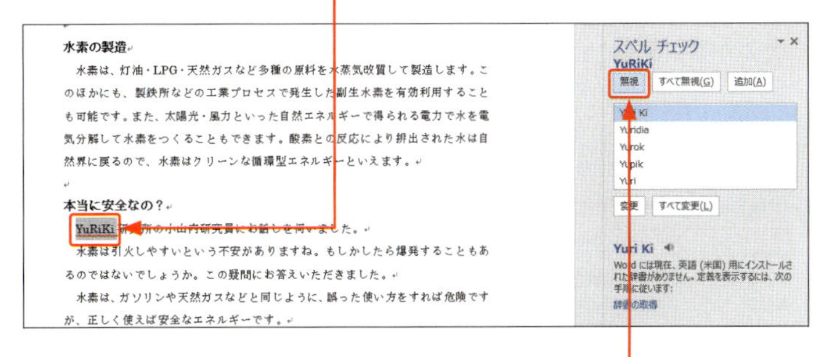

12 スペルミスが指摘されていますが、修正しない場合は、作業ウィンドウの<無視>をクリックします。

13 次の修正箇所に移動します。

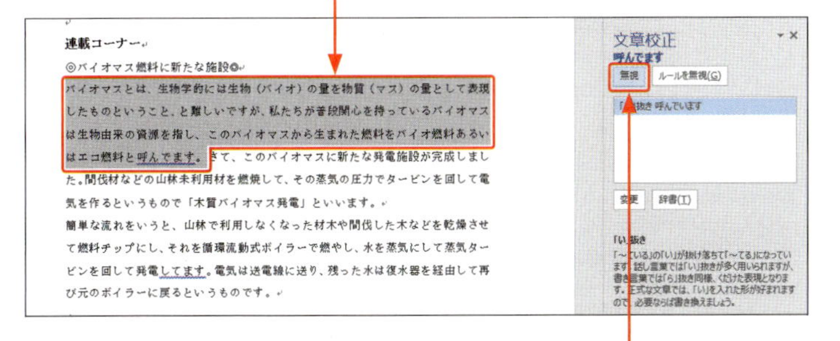

14 文章校正のミスが指摘されていますが、文章を修正しない場合は、作業ウィンドウの<無視>をクリックします。

15 すべてのチェックが終わると、完了の画面が表示されるので、<OK>をクリックします。

ヒント 修正を無視する

固有の頭文字などのスペルは、スペルチェックで修正対象になります。また、「い抜き」「ら抜き」などは文章校正で修正対象になります。そのままでよい場合は、<無視>をクリックすると、修正対象から外れます。また、文書内のチェックをすべて無視する場合は<すべて無視>をクリックします。

ヒント 単語を学習させる

修正したくない単語が何度も候補になる場合は、<スペルチェック>作業ウィンドウで<追加>をクリックすると、校正機能にこの単語は確認しなくてもよいという学習をさせることができます。

ステップアップ <読みやすさの評価>を利用するには？

Wordには、1段落の平均文字数や文字種などの割合を表示する読みやすさの評価機能が用意されています。機能を利用したい場合は、<Wordのオプション>画面の<文章校正>（P.234参照）で<文書の読みやすさを評価する>をオンにします。スペルチェックと文章校正が終了すると、<読みやすさの評価>が実行されます。

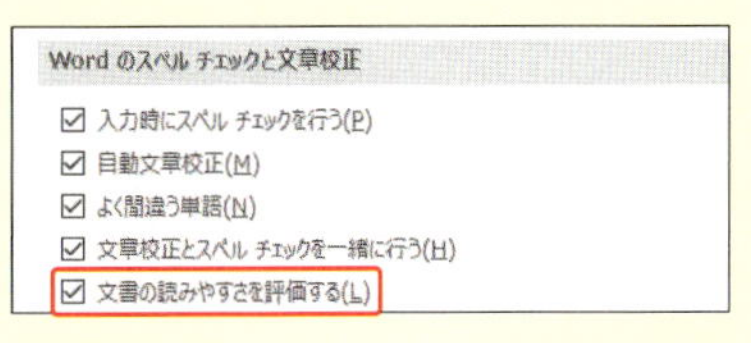

読みやすさの評価

語数	
文字数	1947
単語数	764
文の数	62
段落数	34
平均	
1段落中の平均文数（適正値3～7文）	1.8
平均文長（適正値25～45文字）：	31.4
句点の間平均文字数：	0.0
文字種	
漢字	35%
ひらがな	51%
カタカナ	11%
アルファベット	2%

2 表記ゆれの設定を行う

メモ 表記ゆれを設定する

文書内で、同じ意味を持つ語句を異なる漢字で表記していたり、漢字とひらがなが混在していたりすることを「表記ゆれ」といいます。表記ゆれをチェックするには、最初に表記ゆれ機能を設定する必要があります。設定すると、文書中の表記ゆれの部分に波線が引かれます。

1 <ファイル>タブをクリックして、

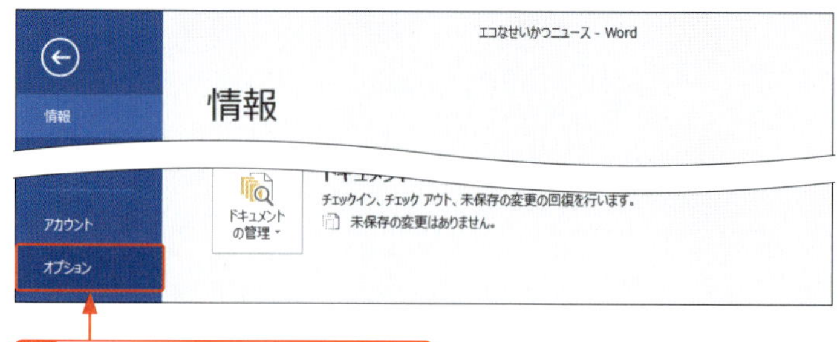

2 <オプション>をクリックすると、

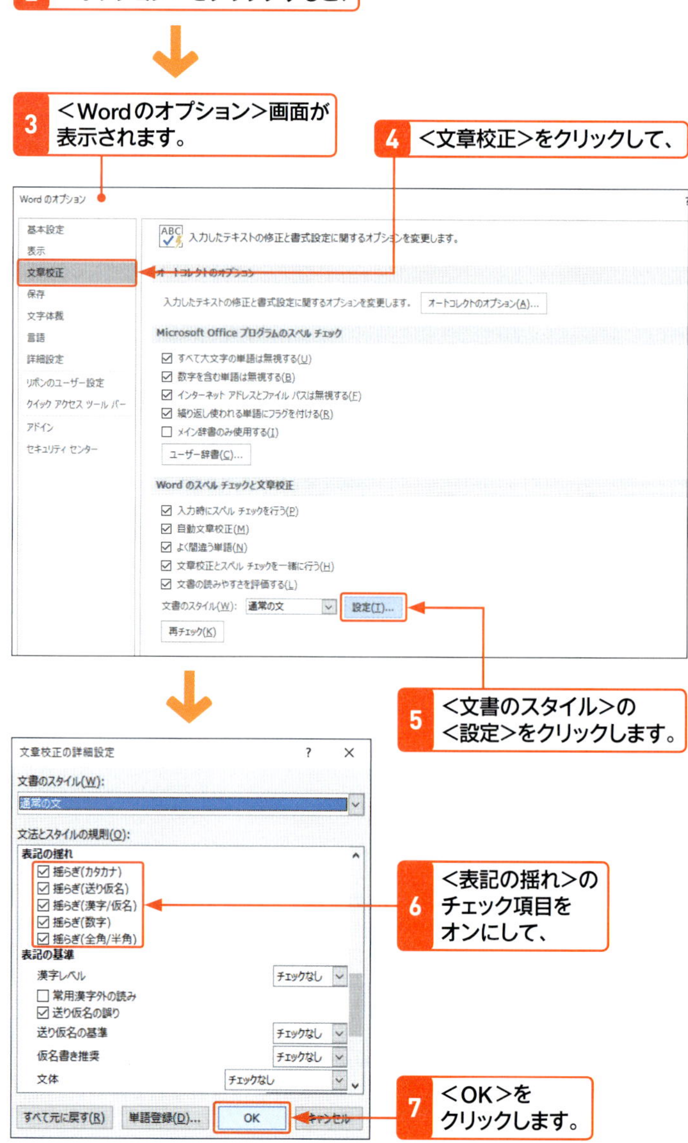

ステップアップ 校正チェック用の波線を消す

文書中で表記ゆれや入力ミス、スペルミスと判断された部分には、波線が引かれます。<Wordのオプション>画面の<文章校正>で、<例外>の<この文書のみ、結果を表す波線を表示しない>と<この文書のみ、文章校正の結果を表示しない>をオンにして、<OK>をクリックすれば、波線は表示されなくなります。ただし、適用されるのはこの文書のみとなります。

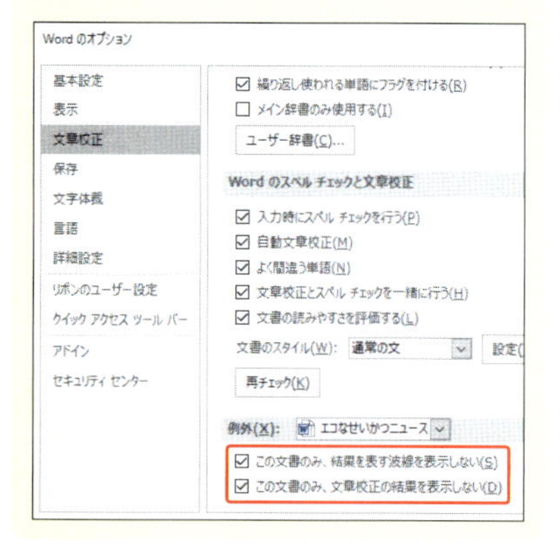

3 表記ゆれチェックを実行する

1 前ページの操作で表記ゆれを設定すると、表記ゆれの箇所に波線が引かれます。

2 <校閲>タブをクリックして、

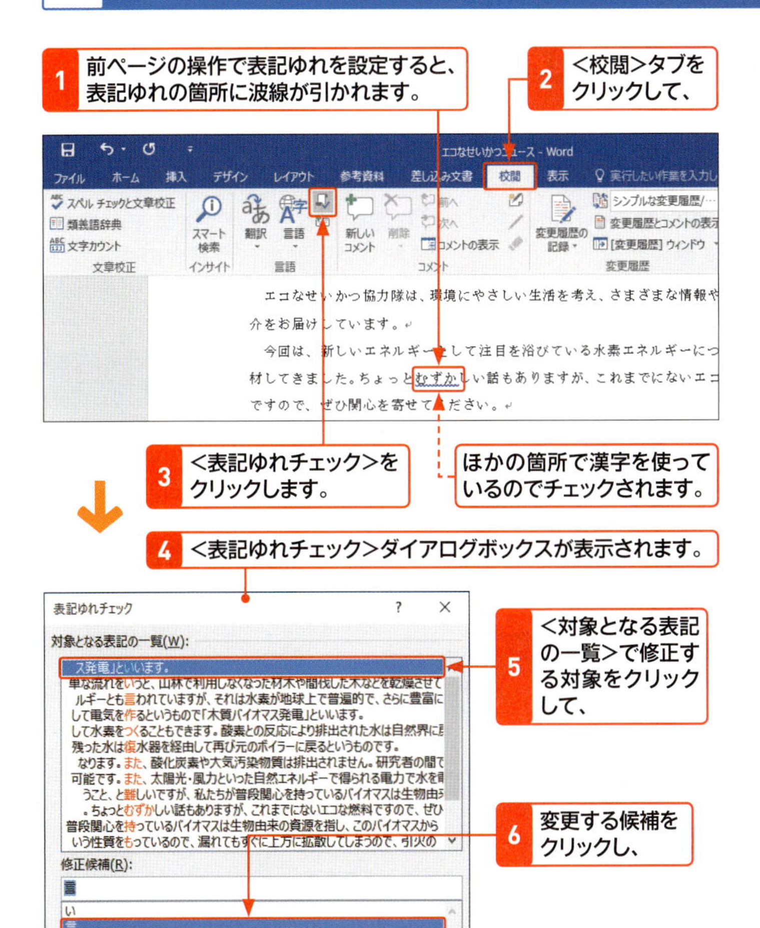

3 <表記ゆれチェック>をクリックします。

ほかの箇所で漢字を使っているのでチェックされます。

4 <表記ゆれチェック>ダイアログボックスが表示されます。

5 <対象となる表記の一覧>で修正する対象をクリックして、

6 変更する候補をクリックし、

7 <変更>をクリックします。

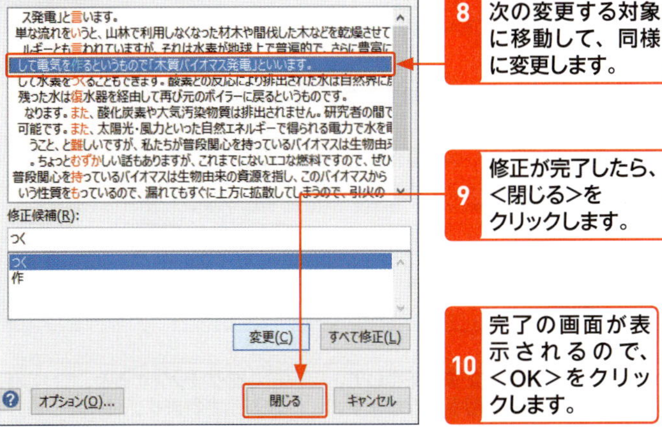

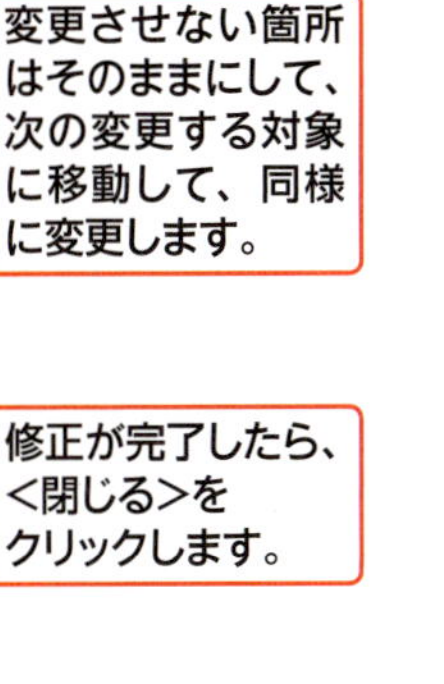

8 変更させない箇所はそのままにして、次の変更する対象に移動して、同様に変更します。

9 修正が完了したら、<閉じる>をクリックします。

10 完了の画面が表示されるので、<OK>をクリックします。

メモ 表記ゆれの修正

表記ゆれでチェックされた対象でも、内容によっては修正したくない場合もあります。修正が必要な箇所のみ変更をして、変更しない箇所はそのままにしておきます。

ヒント すべて変更するには?

表記ゆれの対象をすべて修正する場合は、1つずつ変更しなくても、<すべて修正>をクリックすれば一括で変更されます。

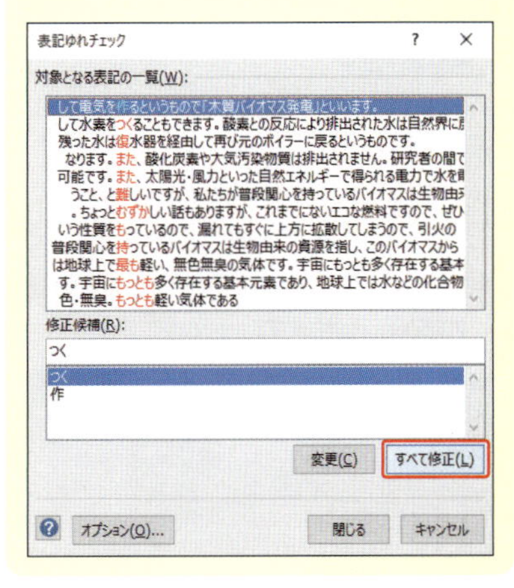

Section 68

コメントを挿入する

覚えておきたいキーワード
- コメント
- コメントの返答
- インク注釈

複数の人で文書を作成する際、文書にコメントを挿入したり、コメントに対して返答したりするなど、やりとりをしながら完成することができます。また、Word 2016で搭載されたインクコメント機能では、文書に手書きのコメントを挿入することができます。

1 コメントを挿入する

キーワード コメント

コメントは、文書の本文とは別に、用語や文章の表現など場所を指定して疑問や確認事項などを挿入できる機能です。文字数やレイアウトに影響することなく挿入できるので、複数の人で文書を共有して編集する際に便利です。

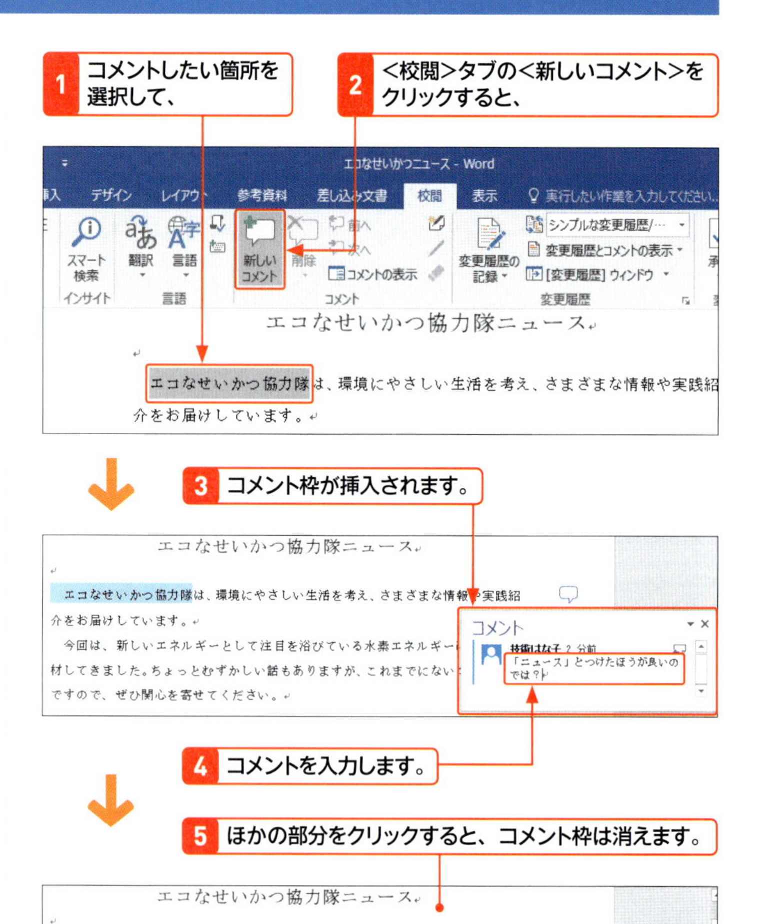

ヒント コメントの表示

<シンプルな変更履歴／コメント>で表示している場合、<校閲>タブの<コメントの表示>をクリックすると、すべてのコメントを表示することができます。再度クリックすると、すべてのコメントが非表示になります。

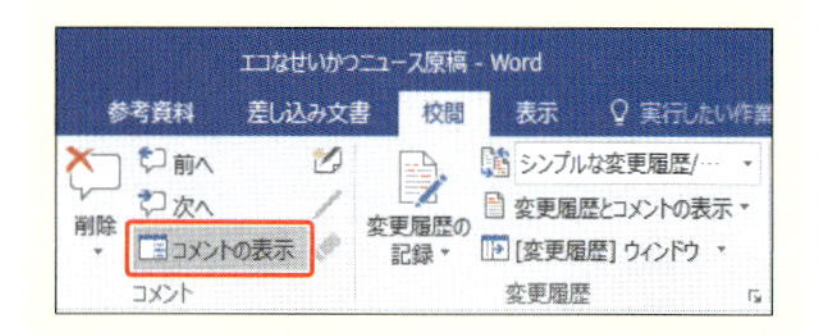

2 コメントに返答する

1 コメントの挿入された文書を開きます。

2 ここをクリックすると、コメントが表示されます。

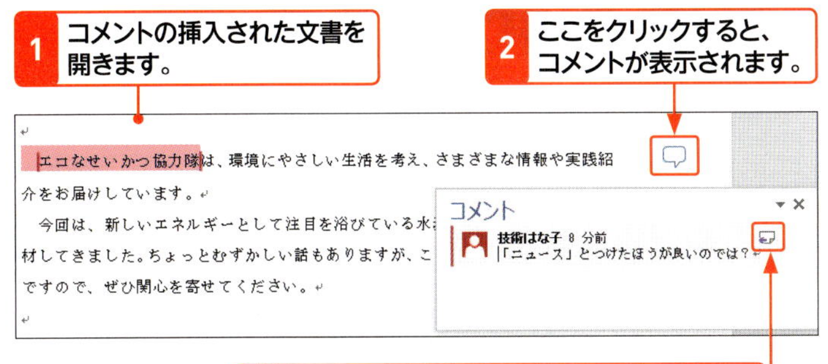

3 返答したいコメントのここをクリックします。

4 コメントの挿入欄に、返答コメントを入力します。

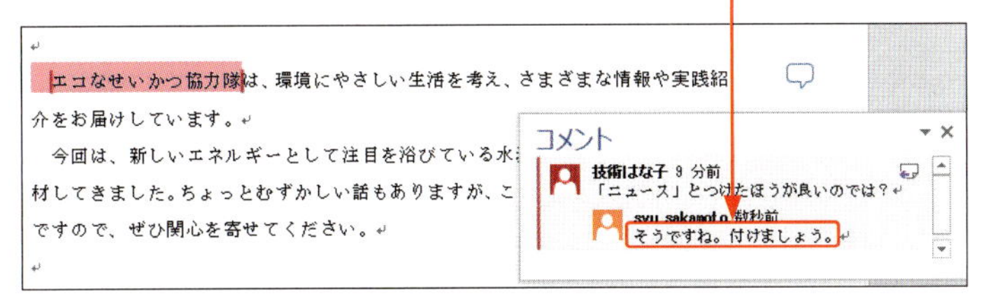

5 文書を編集して保存後、相手に渡します。

メモ コメントへの返答

コメントには、コメントに対するコメント(返答)を、同じ吹き出しの中に書き込むことができます。吹き出しの中のをクリックすると、コメントを入力できます。

新機能 インクコメント

インクコメントは、タッチ機能のあるパソコンやタブレットなどで、手書きでコメントを入力できる機能です。<インクコメント>をクリックすると表示されるコメント枠に、画面上をなぞって手書きします。

3 インク注釈を利用する

1 <校閲>タブをクリックして、

2 <インクの開始>をクリックします。

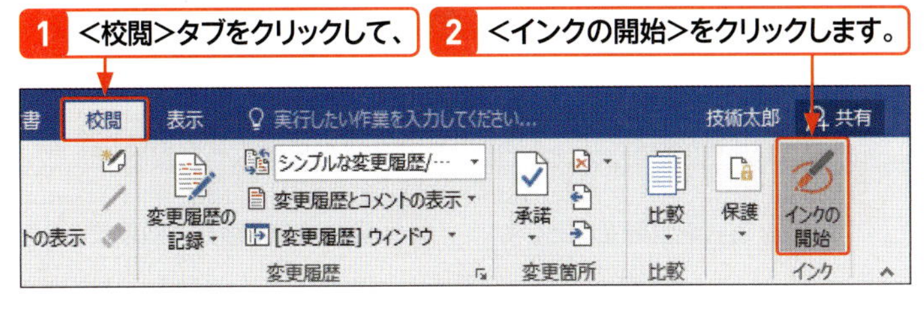

3 ペンの種類をタッチして選択し、

4 画面上をなぞって手書きします。

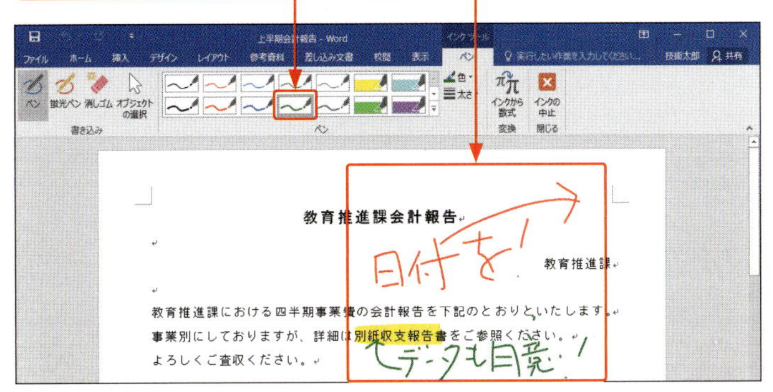

新機能 インク注釈

インク注釈は、文書内に文字や図などを手書きできる機能です。注意書きやコメントなどが直接表示されるので便利です。ただし、タブレット機能を持つパソコンで、タブレットペンやタッチ操作が利用できる機種のみに有効な機能です。<校閲>タブの<インクの開始>をクリックすると、<インクツール>の<ペン>タブが表示されます。ペンの種類や色、太さを選んで、画面上をなぞると、手書きで表示されます。文書は<消しゴム>でかんたんに消すことができます。

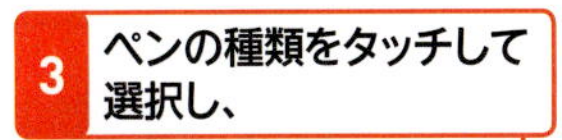

Section 69

変更履歴を記録する

覚えておきたいキーワード
- ☑ 変更履歴
- ☑ 変更履歴の記録
- ☑ 変更履歴ウィンドウ

文書の推敲や校正には、変更履歴機能が便利です。この機能を使うと、文書を修正したあと、修正した箇所と内容がひと目で確認できます。とくに、複数人で文書を作成し共有する場合に有効です。変更履歴を利用するには、全員が＜変更履歴の記録＞をオンにする必要があります。

1 変更履歴を記録する

メモ 変更履歴を利用する

変更履歴とは、文書の文字を修正したり、書式を変更したりといった編集作業の履歴を記録する機能で、どこをどのように変更したいのかがわかるようになります。変更履歴の記録を開始して、それ以降に変更した箇所の記録を残します。

1 ＜校閲＞タブをクリックして、

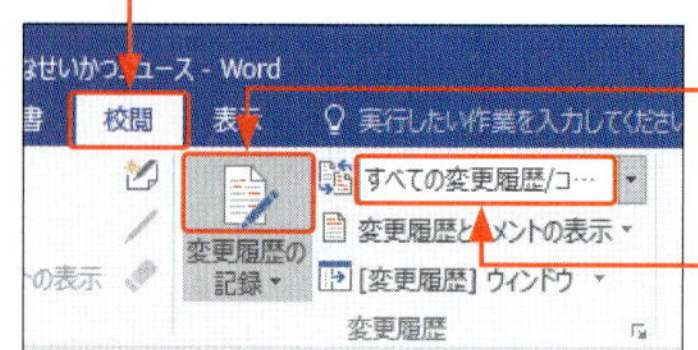

2 ＜変更履歴の記録＞の上の部分をクリックしてオンにし、

3 ＜すべての変更履歴／コメント＞に設定します。

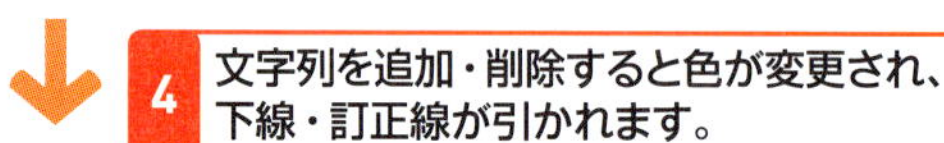

4 文字列を追加・削除すると色が変更され、下線・訂正線が引かれます。

5 文書が変更された行頭には、インジケーターが表示されます。

6 書式を変更すると、

7 変更内容が表示されます。

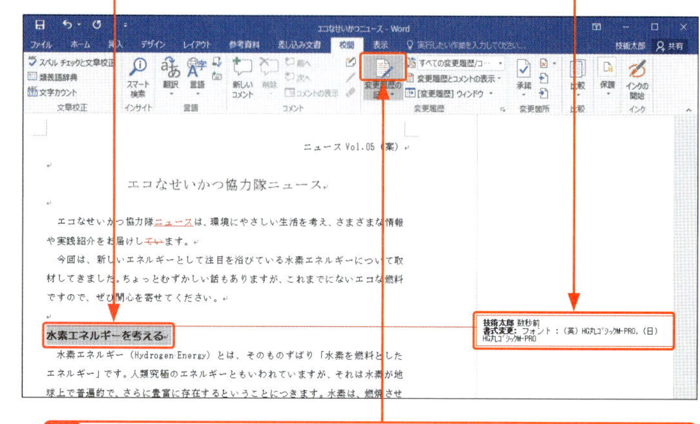

8 ＜変更履歴の記録＞をクリックして、変更履歴の記録を終了します。

ヒント 変更履歴の記録を中止するには？

＜変更履歴の記録＞がオンになっている間は、変更履歴が記録されます。変更履歴を記録しないようにするには、再度＜変更履歴の記録＞をクリックします。すでに変更履歴を記録した箇所はそのまま残り、以降の文書の変更については、変更履歴は記録されません。

2 変更履歴を非表示にする

変更履歴が表示されています。

1 <校閲>タブをクリックして、

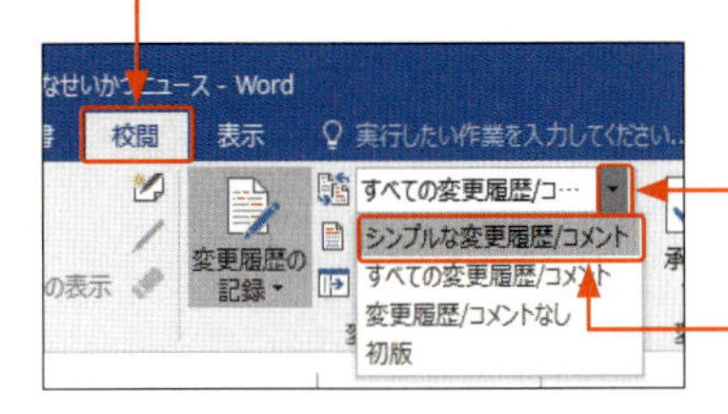

2 <すべての変更履歴／コメント>のここをクリックし、

3 <シンプルな変更履歴／コメント>をクリックします。

4 変更履歴が非表示になり、変更した箇所の文頭にインジケーターが表示されます。インジケーターをクリックすると、

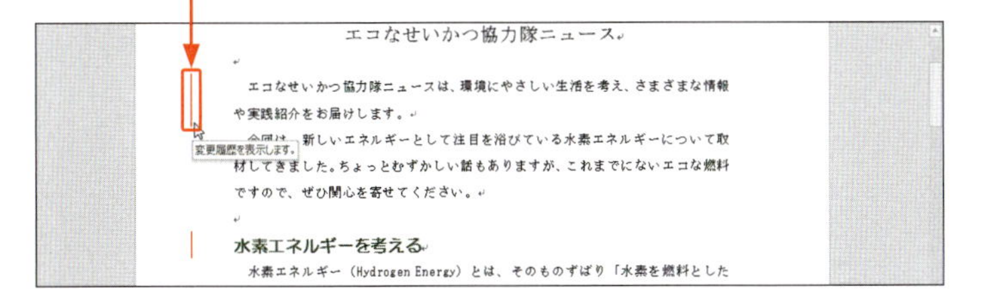

5 変更履歴が表示されます。

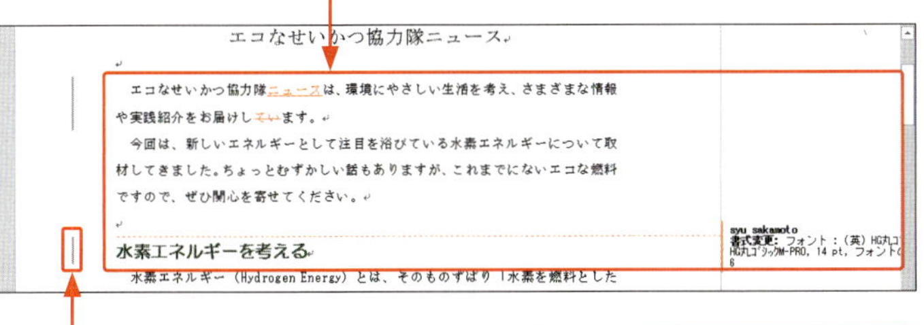

6 再度インジケーターをクリックすると、非表示になります。

メモ 変更履歴の表示／非表示

変更履歴は、右側にすべて表示する方法と、修正箇所にインジケーターのみを表示させるシンプルな方法の2種類があります。切り替えは、左の手順で行います。

ステップアップ 変更履歴とコメントの表示

変更履歴のほかにコメント（Sec.68参照）も利用している文書の場合、初期設定ではすべてが表示されるようになっています。<校閲>タブの<変更履歴とコメントの表示>をクリックすると、表示する項目を選ぶことができます。

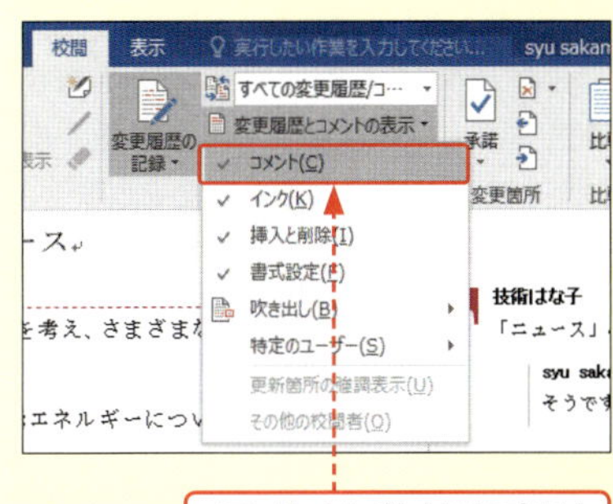

<コメント>をオフにすると表示されなくなります。

ヒント 変更履歴ウィンドウを表示するには？

変更履歴の一覧を、別のウィンドウで表示することができます。<校閲>タブの<[変更履歴]ウィンドウ>の▼をクリックして、<縦長の[変更履歴]ウィンドウを表示>か<横長の[変更履歴]ウィンドウを表示>をクリックします。

横長

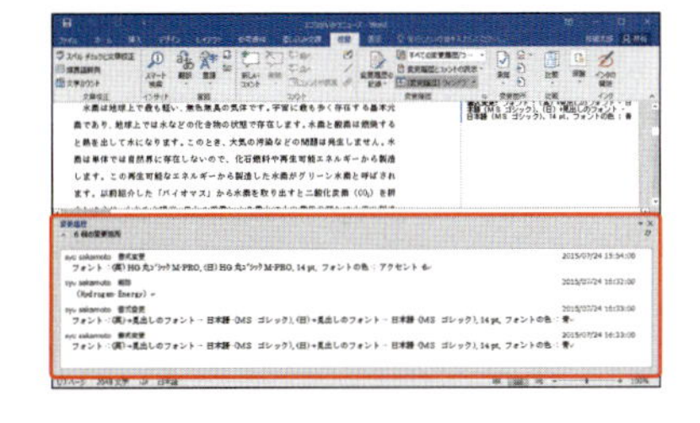

縦長

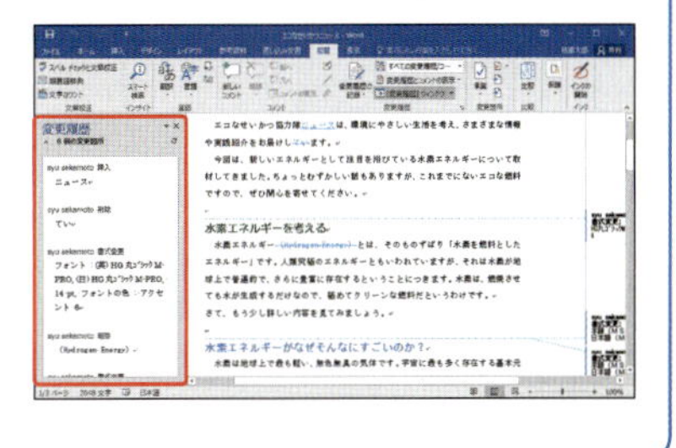

3 変更履歴を文書に反映させる

メモ 変更履歴を反映する

変更履歴が記録されても、変更内容はまだ確定された状態ではありません。変更箇所を1つずつ順に確認して、変更を承諾して反映させたり、変更を取り消してもとに戻したりする操作を行います。

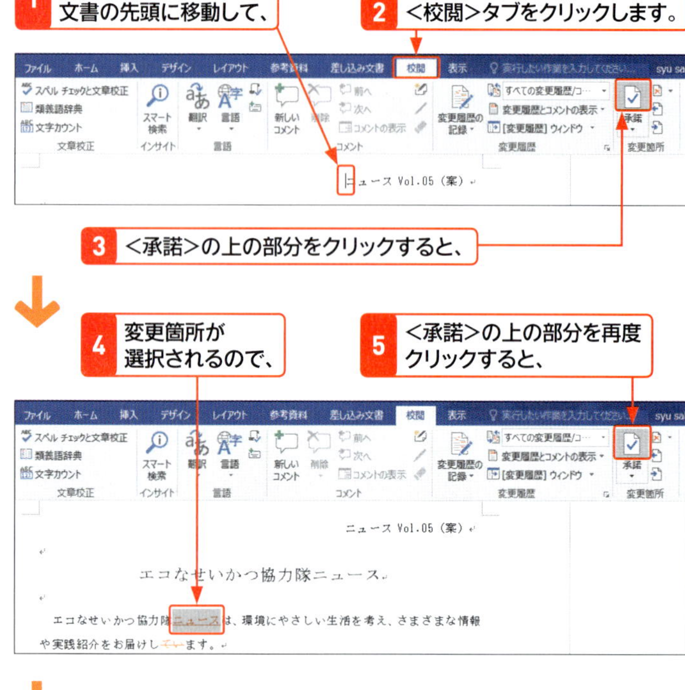

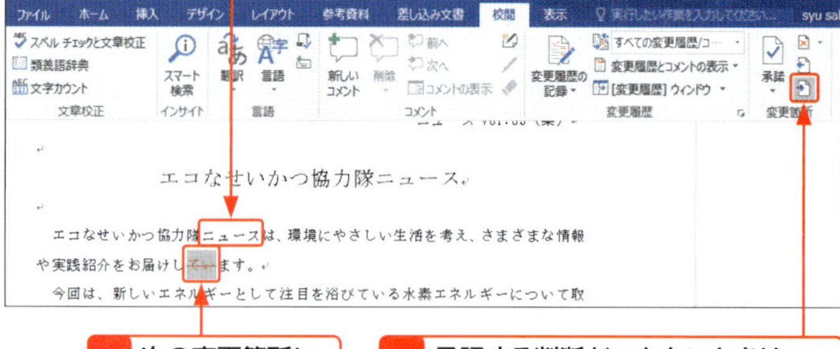

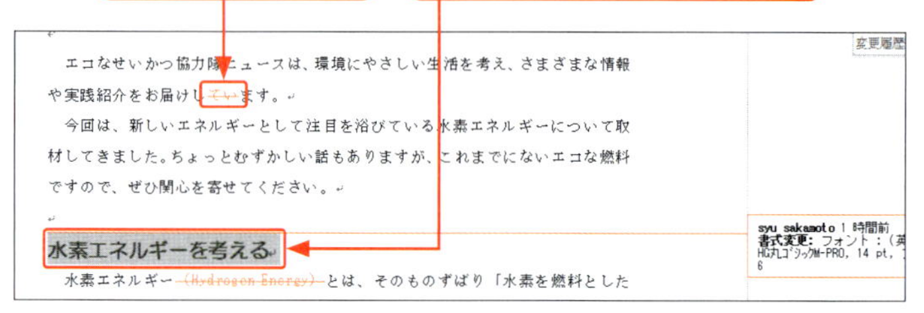

11 同様の方法で、すべての変更を処理します。

ヒント 文書内の変更履歴をすべて反映させるには？

右の手順は、変更履歴を1つずつ確認しながら反映していますが、文書内の変更履歴を一度に反映することもできます。変更履歴をまとめて反映させるには、<承諾>の下の部分をクリックして、表示されるメニューから<すべての変更を反映>あるいは<すべての変更を反映し、変更の記録を停止>をクリックします。

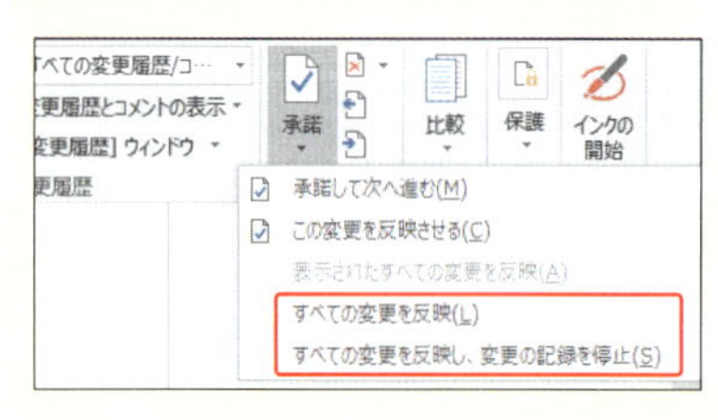

ヒント 変更箇所に移動するには？

<校閲>タブの<前の変更箇所>や<次の変更箇所>をクリックすると、現在カーソルがある位置、または表示されている変更箇所の直前／直後の変更箇所へ移動することができます。

4 変更した内容を取り消す

1 文書の先頭にカーソルを移動して、

2 <校閲>タブの<元に戻して次へ進む>をクリックすると、

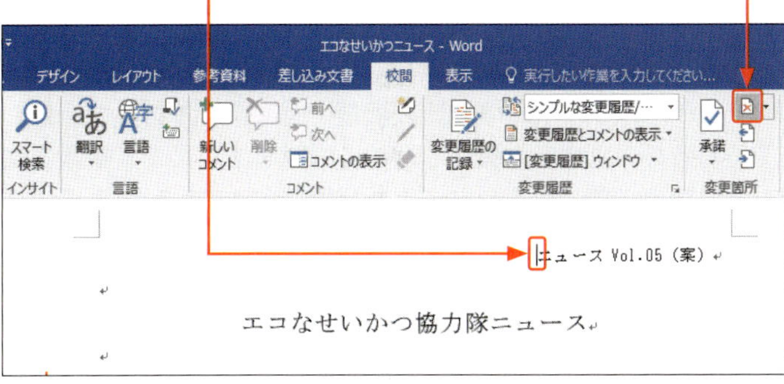

3 最初の変更履歴の位置に移動します。

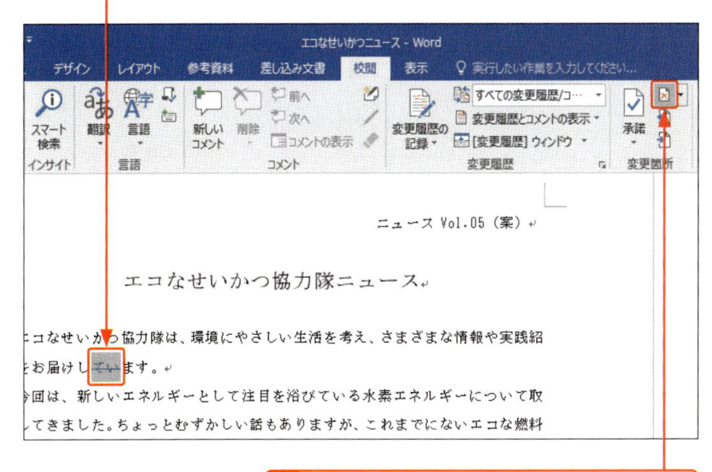

4 <元に戻して次へ進む>をクリックすると、

5 変更した内容がもとに戻り、

6 次の変更履歴の位置に移動します。

メモ 変更内容の取り消し

変更した内容をもとに戻すには、<校閲>タブの<元に戻して次へ進む>を利用します。

ヒント 変更履歴をすべて取り消す

変更履歴をすべて取り消したい場合は、<元に戻して次へ進む>のをクリックして表示されるメニューから<すべての変更を元に戻す>をクリックします。

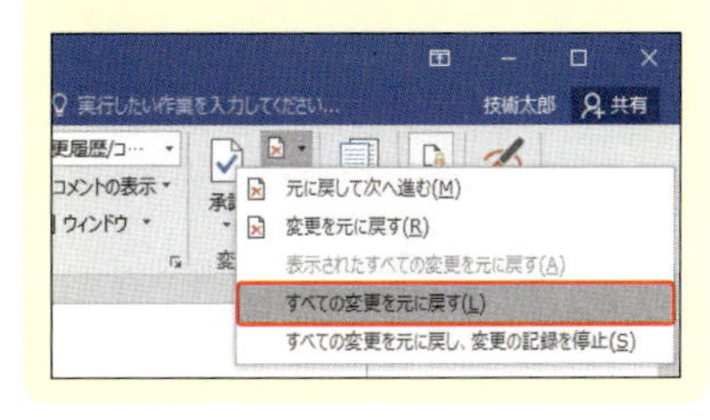

Section 70

同じ文書を並べて比較する

覚えておきたいキーワード
- 比較
- 文書の比較
- 組み込み

もとの文書と、ほかの人が編集し直した文書の２つがある場合など、どこが違うのかを探すのはたいへんです。Wordの比較機能では、２つの文書を比較した結果を表示してくれるので、内容を確認しやすくなります。また、複数の文書の変更箇所を１つの文書にまとめる組み込みも利用できます。

1 文書を表示して比較する

キーワード 比較

Wordの比較機能は、もとの文書と変更した文書を比較して、変更された個所を変更履歴として表示する機能です。全体に影響するような大きな変更ではなく、文字の変更など、細かい変更の比較に利用します。

ヒント 文書を開く

比較する文書を以前開いたことがある場合は、<文書の比較>ダイアログボックスの<元の文書>や<変更した文書>の ⌄ をクリックするとファイル名が表示されるので、これをクリックすれば指定できます。

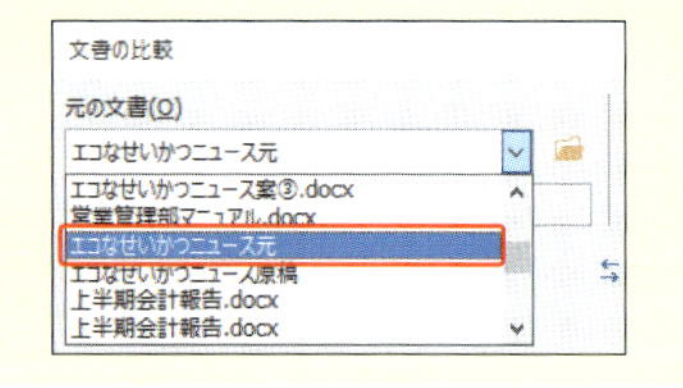

1 Wordを起動して、白紙の文書を開きます。

2 <校閲>タブをクリックして、

3 <比較>をクリックし、

4 <比較>をクリックします。

5 <文書の比較>ダイアログボックスが表示されるので、

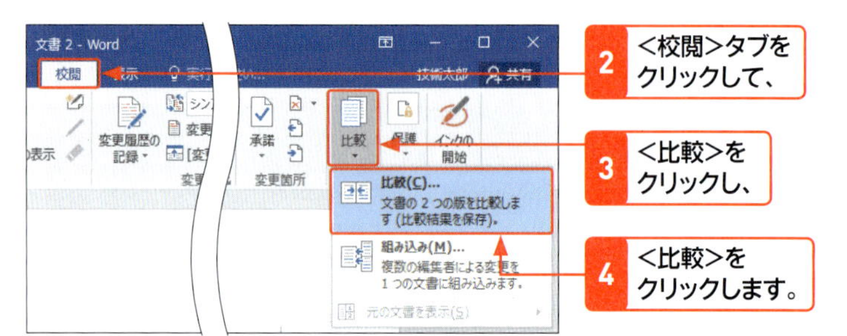

6 <元の文書>のここをクリックします。

7 <ファイルを開く>ダイアログボックスが表示されるので、

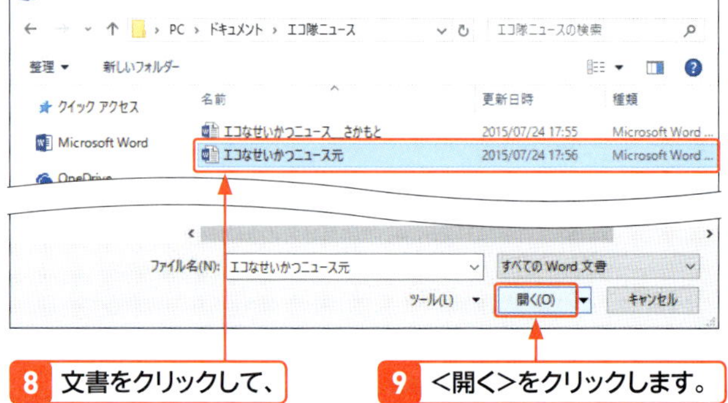

8 文書をクリックして、

9 <開く>をクリックします。

第6章 文書の編集と校正

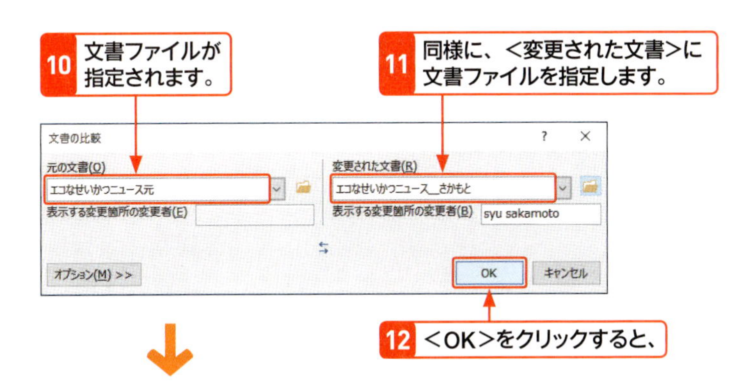

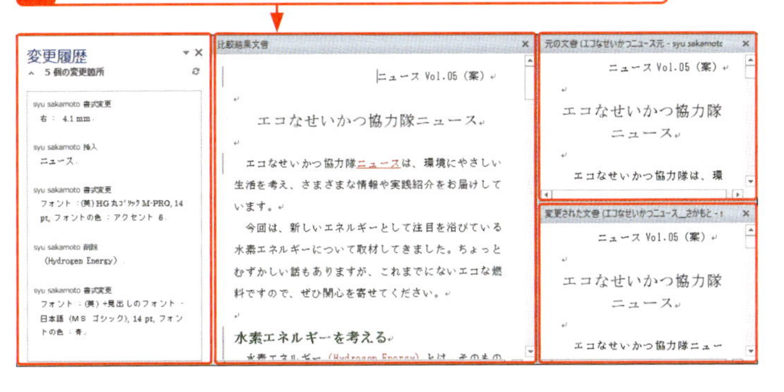

メモ 比較結果文書

文書の比較を実行すると、<比較結果文書>と、比較した<元の文書>と<変更された文書>が表示されます。<比較結果文書>には、変更された箇所がインジケーターで表示されます。右のスクロールバーをドラッグすると、3つの文書が同時に上下するので、つねに同じ位置を表示できます。左側の<変更履歴>ウィンドウに表示される変更履歴をクリックすると、それぞれの文書の該当箇所が表示されるので、変更内容を確認できます。

2 変更内容を1つの文書に組み込む

1 Wordを起動して、白紙の文書を開きます。

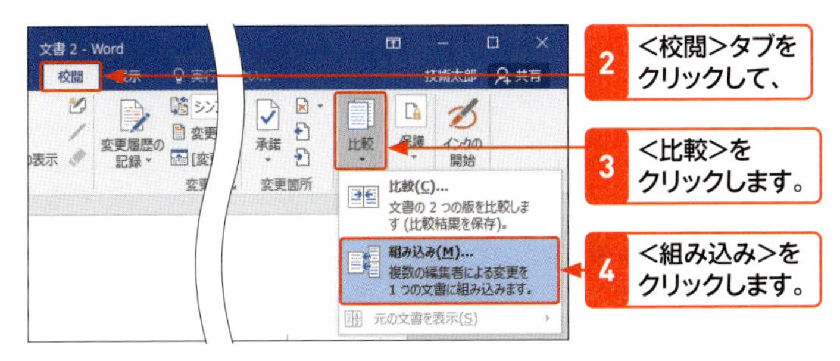

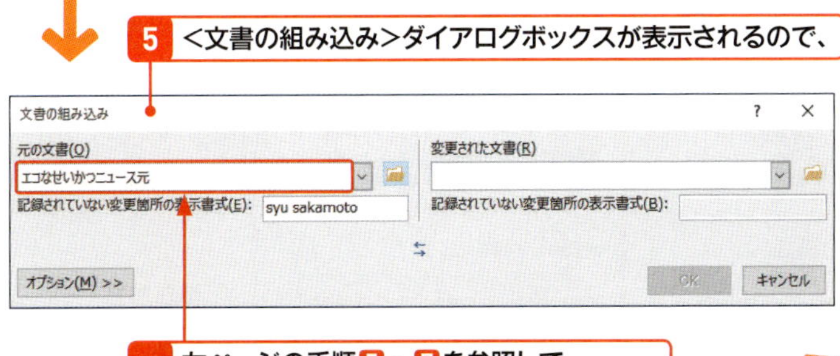

キーワード 組み込み

Wordの組み込み機能は、もとの文書を複数の人が各自で編集した複数の文書の内容を1つにとりまとめる機能です。それぞれが変更した箇所がすべて表示されるので、その中から反映させたり、もとに戻したりして、1つの文書にまとめます。

ヒント 文書を開く

組み込む文書を以前開いたことがある場合は、<文書の組み込み>ダイアログボックスの<元の文書>や<変更された文書>の をクリックするとファイル名が表示されます。このファイル名をクリックすれば指定できます。

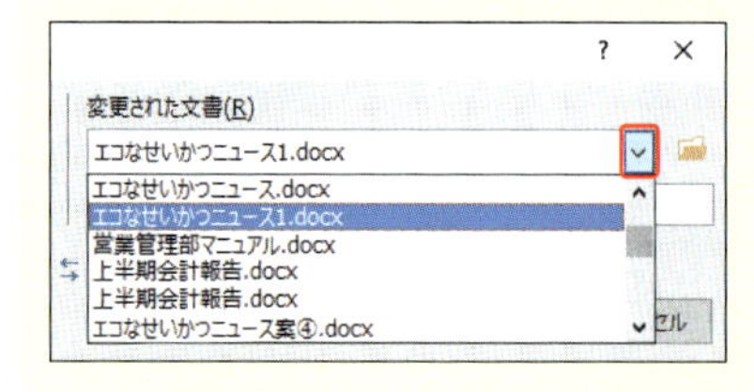

7 同様に、<変更された文書>に文書ファイルを指定します。

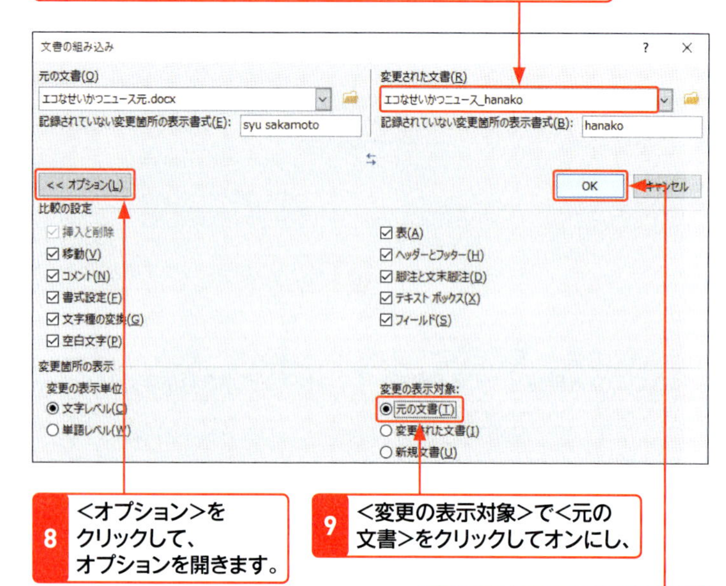

8 <オプション>をクリックして、オプションを開きます。

9 <変更の表示対象>で<元の文書>をクリックしてオンにし、

10 <OK>をクリックします。

11 書式を維持する文書の選択画面が表示されるので、

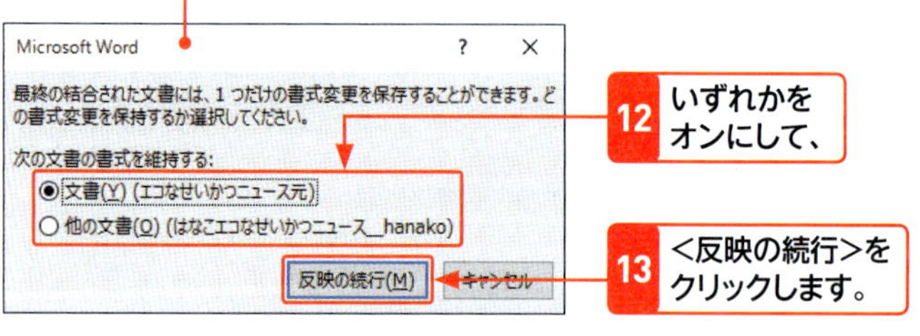

12 いずれかをオンにして、

13 <反映の続行>をクリックします。

14 <元の文書>に<変更された文書>が組み込まれた文書が表示されます。

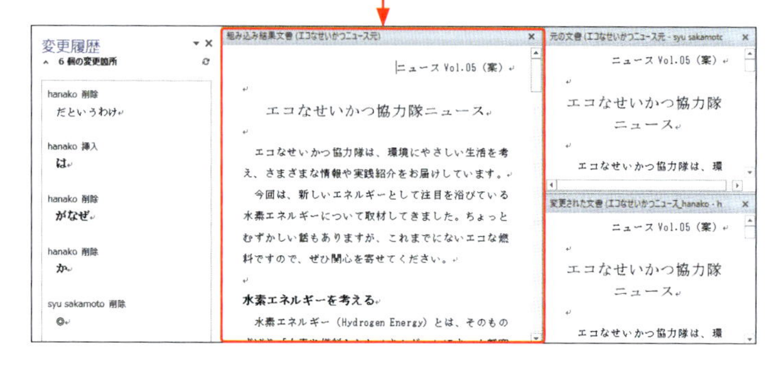

15 変更された個所を1つずつ確認して、反映させたり、もとに戻したりして文書を完成させます。

Chapter 07

第7章

はがきの作成と印刷

Section 71 はがき作成の流れを知る

覚えておきたいキーワード
☑ はがき文面印刷ウィザード
☑ はがき宛名面印刷ウィザード
☑ 住所録

Wordではがきを作成する場合、はがき文面印刷ウィザードとはがき宛名面印刷ウィザードを利用します。はがきの種類、題字、文面などを指定するだけで文面が作成でき、また住所録を指定するだけで宛名を順に挿入して印刷することができます。

1 はがきの文面を作成する

1 はがき文面印刷ウィザードを起動する

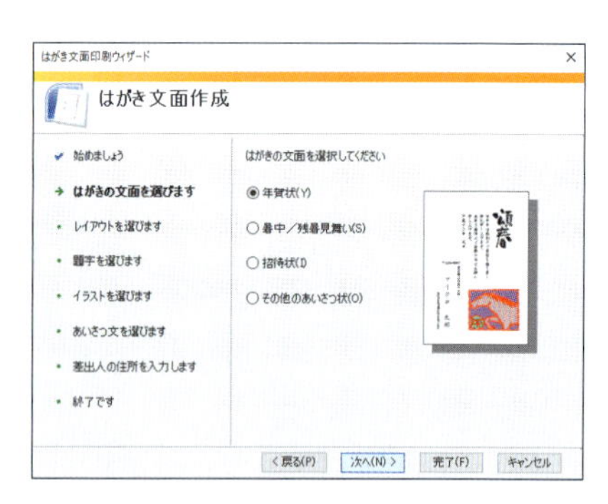

2 題字・文面・イラスト・差出人を設定する

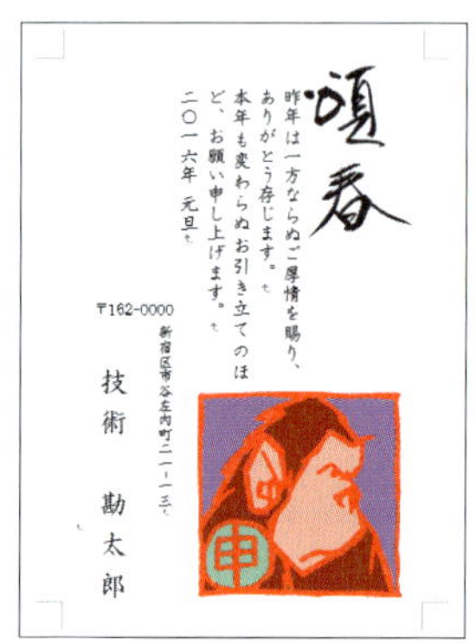

3 題字を修正する

4 イラストを写真に変更する

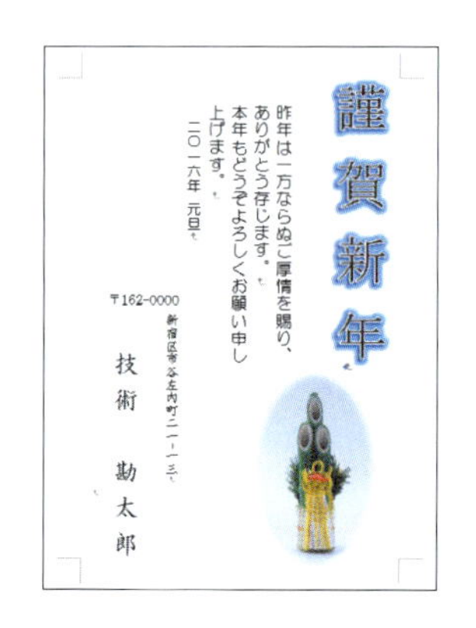

5 はがきの文面を印刷する

2 はがきの宛名面を作成する

1 住所録を作成する

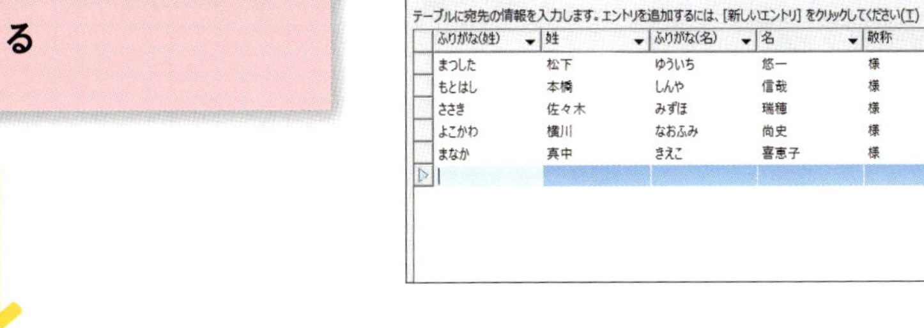

2 はがき宛名面印刷ウィザードを起動する

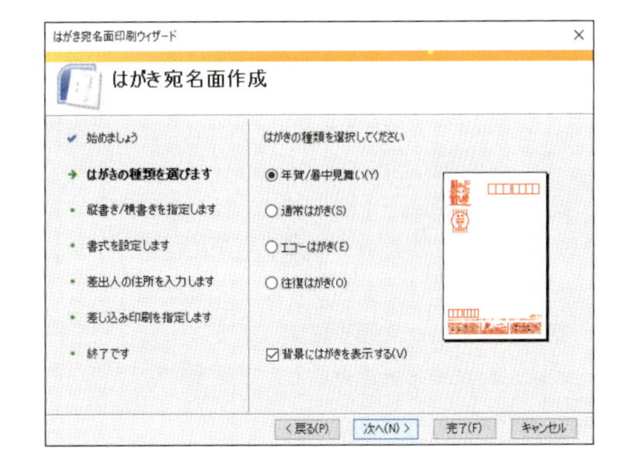

3 はがきの種類・フォント・住所録を設定する

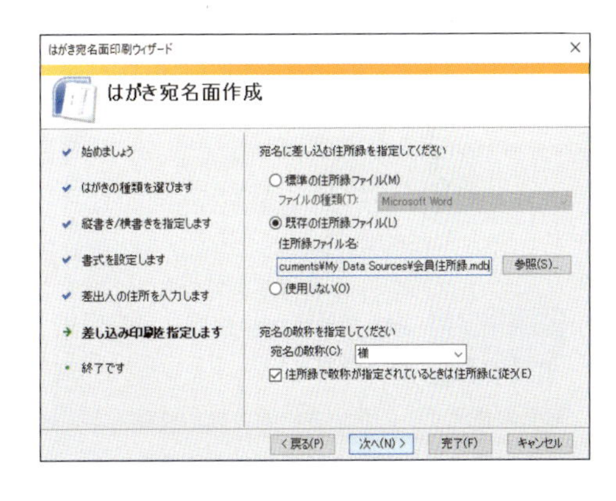

4 はがきの宛名面を印刷する

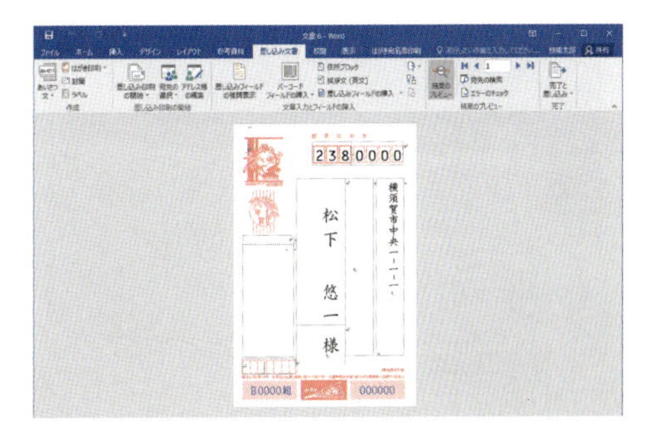

Section 72

はがきの文面を作成する

覚えておきたいキーワード
- はがきの文面
- はがきの種類
- 年賀状

Wordには、はがき文面印刷ウィザードが用意されています。はがきの種類、題字、文面、イラストなど、はがきに合った要素を選ぶだけで、はがき文面をかんたんに作成することができます。ここでは、年賀状の文面を作成しますが、文面の内容は目的に合わせて選択することができます。

1 年賀状の文面をウィザードで作成する

キーワード はがき文面印刷ウィザード

はがき文面印刷ウィザードは、はがきの文面を作成するための要素を指示に従って選択するだけで文面が作成できる機能です。挿入した文面や題字、イラストなどは、あとで変更することができます。

1 <差し込み文書>タブをクリックして、

2 <はがき印刷>をクリックし、

3 <文面の作成>をクリックします。

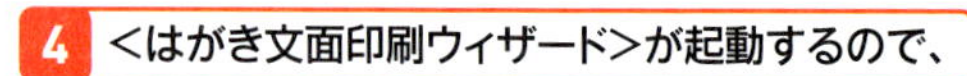

4 <はがき文面印刷ウィザード>が起動するので、

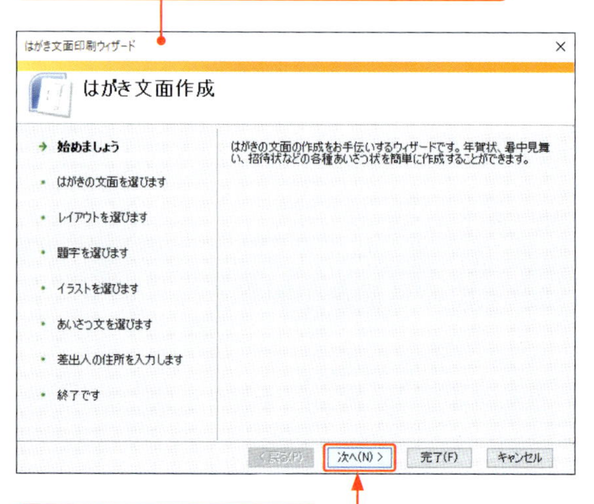

5 <次へ>をクリックします。

ヒント <はがき印刷>が表示されない

画面の表示サイズが小さい場合は、<はがき印刷>のコマンドはグループ化されてしまいます。左端の<作成>をクリックすると、表示されます。

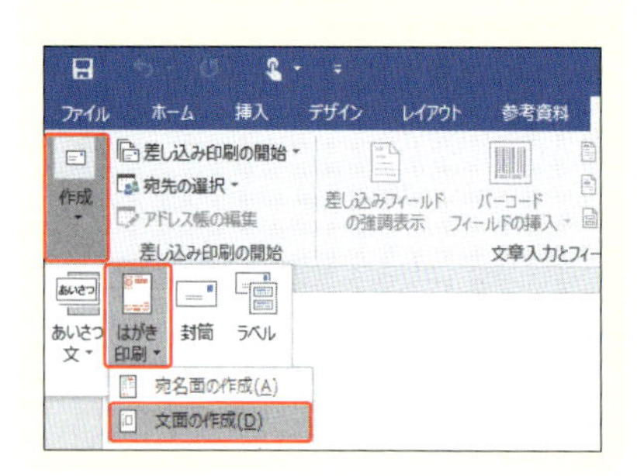

第7章 はがきの作成と印刷

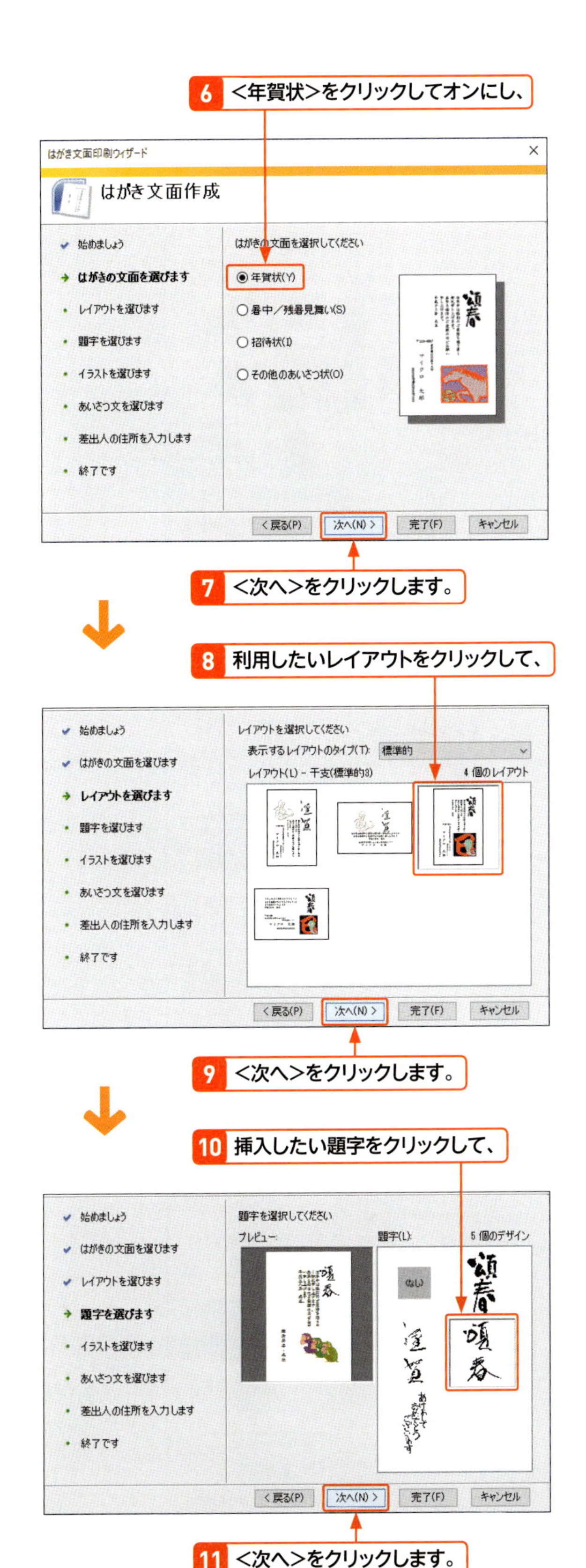

メモ はがきの文面

手順6では、はがきの文面を選択します。はがきの用途によって、文面を構成する要素も変わってきます。ここでは例として年賀状を作成しますが、暑中見舞い／残暑見舞い、招待状、移転通知など、目的に合わせて文面を選んでください。

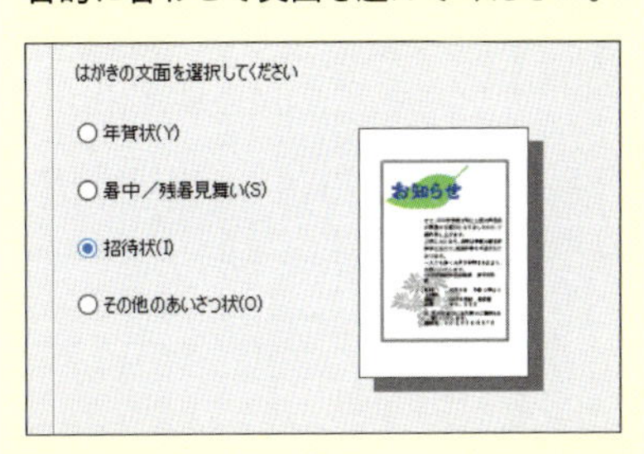

メモ はがきのレイアウト

手順8の画面では、はがきのレイアウトを選択します。<表示するレイアウトのタイプ>をクリックして、<伝統的><ポピュラー><かわいい><すべて>のいずれかをクリックすると、ほかのレイアウトを選ぶことができます。

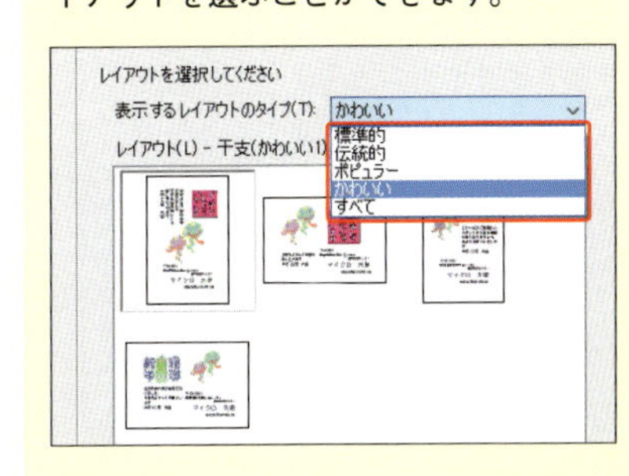

メモ はがきの題字

手順10の題字は、はがきの種類に合わせてそれぞれ用意されています。題字を入れない場合は、<なし>をクリックします。

12 挿入したいイラストをクリックして、

13 <次へ>をクリックします。

メモ はがきのイラスト

年賀状用のイラストは、使用する年の干支のイラストが用意されています。挿入したイラストは、あとから変更することができます。また、自分が持っているイラストや写真に替えることもできます（Sec.75参照）。イラストを入れない場合は、左上の<なし>をクリックします。

14 挿入したいあいさつ文をクリックして、

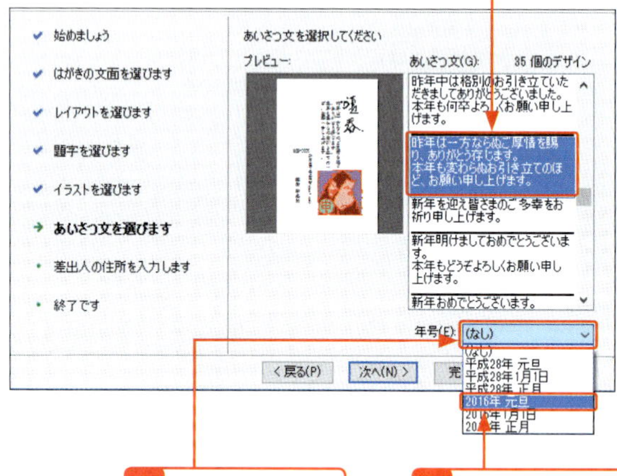

メモ はがきのあいさつ文

手順14では、はがきのあいさつ文を選択します。あいさつ文を入れたくない場合は、<なし>をクリックします。挿入したあいさつ文は、テキストボックスで配置されます。テキストボックスの文面は自由に変更できるので、ここでは仮として近いものを挿入しておくとよいでしょう。

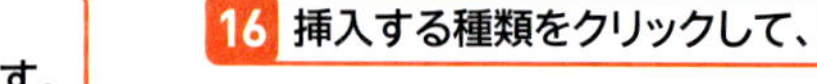

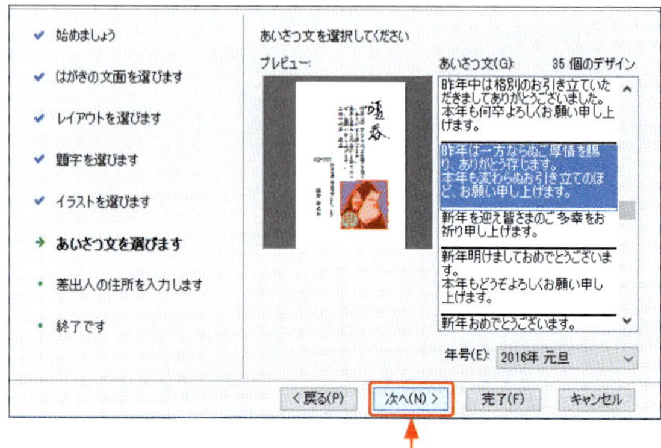

17 <次へ>をクリックします。

メモ はがきの年号

手順16では、作成時点の年号の種類が表示されるので、利用したい年号を選択します。なお、縦書きの場合、数字は漢数字に変換されます。

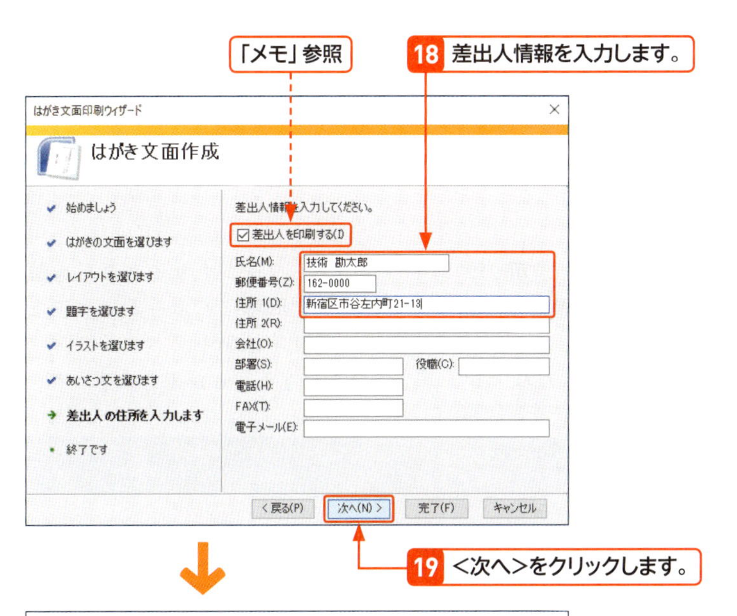

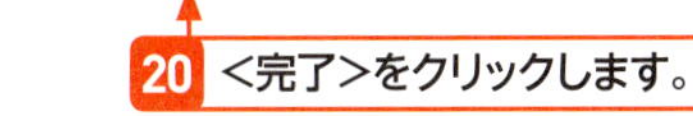

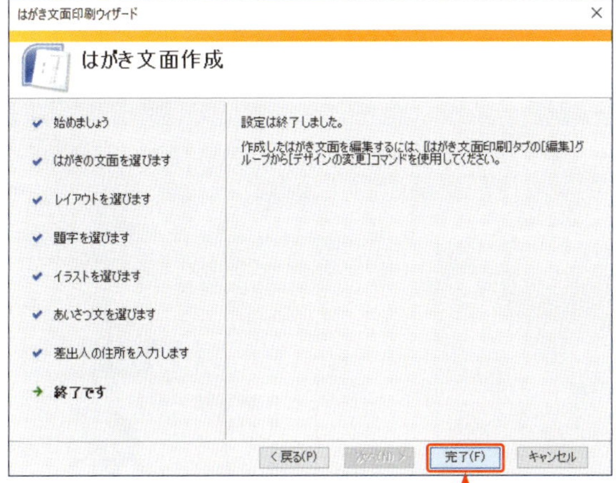

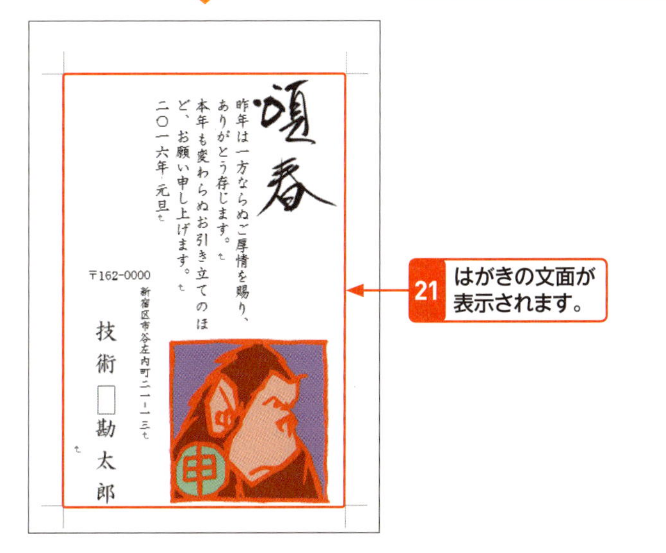

メモ 差出人情報

年賀状の場合は、一般的に文面に差出人を印刷します。宛名面に差出人情報を印刷するなどの理由で文面に差出人情報を印刷しない場合は、<差出人を印刷する>をクリックしてオフにします。なお、差出人情報は、すべての項目を入力する必要はありません。文面に印刷したい項目のみ入力します。

ヒント 差出人を連名にするには?

差出人を連名にしたい場合は、差出人情報の<氏名>欄に「技術　太郎・花子」のように入力すれば連名にできます。しかし、テキストボックスの枠に入りきらない場合は、枠を広げたり、フォントを小さくしたりする必要があります。なお、年賀状などで連名にする場合は、名前を隣に並べるのが一般的です。連名を並べる場合は、はがき文面の差出人ボックスに直接入力する必要があります(P.253の「ステップアップ」参照)。

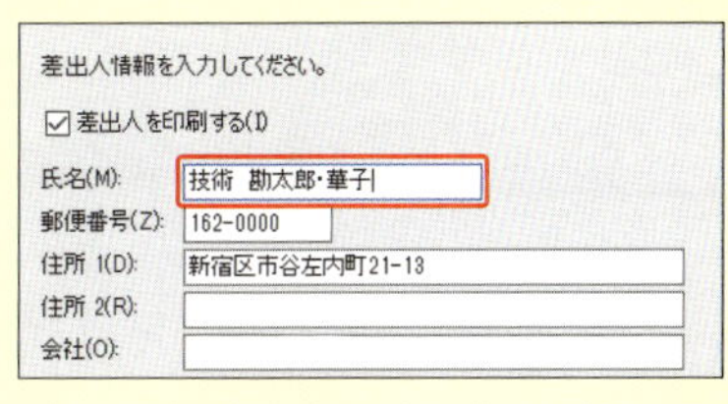

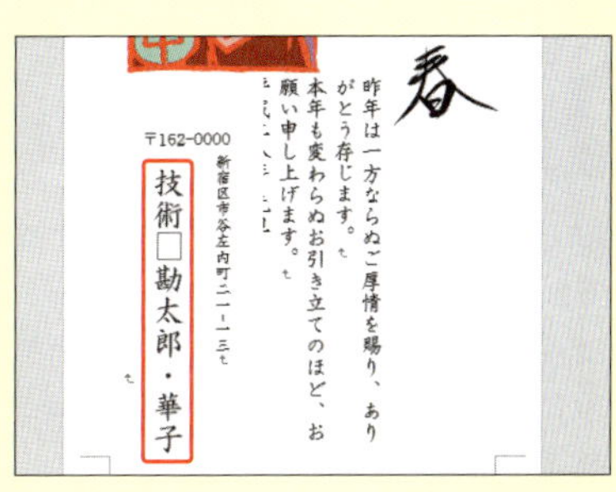

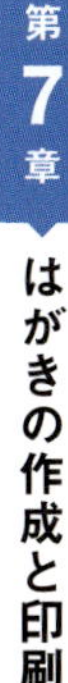

Section 73

はがきの文面を修正する

覚えておきたいキーワード
- あいさつ文
- 文面の書式
- テキストボックス

はがきの文面が完成したら、文面の内容やフォント、フォントサイズなどを確認しましょう。修正したい場合は、通常の書式変更と同様に＜ホーム＞タブなどのコマンドを利用します。あいさつ文や差出人の文字はテキストボックスに配置されているので、移動したり、サイズを広げたりすることができます。

1 年賀状の文面を変更する

メモ はがきの文面を修正する

サンプルを使ってはがきの文面が完成したら、自分用に文面や年を修正し、フォントを変更します。文字の修正やフォントの変更は、通常のWordの文書と同様の方法で行います。

キーワード テキストボックス

はがきの文面の文章は、テキストボックスに配置されています。文字を修正する場合は、テキストボックス内をクリックし、カーソルを移動して行います。テキストボックスについて、詳しくはSec. 46を参照してください。

ここでは、あいさつ文の文面を変更します。

1 あいさつ文をクリックすると、テキストボックスが表示されます。

＜はがき文面印刷＞タブが表示されます。

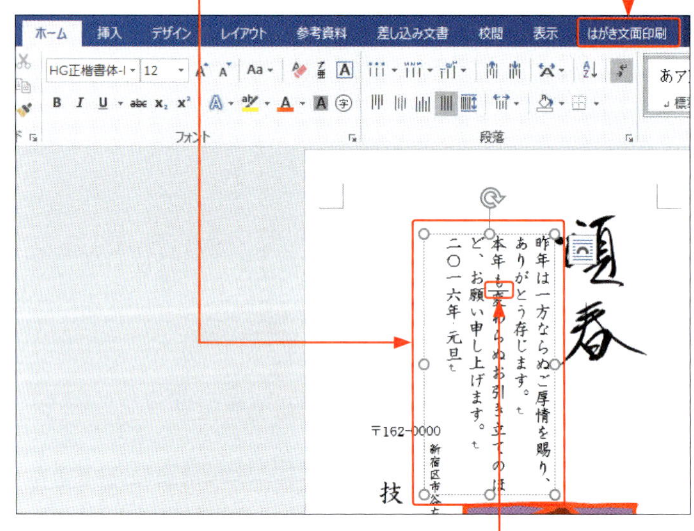

2 文面を変更する位置をクリックして、カーソルを移動します。

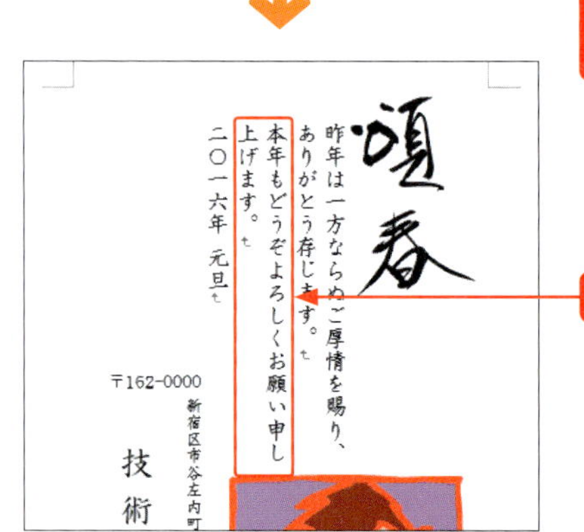

3 文章を入力し直します。

2 文面の書式を変更する

ここでは、あいさつ文のフォントの種類を変更します。

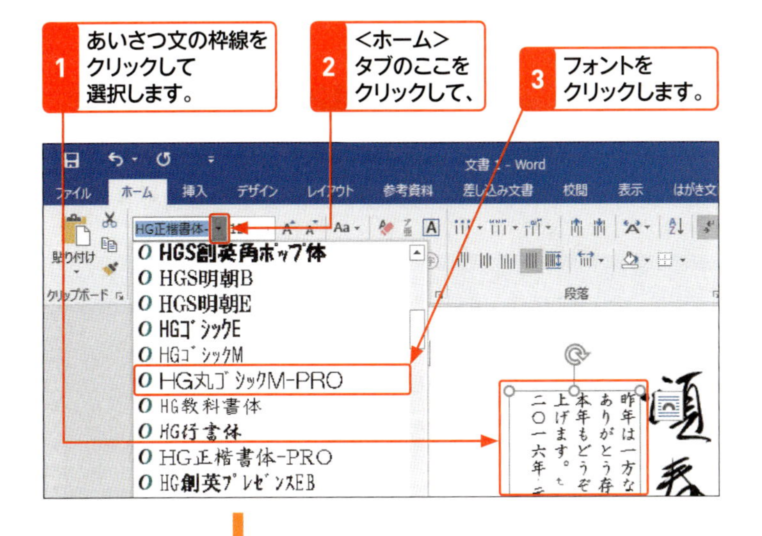

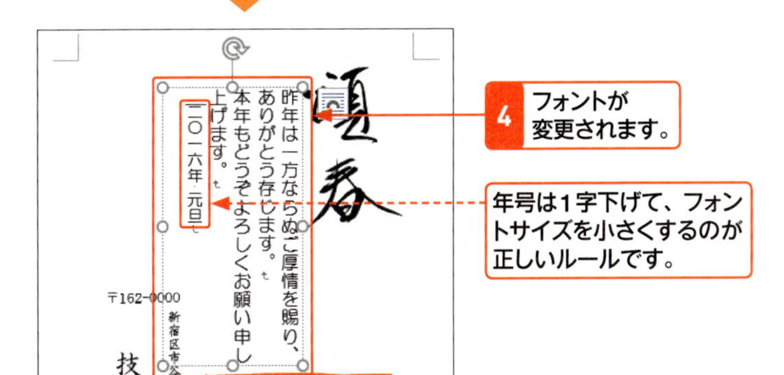

メモ 文面の書式変更

文面のフォントやフォントサイズ、色は、通常の文字と同様に、変更することができます。書式を変更した結果、文字がテキストボックスからはみ出した場合は、フォントサイズを小さくするか、テキストボックスのサイズを大きくします。

ヒント 差出人の住所を変更するには?

差出人の住所が変更になった場合は、<はがき文面印刷>タブをクリックして、<差出人住所の入力>をクリックし、<差出人住所の入力>ダイアログボックスで修正します。文書の差出人欄を直接修正してもかまいませんが、差出人情報に記録されないので、次回利用するときに再度修正する必要があります。

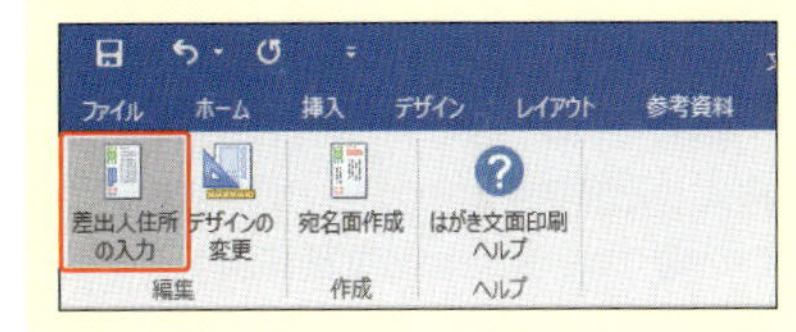

ステップアップ 差出人を連名にする

差出人を連名にするには、差出人欄のテキストボックスを横に広げ、連名を入力します。このとき、差出人欄の左側に電話番号などを入れるテキストボックスが用意されているので、Delete を押してあらかじめ削除しておきます。次に、テキストボックスの枠を左に広げて、名前の下にカーソルを移動し、Enter を押して改行すれば、連名の行ができます。ただし、名前の位置は均等割り付けになっているので、<ホーム>タブの<下揃え>やスペースを挿入して配置を調整します。

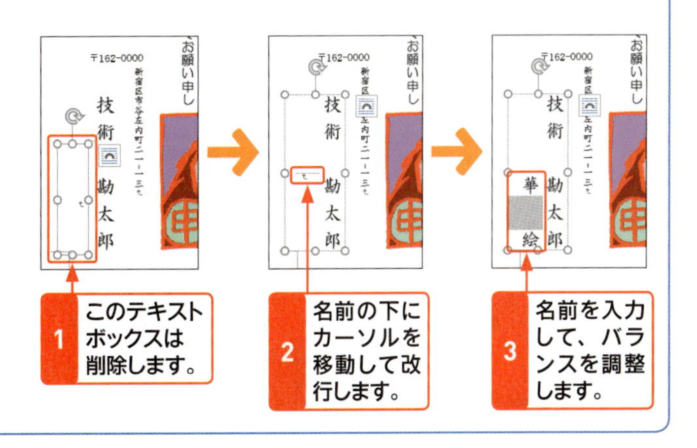

Section 74 文面の題字を変更する

覚えておきたいキーワード
- 文面の題字
- ワードアート
- 文字の効果

文面に挿入した題字は、図として扱われます。あいさつ文のようにテキストボックスではないため、変更する場合は題字を削除して、テキストボックスで文字を入力します。ここでは、ワードアートを挿入します。ワードアートにはさまざまな文字の効果が適用されているので、見栄えのよい文字を表現できます。

1 題字を削除してワードアートを挿入する

メモ 題字を変更する

題字は図として挿入されています。そのため、題字を変更するには題字を削除し、文字として入力し直す必要があります。題字を削除するには、Delete もしくは BackSpace を押します。

ステップアップ 題字をほかのサンプルに変更する

挿入した題字をほかのサンプルに変更したい場合は、<はがき文面印刷>タブをクリックして、<デザインの変更>をクリックします。表示される<デザインの変更>ダイアログボックスの<題字>タブをクリックすると、サンプルが表示されるので、挿入する題字をクリックし、<置換>をクリックします。

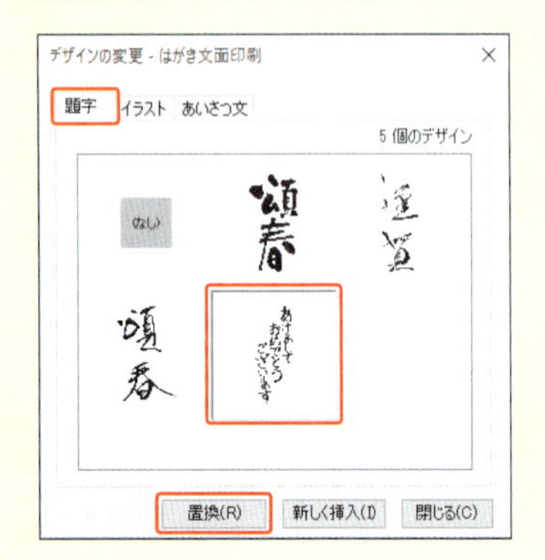

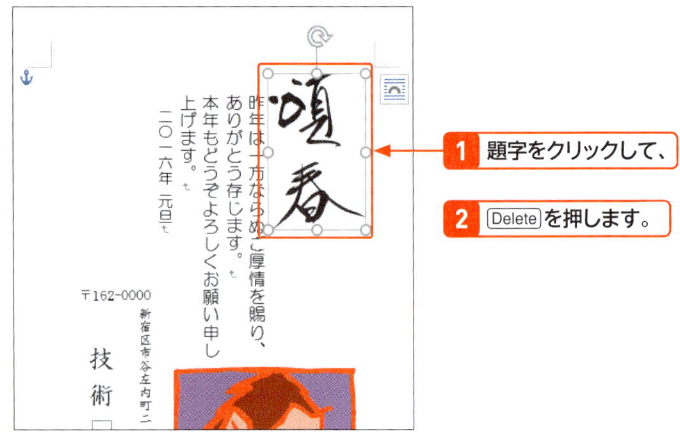

1 題字をクリックして、

2 Delete を押します。

3 題字が削除されます。

4 <挿入>タブをクリックして、

5 <ワードアート>をクリックします。

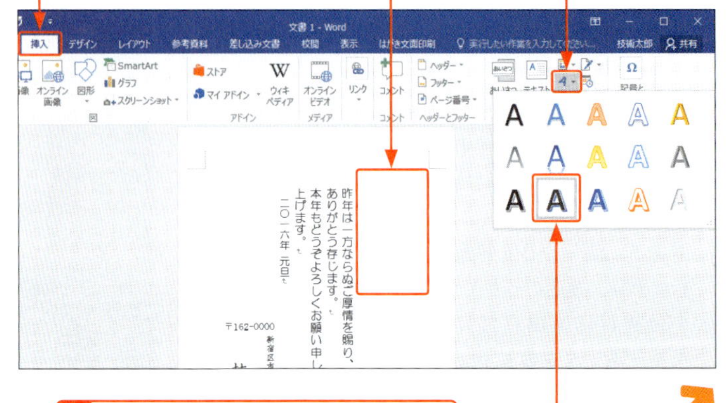

6 ワードアートの種類をクリックします。

第7章 はがきの作成と印刷

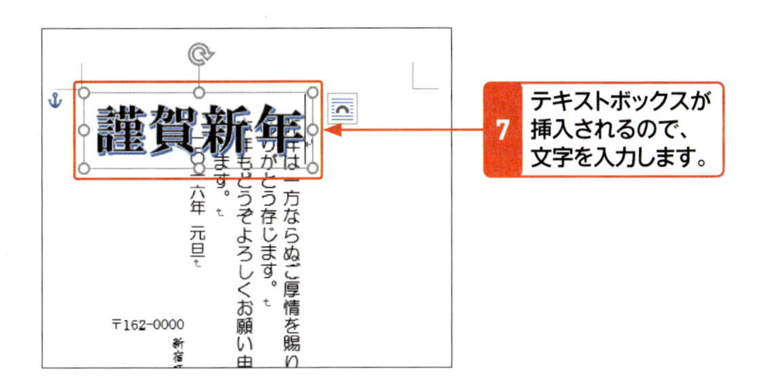

8 <書式>タブの<文字列の方向>をクリックして、

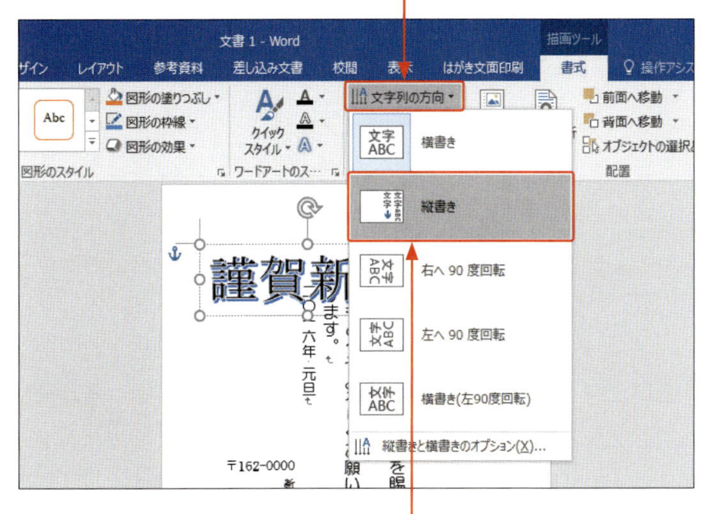

9 <縦書き>をクリックします。

10 文字の効果（光彩）や字間などを調整して配置します。

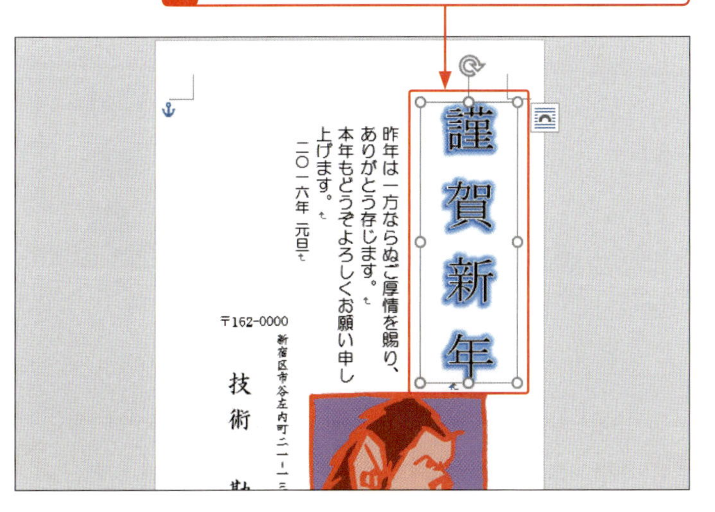

メモ ワードアートを作成する

ワードアートを作成すると、効果の付いた文字が作成できます。テキストボックスとして扱われるので、自由な位置に移動したり、縮小／拡大したりすることができます。ワードアートについて、詳しくはSec.50を参照してください。

ヒント 文字の効果と字間を設定する

手順10では、文字の効果（光彩）や字間を設定しています。文字効果の光彩を設定するには、文字を選択して、<書式>タブの<文字の効果>をクリックし、<光彩>をクリックして、光彩の種類を選択します。また、字間は、文字の間に半角スペースを挿入します。

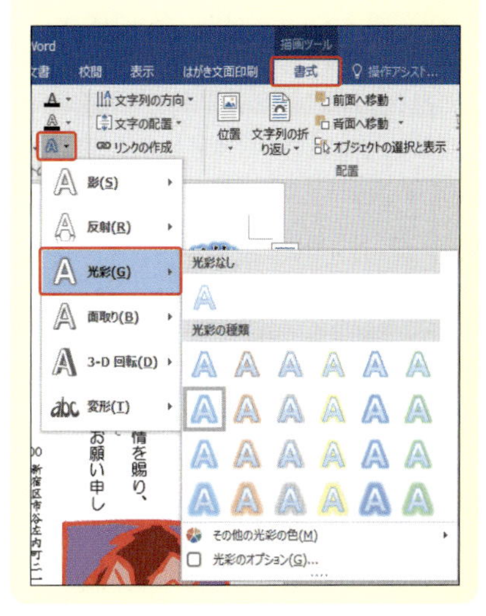

Section 75

文面のイラストを変更する

覚えておきたいキーワード
- 文面のイラスト
- 写真の挿入
- トリミング

はがきの文面に挿入したイラストは、変更したり、削除したりすることができます。ここでは、イラストを削除して、写真を挿入します。挿入した写真は、サイズや位置を変更して、バランスよく配置できるように調整します。写真ではなく、年賀状素材集などから入手したイラストに変更することもできます。

1 イラストを削除して新しい写真を挿入する

メモ イラストを変更する

イラストは削除したり、変更したりできます。ここで解説しているように写真に変更できるほか、別のイラストに変更することもできます。

ステップアップ イラストをほかのサンプルに変更する

挿入したイラストをほかのサンプルに変更したい場合は、<はがき文面印刷>タブをクリックして、<デザインの変更>をクリックします。表示される<デザインの変更>ダイアログボックスの<イラスト>タブをクリックすると、サンプルが表示されるので、挿入するイラストをクリックし、<置換>をクリックします。

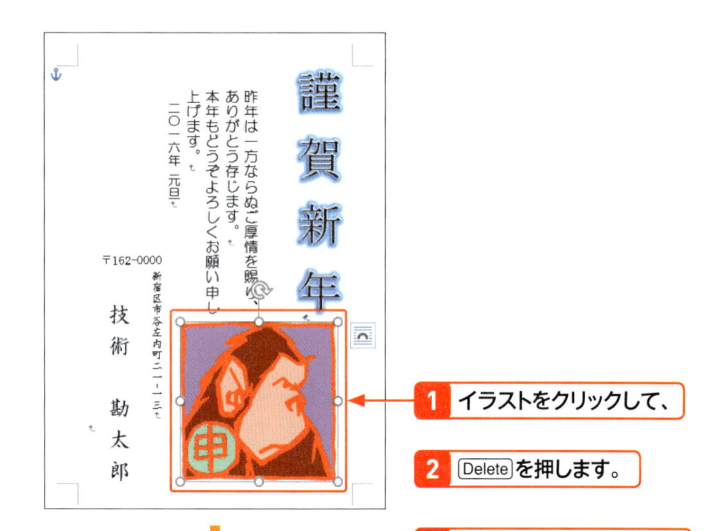

1 イラストをクリックして、

2 Delete を押します。

3 イラストが削除されます。

4 <挿入>タブをクリックして、

5 <画像>をクリックします。

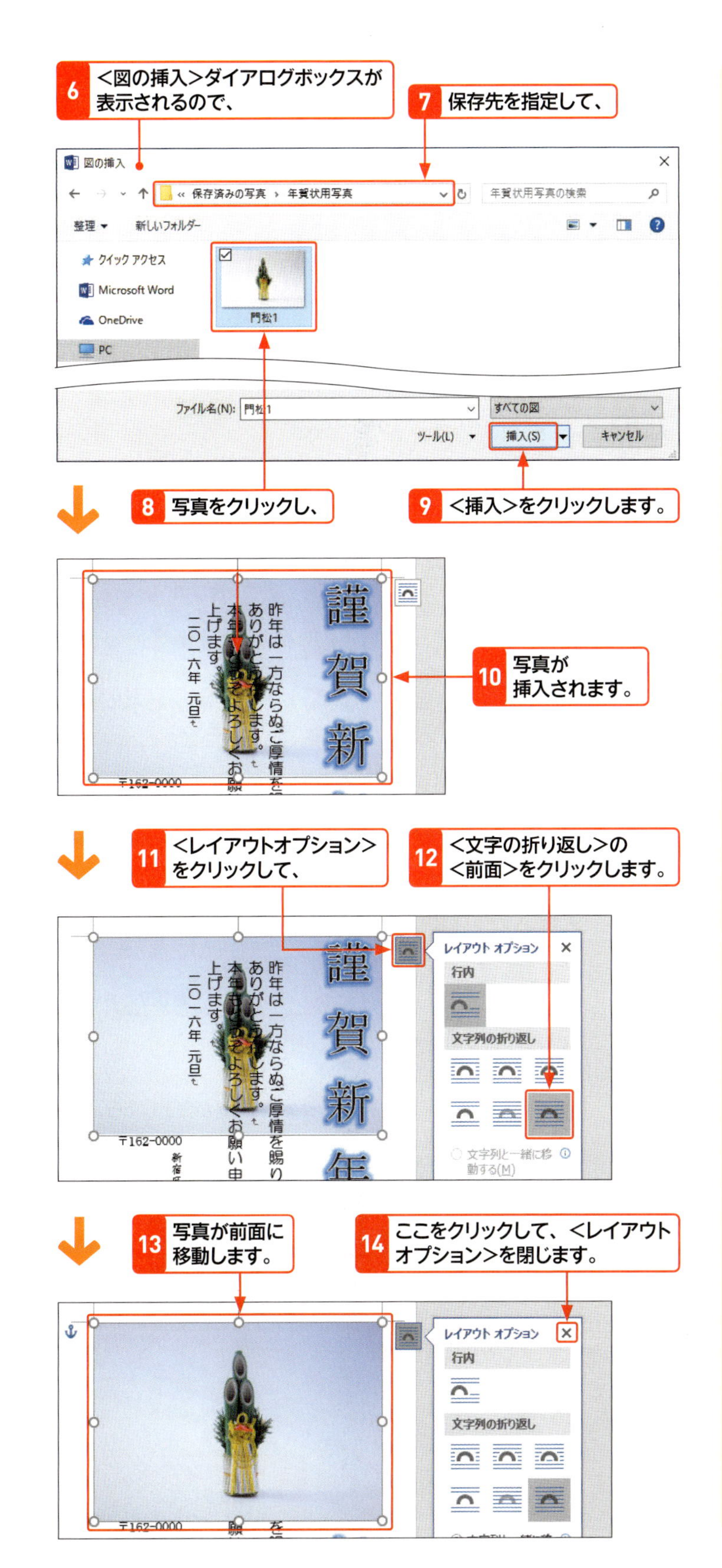

メモ 写真の挿入

自分で持っている写真を指定して、挿入できます。インターネット検索などで入手した写真は、著作権や肖像権などで使用できない場合があるので、確認して利用しましょう。なお、写真の編集について、詳しくはSec.47を参照してください。

ヒント 文字列の折り返し

写真が挿入されると、通常は<文字列の折り返し>が<行内>になっています。<行内>では写真を自由に移動することができないので、<レイアウトオプション>をクリックして、<前面>を指定します。<文字列の折り返し>について、詳しくはSec.45を参照してください。

2 写真をトリミングする

メモ 写真を調整する

挿入した写真は、トリミングをして不要な部分を隠したり、スタイルを変更したりして、バランスよく配置します。

キーワード トリミング

「トリミング」とは、写真の不要な部分を隠す作業のことです。画面上で見えないようにしているだけなので、もとの写真に影響はありません。

メモ トリミングの確定

トリミングの作業が完了したら、<トリミング>をクリックします。これで、トリミングの範囲が確定します。

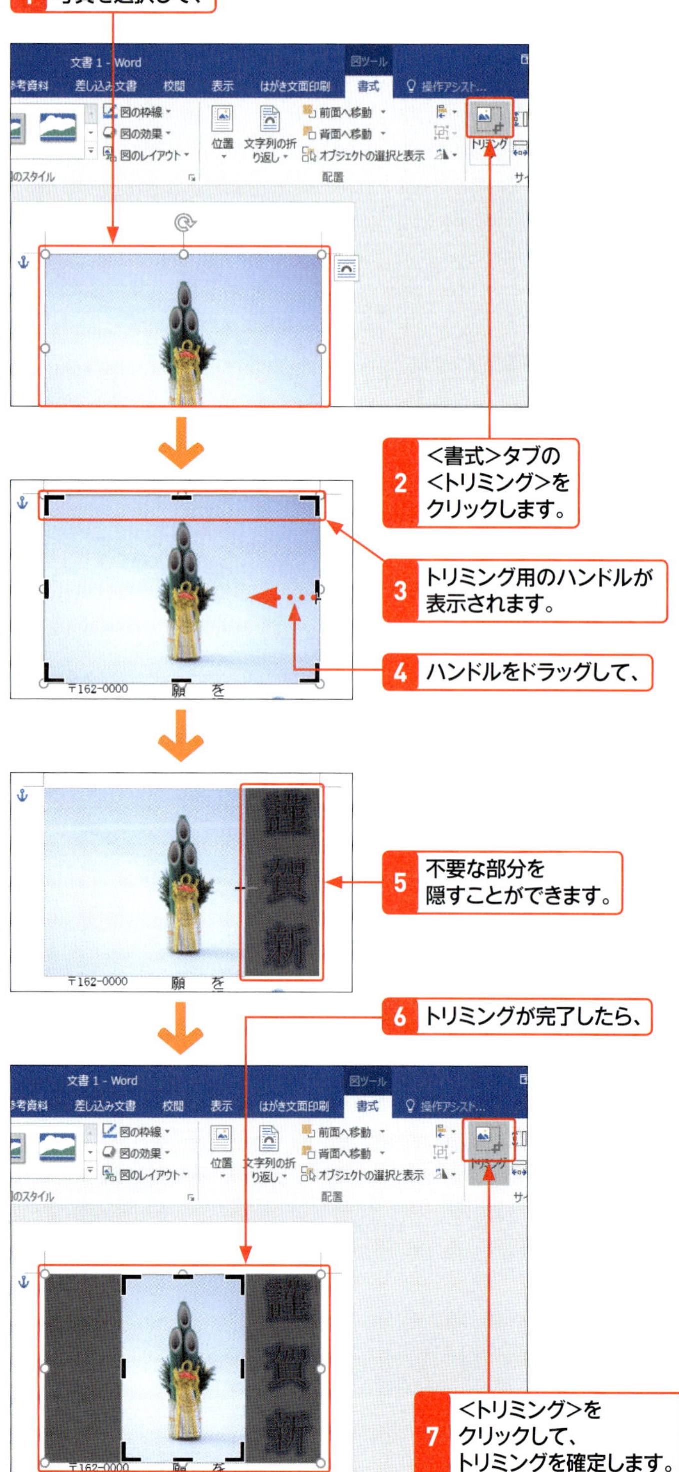

3 写真のスタイルを変更する

1 写真をクリックして、選択します。

2 <書式>タブの<図のスタイル>のここをクリックして、

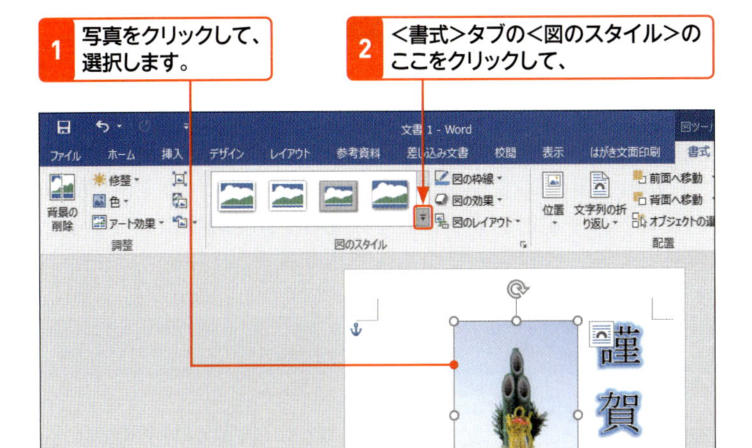

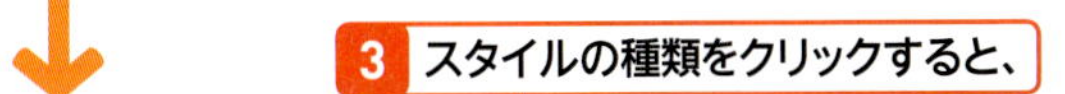

3 スタイルの種類をクリックすると、

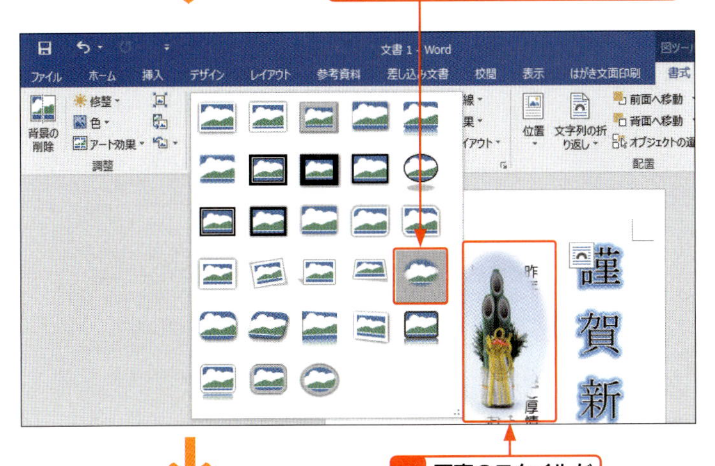

4 写真のスタイルが変更されます。

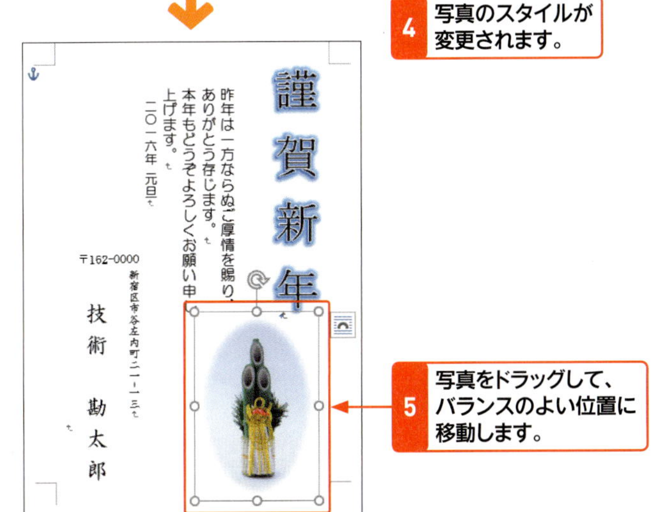

5 写真をドラッグして、バランスのよい位置に移動します。

メモ 図のスタイル

写真を選択すると、<書式>タブの<図のスタイル>には、写真の枠や回転などのスタイルが表示されます。年賀状の文面に合うスタイルを選択します。

ヒント 写真のスタイルをやめるには？

写真に設定したスタイルをやめてもとに戻すには、写真をクリックして選択し、<書式>タブの<図のリセット>をクリックします。

Section 76

はがきの文面を保存して印刷する

覚えておきたいキーワード
- 名前を付けて保存
- 新しいフォルダー
- 印刷

はがきの文面が完成したら、名前を付けて保存します。はがきの文面を保存する方法は、通常のWord文書の保存方法と同じです。＜名前を付けて保存＞ダイアログボックスにわかりやすいフォルダーを作成して、その中に保存するとよいでしょう。保存したら、はがきの文面を印刷してみましょう。

1 はがきの文面に名前を付けて保存する

メモ はがきの文面を保存する

完成したはがきの文面は、通常のWord文書の場合と同様の方法で、保存します(Sec.07参照)。保存先として、年賀状用のフォルダーを作成し、はがきの文面と宛名面(Sec.78参照)の両方を保存しておくと、管理しやすくなります。

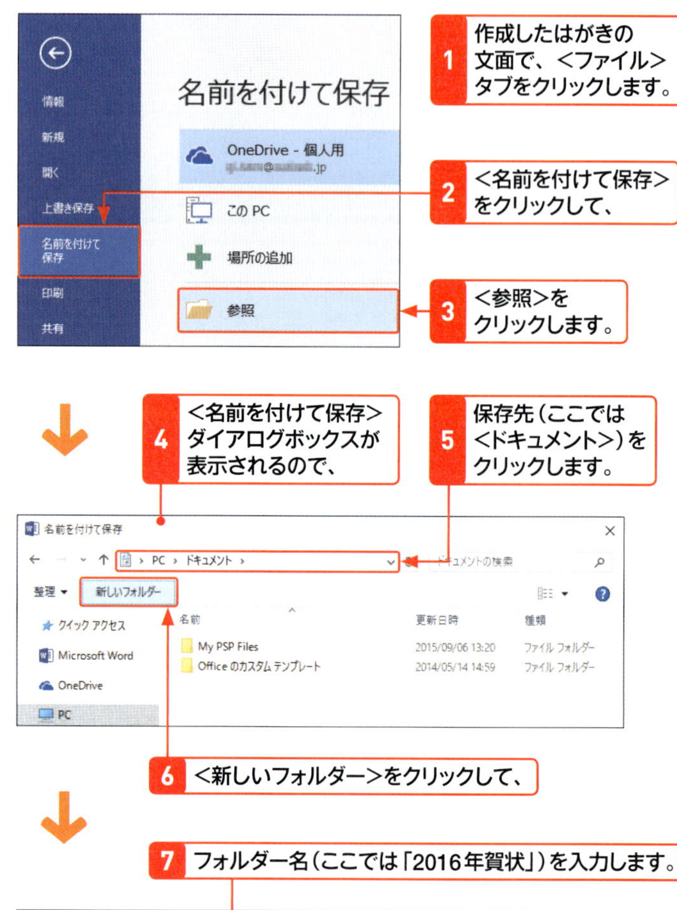

メモ 新しいフォルダーの作成

＜名前を付けて保存＞ダイアログボックスで新しいフォルダーを作成するには、＜新しいフォルダー＞をクリックして、フォルダーの名前を入力します。

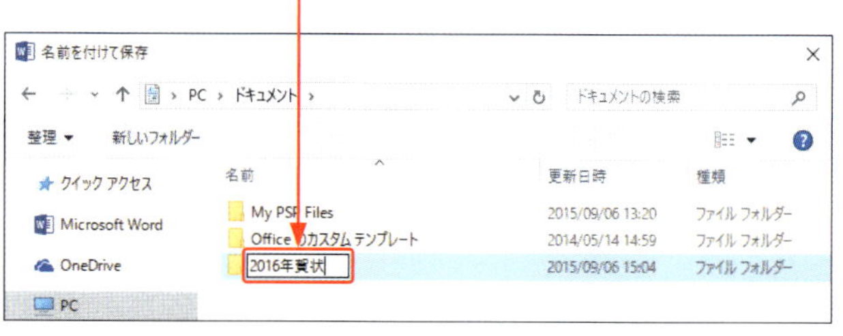

第7章 はがきの作成と印刷

8 作成したフォルダーをダブルクリックして、

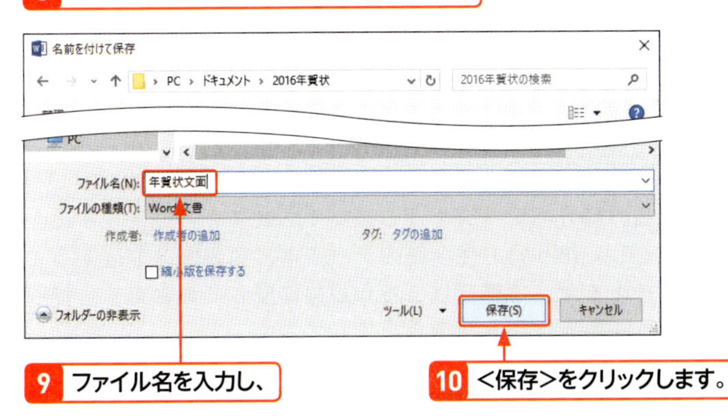

9 ファイル名を入力し、

10 <保存>をクリックします。

2 はがきの文面を印刷する

1 <ファイル>タブをクリックして、<印刷>をクリックします。

2 印刷プレビューを確認して、

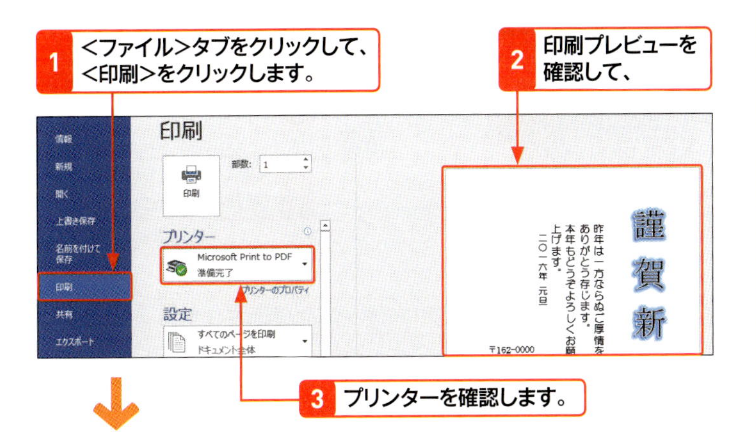

3 プリンターを確認します。

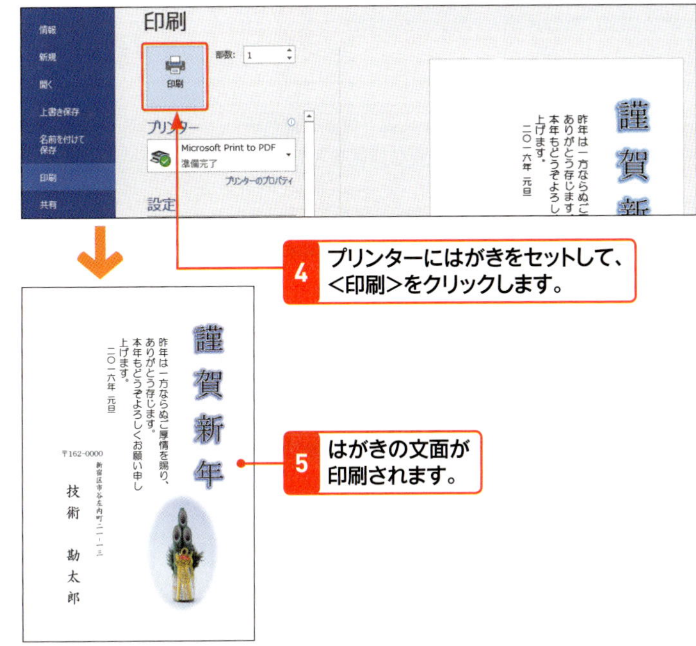

4 プリンターにはがきをセットして、<印刷>をクリックします。

5 はがきの文面が印刷されます。

メモ はがきの文面を印刷する

はがきの文面は通常のWord文書と同様の方法で印刷します。プリンターにはがきをセットする方法は、お使いのプリンターの解説書をご確認ください。

ヒント はがき用の印刷設定

Wordのはがき文面印刷ウィザードを利用してはがきの文面を作成すると、用紙サイズは自動的に「はがき」に設定されます。また、文面はテキストボックスで作成され、挿入した図または写真もオブジェクトになるので、自由に配置することができます。このため、特に「余白」を指定する必要はありません。

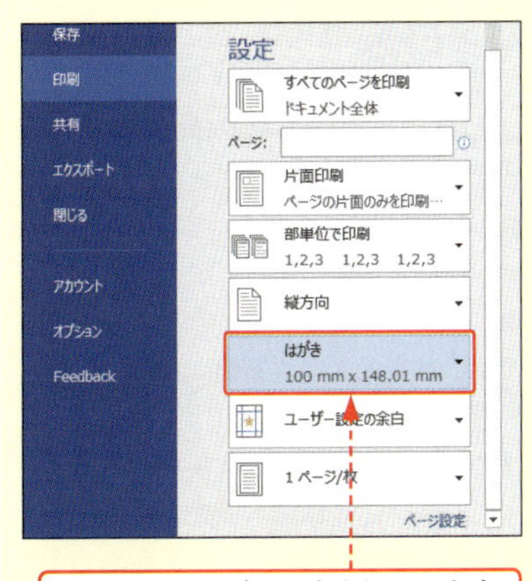

「はがき」サイズに設定されています。

Section 77

はがきの住所録を作成する

覚えておきたいキーワード
- 住所録
- アドレス帳
- My Data Sources

はがきの宛名面の、宛名の部分にデータを差し込んで印刷する方法を差し込み印刷といいます。宛名として差し込む住所録のデータは、宛名面を作成するときに作成することもできますが、本書ではあらかじめ作成しておきます。作成した住所録は、あとから編集することができます。

1 新しい住所録を作成する

メモ 住所録を作成する

Wordのはがき作成機能には、宛名の部分に住所録のデータを差し込める機能があります。ここでは、宛名に差し込むための住所録を作成します。

ヒント 住所内の数字は半角で入力する

住所の中の数字を半角で入力すると、宛名を印刷する際に漢数字に変換することができるようになります。「二−三−六」など漢数字を表示したい場合は、半角で入力してください。なお、郵便番号は全角／半角を問いません。

ヒント 住所録はすべて埋める必要はない

ここで作成している住所録の情報は、すべて埋める必要はありません。また、<敬称>は最終的に<はがき宛名面印刷ウィザード>で設定したものが優先されるため、省略してもかまいません。
なお、住所を入力する欄は、<住所1><住所2><住所3>の3箇所あります。すべてを埋める必要はありませんが、<住所1>には番地までを、<住所2>にはマンション名等を入力すると、バランスよく揃えることができます。

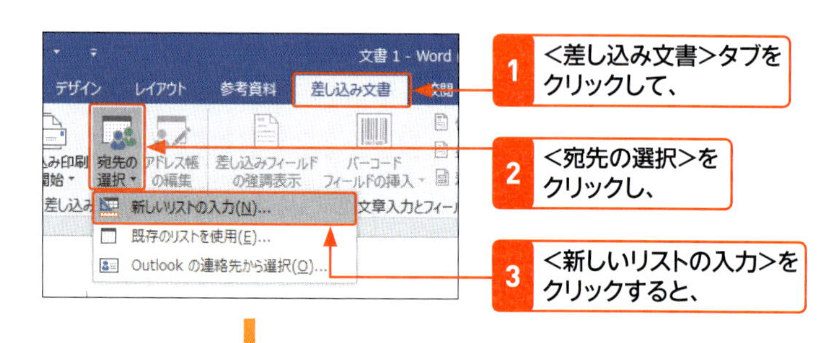

1 <差し込み文書>タブをクリックして、

2 <宛先の選択>をクリックし、

3 <新しいリストの入力>をクリックすると、

4 <新しいアドレス帳>ダイアログボックスが表示されます。

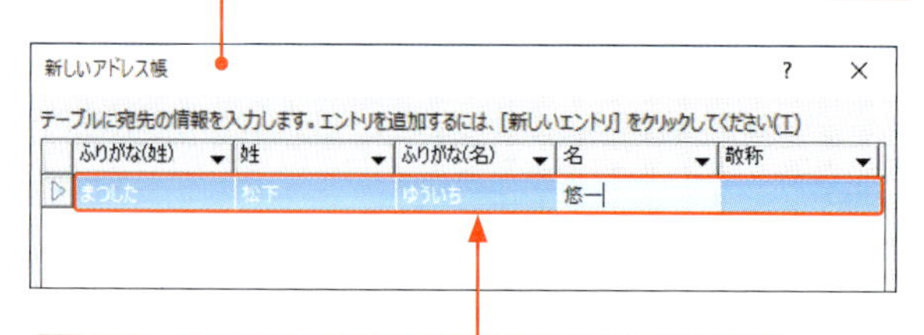

5 空白の項目欄をクリックするか、Tabを押して次の項目へ移動して、必要な情報を入力します。

6 最後のデータを入力したら、

7 <新しいエントリ>をクリックします。

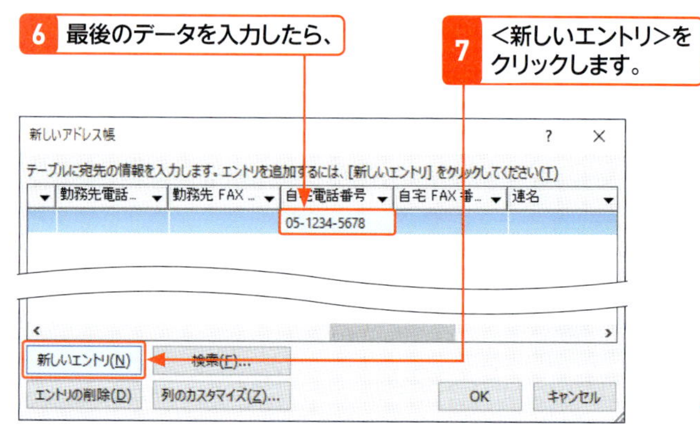

第7章 はがきの作成と印刷

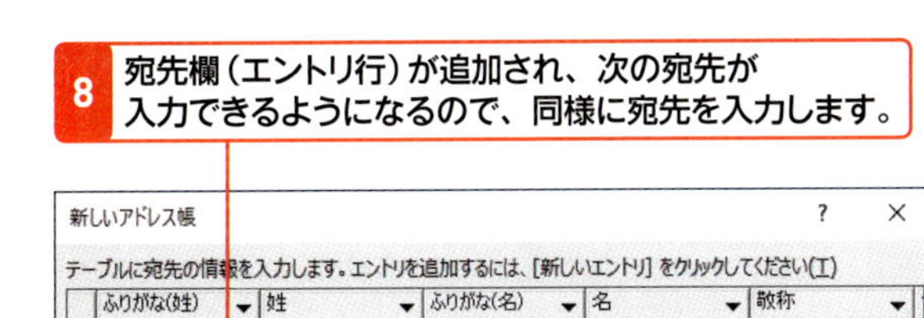

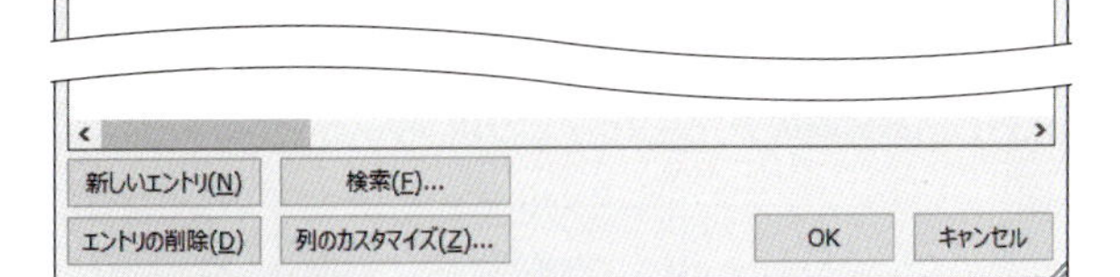

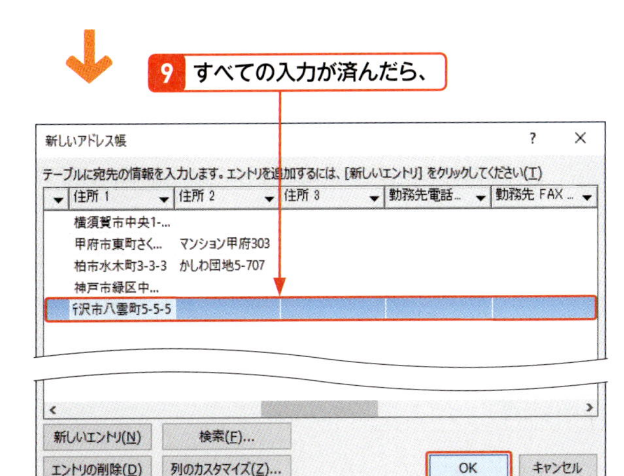

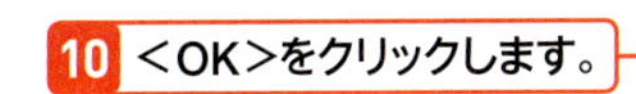

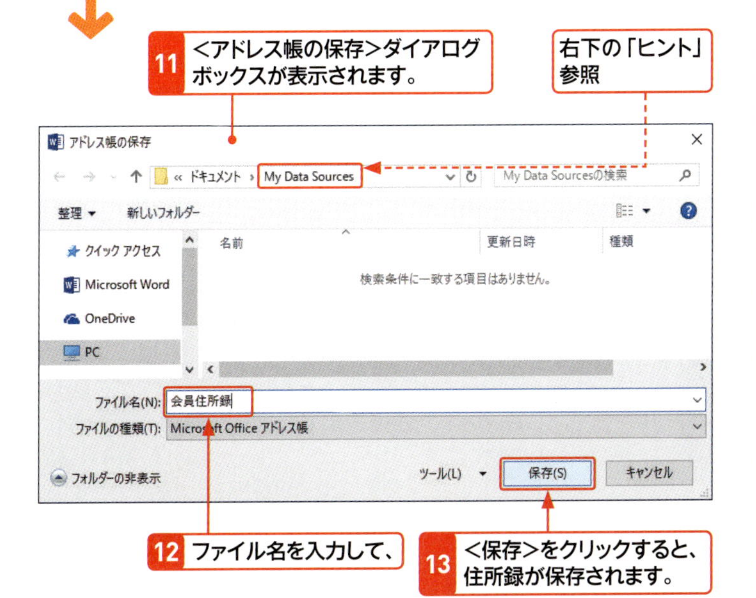

ヒント 左の入力項目に戻るには？

入力項目をTabで順に右に移動したとき、過ぎてしまった項目に戻りたい場合は、Shift＋Tabを押すか、入力項目をクリックして選択します。

ヒント 最後のエントリ行

データの最後に新しい宛先欄（エントリ行）を作成したまま保存すると、空の宛先データが残ってしまいます。＜エントリの削除＞をクリックして、確認メッセージで＜はい＞をクリックし、空行を削除しておきましょう。

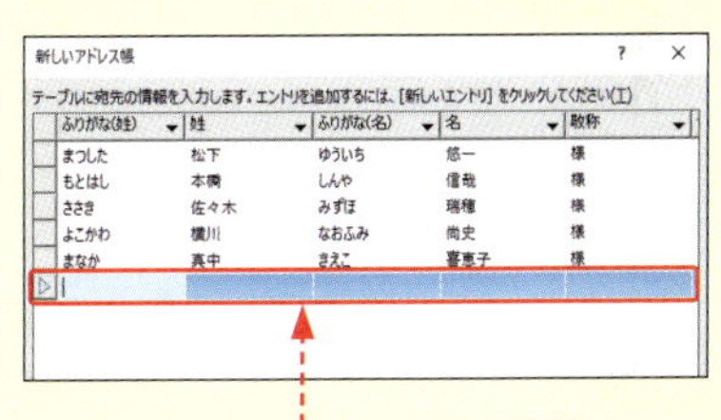

ヒント ＜My Data Sources＞フォルダー

＜My Data Sources＞フォルダーは、Wordでデータファイル（名前や住所などの複数の宛先データをまとめたファイル）を検索する際に参照する既定のフォルダーです。住所録のファイルは、基本的に＜My Data Sources＞フォルダーに保存しておくとよいでしょう。
なお＜My Data Sources＞フォルダーは、住所録ファイルの保存時に、＜ドキュメント＞フォルダーの中に自動的に作成されます。

2 住所録を編集する

メモ 住所録ファイルを編集する

住所録を作成したあとで新しい宛先を追加したり、作成した宛先を修正したりする場合は、右の手順で住所録ファイルを開きます。

ステップアップ 宛名面に連名を入れたい

宛名面に連名を入れる場合は、宛名面での操作が必要ですが、住所録にはあらかじめ「連名」と「連名敬称」を入れておく必要があります。連名を入れる方法については、Sec.81 を参照してください。

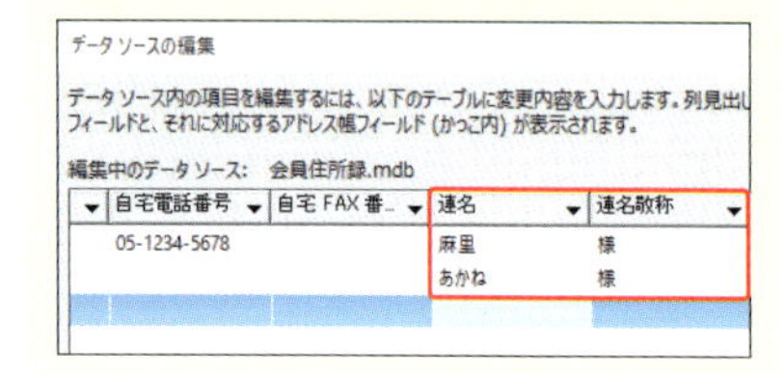

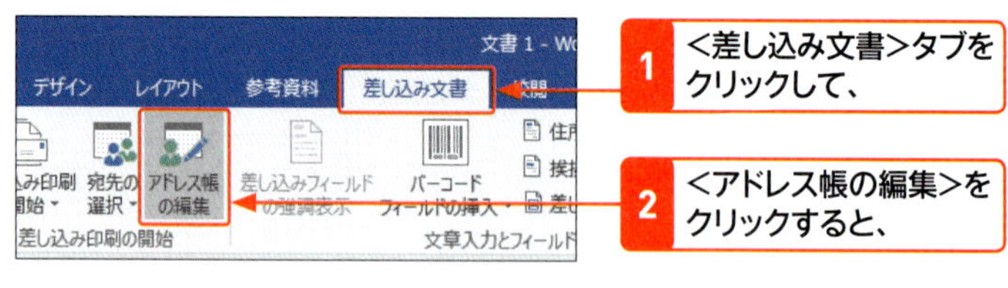

1 <差し込み文書>タブをクリックして、

2 <アドレス帳の編集>をクリックすると、

3 <差し込み印刷の宛先>ダイアログボックスが表示されます。

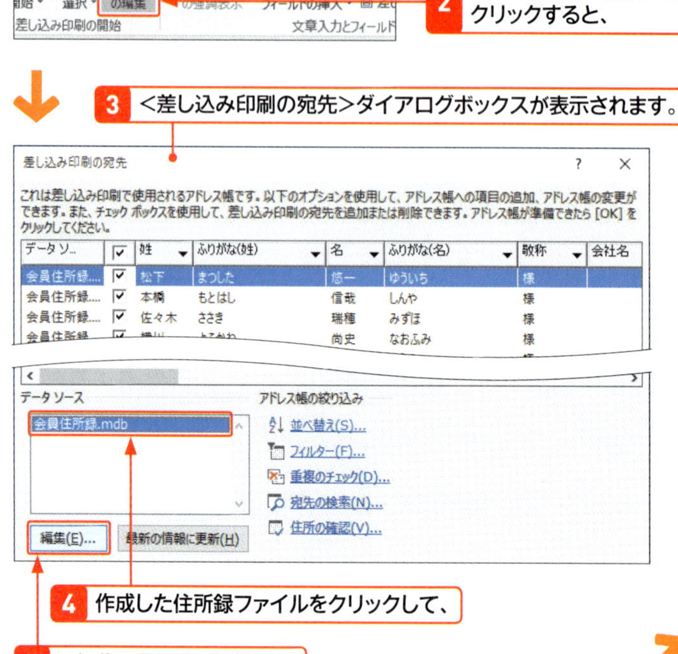

4 作成した住所録ファイルをクリックして、

5 <編集>をクリックすると、

ヒント <アドレス帳の編集>が利用できない？

住所録を作成していた文書を閉じてしまった場合は、<差し込み文書>タブの<アドレス帳の編集>を利用できません。その場合は、<差し込み文書>タブの<宛先の選択>をクリックして、<既存のリストを使用>をクリックします。<データファイルの選択>ダイアログボックスが表示されるので、保存した住所録ファイルを開きます。住所録は画面上には表示されませんが、<差し込み文書>タブで<アドレス帳の編集>をクリックできるようになるので、上記の手順2からの操作を行います。

1 <宛先の選択>をクリックして、

2 <既存のリストを使用>をクリックします。

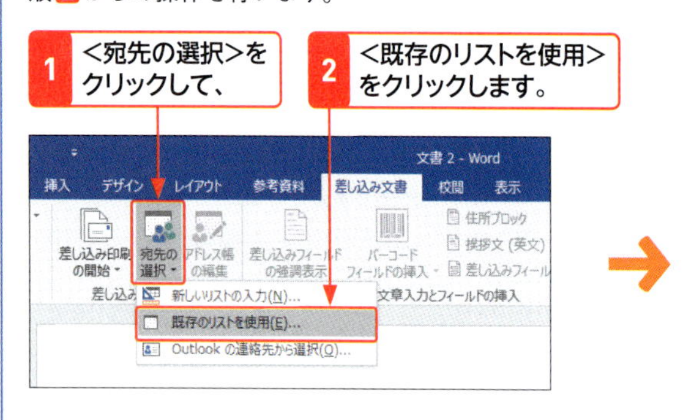

3 保存した住所録をクリックして、

4 <開く>をクリックします。

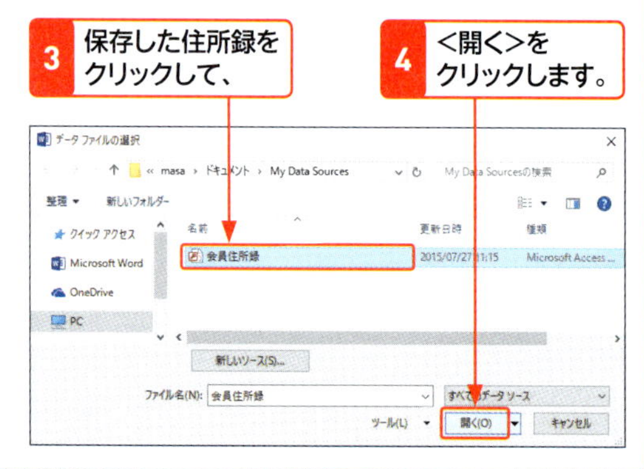

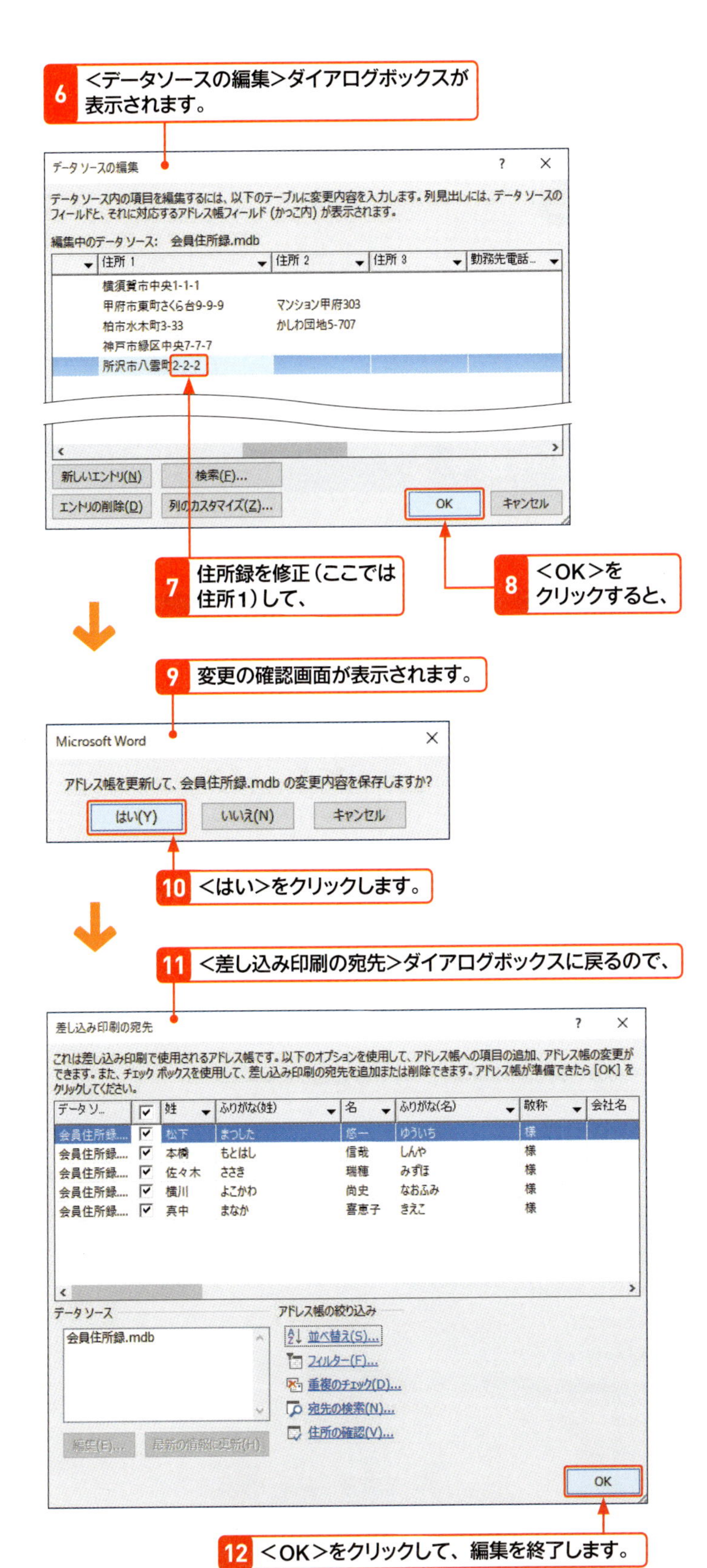

ヒント Wordで作成する住所録のファイル形式

Wordで作成した住所録は、Microsoft Accessというデータベースソフトで利用するファイル形式で保存されます。「.mdb」という拡張子は、Microsoft Accessで利用できるファイル形式であることを表しています。

ヒント 住所録を使用している文書を開いていると…

同じ住所録を別の文書でも開いている場合、手順5で<編集>をクリックすると、下図のようなダイアログボックスが表示されます。この場合は、同じ住所録を使用しているほかの文書をいったん閉じてから、再度住所録を開いてください。

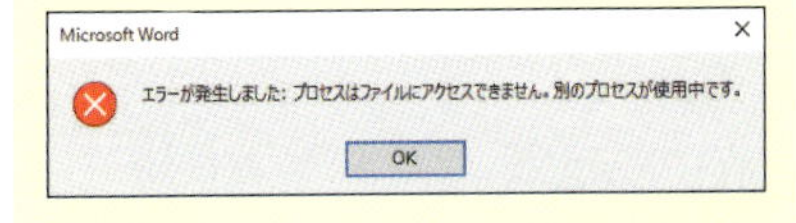

ヒント 宛先を削除するには?

住所録に作成済みの宛先を削除する場合は、<データソースの編集>ダイアログボックスで削除したい宛先を選択し、<エントリの削除>をクリックします。確認画面が表示されるので、<はい>をクリックします。

Section 78 はがきの宛名面を作成する

覚えておきたいキーワード
- はがきの宛名面
- はがき宛名面印刷ウィザード
- はがきの種類

はがき宛名面印刷ウィザードを利用すると、画面の指示に従って情報を入力するだけで、はがきの宛名面のレイアウトをかんたんに作成できます。ここでは、Sec.77で作成した住所録のデータファイルを差し込んで、はがきの宛名面を作成する方法を解説します。

1 宛名面をウィザードを利用して作成する

キーワード はがき宛名面印刷ウィザード

Wordには、<はがき宛名面印刷ウィザード>という、はがきの宛名面を印刷するための機能が用意されています。<はがき宛名面印刷ウィザード>では、画面の質問に答えて項目を指定したり、必要な情報を入力したりするだけで、はがきの宛名面のレイアウトをかんたんに作成できます。

1 <差し込み文書>タブをクリックして、

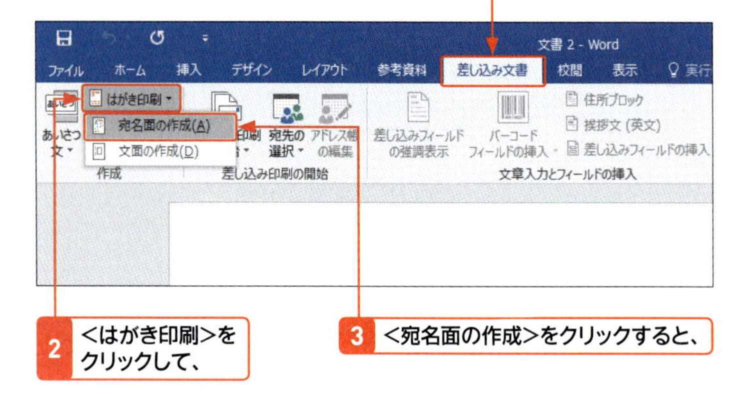

2 <はがき印刷>をクリックして、

3 <宛名面の作成>をクリックすると、

4 <はがき宛名面印刷ウィザード>が起動します。

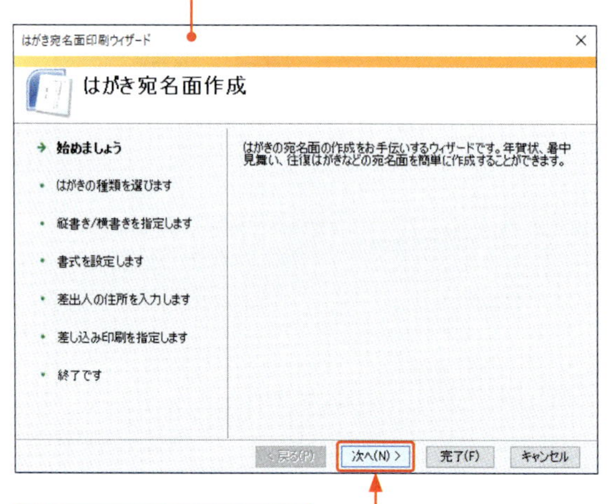

5 <次へ>をクリックして、

ヒント <はがき印刷>がない?

コマンドの表示は、画面のサイズによって変わります。画面のサイズを小さくしている場合は、下図のように、<作成>をクリックしてから<はがき印刷>をクリックします。

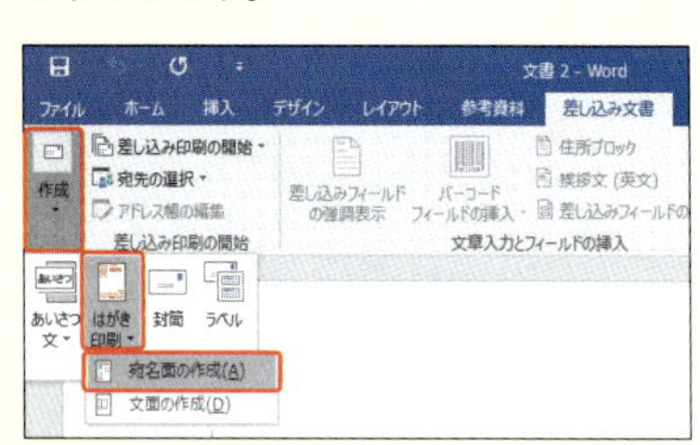

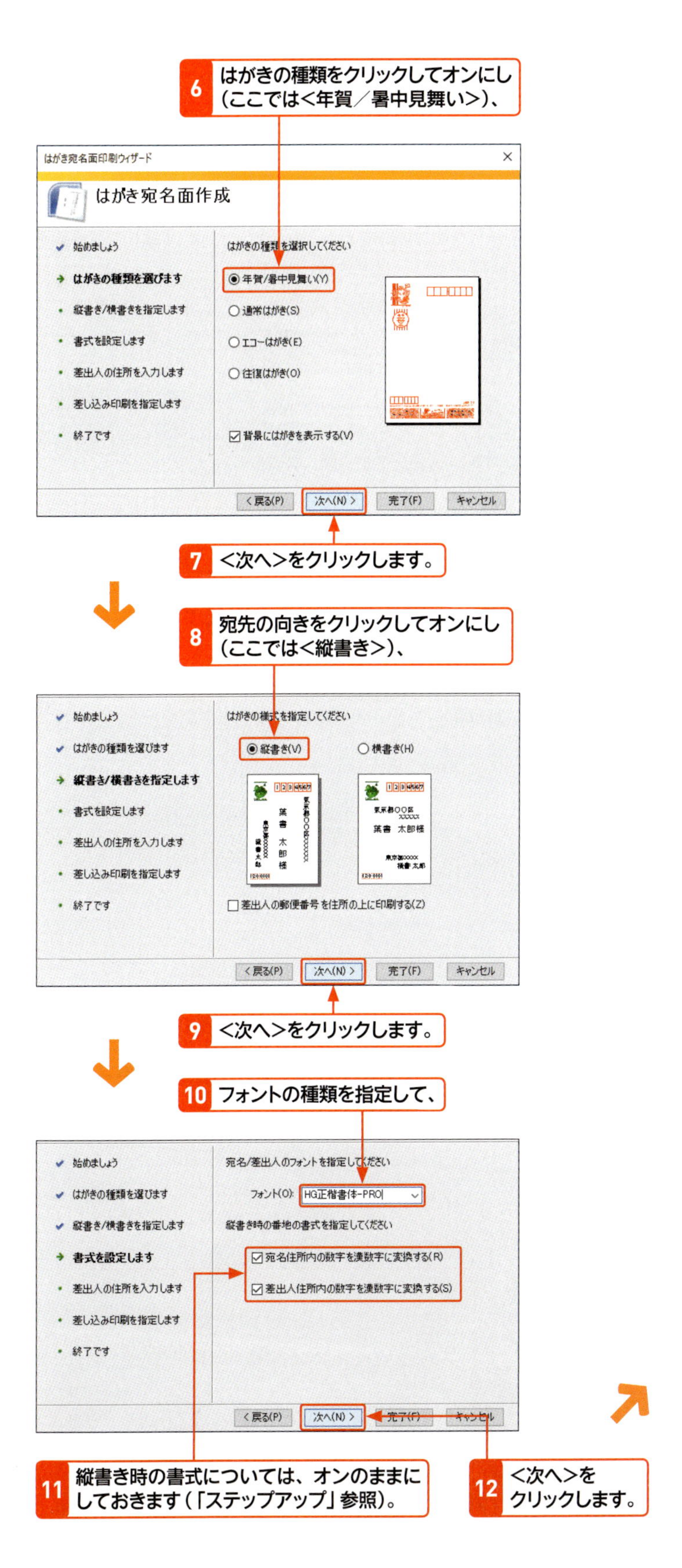

メモ はがきの種類を選択する

手順6では、はがきの種類を4種類の中から選択します。なお、<背景にはがきを表示する>をオフにすると、メイン文書の背景にはがきのデザインが表示されずに、宛先だけが表示されます。はがきの雰囲気がわかりやすくなるので、オンのままにしておくとよいでしょう。

ステップアップ 縦書きの場合に数字を正しい方向に印刷する

手順8で、宛先を縦書きで印刷するように設定した場合、左下段図で<宛名住所内の数字を漢数字に変換する>および<差出人住所内の数字を漢数字に変換する>をオフにすると、下図のように数字が横を向いてしまいます。

これを防ぐには、これらの項目をオンにするか、住所録を入力する際に住所の数字を全角で、「－（ハイフン）」を半角で入力しておく必要があります。

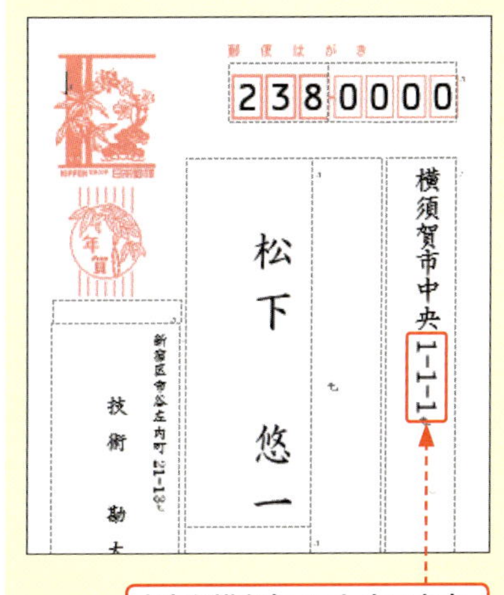

ヒント 差出人を宛名面に表示しない場合は?

本書では、はがきの文面に差出人を印刷するため、手順13では、宛名面に差出人を印刷しないようにオフに設定しています。文面に差出人を印刷しない場合は、宛名面に印刷するので、<差出人を印刷する>をオンにして、差出人情報を入力します。

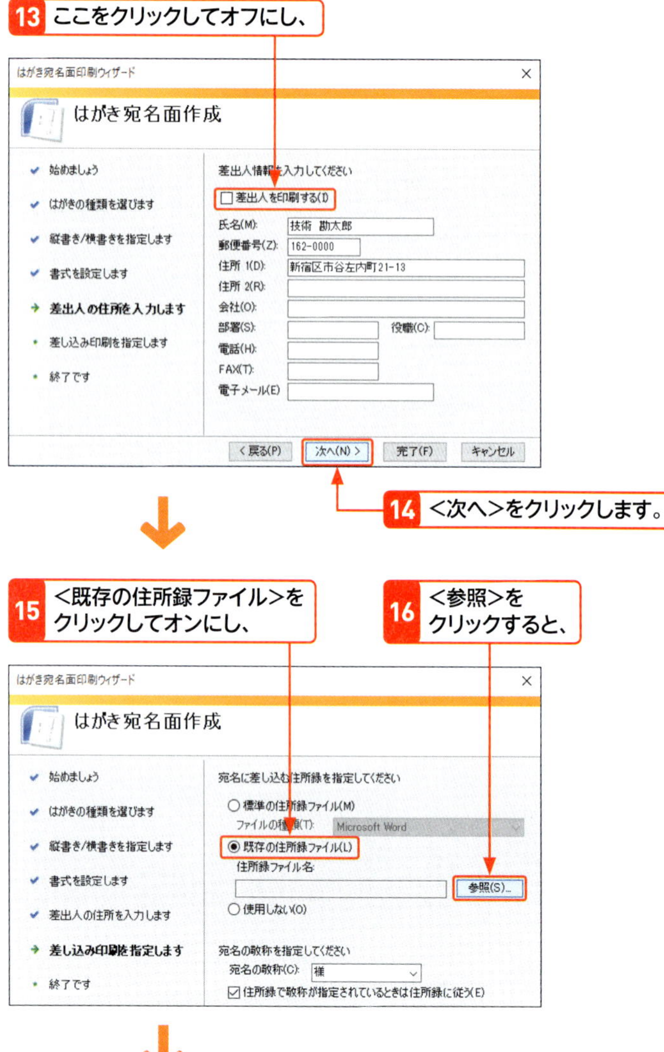

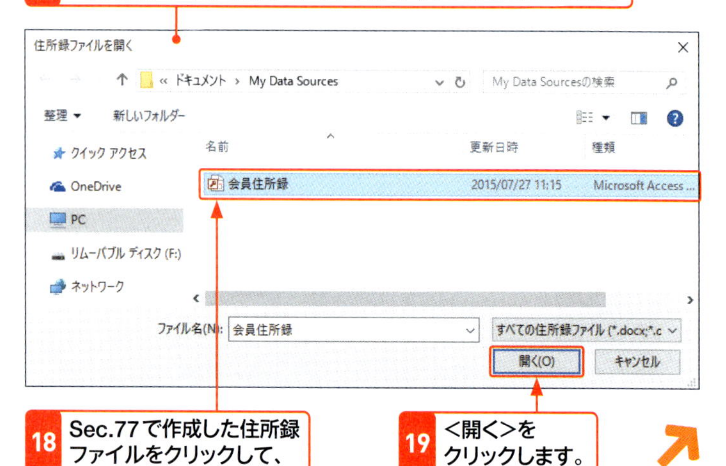

メモ 既存のデータファイルを使用する

ここでは、Sec.77で作成した住所録を利用して宛先を印刷したいので、手順15で<既存の住所録ファイル>をオンにして、データファイルの参照先にP.263で保存した「会員住所録」を指定します。

Excelなどで別途住所録を作成している場合は、手順17で住所録のファイルを指定します。

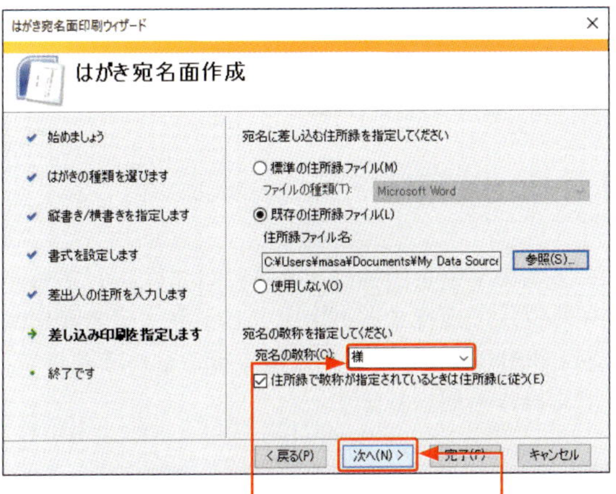

20 敬称を指定して、

21 <次へ>をクリックし、

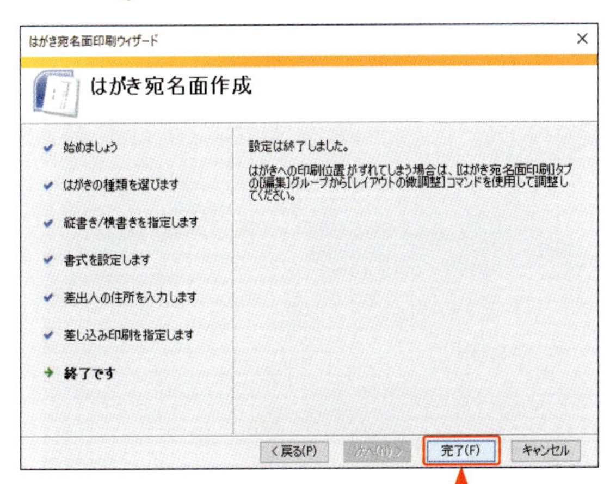

22 <完了>をクリックすると、

23 <はがき宛名面印刷ウィザード>が終了します。

24 はがきの宛名面が作成されます。

<はがき宛名面印刷>タブが表示されます。

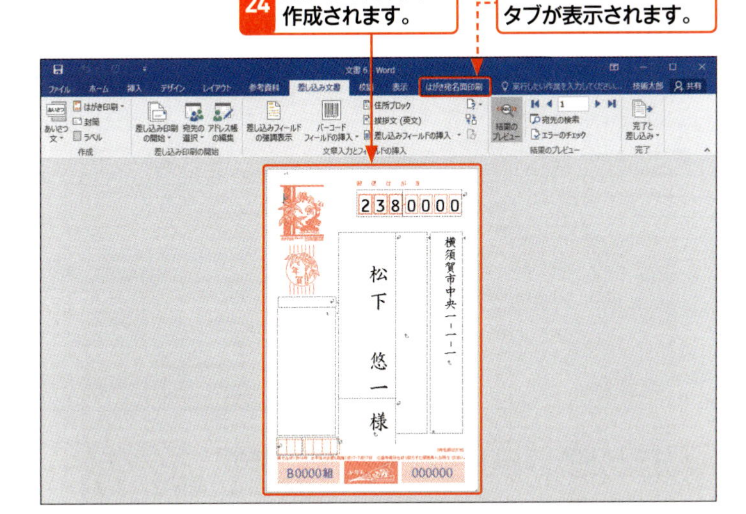

ヒント 敬称の選択

手順**20**の画面の<宛名の敬称>では、宛先に付ける敬称を選択します。

なお、住所録の敬称欄に敬称を登録してある場合は、<住所録で敬称が指定されているときは住所録に従う>をオンにすると、その敬称が反映されます。

メモ 連名について

Wordのはがき宛名面印刷ウィザードでは、住所録で連名を登録しても、手順**24**の画面のように、連名は表示されません。連名を表示させる方法については、Sec.81 を参照してください。

ステップアップ 文字列の位置の調整

<はがき宛名面印刷ウィザード>で宛名面を作成すると、郵便番号の位置などがずれてしまうことがあります。この場合は、<はがき宛名面印刷>タブの<レイアウトの微調整>をクリックして、表示される<レイアウト>ダイアログボックスで位置を調整します。

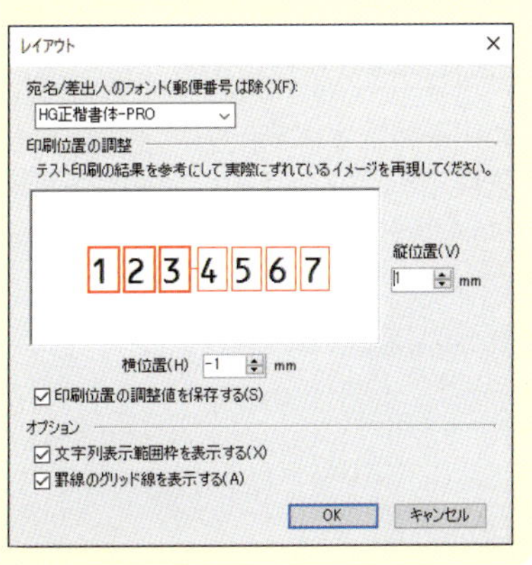

Section 79

はがきの宛名面を保存する

覚えておきたいキーワード
- 名前を付けて保存
- SQL コマンド
- 宛名面を開く

はがきの宛名面が完成したら、通常の文書と同様に名前を付けて保存しておきます。はがきの文面と同じフォルダーに保存するとよいでしょう。宛名面を保存しておくと、いつでも情報を呼び出して、そのまま流用することができます。ここでは、保存した宛名面を開く操作も紹介します。

1 名前を付けて保存する

メモ はがきの宛名面を保存する

はがきの宛名面を保存する場合も、通常の文書と同様に、＜名前を付けて保存＞ダイアログボックスで保存します。

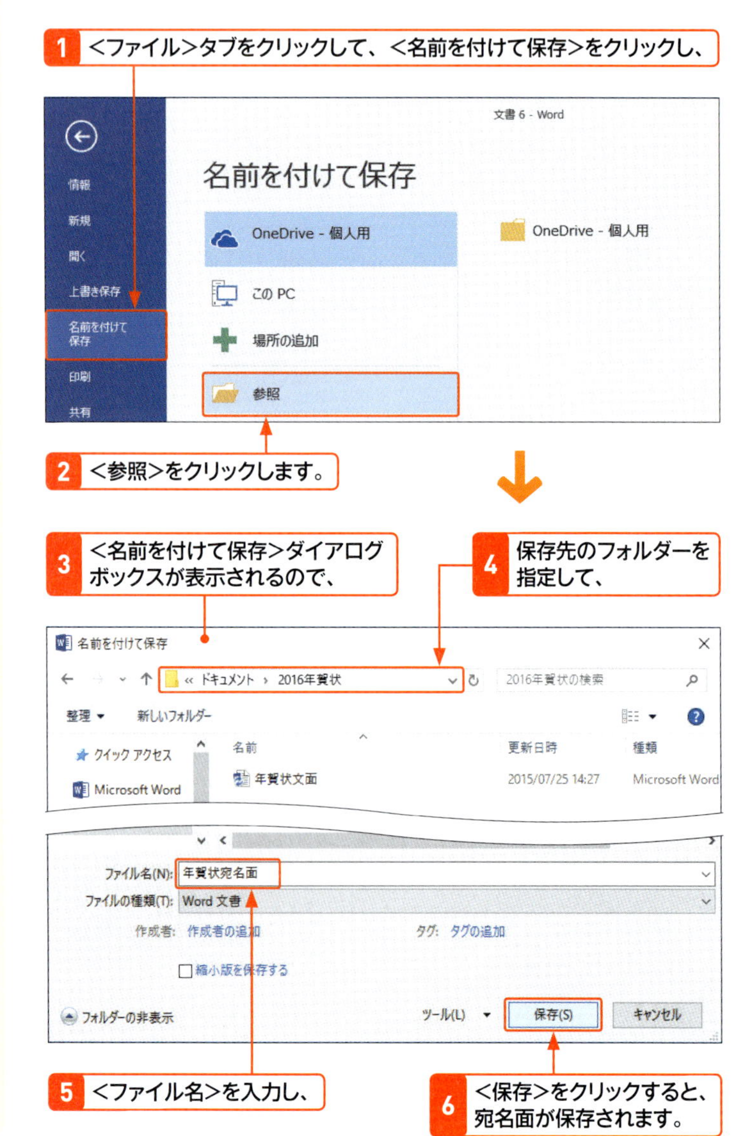

ヒント Wordの旧バージョンで利用したい場合は?

保存したはがきの宛名面をWordの旧バージョン（Word 2003以前）で利用したい場合は、＜名前を付けて保存＞ダイアログボックスの＜ファイルの種類＞で＜Word 97-2003文書＞を指定します。

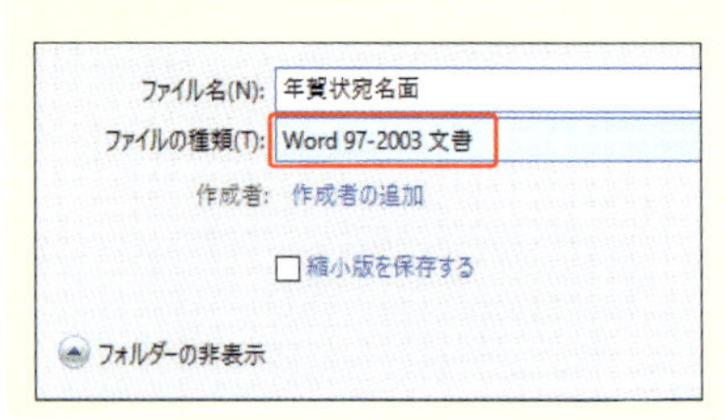

2 保存した宛名面を開く

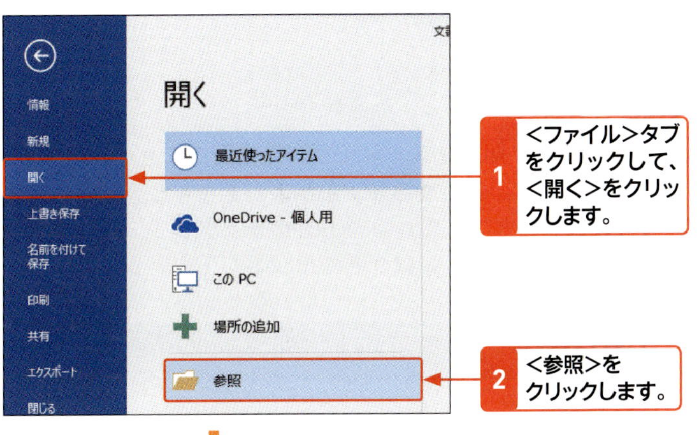

1 <ファイル>タブをクリックして、<開く>をクリックします。

2 <参照>をクリックします。

3 <ファイルを開く>ダイアログボックスが表示されるので、

4 保存先のフォルダーを指定して、

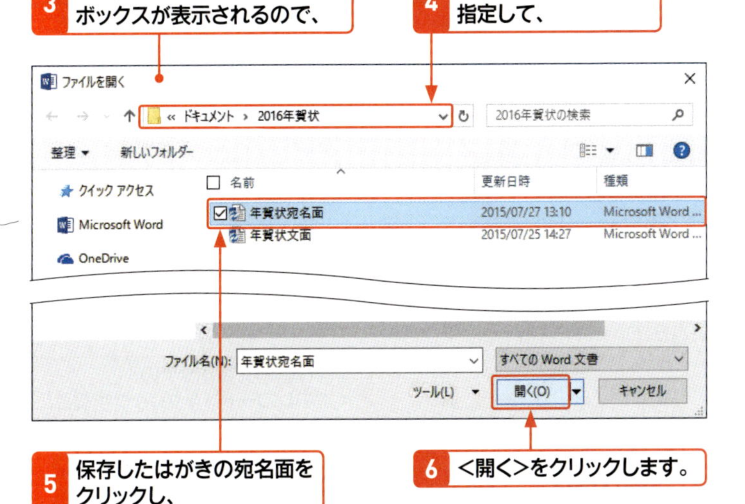

5 保存したはがきの宛名面をクリックし、

6 <開く>をクリックします。

7 確認の画面が表示されるので、

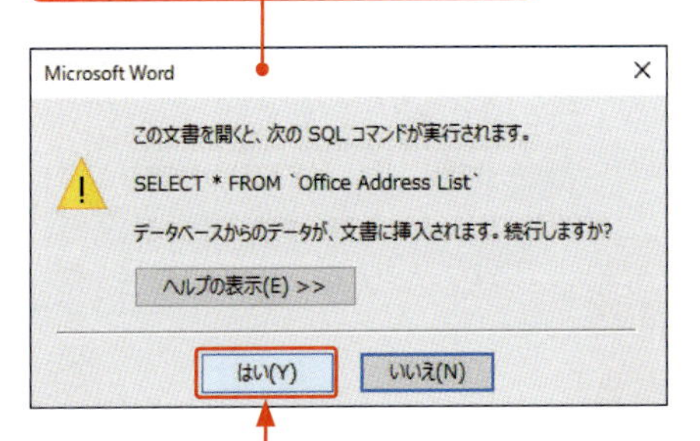

8 <はい>をクリックすると、

9 住所が差し込まれたはがきの宛名面が表示されます。

メモ SQLコマンドが実行される?

手順7の確認画面は、はがきの宛名に住所録ファイルを使用してよいかどうかを確認するものです。<はい>をクリックすると、住所録のデータが挿入されたはがきの宛名面が開きます。

キーワード SQLコマンド

「SQLコマンド」は、データベースを操作するための命令文です。手順7の確認画面に表示されている「SELECT * FROM 'Office Address List'」は、データベースからレコードを抽出するためのコマンドです。

注意 住所録ファイルの保存場所は変えない

はがきの宛名面を作成する際に指定した住所録ファイルの保存先を変更した場合、手順8で<はい>をクリックすると、エラーになってしまいます。住所録ファイルの保存先は、変更しないようにしてください。

Section 80

はがきの宛名面を印刷する

覚えておきたいキーワード
- 宛名面の印刷
- 結果のプレビュー
- レコード

はがきの宛名面を保存したら、印刷をしましょう。宛名面のファイルを開き、結果のプレビューを表示します。住所や名前、差出人がきちんと表示されるか確認します。1人目を確認したら、次のレコードをクリックして、順に表示します。すべて確認したら、プリンターにはがきをセットして印刷します。

1 宛先をプレビューで確認する

メモ 宛先をプレビューで確認する

宛名面のファイルを開くと、自動的に<結果のプレビュー>が表示されます。

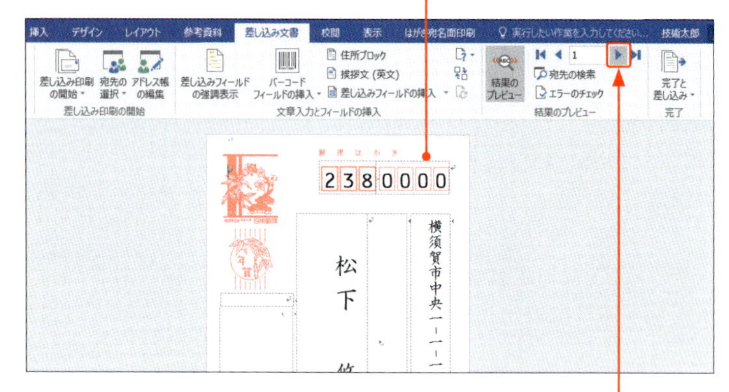

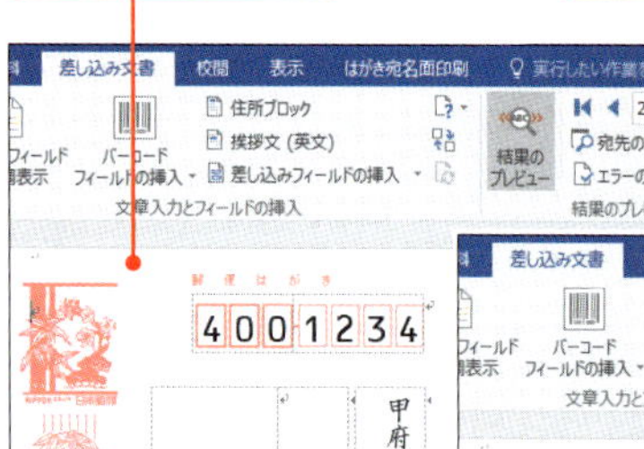

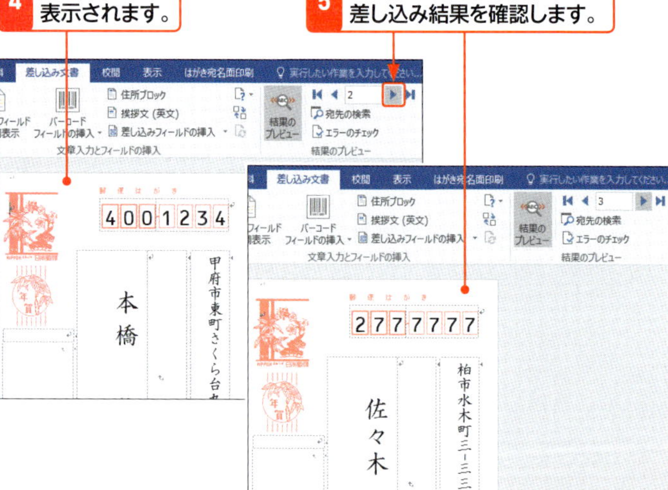

ヒント 宛先の表示を切り替える

<差し込み文書>タブの<結果のプレビュー>グループにあるコマンドをクリックすると、表示されている宛先を切り替えることができます。それにより、Sec.77で入力した住所録の宛先を1つ1つ確認することができます。

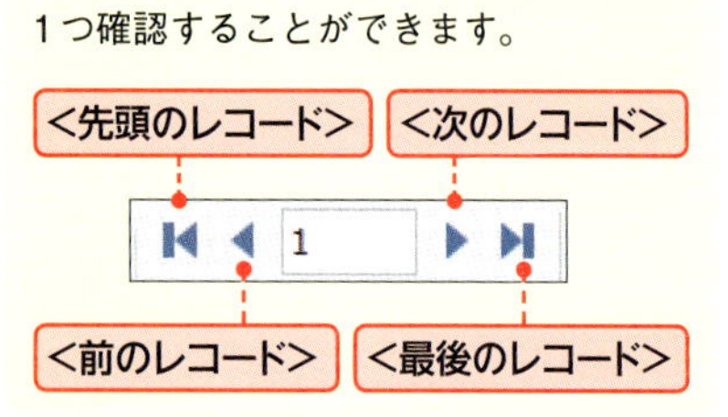

第7章 はがきの作成と印刷

2 はがきに宛名面を印刷する

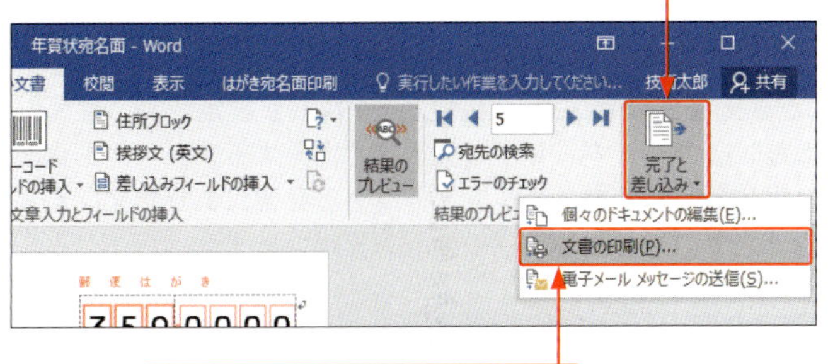

2 ＜文書の印刷＞をクリックすると、

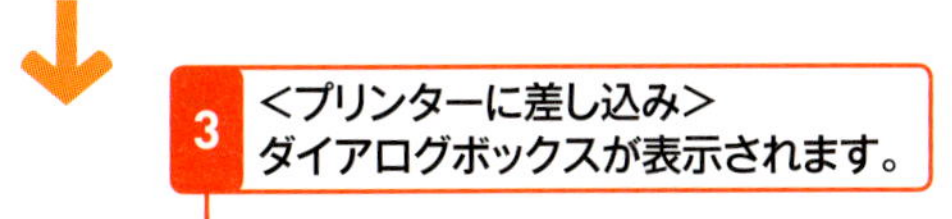

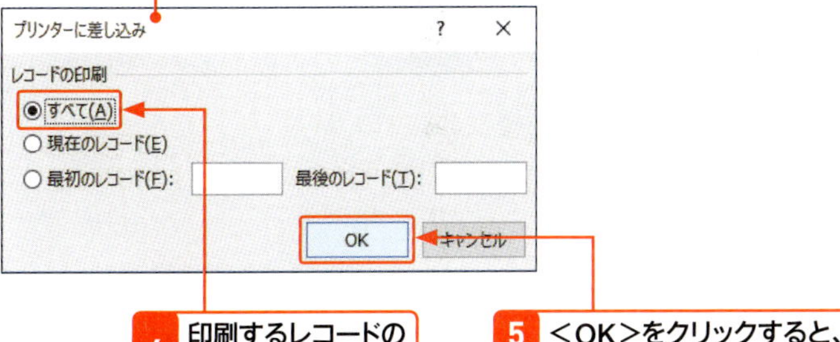

4 印刷するレコードの範囲を指定して、

5 ＜OK＞をクリックすると、

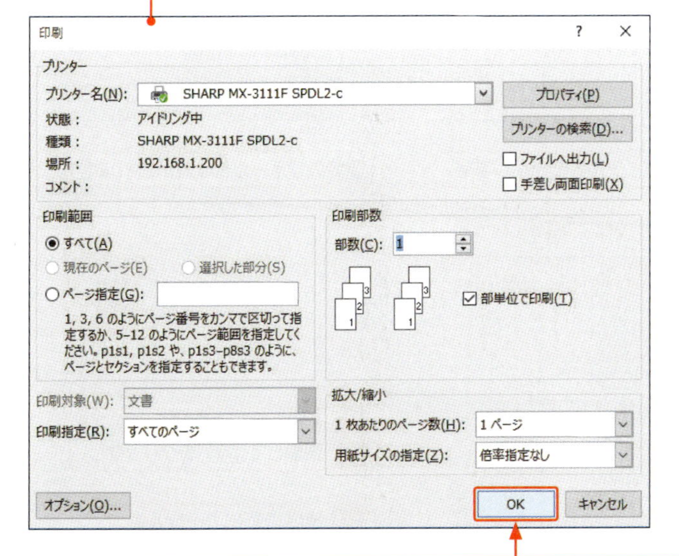

7 ＜OK＞をクリックすると、はがきに宛先が印刷されます。

ヒント はがきの印刷

はがきの宛名面を印刷するには、＜はがき宛名面印刷＞タブの＜印刷＞グループにあるコマンドを利用しても実行できます。

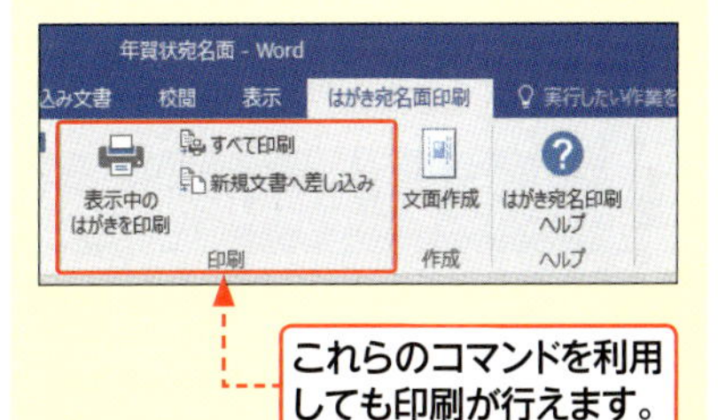

これらのコマンドを利用しても印刷が行えます。

ステップアップ レコードの印刷範囲

手順4では、印刷する範囲を指定します。住所録のすべてを印刷する場合は＜すべて＞、現在表示されている宛先のみを印刷する場合は＜現在のレコード＞、住所録の範囲を指定する場合は＜最初のレコード＞に先頭のレコード番号、＜最後のレコード＞に最後のレコード番号を入力します。

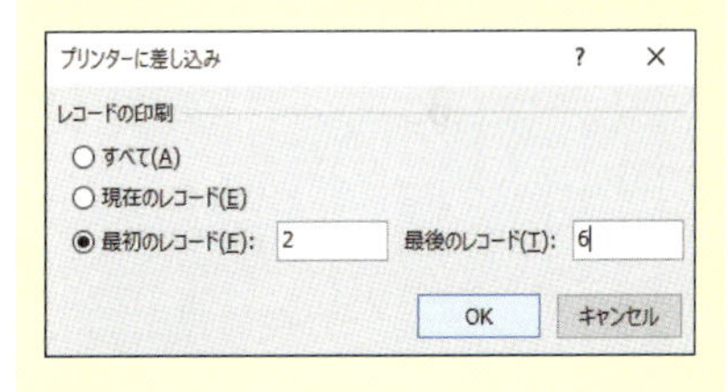

余白がページ範囲の外に設定されている？

手順7のあとで、「余白が印刷可能な範囲の外に設定されている」、「一部分が印刷されない可能性がある」などのメッセージが表示される場合は、＜いいえ＞をクリックして中断します。手順4で＜現在のレコード＞をクリックして、試し印刷をしてみましょう。問題がなければ、すべての宛先の印刷を継続します。

Section 81

はがきの宛名を連名にする

覚えておきたいキーワード
- 連名
- 差し込みフィールドの挿入
- フィールドの一致

Wordで作成するはがき宛名面には、差し込みフィールドが設定され、住所録のデータが自動的に差し込まれます。しかし、連名を挿入するフィールドは設定されてないため、連名と敬称のフィールドを作成する必要があります。<差し込み文書>タブの<差し込みフィールドの挿入>で行います。

1 連名フィールドを設定する

メモ　宛名面の連名

宛名面に連名を入れる場合は、あらかじめ住所録の「連名」欄と「連名敬称」欄に連名と敬称を入力しておく必要があります（P.264の「ステップアップ」参照）。Wordで作成する住所録では、連名を登録しても、はがき宛名面には連名のフィールドが挿入されません。右の方法で、連名フィールドを作成する必要があります。

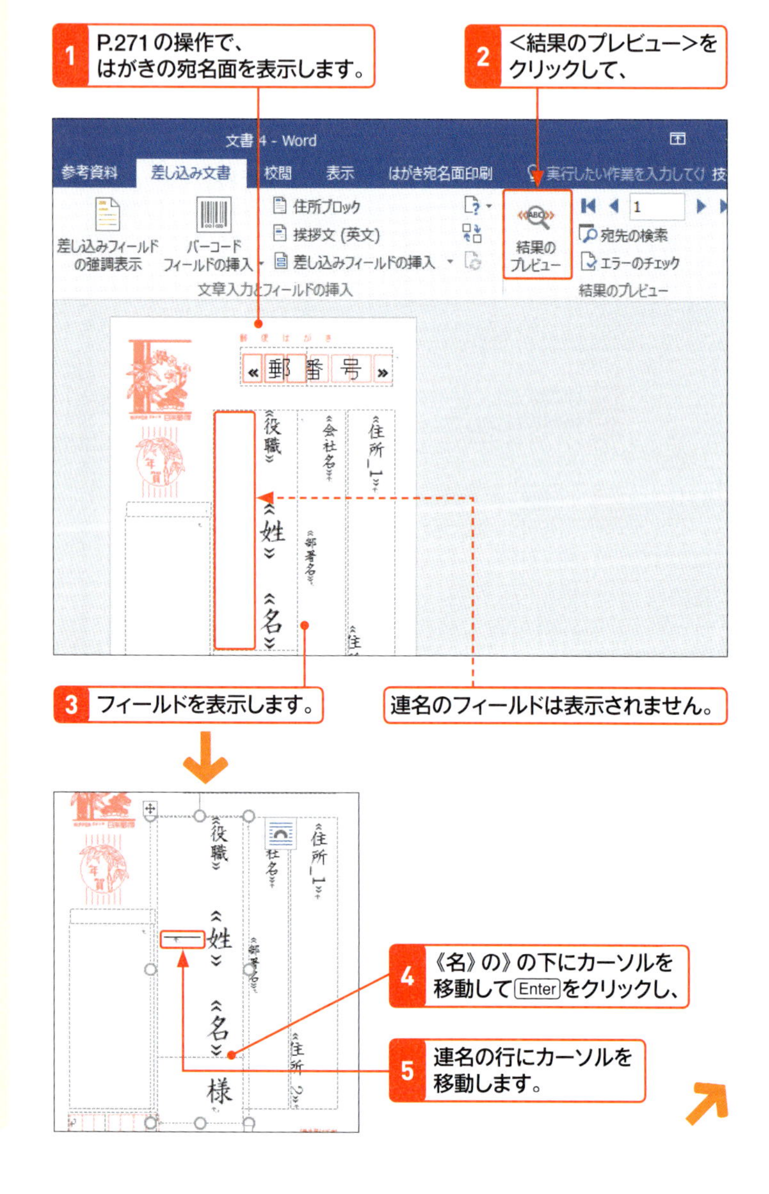

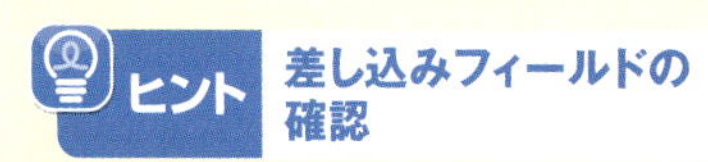
ヒント　差し込みフィールドの確認

差し込み文書は、あらかじめ項目ごとに差し込むフィールドが設定されています。フィールドを確認するには、<差し込み文書>タブの<結果のプレビュー>をクリックしてオフにすると、フィールド名が表示されます。

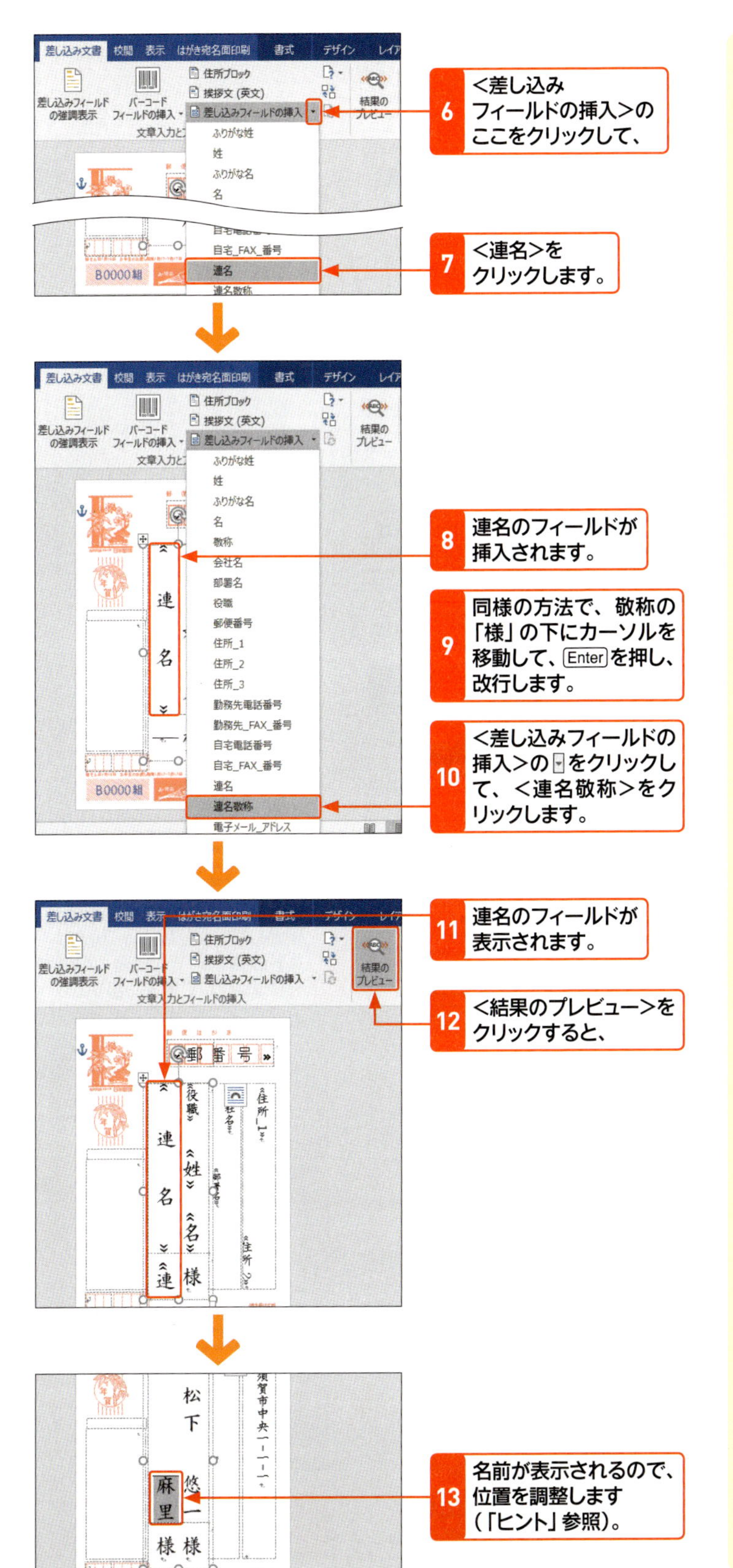

6 <差し込みフィールドの挿入>のここをクリックして、

7 <連名>をクリックします。

8 連名のフィールドが挿入されます。

9 同様の方法で、敬称の「様」の下にカーソルを移動して、Enterを押し、改行します。

10 <差し込みフィールドの挿入>のをクリックして、<連名敬称>をクリックします。

11 連名のフィールドが表示されます。

12 <結果のプレビュー>をクリックすると、

13 名前が表示されるので、位置を調整します（「ヒント」参照）。

ヒント　連名の配置

宛名の段落には、均等割り付けが設定されています。連名の先頭にカーソルを移動し、Spaceを押して、隣の名前とのバランスを調整します。

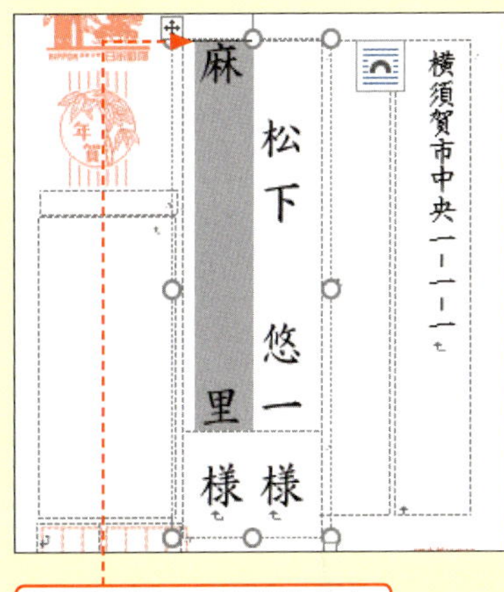

ステップアップ　連名の文字を揃える

連名の名前の文字数が2文字と3文字のように異なる場合は、字数が少ないほうの名前の間にスペースを挿入して、調整するとよいでしょう。このとき、名字のバランスも調整するとよいでしょう。

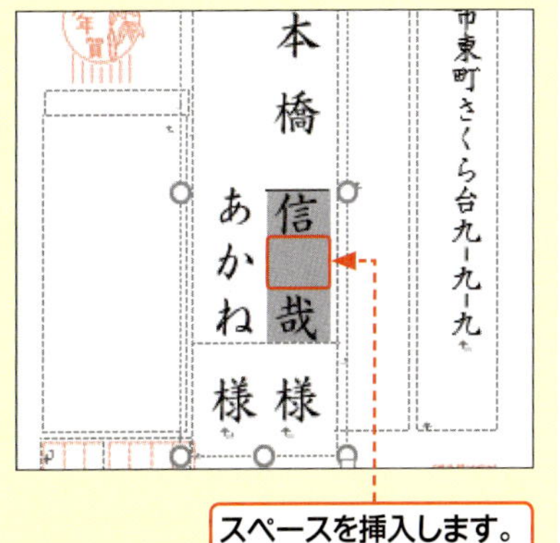

住所録の<住所２>が表示されない場合

Sec.77で作成した住所録で、<住所１>欄に住所、<住所２>欄にマンション名などを入力している場合、結果のプレビューで住所の２行目に<住所２>の情報が表示されるのが正常な状態です。このとき、<住所２>の部分が表示されない場合は、差し込むデータの項目のフィールドが認識されていないことになります。これを解決するには、<差し込み文書>タブの<結果のプレビュー>をクリックしてオフにし、フィールドの状況を確認してください。《住所_2》が表示されない場合は①の方法で、《住所_2》が表示される場合は②の方法で解決します。

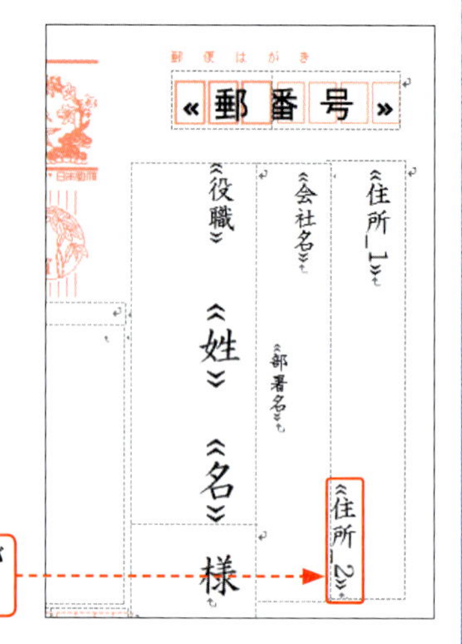

通常は《住所_2》フィールドが表示されます。

①《住所_2》が表示されない場合

《住所_2》が表示されない場合は、住所録の<住所２>のフィールドが適用されていないので、フィールドを挿入します。《住所_1》の下にカーソルを移動して、Enterを押して改行します。<差し込み文書>タブの<差し込みフィールドの挿入>の▼をクリックして、<住所_2>をクリックすると、《住所_2》フィールドが挿入されます。<差し込み文書>タブの<結果のプレビュー>をクリックして確認しましょう。

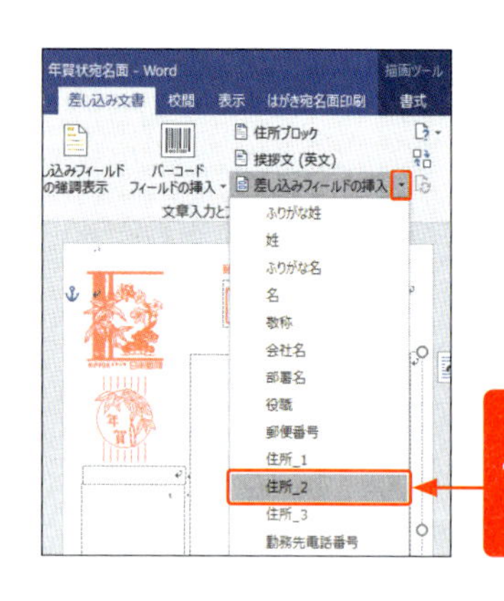

1 挿入する位置にカーソルを移動して、<差し込みフィールドの挿入>で<住所_2>をクリックして挿入します。

②《住所_2》が表示される場合

《住所_2》が表示される場合は、《住所_2》に割り当てられているフィールドが間違っていると考えられます。手順2の画面のように、<住所2>以外の項目が指定されている場合は、フィールドを一致させると、正しく表示されます。

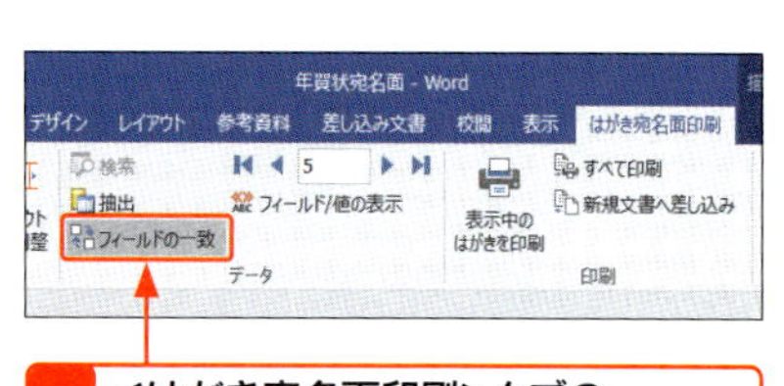

1 <はがき宛名面印刷>タブの<フィールドの一致>をクリックして、

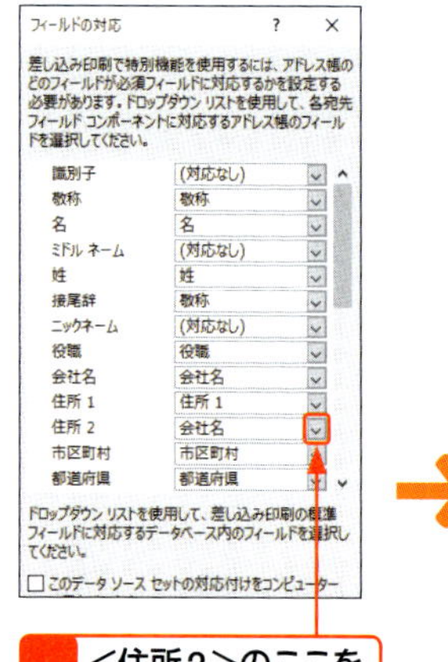

2 <住所２>のここをクリックして、

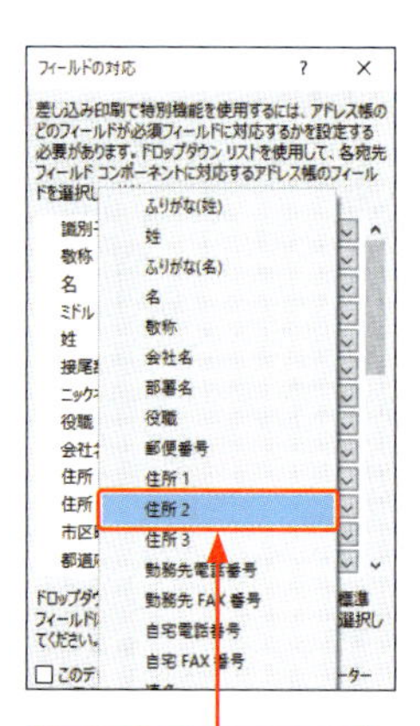

3 <住所２>をクリックします。

Chapter 08

第8章

文書の保存・セキュリティ・共有

Section 82 さまざまな形式で保存する

覚えておきたいキーワード
- ファイルの形式
- 以前の Word のバージョン
- PDF 形式

作成した文書を保存する場合、通常は「Word文書」の形式で保存します。しかしこれ以外にも、さまざまな保存の方法があります。Word文書以外のファイル形式や、以前のWordのバージョンで保存することもできます。また、どの環境でも読み込めるPDF形式で保存することも可能です。

1 Wordの旧バージョンで保存する

キーワード Word 97-2003文書

「Word 97-2003文書」とは、Wordの以前のバージョンの保存形式で作成された文書のことです。Word 2003以前の形式で作成された文書ファイルは、それ以降のWord機能の一部が利用できないものがあります。そのため、この形式で保存すると、Word 2016の一部の機能が保存されない場合があります。

ヒント テキスト形式で保存する

文字のみのデータを「テキスト形式」といいます。文書ファイルをほかの人に渡す場合、相手のパソコンにWordがインストールされていないとWordのファイルを開くことはできません。しかし、テキスト形式であれば読み込むことができます。テキスト形式で保存するには、<名前を付けて保存>ダイアログボックスの<ファイルの種類>を<書式なし>に指定します。

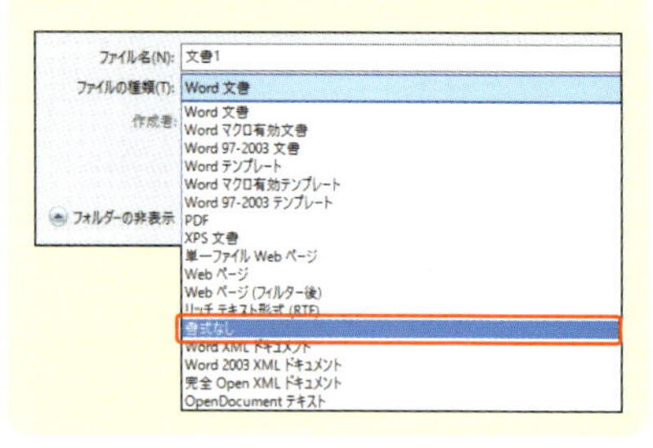

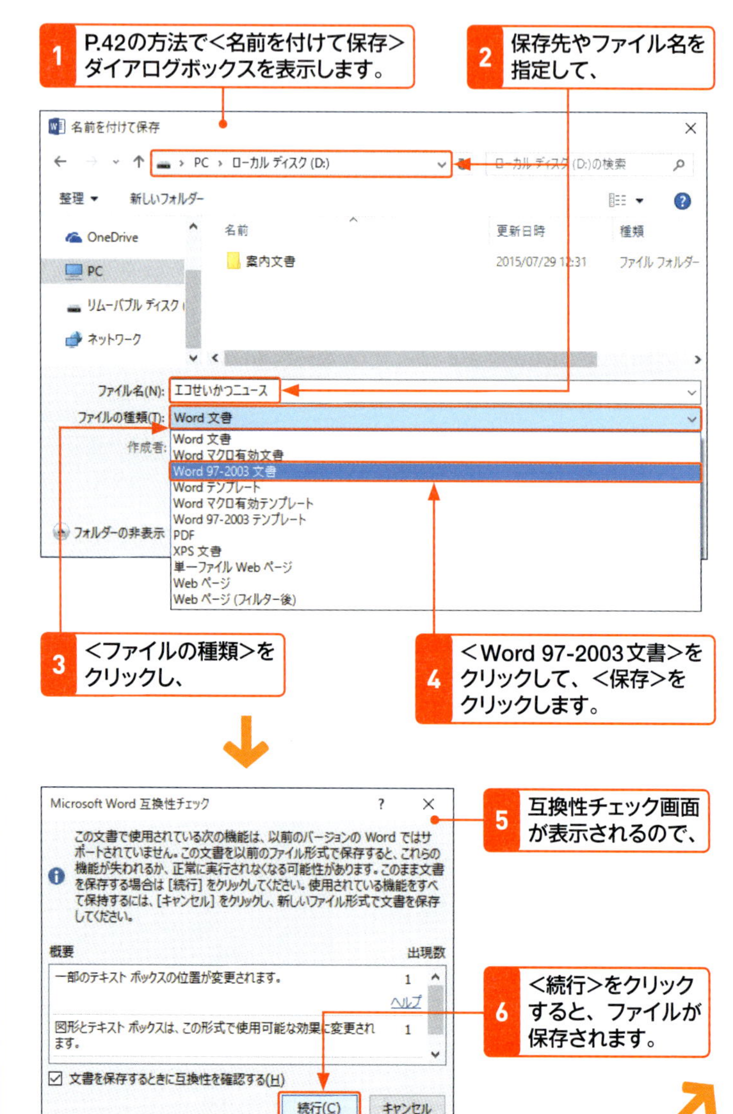

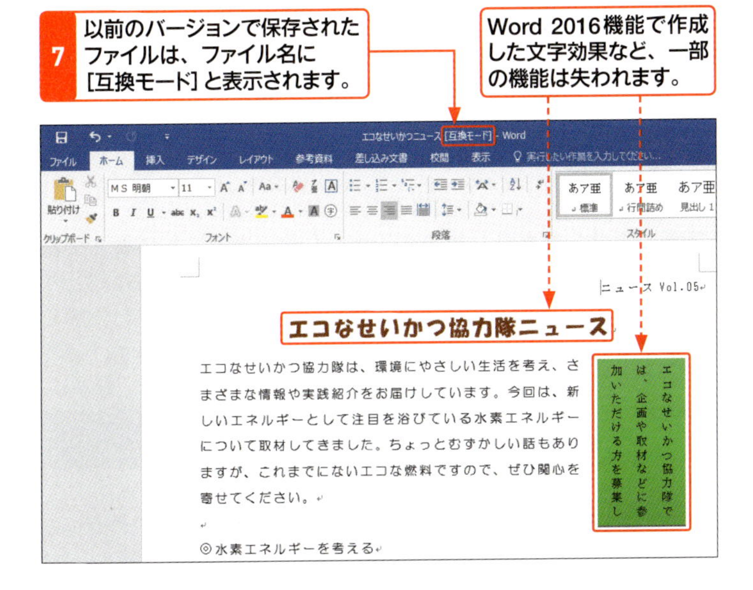

ヒント 互換性を保持する

たとえばワードアートなど、同じ名称でも旧バージョンとWord 2016では機能や用意されているスタイルが異なるものがあります。旧バージョンで保存された文書ファイルをWord 2016で開いて、新たに保存し直す場合、<名前を付けて保存>ダイアログボックスの<以前のバージョンのWordとの互換性を保持する>をオンにすれば、旧バージョンの機能が有効になります。

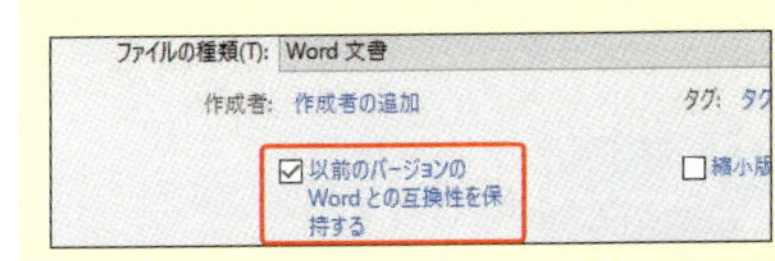

2 PDFで保存する

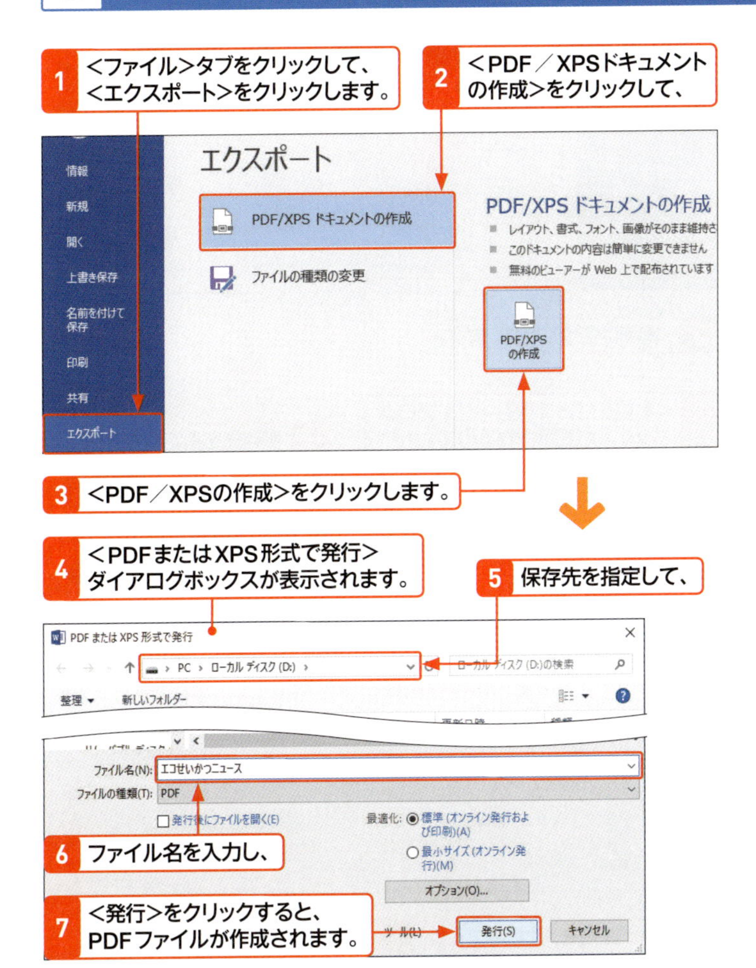

キーワード PDFファイル

PDF形式は、Adobe Systemsによって開発された電子文書の形式です。PDFを表示できるソフトを利用すれば、どのパソコンでも表示することができます。通常は、Adobe Acrobatというソフトで作成しますが、Wordでも作成することができます。

ヒント 名前を付けて保存する

<名前を付けて保存>ダイアログボックスで<ファイルの種類>を<PDF>にしても、PDF形式として保存できます。

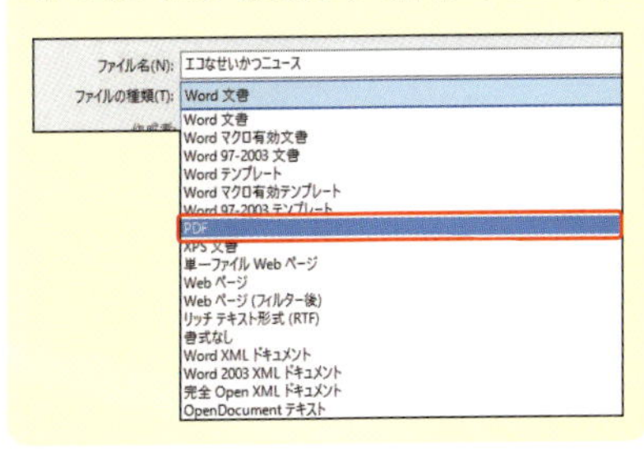

Section 83 パスワードを付けて保存する

覚えておきたいキーワード
- ☑ パスワード
- ☑ 読み取りパスワード
- ☑ 書き込みパスワード

重要な文書は第三者に開けられたり、編集されたりしないようにしておく必要があります。その対策として、パスワードを付けて保存する方法があります。パスワードには、ファイルを開くことができない読み取りパスワードと、開くことができても編集することはできない書き込みパスワードがあります。

1 読み取りと書き込みのパスワードを付ける

キーワード 読み取りパスワード

読み取りパスワードは、第三者に文書を開けられないようにするためのセキュリティ対策の1つです。文書に読み取りパスワードを設定して、ほかの人が文書を開く場合に、読み取りパスワードを指定しないと文書を開くことができないようにします。パスワードは、文書を保存するときに設定することができます。

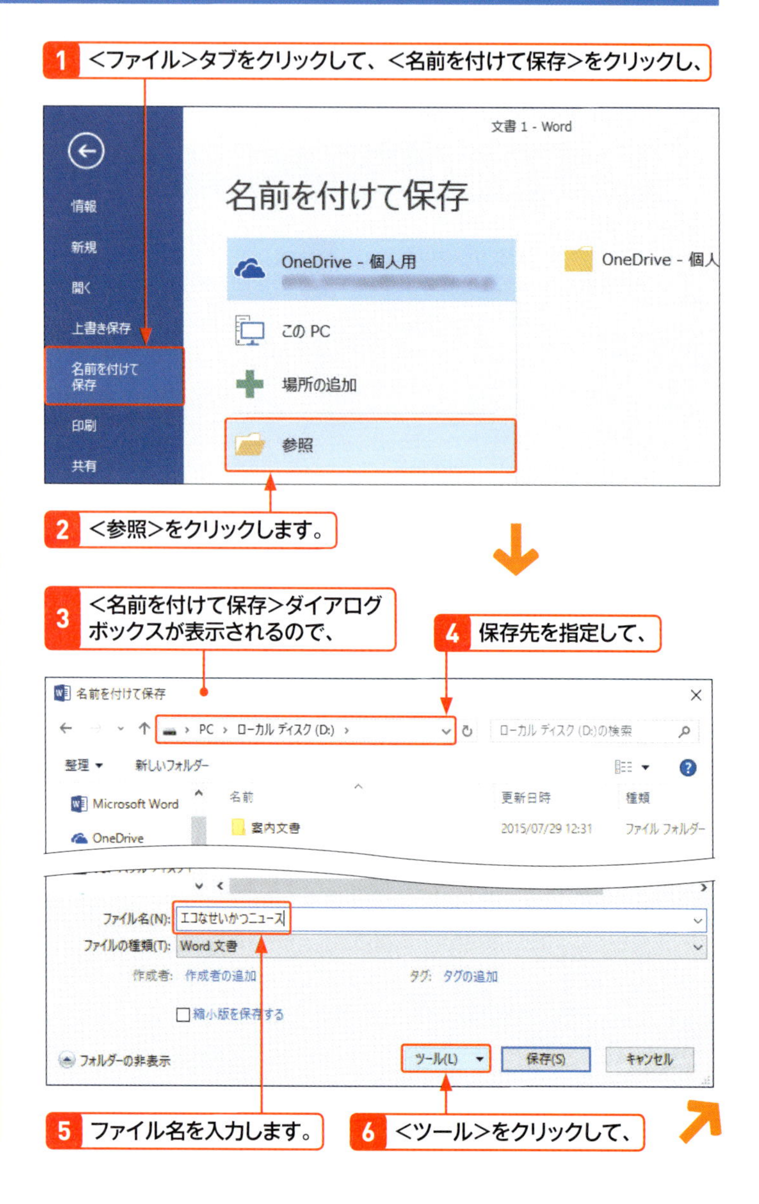

キーワード 書き込みパスワード

文書を編集するために必要なパスワードです。仕事などで、ほかの人がファイルを開く必要がある場合、読み取りパスワードを教えて文書を開くことはできても、書き換えたりすることができないように設定します。

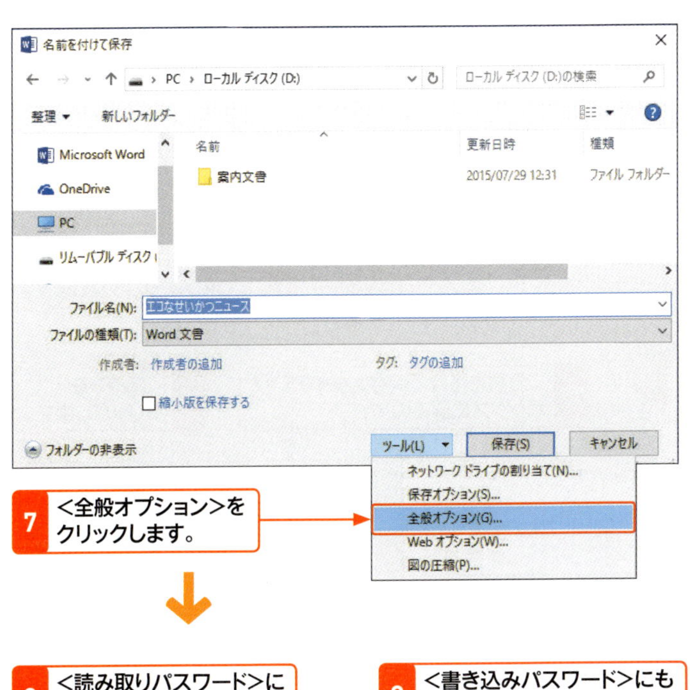

7 ＜全般オプション＞をクリックします。

8 ＜読み取りパスワード＞にパスワードを入力して、

9 ＜書き込みパスワード＞にもパスワードを入力し、

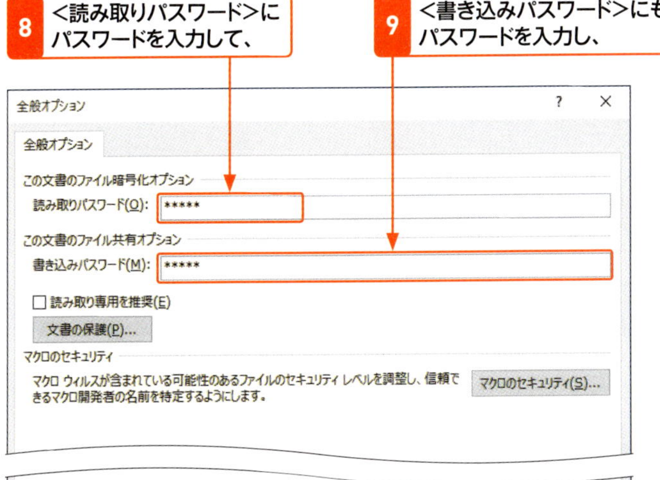

10 ＜OK＞をクリックします。

11 ＜パスワードの確認＞画面が表示されるので、

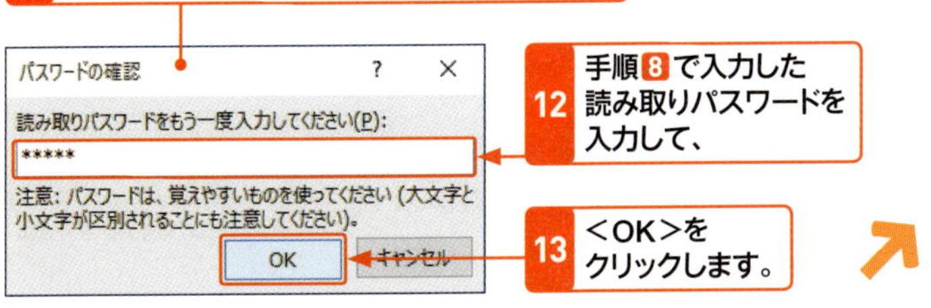

12 手順8で入力した読み取りパスワードを入力して、

13 ＜OK＞をクリックします。

注意　パスワードは忘れずに!

＜読み取りパスワード＞、＜書き込みパスワード＞に入力したパスワードは、ファイルを開く際に必要です。忘れたり、間違えたりするとファイルを開くことができなくなります。忘れないように注意が必要です。

ヒント　パスワードを片方だけ設定する

ここでは読み取りパスワードと書き込みパスワードの両方を設定していますが、片方だけの設定でもかまいません。読み取れる人を限定して、書き込みを自由にしてよい場合は＜読み取りパスワード＞のみを設定します。だれでも文書を読み取れるようにして、書き込める人を限定する場合は＜書き込みパスワード＞のみを設定します。

ヒント パスワードを解除するには?

設定したパスワードを解除するには、パスワードを設定している文書を開いた状態で、手順1～7の操作を行い、<読み取りパスワード>と<書き込みパスワード>のパスワードを消して、<OK>をクリックします。

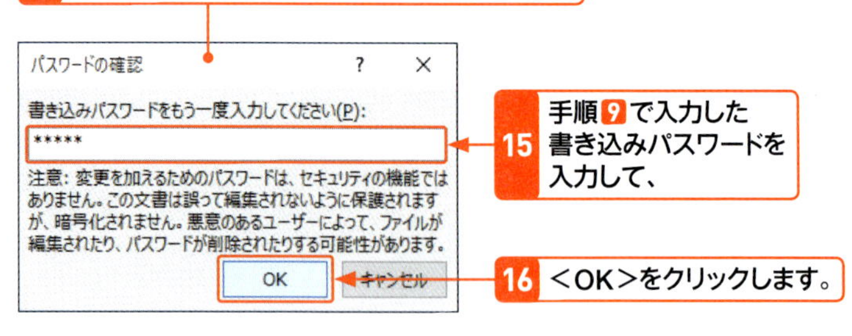

15 手順9で入力した書き込みパスワードを入力して、

16 <OK>をクリックします。

17 <名前を付けて保存>ダイアログボックスに戻るので、

18 <保存>をクリックします。

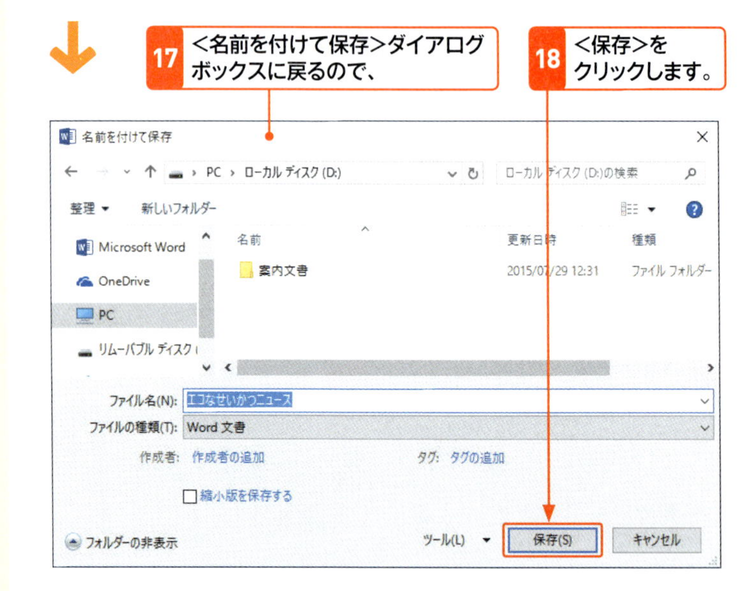

2 パスワードの付いた文書を開く

1 <ファイル>タブをクリックして、<開く>をクリックします。

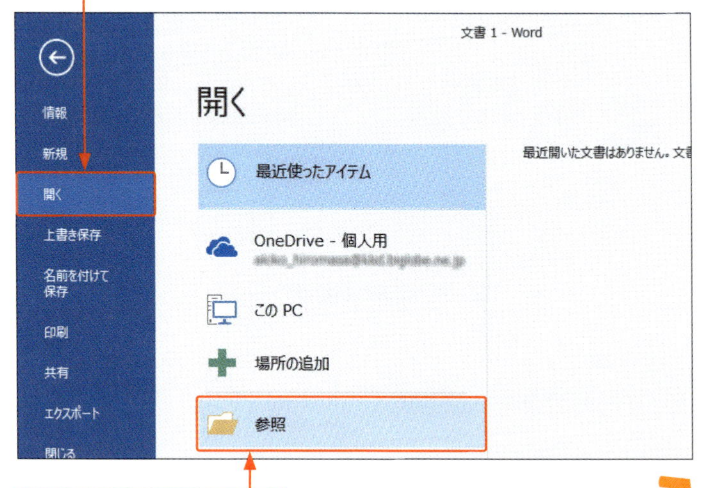

2 <参照>をクリックして、

3 <ファイルを開く>ダイアログボックスを表示します。

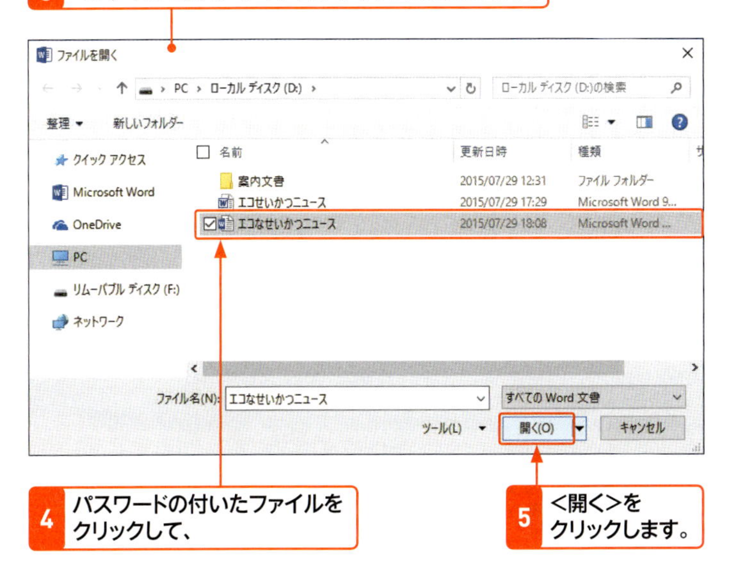

4 パスワードの付いたファイルをクリックして、

5 <開く>をクリックします。

6 読み取りパスワードを入力して、

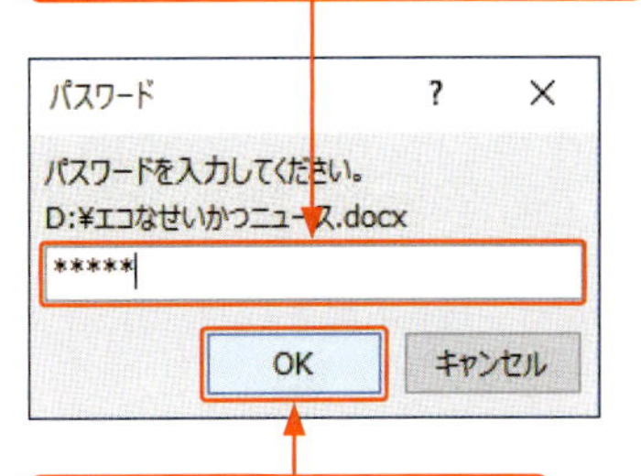

7 <OK>をクリックします。

8 書き込みパスワードを入力して、

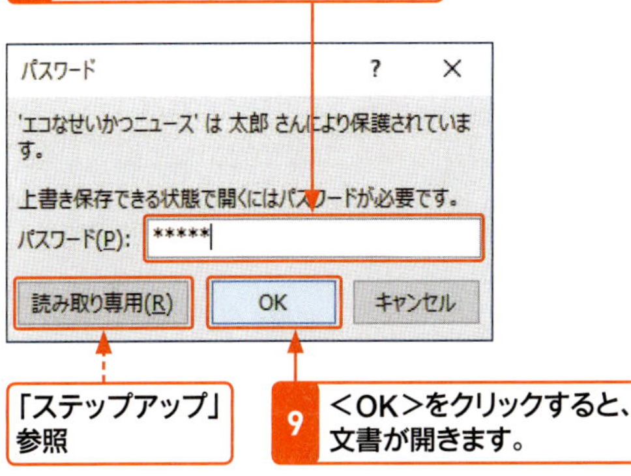

「ステップアップ」参照

9 <OK>をクリックすると、文書が開きます。

ヒント パスワードの入力間違い

パスワードを間違えて入力すると、以下のメッセージが表示されます。<OK>をクリックして、最初からやり直します。

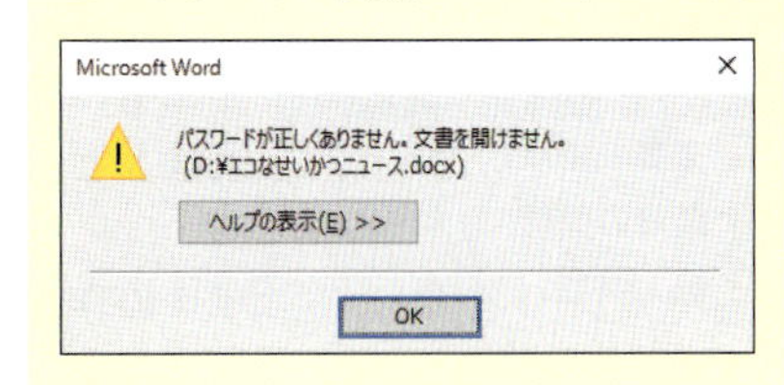

ヒント パスワードの入力画面

文書に読み取りパスワード、または書き込みパスワードの一方しか設定されていない場合は、設定されているパスワードの入力画面のみが表示されます。

ステップアップ 読み取り専用

書き込みパスワードの入力画面には<読み取り専用>が表示されます。これは、文書に書き込みをしない場合に利用します。<読み取り専用>をクリックすると、書き込みパスワードを入力しなくても文書を開くことができます。

Section 84

文書を保護する

覚えておきたいキーワード
- 文書の保護
- 編集の制限
- 個人情報

第三者に文書を配布する場合は、文書を共有する前に文書の保護や個人情報の削除などを行います。配布した文書をほかの人に変更されたくない場合は、文書の保護を設定したり、文書内の特定の範囲だけに編集を許可します。また、ファイルの作成者などの個人情報を削除しておきます。

1 編集を許可する範囲を指定して文書の編集を制限する

メモ 文書の保護

＜編集の制限＞作業ウィンドウで＜編集の制限＞をクリックすると、文書の編集や書式設定を制限することができます。特定の範囲を指定して、その範囲だけに編集を許可することができます（右ページ参照）。
なお、すべての範囲を保護するには、右の手順1～7を実行後、例外を設けずに＜はい、保護を開始します＞をクリックします。

メモ 編集の制限を設定する

文書の編集を制限するには、まず、右図の＜2.編集の制限＞グループで、＜ユーザーに許可する編集の種類を指定する＞をクリックしてオンにします。制限できる編集の種類は、次のとおりです。

- 変更履歴
- コメント
- フォームへの入力
- 変更不可（読み取り専用）

なお、＜変更不可（読み取り専用）＞を指定すると、文書全体のすべての変更を制限することができます。

1 保護を設定する文書を開いて、＜校閲＞タブをクリックします。

2 ＜保護＞をクリックして、

3 ＜編集の制限＞をクリックすると、

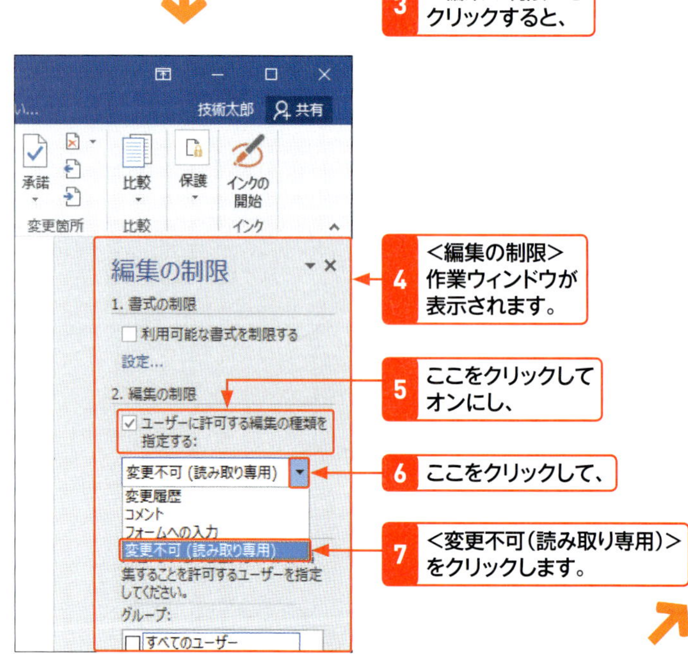

4 ＜編集の制限＞作業ウィンドウが表示されます。

5 ここをクリックしてオンにし、

6 ここをクリックして、

7 ＜変更不可（読み取り専用）＞をクリックします。

8 例外として編集を許可する文書の範囲を選択して、

9 <すべてのユーザー>をクリックしてオンにし、

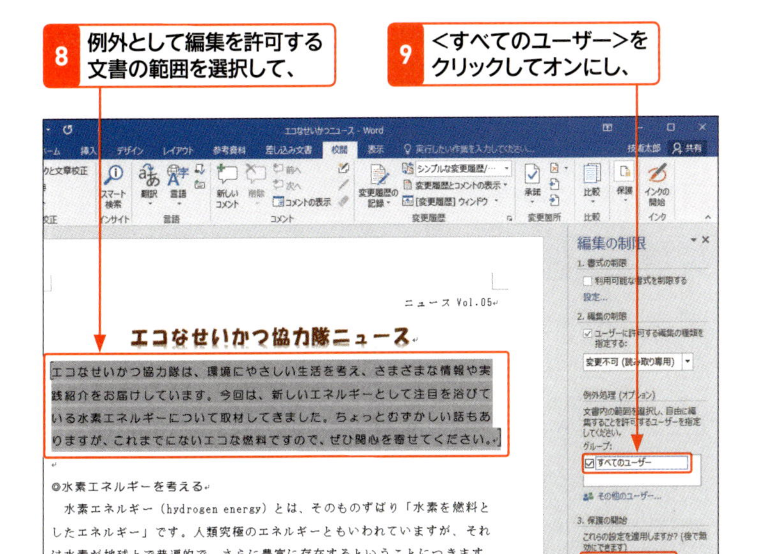

10 <はい、保護を開始します>をクリックします。

11 <保護の開始>画面が表示されるので、

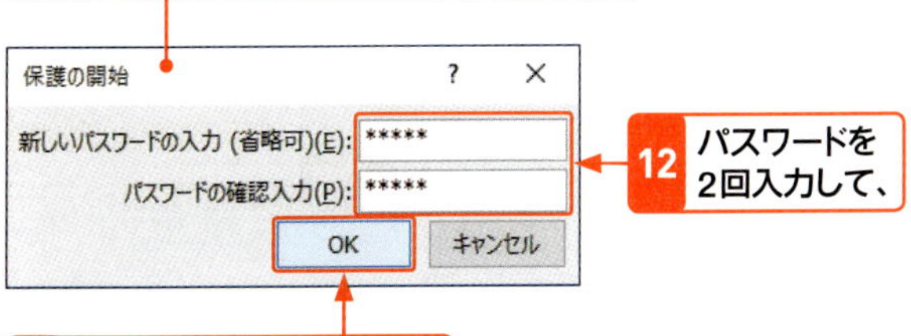

12 パスワードを2回入力して、

13 <OK>をクリックすると、

14 編集可能な範囲がカッコで囲まれます。

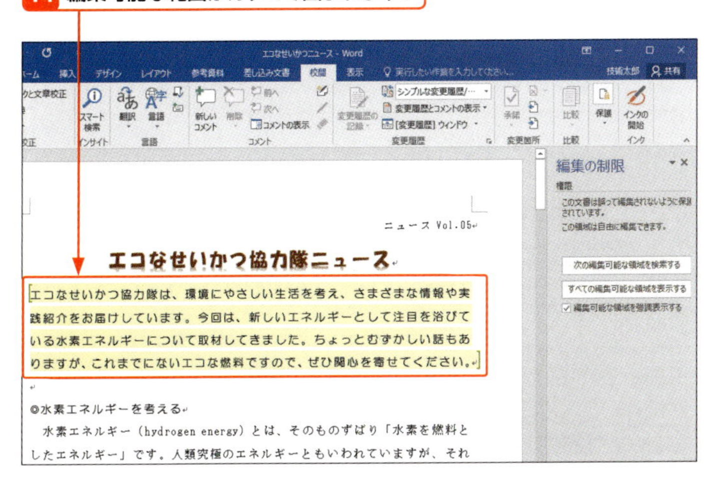

メモ パスワードの入力

手順12でパスワードを指定すると、文書の保護を解除する際にパスワードの入力を求められます(下の「ヒント」参照)。パスワードの設定は省略することもできます。パスワードを省略すると、<保護の中止>をクリックするだけで文書の保護が解除されます。

ヒント 文書の保護を解除するには?

文書の保護を解除するには、<編集の制限>作業ウィンドウの下側にある<保護の中止>をクリックします。手順12でパスワードを設定している場合は、入力画面が表示されるので、パスワードを入力して<OK>をクリックします。

1 <保護の中止>をクリックします。

2 パスワードを入力して、

3 <OK>をクリックします。

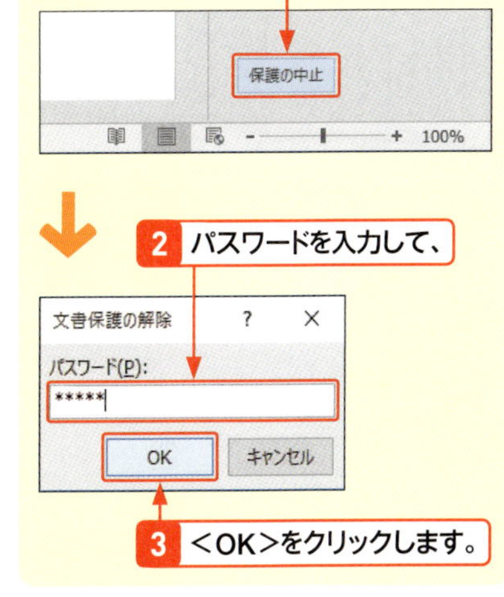

2 書式の変更を制限する

メモ 書式の変更を制限するには?

<編集の制限>作業ウィンドウで<利用可能な書式を制限する>をオンにすると、文書内の書式を保護できます。書式を保護すると、指定したスタイル(下の「ヒント」参照)だけが利用できます。また、一部を除いて<ホーム>タブの機能が利用できなくなります。なお、書式を保護した場合でも、文字列を変更することはできます。

ヒント 適用するスタイルを制限するには?

文書内で特定のスタイルだけを適用したい場合は、<編集の制限>作業ウィンドウの<1.書式の制限>の<設定>をクリックして、<書式の制限>画面を表示します。オンにしているスタイルだけが文書内で適用でき、オフになっているスタイルは利用できなくなります。なお、文書中で使用しているスタイルをオフにすると、スタイルが解除されてしまうので注意してください。

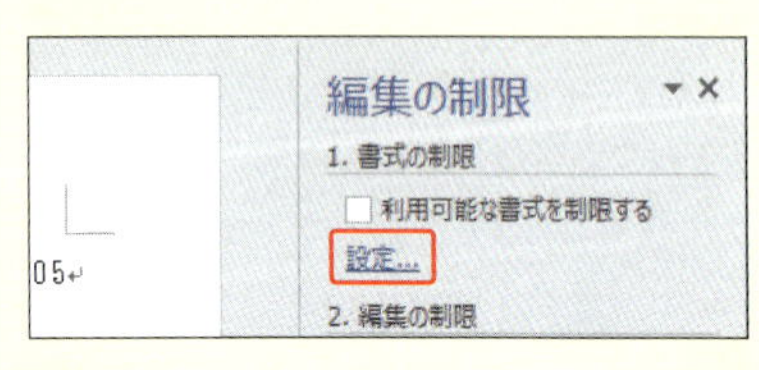

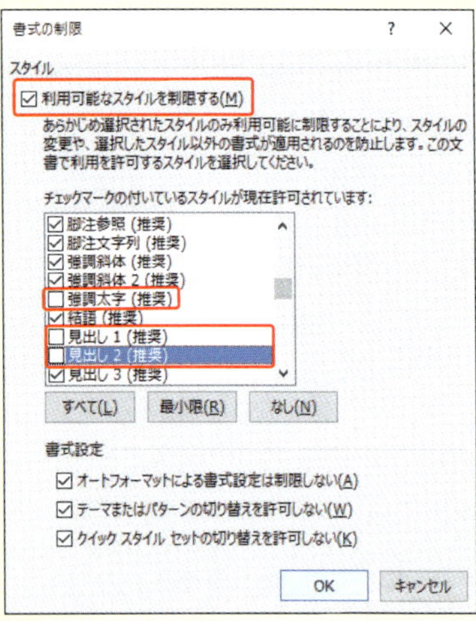

1 保護を設定する文書を開いて、<編集の制限>作業ウィンドウを表示します(P.284参照)。

2 <利用可能な書式を制限する>をクリックしてオンにして、

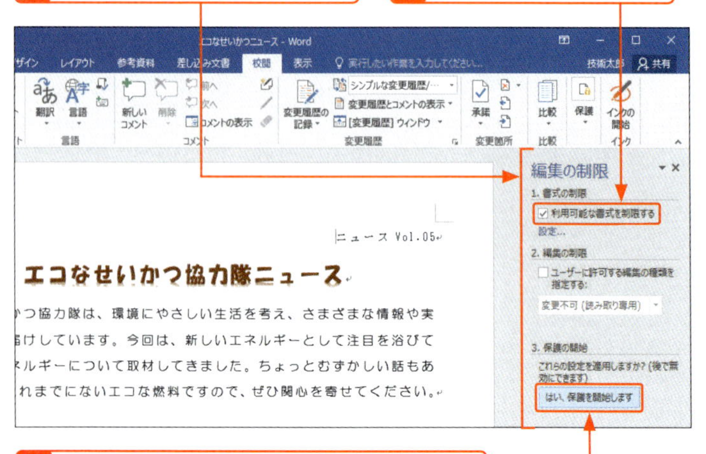

3 <はい、保護を開始します>をクリックします。

4 <保護の開始>画面が表示されるので、

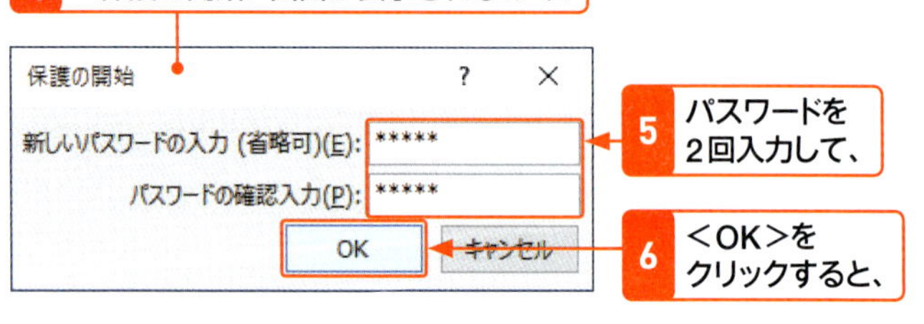

5 パスワードを2回入力して、

6 <OK>をクリックすると、

7 書式の変更が制限されます。

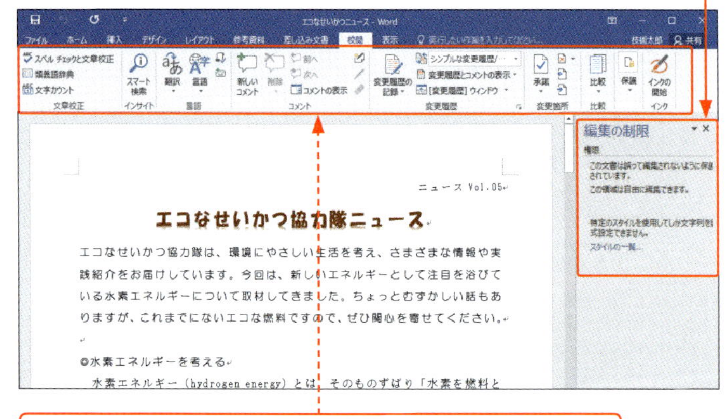

たとえば、<ホーム>タブでは<スタイル>と<編集>グループを除く書式設定機能が利用できなくなります。

3 個人情報を削除する

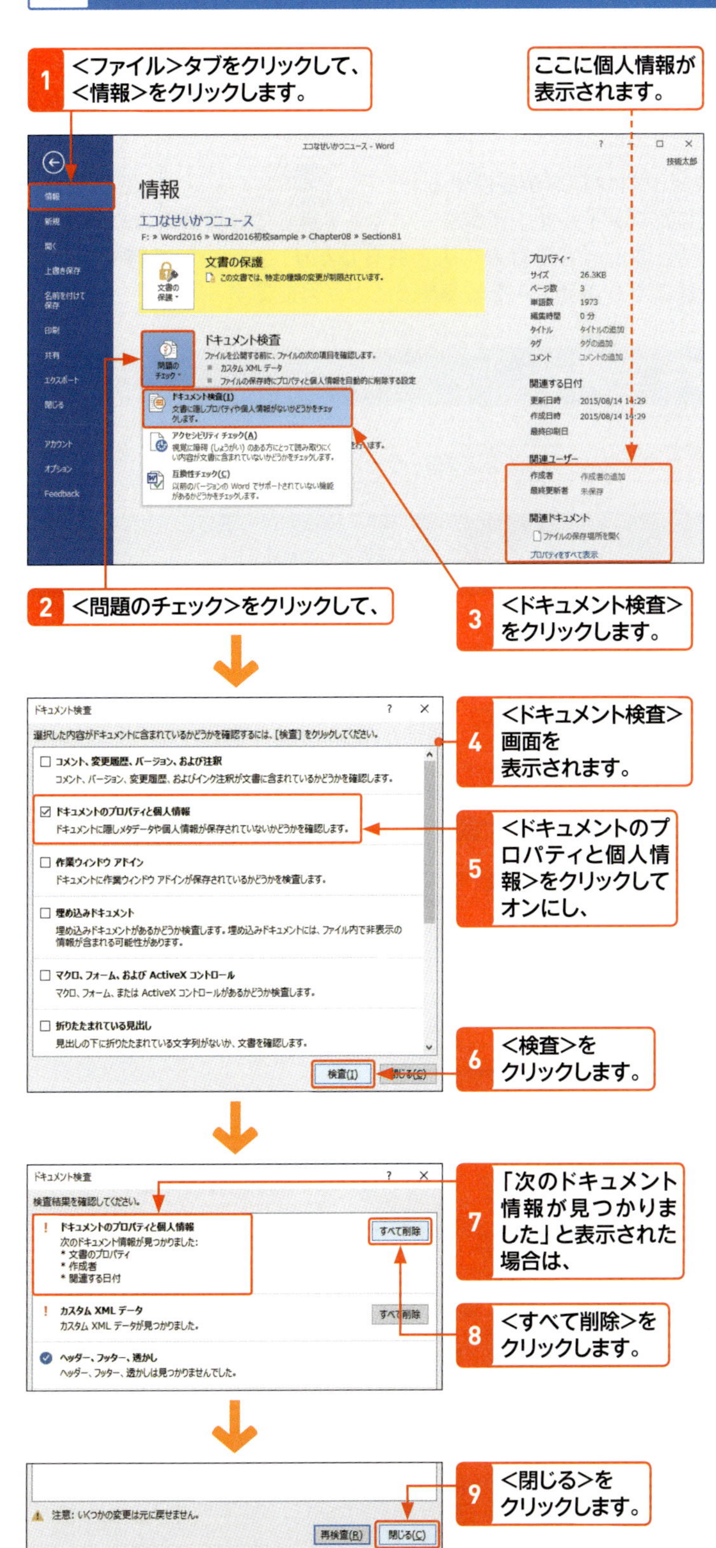

メモ 個人情報

<ファイル>タブをクリックして<情報>をクリックすると、右側に個人情報が表示されます。ファイルをほかの人に渡す場合などは、これらの情報を削除しておくとよいでしょう。

キーワード ドキュメント検査

「ドキュメント検査」は、文書に非表示のデータや個人情報が含まれていないか、視覚に障碍がある人にとって読みにくい内容が含まれていないか、以前のバージョンのWordでサポートされていない機能がないかなどの検査を行います。個人情報が含まれている場合は、削除することができます。

Section 85 OneDriveを利用する

覚えておきたいキーワード
- OneDrve
- 共有
- オンラインストレージサービス

OneDriveは、マイクロソフトが提供するオンラインストレージサービスです。パソコンで作成したファイルを、インターネットを通じて自分専用のOneDriveに保存することで、ファイルをほかの人と共有したり、パソコンを持ち歩かなくてもいつでもどこでもファイルを編集することが可能です。

1 ＜OneDrive＞フォルダーを開く

キーワード OneDrive

「OneDrive」は、マイクロソフトが運営するオンラインストレージサービス（インターネット上にファイルを保存できるサービス）で、15GBまで無料で利用できます。インターネット環境があれば、いつでもどこからでもファイルを保存したり（アップデート）、ファイルを取り出したり（ダウンロード）することができます。なお、OneDriveを利用するには、Microsoftアカウントを取得し、あらかじめサインインしておくことが必要です。

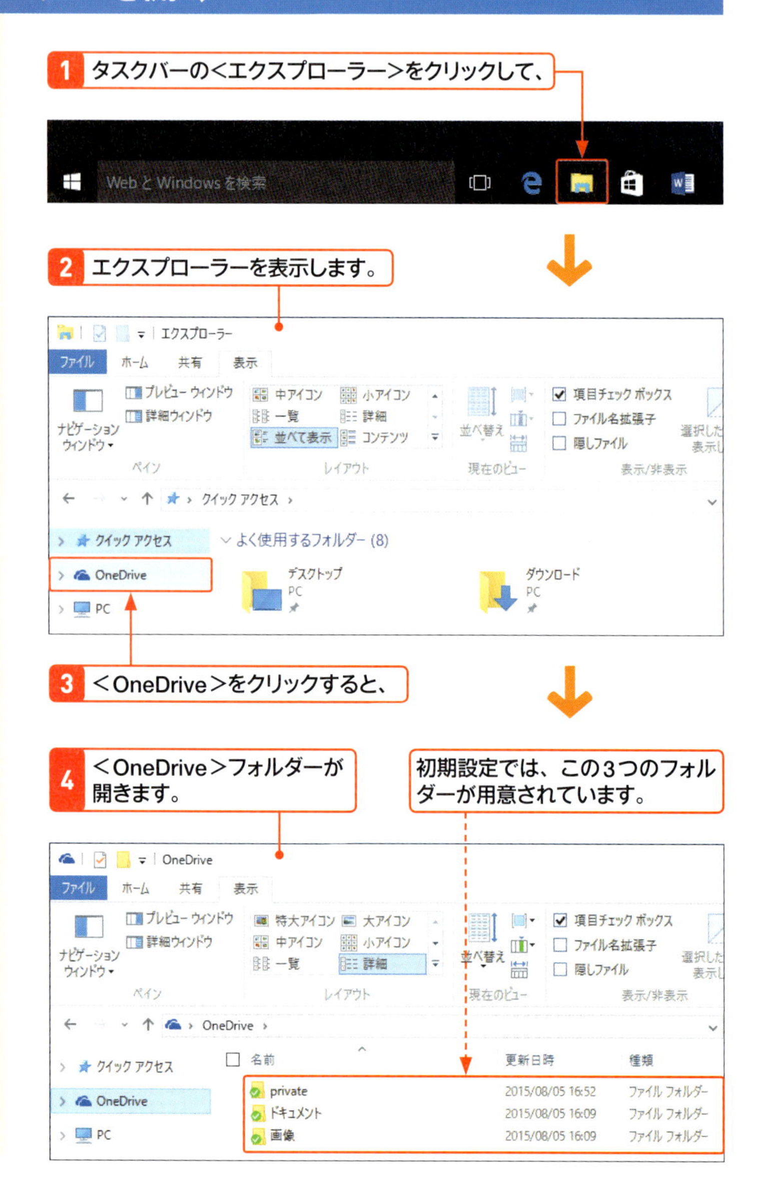

メモ OneDriveを利用する

OneDriveは、Windows 10にあらかじめインストールされています。インターネットに接続した状態であれば、エクスプローラーでファイルを＜OneDrive＞内に移動するだけで保存できます。

2 パソコン内のファイルを＜OneDrive＞に保存する

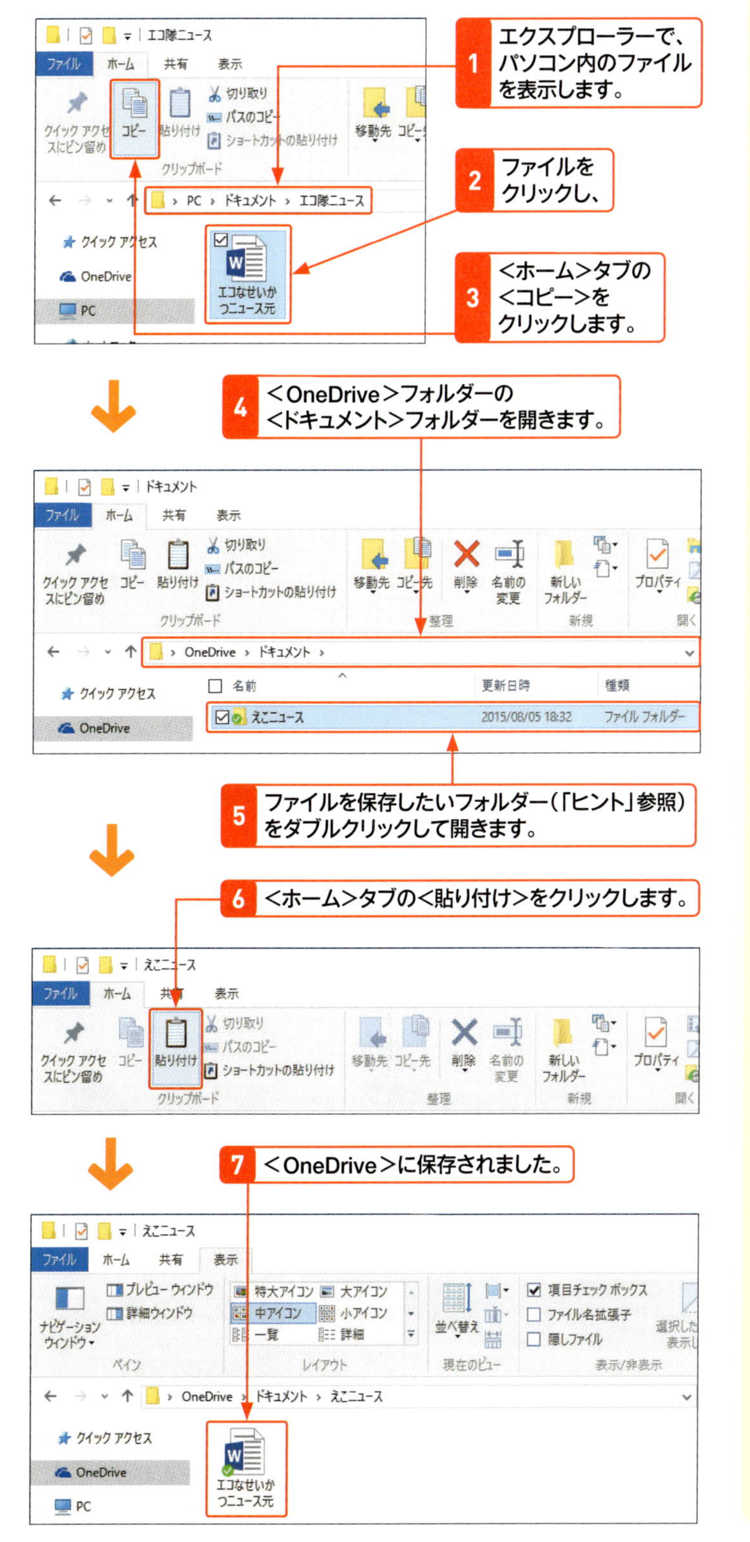

メモ ファイルのコピー

＜OneDrive＞フォルダーは、パソコン内のほかのフォルダーと同じように扱うことができます。ファイルを保存するには、コピーして貼り付けます。

ヒント 新しいフォルダーを作成するには？

＜OneDrive＞フォルダーには、ほかのフォルダーと同じように、新しいフォルダーを作成することができます。＜ホーム＞タブの＜新しいフォルダー＞をクリックして、名前を入力します。

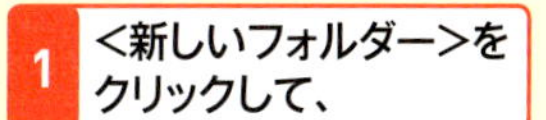

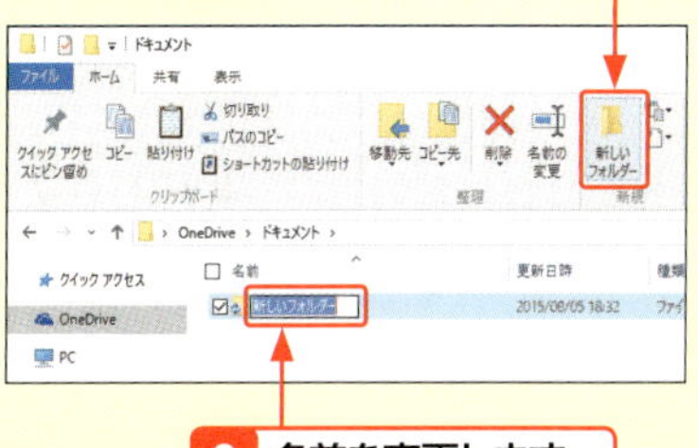

メモ Wordから＜OneDrive＞に保存する

Wordで作成した文書を＜OneDrive＞内に保存するには、通常の保存と同様に、＜名前を付けて保存＞ダイアログボックスの保存先を＜OneDrive＞フォルダーに指定して保存の操作を行います。

3 Web上からOneDriveを利用する

メモ ほかのパソコンからOneDriveを利用する

外出先のパソコンなどでOneDriveを利用する場合は、ブラウザーからOne Driveにサインインする必要があります。自分のMicrosoftアカウントにすでにログインしている場合は、直接手順2の画面が表示されます。Microsoftアカウントにログインしていない場合は、OneDriveのWebページが表示されます。<サインイン>をクリックすると、手順2の画面が表示されるので、Microsoftアカウントのメールアドレスとパスワードを入力して、<サインイン>をクリックします。

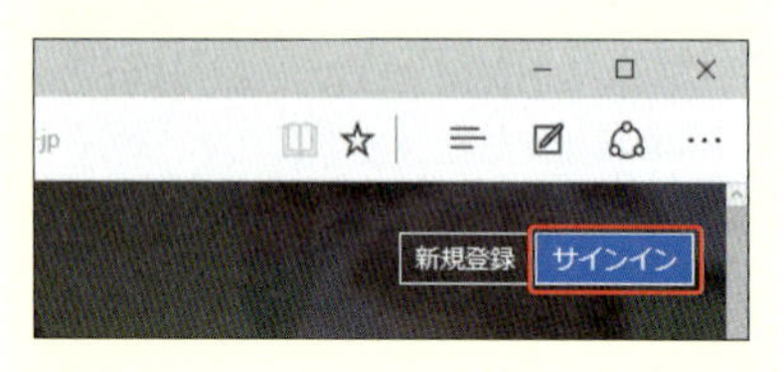

ヒント ファイルを同期する

エクスプローラーに表示されるパソコン内の<OneDrive>とインターネット上にある<OneDrive>は同期しています。パソコン内の<OneDrive>にファイルを保存すると、インターネット上の<OneDrive>にも同様に保存されます。

4 OneDriveで共有を設定する

1 前ページの方法で<OneDrive>のフォルダーを開きます（ここでは<ドキュメント>）。

2 <共有>をクリックして、

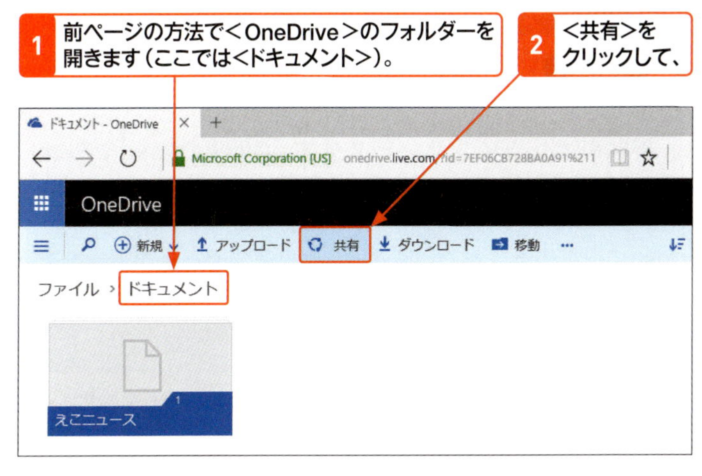

3 <このフォルダーを共有する>をクリックします。

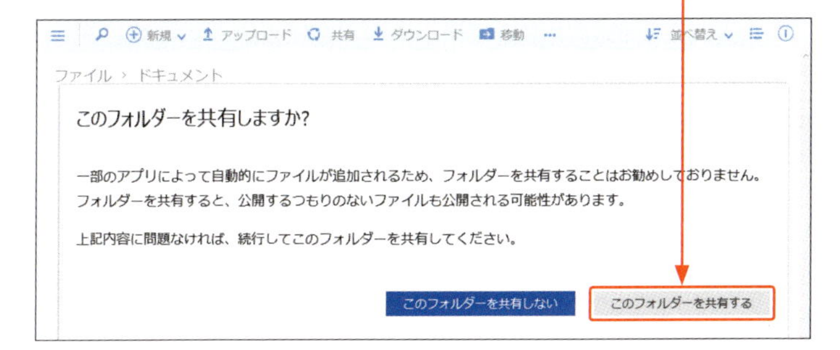

4 <宛先>に相手のメールアドレスを入力して、

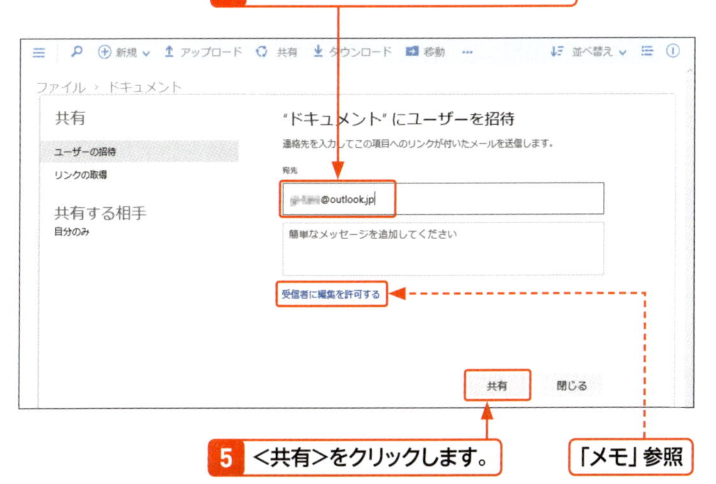

5 <共有>をクリックします。

「メモ」参照

招待された相手のメールアドレスにリンク付きのメールが届きます。相手がリンクにアクセスすると、文書を開くことができます。

メモ 共有のユーザーを登録する

仕事などでフォルダーを共有したい場合は、共有するユーザーのメールアドレスを登録します。共有相手の権限を、編集を許可するかファイルの表示だけかを指定することもできます。

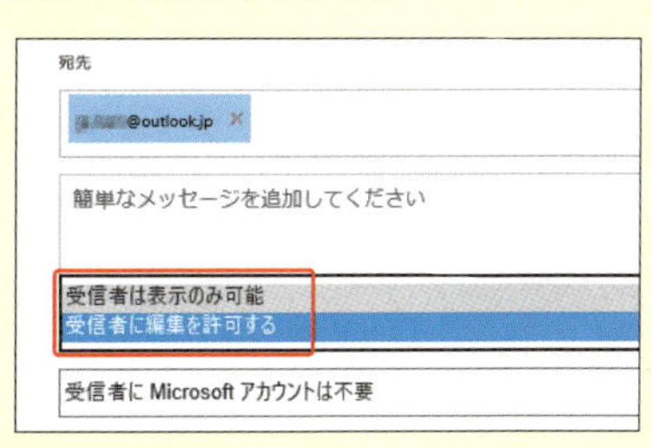

ヒント ファイル単位で共有するには?

フォルダー単位でなく、ファイル単位で共有を設定することができます。ファイルを右クリックして、<共有>をクリックすると、ファイルを対象にした登録画面が表示されます。

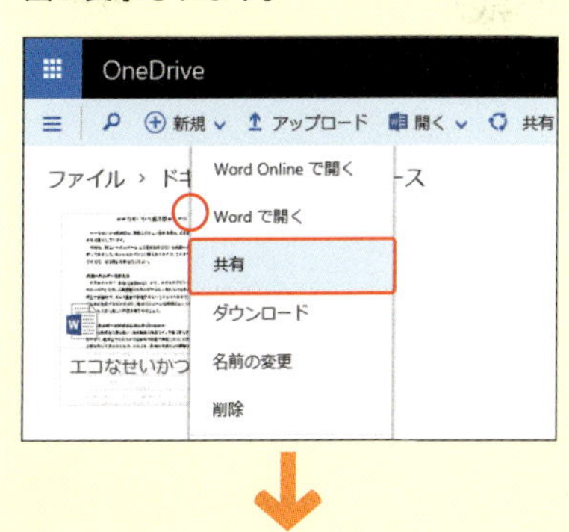

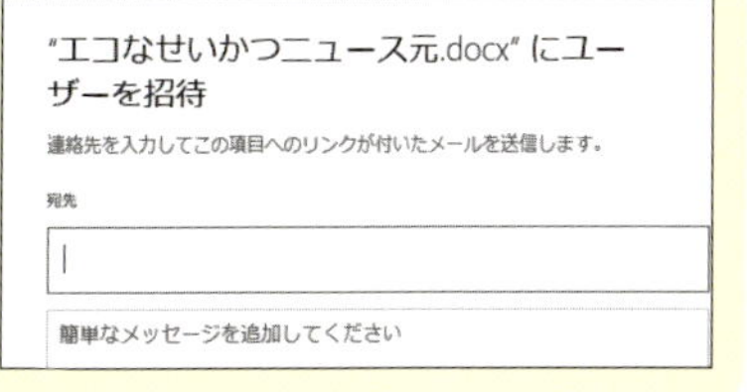

Section 86 Office Onlineを利用する

覚えておきたいキーワード
- Office Online
- Word Online
- OneDrive

Office Onlineは、無料のオンラインサービスです。OfficeのWordやExcel、PowerPointなどのオンラインバージョンアプリを利用して、ドキュメントやスプレッドシート、プレゼンテーションのデータを作成・編集できます。作成したデータをOneDriveに保存することで、ほかの人と共有することができます。

1 Office Onlineを利用する

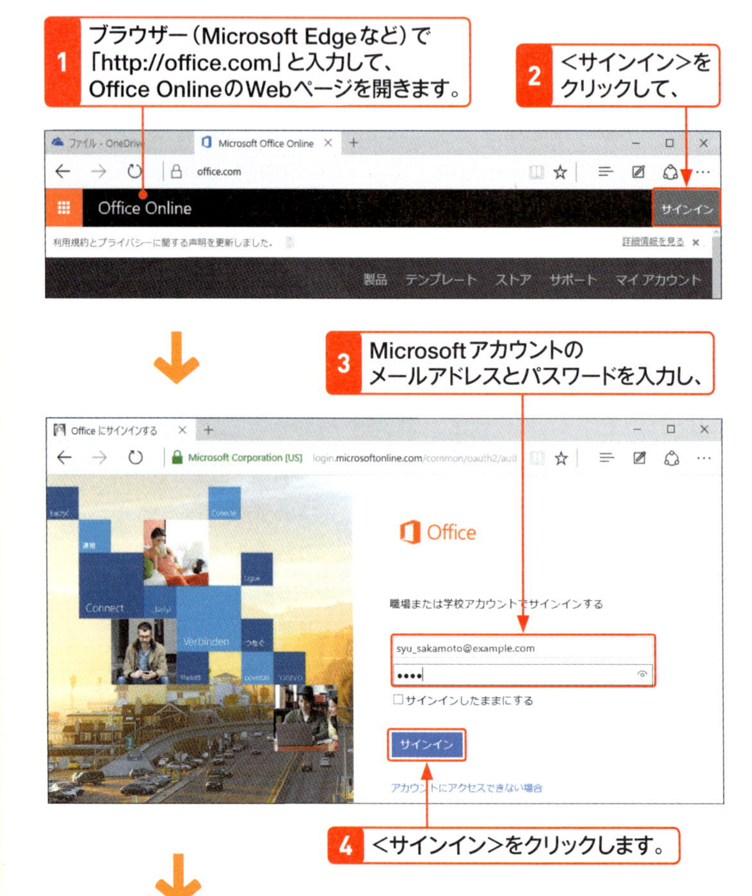

5 Office Onlineにサインインされます。

キーワード Office Online

「Office Online」とは、ブラウザーを使ってWordやExcelなどのオンラインアプリを無料で利用できるサービスです。「Word Online」「Excel Online」「Power Point Online」「OneNote Online」などのOfficeアプリのオンライン版が用意されています。アプリで作成したデータは、OneDrive（Sec.85参照）に保存するため、オンライン上で共有ができます。

メモ Microsoftアカウントにログインしている場合

Microsoftアカウントにログインしている状態で、Office OnlineのWebページを開くと、＜今すぐ使い始める＞と表示されます。これをクリックすると、Office Onlineにサインインされます。

2 Word Onlineで文書を開く

1 Office OnlineのWebページで、<Word Online>をクリックすると、

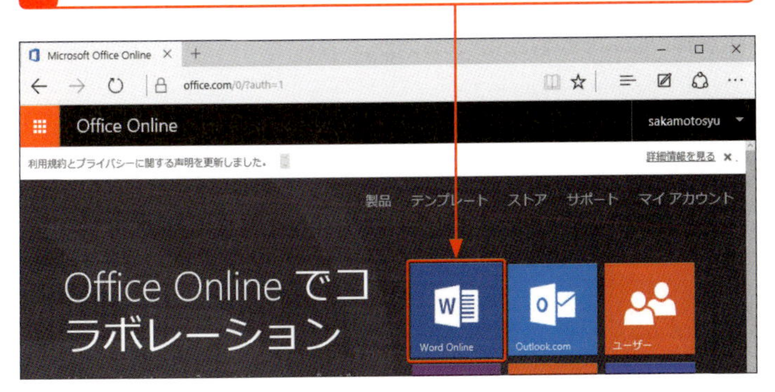

2 <Microsoft Word Online>ページに移動します。

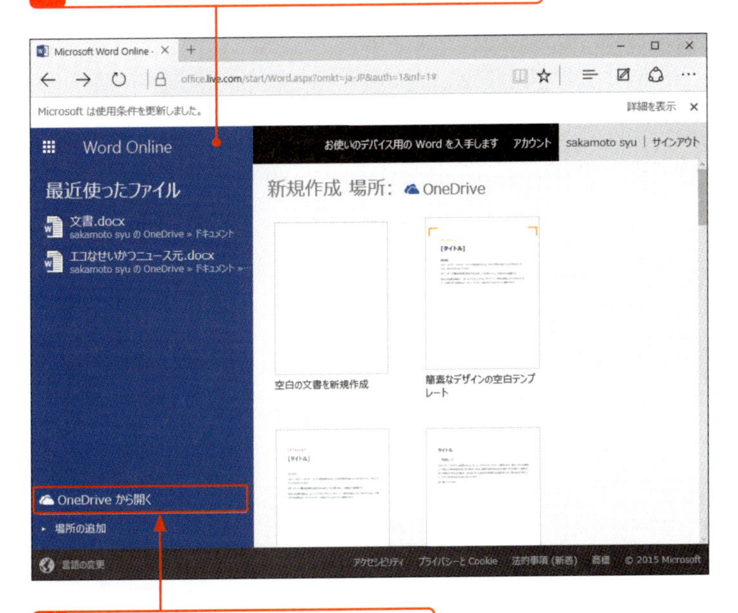

3 <OneDriveから開く>をクリックして、

4 <OneDrive>をクリックします。

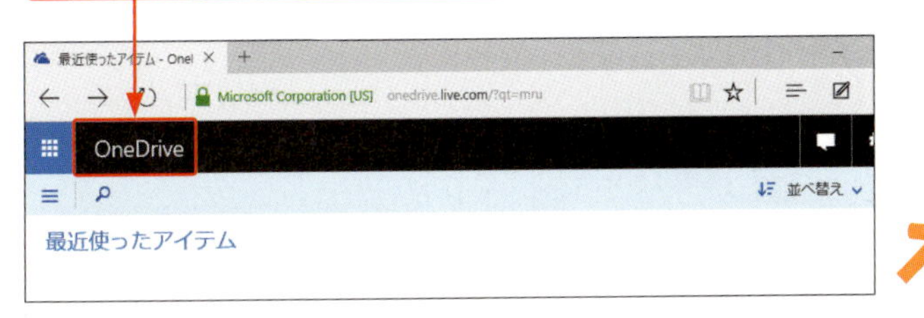

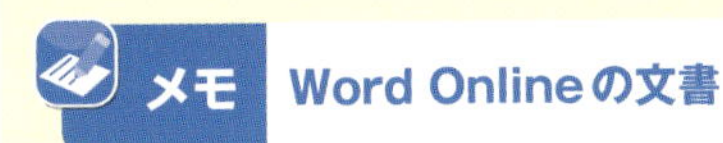

メモ Word Onlineの文書

Word Onlineを起動すると、パソコン版のWordとほぼ同じ起動画面が表示されます。<最近使ったファイル>のファイルをクリックして文書を表示できます。また、<空白の文書を新規作成>をクリックすれば新規文書を作成することができます。

ヒント 新着情報

手順2の画面で、<新着情報>が表示される場合は、<OK>をクリックします。

Word Onlineの画面

Word Onlineの画面は、通常のWordとほぼ同じです。利用できるタブとコマンドのみが表示されます。

Wordで編集する

パソコン版のWordが利用できる場合は、手順 9 の画面で<Wordで編集>をクリックすると、開いた文書をパソコン版のWordに切り替えて編集することができます。

文書を閉じるには?

開いた文書を閉じるには、ファイル名のタブの<タブを閉じる>☒をクリックします。

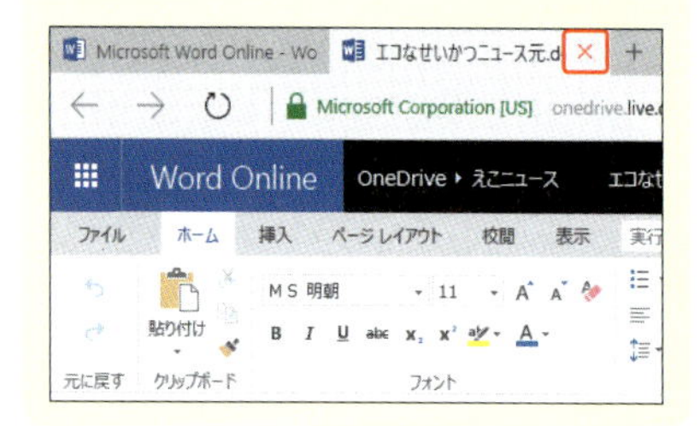

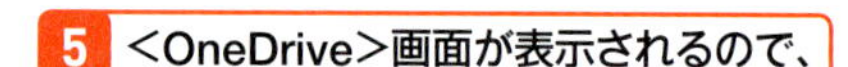

5 <OneDrive>画面が表示されるので、

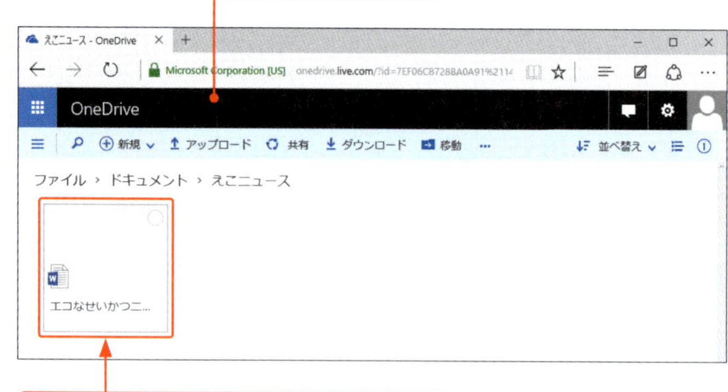

6 Sec.85で保存したファイルをクリックします。

7 Word Onlineに文書が表示されます。

8 <文書の編集>をクリックして、

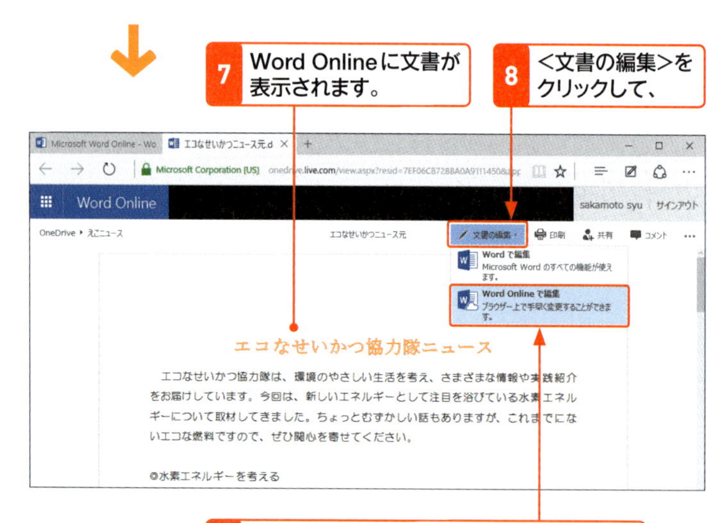

9 <Word Onlineで編集>をクリックすると、

10 リボンが表示されます。

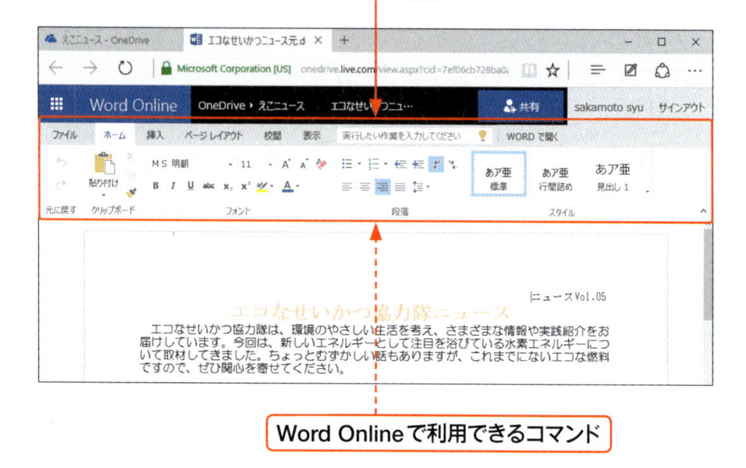

Word Onlineで利用できるコマンド

3 Word Online で文書を編集する

ここでは、Word Onlineで文書にコメントを挿入します。

1 Word Onlineで文書を開き、<校閲>タブをクリックします。

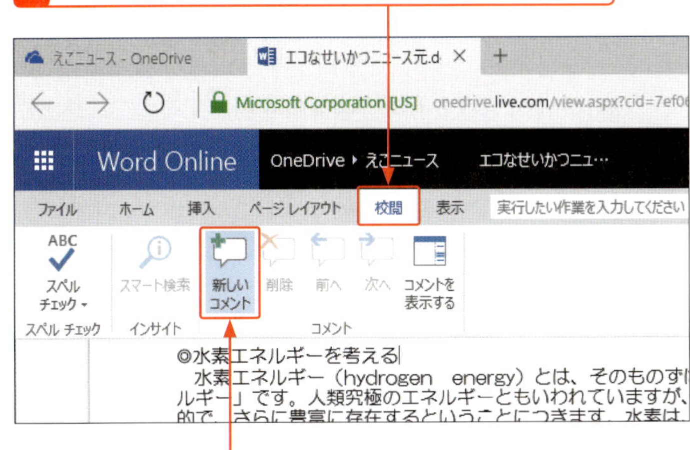

2 コメントを入れたい位置にカーソルを移動して、<新しいコメント>をクリックします。

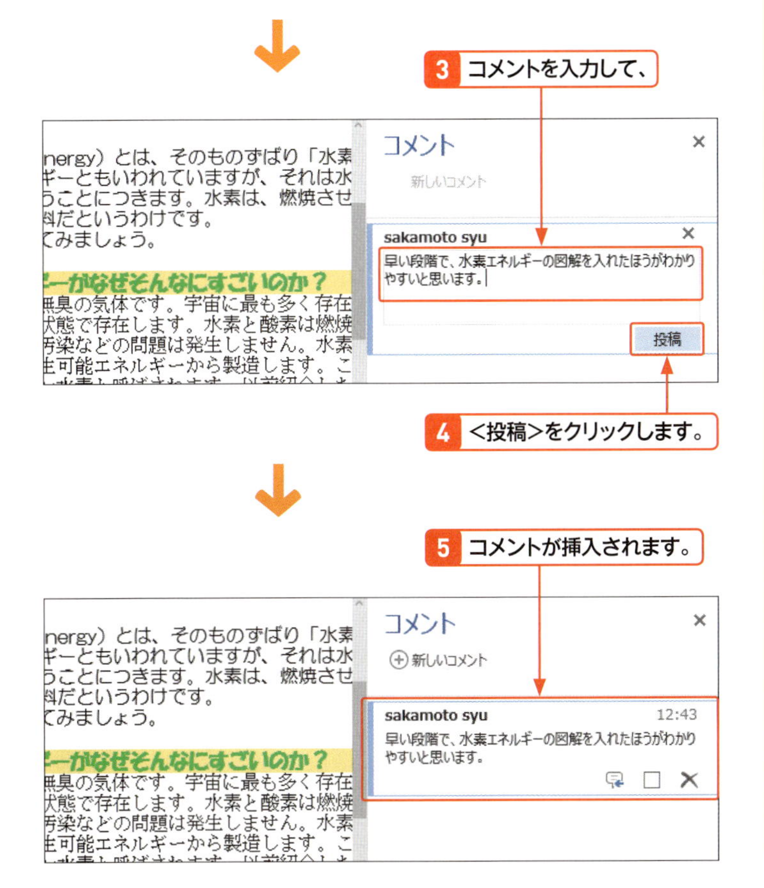

3 コメントを入力して、

4 <投稿>をクリックします。

5 コメントが挿入されます。

メモ Word Onlineで文書を編集する

Word Online で文書を編集する場合に、文書の表示が実際と異なる場合があります。Word Online では書式などを編集するのは控えて、文章のチェックや修正などにとどめておくほうがよいでしょう。

ヒント 文書の保存

Word Online では、文書が自動的に保存されるので、保存する操作は必要ありません。

ヒント 名前を変更して保存するには?

名前を変更して保存したい場合は、<ファイル>タブをクリックして、<名前を付けて保存>をクリックすると、保存方法のメニューが表示されます。<名前を付けて保存>では別のファイルとしてOneDriveに保存できます。<名前の変更>ではファイルの名前を変更できます。

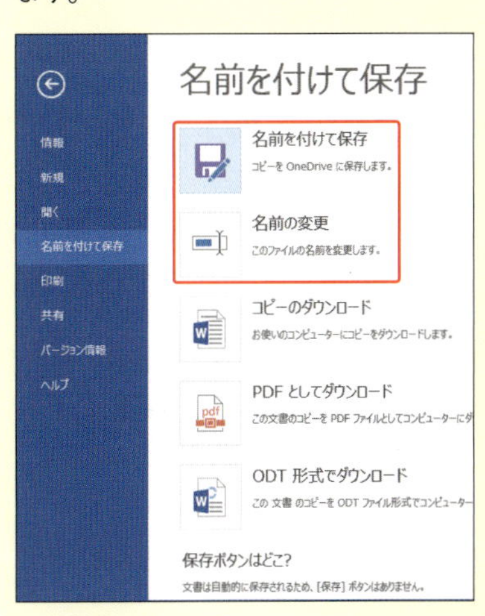

Section 87

Office for Windowsを利用する

覚えておきたいキーワード
- Office for Windows 10
- Word Mobile
- OneDrive

Office for Windows 10は、スマートフォンやタブレット端末向けのOffice アプリの総称です。ここでは、Word Mobileを利用する方法を紹介します。Word Mobileでは、OneDriveに保存されている文書を利用するので、外出先でも文書を閲覧したり、編集することができるので便利です。

第8章 文書の保存・セキュリティ・共有

1 Word Mobileを利用する

キーワード Office for Windows

「Office for Windows」は8インチ以上のスマートフォンやタブレット端末向けに無料で提供されるOffice Word、Excel、PowerPointアプリの総称です。それぞれ単品で提供されています。

メモ Office for Windowsを入手する

Windows 10を搭載したスマートフォンと小型タブレットには、Office for Windowsが無料でプリインストールされています。そのほかのデバイスでは、Windowsストアからダウンロードする必要があります。お使いの環境によっては、MicrosoftのOffice 365サブスクリプションが必要になる場合があります。各アプリを利用する際に、Office 365へのサインインを求められるので、指示に従って利用できるようにします。

ここでは、Word Mobileで画面表示モードの変更や、コメント、スマート検索などを利用してみます。

1 Word Mobileを起動して、

データの保存場所はOneDriveです。

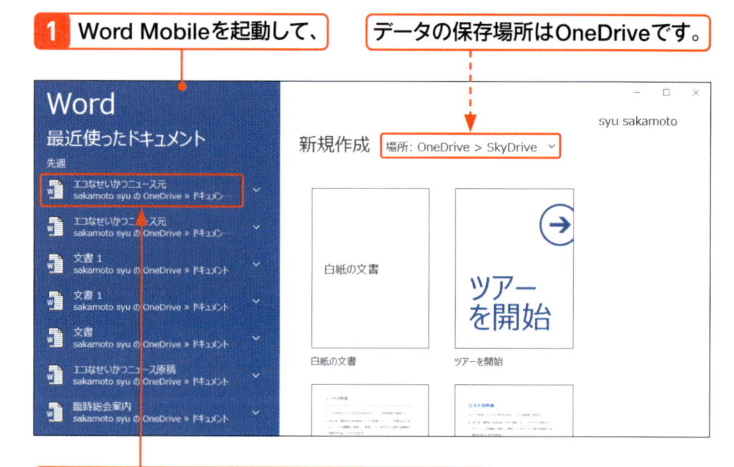

2 開きたいファイルをタップ(クリック)します。

3 文書がダウンロードされて開きます。

4  <閲覧モード>をタップします。

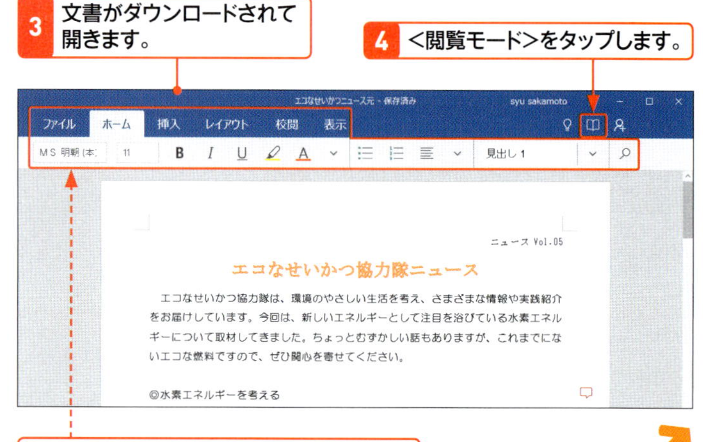

利用できるタブとコマンドが表示されます。

5 閲覧モードで表示されます。

6 横にスライドすると、

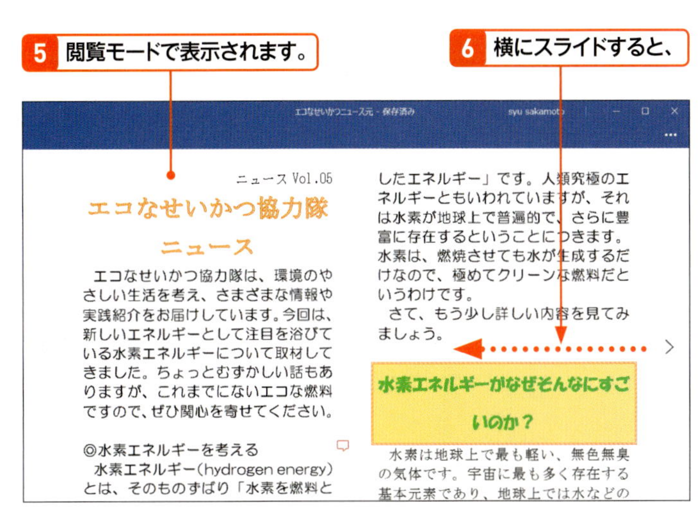

7 ページを順に閲覧できます。

8 ここをタップすると、

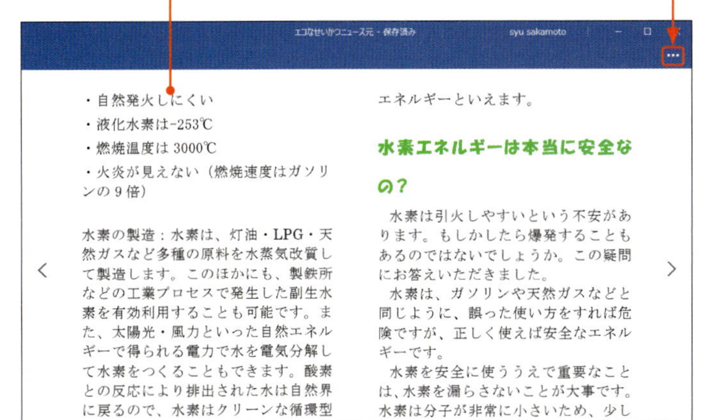

9 利用できるタブが表示されます。

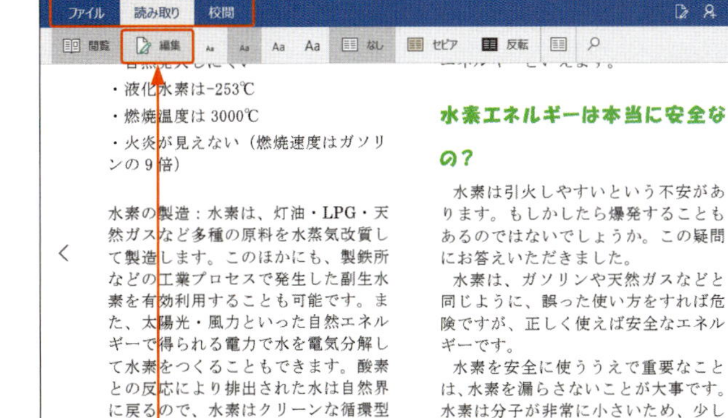

10 ＜編集＞をタップして、もとの表示に戻ります。

ヒント 新規文書を作成する

Word Mobileで新規文書を作成するには、手順**1**の画面で＜白紙の文書＞をタップします。

ヒント 自動保存

Word Mobileには、ファイルを保存する機能はありません。文書の編集中は、操作を行うと同時に自動的に保存されます。

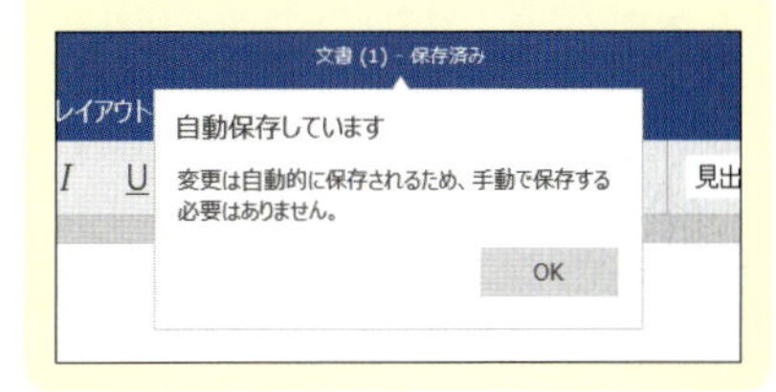

2 Word Mobileで編集機能を使う

メモ Word Mobileの機能

Word Mobileは文書の閲覧がおもな目的なので、利用できる編集機能は多くはありません。ここでは、校閲作業で使うコメントやスマート検索を紹介します。

1 挿入されているコメントをタップすると、

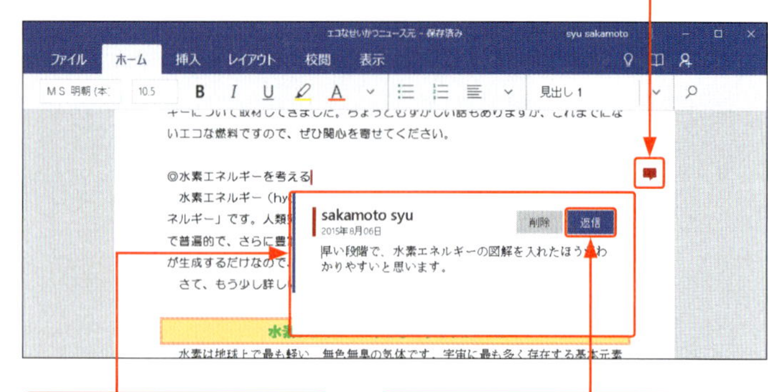

2 コメントが表示されます。

3 <返信>をタップすると、スレッド形式でコメントを挿入できます。

4 単語の上でダブルタップして単語を選択すると、

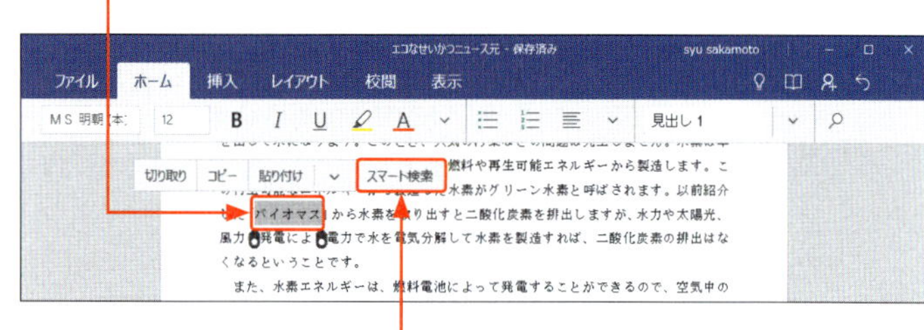

5 ショートカットツールバーが表示されます。<スマート検索>をクリックすると、

6 <インサイト>ウィンドウが表示されて、Web上の情報を入手できます。

7 ファイルを閉じるには、<ファイル>タブをタップします。

メモ ショートカットツールバーを利用する

ショートカットツールバーには、選択した対象に対して操作できるコマンドが表示されます。Word Mobileの<ホーム>タブには、<コピー>や<切り取り>、<貼り付け>のコマンドはありませんので、ショートカットツールバーから操作を行います。なお、<スマート検索>のコマンドは<校閲>タブにも用意されています。

8 <閉じる>をタップすると、最初の画面に戻ります。

ヒント Word Mobileを終了するには?

Word Mobileを終了するには、各画面の<閉じる>☒/☒をタップします。

ヒント Word Mobileで利用できるタブとコマンド

Word Mobileの各タブで利用できるコマンドは以下のとおりです。

<ホーム>タブ

<ホーム>タブには、フォントやフォントサイズ、太字や斜体、インデント、書式スタイルなど、文字に対するコマンドが用意されています。

<挿入>タブ

<挿入>タブには、表や画像、図形、テキストボックス、ヘッダーとフッターなどが用意されています。

<レイアウト>タブ

<レイアウト>タブには、文字列の方向、余白、用紙の向きなど、ページ設定のコマンドが用意されています。

<校閲>タブ

<校閲>タブには、スペルチェックやコメントの挿入、編集履歴で利用するコマンドが用意されています。

<表示>タブ

<表示>タブには、ページの表示方法に関するコマンドが用意されています。

<ファイル>タブ

Appendix 1 リボンをカスタマイズする

覚えておきたいキーワード
- リボンのユーザー設定
- 新しいタブ
- 新しいグループ

リボンは、よく使うコマンドを集めたオリジナルのリボンを作成したり、既存のリボンに新しいグループコマンドを追加したりして、カスタマイズすることができます。また、タブやグループの名称を変更したり、あまり使用しないタブを非表示にしたりすることもできます。

1 オリジナルのリボンを作る

メモ オリジナルリボンの作成

新しいリボンを作成するには、右の手順で操作します。また、既存のタブに新しいグループを追加して、そこにコマンドを追加することもできます。

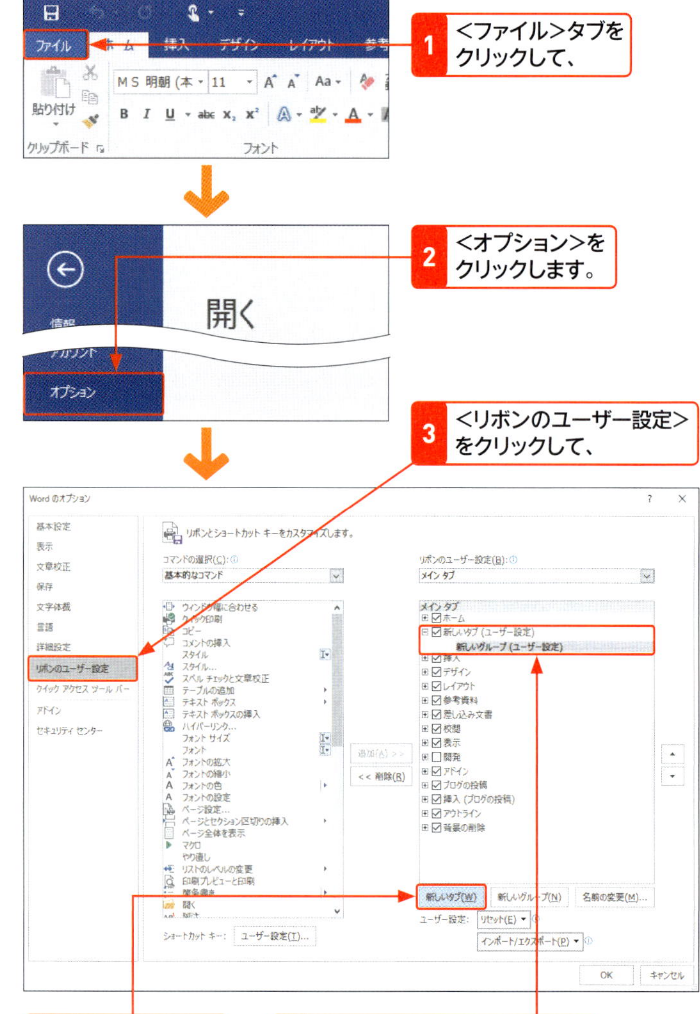

ヒント <リボンのユーザー設定>の表示

右の手順のほかに、いずれかのタブを右クリックして、<リボンのユーザー設定>をクリックしても、<Wordのオプション>ダイアログボックスの<リボンのユーザー設定>が表示されます。

1 いずれかのタブを右クリックして、

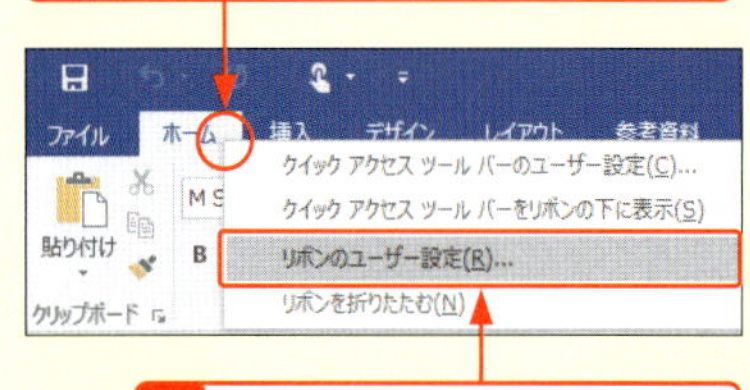

2 <リボンのユーザー設定>をクリックします。

6 ＜新しいタブ（ユーザー設定）＞をクリックして、

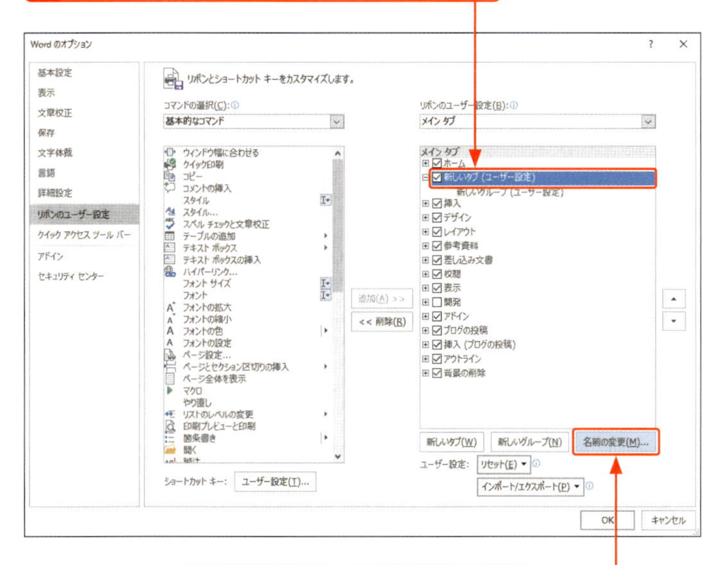

7 ＜名前の変更＞をクリックします。

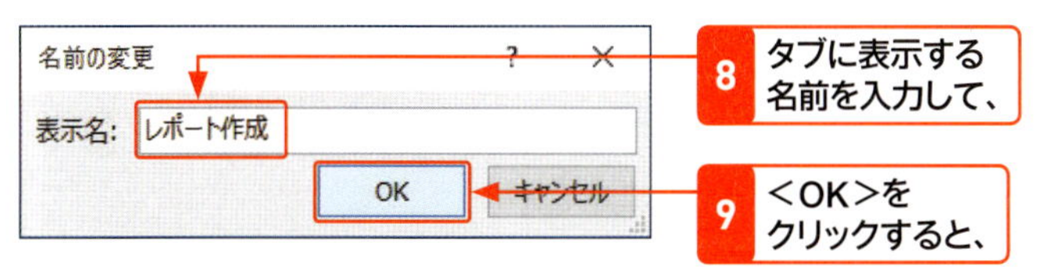

8 タブに表示する名前を入力して、

9 ＜OK＞をクリックすると、

10 新しく追加したタブの表示名が変更されます。

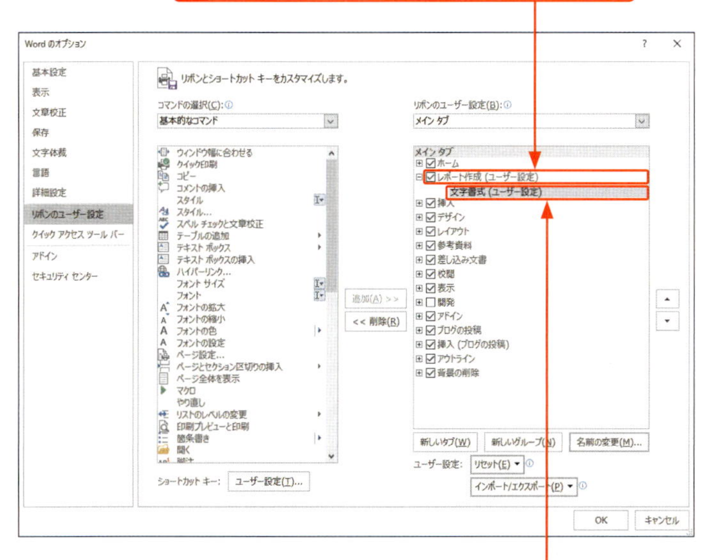

11 同様の方法で＜新しいグループ（ユーザー設定）＞の表示名も変更します。

ヒント （ユーザー設定）という単語は表示されない

＜新しいタブ（ユーザー設定）＞、＜新しいグループ（ユーザー設定）＞に表示されている「（ユーザー設定）」という単語は、作成されたタブやグループ名には表示されません。

ステップアップ タブやグループの並び順は変更できる

左の手順では、＜ホーム＞タブの下に新しいタブが追加されていますが、タブの順序は、＜リボンのユーザー設定＞の右側にある＜上へ＞ や＜下へ＞ で移動することができます。また、既存のタブやグループの順序も、このコマンドで変更することができます。

1 移動したいタブやグループをクリックして、

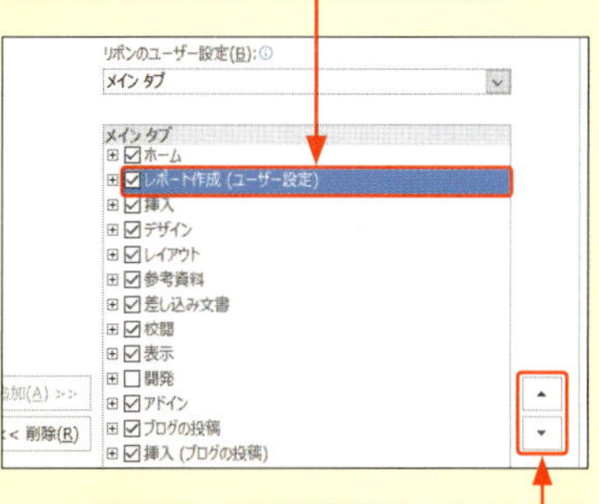

2 ＜上へ＞あるいは＜下へ＞をクリックします。

ヒント 階層の表示／非表示

タブやグループ、コマンドの階層の表示／非表示を切り替えるには、タブ名やグループ名の左のアイコンをクリックします。⊞をクリックすると下の階層が表示されます。⊟をクリックすると下の階層が非表示になります。

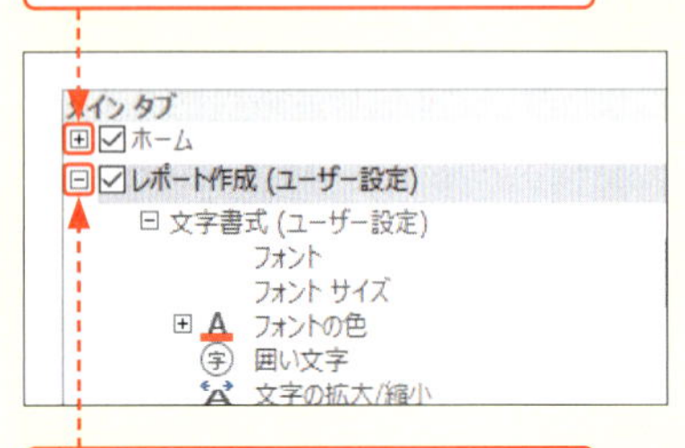

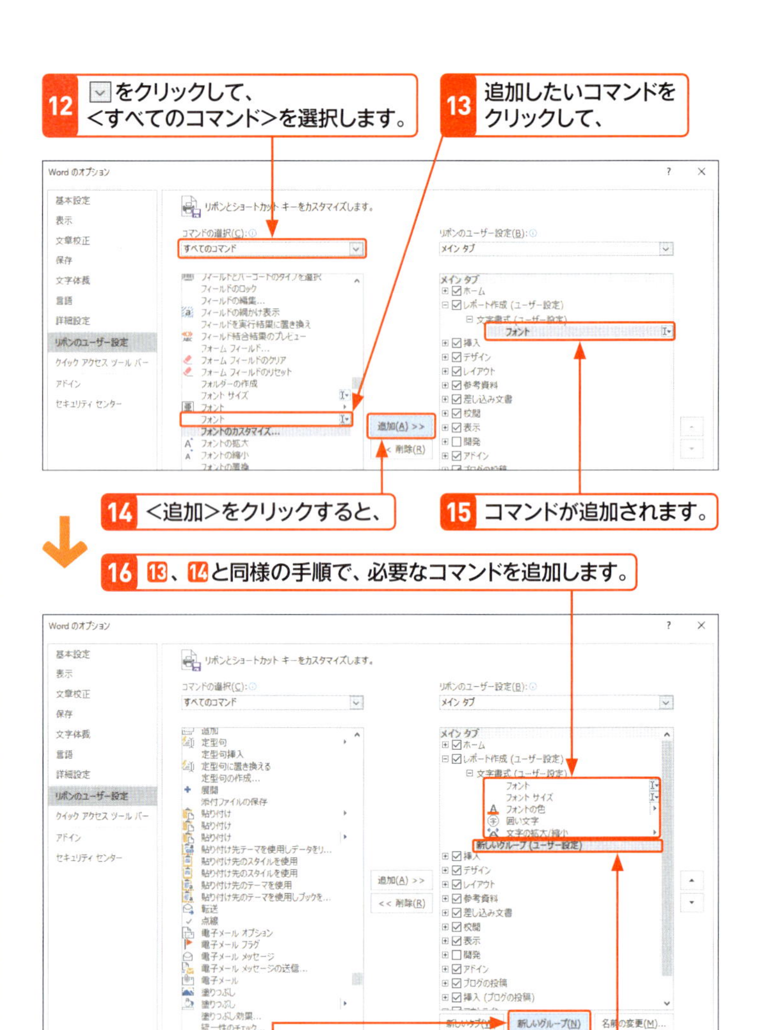

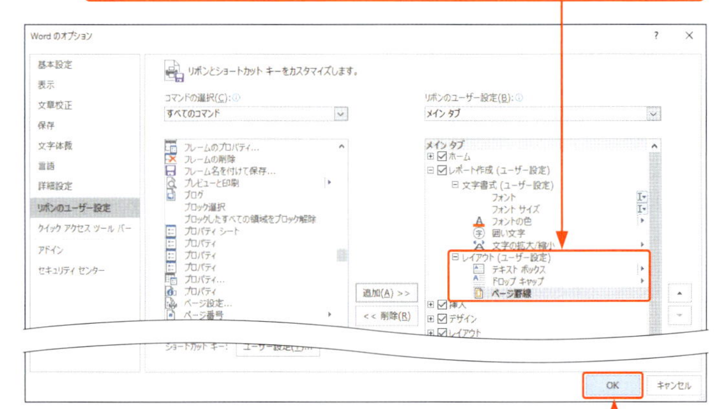

ステップアップ コマンドの名前やアイコンも変更できる

追加したコマンドをクリックして、<名前の変更>をクリックすると、下図が表示されます。このダイアログボックスで、コマンドの名前（表示名）やアイコンを変更することができます。

21 オリジナルのリボンが作成されます。

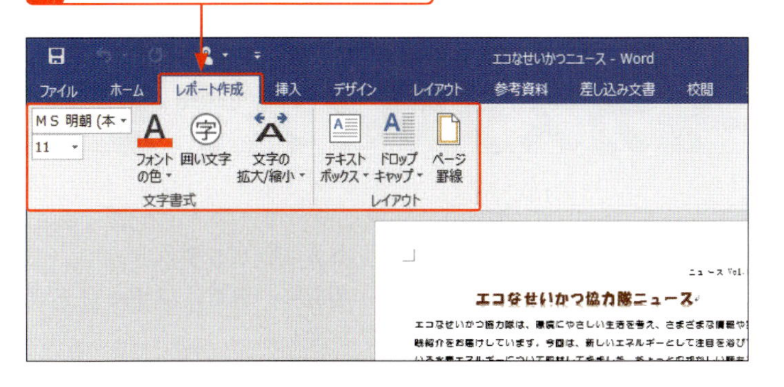

2 既存のタブを非表示にする

1 <Wordのオプション>ダイアログボックスの<リボンのユーザー設定>を表示します（P.300参照）。

2 非表示にしたいタブ（ここでは<デザイン>）の□をクリックしてオフにし、

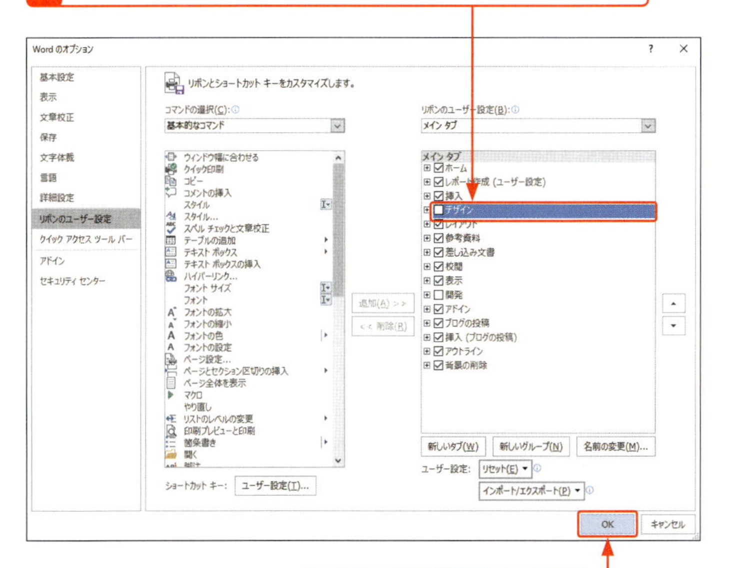

3 <OK>をクリックすると、

4 <デザイン>タブが非表示になります。

ヒント 作成したタブやグループを削除するには?

作成したタブやグループを削除するには、<Wordのオプション>ダイアログボックスの<リボンのユーザー設定>を表示し、削除したいタブやグループをクリックして、<削除>をクリックします。

ヒント リボンを初期の状態に戻すには?

リボンを初期設定の状態に戻すには、<Wordのオプション>ダイアログボックスの<リボンのユーザー設定>で、<リセット>をクリックし、<すべてのユーザー設定をリセット>をクリックします。表示されるダイアログボックスで<はい>をクリックすると、リボンが初期設定の状態に戻ります。

1 <リセット>をクリックして、

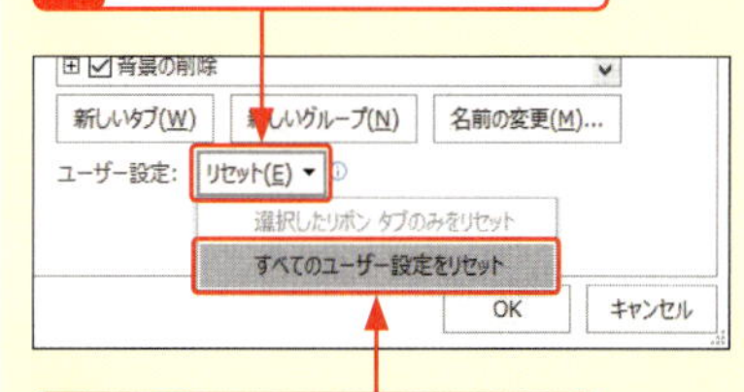

2 <すべてのユーザー設定をリセット>をクリックし、

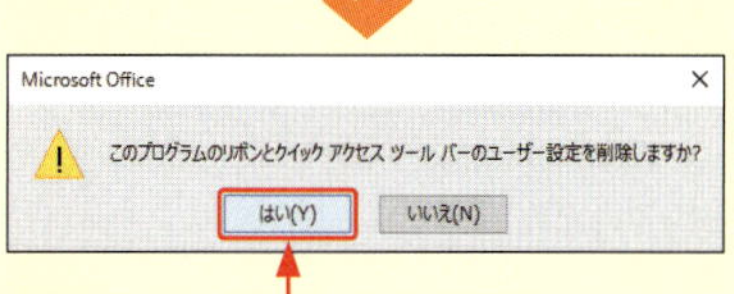

3 <はい>をクリックします。

Appendix 2

クイックアクセスツールバーをカスタマイズする

覚えておきたいキーワード
- クイックアクセスツールバー
- コマンドの追加
- リボンの下に表示

クイックアクセスツールバーには、Wordで頻繁に使うコマンドを配置することができます。初期設定では3つ（あるいは4つ）のコマンドが表示されていますが、必要に応じてコマンドを追加することができます。また、クイックアクセスツールバーをリボンの下に配置することもできます。

1 コマンドを追加する

キーワード クイックアクセスツールバー

「クイックアクセスツールバー」は、よく使用する機能をコマンドとして登録しておくことができる領域です。クリックするだけで必要な機能を呼び出すことができるので、リボンで機能を探すよりも効率的です。

メモ 初期設定のコマンド

初期設定の状態では、クイックアクセスツールバーに以下の3つのコマンドが配置されています。また、タッチスクリーンに対応したパソコンの場合は、<タッチ／マウスモードの切り替え>  が配置されています。

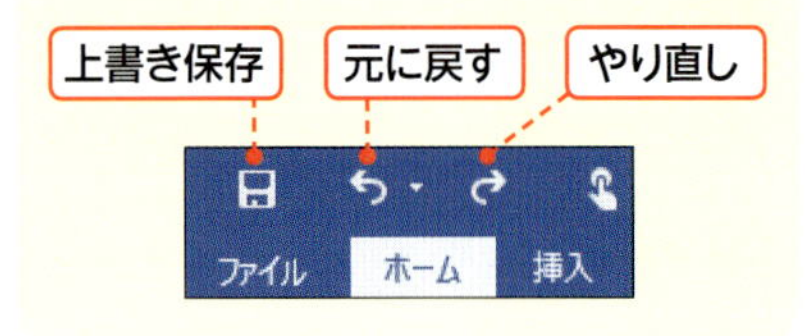

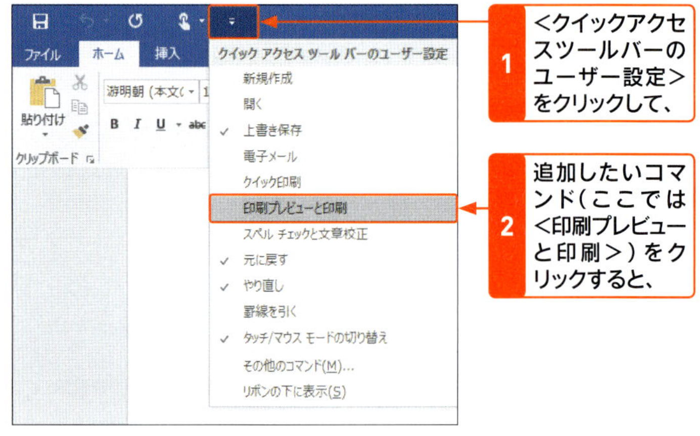

1 <クイックアクセスツールバーのユーザー設定>をクリックして、

2 追加したいコマンド（ここでは<印刷プレビューと印刷>）をクリックすると、

3 クイックアクセスツールバーに<印刷プレビューと印刷>コマンドが追加されます。

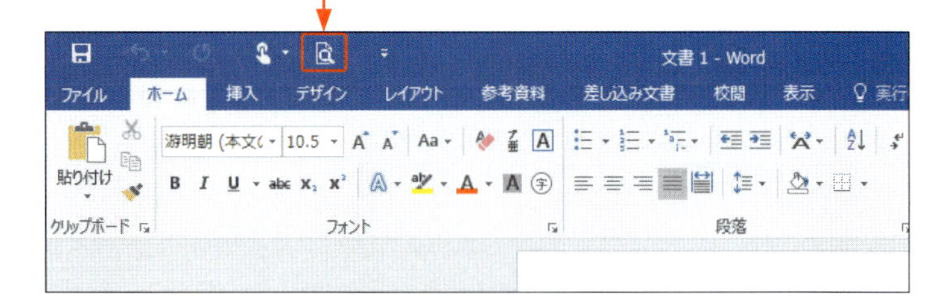

ヒント コマンドを追加するそのほかの方法

タブに表示されているコマンドの場合は、追加したいコマンドを右クリックして、<クイックアクセスツールバーに追加>をクリックすると追加できます。

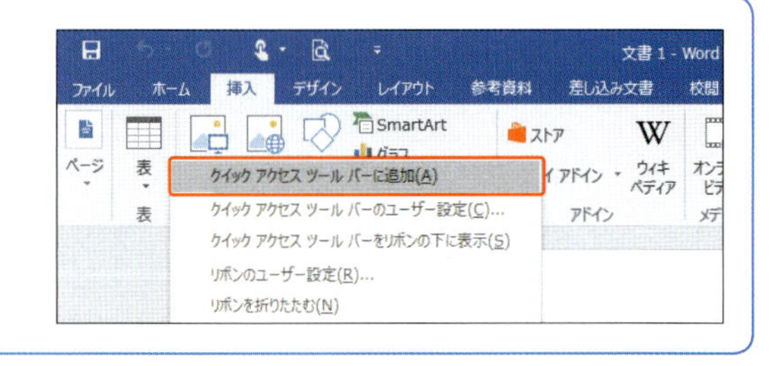

2 メニューやタブにないコマンドを追加する

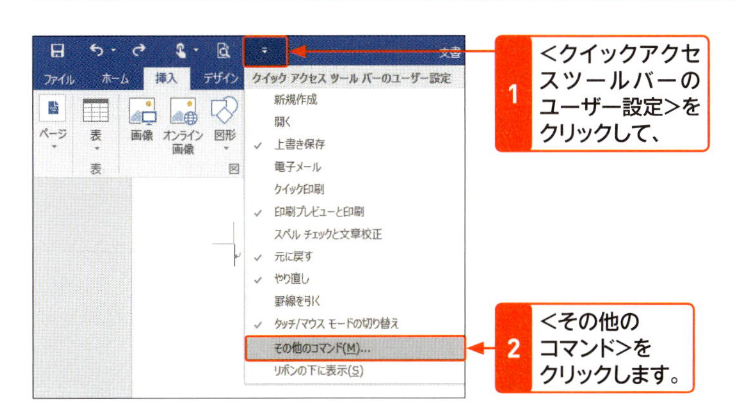

1 <クイックアクセスツールバーのユーザー設定>をクリックして、

2 <その他のコマンド>をクリックします。

3 ここをクリックして、

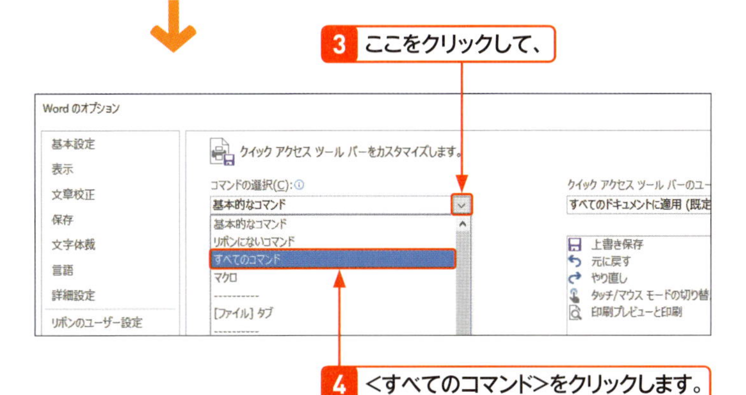

4 <すべてのコマンド>をクリックします。

5 追加したいコマンド(ここでは<すべて閉じる>)をクリックして、

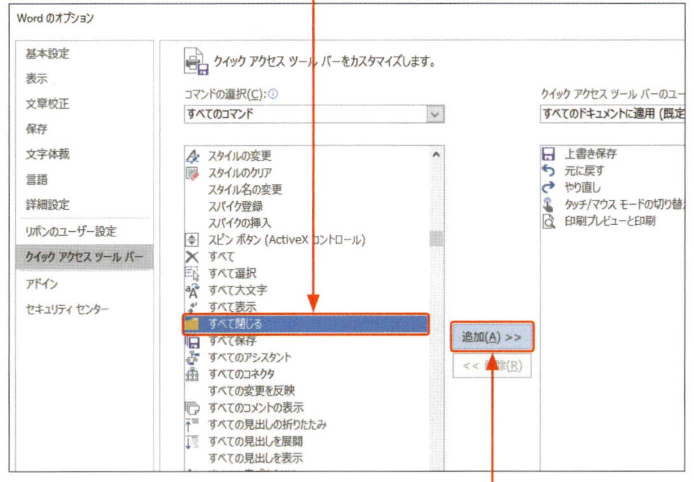

6 <追加>をクリックします。

メモ そのほかのコマンドを追加する

前ページの手順2のメニューや各タブにないコマンドをクイックアクセスツールバーに追加するには、<Wordのオプション>画面の<クイックアクセスツールバー>で追加することができます。

ヒント そのほかの表示方法

<ファイル>タブの<オプション>をクリックして、<Wordのオプション>画面を開き、<クイックアクセスツールバー>をクリックしても設定画面を表示することができます。

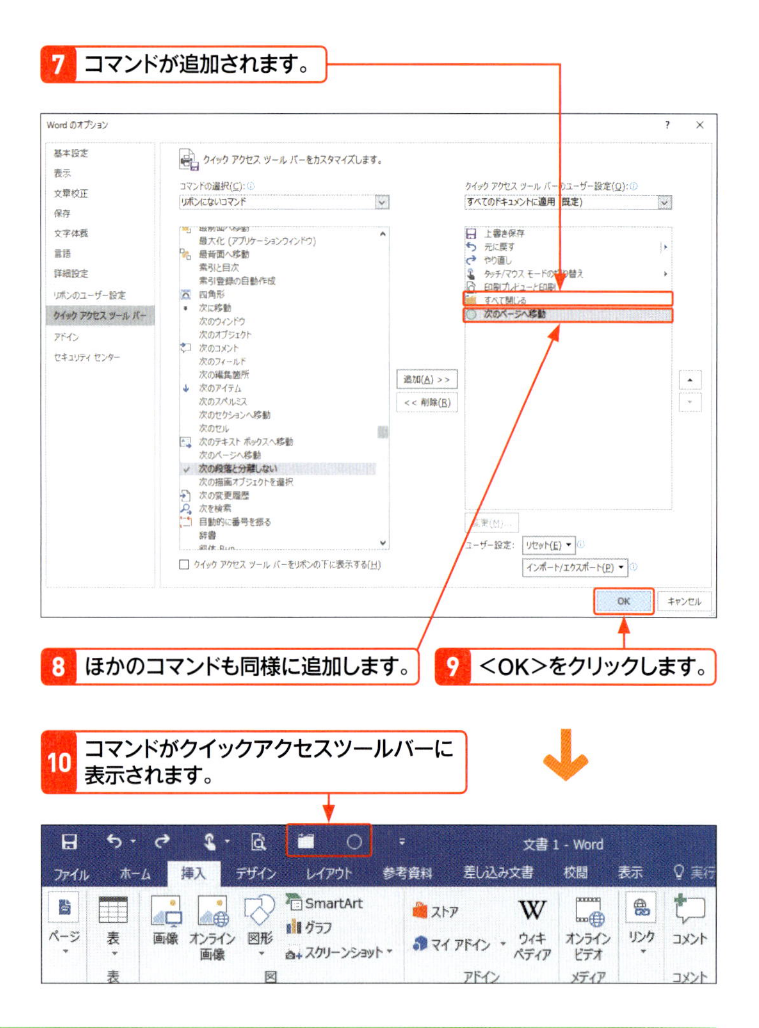

3 クイックアクセスツールバーのコマンドを削除する

メモ 登録したコマンドを削除する

クイックアクセスツールバーに登録したコマンドは、右の方法で削除できます。また、上記手順7の画面で追加したコマンドをクリックして、<削除>をクリックしても削除できます。

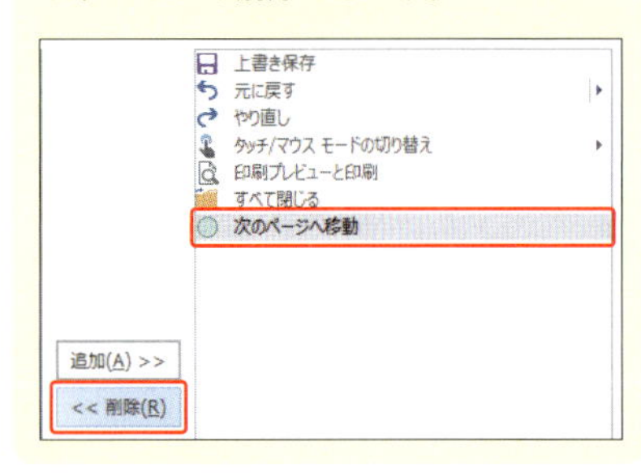

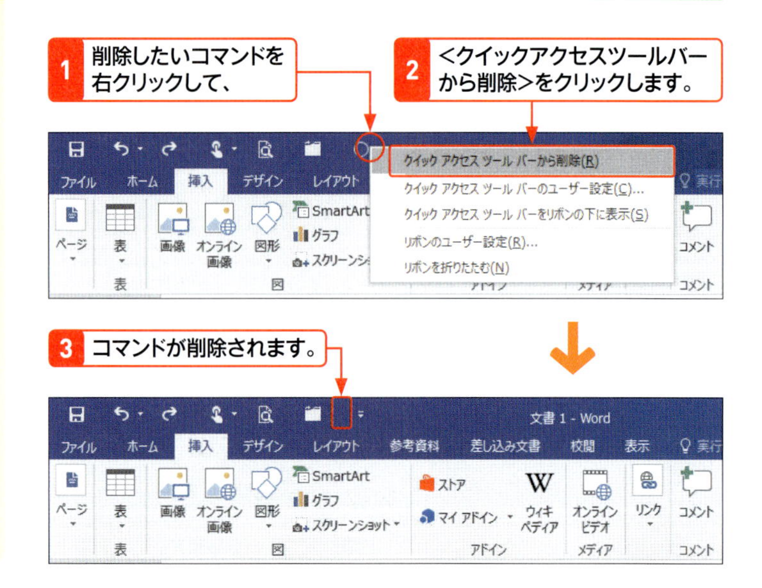

4 クイックアクセスツールバーを移動する

1 <クイックアクセスツールバーのユーザー設定>をクリックして、

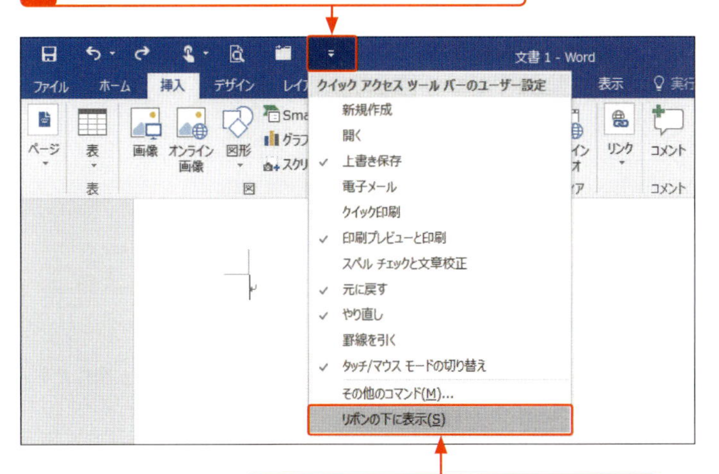

2 <リボンの下に表示>をクリックすると、

3 クイックアクセスツールバーがリボンの下に移動します。

メモ クイックアクセスツールバーを移動する

いつでも使いたいコマンドをクイックアクセスツールバーに登録した場合、すぐにコマンドをクリックできるほうが便利です。左のように、クイックアクセスツールバーをリボンの下に表示しておくと、マウスポインターの移動が少なくて済み、便利です。

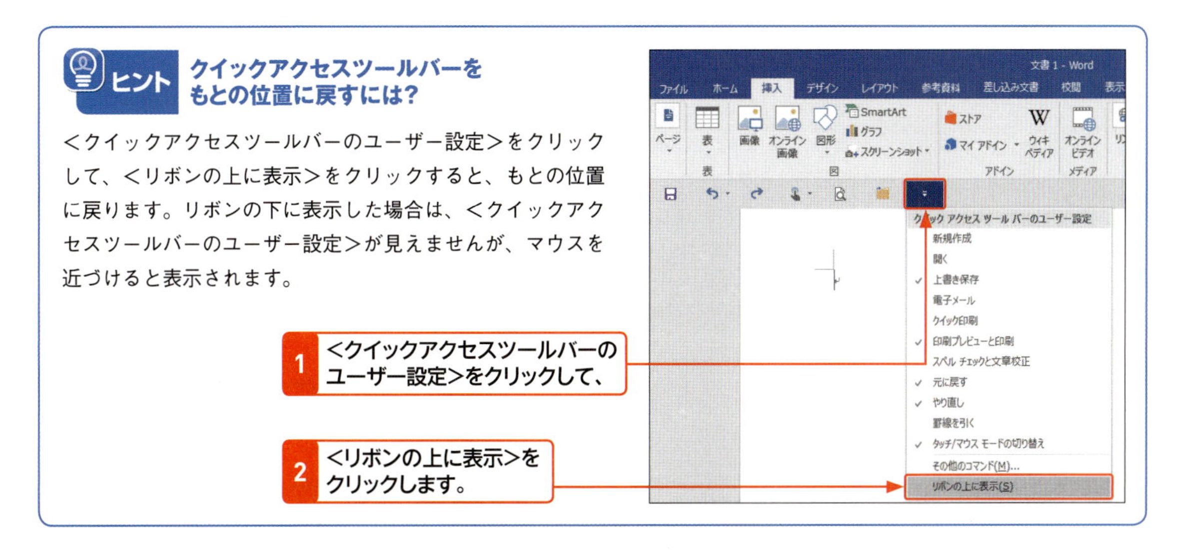

ヒント クイックアクセスツールバーをもとの位置に戻すには?

<クイックアクセスツールバーのユーザー設定>をクリックして、<リボンの上に表示>をクリックすると、もとの位置に戻ります。リボンの下に表示した場合は、<クイックアクセスツールバーのユーザー設定>が見えませんが、マウスを近づけると表示されます。

1 <クイックアクセスツールバーのユーザー設定>をクリックして、

2 <リボンの上に表示>をクリックします。

Appendix 3 Wordの便利なショートカットキー

Wordのウィンドウ上で利用できる、主なショートカットキーを紹介します。なお、<ファイル>タブの画面では利用できません。

基本操作

ショートカットキー	操作内容
Ctrl＋N	新規文書を作成します。
Ctrl＋O	<ファイル>タブの<開く>を表示します。
Ctrl＋W	文書を閉じます。
Ctrl＋S	文書を上書き保存します。
Alt＋F4	Wordを終了します。複数のウィンドウを表示している場合は、そのウィンドウのみが閉じます。
F12	<名前を付けて保存>ダイアログボックスを表示します。
Ctrl＋P	<ファイル>タブの<印刷>を表示します。
Ctrl＋Z	直前の操作を取り消してもとに戻します。
Ctrl＋Y	取り消した操作をやり直します。または、直前の操作を繰り返します。
Esc	現在の操作を取り消します。
F4	直前の操作を繰り返します。

表示の切り替え

ショートカットキー	操作内容
Ctrl＋Alt＋N	下書き表示に切り替えます。
Ctrl＋Alt＋P	印刷レイアウト表示に切り替えます。
Ctrl＋Alt＋O	アウトライン表示に切り替えます。
Ctrl＋Alt＋I	<ファイル>タブの<印刷>を表示します。
Alt＋F6	複数のウィンドウを表示している場合に、次のウィンドウを表示します。

文書内の移動

ショートカットキー	操作内容
Home（End）	カーソルのある行の先頭（末尾）へカーソルを移動します。
Ctrl＋Home（End）	文書の先端（終端）へ移動します。
PageDown	1画面下にスクロールします。
PageUp	1画面上にスクロールします。
Ctrl＋PageDown	次ページへスクロールします。
Ctrl＋PageUp	前ページへスクロールします。

選択範囲の操作

ショートカットキー	操作内容
Ctrl＋A	すべてを選択します。
Shift＋↑↓←→	選択範囲を上または下、左、右に拡張または縮小します。
Shift＋Home	カーソルのある位置からその行の先頭までを選択します。

ショートカットキー	操作内容
Shift＋End	カーソルのある位置からその行の末尾までを選択します。
Ctrl＋Shift＋Home	カーソルのある位置から文書の先頭までを選択します。
Ctrl＋Shift＋End	カーソルのある位置から文書の末尾までを選択します。

データの移動／コピー

ショートカットキー	操作内容
Ctrl＋C	選択範囲をコピーします。
Ctrl＋X	選択範囲を切り取ります。
Ctrl＋V	コピーまたは切り取ったデータを貼り付けます。

挿入

ショートカットキー	操作内容
Ctrl＋Alt＋M	コメントを挿入します。
Ctrl＋K	＜ハイパーリンクの挿入＞ダイアログボックスを表示します。
Ctrl＋Enter	改ページを挿入します。
Shift＋Enter	行区切りを挿入します。

検索／置換

ショートカットキー	操作内容
Ctrl＋F	＜ナビゲーション＞作業ウィンドウを表示します。
Ctrl＋H	＜検索と置換＞ダイアログボックスの＜置換＞タブを表示します。
Ctrl＋G／F5	＜検索と置換＞ダイアログボックスの＜ジャンプ＞タブを表示します。

文字の書式設定

ショートカットキー	操作内容
Ctrl＋B	選択した文字に太字を設定／解除します。
Ctrl＋I	選択した文字に斜体を設定／解除します。
Ctrl＋U	選択した文字に下線を設定／解除します。
Ctrl＋Shift＋D	選択した文字に二重下線を設定／解除します。
Ctrl＋D	＜フォント＞ダイアログボックスを表示します。
Ctrl＋Shift＋N	＜標準＞スタイルを設定します（書式を解除します）。
Ctrl＋Shift＋L	＜箇条書き＞スタイルを設定します。
Ctrl＋Shift＋C	書式をコピーします。
Ctrl＋Shift＋V	書式を貼り付けます。
Ctrl＋]（[）	選択した文字のフォントサイズを1ポイント大きく（小さく）します。
Ctrl＋L	段落を左揃えにします。
Ctrl＋R	段落を右揃えにします。
Ctrl＋E	段落を中央揃えにします。
Ctrl＋J	段落を両端揃えにします。
Ctrl＋M	インデントを設定します。
Ctrl＋Shift＋M	インデントを解除します。
Ctrl＋1（5／2）※	行間を1行（1.5行／2行）にします。

※テンキーは利用できません。

Appendix 4 ローマ字・かな変換表

あ行

あ	い	う	え	お
A	I	U	E	O
	YI	WU		
		WHU		

ぁ	ぃ	ぅ	ぇ	ぉ
LA	LI	LU	LE	LO
XA	XI	XU	XE	XO
	LYI		LYE	
	XYI		XYE	
	いぇ			
	YE			
うぁ	うぃ		うぇ	うぉ
WHA	WHI		WHE	WHO
	WI		WE	

か行

か	き	く	け	こ
KA	KI	KU	KE	KO
CA		CU		CO
		QU		
ヵ			ヶ	
LKA			LKE	
XKA			XKE	
が	ぎ	ぐ	げ	ご
GA	GI	GU	GE	GO

きゃ	きぃ	きゅ	きぇ	きょ
KYA	KYI	KYU	KYE	KYO
くゃ		くゅ		くょ
QYA		QYU		QYO
くぁ	くぃ	くぅ	くぇ	くぉ
QWA	QWI	QWU	QWE	QWO
QA	QI		QE	QO
KWA	QYI		QYE	
ぎゃ	ぎぃ	ぎゅ	ぎぇ	ぎょ
GYA	GYI	GYU	GYE	GYO
ぐぁ	ぐぃ	ぐぅ	ぐぇ	ぐぉ
GWA	GWI	GWU	GWE	GWO

さ行

さ	し	す	せ	そ
SA	SI	SU	SE	SO
	CI		CE	
	SHI			
ざ	じ	ず	ぜ	ぞ
ZA	ZI	ZU	ZE	ZO
	JI			

しゃ	しぃ	しゅ	しぇ	しょ
SYA	SYI	SYU	SYE	SYO
SHA		SHU	SHE	SHO
すぁ	すぃ	すぅ	すぇ	すぉ
SWA	SWI	SWU	SWE	SWO
じゃ	じぃ	じゅ	じぇ	じょ
ZYA	JYI	ZYU	ZYE	ZYO
JA		JU	JE	JO
JYA	JYI	JYU	JYE	JYO

た行

た	ち	つ	て	と
TA	TI	TU	TE	TO
	CHI	TSU		
		っ		
		LTU		
		XTU		
		LTSU		

ちゃ	ちぃ	ちゅ	ちぇ	ちょ
TYA	TYI	TYU	TYE	TYO
CHA		CHU	CHE	CHO
CYA	CYI	CYU	CYE	CYO
つぁ	つぃ		つぇ	つぉ
TSA	TSI		TSE	TSO
てゃ	てぃ	てゅ	てぇ	てょ
THA	THI	THU	THE	THO
とぁ	とぃ	とぅ	とぇ	とぉ
TWA	TWI	TWU	TWE	TWO

行										
た行	だ	ぢ	づ	で	ど	ぢゃ	ぢぃ	ぢゅ	ぢぇ	ぢょ
	DA	DI	DU	DE	DO	DYA	DYI	DYU	DYE	DYO
						でゃ	でぃ	でゅ	でぇ	でょ
						DHA	DHI	DHU	DHE	DYO
						どぁ	どぃ	どぅ	どぇ	どぉ
						DWA	DWI	DWU	DWE	DWO
な行	な	に	ぬ	ね	の	にゃ	にぃ	にゅ	にぇ	にょ
	NA	NI	NU	NE	NO	NYA	NYI	NYU	NYE	NYO
は行	は	ひ	ふ	へ	ほ	ひゃ	ひぃ	ひゅ	ひぇ	ひょ
	HA	HI	HU	HE	HO	HYA	HYI	HYU	HYE	HYO
			FU							
						ふゃ		ふゅ		ふょ
						FYA		FYU		FYO
						ふぁ	ふぃ	ふぅ	ふぇ	ふぉ
						FWA	FWI	FWU	FWE	FWO
						FA	FI		FE	FO
							FYI		FYE	
	ば	び	ぶ	べ	ぼ	びゃ	びぃ	びゅ	びぇ	びょ
	BA	BI	BU	BE	BO	BYA	BYI	BYU	BYE	BYO
						ヴぁ	ヴぃ	ヴ	ヴぇ	ヴぉ
						VA	VI	VU	VE	VO
						ヴゃ	ヴぃ	ヴゅ	ヴぇ	ヴょ
						VYA	VYI	VYU	VYE	VYO
	ぱ	ぴ	ぷ	ぺ	ぽ	ぴゃ	ぴぃ	ぴゅ	ぴぇ	ぴょ
	PA	PI	PI	PE	PO	PYA	PYI	PYU	PYE	PYO
ま行	ま	み	む	め	も	みゃ	みぃ	みゅ	みぇ	みょ
	MA	MI	MU	ME	MO	MYA	MYI	MYU	MYE	MYO
や行	や		ゆ		よ	ゃ		ゅ		ょ
	YA		YU		YO	LYA		LYU		LYO
						XYA		XYU		XYO
ら行	ら	り	る	れ	ろ	りゃ	りぃ	りゅ	りぇ	りょ
	RA	RI	RU	RE	RO	RYA	RYI	RYU	RYE	RYO
わ行	わ				を	ん				
	WA				WO	N				
	ゎ					NN				
	LWA					N'				
	XWA						XN			

- **「ん」の入力方法**

  「ん」の次が子音の場合は[N]を1回押し、「ん」の次が母音の場合または「な行」の場合は[N]を2回押します。

  例）さんすう [S][A][N][S][U][U]　例）はんい [H][A][N][N][I]　例）みかんの [M][I][K][A][N][N][N][O]

- **促音「っ」の入力方法**

  子音のキーを2回押します。

  例）やってきた [Y][A][T][T][E][K][I][T][A]　例）ほっきょく [H][O][K][K][Y][O][K][U]

- **「ぁ」「ぃ」「ゃ」などの入力方法**

  [A]や[I]、[Y][A]を押す前に、[L]または[X]を押します。

  例）わぁーい [W][A][L][A][-][I]　例）うぃんどう [U][X][I][N][D][O][U]

索引

Index

記号・数字

A～Z

あ行

か行

索引

Index

さ行

索引

Index

た行

な行

は行

索引

ま行

や行

ら行

わ行

お問い合わせについて

本書に関するご質問については、本書に記載されている内容に関するもののみとさせていただきます。本書の内容と関係のないご質問につきましては、一切お答えできませんので、あらかじめご了承ください。また、電話でのご質問は受け付けておりませんので、必ずFAXか書面にて下記までお送りください。
なお、ご質問の際には、必ず以下の項目を明記していただきますようお願いいたします。

1 お名前
2 返信先の住所またはFAX番号
3 書名（今すぐ使えるかんたん Word 2016）
4 本書の該当ページ
5 ご使用のOSとソフトウェアのバージョン
6 ご質問内容

なお、お送りいただいたご質問には、できる限り迅速にお答えできるよう努力いたしておりますが、場合によってはお答えするまでに時間がかかることがあります。また、回答の期日をご指定なさっても、ご希望にお応えできるとは限りません。あらかじめご了承くださいますよう、お願いいたします。

問い合わせ先

〒162-0846
東京都新宿区市谷左内町21-13
株式会社技術評論社　書籍編集部
「今すぐ使えるかんたん Word 2016」質問係
FAX番号　03-3513-6167

http://gihyo.jp/book/

■お問い合わせの例

FAX

1 お名前
技術　太郎
2 返信先の住所またはFAX番号
03-XXXX-XXXX
3 書名
今すぐ使えるかんたん
Word 2016
4 本書の該当ページ
130ページ
5 ご使用のOSとソフトウェアのバージョン
Windows 10 Pro
Word 2016
6 ご質問内容
改ページ位置が表示されない

※ご質問の際に記載いただきました個人情報は、回答後速やかに破棄させていただきます。

今すぐ使えるかんたん Word 2016

2015年11月15日　初版　第1刷発行

著　者●技術評論社編集部＋AYURA
発行者●片岡 巌
発行所●株式会社 技術評論社
東京都新宿区市谷左内町21-13
電話　03-3513-6150　販売促進部
03-3513-6160　書籍編集部
装丁●田邉 恵里香
本文デザイン●リンクアップ
編集／DTP●AYURA
担当●大和田 洋平
製本／印刷●大日本印刷株式会社

定価はカバーに表示してあります。

ISBN978-4-7741-7694-9 C3055
Printed in Japan